U0276855

　　蒋　平　1938年11月生，江苏省如皋市人。1993年4月任复旦大学物理系教授，1994年任博士生导师，历任上海市物理学会理事、秘书长，长期从事固体物理的教学和理论研究。20世纪70年代进行无定型半导体的理论研究，80年代开展半导体表面吸附和金属表面结构的理论研究，90年代进行介观物理的理论研究。在国内外权威、核心学术刊物上发表论文70余篇。合作编写出版《群论及其在物理学中的应用》、《固体物理简明教程》、《大学物理简明教程》、《大学物理核心概念和题例详解》、《固体物理学》，合译出版《表面和薄膜的分析基础》。曾获国家教委科技进步二等奖两项、上海市教学成果三等奖一项。

　　徐至中　1938年9月生，浙江省宁波市人。复旦大学物理系教授。1964年毕业于复旦大学物理系半导体理论研究班。从事教学及科研工作35年，主要担任《固体物理学》、《固体理论》等课程教学，并从事半导体表面、界面的理论研究。在国内外核心刊物上发表论文74篇。著有《固体物理学习题解答》，合著出版《半导体物理》、《固体物理简明教程》、《固体物理学》，并参与编写《简明物理学词典》、《固体物理学简明词典》、《固体物理学大辞典》和《自然科学简明手册》等。曾获国家教委科技进步二等奖、上海市普通高校教育成果二等奖及第二届全国普通高校优秀计算机辅助教育软件二等奖。

普通高等教育"十一五"国家级规划教材

Guti Wuli Jianming Jiaocheng

固体物理简明教程

（第二版）

蒋 平　徐至中　编著

复旦大学出版社

内容提要

本书介绍固体物理的基本知识，包括晶体结构、晶体中原子和电子的运动、晶体结合等，并在此基础上叙述固体的机械、热学、电学、磁学、光学、超导电性等物理性质。本书注意吸纳近年来有关领域的最新成就，同时尽量避免繁琐的数学推演，而着重物理原理的阐述。

本书可作为综合性大学非物理专业和工科、师范类院校的本科基础课程"固体物理"的教材，亦可作为物理类专业本科生、研究生及有关领域科学技术工作者的参考用书。

再 版 前 言

自从本书于 2000 年首印以来,复旦大学与兄弟院校的一些系科用作非物理专业的固体物理课程教材。选用本教材的校内外师生在基本认可其内容和形式的同时,也给编者带来了可贵的反馈意见。在此基础上,在复旦大学出版社、复旦大学教务处和物理系的大力支持下,2006 年本书有幸列入普通高等教育"十一五"国家级教材规划,着手再版修订。

本次修订除全面校正初版中的印刷差错、叙述欠妥之处而外,重点调整了第九章与第十章的内容,并在第八章中增补了有关磁多层膜特性的两节;旨在使读者对近年来重要的前沿发展涉及的物理机理有定性或半定量的清晰了解。全书的呈现形式仍维持初版重视基本概念、基本规律与物理图像而省略繁琐的数学运算的基本格局。

在历时一年多的修订过程中,复旦大学物理系的周仕明、杨中芹两位教授给予编者以很有价值的帮助。他们结合自己在相关领域的研究和教学实践,除给编者提供了重要的参考资料外,还提出了不少可贵的意见和建议;并多次与编者就相关内容开展了有益的讨论,使本教材相关部分的科学严谨性与可读性得以进一步提高。藉此机会,编者谨致谢忱。

编 者
2007 年 8 月

前　言

　　40 年前,当我们还是复旦大学物理系本科生的时候,谢希德和方俊鑫两位先生就为我们首次开设了"固体物理"这门课程,只是当时还没有正式出版的教材。不久,在 20 世纪 60 年代初,上海科学技术出版社出版了两位先生编著的《固体物理学》(上、下两册);后来,在改革开放之初又由同一出版社出版了方俊鑫、陆栋两位先生主编的《固体物理学》(上、下两册)。几十年来,复旦大学物理系一直沿用这两套《固体物理学》教材,为培养一批又一批的本科生发挥了不可磨灭的作用。迄今,它们仍不失为极有价值的教学参考用书。

　　然而,随着时间走向新的世纪,固体物理学课程的教学在新的历史条件下已面临前所未有的机遇和挑战,也碰到了许多难以回避的新情况、新问题。一方面,由于现代科学技术的发展和国民经济建设的需要,越来越多的理科非物理专业的毕业生,以及工科类、师范类有关专业的学生要求掌握必要的固体物理学的知识;而这方面的知识又主要表现为通晓固体的物理性质,了解固体物理学的概念与规律,却不要求熟悉各种繁琐复杂的理论计算方法。另一方面,过去沿用的固体物理学的教材要求学生有比较广博深厚的统计物理和量子力学的基础,而随着近年来教育改革的深入,特别是实行宽口径培养有创新精神的学生的方针,学生选课灵活性大为增加;对相当一部分学生来说"四大力学"已非必选课程,使得许多学生传统基础理论课的修读时数明显减少。这就相应地使现有的固体物理学教材的某些内容,由于缺少必要的前设课程的理论准备,而显得过于艰深而难以掌握。加上自方俊鑫、陆栋主编的《固体物理学》教材出版以来的近 20 年间,作为凝聚态物理核心的固体物理学学科本身又有了迅猛的、极具特色的发展,也需要使新世纪的建设者有所了解。这些新出现的情况使得重新编写一本适合于非物理专业学生(包括部分未修读"四大力学"的物理专业的学生)学习的固体物理学教材的必要性日益明显。这就是促使我们编写本书的缘由所在。

　　在本书中我们力求避免繁琐的数学推演,而着重固体性质和固体物理规律的阐述。即使为此必须应用数学方法也力求予以简化,甚至有时只列出结果,以便深化概念、突出物理。对于近年来重大的前沿性发展,我们尽可能以本科生易于接受的形式予以介绍。

　　多年从事低温、超导研究的邱经武教授在百忙中为本书撰写了第九章超导电性,对此我们深致谢忱。

恩师谢希德院士40年前亲手将我们领进固体物理学的科学殿堂以来一直未间断过对我们的关心和指导,包括对本书的编写也多次给予了热情的关注,并慨然答允为本书撰写序言。不料就在本书定稿之际,她病重不起,终于驾鹤西去,给我们留下了永久的遗憾。我们愿本书能化作一瓣心香,祷祝我们敬爱的老师谢希德教授在天之灵。

蒋　平　徐至中

2000年3月

目　录

第一章　晶　体　结　构

第二章　晶体中的电子和声子

第三章　外场作用下晶体电子的运动

第四章　固体的热学性质

第九章　超　导　电　性

第十章　低维体系的电子性质

第一章　晶　体　结　构

　　初等常识性教材常将物质按其常温下的状态分成三类：气体、液体和固体，固体被界定为既有确定的形状又有确定的体积的物质形态。这样的定义既包括晶体也包括无定型材料或非晶体（前者如金、铝、铁等金属，硅、砷化镓等人工晶体，以及岩盐、方解石等天然晶体；后者如玻璃、塑料），甚至也包括了像骨头、木材这样的生物类材料。然而大多数固体物理学教材，包括本书在内，都将讨论的对象基本上局限于无机物质构成的晶体。因此，如非特殊说明，本书中的"固体"一词即指由元素或化合物构成的晶体。

1.1　布拉菲格子

　　固体具有许多独特的宏观物理性质，介绍、分析这些性质就是固体物理学教材的内容。我们知道材料的宏观物理性质、化学性质取决于构成材料的元素种类，更取决于这些组成元素的原子以何种质粒形态（原子、离子、分子或它们的集团）何种方式排列于材料之中。质粒在固体中的空间排列方式称为晶体结构，这是研究固体的宏观性质首先要解决的问题。

　　晶体结构的最大特点在于其周期性，即构成晶体的质粒在三维空间作周期性的重复排列。质粒可以是原子，例如低温下的惰性气体；可以是原子实，例如金属；可以是离子，例如碱卤族化合物以及化合物半导体；可以是分子，如20世纪90年代发现的C_{60}晶体，其中每个质粒都是由60个碳原子组成的笼状分子；也可以是它们的集团，例如硅、锗中的质粒就可看作是两个原子构成的集团。然而，尽管这些质粒形态各异，我们都可以先将它们抽象成一个点，这些点在空间的排列就代表相应的晶体结构。

　　晶体结构的周期性就表示为点在空间的周期性排列，这种周期性的点的阵列有的书中称作空间点阵，而在本书中称为空间格子，格子中的点亦称为格点。上面提到的质粒乃是晶体中的结构单元，单元在空间作周期性重复排列就形成晶体。如果这种单元是最小的，即单元不能再划分成更小的重复单元，则称之为基。上面列举的质粒的例子都是相应晶体中的基。我们将代表基的点周期性排成的空间格子称为布拉菲格子。显然如单元只包含一个原子，则晶体结构必为布拉菲格子。为明确起见，今后凡本书中所提及的空间格子都指布拉菲格子。这样我们可以将晶体结构看作：

$$晶体结构 ＝ 基 ＋ 布拉菲格子 \tag{1.1-1}$$

　　布拉菲格子最明显的特点是其周期性。因此，格子中的每个点都是绝对等价的，每个点的周围环境也都是完全相同的。这里我们作了一个理想化的假定，即认为格子在空间是无

1

限延伸的,而不管实际晶体的体积总是有限的事实。布拉菲格子的周期性也可以用数学公式的形式表达。为清楚起见,我们以图 1.1-1 所示的二维情形加以说明。在格子中选取某一点 O 作为原点。并在两条由格点组成的通过 O 的直线链 OC 与 OD 中取出最靠近 O 点的 A 与 B,并作矢量

$$\begin{cases} \overrightarrow{OA} = \boldsymbol{a}_1 \\ \overrightarrow{OB} = \boldsymbol{a}_2 \end{cases} \tag{1.1-2}$$

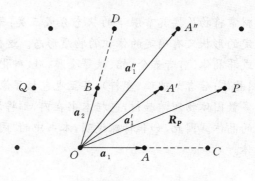

图 1.1-1 二维布拉菲格子及其基矢

使格子中的任何一点的位置矢量 $\boldsymbol{R}_n$ 都可表示为

$$\boldsymbol{R}_n = n_1 \boldsymbol{a}_1 + n_2 \boldsymbol{a}_2 \tag{1.1-3}$$

其中 n_1 与 n_2 均为整数。例如 P 点的位置即可表示为

$$\boldsymbol{R}_P = 2\boldsymbol{a}_1 + \boldsymbol{a}_2 \tag{1.1-4}$$

由此,我们看出,如果 $\boldsymbol{a}_1$ 与 $\boldsymbol{a}_2$ 一经确定,则当 n_1 与 n_2 取包括零的任意正、负整数时,(1.1-3)式即能概括格子中的任何格点的坐标。换言之,利用 $\boldsymbol{a}_1$ 与 $\boldsymbol{a}_2$,通过(1.1-3)式可以完全表达一个二维的布拉菲格子,因此 $\boldsymbol{a}_1$ 与 $\boldsymbol{a}_2$ 称为基矢。如用 $\boldsymbol{a}_1$ 与 $\boldsymbol{a}_2$ 为边构成一平行四边形,则此平行四边形在空间沿 $\boldsymbol{a}_1$ 及 $\boldsymbol{a}_2$ 方向的重复排列将填满全部二维空间(纸面)而无任何空隙。常将这一由基矢围成的平行四边形称作原胞。不难看出,每个原胞内只包含一个格点(在图示情形,每个原胞顶点的格点均为 4 个相邻的原胞所共有,4 个顶点仍相当于一个格点),或者说原胞面积与一个格点在平面上平均所占的面积相等。以上情形很容易推广到三维情形。在三维空间格子中选择某一格点为原点,类似地选择从原点出发的 3 条非共面的矢量 $\boldsymbol{a}_1$、$\boldsymbol{a}_2$、$\boldsymbol{a}_3$ 作为基矢,就可由

$$\boldsymbol{R}_n = n_1 \boldsymbol{a}_1 + n_2 \boldsymbol{a}_2 + n_3 \boldsymbol{a}_3 \tag{1.1-5}$$

确定全部格子。这里 n_1、n_2、n_3 均为包括零的任意整数。同样,由基矢 $\boldsymbol{a}_1$、$\boldsymbol{a}_2$、$\boldsymbol{a}_3$ 作边可构成一平行六面体,这就是三维布拉菲格子的原胞,原胞体积与每个格点在空间平均占有的体积相等,每个原胞内只包含一个格点。

值得注意的是,基矢 $\boldsymbol{a}_1$、$\boldsymbol{a}_2$、$\boldsymbol{a}_3$ 的选择并不是唯一的。从图 1.1-1 中很容易看出,选取

a_1' 或 a_1'' 都与 a_1 一样满足基矢的要求,例如 a_1' 与 a_2 构成的原胞面积和 a_1 与 a_2 构成的完全相同。显然这是布拉菲格子的周期性的必然结果。如果没有周期性,每个格点所平均占据的空间就不一定相同。通常对于一个给定的布拉菲格子,其基矢往往有已经约定的选取方法以克服任意性带来的困难,下一节中将给出一些具体的例子。

1.2 几种典型的晶格结构

组成晶体的原子(这里为简单计,也包括原子实或离子)在空间作周期性的排列,当然同上节介绍的格点一样,也形成一种格子;这种由具体原子而非抽象格点排成的格子称作晶格。原子在晶格中的排列方式就是晶体结构,或称晶格结构。世界上存在无数晶体材料,也就存在各式各样的晶格结构,具体都表现为不同的基排列在不同的布拉菲格子上。本节将通过一些典型的晶格结构使我们对此有一具体的印象。

通常将晶格分成简单格子与复式格子两种。如果基中只包含一个原子则为简单格子。显然此时晶格即为一布拉菲格子。换言之,简单格子必为布拉菲格子,而原胞中也只包含一个原子。如果基中包括的原子数不止一个,则称为复式格子。设基中包含 n 个原子,由于代表基的格点在空间重复排成某种布拉菲格子,则基中每一个原子也相应地在空间重复排成相同的布拉菲格子,我们称其为子晶格。因此,这种晶体结构可看作 n 个相同的子晶格复合而成。子晶格都是布拉菲格子,除其中的原子可以不同外彼此相同。不同的子晶格相互在空间有一定的相对平行移动,子晶格间的这种相对穿套移动与基中相应原子间的相对位置相同。可以想到,此时每个原胞中必包含 n 个原子。

一、简 立 方 结 构

简立方结构如图 1.2-1 所示。在边长为 a 的立方体的每个顶角处都有一原子占据。原胞的 3 个基矢 a_1、a_2、a_3 长度相等,方向垂直,各自构成立方体的 3 条边,可表示为

$$\begin{cases} a_1 = e_1 a \\ a_2 = e_2 a \\ a_3 = e_3 a \end{cases} \tag{1.2-1}$$

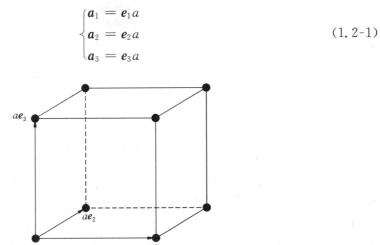

图 1.2-1 简立方结构

其中 e_1、e_2、e_3 为沿立方体边的单位矢量，a 为立方体边长，称作晶格常数，也是这一结构中最近邻原子之间的距离。显然简立方结构为一简单格子，或者说简立方是一种布拉菲格子，因为不难看出其中任何一个格点都是等价的。设想我们处于任何一个格点或原子的位置观察其上下、前后、左右，看到的环境都是完全相同的，只需想象晶体是图示原胞在 3 个相互垂直的方向无限延伸即可。虽然在自然界中几乎没有哪一种简单格子的晶体，其中原子按简立方排列，却有不少复式格子的晶体可以看作是由简立方结构的子晶格穿套而成的，下面将介绍的氯化铯结构即为一典型的例子。

二、氯化铯型结构

氯化铯晶体的原胞形状也是一个立方体，如图 1.2-2 所示。基矢也是 3 个沿立方体边长的矢量。与简立方的区别在于，如果立方体顶角为氯离子占据，则在立方体的中心——称为体心的位置上存在一个铯离子。具有类似于图 1.2-2 的结构，即在立方体顶角与体心处存在不同的离子的晶体，统称为具有氯化铯型结构。CsBr、TlCl、TlI 等化合物具有氯化铯型结构。不难看到，在图 1.2-2 的情形，氯离子构成一个子晶格；铯离子也构成一个相同的子晶格。它们都是简立方布拉菲格子，只不过后者相对于前者有沿立方体对角线方向一半对角线长度的相对移动。换言之，这是由两个简立方穿套而成的。如果取某一顶角处的氯离子与位于体心的铯离子组成基，并将其连线上的某一点选做基的代表点即格点的位置，例如取其中心或重心，则格点排成的布拉菲格子也就是简立方格子。这时(1.1-1)式就表现为

氯化铯型晶格 ＝ 两个不同种离子组成的基＋简立方格子

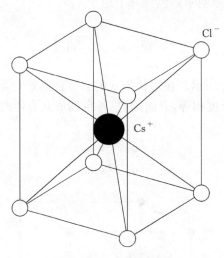

图 1.2-2 氯化铯结构

现在不难看出，每个原胞内包含一个基，其中包含的原子数即为子晶格的数目。我们还可以看出，基中包含的原子是不等价的，在现在的情形，氯离子与铯离子当然不同，是显而易见的。其实，这是基的必要条件，如果基中含有等价的原子或离子，即如果它们周围的情况都一致，则必可将基划分成更小的重复单元，即能找到更小的名副其实的基，使其中所包含的原子或离子都不等价。

4

三、体心立方结构

如果在氯化铯型结构中立方体的顶角与体心均为同种原子所占据,则形成体心立方结构,如图 1.2-3 所示。碱金属与铁、铬、钼等金属材料具有体心立方结构。在这些材料中,金属原子实(以下简作原子)占据立方体顶角与体心的位置。

值得注意的是,与氯化铯结构不同,体心立方是一种布拉菲格子,因为位于顶角和体心上的同种原子是完全等价的,它们具有完全相同的周围环境,只要注意实际晶体乃是图示立方单元的无限重复延伸。因此在这种结构中基只包含一个原子,而不像氯化铯中基是由位于顶角和体心的两个不同种类的离子构成。但是图 1.2-3 的立方单元中包含了两个原子,每个顶角原子为 8 个相邻的立方单元所共有,即立方单元包含了两个基,因此并不是原胞,原胞基矢也不沿立方体的边。通常将体心立方结构的原胞基矢取成如下形式:

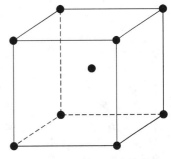

图 1.2-3　体心立方结构

$$\begin{cases} \boldsymbol{a}_1 = \dfrac{a}{2}(-\boldsymbol{e}_1 + \boldsymbol{e}_2 + \boldsymbol{e}_3) \\[2mm] \boldsymbol{a}_2 = \dfrac{a}{2}(\boldsymbol{e}_1 - \boldsymbol{e}_2 + \boldsymbol{e}_3) \\[2mm] \boldsymbol{a}_3 = \dfrac{a}{2}(\boldsymbol{e}_1 + \boldsymbol{e}_2 - \boldsymbol{e}_3) \end{cases} \qquad (1.2\text{-}2)$$

这里 a 与 $\boldsymbol{e}_1$、$\boldsymbol{e}_2$、$\boldsymbol{e}_3$ 的意义和(1.2-1)式相同。实际上,上式所表达的 3 个基矢正好是从一个体心到 3 个相邻的顶角的矢量,如图1.2-4所示,图中画出的平行六面体即体心立方的原胞。

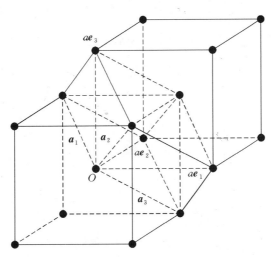

图 1.2-4　体心立方结构的原胞与基矢

由(1.2-2)式知,原胞的体积 $\Omega = \boldsymbol{a}_1 \cdot (\boldsymbol{a}_2 \times \boldsymbol{a}_3) = a^3/2$,恰为立方单元的一半,这与图 1.2-3 所示的立方单元中包含两个原子(或两个基)是一致的。

四、面心立方结构

面心立方结构也可用边长为 a 的立方单元来表示,如图 1.2-5 所示。除去立方体的顶角以外,每个立方体面的中心也为同种原子所占据,而体心上并无原子。根据与上面介绍的

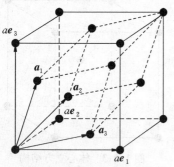

类似的分析,可知面心立方也是一种布拉菲格子,因为处于面心的原子与处于顶角的同种原子是完全等价的。同时,图示立方单元也非这一结构的原胞,因为这一单元中包含了 4 个原子(每个面心原子为两个相邻的立方单元共有)。通常取原胞基矢为

$$\begin{cases} \boldsymbol{a}_1 = \dfrac{a}{2}(\boldsymbol{e}_2 + \boldsymbol{e}_3) \\[2mm] \boldsymbol{a}_2 = \dfrac{a}{2}(\boldsymbol{e}_3 + \boldsymbol{e}_1) \\[2mm] \boldsymbol{a}_3 = \dfrac{a}{2}(\boldsymbol{e}_1 + \boldsymbol{e}_2) \end{cases} \qquad (1.2\text{-}3)$$

图 1.2-5 面心立方结构的原胞与基矢

它们是由一个顶角到同属一个立方单元的 3 个相邻面心的矢量。容易验证由这 3 个基矢围成的原胞(图 1.2-5 中画出的平行六面体)的体积 $\Omega = a^3/4$,符合布拉菲格子原胞基矢的要求。

五、金刚石结构

这是一种典型的、也是极为重要的晶体结构,因为重要的半导体材料锗和硅就具有这种形式的结构。金刚石结构也可以一立方单元表达,如图 1.2-6 所示。我们看到碳原子除去占有立方体的顶角与面心以外,还有 4 个碳原子分别占据四条体对角线上距顶角 $\dfrac{\sqrt{3}}{4}a$ 处,即对角线长度的 $\dfrac{1}{4}$ 处,a 为立方单元边长。图中为清楚起见,我们将这 4 个位于立方单元内部的原子涂黑并用带撇($'$)的字母 A'、B'、C' 与 D' 代表,它们与位于顶角和面心的一样,都是

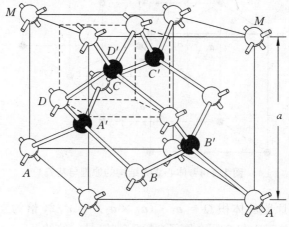

图 1.2-6 金刚石型结构

碳原子。仔细观察图 1.2-6，我们会发现最近邻原子间的距离正好也就是体对角线长度的 1/4，而且每个原子有 4 个最近邻，例如图中 A' 的 4 个最近邻分别是位于顶角的 A 与 3 个位于面心的 B、C、D。它们恰好形成一个正四面体结构，这是金刚石结构的一个突出的特点。金刚石型结构并不是布拉菲格子，因为相邻的两个原子虽然相同却并不等价，例如 A 与 A'。如果位于 A 处沿体对角线向上观察，在 1/4 对角线处有一个原子，即 A'；但如位于 A' 作同样的观察，在体心处并没有原子，可见它们有不同的周围环境，因而是不等价的。晶格中存在不等价的原子必非布拉菲格子。但是金刚石结构中位于立方体顶角与面心的原子却是等价的。同时，位于图 1.2-6 中体对角线上的原子也是彼此等价的，因为它们都可看作立方单元顶角或面心上的原子顺立方对角线 AM 方向平移 1/4 对角线长度而得到。图中的 A'、B'、C' 与 D' 就可分别由 A、B、C 与 D 平移而得到。既然前者互相等价，后者也互相等价。它们各自形成两个相同的子晶格——都是面心立方。整个晶体结构就可看作这两个面心立方子晶格沿立方体对角线平移 1/4 对角线长度相互穿套而成。因此，金刚石结构是一个由两个面心立方布拉菲格子穿套成的复式格子。其基矢可以采用任一子晶格的基矢，亦即 (1.2-3) 式的面心立方的基矢。基则由两个不等价的原子，例如 A 与 A' 组成。不难看出由基矢决定的原胞正好包含一个基，因为 A 在原胞的顶角，而其内部还有一个，也只有一个原子 A'。

六、闪锌矿（立方 ZnS）型结构

如果在图 1.2-6 中，顶角与面心处为硫离子，而在立方单元的内部，即 A'、B'、C' 与 D' 处为锌离子，就形成闪锌矿结构。换言之，闪锌矿结构为由硫离子与锌离子各自构成的面心立方子晶格沿立方体对角线平移 1/4 长度相互错开穿套而成，显然亦为复式格子；其基即由一对硫离子与锌离子组成。重要的 Ⅲ-Ⅴ族与 Ⅱ-Ⅵ族化合物半导体材料都具有闪锌矿型结构。

七、氯化钠型结构

这也是一种子晶格为面心立方的复式格子晶体结构，即其相应的布拉菲格子也是面心立方。如图 1.2-7 所示，互相穿套的两个面心立方子晶格分别由氯离子和钠离子组成，彼此沿立方体边错开 $a/2$ 的距离而穿套，a 为立方体边长。原胞基矢就是面心立方的基矢 (1.2-3)，原胞内包含两个异号离子 Cl^- 与 Na^+，例如图中位于面心的 A 与位于体心的 A'。碱卤族与

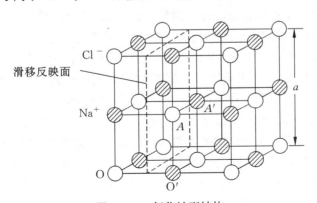

图 1.2-7　氯化钠型结构

部分 Ⅱ-Ⅵ 族化合物以及卤化银多具有氯化钠型晶体结构。

注意：不要将这种结构误视为原胞边长为 $a/2$ 的简立方，因为氯离子与钠离子是不等价的。

八、C_{60} 晶体结构

C_{60} 是 20 世纪 90 年代初发现的由 60 个碳原子结合而成的分子，具有类似于足球形状的笼形结构，如图 1.2-8 所示，分子直径约为 10.9 nm。以 C_{60} 分子作基形成的晶体相应的空间格子是面心立方，每个 C_{60} 分子均位于面心立方的格点上。因此，原则上这是由 60 个面心立方子晶格穿套而成的复式格子，每个原胞内均包含一个 C_{60} 分子。不过在常温下 C_{60} 分子往往绕基中心迅速转动，而不是稳定地位于格点上。

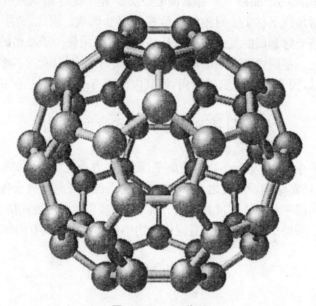

图 1.2-8 C_{60} 分子

九、六角密集结构

一般而言，金属原子在结合成晶体的时候，由于其结合力的特性（见第五章），倾向于形成最近邻原子数比较多的结构形式。例如，碱金属所呈现的体心立方结构，从图 1.2-3 可见每个原子的最近邻就有 8 个原子。常将最近邻原子的数目称为配位数，8 在配位数中位列第二，仅次于最高配位数 12。如果将原子看作刚性球，则配位数为 12 的结构乃是排列得最为紧密、余下空隙最小的结构。在平面上用同样大小的球排成最密集的结构，使相邻球彼此接触，必然是每个球的周围有 6 个最近邻，如图 1.2-9(a) 所示。将此平面上球的整体称为 B 层，并将其中每个球周围的 6 个空隙依次相间标为 A 类空隙与 C 类空隙。在每个 A 类空隙上放置一个相同的球，并在 B 层正下方相同的空隙位置上也安放 3 个球。如此在 B 层上下紧密安放的 6 个球也同中心球紧密接触，形成了 ABA 式的 3 层结构，如图 1.2-9(b) 所示。如果原子按同样的形式在与纸面垂直的方向上排成 $ABAB\cdots\cdots$ 的重复结构，就构成所谓的六角密集,配位数为 12。不少金属,如镁、钴、锌、镉等都具有六角密集型结构。

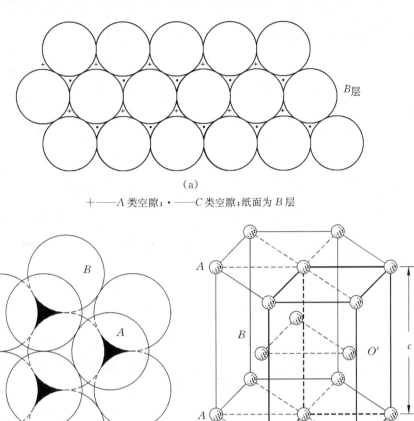

(a)

＋——A 类空隙;·——C 类空隙;纸面为 B 层

(b) ABA 型结构

(c)

图 1.2-9 六角密集结构

如果我们也同前面一样,将六角密集结构画成原子间用短棍相连接的形式,则如图 1.2-9(c)所示。其中粗线画出的是一个垂直棱柱,高为 c,底面为边长 a、夹角 $120°$ 的菱形。这一棱柱正是六角密集的原胞。原胞的顶角都是 A 层原子,而内部有一个 B 层原子 O',位于距底面 $c/2$ 的高度。理想的六角密集结构中 $c/a = \sqrt{8/3}$。不难看出图中 O 与 O' 是不等价的,因此六角密集也是一个复式格子,由分别位于 A 层与 B 层的子晶格沿 OO' 方向穿套而成。子晶格称为简单六角格子。图 1.2-9(c)中所画的原胞也正是 A 层原子构成的子晶格的原胞,原胞中包括两个原子 O 与 O',它们正好构成这一复式格子的基。

有趣的是如果将图 1.2-9(b)中 B 层上方的原子绕通过中心原子的垂直轴线转动 $60°$,使其不处于 A 类空隙,而处于 C 类空隙,即使 B 层上下方的原子层彼此错开 $60°$,如图 1.2-10(a)所示,并在垂直于纸面的方向按如此形成的 ABC 型次序重复排列,就得出了另一种配位数也是 12 的密集结构。其实这正是面心立方结构,因此 $ABCABC$……型密集排列又称立方密集。事实上从图 1.2-5 已不难看出,面心立方的配位数是 12,例如处于原点顶角处的原子正好有 12 个处于面心的原子在其最近邻的位置上,这 12 个面心正好在立方体对角线的

9

方向形成 ABC 型的排列次序,如图 1.2-10(b)所示。这就不难理解许多金属,包括铝、钙、镍、贵金属以及低温下的惰性气体都具有面心立方结构;而铍、镁、钴、锌等具有六角密集结构,因为在这些晶体中每个原子周围倾向于有最多的最近邻原子。

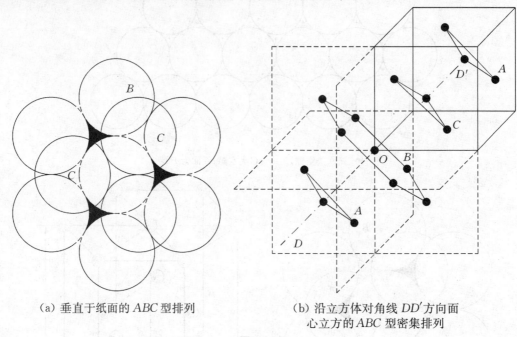

(a) 垂直于纸面的 ABC 型排列　　(b) 沿立方体对角线 DD' 方向面
　　　　　　　　　　　　　　　　　　心立方的 ABC 型密集排列

图 1.2-10

十、纤维锌矿(六角 ZnS)型结构

如同闪锌矿可看作分别由硫离子与锌离子形成的面心立方穿套而成一样,纤维锌矿

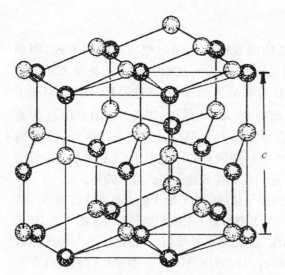

图 1.2-11　纤维锌矿型结构
白球、黑球各自构成一六角密集结构

型结构可以看作是两个分别由硫离子及锌离子构成的六角密集子晶格沿六角轴方向位移 $\frac{3c}{8}$ 穿套而成,c 为沿六角轴的原胞边长,如图 1.2-11所示。值得注意的是,在纤维锌矿型结构中,也像闪锌矿一样,硫离子(或锌离子)周围有 4 个最近邻的锌(或硫)离子,组成正四面体结构。四面体的顶角及中心各为不同种离子占据。由于六角密集已是复式格子,纤维锌矿型结构可看作 4 个简单六角子晶格穿套而成,每个原胞内包含两对离子。Ⅲ族元素的氮化物,如 BN、AlN、GaN、InN 等具有纤维锌矿型结构,是近年引人注目的具有重要应用前景的材料。

10

1.3 晶体的宏观对称性

从上节所列举的一些典型晶体结构,我们已可看出其中的结构单元,例如图1.2-3的立方体或图1.2-9c的六角棱柱都具有一定的对称性。这就不难设想,由这些具有一定对称性的单元在三维空间中重复排列而成的宏观晶体在外形上也会具有相应的对称性。事实上,一个生长发育正常的晶体外形上的对称性在历史上早就为人们所注意;而且早年正是晶体外形上的天然对称使人们推测晶体内部质粒的规则排列,从而奠定了晶体结构学说的基础。不仅如此,晶体内部的规则排列也决定了其宏观物理性质的各向异性和对称性。因此,分析晶体所具有的宏观对称性是固体物理的一项基本内容。

这里我们需要说明的是,实际材料,例如金属建材,往往表现出各向同性。这是因为这些材料往往是多晶,即材料由许多尺寸很小的晶粒组成,在每个晶粒内部原子具有规则排列,而晶粒与晶粒之间的取向却是随机的,从而使每个晶粒所具有的各向异性被掩盖了。这就如同一个大箱子里杂乱地堆满了装满的火柴盒,每盒火柴虽然放置得很整齐,但整体上却很零乱而表现不出任何的规则性。在本书的范围内,如不特殊指明,所谓晶体一律指单晶体,即宏观尺寸的晶体内部具有统一的结构,统一的原子排列规则。

所谓对称性可以用对称操作来描述,例如人体的外表具有左右对称,更明确地说具有镜像对称。设想一直立镜面位于人体中央,则人体外表对此镜面来说左边一半正是右边一半的镜像。又如一六角棱柱,当绕其中心轴转动 $\frac{2\pi}{6}$ 的整数倍时外形不变。这样,我们便可用转动与镜面反映描写这样的对称操作,从而用以描写客体所具有的对称性。

当我们分析晶体可能具有何种对称性,即在何种对称操作作用下晶体外表仍维持不变时,必须注意在对称操作作用下,晶格随晶体一起变化,因此晶格也必须在对称操作的作用下不变或恢复原状。这一条件将影响晶体可能具有的对称操作的种类,反映了周期性对于对称性的制约。下面即介绍晶体可能具有的对称操作。

一、n 度旋转轴

假设纸面上有一列格点,通过 A 点有一垂直于纸面的对称轴,当晶体绕其转动 φ 角后与自身重合。在此对称操作作用下,B 点转至 B' 位置,如图1.3-1所示。由于晶格的周期性,B 点应与 A 点等价,因此在 B 点必也存在一转角为 φ 的垂直对称转轴,而且绕此轴转动

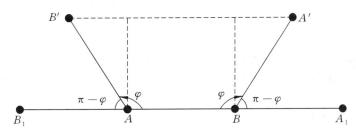

图 1.3-1 周期性对转动操作的限制

$(-\varphi)$角也必然是一对称操作。在此操作作用下,A 点变至 A'。由明显的几何关系得知 $A'B' \ // \ AB$;因而,晶体周期性必然要求 $A'B'$ 为 AB 的整数倍,因为后者为此方向上格点排列的周期。但从图可见

$$A'B' = AB(1 - 2\cos\varphi) \tag{1.3-1}$$

因此
$$1 - 2\cos\varphi = m \tag{1.3-2}$$

式中 m 为整数。由于 $|\cos\varphi| \leqslant 1$,可得到当 m 为 -1、0、1、2、3 时,φ 分别为 $0°$、$60°$、$90°$、$120°$ 和 $180°$。换言之,晶体绕固定轴转动对称操作的转角只可能是 $2\pi/n$ 或其整数倍,而 n 必须是 1、2、3、4 和 6。常将这一类转动对称轴称作 n 度旋转轴,简称 n 度轴。晶体周期性结构限制了只能存在 2 度、3 度、4 度和 6 度旋转对称轴,分别用数字 2、3、4、6 或符号 ⬬、▲、■ 与 ⬢ 代表,显然一个 n 度转轴包含所有转角为 $\frac{2\pi}{n}i$ 的对称操作,i 为任意整数,因为如转动 φ 角使晶格复原,作 i 次转动必也使晶格复原。$n = 1$ 相当于不变,即不施加任何操作,通常也看作一个对称操作。不难看出对于一个立方体而言,对面中心的连线为 4 度轴,不在同一立方面上的平行棱边中点的连线为 2 度轴,而体对角线为 3 度轴。因此,立方体有 3 个 4 度轴,6 个 2 度轴和 4 个 3 度轴,如图 1.3-2(a)所示。

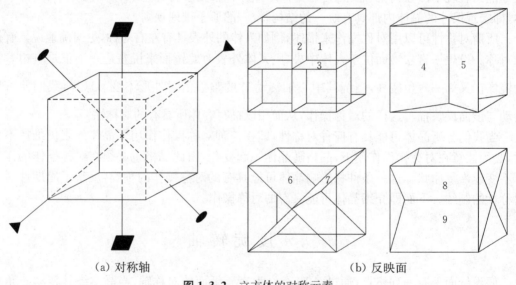

（a）对称轴　　　　　　　　　　（b）反映面

图 1.3-2　立方体的对称元素

二、中心反演和 n 度旋转反演轴

1. 中 心 反 演

使坐标 r 变成 $r' = -r$ 的操作称为对原点的中心反演,如经此操作后晶体与自身重合则为具有中心反演对称,常用字母 i 代表。

2. n 度旋转反演轴

如晶体经绕轴作 n 度旋转与中心反演的复合操作后与自身重合则称其具有 n 度旋转反

演轴对称。晶体由于受周期性的制约，也只可能有 2、3、4 与 6 度旋转反演轴，分别用数字符号 $\bar{2}$、$\bar{3}$、$\bar{4}$ 与 $\bar{6}$ 及象形符号 ⬮、▲、◢ 与 ◀ 表示。必须注意的是：具有 n 度旋转反演轴 $\bar{n}$ 对称的晶体不一定具有 n 度转轴与中心反演这两种对称性，即具有复合操作对称性不一定意味着同时具备构成复合操作的各单一操作的对称性。反之，如具有单一操作的对称性，必具有由它们复合构成的操作的对称性。图 1.3-3 表示出 n 度旋转反演轴 $\bar{n}$ 的对称性。由图可以看出，正四面体具有 $\bar{4}$ 对称；而且，具有 $\bar{3}$ 对称性必同时兼具 3 与 i 对称性，具有 $\bar{6}$ 对称性必同时兼具 3 与 m 对称性。

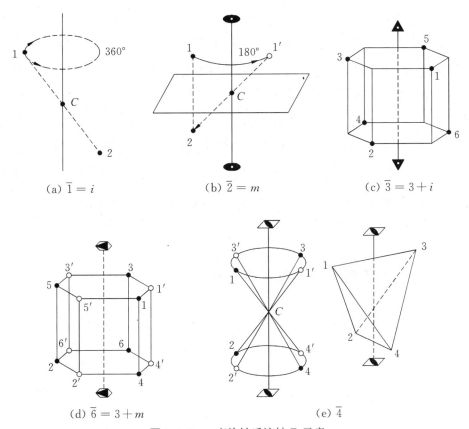

(a) $\bar{1}=i$ (b) $\bar{2}=m$ (c) $\bar{3}=3+i$

(d) $\bar{6}=3+m$ (e) $\bar{4}$

图 1.3-3 n 度旋转反演轴 $\bar{n}$ 示意

三、镜 面 对 称

注意：观察图 1.3-3，立即可以看出对称操作 $\bar{2}$ 其实即为对过原点并垂直于转轴的平面的镜像反映对称。镜面对称是晶体的一类很重要的对称性，用 m 代表。显然 $m=\bar{2}$。图 1.3-2(b) 表示立方体具有的对称镜面的方位。

上面 5 类对称操作，即不变、n 度轴、中心反演、n 度旋转反演轴与镜面，可以按一定的规律组合起来完整地表达晶体的宏观对称。这种组合有一个共同的特点，就是其中所有的对称操作都使晶体中的某一点固定不动，因此常称这种组合为点对称性群，简称点群。例如 3 度转轴与水平反映面以及它们的复合操作构成称为 C_{3h}（或称 $\bar{6}$）的点群，总共包括 6 个对称

13

操作,即不变、3度转动(转动120°与240°)、水平反映面,以及反映面及转动120°与240°的复合操作。这6个对称操作都保持转轴与反映面的交点固定不变。每一个对称操作都称为点群的一个元素,因而点群 C_{3h} 有6个元素。

从微观结构上看,如按照操作后使晶体与自身重合的定义,晶体中尚有下列的螺旋轴与滑移面两类对称性,在这两类操作作用下,晶体中不再有任何固定不动的点存在,因而它们不属于点群操作。

四、螺　旋　轴

如经绕某轴作 n 度旋转再沿转轴方向平移 t 的复合操作后晶体与自身重合则称此复合操作为 n 度螺旋轴,$t = \dfrac{T}{n} j$,T 为转轴方向的晶格周期,j 为某小于 n 的整数。晶体只能有2度、3度、4度和6度螺旋轴。

金刚石结构具有4度螺旋轴对称,相应的 $j = 1$,图 1.3-4(a)表示其位置与操作效果,图中4度螺旋轴用能反映其旋转方向的风车式符号◢ 及◣代表,而数字代表原子的垂直坐标为 $\dfrac{i}{4} a$ ($i = 0, 1, 2, 3$;a 为晶格常数)。例如,在过 A 处的4度螺旋轴作用下,纸面上位于 O 点的一原子经顺时针转动 $2\pi/4$ 后再沿垂直于纸面方向向上移动 $a/4$ 便变为位于 P 点的原子,而如在过 B 点4度螺旋轴作用下 O 点处的原子将变到 Q 点。

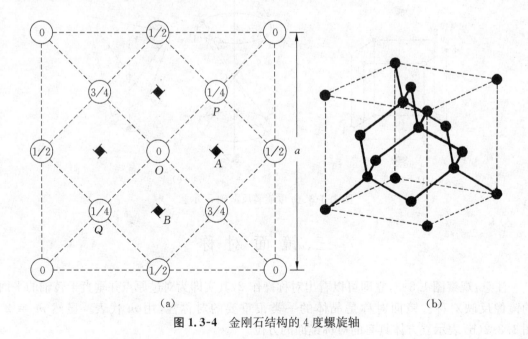

图 1.3-4 金刚石结构的4度螺旋轴

五、滑　移　反　映　面

这是对某一平面作镜像反映后再在平行于镜面的某方向平移 1/2 周期的对称操作。氯化钠型结构就具有滑移反映面对称,镜面平行于立方体的面,位于和立方体面平行的相邻原子面的正当中。图 1.2-7 中用虚线画出的一个平面即为滑移反映面。设想一位于顶角 O 处的氯离子经其反映后变成位于底边中点的 O',该处为一钠离子,但如再在平行于镜面的垂直方向平移 $a/2$,则与面心 A 处的氯离子重合。有趣的是六角密集结构同时具有螺旋轴和滑移反映面这两种对称性。通过六角层面上 3 个相邻原子组成的正三角形的重心并与层面垂直的轴线为一 6 度螺旋轴,相应的平移 $\left(\dfrac{T}{n}j\right)$ 为该方向的半个周期,即 $n=6$,$j=3$。而包含此轴且平行于正三角形底边的平面为滑移反映面,半周期的滑移亦沿螺旋轴方向。读者可自行作图画出六角密集的螺旋轴与滑移反映面所在。应当说明的是对于宏观晶体而言,n 度螺旋轴与 n 度旋转轴是等价的,滑移面与镜面也是等价的,因为在宏观的范围通常观察不到原子间距数量级的平移。

将上面介绍的基本对称操作以及它们的组合再与如(1.1-5)式所表示的平移结合在一起就能描写晶体所有可能的对称性。这类结合共有 230 种,称为空间群;而点群只有 32 种。关于点群与空间群的详细讨论不属本书范围,有兴趣的读者可参阅有关的教材或专著。只是在这里我们已可看出,以(1.1-5)式矢量 $\boldsymbol{R}_n$ 所描写的平移本身也是一种对称性,因为在这种操作作用下晶体必与自身重合。我们早已知道(1.1-5)式是描述晶格周期性的,因此周期性与平移对称性是意义完全一致的两种表达方法。

在本节结束的时候,我们请读者注意,在上节介绍几种典型的晶体结构时,我们都画出其结构单元。这些结构单元明显地都具有较高的对称性。例如图 1.2-3 的体心立方和图 1.2-7 的氯化钠型的结构单元,都是具有很高对称性的立方体。虽然它们在空间的重复排列也的确能形成相应的宏观晶体,这类重复单元并不是原胞,因为其中包括的基的数目大于 1,例如图 1.2-3 的立方单元包括两个基(基只由一个原子构成),而图 1.2-7 则包含 4 个基(每个基由一对异号离子构成)。它们相应的原胞分别是边长由(1.2-2)和(1.2-3)式表示的平行六面体。但是从这两个平行六面体很难想象出晶体所具有的立方型对称性,虽然它们具有最小重复单元的特点。为了兼顾这两方面的需要,通常选取能代表晶体对称性的尽可能小的重复单元,这就是单胞。上节画出的重复单元都是相应结构的单胞。单胞的体积是原胞的整数倍,沿单胞 3 条边的矢量称为单胞的基矢,分别用 $\boldsymbol{a}$、$\boldsymbol{b}$、$\boldsymbol{c}$ 表示,其长度就是我们前面提到的晶格常数。通常只表出不相等的晶格常数,因此立方单胞(包括简立方、体心立方和面心立方)只有一个晶格常数 a,而六角密集则有两个晶格常数,六角层面 A 或 B 上最近邻原子中心之间的距离称为 a,而两个相邻 A 层或相邻 B 层之间的距离为 c,因此 AB 层面间的最短距离就是 $c/2$。

1.2 节中画出的都是有关晶体结构的单胞,为了标记单胞内的原子位置,有时采用这样的方法,即取单胞的一个顶角为原点,其中所有原子的位置都可用下式表示:

$$r = ua + vb + wc \tag{1.3-3}$$

其中 $0 \leqslant u, v, w \leqslant 1$,显然可用 $(u\,v\,w)$ 来标记原子位置。因此氯化铯结构中位于立方单胞体心的原子可标为 $\left(\dfrac{1}{2}\ \dfrac{1}{2}\ \dfrac{1}{2}\right)$,闪锌矿结构中如单胞顶角为一硫原子,则与其相邻的锌原子的位置可标为 $\left(\dfrac{1}{4}\ \dfrac{1}{4}\ \dfrac{1}{4}\right)$,而如氯化钠单胞顶角处为一氯离子,则 $\left(\dfrac{1}{2}\ 0\ 0\right)$、$\left(0\ \dfrac{1}{2}\ 0\right)$、$\left(0\ 0\ \dfrac{1}{2}\right)$ 处均为钠离子,而面心 $\left(\dfrac{1}{2}\ \dfrac{1}{2}\ 0\right)$、$\left(\dfrac{1}{2}\ 0\ \dfrac{1}{2}\right)$、$\left(0\ \dfrac{1}{2}\ \dfrac{1}{2}\right)$ 等处应为氯离子。

1.4 晶列指数与晶面密勒指数

由于晶体的周期性,在晶体内部所有的原子或离子都可以看成位于一系列彼此平行的直线或一组相互平行的平面上。直线称作晶列,平面称为晶面。显然晶列的方向与晶面的方位是十分重要的。事实上在前面的介绍中,我们已经感觉到了这一问题,例如对称轴的方向和对称镜面的方位都需要予以明确标定。通常各用 3 个数字来描写晶列的方向和晶面的方位,分别称作晶列指数与晶面的密勒指数,它们的确定都依赖于晶体单胞的基矢。

一、晶 列 指 数

为简单计,这里针对布拉菲格子介绍。取晶列上的某个原子(或格点)为原点 O,同一列上另一个原子 A 的位置矢量可表示为

$$\overrightarrow{OA} = m'\boldsymbol{a} + n'\boldsymbol{b} + p'\boldsymbol{c} \tag{1.4-1}$$

由于 $\boldsymbol{a}$、$\boldsymbol{b}$、$\boldsymbol{c}$ 并非原胞基矢,m'、n'、p' 并不一定是一组整数,但一定为一组有理数。将其简约成一组互质的整数 m、n、p,即 $m:n:p = m':n':p'$,则可用方括号括起来的 m、n、p 代表此晶列的方向,称为该方向的晶列指数 $[m\,n\,p]$。由此可得立方单胞的 3 条边的指数分别为 $[1\,0\,0]$、$[0\,1\,0]$ 和 $[0\,0\,1]$;面对角线的指数为 $[1\,1\,0]$、$[1\,0\,1]$、$[0\,1\,1]$(这三者正好是沿面心立方原胞 3 条基矢方向的晶列指数)等;而体对角线的指数则为 $[1\,1\,1]$ 等。如指数为负,习惯上将负号写在相应数字的上方,例如立方单胞另外 3 条体对角线的指数即为 $[1\,\bar{1}\,\bar{1}]$、$[\bar{1}\,\bar{1}\,1]$ 和 $[\bar{1}\,1\,1]$。

通常所谓的晶轴方向往往为晶列指数比较简单的方向。

二、密 勒 指 数

密勒指数是应用范围很广的一种标记晶面方位的指数,由如下作法确定:

取单胞顶角为原点,设给定晶面沿单胞 3 条边即基矢 $\boldsymbol{a}$、$\boldsymbol{b}$、$\boldsymbol{c}$ 的轴向截距分别为 $r\boldsymbol{a}$、$s\boldsymbol{b}$ 和 $t\boldsymbol{c}$,将 3 个系数的倒数 $1/r$、$1/s$ 与 $1/t$ 简约成互质的 3 个整数 h、k、l,即 $\dfrac{1}{r}:\dfrac{1}{s}:\dfrac{1}{t} = h:k:l$,则将 h、k、l 置于圆括号内便可标记此晶面的方位,称为密勒指数 $(h\,k\,l)$,而所有与此晶面平行的晶面也都有相同的密勒指数;一族平行的晶面对应同一密勒指数。例如图 1.4-1 中晶面 ABC 沿单胞基矢方向的截距分别为 $4\boldsymbol{a}$、$\boldsymbol{b}$ 和 $\boldsymbol{c}$,系数倒数比为 $\dfrac{1}{4}:1:1 = 1:4:4$,因而其密勒指数即为 $(1\,4\,4)$。同理,晶面 $A'B'C'D'$ 的截距为 $2\boldsymbol{a}$、$4\boldsymbol{b}$ 与 $\infty \boldsymbol{c}$,因而其密勒指数为 $(2\,1\,0)$;而晶面 EFG 的密勒指数则应为 $(\bar{2}\,\bar{6}\,3)$。这里与晶列指数一样,将负指数的符号置于数字上方。显然立方单胞的 3 个面的密勒指数分别为 $(1\,0\,0)$、$(0\,1\,0)$ 与 $(0\,0\,1)$,而通过其 3 个基矢顶端的晶面为 $(1\,1\,1)$ 面。应该指出,这里所讨论的是用某一个具体晶面确定密勒指数,因此不能由通过原点的晶面来确定晶面族的密勒指数。我们通常

关心的是一组平行晶面的共同方位,而非某一个特定晶面的具体位置,所以密勒指数为 $(h\,k\,l)$ 的晶面族包括指数为 $(\bar{h}\,\bar{k}\,\bar{l})$ 的晶面,也包括通过原点而与之平行的晶面。有时由于所研究的问题的性质和对称性,不同指数的晶面族是等价的,我们可以用一花括号来表示。例如,$\{1\,0\,0\}$ 可以代表立方对称晶体的 $(1\,0\,0)$、$(0\,1\,0)$ 与 $(0\,0\,1)$ 3 组等价的晶面族,而 $\{1\,1\,1\}$ 则可概括立方晶体的 $(1\,1\,1)$,$(1\,\bar{1}\,\bar{1})$,$(\bar{1}\,1\,\bar{1})$ 与 $(\bar{1}\,\bar{1}\,1)$ 4 组等价晶面族。值得注意的是,对于具有立方对称性的晶体,指数相同的晶列与晶面族是相互垂直的。例如晶列 $[1\,1\,1]$ 和晶面族 $(1\,1\,1)$ 相互垂直。不过这一关系并无普遍意义。一般而言,低指数的晶列与晶面都是比较重要的,图 1.4-2 表示立方晶体的重要的晶列与晶面。

对于复式格子,其晶列指数与密勒指数可针对任一子晶格确定。

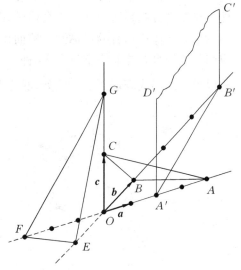

图 1.4-1 密勒指数

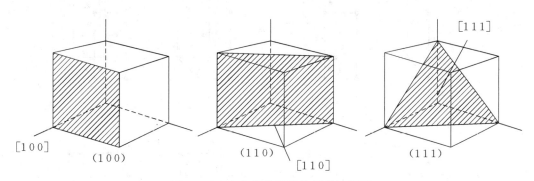

图 1.4-2 立方晶体重要的晶列与晶面

1.5 晶 系

本节介绍布拉菲格子的种类。我们已经知道布拉菲格子可以由 (1.1-5) 式的格矢所确定。基矢 a_1、a_2 和 a_3 之间的关系,即其长度的异同和彼此间的夹角决定了不同的布拉菲格子的类型。前面我们已经看到晶体在宏观对称操作作用下,其空间格子必相应地变动。因此,布拉菲格子的形式,即 3 个基矢之间的关系必然受到宏观对称性的制约。例如,设想 3 个基矢互相垂直的布拉菲格子在沿 a_3 方向有一 4 度旋转对称轴 4,必然有 $a_1 = a_2$。换言之,晶体所具有的宏观对称性与其对应的布拉菲格子之间应有彼此协调相互制约的关系。我们在 1.3 节中已经介绍了周期性,即空间格子对于对称性的制约,结果是只能有 32 种点群晶体对称性。反过来,点对称性对于空间格子的周期性即平移对称性的限制的结果是只能存在 14 种布拉菲格子。它们又可进一步划分成 7 类,每一类称为一个晶系。7 个晶系与 14

种布拉菲格子列于表 1.5-1,同时列出与每一个布拉菲格子相容的点对称性群供读者参考。图 1.5-1 中画出的是 14 种布拉菲格子的单胞,可以清楚地看出不同格子具有不同的对称性。显然立方晶系所包括的 3 个格子,即简立方、体心立方与面心立方具有最高的对称性,即一个立方体所具有的对称性。前面提到的凡是具有立方对称性的晶体都属于立方晶系。应当强调的是布拉菲格子只有 14 种。有一些粗看不同的格子其实都只是图 1.5-1 中的一种以另外的形式表现而已。例如,底心四角其实正是晶格常数 a 改为 $a/\sqrt{2}$ 的简单四角。

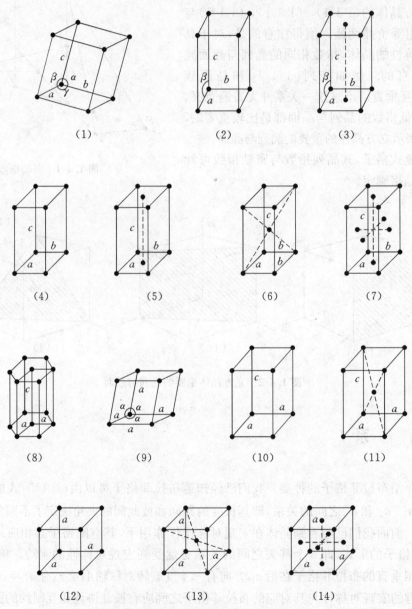

图 1.5-1　14 种布拉菲格子的单胞

(1)简单三斜,(2)简单单斜,(3)底心单斜,(4)简单正交,(5)底心正交,(6)体心正交,(7)面心正交,(8)六角,(9)三角,(10)简单四角,(11)体心四角,(12)简立方,(13)体心立方,(14)面心立方

表 1.5-1　七大晶系

晶　　系	对　称　性　点　群		对　称　操　作　数
	国　际　符　号	熊　夫　利　符　号	
三　　斜 （简单三斜）	1 $\bar{1}$	C_1 $C_i(S_2)$	1 2
单　　斜 （简单单斜、底心单斜）	2 m $2/m$	C_2 $C_s(C_{1h})$ C_{2h}	2 2 4
正　　交 （简单正交、底心正交、 体心正交、面心正交）	222 $mm2$ mmm	$D_2(V)$ C_{2v} $D_{2h}(V_h)$	4 4 8
三　　角	3 $\bar{3}$ 32 $3m$ $\bar{3}2/m$	C_3 $C_{3i}(S_6)$ D_3 C_{3v} D_{3d}	3 6 6 6 12
四　　角 （简单四角、体心四角）	4 $\bar{4}$ $4/m$ 422 $4mm$ $\bar{4}2m$ $4/mmm$	C_4 S_4 C_{4h} D_4 C_{4v} $D_{2d}(V_d)$ D_{4h}	4 4 8 8 8 8 16
六　　角	6 $\bar{6}$ $6/m$ 622 $6mm$ $\bar{6}m2$ $6/mmm$	C_6 C_{3h} C_{6h} D_6 C_{6v} D_{3h} D_{6h}	6 6 12 12 12 12 24
立　　方 （简立方、体心立方、 面心立方）	23 $m3$ 432 $\bar{4}32$ $m3m$	T T_h O T_d O_h	12 24 24 24 48

　　同时从图 1.5-1 中我们还能看出，对于同一晶系中不同的布拉菲格子，尽管原胞基矢各不相同，可单胞基矢 a、b 和 c 却是相同的，严格说来是指单胞的 3 个基矢间有相似的关系。例如，立方晶系中 3 种布拉菲格子的单胞基矢都是 $a = e_1a$、$b = e_2a$、$c = e_3a$，a 为晶格常数，e_1、e_2、e_3 为沿单胞边长的单位矢量。又如，无论是简单四角还是体心四角，单胞基矢都是 $a = e_1a$，$b = e_2a$，$c = e_3c$，a 与 c 为四角晶系的晶格常数。

　　对于六角晶系，1.4 节中介绍的密勒指数 $(h\,k\,l)$ 有时采用 4 个指数 $(h\,k\,\bar{i}\,l)$ 的形式表达，其中 $i = h + k$。通常六角结构用 4 个基矢 a_1、a_2、a_3 与 c 描写，a_i 均位于六角面内且

$a_3 = -(a_1 + a_2)$，即彼此交角 $120°$，c 与六角面垂直。六角单胞为一菱形棱柱，由 a_1、a_2 和 c 决定，但增加 a_3 更易体现六角对称。如同其他密勒指数一样，4 个指数分别相对于 a_1、a_2、a_3 和 c 确定，显然 4 个指数并不独立，而有 $i = h + k$。

图 1.5-2 给出具有各个点群宏观对称性的天然晶体的实例。

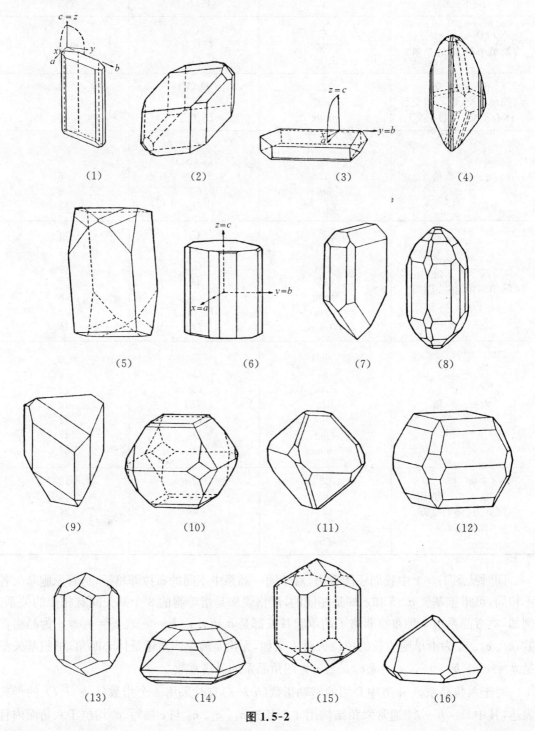

图 1.5-2

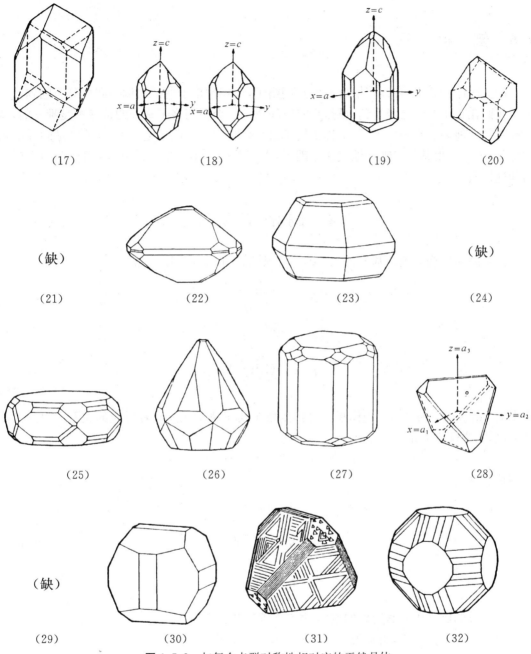

图 1.5-2 与每个点群对称性相对应的天然晶体

(1) C_1：氨基乙基乙醇胺酒石酸盐晶体；　(2) C_i：斧石晶体；　(3) C_2：乙二胺酒石酸盐晶体；　(4) C_s：斜晶石晶体；　(5) C_{2h}：辉石晶体；　(6) D_2：罗息盐晶体；　(7) C_{2v}：菱锌矿晶体；　(8) D_{2h}：黄玉晶体；(9) S_4：理想化的砷硼钙石晶体；　(10) C_4：钼铅矿晶体；　(11) D_{2d}：黄铜矿晶体；　(12) D_4：硫酸镍晶体；　(13) C_{4h}：方柱石晶体；　(14) C_{4v}：羟铜铅矿晶体；　(15) D_{4h}：金红石晶体；　(16) C_3：高碘酸钠晶体；　(17) C_{3i}：透视石晶体；　(18) D_3：左旋和右旋石英晶体；　(19) C_{3v}：电气石晶体；　(20) D_{3d}：方解石晶体；　(21) C_{3h}：缺；　(22) D_{3h}：蓝锥矿晶体；　(23) C_6：霞石晶体；　(24) D_6：缺　(25) C_{6h}：磷灰石晶体；　(26) C_{6v}：红锌矿晶体；　(27) D_{6h}：绿玉晶体；　(28) T：溴酸钠右旋晶体；　(29) O：缺；　(30) T_h：黄铁矿晶体；　(31) T_d：闪锌矿晶体；　(32) O_h：方铅矿晶体

21

1.6 倒 格 子

研究固体物理学,在许多情形要用到倒格子,要在倒格子所处的倒空间里分析问题。

我们在 1.1 节里已经看到,虽然真实空间里的一个空间格子基矢的选择不是唯一的,基矢却能唯一地确定空间格子(以下称正格子,以区别于倒格子)。这对倒格子也是同样适用的,倒格子也可由其基矢唯一地表达。因此,本节首先给出倒格子的基矢,然后介绍倒格子的其他性质。

一、倒 格 子 基 矢

设某晶体结构原胞的基矢为 a_1、a_2、a_3,则倒格子基矢的定义如下:

$$\begin{cases} b_1 = \dfrac{2\pi(a_2 \times a_3)}{\Omega} \\[2mm] b_2 = \dfrac{2\pi(a_3 \times a_1)}{\Omega} \\[2mm] b_3 = \dfrac{2\pi(a_1 \times a_2)}{\Omega} \end{cases} \tag{1.6-1}$$

式中 $\Omega = a_1 \cdot (a_2 \times a_3)$ 为原胞体积。可见倒格子与正格子之间有着对应的关系。以立方晶系为例,如为简立方结构,

$$a_1 = e_1 a, \ a_2 = e_2 a, \ a_3 = e_3 a$$

则倒格子基矢为

$$\begin{cases} b_1 = e_1 \dfrac{2\pi}{a} \\[2mm] b_2 = e_2 \dfrac{2\pi}{a} \\[2mm] b_3 = e_3 \dfrac{2\pi}{a} \end{cases} \tag{1.6-2}$$

可见简立方的倒格子在其所处的空间(称倒空间)也是简立方。

对于面心立方结构,由基矢(1.2-3)按(1.6-1)式得

$$\begin{cases} b_1 = \dfrac{2\pi}{a}(-e_1 + e_2 + e_3) \\[2mm] b_2 = \dfrac{2\pi}{a}(e_1 - e_2 + e_3) \\[2mm] b_3 = \dfrac{2\pi}{a}(e_1 + e_2 - e_3) \end{cases} \tag{1.6-3}$$

对比(1.2-2)式可知,面心立方的倒格子乃是一体心立方,同理可得心立方的倒格子基矢为

$$\begin{cases} \boldsymbol{b}_1 = \dfrac{2\pi}{a}(\boldsymbol{e}_2 + \boldsymbol{e}_3) \\[2mm] \boldsymbol{b}_2 = \dfrac{2\pi}{a}(\boldsymbol{e}_3 + \boldsymbol{e}_1) \\[2mm] \boldsymbol{b}_3 = \dfrac{2\pi}{a}(\boldsymbol{e}_1 + \boldsymbol{e}_2) \end{cases} \tag{1.6-4}$$

乃为一倒空间的面心立方格子的基矢。

另外,由(1.6-1)式可知,倒格子只由正格子原胞基矢确定,而与具体正格子空间中的晶体结构究竟是布拉菲格子还是复式格子无关。复式格子系由若干相同的布拉菲格子穿套而成,此复式格子的倒格子也就是此布拉菲格子的倒格子。例如,复式格子金刚石型结构与氯化钠型结构的倒格子都是面心立方的倒格子——倒空间的体心立方;而氯化铯型结构的倒格子则为倒空间的简立方。因此,便无所谓复式倒格子。(1.6-1)式还表明倒空间中"长度"的量纲为真实空间(正空间)长度量纲的倒数,这也正是倒格子或倒空间这一术语的由来。

二、正、倒格子间的关系

正、倒格子之间还存在着下面的一些关系。

(1) 倒格子基矢与正格子原胞基矢间有如下关系:

$$\boldsymbol{a}_i \cdot \boldsymbol{b}_j = \begin{cases} 2\pi & (i = j) \\ 0 & (i \neq j) \end{cases} \tag{1.6-5}$$

式中 $i, j = 1、2、3$。由倒格子基矢的定义公式(1.6-1),可直接得到上式。

(2) 除去一因子 $(2\pi)^3$,倒格子原胞体积与正格子原胞体积互为倒数。

令 Ω^* 为倒格子原胞体积,

$$\Omega^* = \boldsymbol{b}_1 \cdot (\boldsymbol{b}_2 \times \boldsymbol{b}_3) \tag{1.6-6}$$

将(1.6-1)式代入,利用矢量之间的关系

$$\boldsymbol{u} \times (\boldsymbol{v} \times \boldsymbol{w}) = \boldsymbol{v}(\boldsymbol{u} \cdot \boldsymbol{w}) - \boldsymbol{w}(\boldsymbol{u} \cdot \boldsymbol{v})$$

并取 $\boldsymbol{u} = \boldsymbol{b}_2$,$\boldsymbol{v} = \boldsymbol{a}_1$,$\boldsymbol{w} = \boldsymbol{a}_2$,即可得

$$\Omega^* = (2\pi)^3 / \Omega \tag{1.6-7}$$

像正格子一样,倒格子也是由倒格点在倒空间排列而成。显然 Ω^* 也正是任一倒格点在倒空间中平均占据的"体积"。在倒空间中选择一倒格点作为原点,则任一倒格点的位置均可由倒格矢

$$\boldsymbol{K} = h_1' \boldsymbol{b}_1 + h_2' \boldsymbol{b}_2 + h_3' \boldsymbol{b}_3 \tag{1.6-8}$$

表达,这里 h_1'、h_2'、h_3' 均为包括零的整数。

(3) 倒格矢

$$\boldsymbol{K}_{h_1 h_2 h_3} = h_1 \boldsymbol{b}_1 + h_2 \boldsymbol{b}_2 + h_3 \boldsymbol{b}_3 \tag{1.6-9}$$

与面指数为 $(h_1 h_2 h_3)$ 的晶面正交。这里所谓的面指数 $(h_1 h_2 h_3)$ 并非密勒指数,但同样可用

来标记晶面或晶面族的方位。面指数与密勒指数的差别在于后者建筑在单胞基矢 $\boldsymbol{a}$、$\boldsymbol{b}$ 和 $\boldsymbol{c}$ 上，而前者则由原胞基矢 $\boldsymbol{a}_1$、$\boldsymbol{a}_2$ 和 $\boldsymbol{a}_3$ 确定。如一晶面在原胞基矢 $\boldsymbol{a}_1$、$\boldsymbol{a}_2$ 和 $\boldsymbol{a}_3$ 上的截距分别为 $r_1\boldsymbol{a}_1$、$r_2\boldsymbol{a}_2$ 和 $r_3\boldsymbol{a}_3$，则将 $\frac{1}{r_1}$、$\frac{1}{r_2}$ 和 $\frac{1}{r_3}$ 简约成互质的整数即成 h_1、h_2 与 h_3，即

$$h_1 : h_2 : h_3 = 1/r_1 : 1/r_2 : 1/r_3 \tag{1.6-10}$$

显然对于"简单"布拉菲格子，例如简单四角、简单正交和简立方结构，由于单胞即原胞，面指数 $(h_1\,h_2\,h_3)$ 就是其密勒指数 $(h\ k\ l)$。否则，一般而言，两者并不一致。例如，面心立方布拉菲格子中，密勒指数为（１１０）的晶面，其面指数并非（１１０）而是（１１２）。

现设如图 1.6-1，MNP 为晶面族 $(h_1\,h_2\,h_3)$ 中的一个晶面，其在原胞基矢 $\boldsymbol{a}_1$、$\boldsymbol{a}_2$、$\boldsymbol{a}_3$ 方向的截距分别为 $\overrightarrow{OM}$、$\overrightarrow{ON}$ 与 $\overrightarrow{OP}$。

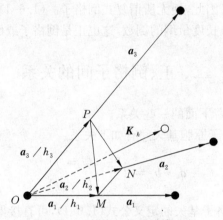

图 1.6-1　倒格矢与晶面族正交

根据面指数的定义，由(1.6-10)式可以认为

$$\begin{cases} \overrightarrow{OM} = \dfrac{\alpha}{h_1}\boldsymbol{a}_1 \\[2mm] \overrightarrow{ON} = \dfrac{\alpha}{h_2}\boldsymbol{a}_2 \\[2mm] \overrightarrow{OP} = \dfrac{\alpha}{h_3}\boldsymbol{a}_3 \end{cases} \tag{1.6-11}$$

α 为一比例系数。由此

$$\overrightarrow{MN} = \alpha\left(\frac{\boldsymbol{a}_2}{h_2} - \frac{\boldsymbol{a}_1}{h_1}\right)$$

$$\overrightarrow{MP} = \alpha\left(\frac{\boldsymbol{a}_3}{h_3} - \frac{\boldsymbol{a}_1}{h_1}\right)$$

由(1.6-9)式与(1.6-5)式，

$$\boldsymbol{K}_{h_1h_2h_3} \cdot \overrightarrow{MN} = (h_1\boldsymbol{b}_1 + h_2\boldsymbol{b}_2 + h_3\boldsymbol{b}_3) \cdot \alpha(\boldsymbol{a}_2/h_2 - \boldsymbol{a}_1/h_1) = 0$$

同理

$$\boldsymbol{K}_{h_1h_2h_3} \cdot \overrightarrow{MP} = 0$$

上两式表明倒格矢 $\boldsymbol{K}_{h_1 h_2 h_3}$ 与平面 MNP 垂直,亦即沿面指数为 $(h_1\, h_2\, h_3)$ 的晶面的法线方向。

仔细分析可以发现,对于布拉菲格子,(1.6-11)式中的 α 乃一整数,并且如果不计通过原点的平面而沿倒格矢 $\boldsymbol{K}_{h_1 h_2 h_3}$ 或任一正格子原胞基矢方向逐一数晶面族中的平面,则 α 即为平面 MNP 的序数。换言之,与原点相邻的平面 $\alpha = \pm 1$,或者说晶面族 $(h_1\, h_2\, h_3)$ 中的晶面恰将原胞基矢 $\boldsymbol{a}_1$、$\boldsymbol{a}_2$ 和 $\boldsymbol{a}_3$ 分别截成相等的 h_1、h_2、h_3 段。

实际上,对于布拉菲格子,考虑晶面族 $(h_1\, h_2\, h_3)$ 中任意晶面上的某格点,设其位矢为 $\boldsymbol{R}$,可表为

$$\boldsymbol{R} = l_1 \boldsymbol{a}_1 + l_2 \boldsymbol{a}_2 + l_3 \boldsymbol{a}_3 \tag{1.6-12}$$

由 1.1 节知这里 l_1、l_2 与 l_3 必均为整数。由(1.6-9)式可知,$\boldsymbol{R}$ 与倒格矢 $\boldsymbol{K}_{h_1 h_2 h_3}$ 的标量积必为 2π 与某整数 i 的乘积。但由于 $\boldsymbol{K}_{h_1 h_2 h_3}$ 与晶面族正交,这对该晶面上的任意点(并不一定是格点)$\boldsymbol{r}$ 都是适用的,即应有

$$\boldsymbol{K}_{h_1 h_2 h_3} \cdot \boldsymbol{r} = 2\pi i \tag{1.6-13}$$

上式其实即为该晶面的平面方程。

取晶面族 $(h_1\, h_2\, h_3)$ 中通过 3 个基矢 $\boldsymbol{a}_1$、$\boldsymbol{a}_2$ 和 $\boldsymbol{a}_3$ 顶端的平面,各平面上任意点的位矢分别用 $\boldsymbol{r}_1$、$\boldsymbol{r}_2$ 和 $\boldsymbol{r}_3$ 代表,由上面的讨论可知,

$$\begin{cases} \boldsymbol{K}_{h_1 h_2 h_3} \cdot \boldsymbol{r}_1 = \boldsymbol{K}_{h_1 h_2 h_3} \cdot \boldsymbol{a}_1 = 2\pi h_1 \\ \boldsymbol{K}_{h_1 h_2 h_3} \cdot \boldsymbol{r}_2 = \boldsymbol{K}_{h_1 h_2 h_3} \cdot \boldsymbol{a}_2 = 2\pi h_2 \\ \boldsymbol{K}_{h_1 h_2 h_3} \cdot \boldsymbol{r}_3 = \boldsymbol{K}_{h_1 h_2 h_3} \cdot \boldsymbol{a}_3 = 2\pi h_3 \end{cases} \tag{1.6-14}$$

现取此晶面族中最靠近原点的平面,设其与基矢的交点为 M'、N'、P'。注意,布拉菲格子中晶面族 $(h_1\, h_2\, h_3)$ 所包含的所有晶面是平行等距的,并且 M'、N'、P' 处同一平面,我们可由以上两式推知

$$\begin{cases} \boldsymbol{K}_{h_1 h_2 h_3} \cdot \overrightarrow{OM'} = 2\pi h_1 / n_1 = 2\pi\mu \\ \boldsymbol{K}_{h_1 h_2 h_3} \cdot \overrightarrow{ON'} = 2\pi h_2 / n_2 = 2\pi\mu \\ \boldsymbol{K}_{h_1 h_2 h_3} \cdot \overrightarrow{OP'} = 2\pi h_3 / n_3 = 2\pi\mu \end{cases} \tag{1.6-15}$$

这里 n_1、n_2 与 n_3 均为整数,它们正是晶面族中的晶面将相应基矢截成的段数。由于 M'、N' 与 P' 处于同一晶面,它们的位矢都满足(1.6-13)式,故 h_1/n_1、h_2/n_2 和 h_3/n_3 必为同一整数 μ。但按定义 h_1、h_2 和 h_3 本身为互质整数,因此,必然有 $n_1 = h_1$、$n_2 = h_2$ 和 $n_3 = h_3$;否则 μ 即为 h_1、h_2、h_3 的公约数,所以 $\mu = 1$,从而得到

$$\boldsymbol{K}_{h_1 h_2 h_3} \cdot \overrightarrow{OM'_1} = \boldsymbol{K}_{h_1 h_2 h_3} \cdot \overrightarrow{ON'} = \boldsymbol{K}_{h_1 h_2 h_3} \cdot \overrightarrow{OP'} = 2\pi \tag{1.6-16}$$

由此我们得出一个十分有趣的结果。如果一晶面族中某晶面的方程可表示为(1.6-13)式,则该晶面即为距原点的第 i 个晶面。从而我们又可得到关于倒格矢的另一个性质。

（4）$\boldsymbol{K}_{h_1 h_2 h_3}$ 与布拉菲格子面指数为 $(h_1\, h_2\, h_3)$ 的晶面族 $(h\, k\, l)$ 的面间距 $d_{h_1 h_2 h_3}$ 有如下关系:

$$d_{h_1 h_2 h_3} = 2\pi / |\boldsymbol{K}_{h_1 h_2 h_3}| \tag{1.6-17}$$

设晶面族 $(h_1\, h_2\, h_3)$ 中晶面 $M'N'P'$ 与原点相邻,即 $i = 1$,根据面间距的定义,该晶面族的面

间距 $d_{h_1 h_2 h_3}$ 即为原点到平面 $M'N'P'$ 的距离，所以

$$d_{h_1 h_2 h_3} = \overrightarrow{OM'} \cdot \boldsymbol{K}_{h_1 h_2 h_3} / \mid \boldsymbol{K}_{h_1 h_2 h_3} \mid \tag{1.6-18}$$

必须强调指出的是，在大多数情形下，人们习惯用密勒指数($h\,k\,l$)标记晶面。因此，在应用(1.6-18)式由倒格矢求面间距时，必须首先求出密勒指数为($h\,k\,l$)的晶面族的面指数($h_1\,h_2\,h_3$)。前面已指出，对于"简单"布拉菲格子，两者之间并无差异，而对除单胞顶角而外，还在体心、面心、底心等处存在格点的非简单布拉菲格子，则必须进行相应的换算。例如，对于体心立方晶格，其换算关系为

$$\begin{cases} h_1' = \dfrac{1}{2}(-h+k+l) \\[2mm] h_2' = \dfrac{1}{2}(h-k+l) \\[2mm] h_3' = \dfrac{1}{2}(h+k-l) \end{cases} \tag{1.6-19}$$

而对面心立方晶格，其换算关系为

$$\begin{cases} h_1' = \dfrac{1}{2}(k+l) \\[2mm] h_2' = \dfrac{1}{2}(l+h) \\[2mm] h_3' = \dfrac{1}{2}(h+k) \end{cases} \tag{1.6-20}$$

再将 h_1'、h_2' 和 h_3' 简约成互质整数，即得 h_1、h_2 和 h_3。因此，对面心立方晶格，密勒指数为(1 0 0)的晶面，其面指数为(0 1 1)，由(1.6-17)式算得其面间距为 $a/2$。

为明确起见，今后如不特别指明，晶面指数一律指密勒指数。同时应予注意的是，上面关于面间距的计算仅适用于布拉菲格子。对于由布拉菲格子穿套而成的复式格子，应当对具体的晶体结构进行仔细分析，而不能简单套用(1.6-17)式。例如对氯化铯结构，(1 0 0)面族面间距显然应为 $a/2$；而金刚石结构的(1 1 1)面族则有两个面间距，分别为 $\dfrac{\sqrt{3}}{4}a$ 和 $\dfrac{\sqrt{3}}{12}a$，表现出更为复杂的情况。

1.7 二维晶体结构

自 20 世纪 60 年代以来，晶体表面的物理和化学性质及其应用越来越受到科技界的关注，甚至有人将表面视为一类重要的材料。因此，表面结构的分析测定也已发展成为一门分支学科。本节将介绍有关表面结构的基本概念。

表面是体相材料与真空或大气的分界，属于二维体系。由于原子排列的周期性在垂直于表面的方向被切断，位于表面处的原子与其近邻的相互作用和体内不同，从而影响原子之间的平衡距离，于是表面附近沿垂直、平行于表面方向的原子排列就可能异于体内的情形。

同时由于晶体表面暴露于环境之中,还会吸附外来的原子和分子,这些都使表面形成独特的结构。

一、理想的二维周期性结构

与三维结构相似,表面原子排列也具有一定的对称性和周期性,可用二维空间格子——网格来描写。网格也可由二维原胞或单胞的基矢来确定。一共有5种二维布拉菲格子,可划分成4个晶系,如图1.7-1和表1.7-1所示。

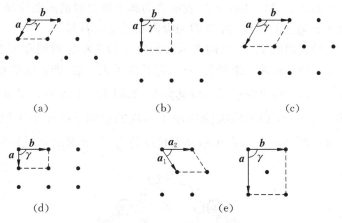

(a)　　　　　　　　(b)　　　　　　　　(c)

(d)　　　　　　　　(e)

图1.7-1　二维布拉菲格子

(a)斜方,(b)正方,(c)六角,(d)简单长方,(e)中心长方

表1.7-1　二维布拉菲格子和晶系

网 格 形 状	符 号	单胞基矢	晶 系
一般的平行四边形 (斜方)	P	$a \neq b$ $\gamma \neq 90°$	斜 方
矩 形	P C(中心)	$a \neq b$ $\gamma = 90°$	长 方
正 方	P	$a = b$ $\gamma = 90°$	正 方
60°角的菱形	P	$a = b$ $\gamma = 120°$	六 角

可见除去矩形网格以外,二维斜方、正方与六角晶系都只有一种布拉菲格子。

二、弛 豫 与 重 构

表面附近垂直于表面的面间距与体内的差别称为弛豫。多数弛豫只表现在最表层原子与次表层原子之间的距离下降,但也有弛豫牵涉多层且面间距交替下降、增加甚至更为复杂的情形。

半导体由于其独特的原子间相互作用，往往使最表层原子排列的周期性与体内不同，称为重构。表面吸附外来原子、分子也会形成吸附物的重构。重构可由表面层的网格单胞基矢 a_s 和 b_s 与理想结构的二维单胞基矢 a、b 之间的关系来描写。一般前者长度是后者的整数倍，而且在多数情形彼此方向平行，但也不乏表层单胞相对于其体相结构转过某一角度或单胞基矢长度的比并非整数的情形。表面重构常用如下符号描写：

$$\mathrm{R}(h\,k\,l)\ \frac{|\boldsymbol{a}_s|}{|\boldsymbol{a}|}\times\frac{|\boldsymbol{b}_s|}{|\boldsymbol{b}|}-\alpha-\mathrm{D}$$

其中 R 为体相材料的化学符号，$\mathrm{R}(h\,k\,l)$ 表示表面属于该材料的晶面族 $(h\,k\,l)$；α 代表 $\boldsymbol{a}_s$ 相对于 $\boldsymbol{a}$ 或 $\boldsymbol{b}_s$ 相对于 $\boldsymbol{b}$ 转过的角度；而 D 则为吸附物的化学符号。

著名的硅(1 1 1)表面的 7×7 重构表示为 Si(1 1 1) 7×7，说明在 Si 的(1 1 1)表面，单胞基矢与硅体相(1 1 1)晶面的二维基矢平行，但长度扩大 7 倍，即表面单胞的面积为体内的 49 倍。Si(1 1 1) 7×7 重构的原子排列极其复杂，如图 1.7-2 所示。又如，Ni(0 0 1) $\sqrt{2}\times\sqrt{2}-45°-\mathrm{S}$ 则代表镍(0 0 1)表面吸附硫原子形成的重构。硫原子排列的单胞相对于镍(0 0 1)表面的二维单胞转过 45°，而单胞基矢长度则为 Ni 表面的 $\sqrt{2}$ 倍，如图 1.7-3 所示。

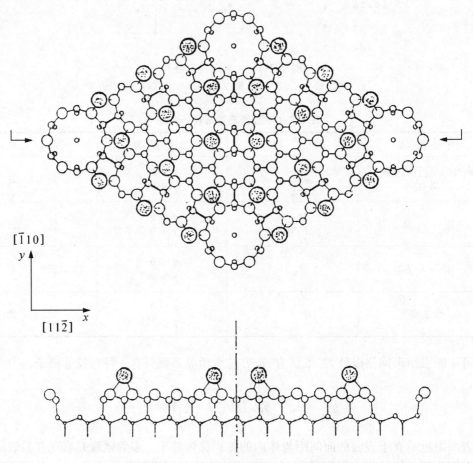

图 1.7-2 Si(1 1 1) 7×7 重构表面的原子排列，圆圈半径反映其所代表的原子到表面的距离

28

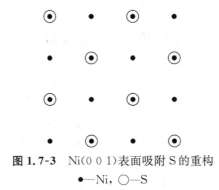

图 1.7-3 Ni(0 0 1)表面吸附 S 的重构

●—Ni, ○—S

事实上,表面上的弛豫与重构往往会同时出现,而且两者之间还有密切的关系,增加了表面结构的复杂性。

三、二 维 倒 格 子

与三维情形一样,二维倒格子也由其基矢 b_1 和 b_2 确定,而 b_1 和 b_2 也是由二维正空间原胞基矢 a_1 和 a_2 确定的。除去中心长方以外,a_1、a_2 即图 1.7-1 中的 a、b。根据定义,

$$\begin{cases} b_1 = 2\pi(a_2 \times n^0)/S \\ b_2 = 2\pi(n^0 \times a_1)/S \end{cases} \tag{1.7-1}$$

式中 n^0 为垂直于二维平面的无量纲单位矢量,而 $S = |a_1 \times a_2|$ 为二维原胞面积。由

$$K = h_1 b_1 + h_2 b_2 \tag{1.7-2}$$

代表的倒格点的阵列即构成二维倒格子,h_1 与 h_2 为包括零的任意整数。二维正、倒格子间的关系也与三维的情形相似,例如正倒格子基矢间也有类似于(1.6-5)式的关系:

$$\begin{cases} a_1 \cdot b_1 = a_2 \cdot b_2 = 2\pi \\ a_1 \cdot b_2 = a_2 \cdot b_1 = 0 \end{cases} \tag{1.7-3}$$

这里指数 $(h_1 h_2)$ 的决定类似于面指数,即选取晶列中的一直线,由其在基矢 a_1 和 a_2 上的截距 $r_1 a_1$ 和 $r_2 a_2$ 出发,将 $\frac{1}{r_1}$ 与 $\frac{1}{r_2}$ 约化成互质整数,即得 h_1 与 h_2。这就是说,二维晶列指数与三维面指数相对应,因此应注意其与三维情形的晶列指数有不同的含义。

1.8 确定晶体结构的方法

晶体中质粒的周期性排列可以作为波长与晶格周期数量级相当的 X 射线的衍射光栅。根据衍射图样可以推断出晶体结构。这一思想在 20 世纪初首先为劳厄提出。根据这一学说,X 射线结晶学迅速发展成熟,在 20 世纪的前半叶已完满地解决了体相晶体结构的测定。本节首先介绍 X 射线衍射测定体相结构的原理。

一、劳厄方程与布拉格公式

X射线是电磁波,当入射到晶体原子上时,由于和原子中电子的相互作用而遭受散射。在结构分析中,我们只考虑弹性散射的情形,即入射波与散射波的波数或波长相同。另外,由于通常样品与X射线束斑的线度同样品到X射线源及探测器的距离相比甚小,可以近似地认为入射束与沿某方向的散射束均为平行光,如图1.8-1所示。为明确起见,假设讨论布拉菲格子对X射线的散射。考察沿 S_0 方向入射的单色X射线被位于原点 O 及 P 的两个格点所散射的情形。由图可见,对于沿 S 方向的散射束而言,由 O、P 两个格点所散射的射线的程差为

$$\Delta = AO + BO \tag{1.8-1}$$

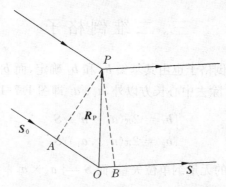

图 1.8-1　布拉菲格子对 X 射线的散射

但是

$$AO = -\boldsymbol{R}_P \cdot \boldsymbol{S}_0, \quad BO = \boldsymbol{R}_P \cdot \boldsymbol{S}$$

$\boldsymbol{R}_P$ 为格点 P 的格矢,$\boldsymbol{S}_0$ 与 $\boldsymbol{S}$ 均为单位矢量。由此

$$\Delta = \boldsymbol{R}_P \cdot (\boldsymbol{S} - \boldsymbol{S}_0) \tag{1.8-2}$$

由 O 与 P 发出的沿 S 方向的散射波干涉加强的条件是

$$\boldsymbol{R}_P \cdot (\boldsymbol{S} - \boldsymbol{S}_0) = m\lambda \tag{1.8-3}$$

λ 为波长,m 为整数。(1.8-3)式称为劳厄方程。引进入射波矢 $\boldsymbol{k}_0 = \dfrac{2\pi}{\lambda}\boldsymbol{S}_0$ 与散射波矢 $\boldsymbol{k} = \dfrac{2\pi}{\lambda}\boldsymbol{S}$,可将劳厄方程改写为

$$\boldsymbol{R}_P \cdot (\boldsymbol{k} - \boldsymbol{k}_0) = 2\pi m \tag{1.8-4}$$

晶体对X射线的衍射极大出现在从所有格点发出的散射波都是干涉加强的方向,即对所有的格点上式均应成立。容易看出,$(\boldsymbol{k} - \boldsymbol{k}_0)$ 为倒空间中的矢量,而一个与所有格矢的标积均为 2π 的整数倍的倒空间的矢量必为一倒格矢,因此得到

$$\boldsymbol{k} - \boldsymbol{k}_0 = n\boldsymbol{K}_{h_1 h_2 h_3} \tag{1.8-5}$$

式中 n 为一整数,而 $\boldsymbol{K}_{h_1 h_2 h_3}$ 由(1.6-9)式表达,系该方向最短的倒格矢。上式可用作图来表示,如图 1.8-2 所示。由图可见,衍射波矢似乎沿入射束对某一镜面 M 的反射方向,该镜面与 $n\boldsymbol{K}_{h_1 h_2 h_3}$ 亦即与 $\boldsymbol{K}_{h_1 h_2 h_3}$ 垂直,可见面 M 平行于面指数为 $(h_1\ h_2\ h_3)$ 的晶面族,这正是熟知的布拉格反射。事实上由(1.8-5)式可直接导得布拉格反射公式。在图 1.8-2 中,令入射波矢 $\boldsymbol{k}_0$ 与平面 M 的交角为 θ,则有

$$2k\sin\theta = n\mid \boldsymbol{K}_{h_1 h_2 h_3}\mid \tag{1.8-6}$$

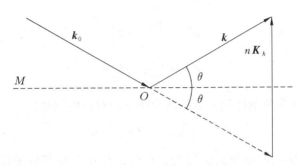

图 1.8-2 布拉格反射——衍射波矢 $\boldsymbol{k}$ 和入射波矢 $\boldsymbol{k}_0$ 的关系

代入 $k = 2\pi/\lambda$ 以及(1.6-17)式,即得布拉格反射公式

$$2d_{h_1 h_2 h_3}\sin\theta = n\lambda \tag{1.8-7}$$

而 n 正是衍射级次。这里我们看出劳厄方程与布拉格反射公式在确定衍射极大方向上是完全等价的。不过,应当特别强调的是,切勿将布拉格反射与任何几何光学中的镜面反射相混淆,因为其本质是波动光学中的衍射极大,是来自晶体内部所有格点的散射波干涉加强的表现,决不限于任何表面过程。何况,实际晶体的表面可以完全不属于公式中所出现的晶面族。

总之,从上面的原理性讨论我们可以看出,晶体对 X 射线的衍射会在空间的某些方向出现衍射极大;或者说,如我们用感光底片来记录衍射结果,会在底片上得到分立的衍射斑点。显然如果晶体结构不同,这些斑点的分布也不同。反过来,分析斑点所组成的衍射图样就能推断出晶体结构。这正是 X 射线结构分析的基本原理。然而,在实际工作中还必须分析衍射束的强度。事实上,(1.8-5)式中的 $\boldsymbol{K}_{h_1 h_2 h_3}$ 是由(1.6-9)式规定的,因此如不限于布拉菲格子,这里的所谓格点其实即代表一个基。每个格点对入射线的散射作用要决定于基本身的结构,即基是由哪几种、哪几个原子组成的,它们在空间的相对位置如何。计算衍射强度首先要计算基对入射束的散射,即基中各个原子的散射束彼此间的干涉作用,这样才能得到前面讨论中的某个格点,如图 1.8-1 中位于 O 或 P 的格点的散射波振幅。这一振幅一般是会随方向而改变的,即在空间全部 4π 立体角内有一定的分布。最后将所有格点沿衍射极大方向的散射波按振幅矢量相加,才能得到衍射束的振幅,从而最后可得衍射束的强度。因此,即使在同一幅衍射图中不同的衍射束斑的强度往往也并不相同,甚至有的束斑还可能消失。(1.8-5)式或(1.8-7)式只给出由周期性决定的可能出现衍射极大的条件,至于格点本身对入射束散射的具体情况并不涉及,因而仅根据此两式并不能由实验上的衍射结果分析得出具体的晶体结构。只有具体考虑每个格点所代表的基散射作用的细节,即基中各原子散射波之间的干涉,原则上才能由实验得出的、具有强度分布的衍射图样推出正确的晶体结构。

这里应指出的是,按照上面的讨论,每一个衍射斑点均可由一组指数(nh_1, nh_2, nh_3)标记,这里h_1、h_2、h_3恰为布拉格反射面的面指数而n为衍射级次。但正如前面提到的,人们习惯用密勒指数(hkl)标记晶面,于是衍射束也相应地用指数(nh, nk, nl)来标记,称为衍射面指数。前面已经指出,密勒指数是相对于单胞基矢a、b、c而确定的;相应的倒格子基矢为a^*、b^*和c^*,其定义也类似于$(1.6-1)$式,即

$$\left. \begin{aligned} a^* &= \frac{2\pi}{v} b \times c \\ b^* &= \frac{2\pi}{v} c \times a \\ c^* &= \frac{2\pi}{v} a \times b \end{aligned} \right\} \tag{1.8-8}$$

其中,$v = a \cdot (b \times c)$为单胞体积。与晶面族(hkl)对应的倒格矢

$$K_{hkl} = ha^* + kb^* + lc^* \tag{1.8-9}$$

也是沿晶面族(hkl)的法向最短的倒格矢。在所谓简单布拉菲格子(即格子名称前有"简单"二字的格子,如简单正交、简单四角、简立方等)的情形,前面关于衍射面指数的讨论完全适用,并无额外的麻烦,因为单胞即原胞,a、b、c即a_1、a_2、a_3,因而面指数$(h_1 h_2 h_3)$与密勒指数(hkl)完全一样。但对所谓非简单布拉菲格子(即格子名称前冠以底心、面心、体心等字样)的情形,由于原胞基矢不同于单胞基矢,一般$(h_1 h_2 h_3)$与(hkl)并不一致。不过此时原则上仍可当成简单布拉菲格子来处理而沿用前面的讨论结果,只需将不在单胞顶角处的格点与顶角处的格点一起组成"基",从而使非简单布拉菲格子当成简单布拉菲格子穿套成的复式格子,而单胞也就成为原胞。于是在上面的讨论中,面指数也就可直接代之以密勒指数。这里的"基"与普通基的区别在于"基"中的原子都是等价的,而普通基中的原子,如前所述,不论是否属同一种元素,都是不等价的。具体以体心立方为例,由于其并非简立方,这是一个非简单布拉菲格子,但这里当成一由位于单胞的顶角O及位于体心$\left(\frac{1}{2} \frac{1}{2} \frac{1}{2}\right)$处的原子组成"基"的简立方结构。此时任意倒格矢可表示为$K_{h'k'l'} = h'a^* + k'b^* + l'c^* = 2\pi(h'e_1 + k'e_2 + l'e_3)/a = n\frac{2\pi}{a}(he_1 + ke_2 + le_3) = nK_{hkl}$,这里$(hkl)$为晶面族的密勒指数。现设在某一方向出现和简立方相应的满足劳厄方程的布拉格反射束$(h'k'l')$,并设沿此方向的原子散射波的幅度为f。"基"中的两个原子,即位于立方晶胞顶角与体心的原子的散射波沿此衍射方向的位相差为

$$\delta = R \cdot K_{h'k'l'} \tag{1.8-10}$$

而$R = \frac{a}{2}(e_1 + e_2 + e_3)$,如图1.8-3所示。因而,"基"中两原子散射幅度的总和应表示为

$$F = f(1 + e^{i\delta}) = f[1 + e^{in\pi(h+k+l)}] \tag{1.8-11}$$

晶体衍射束强度I应与F的模的平方成比例,即

$$\begin{aligned} I_{h'k'l'} \alpha \mid F \mid^2 &= f^2\{(1 + \cos\delta)^2 + \sin^2\delta\} \\ &= f^2\{[1 + \cos\pi(nh + nk + nl)]^2 + \sin^2\pi(nh + nk + nl)\} \end{aligned} \tag{1.8-12}$$

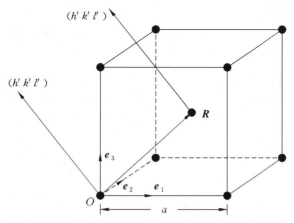

图 1.8-3 散射波与体心立方的"基"原子

上式表明衍射面指数决定了衍射束斑的强度。显然,对于体心立方的布拉菲格子,凡是衍射面指数之和 $n(h+k+l)$ 为奇数的衍射束强度为零,即此束斑消失。因此,对于具有体心立方结构的铁晶体,将看不到指数为(0 0 1)的衍射束。同样可以推断,对面心立方布拉菲格子也将观察不到衍射面指数部分为偶数、部分为奇数的衍射束斑。当然,如晶体本身为复式格子结构,则如前所述仍必须计及基中不同原子对 X 射线散射的振幅与位相的差别,即计及来自各布拉菲子晶格之间的衍射束的干涉。

(1.8-11)式的 F 有时称为体心立方布拉菲格子的几何结构因子,一定的晶体结构有与之对应的几何结构因子,其一般定义为

$$F(\boldsymbol{K}_{h'k'l'}) = \sum_j f_j \mathrm{e}^{\mathrm{i}\boldsymbol{K}_{h'k'l'}\cdot\boldsymbol{r}_j} \tag{1.8-13}$$

求和遍及单胞中的所有原子;$\boldsymbol{r}_j$ 为第 j 个原子的坐标,常用单胞基矢表出,即 $\boldsymbol{r}_j = u_j\boldsymbol{a} + v_j\boldsymbol{b} + w_j\boldsymbol{c}$;$f_j$ 为第 j 个原子与 $\boldsymbol{K}_{h'k'l'}$ 相应的散射波,即波矢与入射波矢相差 $\boldsymbol{K}_{h'k'l'}$ 的散射波的振幅;而 $\boldsymbol{K}_{h'k'l'}$ 为给定晶体结构对应的简单布拉菲格子的倒格矢,例如金刚石结构或氯化钠结构,所对应的简单布拉菲格子都是简立方。

二、低能电子衍射决定表面结构

X 射线衍射所以能测定体相晶体材料的结构,是因为它能深入甚至穿透全部晶体,使晶体中的每个原子或离子都能参与对入射束线的散射而对衍射结果作出贡献;而这又是由于原子对 X 射线的散射本领比较小的缘故。然而,在测定体相结构时的这一优点却使 X 射线难以用来作为确定表面结构的有效手段。如要测定表面结构,需要散射束均来自处于表面附近的原子,而不能受到来自内层原子的干扰。在这一方面,原子对 X 射线散射本领小就成了缺点,必须代之以原子对其散射本领甚大,因而入射晶体时不能深入内部的射束。低能电子束恰好能满足这一要求。而且能量为 100 eV 左右的低能电子,其波长为 0.1 nm 的数量级,正好与原子排列周期相同,从而使低能电子衍射(LEED)成为确定表面结构的有力工具。但是低能电子容易为原子散射的优点却如影随形地带来了新的麻烦。正因为原子对低能电子散射本领大,电子受到原子散射的机会多,当其入射到晶体表面后往往要经历多次散

射才能脱离晶体而成为可探测的衍射束,不像 X 射线往往只经受一次散射就会逸出晶体。低能电子在晶体表面的这种多重散射现象使得由具体的衍射测量推断出实际表面结构的过程极为复杂,必须借助于高速电子计算机才能实现。这也是利用 LEED 作表面结构分析在 20 世纪 60 年代以后才得到迅猛发展的原因之一。图 1.8-4 为具有正方格子表面(例如面心立方(1 0 0)面)的 LEED 图,1.8-4(a)为 (1×1),即理想或清洁表面的 LEED 图,而 1.8-4(b) 为 (2×2) 结构。值得注意的是,在正空间中(2×2)结构表面原胞的尺寸为(1×1) 结构的两倍,而在 LEED 图上重构结构所形成的衍射斑点间的距离却缩成 (1×1) 结构的一半。从(1.8-5)式我们可以想到,衍射束斑的分布其实是与倒空间中倒格点的分布相对应的,而图 1.8-4(a)上的衍射斑点都可对应于(1.7-2)式所代表的正方格子的倒格点。对于正方格子,b_1 与 b_2 长度相等,方向垂直。图 1.8-4 表明,正空间中长度之间的关系反映到倒空间里也恰好倒过来,长的变短,小的变大,图(b)相对于图(a)而言出现了一些"额外"的衍射斑点,显然这是表面重构的反映。这些斑点如用 b_1 与 b_2 的线性组合表示,系数都是分数,例如与原点 O 最近的 4 个斑点分别与倒空间里的 4 个点 $\pm\frac{1}{2}b_1$ 和 $\pm\frac{1}{2}b_2$ 相对应,称为分数衍射束。

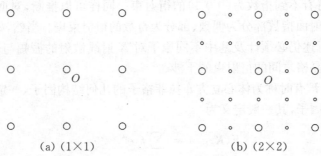

(a) (1×1)   (b) (2×2)

图 1.8-4　正方格子表面的 LEED 图

三、扫描隧道显微术确定原子级表面结构

用衍射方法只能探测周期性的结构,即长程序,因为需要大范围内有序排列的格点产生相干散射,这样才能形成足够强度的可观察的衍射束。因而对于存在于表面的局域性结构,例如局部缺陷或吸附物的探测,衍射方法是无能为力的。20 世纪 80 年代初扫描隧道显微镜(STM)的发明实现了以原子级分辨本领观察表面局部结构的重大突破,成为新一代表面结构测定的重要手段。扫描隧道显微镜是由宾尼希(G. Binnig)和罗勒(H. Rohrer)两人作出的一项荣获诺贝尔物理学奖殊荣的杰出发明。至目前为止,不仅其应用范围已远远超出物理学界而成为生物学家和化学家的重要实验手段,例如利用 STM 成功地看到了苯环与脱氧核糖核酸(DNA)的双螺旋结构;而且其作用也大大超出显微观察的范围而发展成为一门分支学科——扫描隧道显微术。然而,作为扫描隧道显微镜的核心部分——针尖及其工作原理却十分简单。图 1.8-5 中示意地画出扫描隧道显微镜的金属针尖 T 及待测导电样品 S。根据量子力学的隧道穿透原理,如果在 T 与 S 之间加上一定的电压,则当彼此间的距离降低到 0.1 nm 的数量级时,就会有隧道电流从样品流向针尖或从针尖流向样品(取决于电压的极性)。如果我们使针尖沿样品表面作二维扫描,并且使隧穿电流保持恒定的数值,

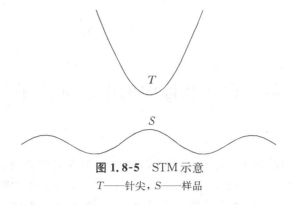

图 1.8-5 STM 示意

T——针尖，S——样品

则在样品凸出处必须使针尖上升,而在表面凹陷处必须使针尖下降;换言之,针尖 T 在空间的高度变化就反映出样品表面的形貌。精确记录 T 的空间位置就能"看"出表面形貌。由于隧道电流对针尖样品间距离极为敏感,使观察的垂直分辨本领可达 0.001 nm 数量级,其沿样品表面的水平分辨本领亦可达 0.1 nm 的数量级。注意到原子的尺寸也在 0.1 nm 上下就可知道 STM 是一项具有原子级分辨本领的观察工具。通常 STM 的水平扫描范围在几到几十纳米的尺寸,因而可以将任何局域性的结构"看"得一清二楚。而且这种观察是在正空间进行的,不像衍射方法得到的是倒空间的图像,因而结果更易于分析、理解。事实上,前面提到的 Si(1 1 1) 7×7 结构,早在 1959 年即为 LEED 实验所发现,然而其具体的原子排列细节一直争议不断,众说纷纭。直到 1985 年日本的高柳根据 STM 的观察提出了正确的结构模型,才为科学界普遍认可,从而了结了这桩拖延了逾四分之一个世纪的公案。图 1.8-6 为用 STM 观察到的热解石墨表面的碳原子排列状况,其原子级的分辨本领一目了然。

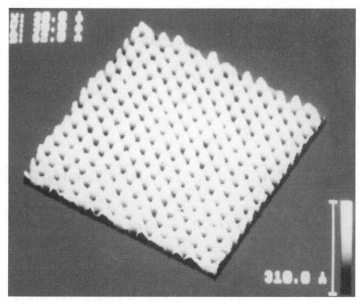

图 1.8-6 热解石墨表面的 STM 像

第二章 晶体中的电子和声子

第一章介绍的晶体中原子或离子在晶格中的位置并不是任何时刻的实际位置,而只是它们的平均位置或称平衡位置。以铝为例,在任何有限温度,铝原子并不总处于面心立方的格点,而是围绕着格点并以格点作为平衡位置作幅度甚小的振动。这种晶体中的原子的振动称为晶格振动。晶格振动的含义是,格子本身固定不动,而格子中的原子则在格点附近往复振动。这是晶体中的原子的主要运动形式,通常用所谓"声子"的概念来描述。晶体中原子的价电子不再属于单个原子,而是可以在全部晶体范围中运动。由于失去价电子的原子实的周期性排列,而每个原子实都对价电子产生静电库仑作用,价电子实际上处于周期性的势场之中。固体的许多宏观性质都与价电子和声子的状态以及它们之间的相互作用有关。通常分析价电子的状态时,认为原子实处在格点位置或平衡位置,因而势场具有周期性,而将晶格振动对价电子状态的影响归结为电子-声子间的相互作用。

2.1 布洛赫定理

根据量子力学,要了解晶体中电子的运动,需求解定态薛定谔方程

$$\left[-\frac{\hbar^2}{2m}\nabla^2+V(\boldsymbol{r})\right]\Psi(\boldsymbol{r})=E\Psi(\boldsymbol{r}) \tag{2.1-1}$$

式中 m 为电子质量;

$$\nabla^2=\frac{\partial^2}{\partial x^2}+\frac{\partial^2}{\partial y^2}+\frac{\partial^2}{\partial z^2} \tag{2.1-2}$$

为拉普拉斯算符; $-\frac{\hbar^2}{2m}\nabla^2$ 代表电子的动能算符; $V(\boldsymbol{r})$ 为周期性势场,具有晶格的平移对称性,即满足

$$V(\boldsymbol{r}+\boldsymbol{R}_n)=V(\boldsymbol{r}) \tag{2.1-3}$$

其中 $\boldsymbol{R}_n$ 为任何格矢,

$$\boldsymbol{R}_n=n_1\boldsymbol{a}_1+n_2\boldsymbol{a}_2+n_3\boldsymbol{a}_3 \tag{2.1-4}$$

$\boldsymbol{a}_1$、$\boldsymbol{a}_2$、$\boldsymbol{a}_3$ 为原胞基矢,n_1、n_2、n_3 为整数;E 与 $\Psi(\boldsymbol{r})$ 分别为电子的本征能量与波函数。尽管这里的讨论都假定原子位于格点的平衡位置,具体求解(2.1-1)式仍然不是一件容易的事情,因为 $V(\boldsymbol{r})$ 往往具有比较复杂的形式。但我们可以根据(2.1-3)式一般地分析波函数 $\Psi(\boldsymbol{r})$ 应当具备的性质,这就是本节的内容。

值得指出的是,采用(2.1-1)式讨论固体中的电子状态称为单电子近似,因为我们把每个电子的运动都看作独立的、处在所有离子实以及其他电子的平均势场组成的、具有晶格周期性的等效势场 $V(r)$ 之中。在下面的讨论中,为简单起见,我们将针对一维情形。此时,如将(2.1-1)式简化成

$$\hat{H}\Psi(x) = E\Psi(x) \tag{2.1-5}$$

其中

$$\hat{H} = -\frac{\hbar^2}{2m}\frac{\mathrm{d}^2}{\mathrm{d}x^2} + V(x) \tag{2.1-6}$$

就是一维哈密顿算符,而 $V(x)$ 即为一维周期性势场,满足条件

$$V(x+a) = V(x) \tag{2.1-7}$$

式中 a 为晶格周期。

一、晶体波函数是哈密顿算符与平移算符共同的本征函数

现在我们就比较特殊的情形来证明晶体波函数 $\Psi(x)$ 应具有的性质,即 $\Psi(x)$ 是非简并的情形,不会有两个或两个以上的波函数对应于同一能量。为此,我们引进平移算符 $\hat{T}_n$,其作用于任何函数 $f(x)$ 上的结果是使坐标 x 平移 n 个周期,

$$\hat{T}_n f(x) = f(x+na) \tag{2.1-8}$$

立即可以看出,平移算符 $\hat{T}_n$ 与哈密顿算符 $\hat{H}$ 对易,即对于任意函数 $f(x)$:

$$\hat{T}_n \hat{H} f(x) = \hat{H} \hat{T}_n f(x) \tag{2.1-9}$$

实际上,由(2.1-6)式,

$$\hat{T}_n \hat{H} f(x) = \hat{T}_n \left\{ \left[-\frac{\hbar^2}{2m}\frac{\mathrm{d}^2}{\mathrm{d}x^2} + V(x) \right] f(x) \right\}$$

$$= \left[-\frac{\hbar^2}{2m}\frac{\mathrm{d}}{\mathrm{d}(x+na)}\frac{\mathrm{d}}{\mathrm{d}(x+na)} + V(x+na) \right] f(x+na)$$

$$= \left[-\frac{\hbar^2}{2m}\frac{\mathrm{d}^2}{\mathrm{d}x^2} + V(x) \right] \hat{T}_n f(x) \tag{2.1-10}$$

最后一个式子是由于(2.1-7)式、(2.1-8)式以及

$$\frac{\mathrm{d}}{\mathrm{d}(x+na)} f(x) = \frac{\mathrm{d}}{\mathrm{d}x} f(x)$$

再代入(2.1-6)式,即得(2.1-9)式。

根据量子力学的基本原理,$\hat{T}_n$ 与 $\hat{H}$ 对易,它们应有共同的本征函数。因此 $\Psi(x)$ 必然应具有 $\hat{T}_n$ 的本征函数所具有的性质。为此我们进一步考察算符 $\hat{T}_n$,显然

$$\hat{T}_n \hat{T}_m f(x) = \hat{T}_n f(x+ma) = f[x+(n+m)a]$$

而

$$\hat{T}_{n+m} f(x) = f[x+(n+m)a]$$

这里 $f(x)$ 为任意函数,从而得到

$$\hat{T}_n\hat{T}_m = \hat{T}_{n+m} \tag{2.1-11}$$

无疑

$$\hat{T}_n\hat{T}_m = \hat{T}_m\hat{T}_n \tag{2.1-12}$$

即平移算符彼此对易。于是,所有的由(2.1-8)式规定的平移算符都有共同的本征函数,令其为 $\Psi(x)$,满足

$$\hat{T}_n\Psi(x) = \lambda_n\Psi(x) \tag{2.1-13}$$

$$\hat{T}_m\Psi(x) = \lambda_m\Psi(x) \tag{2.1-14}$$

$$\hat{T}_n\hat{T}_m\Psi(x) = \lambda_n\lambda_m\Psi(x) \tag{2.1-15}$$

而

$$\hat{T}_{n+m}\Psi(x) = \lambda_{n+m}\Psi(x) \tag{2.1-16}$$

这里 λ 为相应的本征值。因此,由(2.1-11)式可知,本征值 λ 具有如下性质:

$$\lambda_{n+m} = \lambda_n\lambda_m \tag{2.1-17}$$

可见 λ_n 具有指数形式

$$\lambda_n = e^{i\theta_n} \tag{2.1-18}$$

而 θ_n 应与平移成线性关系。可令

$$\theta_n = kna \tag{2.1-19}$$

k 为比例系数。为使 θ_n 具有确定值,我们采用所谓的"周期性边界条件"。

二、周期性边界条件

在上面的讨论中,均假定晶体是无限的。然而,实际的晶体总是有限的,例如这里的一维晶体可只包含 N 个原胞。我们可以假想一无限晶体,系以实际晶体为一大单元在空间重复排列而成。为了模拟实际晶体中的电子与晶格振动等各种性质,我们假想每个大单元中的情形完全一致;也就是说,对电子波函数,或平移算符的本征函数而言,假设

$$\Psi(x) = \Psi(x + Na) \tag{2.1-20}$$

上式实际上是一种边界条件,因为上式规定了在一维情形晶体的两端完全相同;对三维晶体则规定晶体相对的两表面情形完全相同。(2.1-20)式常称为周期性边界条件。(2.1-20)式限制了实际晶体端点表面处的性质。只要处于表面处的原子数远比体内少,这样的限制不会带来明显的影响。在一般情形下,这一要求总是可以满足的。

由以上三式得

$$kNa = 2\pi s \tag{2.1-21}$$

式中 s 为包括零的任意整数。由此

$$k = \frac{2\pi}{Na}s \tag{2.1-22}$$

令

$$L = Na$$

为晶体的长度——一维晶体的"体积",

$$k = \frac{2\pi}{L}s \qquad (2.1\text{-}23)$$

由于 k 的量纲为长度量纲的倒数,便可用倒空间内的点代表。由(2.1-18)式及(2.1-19)式

$$\lambda_n = e^{ikna} \qquad (2.1\text{-}24)$$

由(2.1-13)式

$$\hat{T}_1 \Psi(x) = \Psi(x+a) = e^{ika} \Psi(x) \qquad (2.1\text{-}25)$$

易见形式为

$$\Psi(x) = e^{ikx} u(x) \qquad (2.1\text{-}26)$$

的波函数满足(2.1-25)式的要求,其中 $u(x)$ 为一周期函数,即

$$u(x+a) = u(x) \qquad (2.1\text{-}27)$$

(2.1-26)式称为布洛赫定理。(2.1-26)式的波函数亦称为布洛赫函数,因子 e^{ikx} 为一平面波,k 即为波矢。因此布洛赫定理表明,晶体电子波函数具有周期性调幅平面波的形式。在相邻原胞中的对应点,即 x 与 $x+a$ 处,波函数只相差一位相因子 e^{ika},但波函数的模相同,这显然符合在一周期性结构中电子的几率密度也应具有相同的周期性的事实。一般而言,周期函数 $u(x)$ 也会因波矢 k 而变化,故常记为 $u_k(x)$,从而将一维晶体电子波函数表示为

$$\Psi_k(x) = e^{ikx} u_k(x) \qquad (2.1\text{-}28)$$

上式的结果可直接推广到三维情形。满足(2.1-1)式的晶体中的电子波函数可表示为

$$\Psi_k(\boldsymbol{r}) = e^{i\boldsymbol{k}\cdot\boldsymbol{r}} u_k(\boldsymbol{r}) \qquad (2.1\text{-}29)$$

$\boldsymbol{k}$ 为三维电子波矢,$u_k(\boldsymbol{r})$ 具有晶格的周期性,即对任意格矢 $\boldsymbol{R}_n$,

$$u_k(\boldsymbol{r}+\boldsymbol{R}_n) = u_k(\boldsymbol{r}) \qquad (2.1\text{-}30)$$

而

$$\Psi_k(\boldsymbol{r}+\boldsymbol{R}_n) = e^{i\boldsymbol{k}\cdot\boldsymbol{R}_n} \Psi_k(\boldsymbol{r}) \qquad (2.1\text{-}31)$$

晶体电子波函数具有(2.1-28)式或(2.1-29)式所表示的布洛赫函数的形式可以有一个直观的解释。由于晶体中原子间的相互作用,晶体中的电子不再束缚于某个固定原子的周围而能在全部晶体中活动,即电子属于整个晶体,犹如分子中的电子属于整个分子一样。晶体中运动的电子在原子之间运动时,势场起伏不大,其波函数应类似于平面波,反映在(2.1-28)式或(2.1-29)式中即为平面波因子 e^{ikx} 或 $e^{i\boldsymbol{k}\cdot\boldsymbol{r}}$。但是,如果电子运动到原子实的附近,无疑将受到该原子的较强的作用,使其行为接近于原子中的电子,而晶体正是原子作周期性排列而成的,可见周期函数 $u_k(x)$ 或 $u_k(\boldsymbol{r})$ 应当明显地带有原子波函数的成分。细致的理论分析给出的结果符合这里作出的定性解释。

2.2 布里渊区

由(2.1-24)式可以看出,如果 h 为任意整数,则波矢 k 与

$$k' = k + 2\pi \frac{h}{a} \tag{2.2-1}$$

对应于相同的 λ_n。为了避免这种不确定性,我们将波矢值的选取限制在 $\left(-\dfrac{\pi}{a} \sim \dfrac{\pi}{a}\right)$ 范围内。倒空间的这一区域称为第一布里渊区,如图 2.2-1 所示。图中还画出了第二布里渊区及第三布里渊区等。前者与后者及第一布里渊区相邻,余可类推。每个布里渊区都在倒空间占据相同的"体积" $2\pi/a$,即一个倒格点所占据的范围。(2.2-1)式中的 $2\pi h/a$ 其实不是别的,正是一维倒格矢。由此可知,相差任意倒格矢的波矢相应于(2.1-24)式和(2.1-28)式所示的相同的平移算符的本征值及本征函数,亦即相同的晶体波函数。

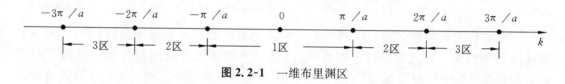

图 2.2-1　一维布里渊区

(2.1-23)式表明,周期性边界条件限制了波矢的取值只能是 $2\pi/L$ 的整数倍。因此,每个波矢代表点在倒空间占据的"体积"(一维情形为"长度")即为 $2\pi/L$。于是在第一布里渊区内总共有

$$\left[\frac{\pi}{a} - \left(-\frac{\pi}{a}\right)\right] \Big/ \frac{2\pi}{L} = L/a = N \tag{2.2-2}$$

个波矢的代表点均匀分布其中,代表点的总数即为晶体原胞数。相邻代表点间的距离为 $2\pi/L$,而代表点的分布密度则为 $L/2\pi$。

对于三维情形,(2.2-1)式化为

$$k' = k + iK_h \tag{2.2-3}$$

i 为任意整数,K_h 为(1.6-9)式表示的倒格矢,这里简化了倒格矢的下标。与一维情形一样,此时 k 与 k' 相应于相同的平移算符本征值,从而 k 与 k' 对应于相同的电子波函数。为确定起见,我们也将 k 局限于第一布里渊区内。三维布里渊区的画法如下:

选取一倒格点为倒空间原点,作出从原点到附近倒格点(一般包括最近邻及次近邻)的倒格矢,作出这些倒格矢的垂直平分面。如果这些垂直平分面围成一凸多面体,其中不会再有任何倒格矢的垂直平分面通过,且体积为(1.6-6)式所示的 Ω^*,即倒格子原胞体积或一个倒格点在倒空间所占的体积,则此凸多面体即为第一布里渊区。至于第二布里渊区、第三布里渊区的边界亦由倒格矢的垂直平分面组成,且第 n 个布里渊区必与第 $(n-1)$ 个布里渊区相邻,并且每个布里渊区的体积亦均相等。本书对此不再详细讨论。图 2.2-2 画出简立方的第一布里渊区。显然这也是一个立方体,体积为 $(2\pi)^3/a^3$,a 为晶格常数。在

第一布里渊区内共有 N 个波矢代表点均匀分布其中，N 为晶体的原胞数。每个代表点所占据的倒空间体积为 $(2\pi)^3/V$，代表点的分布密度为 $V/(2\pi)^3$，V 为晶体体积。即除去因子 $(2\pi)^3$ 外，倒空间里表示电子状态的波矢的代表点的密度与晶体体积一致。

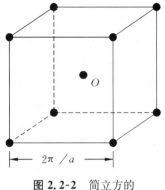

图 2.2-2 简立方的
第一布里渊区

图 2.2-3 为面心立方和体心立方的第一布里渊区，可根据面心立方及体心立方倒格子基矢(1.6-3)式与(1.6-4)式按上述方法画出。由图可知，在倒空间中，面心立方的第一布里渊区由 14 个平面组成。其中 6 个面属于{100}组，另外 8 个则属{111}组，分别为从原点到 8 个最近邻与 6 个次近邻倒格点的倒格矢的垂直平分面。其体积则为 $4(2\pi/a)^3$，除去因子 $(2\pi)^3$ 外，恰好是原胞体积 $a^3/4$ 的倒数。体心立方倒格子的第一布里渊区是由倒空间{110}组的 12 个平面构成，其中每一个都是原点到最近邻倒格点的倒格矢的垂直平分面。第一布里渊区的体积为 $2(2\pi/a)^3$，除去因子 $(2\pi)^3$ 外，正好也是原胞体积 $a^3/2$ 的倒数。这里我们又一次注意到正空间的体积之间的比例恰与倒空间相反。体心立方原胞的体积为简立方的一半，其倒空间的第一布里渊区却为后者的两倍；面心立方原胞体积为简立方的四分之一，倒空间第一布里渊区相应扩大成 4 倍。在图 2.2-3 所示的第一布里渊区中，波矢代表点的总数都等于晶体所包含的原胞总数，而每个代表点所占据的倒空间的体积都是 $(2\pi)^3/V$，在倒空间中代表点的分布密度也都是 $V/(2\pi)^3$。

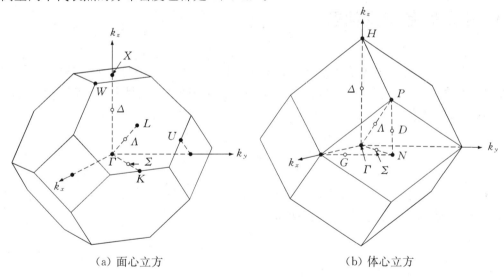

（a）面心立方　　　　　　　　　　（b）体心立方

图 2.2-3 面心立方与体心立方的第一布里渊区

图 2.2-3 的布里渊区中有若干个点具有较高的对称性，通常最受人们的关注。对面心立方与体心立方，如将 $\boldsymbol{k}$ 空间中某点的波矢

$$\boldsymbol{k} = \frac{2\pi}{a}(u\boldsymbol{e}_1 + v\boldsymbol{e}_2 + w\boldsymbol{e}_3) \tag{2.2-4}$$

简化表示为 $\frac{2\pi}{a}(u, v, w)$，则一些对称性较高的点的坐标如表 2.2-1 与表 2.2-2 所示。

表 2.2-1　面心立方布里渊区中的对称点 *

名称	Γ	X	Δ	L	Λ	K	Σ
坐标	$\frac{2\pi}{a}(0,0,0)$	$\frac{2\pi}{a}(1,0,0)$	$\frac{2\pi}{a}(\delta,0,0)$	$\frac{2\pi}{a}\left(\frac{1}{2},\frac{1}{2},\frac{1}{2}\right)$	$\frac{2\pi}{a}(\lambda,\lambda,\lambda)$	$\frac{2\pi}{a}\left(\frac{3}{4},\frac{3}{4},0\right)$	$\frac{2\pi}{a}(\sigma,\sigma,0)$

* $0<\delta<1, 0<\lambda<1/2, 0<\sigma<3/4$

表 2.2-2　体心立方布里渊区中的对称点 *

名称	Γ	H	Δ	P	Λ	N	Σ
坐标	$\frac{2\pi}{a}(0,0,0)$	$\frac{2\pi}{a}(1,0,0)$	$\frac{2\pi}{a}(\delta,0,0)$	$\frac{2\pi}{a}\left(\frac{1}{2},\frac{1}{2},\frac{1}{2}\right)$	$\frac{2\pi}{a}(\lambda,\lambda,\lambda)$	$\frac{2\pi}{a}\left(\frac{1}{2},\frac{1}{2},0\right)$	$\frac{2\pi}{a}(\sigma,\sigma,0)$

* $0<\delta<1, 0<\lambda<1/2, 0<\sigma<1/2$

这里我们注意到,对正、倒空间,尽管长度量纲不同,我们却采用沿坐标轴相同的单位矢量 e_1、e_2、e_3。这并非偶然,而是反映了正、倒格子之间本质的联系。事实上如对立方晶系,设一晶轴方向的基矢为 ae_1,而某一电子的波矢 $k=ke_1$,则表示该电子波矢即沿此晶轴方向。

2.3　克龙尼克-潘尼问题

上一节介绍了晶体电子哈密顿算符的本征函数——电子波函数必须具备的性质,本节继而讨论本征值——电子能量所具有的特点。晶体的周期性势场是由位于格点处的原子产生的,因此可将其表示为原子势之和:

$$V(\boldsymbol{r}) = \sum_{\boldsymbol{R}_n} v(\boldsymbol{r}-\boldsymbol{R}_n) \tag{2.3-1}$$

式中 $\boldsymbol{R}_n$ 为格矢。对简单格子而言,v 即为位于格点的原子势;如为复式格子,v 代表基产生的势,即基中所有原子势的总和。在一维情形,(2.3-1)式化为

$$V(x) = \sum_n v(x-na) \tag{2.3-2}$$

式中 a 为晶格周期。对一维布拉菲格子而言,$v(x-na)$ 代表位于距原点 na 处的原子势;如为由 i 个子晶格组成的复式格子,则 $v(x-na)$ 代表基中 i 个原子势的叠加,即

$$v(x-na) = \sum_{j=1}^{i} v_j(x-na-x_j) \tag{2.3-3}$$

其中 x_j 为基中第 j 个原子到格点 na 的距离。图 2.3-1 示意地画出一维布拉菲格子与基中包含两个原子的复式格子的周期性势场。图中同时用虚线表示出单个原子势 v,以资比较。

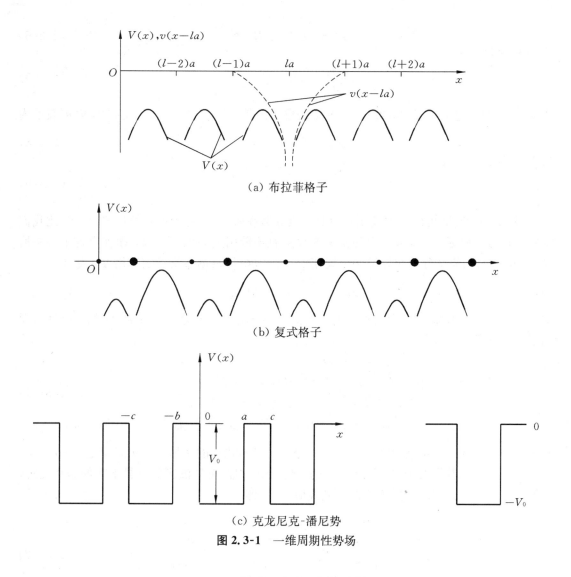

（a）布拉菲格子

（b）复式格子

（c）克龙尼克-潘尼势

图 2.3-1 一维周期性势场

一、克龙尼克-潘尼势

对于图 2.3-1(a)与(b)所示的势场,求解(2.1-5)式仍然是困难的。为此我们考虑由一串等深等宽势阱组成的周期性势场,如图 2.3-1(c)所示。这一势场实际上即为图 2.3-1(c)右方所示的单势阱势的叠加,称为克龙尼克-潘尼势。显然我们这里是用方势阱近似地模拟单原子势。图 2.3-1(c)的周期势可表示为

$$V(x)=\begin{cases}0, & nc+a<x<(n+1)c \\ -V_0, & nc<x<nc+a\end{cases} \tag{2.3-4}$$

式中

$$c=a+b \tag{2.3-5}$$

为势场的周期。考虑方程(2.1-5)在能量范围 $0>E>-V_0$ 的解。在阱区 $0<x<a$ 内波函数可写为向左、右两边传播的平面波的叠加:

$$\Psi_w = Ae^{iKx} + Be^{-iKx} \tag{2.3-6}$$

式中 K 满足

$$\frac{\hbar^2 K^2}{2m} = E + V_0 > 0 \tag{2.3-7}$$

值得注意的是,这里 K 并非(2.1-28)式中的电子波矢。而在垒区 $-b < x < 0$,Ψ 可表示为

$$\Psi_{b1} = Ce^{Fx} + De^{-Fx} \tag{2.3-8}$$

式中 F 满足

$$\frac{\hbar^2 F^2}{2m} = -E > 0 \tag{2.3-9}$$

系数 A、B、C 与 D 可以根据波函数及其一级导数在阱-垒交界处的连续性得出。为此我们需要写出另一垒区 $a < x < c$ 内的波函数 Ψ_{b2},且不能引进附加的系数。事实上这个势垒恰与 $(-b, 0)$ 间的势垒分处相邻的两个周期中,因此 Ψ_{b2} 可根据布洛赫定理用 Ψ_{b1} 表出,

$$\Psi_{b2}(x+c) = e^{ikc}\Psi_{b1}(x) \tag{2.3-10}$$

式中 $-b < x < 0$,而 k 则为电子波矢。根据 $x = 0$ 与 $x = a$ 处 Ψ 及 $\mathrm{d}\Psi/\mathrm{d}x$ 的连续性可得如下 4 个方程:

$$\begin{cases} A + B = C + D \\ iK(A - B) = F(C - D) \\ Ae^{iKa} + Be^{-iKa} = e^{ik(a+b)}(Ce^{-Fb} + De^{Fb}) \\ iK(Ae^{iKa} - Be^{-iKa}) = Fe^{ik(a+b)}(Ce^{-Fb} - De^{Fb}) \end{cases} \tag{2.3-11}$$

其中应用了 $c = a + b$,且应注意在 $x = a$ 处(2.3-10)式中的 x 取值 $-b$,以满足 $x + c = a$。(2.3-11)式可以看作关于 A、B、C、D 的线性联立方程,要使波函数有异于零的非平凡解,它们在(2.3-11)式中的系数构成的行列式应为零,即

$$\begin{vmatrix} 1 & 1 & -1 & -1 \\ iK & -iK & -F & F \\ e^{iKa} & e^{-iKa} & -e^{ik(a+b)}e^{-Fb} & -e^{ik(a+b)}e^{Fb} \\ iKe^{iKa} & -iKe^{-iKa} & -e^{ik(a+b)}e^{-Fb}F & e^{ik(a+b)}e^{Fb}F \end{vmatrix} = 0 \tag{2.3-12}$$

上式可化为

$$\frac{F^2 - K^2}{2FK}\sinh Fb \sin Ka + \cosh Fb \cos Ka = \cos k(a+b) \tag{2.3-13}$$

二、色散关系与能带

由(2.3-7)式和(2.3-9)式可知,上式中的 F 及 K 均与能量 E 有关,因此实际上(2.3-13)式决定了能量 E 与波矢 k 的关系,这种关系称为色散关系,就像光波的频率与波矢的关系称为色散关系一样。为了看清周期场中色散关系的基本特点,我们考虑接近势阱底部的电子能量,即 $E \approx -V_0$,并且设图 2.3-1c 中的势垒演变成 δ 型,即 $b \to 0$ 而 $V_0 \to \infty$,但保持 $F^2 b$ 为有限值。此时 $F^2 \gg K^2$,且 $Fb \ll 1$。因此 $\sinh Fb \approx Fb$,$\frac{F^2 - K^2}{2FK}\sinh Fb \approx \frac{F^2 b}{2K}$;而 $\cosh Fb \approx$

1。引入无量纲数 $P = F^2ab/2$，则(2.3-13)式化为

$$\frac{P}{Ka}\sin Ka + \cos Ka = \cos ka \qquad (2.3\text{-}14)$$

上式表明，与能量有关的 K 不能任意取值，其取值范围只能使上式左方两项之和处于 $+1\sim$ -1 之间。令

$$f(K) = \frac{P}{Ka}\sin Ka + \cos Ka \qquad (2.3\text{-}15)$$

$f(K)$ 随 K 的变化情形如图 2.3-2 所示。

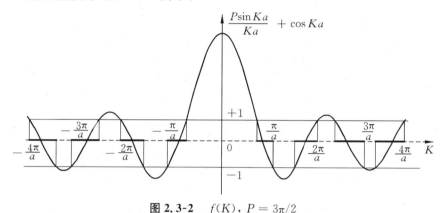

图 2.3-2 $f(K)$，$P = 3\pi/2$

图 2.3-2 中，将 $-1 < f(K) < 1$ 所对应的横坐标范围，即为(2.3-14)式所允许的 K 值用粗线标出。在相邻粗线之间有一段间隔，相应的 $|f(K)| > 1$，其中的 K 不满足(2.3-14)式，因而也不符合方程(2.1-5)解的要求。也就是说，由在此间隔内的 K 根据(2.3-7)式计算出的能量不是(2.1-6)式哈密顿算符的本征值，电子不具有这样的能量。由此得出一个重要的结论：周期性势场中的电子可能具有的能量是分段存在的。每两个可取的许可能量段之间为一不允许的能量范围所隔开。这些能量范围均称能带，前者称为许可带，后者则称为禁带。将(2.3-7)式代入(2.3-14)式作图，可得图 2.3-3 所示的色散关系。果然，图中明显存在电子能量的禁止范围。

在 2.1 节中已经看到，周期性边界条件决定了晶体中电子波矢不是连续的，而是按(2.1-23)式分立地均匀分布于倒空间。在图 2.3-3 中，每一个 k 值描述一个电子状态，相应于一个电子能量或电子能级。同时我们已经知道，对一维情形，在 $2\pi/a$ 的范围内包含的波矢数与晶体原胞数 N 相等。如果我们将简并的能级也看成不同的能级，则每个能带内都包含 N 个能级(严格说为 N 个状态)。通常 N 是个很大的数目。可见图 2.3-3 中每个许可带内都包含排列十分紧密的许多能级，能级数即等于晶体原胞数，这也就是能带一词的由来。通常色散关系亦称为能带结构或电子结构。图 2.3-3 的能带结构是左右对称的。这表明色散关系在倒空间对原点是对称的这一重要性质：

$$E(k) = E(-k) \qquad (2.3\text{-}16)$$

由(2.3-14)式还可看到，由于余弦函数的周期性，相差 $2\pi/a$ 的整数倍，即相差任意倒格矢的波矢对应于相同的 K，因而相同的能量 E。换言之，色散关系或能带结构在 k 空间还具有

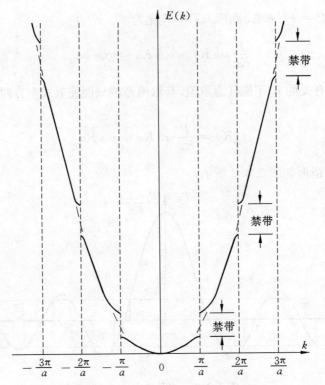

图 2.3-3 克龙尼克-潘尼势的色散关系

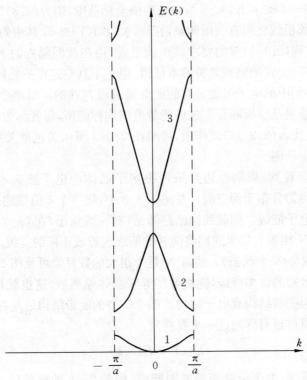

图 2.3-4 简约区图(数字表示能带标号 n)

倒格子的周期性

$$E(k) = E(k + n2\pi/a) \tag{2.3-17}$$

式中 n 为任意整数。由此,图 2.3-3 的色散关系均可位移至第一布里渊区表出,如图 2.3-4 所示,称为简约区表示。此时,常从下至上给能带编号,表为 $E_n(k)$,$n = 1, 2, \cdots$

（2.3-16)式与(2.3-17)式可直接推广至三维,分别表示为

$$E(\boldsymbol{k}) = E(-\boldsymbol{k}) \tag{2.3-18}$$

$$E(\boldsymbol{k}) = E(\boldsymbol{k} + \boldsymbol{K}_\mathrm{h}) \tag{2.3-19}$$

$\boldsymbol{K}_\mathrm{h}$ 为任意倒格矢。

2.4 许可带与禁带

上节关于一维布拉菲格子晶体许可带中的能级数即为晶体所包含的原胞数的结论可以进一步做这样的理解。以氢分子为例。当两个氢原子结合成分子时,由于原子间相互作用,在能量上原先简并在一起的两个氢原子的 1s 能级发生分裂,成为基态的成键能级与激发态的反键能级。这样,与单一原子能级对应的分子能级变成两个。如果设想有 6 个氢原子组成链状分子,则 1s 原子能级将分裂成 6 个能级。可见,能级数等于体系中的原子数。图 2.4-1 给出了方势阱模拟单个原子势的例子。我们看到,当两个孤立的方势阱接近时每个势阱能级分裂成两个能级;而对 6 个方势阱排成的阵列,每个能级分裂成 6 个能级。实际上这代表体系的状态数不变的一般原则,因而上述结论完全可以直接推广应用到晶体。事实上,在这个意义上,完全可将晶体看作一个硕大的分子。

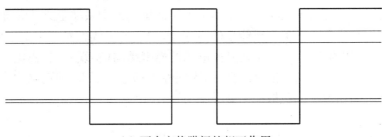

(a) 两个方势阱间的相互作用

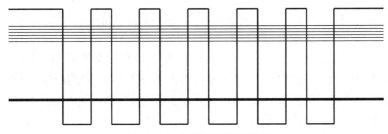

(b) 6 个方势阱间的相互作用

图 2.4-1 原子间相互作用导致能级分裂示意

由上面的讨论可见,对于由 N 个原子组成的布拉菲格子晶体,每个原子能级都对应于晶体中的一个由 N 个能级组成的能带。对于原子的 s 能级,情况比较简单。但对于 p、d 等原子能级就比较复杂,因为它们本身是简并的,例如 3 个简并在一起的原子态 p_x、p_y 和 p_z。由于每个原子能级都会分裂成一个能带,这就牵涉到 3 个能带;它们在能量上可能交叠在一起。这时每个能带中的能级数与原胞数或原子数相等的说法就应该作相应的修改。至于由若干布拉菲格子穿套而成的复式格子,情况就更为复杂。只是这里简并原子能级分裂而构成能带这一晶体中电子能量状态的概念仍然成立。

另一方面,我们还可以注意到,能带的宽度决定于原子间的相互作用,特别是最近邻原子之间的相互作用。相互作用愈强,能带愈宽。这一点极易理解,因为如原子间没有相互作用而成为孤立原子,也就无所谓晶体与能带了。在量子力学中原子间相互作用的强弱与原子波函数的交叠有关。因此,与最内层原子的波函数相应的能带最窄,而价电子所处的能带最宽。在图 2.3-3 与图 2.3-4 中我们也能看到这一情形,能量较低的许可带较窄,它们相应于孤立势阱中"内层"能量较低的"原子"能级。许可带之间存在禁带。从图 2.3-3 中可以看出,禁带与色散关系的不连续性相对应,而这种不连续性都发生在布里渊区的边缘。在图 2.3-3 中,即为 $k = s(\pi/a)$ 处,s 为不包括零的任意正、负整数。

设想有波矢为 π/a 的自由电子由外部入射周期为 a 的一维布拉菲格子,如图 2.4-2 所示。电子的能量应为 $E_0 = \hbar^2\left(\dfrac{\pi}{a}\right)^2\Big/2m$。当此电子波遭遇晶格原子时将受到散射。从相邻两个原子背向散射的电子波的位相差恰为

$$\Delta = 2ak = 2a\frac{\pi}{a} = 2\pi \tag{2.4-1}$$

因此背相散射的电子波将干涉加强,导致电子波遭受全反射而不能深入晶体内部;换言之,能量为 E_0 的电子不能存在于晶体之中,或者说此能量 E_0 应处于禁带之中。在图 2.3-3 中,用虚线表示自由电子的能量,其与晶体中电子能量的差别最明显处正是布里渊区的边界。也正是在这里,发生色散关系或能量的不连续,同一电子波矢对应于上下两个能量值。至于远离布里渊区边界 $k = s(\pi/a)$ 处晶体电子的能带结构(实线)与自由电子的色散关系相差不大,表明在图 2.3-3 所示的具体情形,周期性势场起伏不大,因而除去布里渊区边界附近,晶体电子与自由电子的色散关系差异不明显。

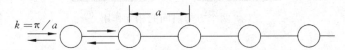

图 2.4-2 波长为 $2a$ 的电子波受一维布拉菲格子散射的示意图

这种在布里渊区边界附近能量的不连续在三维情形也会发生,只是在 k 空间的不同方向,不连续的能量范围不一定相同,从而不连续性不一定导致禁带的产生,而在一维情形,必然导致禁带出现。我们还注意到,(2.4-1)式表示的散射波加强的全反射条件也正是一种布拉格反射。注意:(1.8-7)式中的 θ 为入射束与晶面族的交角,在一维的情形,$\theta = 90°$,$d = a$;(2.4-1)式中的波矢 $k = \pi/a$ 对应于电子波长 $\lambda = 2a$,这正满足 $n = 1$ 的布拉格反射条件。这一结论同样适用于三维情形。从这里还可以看出,禁带的出现乃是周期性势场的必

然结果。如果说原子排列没有确定的周期性,波矢为 $s(\pi/a)$ 的入射自由电子的散射波之间没有固定的位相关系,便不会发生相互干涉加强的布拉格反射,电子波可以深入内部。换言之,在材料内部电子可能具有 E_0 的能量,色散关系的不连续性受到干扰,也就无所谓禁带。

值得指出的是,虽然在天然材料中不存在图 2.3-1(a) 所示的一维周期势与图 2.4-1 所示的多势阱势场,但现在依靠当代科技在人工超晶格和多量子阱结构中它们均能实现(参见本书 10.3 节)。

2.5 一维布拉菲格子的晶格振动

晶格振动的根本原因是原子间存在相互作用力。对于一对原子而言这可以用彼此间的相互作用势能来表示。显然势能是原子间距离 r 的函数,可表示为 $u(r)$,一般如图 2.5-1 所示。原子间存在的作用力为

$$f = -\mathrm{d}u/\mathrm{d}r \tag{2.5-1}$$

在固体中,当然应当考虑所有原子间的相互作用。当原子都处于格点位置,即平衡位置时,任一原子与周围原子间的作用力彼此抵消,相互作用势能为极小值。只有当原子偏离平衡位置时作用力才表现出来。正是在这种力的作用下,原子围绕其平衡位置作振动运动。而且,也正是这种相互作用使某个原子的振动会带动其他原子的振动,从而使振动在全部晶体中传播,即激发起波动。前面已经指出,晶体中的原子振动称作晶格振动,相应的机械波称为格波。可见晶格振动与格波的传播是不可分割的物理现象。

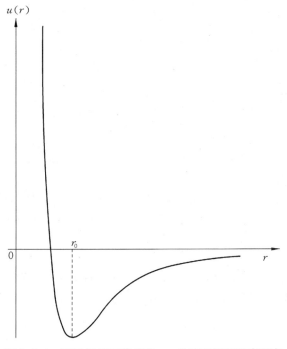

图 2.5-1 原子间相互作用势,r_0 为原子间的平衡距离

一、简 谐 近 似

为了简单起见,本节内我们采用简谐近似,即原子间相互作用力类似于弹性力,正比于原子间距离对平衡距离的偏差,原子振动犹如弹簧振子。对于一对原子而言,如平衡时的距离为 r_0,则在 r_0 附近 $u(r)$ 可用泰勒级数展开为

$$u(r) = u(r_0) + \frac{\mathrm{d}u}{\mathrm{d}r}\bigg|_{r_0}\delta + \frac{1}{2}\frac{\mathrm{d}^2u}{\mathrm{d}r^2}\bigg|_{r_0}\delta^2 + \cdots \tag{2.5-2}$$

式中,$r = r_0 + \delta$。所谓简谐近似,即为在上式中略去 δ 的三次方及高次方项。将上式应用于一维布拉菲格子时,r_0 即晶格常数 a,而 δ 则为相邻原子间距离对平衡值 a 的偏离。由于晶体中的原子位移都很小,在许多情形,高次方项的贡献是很微弱的,因此简谐近似往往可以得到许多符合实际情形的结果。据此,可以设想原子间如同用弹簧相连接,当原子间距离变化为 Δx 时受到的弹性力为

$$f(x) = -\frac{\mathrm{d}u}{\mathrm{d}x} = -\frac{\mathrm{d}^2u}{\mathrm{d}x^2}\bigg|_a \Delta x = -\beta \Delta x \tag{2.5-3}$$

$$\beta = \frac{\mathrm{d}^2u}{\mathrm{d}x^2}\bigg|_a \tag{2.5-4}$$

称为作用力常数。在得出(2.5-3)式时我们应用了平衡时势能为极小值,一阶导数 $\mathrm{d}u/\mathrm{d}x\big|_a = 0$。

图 2.5-2 代表某一瞬时一维布拉菲格子中的原子位置。由于晶格振动,第 n 号原子偏离平衡位置 $y = na$,其位移记为 x_n。如果只考虑最近邻原子间的作用力,则第 n 个原子受到的力 f_n 可表示为

$$f_n = -\beta(x_n - x_{n+1}) + [-\beta(x_n - x_{n-1})] \tag{2.5-5}$$

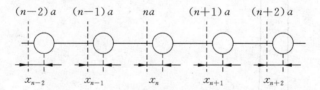

图 2.5-2 一维布拉菲格子中原子的即时位置

上式右边第一项代表右方原子的作用力,$x_n - x_{n+1}$ 代表与右方原子距离的实际变化;同理第二项代表左方原子的作用力。由此可得第 n 个原子的牛顿运动方程

$$m\ddot{x}_n = \beta(x_{n+1} + x_{n-1} - 2x_n) \tag{2.5-6}$$

显然,对于晶格中的每一个原子,都可以写出如上式一样的运动方程。通常采用试解的方法求解。假设(2.5-6)式具有简谐波形式的试解

$$x_n = Ae^{i(qna - \omega t)} \tag{2.5-7}$$

上式代表平衡位置在 $y = na$ 处的原子的振动,而 q 正是格波波矢。将上式代入运动方程

(2.5-6),可得

$$-m\omega^2 = \beta(e^{iqa} + e^{-iqa} - 2) \tag{2.5-8}$$

从而得到一维布拉菲格子晶格振动的色散关系,也就是格波的色散关系

$$\omega^2 = 2\frac{\beta}{m}(1 - \cos qa) \tag{2.5-9}$$

由于频率只能是正数,我们得到

$$\omega = 2\sqrt{\frac{\beta}{m}}\left|\sin\frac{qa}{2}\right| \tag{2.5-10}$$

图 2.5-3 画出了上式所示的色散关系。上式的物理意义在于如用(2.5-7)式描写不同原子的振动,则频率与波矢间必有如上式规定的关系。

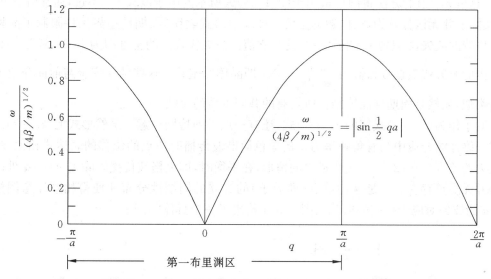

图 2.5-3 一维布拉菲格子晶格振动的色散关系

由(2.5-10)式可见,q 与 $-q$ 具有相同的角频率,并且 ω 与 q 的关系具有明显的周期性,q 与 $q' = q + i2\pi/a$ 对应于同样的角频率,i 为整数;而且由(2.5-7)式可见,q 与 q' 相应于同样的原子位移。因此,我们只须将 q 限制在

$$-\pi/a \leqslant q < \pi/a \tag{2.5-11}$$

范围内。这恰好就是此一维布拉菲格子的第一布里渊区,而且这也正是晶格排列周期性的结果。

二、周期性边界条件确定波矢

在上面的讨论中,并未涉及一维晶体的"表面"——位于端点 $y = 0$ 与 $y = Na$ 的原子,N 为晶体原胞数;换言之,并未规定边界条件。与讨论电子态时类似,我们也可用周期性边界条件来确定波矢,此时由(2.5-7)式及条件

$$x_n = x_{N+n}$$

可得

$$e^{iqNa} = 1$$

$$q = 2\pi s/L \qquad\qquad (2.5\text{-}12)$$

式中 $L = Na$ 为一维晶体的"体积"。而 s 为包括零的正、负整数。为明确起见，当 N 为奇数时，s 可取

$$-(N-1)/2,\ -(N-3)/2,\ \cdots,\ -1,\ 0,\ 1,\ \cdots,\ (N-1)/2$$

而当 N 为偶数时，s 可取

$$-N/2,\ -(N-2)/2,\ \cdots,\ -1,\ 0,\ 1,\ \cdots,\ (N-2)/2$$

无疑，这里 s 取值的方法也同样适用于(2.1-23)式所示的电子波矢 k。不过，通常由于 N 极大，实际上并无区分其为奇、偶数的必要。(2.5-12)式表明，周期性边界条件限制了晶格振动即格波的波矢，q 只能取相隔 $2\pi/L$ 的分立值。波矢代表点的密度即为 $L/2\pi$，而第一布里渊区内的波矢代表点数目恰为 $\dfrac{2\pi}{a}\dfrac{L}{2\pi} = N$，即晶体原胞数。这些结果完全与前面介绍电子态时类似，显然是周期性晶体结构所具有的共同本质的反映。

对于作为(2.5-6)式解的(2.5-7)式，还有一点必须特别注意。虽然形式上(2.5-7)式与描述一维连续介质当有角频率为 ω 的单色简谐波传播时质点的位移的表达式相似，却有着重大的差别。在(2.5-7)式所描绘的情形，在平衡时，即无格波传播时除去 $y = na$ 处的原子外并无质点存在。正是这种质点(即原子)的分立的周期性分布才使得相差任意倒格矢 $i2\pi/a$ 的波矢对应于相同的振动。图 2.5-4 给出了一个具体的例子。

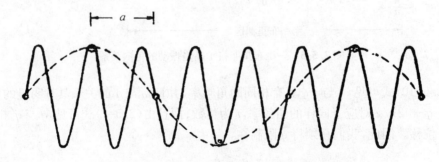

图 2.5-4 波矢相差倒格矢，晶格振动相同

$$\lambda_1 = 4a,\ \lambda_2 = \frac{4a}{5},\ q_2 - q_1 = \frac{2\pi}{a}$$

2.6 一维复式格子的晶格振动

假设一维复式格子的基由质量为 m 与 M 的两个不同原子组成，原子间距为 a，原胞长度即周期便为 $2a$，平衡时的原子位置如图 2.6-1 所示。

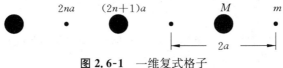

图 2.6-1 一维复式格子

一、运动方程及其试解

类似于上节的讨论,当原子偏离其平衡位置产生位移时,平衡位置在 $2na$ 与 $(2n+1)a$ 处的原子的运动方程可分别表为

$$m\ddot{x}_{2n} = \beta(x_{2n+1} + x_{2n-1} - 2x_{2n}) \tag{2.6-1}$$

与

$$M\ddot{x}_{2n+1} = \beta(x_{2n+2} + x_{2n} - 2x_{2n+1}) \tag{2.6-2}$$

这里将相邻原子间的相互作用力常数仍用 β 表示。令试解

$$x_{2n} = A\mathrm{e}^{\mathrm{i}(q2na-\omega t)} \tag{2.6-3}$$

和

$$x_{2n+1} = B\mathrm{e}^{\mathrm{i}[q(2n+1)a-\omega t]} \tag{2.6-4}$$

A 与 B 分别表示质量为 m 与 M 的原子的振幅。将试解代入运动方程可得

$$\begin{cases} (2\beta - m\omega^2)A - 2\beta\cos qa\,B = 0 \\ -2\beta\cos qa\,A + (2\beta - M\omega^2)B = 0 \end{cases} \tag{2.6-5}$$

上式可看作关于振幅 A 和 B 的线性齐次方程,A 与 B 不能同时为零的非平凡解要求

$$\begin{vmatrix} 2\beta - m\omega^2 & -2\beta\cos qa \\ -2\beta\cos qa & 2\beta - M\omega^2 \end{vmatrix} = 0 \tag{2.6-6}$$

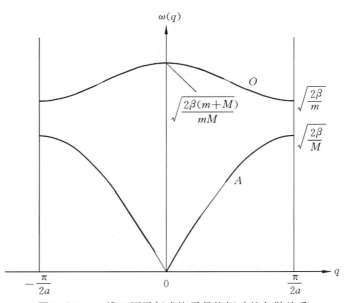

图 2.6-2 一维双原子复式格子晶格振动的色散关系

由此可得

$$\omega^2 = \frac{\beta}{mM}\left[(m+M) \pm (m^2 + M^2 + 2mM\cos 2qa)^{1/2}\right] \qquad (2.6\text{-}7)$$

可见一维双原子复式格子具有两支色散关系

$$\omega_+^2 = \frac{\beta}{mM}\left[(m+M) + (m^2 + M^2 + 2mM\cos 2qa)^{1/2}\right] \qquad (2.6\text{-}8)$$

$$\omega_-^2 = \frac{\beta}{mM}\left[(m+M) - (m^2 + M^2 + 2mM\cos 2qa)^{1/2}\right] \qquad (2.6\text{-}9)$$

图 2.6-2 画出这两支色散关系。类似于上节的讨论，我们也只需关心第一布里渊区内的波矢 q。只是由于周期加倍，与图 2.5-3 相比，布里渊区在倒空间的范围减半。

二、声频支与光频支

由图 2.6-2 可见，频率较低的一支 ω_- 类似于布拉菲格子的色散关系，在布里渊区的边界 $\pm\pi/2a$ 处达到最大值

$$\omega_{-\max}^2 = 2\beta/M \qquad (2.6\text{-}10)$$

而较高的频率支 ω_+ 在布里渊区边界处为其极小值

$$\omega_{+\min}^2 = 2\beta/m \qquad (2.6\text{-}11)$$

由 $m < M$ 可见，在两支色散关系间存在一频隙。ω_+ 在布里渊区中心，即倒空间原点达到其最大值：

$$\omega_{+\max}^2 = 2\beta\frac{m+M}{mM} \qquad (2.6\text{-}12)$$

此时 ω_- 为零。

将(2.6-8)式和(2.6-9)式代入(2.6-5)式可得与 ω_+ 及 ω_- 相应的不同种原子的振幅比，分别用 $(A/B)_+$ 及 $(A/B)_-$ 表示。在长波极限，即波矢 q 接近于零的布里渊区中心附近，两频率支相应的原子振动情形有明显的差异，比值 (A/B) 相差很大。由(2.6-5)式可得

$$A/B = \frac{2\beta\cos qa}{2\beta - m\omega^2} \qquad (2.6\text{-}13)$$

或

$$B/A = \frac{2\beta\cos qa}{2\beta - M\omega^2} \qquad (2.6\text{-}14)$$

如 $\omega = \omega_-$，当 $q \to 0$ 时 $\omega_- \to 0$，由(2.6-13)式，

$$(A/B)_- \approx 1 \qquad (2.6\text{-}15)$$

这说明长波限原胞内两个原子振幅相同，相邻原子振动的位相差 $qa \approx 0$，即振动情况一致。而对 $\omega = \omega_+$，则有

$$(A/B)_+ = -M/m \qquad (2.6\text{-}16)$$

54

由于 $qa \approx 0$，上式表明原胞内两个原子反相运动，并且

$$mA_+ + MB_+ = 0 \qquad (2.6\text{-}17)$$

表明原胞质心保持静止。如果是离子晶体，在电场的作用下异号离子受力相反，因而可以用光波来激发离子晶体中的这种长波振动，故常称频率较高的一支 ω_+ 为光频支，相应的格波称为光学波。可见长波光学波可描述原胞中原子间的相对运动。至于 ω_-，当 $q \to 0$ 时有近似于线性的色散关系，

$$\omega_-^2 \approx \frac{2\beta}{m+M} q^2 a^2 \qquad (2.6\text{-}18)$$

即

$$\omega_- \approx \sqrt{\frac{2\beta}{m+M}} \, a \mid q \mid \qquad (2.6\text{-}19)$$

群速度

$$\frac{\mathrm{d}\omega_-}{\mathrm{d}q} = \sqrt{\frac{2\beta}{m+M}} \, a \qquad (2.6\text{-}20)$$

为一常数。这与声波类似。事实上人们可以用声波由外界激发频率为 ω_- 的长波晶格振动。因此 ω_- 称为声频支，而相应的格波亦称声学波。声学波在长波限描述原胞整体的运动。然而两频率支的这种区分对短波限，即波矢在布里渊区边界 $q = \pm \dfrac{\pi}{2a}$ 处并不明显。此时由 (2.6-13)式，对 $\omega = \omega_-$，

$$(A/B)_- = 0 \qquad (2.6\text{-}21)$$

这表明质量为 m 的原子静止，质量为 M 的原子振动。而对 $\omega = \omega_+$，同样由(2.6-14)可得

$$(B/A)_+ = 0 \qquad (2.6\text{-}22)$$

即质量为 M 的原子静止而质量为 m 的原子振动。两者都对应只有一种原子振动的情形。将长波限声频支的色散关系(2.6-19)式与(2.5-10)式的一维布拉菲格子的色散关系相对照，我们发现两者是完全相似的；换言之，布拉菲格子只有声频支，而复式格子既有声频支也有光频支。对于复式格子的情形，极易证明第一布里渊区内的波矢数仍然与晶体原胞数相等。但每个波矢 q 均对应于两个振动频率，存在两个频率支。注意：在一维复式格子的情形，一个原胞内的自由度数也是 2，这表明频率支的数目与原胞内原子运动的自由度的数目相吻合。详细的理论分析表明这是一个普遍正确的结论，同样适用于三维情形。在三维情形，如果基由 n 个原子组成，原胞内的原子共有 $3n$ 个自由度，因而也存在 $3n$ 个格波频率支，其中只有 3 支格波为声频支，而另外 $3(n-1)$ 支格波均为光频支。如果我们将由一对频率与波矢所确定的格波或晶格振动称为一种振动模式，我们便可得出这样的普遍结论：格波波矢数等于晶体原胞数 N；格波模式数则为 $3nN$，恰为晶体中所有原子运动自由度数的总和。

2.7 声 子

(2.5-7)式中的 A 或(2.6-3)式和(2.6-4)两式中的 A 与 B 乃是某一模式(由 ω、q 决

定)的原子振幅,与温度有关。温度愈高,振动愈烈,振幅愈大。然而实际三维晶体中有 $3nN$ 个振动模式,每一个模式都有各自的振幅和位相。对于某个具体原子而言,实际振动情况是许多模式引起的振动的叠加,可见是极为复杂的;但在简谐近似下可以将这一幅极为复杂的图画简化成一系列独立的谐振子的运动。实际上由于原子间的相互作用,每个原子的振动互相影响,整个晶体的晶格振动与质点系的微振动本质上是完全类似的,可以采用类似的办法处理。为简单起见我们考察一个有两个自由度的体系,即两个彼此耦合在一起的一维简谐振子。如图 2.7-1 所示,两个质量与劲度系数相同,均为 m 与 k 的简谐振子由一劲度系数为 K 的弹簧相连而使彼此的振动相互耦合。若没有耦合弹簧,体系机械能为

$$E_0 = \frac{1}{2}m\dot{x}_1^2 + \frac{1}{2}kx_1^2 + \frac{1}{2}m\dot{x}_2^2 + \frac{1}{2}kx_2^2 \tag{2.7-1}$$

这是两个角频率为 $\sqrt{k/m}$ 的独立谐振子的能量和。当存在耦合时,能量变为

$$E = E_0 + \frac{1}{2}K(x_2 - x_1)^2 \tag{2.7-2}$$

作变换

$$\begin{cases} x_1 = (\xi_1 + \xi_2)/\sqrt{2} \\ x_2 = (\xi_1 - \xi_2)/\sqrt{2} \end{cases} \tag{2.7-3}$$

则(2.7-2)式可化为

$$E = \frac{1}{2}m\dot{\xi}_1^2 + \frac{1}{2}k\xi_1^2 + \frac{1}{2}m\dot{\xi}_2^2 + \frac{1}{2}(k + 2K)\xi_2^2 \tag{2.7-4}$$

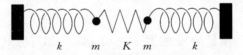

图 2.7-1 两个简谐振子的耦合体系

与(2.7-2)式对比,上式表明耦合体系的能量可化成两个独立谐振子的能量,其角频率分别为 $\omega_1 = \sqrt{k/m}$ 与 $\omega_2 = \sqrt{(k+2K)/m}$。$\omega_1$ 与 ω_2 称为简正频率,而 ξ_1 与 ξ_2 则称为简正坐标。耦合体系的复杂振动可看作简正坐标以其简正频率作彼此独立的简谐振动。原理上完全相似,对自由度为 $3nN$ 的晶格振动,我们也可以用类似于(2.7-3)式的线性变换化为 $3nN$ 个简正坐标各自以其简正频率作独立谐振动,每一种独立谐振动称作一种简正模式。显然一共有 $3nN$ 个简正模式。于是晶格振动的总能量可写成

$$E = \sum_{i=1}^{3nN} \varepsilon_i \tag{2.7-5}$$

ε_i 为第 i 个简正模式的能量。根据量子力学的结果,一角频率为 ω 的谐振动,其能量可表示为

$$\varepsilon = \left(s + \frac{1}{2}\right)\hbar\omega \tag{2.7-6}$$

式中 s 为包括零的正整数，即振子能量是以 $\hbar\omega$ 为单位而变化的，$\frac{1}{2}\hbar\omega$ 为零点振动能。由此 (2.7-5)式可写成

$$E = \sum_{i=1}^{3nN} \left(s_i + \frac{1}{2} \right) \hbar\omega_i \qquad (2.7\text{-}7)$$

常称 $\hbar\omega_i$ 为第 i 个模式的声子能量。不难理解 s_i 可与经典振动的振幅相对照，而对于每个简正模式，s_i 称为声子数，随温度的高低而增减。

理论分析表明，为了全面地分析晶格振动的作用，可将声子看作具有一定能量和动量的"粒子"，能量就是 $\hbar\omega_i$，在一维情形声子角频率 ω 即如(2.5-10)式与(2.6-7)式所示；而动量则为由色散关系所决定的格波波矢 $\boldsymbol{q}$ 与 $\hbar$ 的乘积 $\hbar\boldsymbol{q}$。例如，在分析晶格振动对晶体中的电子运动的影响时，就可将问题简化成电子与具有一定动量与能量的声子的碰撞。

第三章 外场作用下晶体电子的运动

研究固体物理学的一个极重要的原因乃是利用固体材料可以开发出形形色色的器件。这些器件的工作往往需要外加电磁场以驱动其中的电子。例如,使用极为广泛的半导体晶体管等电子元器件,必须要在外电场的作用下才能实现其功能。因此,分析晶体中的电子在外场作用下的运动规律是固体物理学的基本内容。

本章讨论外加均匀恒定电磁场对晶体中电子的影响。在本章内,我们在很大程度上将晶体中的电子看做服从牛顿运动定律的质点,但其质量有别于自由空间中电子的质量,由于受制于晶体内部周期性势场的影响而表现为质量依赖于电子的状态。通常将这样的观点称为电子的准经典运动。

3.1 晶体中电子的速度

上一章已经知道,晶体中电子的状态由布洛赫函数描述,而布洛赫函数又依赖于波矢 k,k 具有量子数的作用;换言之,晶体中电子的状态可由布洛赫函数的波矢 k 标记。现在我们即来分析电子处于由波矢 k 标记的波函数 $\Psi_{nk}(r)$ 所描写的状态时的平均速度。为简单计,考虑一维的情形,因此波矢为 k,波函数为 $\Psi_{nk}(x)$,n 代表能带的标号。

由量子力学知道,当电子处于状态 $\Psi_{nk}(x)$ 时,其平均速度应为

$$v_n(k) = \int_L \Psi_{nk}^*(x)\, \hat{v}\, \Psi_{nk}(x)\,\mathrm{d}x \tag{3.1-1}$$

其中

$$\hat{v} = \frac{\hbar}{m}\,\frac{1}{i}\,\frac{\mathrm{d}}{\mathrm{d}x} \tag{3.1-2}$$

为速度算符,而(3.1-1)式中的积分遍及晶体所占据的全部空间,即长度 L。这里,我们假定波函数满足如下归一化条件:

$$\int_L |\Psi_{nk}(x)|^2\,\mathrm{d}x = 1 \tag{3.1-3}$$

将(2.1-28)式的波函数代入(3.1-1)式,得到

$$v_n(k) = \frac{\hbar}{m}\int_L u_{nk}^*(x)\left(\frac{1}{i}\frac{\mathrm{d}}{\mathrm{d}x} + k\right)u_{nk}(x)\,\mathrm{d}x \tag{3.1-4}$$

另一方面,将 $\Psi_{nk}(x)$ 代入晶体电子的薛定谔方程(2.1-5)式

$$\left[-\frac{\hbar^2}{2m}\frac{\mathrm{d}^2}{\mathrm{d}x^2}+V(x)\right]\Psi_{nk}(x)=E_n(k)\Psi_{nk}(x)$$

可知，周期性函数 $u_{nk}(x)$ 满足如下方程：

$$\left[\frac{\hbar^2}{2m}\left(\frac{1}{i}\frac{\mathrm{d}}{\mathrm{d}x}+k\right)^2+V(x)\right]u_{nk}(x)=E_n(k)u_{nk}(x) \tag{3.1-5}$$

其中 $V(x)$ 为一维晶体的周期性势场(2.1-7)。令

$$\hat{H}'_k=\frac{\hbar^2}{2m}\left(\frac{1}{i}\frac{\mathrm{d}}{\mathrm{d}x}+k\right)^2+V(x) \tag{3.1-6}$$

(3.1-5)式成为

$$\hat{H}'_k u_{nk}(x)=E_n(k)u_{nk}(x) \tag{3.1-7}$$

上式表明处于第 n 支能带中波矢为 k 的电子的能量亦为算符 $\hat{H}'_k$ 的本征值。

设想波矢变化一小量 δk，可将 $E(k)$ 对 δk 按泰勒级数展开，略去 $(\delta k)^2$ 及高次项得

$$E_n(k+\delta k)=E_n(k)+\frac{\mathrm{d}E_n}{\mathrm{d}k}\bigg|_k\delta k \tag{3.1-8}$$

另一方面，由(3.1-7)式，$E(k+\delta k)$ 应为算符 $\hat{H}'_{k+\delta k}$ 的本征值，

$$\hat{H}'_{k+\delta k}=\frac{\hbar^2}{2m}\left(\frac{1}{i}\frac{\mathrm{d}}{\mathrm{d}x}+k+\delta k\right)^2+V(x) \tag{3.1-9}$$

只保留 δk 的线性项，上式化为

$$\hat{H}'_{k+\delta k}=\frac{\hbar^2}{2m}\left(\frac{1}{i}\frac{\mathrm{d}}{\mathrm{d}x}+k\right)^2+V(x)+\frac{\hbar^2}{m}\left(\frac{1}{i}\frac{\mathrm{d}}{\mathrm{d}x}+k\right)\delta k \tag{3.1-10}$$

即

$$\hat{H}'_{k+\delta k}=\hat{H}'_k+\frac{\hbar^2}{m}\left(\frac{1}{i}\frac{\mathrm{d}}{\mathrm{d}x}+k\right)\delta k \tag{3.1-11}$$

将上式第二项视为微扰，根据一级微扰理论可得

$$E_n(k+\delta k)=E_n(k)+\frac{\hbar^2}{m}\int_L u^*_{nk}\left(\frac{1}{i}\frac{\mathrm{d}}{\mathrm{d}x}+k\right)u_{nk}\mathrm{d}x\delta k \tag{3.1-12}$$

将(3.1-4)式代入上式并与(3.1-8)式比较得

$$v_n(k)=\frac{1}{\hbar}\frac{\mathrm{d}E_n}{\mathrm{d}k}$$

略去能带标号 n，

$$v(k)=\frac{1}{\hbar}\frac{\mathrm{d}E}{\mathrm{d}k} \tag{3.1-13}$$

(3.1-13)式明确地告诉我们，电子的平均速度与其能量和状态有密切的关系。由于能量是波矢 k 的偶函数，$E(k)=E(-k)$；v 就是波矢的奇函数

$$v(k)=-v(-k) \tag{3.1-14}$$

而且,在能带的极值,即能带的底部与顶部,电子的速度为零,如图3.1-1所示,其中图(a)表示 $E(k) = E(-k)$,图(b)表示 $v(k) = -v(-k)$。

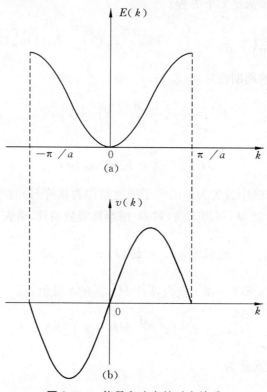

图 3.1-1 能量和速度的对应关系

对于三维情形,可将(3.1-13)式相应推广,波矢为 k 的电子平均速度为

$$v(k) = \frac{1}{\hbar} \nabla_k E(k) \tag{3.1-15}$$

在直角坐标中 v 沿某方向 i 的分量为

$$v_i(k) = \frac{1}{\hbar} \frac{\partial E}{\partial k_i} \quad (i = x, y, z) \tag{3.1-16}$$

而(3.1-14)式在三维情形可表示为

$$v(k) = -v(-k) \tag{3.1-17}$$

(3.1-13)式或(3.1-15)式还表明一个重要性质,即当电子的波矢发生变化时,其平均速度相应地变化,即产生加速度。下面我们将看到,这可由外加电磁场来实现。

3.2 电子在外电场作用下的加速度,有效质量,等能面

当对一维晶体施加外电场 $\mathscr{E}$ 时电子受到电场力 $F = -e\mathscr{E}$ 的作用,在时间元 dt 内,F 作

功 $Fv\mathrm{d}t$ 并转化为电子能量的增加

$$\mathrm{d}E = Fv\mathrm{d}t \tag{3.2-1}$$

由前面的讨论知道,能量与波矢由色散关系相联系,能量 E 变化意味着电子波矢 k 改变,因此上式可改写为

$$Fv = \frac{\mathrm{d}E}{\mathrm{d}t} = \frac{\mathrm{d}E}{\mathrm{d}k}\frac{\mathrm{d}k}{\mathrm{d}t} \tag{3.2-2}$$

将(3.1-13)式代入得

$$F = \hbar\frac{\mathrm{d}k}{\mathrm{d}t} \tag{3.2-3}$$

一、准 动 量

令

$$p = \hbar k \tag{3.2-4}$$

$$F = \mathrm{d}p/\mathrm{d}t \tag{3.2-5}$$

对于三维情形,利用功能关系只能得到

$$F_{/\!/} = \hbar\frac{\mathrm{d}k_{/\!/}}{\mathrm{d}t}$$

其中 $F_{/\!/}$ 与 $k_{/\!/}$ 分别为外力与波矢平行于电子速度 v 的分量。但实际上可以证明,在与速度 v 垂直的方向这一关系同样成立。因此,在三维情形外力 F 与波矢的时间变化率 $\mathrm{d}k/\mathrm{d}t$ 之间也有完全类似于(3.2-3)式、(3.2-4)式和(3.2-5)式三式的关系

$$\boldsymbol{F} = \hbar\frac{\mathrm{d}\boldsymbol{k}}{\mathrm{d}t} \tag{3.2-6}$$

$$\boldsymbol{p} = \hbar\boldsymbol{k} \tag{3.2-7}$$

$$\boldsymbol{F} = \mathrm{d}\boldsymbol{p}/\mathrm{d}t \tag{3.2-8}$$

上式中 p 与外力 F 的关系具有同经典动量完全一样的形式,因此称(3.2-7)式规定的 p 为准动量或晶体动量。但是切不可将 p 与电子的真实动量相混淆。一来由于 k 可相差任意倒格矢,准动量也只能确定到任意倒格矢 $\boldsymbol{K}$ 与 $\hbar$ 的乘积;二来布洛赫函数 $\Psi_{nk}(\boldsymbol{r})$ 既非动量算符的本征函数,$\hbar k$ 也并非动量算符的平均值。

二、有效质量和电子在外场作用下的加速度

由(3.1-13)式和(3.2-3)式得一维情形

$$\frac{\mathrm{d}v}{\mathrm{d}t} = \frac{1}{\hbar}\frac{\mathrm{d}^2E}{\mathrm{d}k^2}\frac{\mathrm{d}k}{\mathrm{d}t} = \frac{1}{\hbar^2}\frac{\mathrm{d}^2E}{\mathrm{d}k^2}F \tag{3.2-9}$$

如令

$$m^* = \left(\frac{1}{\hbar^2}\frac{\mathrm{d}^2 E}{\mathrm{d}k^2}\right)^{-1} \qquad (3.2\text{-}10)$$

则(3.2-9)式化为

$$F = m^* \frac{\mathrm{d}v}{\mathrm{d}t} \qquad (3.2\text{-}11)$$

上式表明在外力作用下,晶体中的电子犹如一个质量为 m^* 的经典质点,因此称 m^* 为有效质量。由(3.2-10)式可知,有效质量也随电子状态或波矢而异,取决于能带结构的曲率。色散关系愈平缓,能带曲率愈小,有效质量愈大。而且有效质量亦可有正、有负。在能带底部 m^* 必为正,而在能带顶部必为负。如能带底部在 $k=0$,则在其附近可将 $E(k)$ 对波矢展开成泰勒级数,保留到二级小量,

$$E_-(k) = E_\mathrm{b} + \frac{\mathrm{d}E_-}{\mathrm{d}k}\Big|_0 k + \frac{1}{2}\frac{\mathrm{d}^2 E_-}{\mathrm{d}k^2}\Big|_0 k^2 \qquad (3.2\text{-}12)$$

E_b 为能带底的能量,而下标"$-$"表示能带底部。由于 $k=0$ 为能带极值,$\dfrac{\mathrm{d}E}{\mathrm{d}k}\Big|_0 = 0$,上式化为

$$E_-(k) = E_\mathrm{b} + \frac{1}{2}\frac{\mathrm{d}^2 E_-}{\mathrm{d}k^2}\Big|_0 k^2 \qquad (3.2\text{-}13)$$

将(3.2-10)式代入得

$$E_-(k) = E_\mathrm{b} + \frac{1}{2m_m^*}\hbar^2 k^2 \qquad (3.2\text{-}14)$$

其中

$$m_m^* = \left(\frac{1}{\hbar^2}\frac{\mathrm{d}^2 E_-}{\mathrm{d}k^2}\Big|_0\right)^{-1} > 0 \qquad (3.2\text{-}15)$$

为能带底部电子的有效质量。(3.2-14)式与自由电子的色散关系十分相似,仅以有效质量取代自由电子的质量。由此可见有效质量概括了晶体周期场对电子性质的影响。同样,如 $k=0$ 处为能带顶部,则类似于(3.2-14)式,在能带顶 E_t 附近色散关系可近似表成

$$E_+(k) = E_\mathrm{t} + \frac{1}{2m_\mathrm{M}^*}\hbar^2 k^2 \qquad (3.2\text{-}16)$$

式中下标"$+$"代表能带顶附近,而

$$m_\mathrm{M}^* = \left(\frac{1}{\hbar^2}\frac{\mathrm{d}^2 E_+}{\mathrm{d}k^2}\Big|_0\right)^{-1} < 0 \qquad (3.2\text{-}17)$$

为能带顶电子的有效质量,(3.2-16)式可改写为

$$E_+(k) = E_\mathrm{t} - \frac{1}{2\,|\,m_\mathrm{M}^*\,|}\hbar^2 k^2 \qquad (3.2\text{-}18)$$

在三维情形,由于沿 k 空间的不同方向一般有不同的色散关系,不同于自由电子在任意方向都有相同的抛物线形式;电子的有效质量比较复杂,表现为一个二级张量,可以用 3×3 矩阵形式表示。矩阵元(即张量分量)

$$\left(\frac{1}{m^*}\right)_{ij} = \frac{1}{\hbar^2}\frac{\partial^2 E(\boldsymbol{k})}{\partial k_i \partial k_j} \quad (i,\ j = x,\ y,\ z) \qquad (3.2\text{-}19)$$

这样,相应于一维的(3.2-9)式电子在 i 方向的加速度 $\mathrm{d}v_i/\mathrm{d}t$ 就应表示为

$$\frac{\mathrm{d}v_i}{\mathrm{d}t} = \sum_j \left(\frac{1}{m^*}\right)_{ij} F_j \quad (i, j = x, y, z) \tag{3.2-20}$$

或由(3.2-6)式

$$\frac{\mathrm{d}v_i}{\mathrm{d}t} = \sum_j \left(\frac{1}{m^*}\right)_{ij} \hbar \frac{\mathrm{d}k_j}{\mathrm{d}t} \tag{3.2-21}$$

其中 F_j 为外力 $\boldsymbol{F}$ 沿 $j(=x, y, z)$ 方向的分量。

当能带结构(或色散关系)在 $\boldsymbol{k}$ 空间具有一定的对称性时,适当选择坐标轴的方向可使不相等的有效质量分量的数目减少(参见第六章)。而在所谓各向同性的情形,即在任何方向色散关系一致,有效质量就成为标量。在这种情形,能带底部或顶部的色散关系分别具有类似于(3.2-14)式或(3.2-18)式一维情形的抛物线形式。

三、等 能 面

通常,在讨论晶体中电子的能带结构 $E(\boldsymbol{k})$ 的时候,等能面是一个很形象化的概念。在倒空间中,方程

$$E(\boldsymbol{k}) = E_c \tag{3.2-22}$$

描写一曲面,称其为能量 E_c 的等能面。显然,对于自由电子,

$$E(\boldsymbol{k}) = \frac{\hbar^2 k^2}{2m} \tag{3.2-23}$$

与能量 E_c 对应的等能面乃为中心在 $\boldsymbol{k}$ 空间原点、半径为

$$k_c = \frac{1}{\hbar}\sqrt{2mE_c} \tag{3.2-24}$$

的球面。不难看出,如果晶体中的电子的 $E(\boldsymbol{k})$ 具有(3.2-14)式或(3.2-18)式等号右方的形式,等能面也应为一球面。可见球形等能面与有效质量为一标量是一致的。如果一晶体电子在倒空间中的

$$\boldsymbol{k} = k_{0x}\boldsymbol{e}_1 \tag{3.2-25}$$

处为能量的极小值或能带底,且其附近的能带结构可表示为

$$E(\boldsymbol{k}) = E_b + \frac{\hbar^2}{2}\left[\frac{(k_x - k_{0x})^2}{m_{/\!/}} + \frac{k_y^2 + k_z^2}{m_\perp}\right] \tag{3.2-26}$$

则在此极值附近,等能面的形状为一个旋转椭球,沿椭球的长轴与短轴有不同的有效质量 $m_{/\!/}$ 与 $m_\perp$。这也表明,当将一坐标轴选成沿椭球的旋转轴而另两个坐标轴与之垂直时,只有两个不同的有效质量分量。将在第六章看到,重要的半导体材料硅就具有类似于(3.2-26)式的旋转椭球等能面。

无疑,在二维情形,等能面变成等能线,而在一维情形,更变为对原点对称的两个点。这里有一点应予注意。在二维情形,我们也可以将

$$E(\boldsymbol{k}) = E(k_x, k_y) \tag{3.2-27}$$

在三维空间中用图形表现出来,将垂直轴作为能量轴,其形状也是一个曲面,但这个曲面乃是二维能带结构的几何表示,切勿与三维电子能带结构的等能面相混淆。图 3.2-1(a)为二维自由电子的 $E(\boldsymbol{k})$ 关系,而图 3.2-1(b)则表示三维自由电子的任意两个球形等能面,显然两者是不一致的。

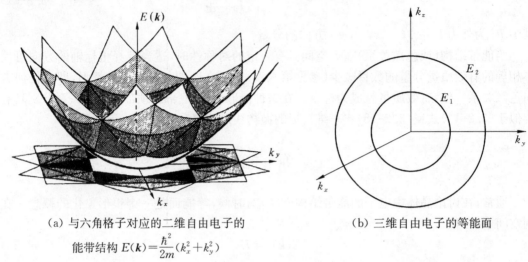

(a) 与六角格子对应的二维自由电子的

能带结构 $E(\boldsymbol{k}) = \dfrac{\hbar^2}{2m}(k_x^2 + k_y^2)$

(b) 三维自由电子的等能面

图 3.2-1

3.3 导体、绝缘体和半导体,布洛赫振荡,空穴

历史上,能带理论的一大贡献即为成功地解释了固体为何会具有极不相同的导电本领,有的表现为导体,有的表现为绝缘体。本节将就一维情形做定性的说明。我们将看到,所谓满带,即其中所有的能级都为电子所占据的能带,对于电导并无贡献。

一、满 带 不 导 电

首先,讨论没有外加电场的情形。为明确起见,考虑一维布拉菲格子中与原子 1s 能级相对应的能带,如图 3.3-1 所示。如果晶体有 N 个原胞,则总共有 N 个波矢均匀分布在 $-\dfrac{\pi}{a} \sim \dfrac{\pi}{a}$ 范围内,每个波矢均按色散关系而和一定的能量或能级相对应。如果不计简并,应总共有 N 个能级。每个能级可以容纳自旋相反的两个电子。除去氢以外每个原子均有两个 1s 电子,因而总共 $2N$ 个 1s 电子恰好填满这一能带中的所有能级,这就是满带。为简单计,考虑单位体积的晶体,因而其中一个波矢为 k_i 的电子对电流密度的贡献为 $-ev(k_i)$,能带中所有的电子对电流的贡献应当为

$$j = 2(-e) \sum_{i=1}^{N} v(k_i) \tag{3.3-1}$$

式中因子2代表两种自旋。注意到倒空间中波矢代表点的对称分布以及由(3.1-14)式可知,上式中波矢为 k_i 的电子与波矢为 $-k_i$ 的电子对电流的贡献成对抵消,因而总电流为零。这当然符合没有电压应无电流的实际情形。

现在设加上指向左方的外电场 $\mathcal{E}$,每个电子均受到 $-e\mathcal{E}$ 的电场力,使其波矢在历经 Δt 时间后增加

$$\Delta k = \frac{1}{h}(-e\mathcal{E})\Delta t$$

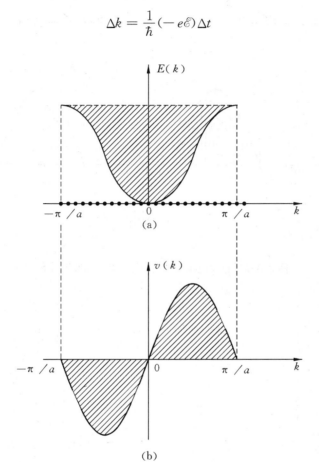

图 3.3-1 无外电场情况下,一维电子的能量和速度与波矢的关系

于是所有电子的波矢均右移 Δk,使电子在 k 空间的分布有如图 3.3-2 所示。由上一章的讨论可知,因为 $E(k)$ 具有倒格子的周期性,图中位于 π/a 右方 Δk 范围内的状态(现在是被电子占有的状态)完全等价于 $-\pi/a$ 右方 Δk 范围的状态(现在是空态),因此图 3.3-2 的电子分布与图 3.3-1(a)是完全等价的。一个电子的代表点越过位于 π/a 的布里渊区的边界即相当于又从位于 $-\pi/a$ 的边界进入同一布里渊区,犹如一位客人刚从前门离开又从后门进来一样。这样所有电子对电流的贡献依然与无外电场时一样地成对相消;这就是说,满带不导电。由此立刻可以想到,如果能带只有一部分为电子填充,则在外电场作用下当然能形成电流。只要考察图 3.3-3 便能一目了然。图 3.3-3(a)为不加外电场的情形,显然仍无电流。但当施加外电场经时间 Δt 后波矢变化 Δk,破坏了电子在倒空间的对称分布,电子速度不再能全部成对抵消,如图 3.3-3(b)所示,因而能产生电流。简言之,不满的带能导电。

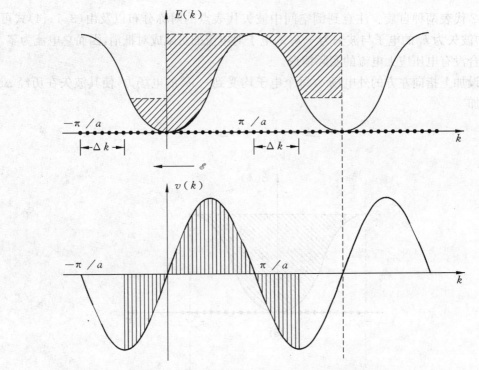

图 3.3-2 施加电场 Δt 时的电子能量和速度分布

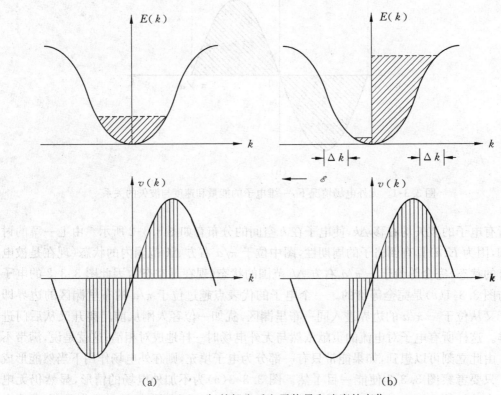

(a)   (b)

图 3.3-3 加外场之后电子能量和速度的变化

二、价带填充程度决定导电性

对于实际晶体,电子总是从低到高逐一填充许可带,直至价电子所填充的能带(称为价带)为止。显然,除价带以外,其余所有的能带都是满带,均不能导电。如果连价带也是满带,晶体就是绝缘体。如果价带不满,就是导体。通常一价金属的价带就是半满的。因此,根据价电子填充能带的情形即可区别导体与绝缘体。还有一类材料,在低温下价带也是满带,导电本领很小。但从价带到上面一个许可带之间的禁带宽度不大,例如在 1 eV 上下。在室温下价带顶附近的电子有可能吸收热能使自身能量增加而到达上面的许可带(常称这一过程为热激发),使这一能带及其以下的价带均成为不满的带而表现出导电性,这一类材料称为半导体,将在第六章中专门讨论。

按照上面的讨论,似乎二价的金属应为绝缘体,其实不然。这是因为这里的介绍过于简单。实际上与不同原子能级相对应的能带之间可以相互交叠使禁带消除,从而使二价金属价带成为不满而表现出金属的导电性。相反的例子则如锗和硅。它们都为四价元素,都具有金刚石型的晶体结构。每个原胞包括两个原子,每个原子有 4 个价电子。因此,如果晶体有 N 个原胞,则总共有 $8N$ 个价电子。原子价态包括一个 s 态与 3 个 p 态,这样第一布里渊区中 N 个波矢应当对应于 $2 \times (1+3) \times N = 8N$ 个能级,可容纳 $16N$ 个价电子。如此锗、硅应表现出金属导电性,事实上由于这类晶体中原子间的相互作用,使价电子所处的能带一分为二,每个能带中均包含 $4N$ 个能级,当中间以 0.76 eV(锗)或 1.15 eV(硅)的禁带,因此表现为半导体。

图 3.3-3 所示的过程表示电流从无到有增加,但这一过程不会无限延续下去,即波矢 k 不会随时间一直增加,否则我们将得到恒定电压下的变化的电流,而实际上直流电压总是产生恒定的电流。这是由于在实际的材料中总是存在各种各样的散射因素,包括晶格振动引起的声子散射以及缺陷与杂质等的散射。这些散射因素的共同本质都是使电子所处的势场偏离严格的周期性,而散射作用的总的趋势是使电子在 k 空间的分布恢复平衡状态,在一维情形即为倾向于使电子分布由图 3.3-3(b)回复到图 3.3-3(a)。在实际情形,电场与散射这两种因素达到动态平衡,使得在恒定电场作用下达到类似于图 3.3-3(b)的稳定分布,从而对应于恒定的电流,材料因而表现出一定的电阻或电导。

三、布 洛 赫 振 荡

然而,如果高度完整的晶体处在极低温度下,那么散射作用将可忽略,原则上在一恒定电场作用下波矢将连续变化。假设图 3.3-3 中的能带在平衡时恰为半满,则在左向电场作用下,为电子占据的波矢向右移动,开始形成与外电场一致的左向电流。设当时刻 $t = t_1$ 时全部为电子占据的状态位于布里渊区的右半部,如图 3.3-4(b)所示。此时所有电子的速度均为正(右向),使向左的电流达最大值。嗣后,一部分电子越出 π/a 处的布里渊区的边界进入左半部,导致电流下降。至 $t = 2t_1$ 时,形成如图 3.3-4(c)的对称分布,使电流降为零。以后由于布里渊区左半部被占的状态多于右半部而形成右向的电流。右向电流在 $t = 3t_1$ 时达最大值(图 3.3-4(d))后下降,至 $t = 4t_1$ 时又降至零而回复至图 3.3-4(a)。如此循环

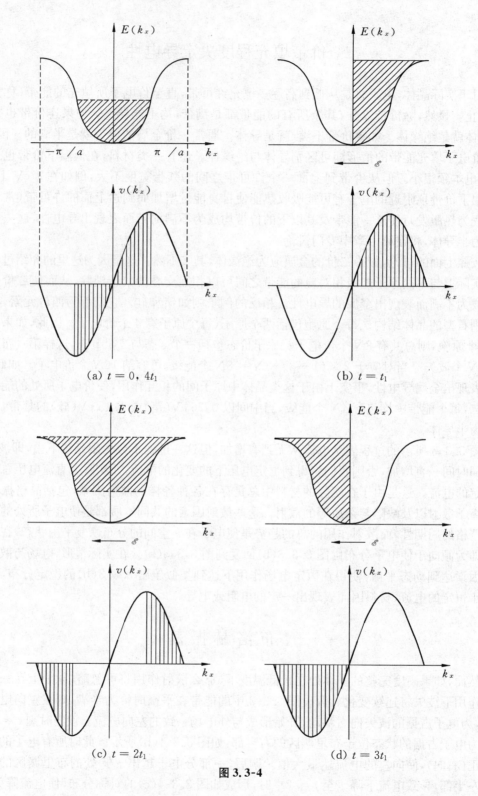

(a) $t = 0,\ 4t_1$　　　　　　　　　(b) $t = t_1$

(c) $t = 2t_1$　　　　　　　　　(d) $t = 3t_1$

图 3.3-4

往复,得到在恒定电压作用下的周期为 $T = 4t_1$ 的交变电流。这一现象称为布洛赫振荡。早在 20 世纪 70 年代末华裔学者朱兆祥即与日本学者江崎一起在低温超晶格中观察到与这一振荡有关的负阻现象。所谓超晶格是由两种不同的材料交替叠合而成,如图 3.3-5 所示,每一层 A 材料或 B 材料的厚度均相等,设分别为 a 与 b,则在叠合方向就形成了周期为 $a+b$ 的一维结构。由于 a 与 b 均远大于原子间距,故称其为超晶格(参见本书 10.3 节)。由于在此一维方向周期加大,布里渊区的线度必大为缩短,加上超晶格材料的制备极为先进,几乎不存在任何杂质与缺陷,而且在低温下晶格振动的散射作用又极为微弱,使平衡时处于 k 空间原点附近的电子在足够的外电场的作用下可以很容易越过 $E(k)$ 曲线的转折点而使稳态分布大大偏离平衡分布。虽然他们的实验仍然只得到直流电流,但却观察到随着电压从零开始增加电流首先相应增加继而却随电压增加而下降的负阻现象。这表明,尽管尚未观察到布洛赫振荡,但他们实验中所牵涉的机理与布洛赫振荡是完全一致的。

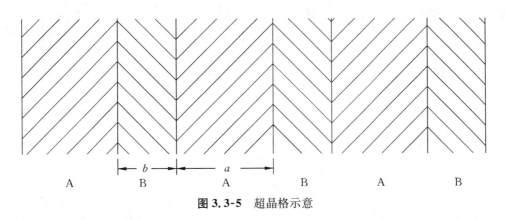

图 3.3-5 超晶格示意

值得注意的是,这里的讨论都是针对倒空间进行的。虽然,电子越出布里渊区边界时速度符号改变意味着电子在正空间的运动方向反转,切勿将布里渊区的边界与实空间中晶体的边界相混淆。

四、空　穴

前面已提到半导体价带顶的电子可热激发至上一个空带而导电,这一个低温下的空带因而称为导带。显然留下来的价带也不满,也同样对电导有贡献。通常温度下,参与热激发的电子数量并不多,在能量上也仅限于价带顶附近。因此,价带仍基本上是被填满的,这样的几乎被填满的能带的导电性,可以借助于所谓空穴的概念来描写。假设价带中有一波矢为 k_i 的电子被激发至导带。这一过程破坏了价带中电子在倒空间的对称分布,有一个波矢为 $-k_i$ 的电子的速度无法抵消而使留在价带中所有的电子对电流的总贡献不为零。设这样形成的电流密度为 j'。由满带的不导电性不难看出

$$j' + (-e)v(k_i) = 0$$

即

$$j' = ev(k_i) \tag{3.3-2}$$

上式表明,缺少一个速度为 v 的电子的价带中余下的所有电子对电流的贡献犹如一个具有正电荷 e 以同一速度 v 运动的粒子形成的电流,这一粒子称为空穴。显然利用空穴这一概

念可以大大简化基本上被电子填满的能带的导电性。这样,当价带中一个电子被热激发至导带中时就产生了一对载流子——导带中的电子和价带中的空穴。在三维情形,价带中波矢为 $\boldsymbol{k}_i$、速度为 $\boldsymbol{v}(\boldsymbol{k}_i)$ 的电子被激发至导带后在价带中即产生速度为 $\boldsymbol{v}(\boldsymbol{k}_i)$ 的空穴。值得注意的是,空穴的波矢也是 $\boldsymbol{k}_i$,在外电场的作用下,其波矢的变化同样满足(3.2-6)式。但必须注意,其中 $\boldsymbol{F}$ 仍为电子所受的作用力 $-e\mathscr{E}$。同样,空穴的加速度亦应为同一能带中波矢相同的电子的加速度。由(3.2-20)式可知,在三维情形,对价带顶附近为各向同性的能带,电子加速度

$$\frac{\mathrm{d}\boldsymbol{v}_e}{\mathrm{d}t} = \frac{1}{m_e^*}(-e\mathscr{E}) \tag{3.3-3}$$

其中下标 e 表示电子。如将空穴速度表示为 $\boldsymbol{v}_h$,则由于

$$\boldsymbol{v}_h(\boldsymbol{k}) = \boldsymbol{v}_e(\boldsymbol{k}) \tag{3.3-4}$$

$$\frac{\mathrm{d}\boldsymbol{v}_h}{\mathrm{d}t} = \frac{1}{m_e^*}(-e\mathscr{E}) \tag{3.3-5}$$

在价带顶附近,$m_e^* < 0$,如在上式中引入

$$m_h^* = -m_e^* > 0 \tag{3.3-6}$$

则

$$\frac{\mathrm{d}\boldsymbol{v}_h}{\mathrm{d}t} = \frac{e\mathscr{E}}{m_h^*} \tag{3.3-7}$$

显然 m_h^* 即可视为空穴的有效质量。由此可将空穴的性质总结如下:能带中波矢为 $\boldsymbol{k}$ 的空穴系由同一能带中波矢为 $\boldsymbol{k}$ 的电子缺失而产生,其速度即为该电子未缺失时在此能带中的速度;在外场作用下表现为荷单位正电荷、具有正有效质量的粒子。

3.4 金属的电导

许多金属中价电子的性质十分类似于自由电子,有效质量也接近自由电子的静止质量。这就是为什么简单的经典理论能成功地描述金属电导的原因。本节我们将从自由电子在 $\boldsymbol{k}$ 空间的分布出发讨论金属的电导性质。

一、费米分布函数

众所周知,统计物理告诉我们,在电子体系中电子按能量的分布服从费米-狄拉克分布律。在温度 T 时能量为 E 的能级为电子所占据的几率可用费米分布函数

$$f(E) = \frac{1}{\mathrm{e}^{\frac{E-E_F}{k_B T}} + 1} \tag{3.4-1}$$

来表示,其中 k_B 为玻尔兹曼常数,E_F 称为费米能级。易见如 $E = E_F$,$f(E_F) = 1/2$,即如

E_F 为一电子的许可能级,其为电子占据的几率恰为 1/2。在后面第四章中可以看到,E_F 随着温度的上升而略有下降。有的书中将绝对零度时的 E_F 称为费米能级,而将 $T \neq 0\,\mathrm{K}$ 时的称为化学势。图 3.4-1 画出 $T \neq 0\,\mathrm{K}$ 时的费米分布函数。当 $T = 0\,\mathrm{K}$ 时 $f(E)$ 具有阶梯函数的形式。如 $E < E_\mathrm{F}$,则 $f(E) = 1$,而如 $E > E_\mathrm{F}$,$f(E) = 0$;即所有比 E_F 低的能级均为电子所占据,而 E_F 以上的能级全是空的。图 3.4-1 表示室温下的分布完全可近似地代之以零温时的阶梯状分布而不至于引入太大的误差。本节中我们将略去 E_F 随温度的变化。

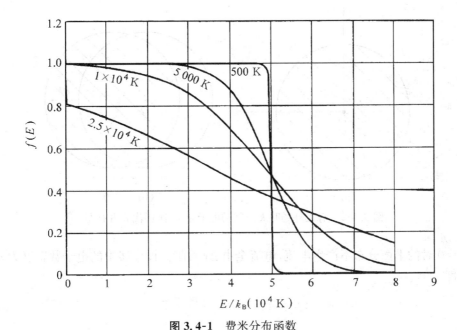

图 3.4-1 费米分布函数

根据(3.4-1)式,我们直接得到电子在三维 $\boldsymbol{k}$ 空间的分布情形。如无外加电场,$T = 0\,\mathrm{K}$ 时所有包含在以 $\boldsymbol{k}$ 空间原点为中心、半径为

$$k_\mathrm{F} = \sqrt{2mE_\mathrm{F}}\big/\hbar \tag{3.4-2}$$

的球面内的波矢的端点均为被占电子状态的代表点,球面以外的波矢代表的状态则是空的;简言之,电子均分布于球内。这一球称为费米球,而半径 k_F 称为费米波矢。通常将 $E = E_\mathrm{F}$ 对应的等能面称为费米面。可见自由电子的费米面为一以费米波矢为半径的球面。许多实际金属的费米面虽与球面不同,但很大程度上接近于球面。

二、金 属 电 导 率

当施以外加电场 $\mathscr{E}$ 时,所有电子的波矢在 Δt 时间内均按

$$\delta \boldsymbol{k} = \frac{1}{\hbar}(-e\,\mathscr{E})\Delta t \tag{3.4-3}$$

变化;换言之,整个费米球由于外场的作用而在 $\boldsymbol{k}$ 空间位移 $\delta \boldsymbol{k}$。由于散射作用,这一移动也

不会持续进行,而是稳定在

$$\delta \boldsymbol{k} = \frac{1}{\hbar}(-e\boldsymbol{\mathscr{E}})\tau \tag{3.4-4}$$

处(如图 3.4-2 所示)。其中 τ 为平均自由时间,即平均而言相邻两次散射之间电子得以自由运动的时间。由上式得到,每个电子获得一速度增量

$$\Delta \boldsymbol{v} = \frac{1}{m}\hbar\delta \boldsymbol{k} = -\frac{e\boldsymbol{\mathscr{E}}}{m}\tau \tag{3.4-5}$$

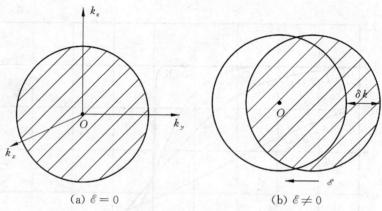

(a) $\mathscr{E} = 0$ (b) $\mathscr{E} \neq 0$

图 3.4-2 有无外场时 $\boldsymbol{k}$ 空间的电子分布(阴影代表占有态)

由于 $\mathscr{E} = 0$ 时的平衡分布不产生电流,电流全由 $\Delta \boldsymbol{v}$ 贡献。设金属中的电子数密度为 n,得到电流密度

$$\boldsymbol{j} = n(-e)\Delta \boldsymbol{v} = \frac{ne^2\tau}{m}\boldsymbol{\mathscr{E}} \tag{3.4-6}$$

欧姆定律 $\boldsymbol{j} = \sigma\boldsymbol{\mathscr{E}}$ 表明金属电导率

$$\sigma = ne^2\tau/m \tag{3.4-7}$$

在导出上式时我们实际上假定 τ 是与电子状态无关的常数,但 τ 与电子的能量有关。精确计算得到形式上完全类似的结果,唯式中的 τ 应理解为费米面处电子的平均自由时间 $\tau(E_F)$。这实际上反映了只有费米面附近的电子,即能量接近费米能级的电子对电导才有贡献,因为在一般情形下,对能量明显低于费米能级的电子而言,其在外场时的稳态分布与平衡时的分布并无区别,而平衡分布对电流是没有贡献的。实际上,(3.4-6)式中的 $\Delta \boldsymbol{v}$ 就是电子在电场中获得的漂移速度,表明在电场中每个电子都获得同样的漂移速度,对电导作出相同的贡献。将(3.4-6)式的电流密度 $\boldsymbol{j}$ 改写为

$$\boldsymbol{j} = (-e)\left(\frac{\Delta v}{v_F}n\right)\boldsymbol{v}_F \tag{3.4-8}$$

v_F 为费米速度,即费米面上电子的运动速度。在自由电子的情形,$v_F = \sqrt{2E_F/m}$。通常 v_F 在 10^6 m/s 的数量级,要比电子在电场中获得的漂移速度(约在 10^{-2} m/s 量级)大得多。因此,(3.4-8)式可以理解为只有极少数(约占总导电电子数的 $10^{-9} \sim 10^{-8}$)费米面附近以 v_F 运动的电子对电导作出贡献。这样,既可将电流理解为全部电子均以低漂移速度 Δv 运动

的结果,也可理解为少数电子以高费米速度运动的结果。在有的情形,后一种理解看上去更为合理。

由(3.4-7)式得金属电阻率为

$$\rho = \frac{1}{\sigma} = \frac{m}{ne^2\tau} \tag{3.4-9}$$

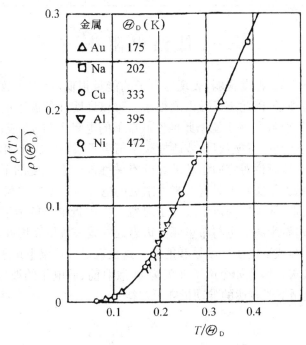

图 3.4-3　纯金属的电阻率

众所周知,金属的电阻率是与温度有关的。表 3.4-1 列出部分金属室温电阻率,而图 3.4-3 代表一组常见的金属的电阻率与温度的关系,曲线代表根据晶格振动对电子散射作出的理论计算。图中 Θ_D 为表示晶格振动的特征温度,称为德拜温度(参见 4.6 节)。$\rho(\Theta_D)$ 代表温度为德拜温度的电阻率。由图可以看出,如 $T > 0.2\Theta_D$,金属的电阻与绝对温度有线性关系,这与熟知的室温附近金属电阻率随温度线性增加的实验事实相符。这是因为,在这一温度范围,晶格振动的能量符合经典的能量均分原理,从而使表示晶格振动强弱的声子数密度与温度成正比(参见第四章),因此晶格振动对电子的散射的几率,或 $1/\tau$ 也就与温度成正比。随着温度的降低晶格振动的量子化特征表现出来,使低温下的电阻率呈现与 T^5 成比例的规律。对此,这里可以给予简化的解释。

表 3.4-1　金属室温(295 K)电阻率 $\rho(10^{-6}\ \Omega \cdot cm)$

金属	Li	Na	K	Rb	Cs	Be	Mg	Ca	Sr
ρ	9.32	4.75	7.19	12.5	20.0	3.25	4.30	3.6	21.5

金属	Ba	Al	Ga	In	Tl	Sn(白)	Pb	Sb	Bi
ρ	39	2.74	14.85	8.75	16.4	11.0	21.0	41.3	116

金属	Ti	Zr	V	Nb	Cr	Mo	W	Mn	Fe
ρ	43.1	42.4	19.9	14.5	12.9	5.3	5.3	139	9.8
金属	Co	Ni	Pd	Pt	Cu	Ag	Au	Zn	Cd	Hg（液）
ρ	5.8	7.0	10.5	10.4	1.70	1.61	2.20	5.92	7.27	95.9

三、低温电阻率

在很低的温度下，晶格振动很弱，表现为声子的能量很低，绝大多数是波矢位于布里渊区中心附近的声学波声子，因此声子数密度很小。可以证明在低温下的声子数密度正比于 T^3（参见第四章）。然而，我们并不能据此推论低温下的电阻也与 T^3 成比例。这是因为，虽然电子在单位时间内受到的碰撞数目，或碰撞频率与声子数密度成比例，在低温下每次碰撞对于电子波矢的影响，或者说对定向运动破坏的有效性却随着温度的下降而明显降低。前面的讨论已经指出，低温下实际上只有费米面附近的电子对电导有贡献。由此可见，低温下的电阻将源出于能量低、波矢短的声学波声子对费米面附近电子的散射。通常费米能级为几个电子伏的数量级，费米波矢也与布里渊区边界处的波矢数量级相近，因此低温下声子对电子的散射并不能明显改变电子的动量和能量。这也就是说低温下声子对电子的散射并不能明显改变电子的波矢。因此如令声子波矢为 $\boldsymbol{q}$，散射前、后电子的波矢为 $\boldsymbol{k}$ 与 $\boldsymbol{k}'$，则可以认为 $k' \approx k$。散射遵循下式表达的准动量守恒定律：

$$\boldsymbol{k}' = \boldsymbol{k} + \boldsymbol{q} \tag{3.4-10}$$

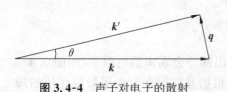

图 3.4-4 声子对电子的散射

由此如设 $\boldsymbol{k}$ 与 $\boldsymbol{k}'$ 夹角为 θ，如图 3.4-4 所示，则由于 $\boldsymbol{q}$ 在布里渊区中心附近，θ 角都很小，因此

$$q \approx 2k\sin\frac{\theta}{2} \tag{3.4-11}$$

$$q/k \approx \theta \tag{3.4-12}$$

由图 3.4-4 可见，一次散射使电子在其运动方向（由（3.2-7）式可见即为电子波矢 $\boldsymbol{k}$ 的方向）损失的准动量为

$$\hbar\delta k = \hbar k(1 - \cos\theta) = 2\hbar k\sin^2\frac{\theta}{2} \approx \hbar k_F\theta^2/2 \tag{3.4-13}$$

式中 k_F 为费米波矢。注意：通常散射的意义是完全摧毁电子的定向运动，据此由（3.4-12）式可见，每次声子碰撞的有效性 $\hbar\delta k/\hbar k_F$ 应与

$$\theta^2 \approx q^2/k_F^2 \tag{3.4-14}$$

成比例。低温下，只有在费米能级上下 $k_B T$ 数量级范围内的电子状态可以变化，而声子对电子的散射是吸收或发射声子的过程，电子能量的变化即为声子的能量。由此可见，参与对电子散射的声子的能量 $\hbar\omega$ 应与 $k_B T$ 在同一数量级，可以粗略地认为 $\hbar\omega \approx k_B T$。由于长波

声学波声子近似线性的色散关系,对电子起散射作用的声子的波矢 q 也应正比于 T,即 $q \propto \omega \propto T$。这样,根据(3.4-14)式一次声子散射摧毁电子动量的有效性就应与 T^2 成比例。加上低温下的声子数密度与 T^3 成比例,就导致散射几率及电阻率与 $T^3 T^2 = T^5$ 成比例。然而,在含有杂质的金属中,电子不仅受到晶格振动的散射,还受到电离杂质的散射。电子的散射几率应为这两种散射机理的散射几率之和,即

$$\frac{1}{\tau} = \frac{1}{\tau_L} + \frac{1}{\tau_I} \qquad (3.4\text{-}15)$$

式中 τ_L 与 τ_I 分别相应于晶格振动与电离杂质散射的平均自由时间。于是由(3.4-7)式得到

$$\rho = \rho_L + \rho_I \qquad (3.4\text{-}16)$$

其中

$$\rho_L = \frac{m}{ne^2} \frac{1}{\tau_L} \qquad (3.4\text{-}17)$$

而

$$\rho_I = \frac{m}{ne^2} \frac{1}{\tau_I} \qquad (3.4\text{-}18)$$

分别为晶格振动与电离杂质散射相应的电阻率。(3.4-15)式假定晶格振动与电离杂质这两种散射机理彼此互不影响,各自独立地起作用。在杂质浓度不高而温度也不太低的情形下这是与实际情况相符的,因而(3.4-16)式的结果也与实验相符,称为马德森定则。显然在(3.4-16)式中 ρ_L 与温度有关,在低温下降为零,而 ρ_I 则与杂质浓度有关。图 3.4-5 为钾低

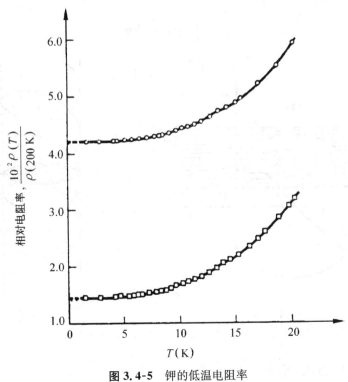

图 3.4-5 钾的低温电阻率

温下的电阻率。两根曲线几乎平行,表示低温下 ρ_L 随温度有相同的变化,而彼此的差别则反映不同样品杂质含量的差异。测量极低温度下的电阻率并外推到 $T=0$ K 时的数值 $\rho(0)$,就能反映样品中的杂质含量;$\rho(0)$ 称为剩余电阻率。通常,实验上测量室温电阻率$\rho(T_r)$ 与 $\rho(0)$ 之比 $R=\rho(T_r)/\rho(0)$,可用以表征样品的纯度。例如,剩余电阻率为 1.7×10^{-9} $\Omega\cdot$cm 的铜样品 R 约为 $1\,000$,相应于 2×10^{-5} 的杂质含量。在很纯的样品中 R 可高达 10^6,而在合金中 R 可低至 1.1。

3.5 霍尔效应

(3.2-6)式同样适用于磁场对晶体中电子的作用。如果晶体中不存在任何电子的散射因素,则在磁感应强度为 $\boldsymbol{B}$ 的洛伦兹力作用下,电子波矢按

$$\hbar\frac{\mathrm{d}\boldsymbol{k}}{\mathrm{d}t}=-e\boldsymbol{v}\times\boldsymbol{B} \tag{3.5-1}$$

变化。这表示电子波矢沿 $\boldsymbol{B}$ 方向的分量不变,电子波矢变化均在与 $\boldsymbol{B}$ 的垂直方向。由此可知,电子状态的代表点——波矢端点将在倒空间的一个与 $\boldsymbol{B}$ 垂直的平面上运动。另一方面,由于洛伦兹力不作功,电子的能量不变,波矢端点的运动应不离开电子的等能面。将这两点结合起来可知,电子状态代表点在倒空间中运动的轨迹就是垂直于磁场的平面与等能面的交线。通常我们也将其简称为电子在 $\boldsymbol{k}$ 空间的轨迹。我们可以自由电子情形为例使这一结论具体化。如图 3.5-1 所示,自由电子的等能面为一球面,由 $E(\boldsymbol{k})=\dfrac{\hbar^2k^2}{2m}$ 得到

$$\boldsymbol{v}=\frac{1}{\hbar}\nabla_k E=\frac{\hbar\boldsymbol{k}}{m} \tag{3.5-2}$$

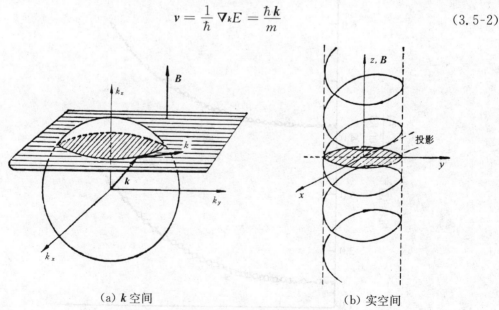

(a) $\boldsymbol{k}$ 空间　　　　　　　(b) 实空间

图 3.5-1 磁场作用下自由电子的运动

设磁感应线 $\boldsymbol{B}$ 沿 k_z 方向,可将(3.5-1)式写成分量形式

$$\begin{cases} \dfrac{\mathrm{d}k_x}{\mathrm{d}t} = -\dfrac{e}{m}k_yB \\[2mm] \dfrac{\mathrm{d}k_y}{\mathrm{d}t} = \dfrac{e}{m}k_xB \\[2mm] \dfrac{\mathrm{d}k_z}{\mathrm{d}t} = 0 \end{cases} \tag{3.5-3}$$

令

$$\begin{cases} k_x = k_\perp \cos\theta \\[1mm] k_y = k_\perp \sin\theta \end{cases} \tag{3.5-4}$$

$k_\perp = (k_x^2 + k_y^2)^{\frac{1}{2}}$ 表示波矢 $\boldsymbol{k}$ 在垂直于磁感应强度 $\boldsymbol{B}$ 方向的分量,可知

$$\begin{cases} \dfrac{\mathrm{d}k_\perp}{\mathrm{d}t} = 0 \\[2mm] \dfrac{\mathrm{d}\theta}{\mathrm{d}t} = \dfrac{eB}{m} \end{cases} \tag{3.5-5}$$

即电子波矢 $\boldsymbol{k}$ 绕 $\boldsymbol{B}$ 以角速度

$$\omega = \frac{eB}{m} \tag{3.5-6}$$

匀速转动,其端点轨迹乃是与 $\boldsymbol{B}$ 方向垂直的平面上的一个圆。应用(3.5-2)式与(3.5-3)式,可以得到电子在正空间的运动图像,

$$\begin{cases} \dfrac{\mathrm{d}v_x}{\mathrm{d}t} = -\dfrac{eB}{m}v_y \\[2mm] \dfrac{\mathrm{d}v_y}{\mathrm{d}t} = \dfrac{eB}{m}v_x \\[2mm] \dfrac{\mathrm{d}v_z}{\mathrm{d}t} = 0 \end{cases} \tag{3.5-7}$$

即为以磁场方向为轴的螺旋运动,如图 3.5-1(b)所示,其回转角频率正是 $\dfrac{eB}{m}$,这就是我们在普通物理学的学习中早已熟知的结果。

然而,在实际的晶体中由于存在电子的散射因素,电子的运动并不如(3.5-7)式所示的自由空间中的情形。与讨论电导率时类似,引入电子散射的平均自由时间 τ,可以认为电子受到形如 $-\dfrac{m}{\tau}\boldsymbol{v}$ 的阻力的作用。如果同时存在电场 $\mathscr{E}$,电子的运动方程应成为

$$\begin{cases} \dfrac{\mathrm{d}v_x}{\mathrm{d}t} = -\dfrac{eB}{m}v_y - \dfrac{v_x}{\tau} - \dfrac{e}{m}\mathscr{E}_x \\[2mm] \dfrac{\mathrm{d}v_y}{\mathrm{d}t} = \dfrac{eB}{m}v_x - \dfrac{v_y}{\tau} - \dfrac{e}{m}\mathscr{E}_y \\[2mm] \dfrac{\mathrm{d}v_z}{\mathrm{d}t} = -\dfrac{v_z}{\tau} - \dfrac{e}{m}\mathscr{E}_z \end{cases} \tag{3.5-8}$$

在稳态时速度不随时间变化,

$$\frac{\mathrm{d}v_x}{\mathrm{d}t} = \frac{\mathrm{d}v_y}{\mathrm{d}t} = \frac{\mathrm{d}v_z}{\mathrm{d}t} = 0$$

因而(3.5-8)式化为

$$\begin{cases} v_x = -\dfrac{e\tau}{m}\mathscr{E}_x - \omega_c\tau v_y \\[2mm] v_y = -\dfrac{e\tau}{m}\mathscr{E}_y + \omega_c\tau v_x \\[2mm] v_z = -\dfrac{e\tau}{m}\mathscr{E}_z \end{cases} \tag{3.5-9}$$

式中，$\omega_c = \dfrac{eB}{m}$ 为回转频率。

现在，考虑一矩形样品，取直角坐标轴沿样品的 3 条边，在 x 方向施以外加电压，且设样品置于沿 z 方向的磁场中，如图 3.5-2 所示。显然稳态时有沿 x 方向的直流电流，设其密度为 j_x，

$$j_x = -nev_x \tag{3.5-10}$$

式中 n 为样品中的电子数密度。而在 y 方向因无外回路应无电流出现，即该方向的电流密度

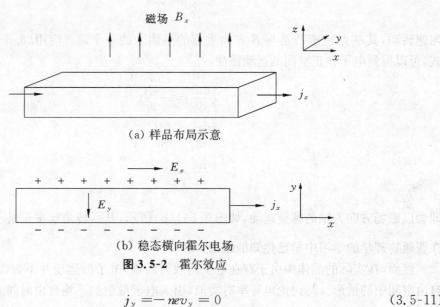

(a) 样品布局示意

(b) 稳态横向霍尔电场

图 3.5-2 霍尔效应

$$j_y = -nev_y = 0 \tag{3.5-11}$$

由(3.5-9)式得到

$$\mathscr{E}_y = -\omega_c\tau\mathscr{E}_x \tag{3.5-12}$$

即在垂直于电流和磁场组成的平面的 y 方向出现了横向稳态电场 $\mathscr{E}_y$，称为霍尔电场，这一现象称为霍尔效应。显然霍尔效应的物理机理为洛伦兹力的作用。根据欧姆定律在(3.5-12)式中代入 $\mathscr{E}_x = j_x/\sigma$ 并注意 $\sigma = \dfrac{ne^2}{m}\tau$，得到

$$\mathscr{E}_y = -\frac{Bj_x}{ne} = R_\mathrm{H}Bj_x \tag{3.5-13}$$

78

其中

$$R_H = \frac{\mathscr{E}_y}{j_x B} = -\frac{1}{ne} \tag{3.5-14}$$

称为霍尔系数。由(3.5-13)式可知测量霍尔系数可以推得样品中的电子数密度,电子数密度愈高,R_H 数值愈低。在第六章会看到,霍尔效应的测量对于了解半导体材料的性质具有尤为重要的意义。实际的测量发现,有些金属如铍、铟、铝等具有正的霍尔系数,说明这些金属中导电性是由带正电荷的载流子贡献的,这正是空穴导电的直接证明。

第四章 固体的热学性质

固体的热学性质来源于电子气与晶格振动两方面的贡献,从而使导体与绝缘体(包括半导体)表现出不同的特点。本章针对这两个方面讨论固体的热容、热导与热膨胀规律。

4.1 电子气的状态密度

在第二章中已经看到,由于晶体由大量的原子组成,能带中包含大量的能级。一般能带宽度在电子伏的数量级,因而相邻能级之间的距离约在 10^{-21} eV 的数量级,实际上形成准连续的分布。在这种情形,讨论某个具体能级并没有明显的实际意义。通常我们更为关注的是状态密度,即单位体积的晶体在单位能量间隔中的能级数或状态数。这里我们将能量上简并的状态也视为不同的能级计算。显然,状态密度本身也会与电子的能量有关。

为了计算状态密度,考虑如图 4.1-1 所示的 k 空间。曲面 E 与 $E+\Delta E$ 分别代表固体的两个能量差为 ΔE 的等能面,围成一壳层。如果固体在正空间的体积为 V,则根据 2.2 节可知 k 空间波矢代表点的密度为 $V/(2\pi)^3$。如果算出两个等能面之间 k 空间的体积 $\Delta V'$,则根据定义状态密度应为

$$g(E) = \lim_{\Delta E \to 0} \frac{1}{(2\pi)^3} \frac{\Delta V'}{\Delta E} \tag{4.1-1}$$

在等能面上取面元 $\Delta S_i'$,并作母线垂直于面元的小柱体,柱体高度即为该面元处两个等能面

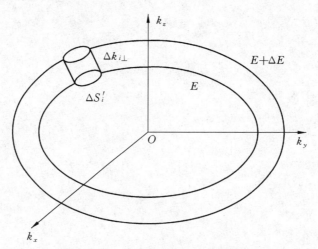

图 4.1-1 k 空间的等能面及能量壳层

在 k 空间的垂直距离 $\Delta k_{i\perp}$。显然

$$\Delta V' = \sum_i \Delta k_{i\perp} \Delta S_i' \tag{4.1-2}$$

式中求和遍及全部等能面。注意,能量在 k 空间的梯度总是垂直于等能面的,

$$\Delta E = |\nabla_k E| \, \Delta k_{\perp} \tag{4.1-3}$$

将上式代入(4.1-2)式后再代入(4.1-1)式,得到

$$g(E) = \frac{1}{(2\pi)^3} \oint_{S'(E)} \frac{\mathrm{d}S'}{|\nabla_k E|} \tag{4.1-4}$$

其中积分遍及能量为 E 的全部等能面。上式适用于能量 E 只牵涉一支能带的情形。如有若干支能带在能量 E 相互交叠,上式应推广为

$$g(E) = \sum_j g_j(E) = \frac{1}{(2\pi)^3} \sum_j \oint_{S_j'(E)} \frac{\mathrm{d}S_j'}{|\nabla_k E_j|} \tag{4.1-5}$$

其中 $g_j(E)$ 为相应于色散关系为 $E_j(k)$ 的第 j 支能带的状态密度。上式表明只要知道材料的能带结构即可一般地计算状态密度。

对于自由电子气的情形,计算十分简单。在三维情形由 $E(k) = \dfrac{\hbar^2 k^2}{2m}$ 得

$$\nabla_k E = \frac{\hbar^2}{m} k \tag{4.1-6}$$

自由电子只有一"支"能带,因而按(4.1-4)式,

$$g(E) = \frac{1}{(2\pi)^3} 4\pi k^2 \bigg/ \frac{\hbar^2 k}{m} = \frac{m}{2\pi^2 \hbar^2} k \tag{4.1-7}$$

式中 k 即能量为 E 的等能面的球半径。将 k 以 E 表示即得

$$g(E) = 2\pi \left(\frac{2m}{h^2}\right)^{3/2} E^{1/2} \tag{4.1-8}$$

计入自旋简并性,

$$g(E) = 4\pi \left(\frac{2m}{h^2}\right)^{3/2} E^{1/2} \tag{4.1-9}$$

令

$$C = 4\pi \left(\frac{2m}{h^2}\right)^{3/2} \tag{4.1-10}$$

得到

$$g(E) = CE^{1/2} \tag{4.1-11}$$

对于二维情形,自由电子气的等能面变成一个半径为 $k = \sqrt{2mE}/\hbar$ 的圆。k"空间"的波矢代表点的密度为 $S/(2\pi)^2$,S 为二维晶体的面积。此时(4.1-4)式退化为

$$g(E) = \frac{1}{(2\pi)^2} 2\pi k \bigg/ \frac{\hbar^2 k}{m} = \frac{2\pi m}{h^2} \tag{4.1-12}$$

计入自旋简并,得到

$$g(E) = 4\pi m/h^2 \qquad\qquad (4.1\text{-}13)$$

同理,对一维自由电子情形,

$$g(E) = 2(2m)^{1/2}E^{-1/2}/h \qquad\qquad (4.1\text{-}14)$$

其中因子 2 来源于 $E(k) = E(-k)$。图 4.1-2 示意地表示出自由电子气的状态密度。

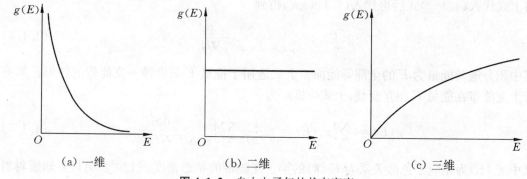

(a) 一维   (b) 二维   (c) 三维

图 4.1-2   自由电子气的状态密度

4.2   电子气的费米能级

(3.4-1)式中的费米能级,是与电子气的许多性质密切相关的具有重要意义的物理参量,决定于体系的电子数密度与温度。在绝对零度 $T = 0\,\mathrm{K}$,只决定于电子数密度。对于三维自由电子气,很容易算得 0 K 时的费米能级 E_F^0 与电子数密度的关系。由(3.4-1)式与(4.1-11)式得到,在能量低于 E_F^0 而处于 $E \sim E + \mathrm{d}E$ 之间的电子数为

$$\mathrm{d}N = CVE^{1/2}\mathrm{d}E \qquad\qquad (4.2\text{-}1)$$

其中 V 为晶体体积。因此,体系中的电子数

$$N = CV\int_0^{E_F^0} E^{1/2}\mathrm{d}E = \frac{2}{3}CVE_F^{0\,3/2} \qquad\qquad (4.2\text{-}2)$$

$$E_F^0 = \left(\frac{3n}{2C}\right)^{2/3} = \frac{h^2}{2m}\left(\frac{3n}{8\pi}\right)^{2/3} = \frac{\hbar^2}{2m}(3\pi^2 n)^{2/3} \qquad\qquad (4.2\text{-}3)$$

其中 $n = N/V$ 为电子数密度。由上式可得 0 K 时费米球的半径为

$$k_F^0 = (3\pi^2 n)^{1/3} \qquad\qquad (4.2\text{-}4)$$

以上结果近似适用于实际的金属,因为金属中的价电子在很大程度上类似于自由电子气。通常,金属中的电子数密度在 $10^{28}/\mathrm{m}^3$ 数量级,而电子质量为 $9.1\times10^{-31}\,\mathrm{kg}$,由此可知 E_F^0 约为几个电子伏。

同样我们很容易得到 0 K 时电子体系的平均能量 E^0。根据定义,

$$E^0 = \frac{1}{N}\int_0^{E_F^0} E\mathrm{d}N \qquad\qquad (4.2\text{-}5)$$

将(4.2-1)式与(4.2-2)式代入,得到

$$E^0 = \frac{3}{5} E_{\mathrm{F}}^0 \tag{4.2-6}$$

在以上的讨论中,我们应用了自由电子能量的色散关系 $E(\boldsymbol{k}) = \dfrac{\hbar^2 k^2}{2m}$,即只考虑电子的动能,因而 E^0 亦即为 0 K 时电子的平均动能。(4.2-6)式表明即使在绝对零度,电子体系仍然具有可观的平均动能。显然这是量子效应的表现,即由于泡利不相容原理,每个能级只能容纳自旋相反的两个电子,因而电子体系必须遵循费米-狄拉克统计规律的结果。

任何温度下能量位于 $E \sim E + \mathrm{d}E$ 间的电子数应为

$$\mathrm{d}N = CV f(E) E^{1/2} \mathrm{d}E \tag{4.2-7}$$

式中 $f(E)$ 为(3.4-1)式所示的费米分布函数。从而

$$N = CV \int_0^\infty f(E) E^{1/2} \mathrm{d}E \tag{4.2-8}$$

注意:$f(E)$ 的表达式中包含 E_{F} 和温度 T,因而上式即为决定任何给定温度下费米能级的方程。通过(4.2-8)式计算 E_{F} 甚为复杂,我们这里只列出结果。对于满足条件 $k_{\mathrm{B}} T \ll E_{\mathrm{F}}^0$ 的温度,

$$E_{\mathrm{F}} \approx E_{\mathrm{F}}^0 \left[1 - \frac{\pi^2}{12} \frac{k_{\mathrm{B}}^2 T^2}{(E_{\mathrm{F}}^0)^2} \right] \tag{4.2-9}$$

式中 k_{B} 为玻尔兹曼常数。由于 1 eV 相当于 $T \approx 10^4$ K 的 $k_{\mathrm{B}} T$,因而在本书涉及的温度范围,上式总是成立的。而且,上式表明,虽然随着温度的上升费米能级要下降,但由于 $k_{\mathrm{B}} T \ll E_{\mathrm{F}}^0$,实际上 E_{F} 与 E_{F}^0 的差异十分有限,以至于在许多情形可以用 E_{F}^0 代替 E_{F}。然而必须注意的是,虽然在有限温度下费米球的半径相对于 k_{F}^0 没有大的变化,电子在 $\boldsymbol{k}$ 空间的分布却出现明显的改变。由图 3.4-1 可以想到,此时费米球内部靠近球面部分的状态(通常在能量与 E_{F} 相差 $2k_{\mathrm{B}} T$ 的范围内)会部分出空而不为电子占据,而球面外比 E_{F} 高约 $2k_{\mathrm{B}} T$ 的范围内的状态则可能被电子占据,即一部分紧靠费米面的电子由球内激发到球外,如图 4.2-1 所示。这一点决定了金属的许多性质。下节介绍的电子气的热容即为一例。

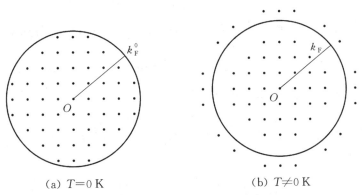

(a) $T = 0$ K　　　　(b) $T \neq 0$ K

图 4.2-1 电子在 $\boldsymbol{k}$ 空间的分布

·—电子占据的状态

4.3 电子气的热容

由上节末已可看出,如温度上升会有更多的电子从费米球内激发到球外,使体系的能量随温度增加,而表现为具有一定的热容。根据热力学的定义,如果 E_T 为电子气的总能量,则平均每个电子对定容热容的贡献应为

$$C_V^e = (\partial E_T / \partial T)_V / N \tag{4.3-1}$$

式中

$$E_T = \int_0^N E \mathrm{d}N \tag{4.3-2}$$

而 N 为电子总数。注意

$$\bar{E} = E_T / N \tag{4.3-3}$$

正是每个电子的平均动能,(4.3-1)式成为

$$C_V^e = (\partial \bar{E} / \partial T)_V \tag{4.3-4}$$

根据(3.4-1)式,当温度 $T \neq 0\,\mathrm{K}$ 时(4.2-1)式应改写为

$$\mathrm{d}N = CVE^{1/2} f(E) \mathrm{d}E = CV \frac{E^{1/2} \mathrm{d}E}{1 + \mathrm{e}^{\frac{E-E_F}{k_B T}}} \tag{4.3-5}$$

因此(4.3-4)式化为

$$C_V^e = \frac{CV}{N} \frac{\partial}{\partial T} \int_0^\infty E^{3/2} f(E) \mathrm{d}E \tag{4.3-6}$$

由费米分布的表达式(3.4-1)式或图 3.4-1 可见,$T \neq 0\,\mathrm{K}$ 时只有能量在 E_F 附近 $k_B T$ 范围内 $f(E)$ 才有明显的变化。为了定性地估算 C_V^e,对其余的能量范围内均可将 $f(E)$ 当作 0 $(E > E_F + k_B T)$ 或 1$(E < E_F - k_B T)$,而将 E_F 附近的 $f(E)$ 近似地看作线性变化,即将 $f(E)$ 近似地表示为

$$f(E) \approx \begin{cases} 1 & (0 \leqslant E < E_F - k_B T) \\ -\dfrac{E - E_F - k_B T}{2k_B T} & (E_F - k_B T \leqslant E \leqslant E_F + k_B T) \\ 0 & (E > E_F + k_B T) \end{cases} \tag{4.3-7}$$

如图 4.3-1 所示。将上式代入(4.3-6)式,得到

$$C_V^e = \frac{CV}{N} \frac{\partial}{\partial T} \left[\int_0^{E_F - k_B T} E^{3/2} \mathrm{d}E + \int_{E_F - k_B T}^{E_F + k_B T} \frac{E_F + k_B T - E}{2k_B T} E^{3/2} \mathrm{d}E \right] \tag{4.3-8}$$

令

$$I = \int_0^{E_F - k_B T} E^{3/2} \mathrm{d}E + \int_{E_F - k_B T}^{E_F + k_B T} \frac{(E_F + k_B T) E^{3/2} - E^{5/2}}{2k_B T} \mathrm{d}E \tag{4.3-9}$$

则

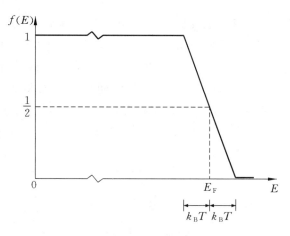

图 4.3-1 在 E_F 附近 $f(E)$ 用线性函数作近似

$$I = \frac{2}{5}(E_F - k_B T)^{5/2} + \frac{1}{2k_B T}\left\{\frac{2}{5}(E_F + k_B T)\left[(E_F + k_B T)^{5/2} - (E_F - k_B T)^{5/2}\right]\right.$$

$$\left. -\frac{2}{7}\left[(E_F + k_B T)^{7/2} - (E_F - k_B T)^{7/2}\right]\right\}$$

$$= \frac{2}{5}E_F^{5/2}(1 - k_B T/E_F)^{5/2} + \frac{E_F^{7/2}}{2k_B T}\left\{\frac{2}{5}(1 + k_B T/E_F)\left[(1 + k_B T/E_F)^{5/2} - (1 - k_B T/E_F)^{5/2}\right]\right.$$

$$\left. -\frac{2}{7}\left[(1 + k_B T/E_F)^{7/2} - (1 - k_B T/E_F)^{7/2}\right]\right\} \tag{4.3-10}$$

通常 $k_B T \ll E_F$。例如在室温，一般金属中自由电子气的 $k_B T/E_F$ 在 10^{-2} 数量级。因此上式中可将 $k_B T/E_F$ 看作小量，而将二项式的幂函数用泰勒级数展开，并保留到二级小量，可得到

$$I = E_F^{5/2}\left[\frac{2}{5} + \frac{3}{4}(k_B T/E_F)^2\right] \approx E_F^{0\,5/2}\left[\frac{2}{5} + \frac{3}{4}(k_B T/E_F^0)^2\right] \tag{4.3-11}$$

代入(4.3-8)式，并注意 $N = \frac{2}{3}CVE_F^{0\,3/2}$，得到

$$C_V^e \approx \frac{9}{4}k_B \frac{k_B T}{E_F^0} \tag{4.3-12}$$

如用(3.4-1)式代入(4.3-6)式作比较精确的计算，结果为

$$C_V^e = \frac{\pi^2}{2}k_B \frac{k_B T}{E_F^0} \tag{4.3-13}$$

可见(4.3-12)式的结果与上式在数量级上是一致的。以上结果表明，电子的定容热容随温度上升而线性增加。然而，如果将金属中的自由电子气当作理想气体，每个电子都当作单原子气体分子，则根据经典的能量均分原理，在温度 T 电子气中每个电子的平均动能为 $\frac{3}{2}k_B T$，因而每个电子对热容的贡献应为常数值 $\frac{3}{2}k_B$，但(4.3-12)式或(4.3-13)式则表明即

使在室温附近实际电子气的热容也要比经典理论小两个数量级。这一差异的根源乃是由(3.4-1)式的费米分布函数所表现的量子力学效应。事实上在上节末的讨论已表明,当温度上升时只有费米能级 E_F 以下大约 $k_B T$ 范围内的电子才有可能获得热能跃迁到 E_F 之上,其余绝大多数电子的能量并不因温度上升而变化,因而对热容毫无贡献。由上面将 $f(E)$ 用(4.3-7)式表出的简化模型我们可以想到,能够吸收热能产生跃迁的电子数在 $g(E_F)k_B T$ 数量级,而每个跃迁电子获得的能量也在 $k_B T$ 数量级;换言之,从绝对零度升至某一温度 T,电子气的总能量应在

$$E_T = Vg(E_F)(k_B T)^2 + E_{T_0}$$

的数量级,E_{T_0} 为 $T = 0\,\mathrm{K}$ 时的总能量。注意到

$$g(E_F) = CE_F^{1/2}$$

如忽略 E_F 与温度的关系,可得

$$C_V^e = \frac{1}{N}\frac{\partial E_T}{\partial T} = 3k_B(k_B T/E_F^0)$$

显然这一简单分析原则上同(4.3-12)式或(4.3-13)式的结果是一致的。

4.4 固体的热容

固体的热容应当包括原子和电子运动两方面的贡献,电子部分已如上节所述,本节将分析固体中原子的晶格振动对热容的贡献。

经典的杜隆-帕替定律表明,固体中每个原子对热容的贡献为 $3k_B$,与温度无关。因此,每摩尔定容热容即为 $C_V = 3k_B N_0 = 3R$,这里 $N_0 = 6.02 \times 10^{23}$ 为阿伏加德罗常数,而 $R = 8.33\,\mathrm{J/(mol \cdot K)}$ 为气体常数。杜隆-帕替定律适用于温度不太低时绝缘体的热容,即晶格振动对热容的贡献。然而,由(4.3-13)式,对于 Z 价的金属,电子对原子热容之比为 $\frac{\pi^2}{6}Zk_B T/E_F^0$。即使在室温,这一比值也在 10^{-2} 数量级;换言之,通常我们可以略去电子对热容的贡献而认为杜隆-帕替定律可以很好地描写各类固体材料的热容。然而实验证明,固体的摩尔热容并非是常数,而是随着温度的降低要下降而明显低于杜隆-帕替值 $3R$。当温度趋于绝对零度时固体的摩尔热容也要趋于零。图4.4-1就是 Ar、Kr 和 Xe 的摩尔热容和温度的关系。在图示的温度范围,它们都是绝缘固体。事实上杜隆-帕替定律的物理依据是经典的能量均分原理。对于原子振动而言,有 3 个自由度,在温度 T 每个自由度的平均动能和平均势能都是 $\frac{1}{2}k_B T$,因而每个原子平均具有 $3k_B T$ 的振动能量,对热容便有 $3k_B$ 的贡献。低温下固体热容对杜隆-帕替定律的偏离表明,经典的能量均分定律不再适用,此时也只有在量子论的基础上才能得到合理的解释。

在低温下,晶格振动很微弱,原子振幅很小,晶格振动的能量很低。随着温度上升,晶格振动的能量相应增加,这就是固体晶格振动比热容的物理基础。晶格振动能量可以用声子数密度表达,因而对于具有某一频率 ω 的声子而言,其数密度也随温度的上升而增加。根据

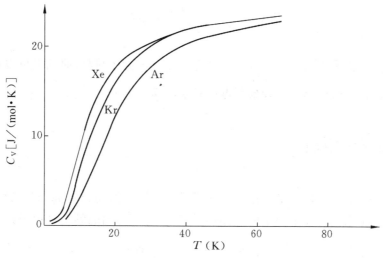

图 4.4-1 单原子固体的低温摩尔热容

量子统计理论,声子是玻色子,而且声子体系可看作化学势为零的理想玻色气体。温度为 T 时角频率为 ω、波矢为 $\boldsymbol{q}$ 的声子数当为

$$n(\omega, \boldsymbol{q}) = \frac{1}{e^{\hbar\omega(\boldsymbol{q})/k_B T} - 1} \tag{4.4-1}$$

与之相应的晶格振动能量应为

$$\varepsilon(\omega, \boldsymbol{q}) = \hbar\omega(\boldsymbol{q})\left[n(\omega, \boldsymbol{q}) + \frac{1}{2} \right] \tag{4.4-2}$$

从第二章的讨论我们知道,除去一维单原子情形,与同一波矢 $\boldsymbol{q}$ 相应的角频率 $\omega(\boldsymbol{q})$ 可以不止一个——不同的频支。因此,与晶格振动相应的固体内能可表示为

$$U(T) = \sum_{s, \boldsymbol{q}} \hbar\omega_s(\boldsymbol{q})\left[n_s(\boldsymbol{q}) + \frac{1}{2} \right] \tag{4.4-3}$$

其中

$$n_s(\boldsymbol{q}) = \frac{1}{e^{\hbar\omega_s(\boldsymbol{q})/k_B T} - 1} \tag{4.4-4}$$

乃为第 s 个频支与波矢 $\boldsymbol{q}$ 相应的振动状态——模式的声子数。由(4.4-3)式即可得固体的定容热容为

$$C_V^l = \frac{\partial U(T)}{\partial T} \tag{4.4-5}$$

式中上标 l 代表晶格振动对热容的贡献。

显然根据以上三式计算固体热容必须知道晶格振动的色散关系 $\omega_s(\boldsymbol{q})$,从而原则上才可根据(4.4-3)式计算晶格振动的能量 $U(T)$。但对实际的晶体而言,晶格振动波矢 $\boldsymbol{q}$ 的代表点密集地均匀分布在布里渊区内,因此(4.4-3)式可改成积分形式计算。为此应从理论上求得频率分布函数 $\rho(\omega)$,即在 ω 附近单位频率间隔内的振动模式的数目,进而可将(4.4-3)式表示为积分的形式:

$$U(T) = \int_0^\infty \frac{\hbar\omega}{e^{\frac{\hbar\omega}{k_B T}} - 1} \rho(\omega)\,\mathrm{d}\omega \tag{4.4-6}$$

式中为简单计,略去零点振动能 $\frac{1}{2}\hbar\omega$。虽然对于给定的固体材料,原则上可以计算出 $\rho(\omega)$,通常采用两种典型的近似方法,即德拜近似和爱因斯坦近似。

4.5 爱因斯坦模型

爱因斯坦模型认为,任何晶格振动模式都具有相同的振动频率 ω_E;换言之,对一包含 N 个原胞、每个原胞内包含 n 个原子的晶体,爱因斯坦近似得出的频率分布函数为

$$\rho(\omega) = 3nN\delta(\omega - \omega_E) \tag{4.5-1}$$

其中 $\delta(\omega - \omega_E)$ 满足归一化条件 $\int F(\omega)\delta(\omega - \omega_E)\,\mathrm{d}\omega = F(\omega_E)$,$F(\omega)$ 为任意函数。因而

$$U(T) = 3nN \frac{\hbar\omega_E}{e^{\hbar\omega_E/k_B T} - 1} \tag{4.5-2}$$

$$C_{VE}^l = 3nNk_B f_E(T) \tag{4.5-3}$$

式中

$$f_E(T) = \left(\frac{\hbar\omega_E}{k_B T}\right)^2 \frac{e^{\hbar\omega_E/k_B T}}{(e^{\hbar\omega_E/k_B T} - 1)^2} \tag{4.5-4}$$

称为爱因斯坦比热容函数。引入爱因斯坦温度 Θ_E

$$\Theta_E = \hbar\omega_E/k_B \tag{4.5-5}$$

则 $f_E(T)$ 可简化为

$$f_E(T) = \left(\frac{\Theta_E}{T}\right)^2 \frac{e^{\Theta_E/T}}{(e^{\Theta_E/T} - 1)^2} \tag{4.5-6}$$

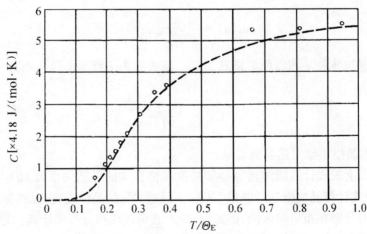

图 4.5-1 金刚石的摩尔热容与温度的关系

($\Theta_E = 1\,320\,\mathrm{K}$,○——实验值)

在高温时,$\Theta_E/T \ll 1$, $e^{\Theta_E/T} \approx 1 + \Theta_E/T$

$$f_E(T) \approx 1$$

$$C_{VE}^l \approx 3nNk_B \tag{4.5-7}$$

对 1 mol 单元素晶体,在高温下,$C_{VE}^l = 3N_0k_B$,爱因斯坦近似过渡到经典的杜隆-帕替定律。图 4.5-1 为金刚石摩尔热容随温度变化的实验结果与爱因斯坦近似(4.5-3)式的比较,可见计算值比实验值略低。

4.6 德 拜 模 型

一、模 型

在德拜模型中,假设每一支晶格振动的频率 ω 都与波矢 q 成比例,即

$$\omega(\boldsymbol{q}) = cq \tag{4.6-1}$$

其中 c 为常数。在三维情形,体积为 V 的晶体布里渊区内波矢代表点的密度为 $V/(2\pi)^3$。由此可知半径为 $q \sim q + \mathrm{d}q$ 的球壳内的代表点数为

$$\mathrm{d}n' = \frac{V}{2\pi^2}q^2\mathrm{d}q \tag{4.6-2}$$

将(4.6-1)式代入,则可得频率在 $\omega \sim \omega + \mathrm{d}\omega$ 之间的模式数为

$$\mathrm{d}n = \frac{p}{c^3}\frac{V}{2\pi^2}\omega^2\mathrm{d}\omega \tag{4.6-3}$$

式中 p 为频率支数。(4.6-1)式很接近布里渊区中心附近声学支的色散关系,c 即为声速 v。对于单原子晶体,$p = 3$。于是,(4.6-3)式可写成

$$\mathrm{d}n = \frac{3V}{2\pi^2c^3}\omega^2\mathrm{d}\omega \tag{4.6-4}$$

由此可得德拜近似的频率分布函数

$$\rho(\omega) = \frac{\mathrm{d}n}{\mathrm{d}\omega} = \frac{3V}{2\pi^2c^3}\omega^2 \tag{4.6-5}$$

于是晶格振动能量为

$$U(T) = \frac{3V}{2\pi^2c^3}\int \frac{\hbar\omega^3}{e^{\hbar\omega/k_BT} - 1}\mathrm{d}\omega \tag{4.6-6}$$

式中积分下限为 0。令上限为 ω_D,满足以下条件:

$$\frac{4}{3}\pi(\omega_D/c)^3 = (2\pi)^3N/V \tag{4.6-7}$$

89

即倒空间中半径为 $q_D = \omega_D/c$ 的球的体积恰与第一布里渊区相同。由此

$$\omega_D = c(6\pi^2 N/V)^{1/3} \tag{4.6-8}$$

从而(4.6-6)式化为

$$U(T) = \frac{3V}{2\pi^2 c^3} \int_0^{\omega_D} \frac{\hbar\omega^3}{e^{\hbar\omega/k_B T} - 1} d\omega \tag{4.6-9}$$

于是德拜近似的热容为

$$C_{VD}^l = \frac{3V\hbar^2}{2\pi^2 c^3 k_B T^2} \int_0^{\omega_D} \frac{\omega^4 e^{\hbar\omega/k_B T} d\omega}{(e^{\hbar\omega/k_B T} - 1)^2} \tag{4.6-10}$$

为简单计,令

$$x = \frac{\hbar\omega}{k_B T} \tag{4.6-11}$$

则(4.6-10)式化为

$$C_{VD}^l = \frac{3Vk_B}{2\pi^2 c^3} \left(\frac{k_B T}{\hbar}\right)^3 \int_0^{\Theta_D/T} \frac{x^4 e^x}{(e^x - 1)^2} dx \tag{4.6-12}$$

式中

$$\Theta_D = \hbar\omega_D/k_B \tag{4.6-13}$$

称为德拜温度。由上式及(4.6-8)式得到

$$\frac{k_B}{\hbar} = c(6\pi^2 N/V)^{1/3}/\Theta_D \tag{4.6-14}$$

由此(4.6-9)式与(4.6-10)式可化为

$$U(T) = \frac{3V\hbar}{2\pi^2 c^3} \left(\frac{k_B T}{\hbar}\right)^4 \int_0^{\Theta_D/T} \frac{x^3}{e^x - 1} dx \tag{4.6-15}$$

与

$$C_{VD}^l = 3Nk_B f_D(T) \tag{4.6-16}$$

而

$$f_D(T) = 3(T/\Theta_D)^3 \int_0^{\Theta_D/T} \frac{x^4 e^x}{(e^x - 1)^2} dx \tag{4.6-17}$$

称为德拜比热容函数。

通常爱因斯坦温度 Θ_E 与德拜温度 Θ_D 可以通过拟合实验结果来确定,即选择某一个 Θ_E 或 Θ_D,根据(4.5-3)式或(4.6-16)式计算热容与温度的关系,并与实验曲线相对照,与实验符合最好的即定为该固体材料的爱因斯坦温度或德拜温度。表 4.6-1 列出部分材料的 Θ_D。

表 4.6-1　部分晶体的德拜温度(K)

元素	Li	Na	K	Be	Mg	Ca	B	Al
Θ_D	400	150	100	1 000	318	230	1 250	394
元素	Ga	In	Tl	C(金刚石)	Si	Ge	Sn(灰)	Sn(白)
Θ_D	240	129	96	1 860	625	360	260	170
元素	Pb	As	Sb	Bi	Ar	Ne	Cu	Ag
Θ_D	88	285	200	120	85	63	315	215
元素	Au	Zn	Cd	Hg	Cr	Mo	W	Mn
Θ_D	170	234	120	100	460	380	310	400
元素	Fe	Co	Ni	Pd	Pt			
Θ_D	420	385	375	275	230			

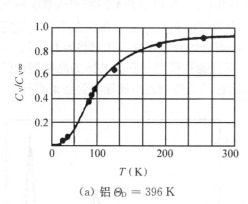 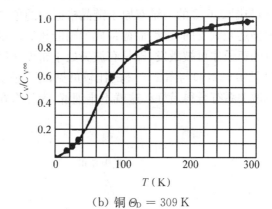

(a) 铝 $\Theta_D = 396$ K　　　　　　　(b) 铜 $\Theta_D = 309$ K

图 4.6-1　铝和铜热容的实验数据和德拜模型计算曲线的比较

　　图 4.6-1 为铝和铜的热容与温度的关系,可见德拜近似在相当宽的温度范围能很好地描写晶格振动对热容的贡献。与爱因斯坦模型一样,在高温时,德拜模型也过渡到经典的杜隆-帕替定律。如温度足够高,$T \gg \Theta_D$,则在(4.6-10)式的被积函数中,$\dfrac{\hbar\omega}{k_B T} \ll 1$,

$$\frac{\omega^4 \mathrm{e}^{\frac{\hbar\omega}{k_B T}}}{(\mathrm{e}^{\frac{\hbar\omega}{k_B T}} - 1)^2} \approx \omega^4 \Big/ \left(\frac{\hbar\omega}{k_B T}\right)^2 \tag{4.6-18}$$

$$C_{VD}^l \approx \frac{3V}{2\pi^2 c^3} k_B \int_0^{\omega_D} \omega^2 \mathrm{d}\omega = \frac{V}{2\pi^2 c^3} k_B \omega_D^3 \tag{4.6-19}$$

将(4.6-8)式代入,对 1 mol 晶体上式成为

$$C_{VD}^l = 3N_0 k_B \tag{4.6-20}$$

这正是杜隆-帕替定律。表 4.6-1、图 4.6-1 和图 3.4-3 中元素的德拜温度不尽一致,是因为数据取自不同的资料。

　　值得注意的是德拜模型在低温下的行为。如温度远低于德拜温度,$T \ll \Theta_D$,(4.6-15)式的积分上限可近似地取为无限大,而定积分

$$\int_0^\infty \frac{x^3}{e^x - 1} \mathrm{d}x = \frac{\pi^4}{15} \qquad (4.6\text{-}21)$$

于是

$$U(T) \approx \frac{V\hbar\pi^2}{10c^3}(k_\mathrm{B}T/\hbar)^4 \qquad (4.6\text{-}22)$$

从而得低温下的热容

$$C_{\mathrm{VD}}^l \approx \frac{2}{5}\frac{Vk_\mathrm{B}\pi^2}{c^3}\left(\frac{k_\mathrm{B}T}{\hbar}\right)^3 \qquad (4.6\text{-}23)$$

以(4.6-14)式代入,得到

$$C_{\mathrm{VD}}^l \approx \frac{12}{5}\pi^4 k_\mathrm{B}N(T/\Theta_\mathrm{D})^3 \propto T^3 \qquad (4.6\text{-}24)$$

上式称为德拜 T^3 定律,可以很好地描写固体的低温比热容。

    在图 4.6-2(a)中我们示意地画出爱因斯坦模型与德拜模型的色散关系。将图 4.6-2(a)与图 2.6-2 的一维双原子链晶格振动的色散关系相比较,可以看到爱因斯坦模型能近似地描述光频支的贡献,而德拜模型则能较好地描述声频支的贡献。由于在低温下只有低能量的声子才可被激发,即只有波矢处于布里渊区中心附近的长波声学声子对热容有贡献,而由图 4.6-2(a)与图 2.6-2 的比较可见,正是在这一部分德拜模型与真实晶体的晶格振动的色散关系符合得最好。这就不难理解,为什么在低温德拜模型的近似能和实验结果相符。

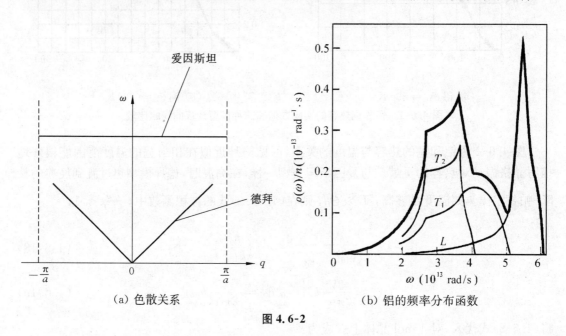

（a）色散关系 　　　　　　　　（b）铝的频率分布函数

图 4.6-2

二、频率分布函数

    如要严格计算实际晶体的晶格振动热容,应对给定晶体计算晶格振动的色散关系 $\omega(q)$,并据此计算频率分布函数 $\rho(\omega)$。这个方法完全类似于 4.1 节所介绍的电子状态密度的计算。唯一的区别在于(4.1-5)式中对等能面 $S_j'(E)$ 的积分应代之以对频率为 ω 的等频

率面 $S_j'(\omega)$ 的积分,在波矢空间,第 j 支晶格振动的等频率面方程为

$$\omega_j(\boldsymbol{q}) = \omega \qquad (4.6\text{-}25)$$

从而类似于(4.1-5)式可得频率分布函数

$$\rho(\omega) = \frac{V}{(2\pi)^3} \sum_j \oint_{S_j'(\omega)} \frac{\mathrm{d}S_j'}{|\boldsymbol{\nabla}_{\boldsymbol{q}}\omega_j|} \qquad (4.6\text{-}26)$$

至于色散关系 $\omega_j(\boldsymbol{q})$,则由晶格动力学的方法进行计算,原则上类似于 2.5 节和 2.6 节中的讨论,此处不再赘述。图 4.6-2b 中画出了元素铝的频率分布函数,图中标以 L、T_1 与 T_2 的 3 根曲线分别代表 3 个频支的频率分布函数,而粗线则代表它们的和。由图可见与由(4.6-5)式所示的德拜模型有很大的差别。但是在低频范围两者却是相似的。这也正说明了低温热容的德拜 T^3 定律的正确性。

三、金属低温热容

对于金属而言,热容包括电子贡献与晶格振动贡献两部分。结合(4.3-13)式与(4.6-24)式可将低温下的金属摩尔热容表示为

$$C_V = C_V^e + C_V^l = \frac{\pi^2}{2} Z N_0 k_B \frac{k_B T}{E_F^0} + \frac{12}{5} \pi^4 N_0 k_B \left(\frac{T}{\Theta_D}\right)^3 \qquad (4.6\text{-}27)$$

式中 Z 为每个原子的价电子数。对于一价金属,$Z = 1$,(4.6-27)式可写成

$$C_V = \frac{\pi^2}{2} R \frac{k_B T}{E_F^0} + \frac{12}{5} \pi^4 R \left(\frac{T}{\Theta_D}\right)^3 \qquad (4.6\text{-}28)$$

$$C_V = \gamma T + A T^3 \qquad (4.6\text{-}29)$$

由于在低温下电子对热容的贡献正比于绝对温度 T;而晶格振动热容正比于 T^3,随温度下降更快,相比电子的贡献处于次要地位,因此金属在极低温度下的热容应正比于绝对温度。(4.6-29)式中的系数 γ 与 A 可由实验测定。通常将低温测量结果用 C_V/T 与 T^2 的关系作图,应为一直线,直线在纵轴的截距即为 γ,斜率则为 A。图 4.6-3 即为钾的实验结果,可见

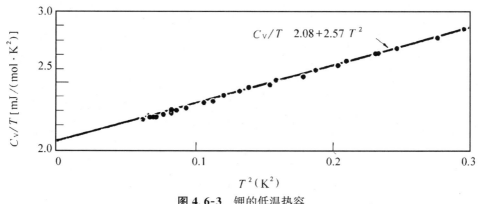

$$C_V/T \quad 2.08 + 2.57\, T^2$$

图 4.6-3 钾的低温热容

与(4.6-29)式符合甚佳。

4.7 固体的热膨胀

　　热胀冷缩是物质的普遍规律,固体材料亦不例外。随着温度的上升,晶体体积膨胀,表示平均原子间距或晶格常数随温度的上升而增加。温度增高表明晶体晶格振动能量增加,原子的振动能量上升。如果我们只考虑晶体中的一对相邻原子所组成的简化体系,无疑这一简化体系的能量亦随温度升高而增加。图 4.7-1 中的虚线表示简谐近似下的相邻原子相互作用的势能与彼此间距离的关系。在绝对零度,如略去零点振动能,体系总能量即为与平衡间距 r_0 相应的势能极小值。设温度上升,总能量上升至 E_1,纵坐标为 E_1 的水平直线与势能曲线的交点即为原子间距的最大值与最小值,其平均值可近似视为该温度下的原子平衡间距。如果原子间相互作用势能的确如虚线所示的抛物线型,由图可见在任何温度,原子间距均为 r_0 不变;也就是说,简谐近似不能说明固体材料的热膨胀现象,或者说热膨胀应是原子间非简谐相互作用的表现。图 4.7-1 中除去 r_0 附近以外,描述原子间实际相互作用的实线偏离简谐近似,而直线 E_1 与实线交于 A 和 B 两点,其横坐标的平均值大于 r_0,说明随着温度的上升原子间平均距离加大,这正是热膨胀;也正说明热膨胀是一种非简谐效应。如果我们进一步分析原子间相互作用力,即可对热膨胀的机理有进一步的理解。势能梯度的数值表示作用力的大小。在图 4.7-1 中,对于虚线表示的简谐近似,在 r_0 两边,曲线斜率的绝对值是对称的,表明随着温度或总能量的变化,吸引力与排斥力同样变化,并不引起平均距离的改变。然而实际情形并不然,在 r_0 两边实线的斜率并不对称,原子间距离比 r_0 大时曲线比较平缓,而比 r_0 小时则比较陡峭,说明温度上升导致原子间排斥力增加而吸引力减小,自然导致原子间平均距离上升,即热膨胀。对以上分析还可作较为定量的讨论而使之更为可信。仍以一对相邻原子为例。由于这一对原子处在晶体中,与其他原子之间存在相互作用,在一定的温度 T 下,原子对的能量可以取各种不同的数值。假设能量为 E 的几率服从玻尔兹曼统计规律,即与 $\exp(-E/k_B T)$ 成比例,令 $U(r) = E$,r 即为原子间的最远 $(r > r_0)$

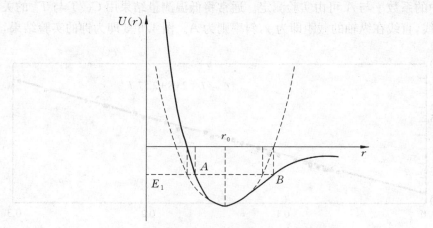

图 4.7-1 原子间相互作用势能

虚线——简谐近似;实线——包含高阶近似

或最近($r < r_0$)距离。原子间的平均距离便可表示为

$$\bar{r} = \int r e^{-U(r)/k_B T} dr \bigg/ \int e^{-U(r)/k_B T} dr \qquad (4.7\text{-}1)$$

$U(r)$为两个原子相距为r时的相互作用势能。在图 4.7-1 中令r为r_0时的势能为能量原点,即$E_0 = U(r_0) = 0$,则在简谐近似下可将$U(r)$表示为

$$U(r) = \frac{1}{2}\beta\delta^2 \qquad (4.7\text{-}2)$$

其中

$$\delta = r - r_0 \qquad (4.7\text{-}3)$$

为原子间距离对r_0的偏离,而

$$\beta = \frac{d^2 U(r)}{dr^2}\bigg|_{r_0}$$

正是(2.5-4)式表示的作用力常数,只是这里以原子间距r_0替代了单原子链的晶格常数a。(4.7-2)式其实是在势能零点选为$U(r_0)$时$U(r)$在极值r_0附近保留到δ二级小量的泰勒展开式。由于两个原子不能重叠,在(4.7-1)式中必有

$$r \geqslant 0 \qquad (4.7\text{-}4)$$

因而简谐近似要求

$$U(r) \leqslant \frac{1}{2}\beta r_0^2$$

由此(4.7-1)式中的积分限应取下限为 0,上限为$2r_0$。如做变量代换(4.7-3),则

$$\bar{r} = \frac{\displaystyle\int_{-r_0}^{r_0}(r_0 + \delta)e^{-U(\delta)/k_B T}d\delta}{\displaystyle\int_{-r_0}^{r_0}e^{-U(\delta)/k_B T}d\delta} \qquad (4.7\text{-}5)$$

式中$U(\delta) = U(r) = \frac{1}{2}\beta\delta^2$,由被积函数的奇偶性立即得出

$$\bar{r} = r_0 \qquad (4.7\text{-}6)$$

可见原子间的平均距离仍与绝对零度时一样;换言之,采用势能的简谐近似不能得到平均距离随温度上升的热膨胀。显然必须在(4.7-2)式中计入δ的更高级项才能解释热膨胀现象。由实际势能曲线相对于r_0有右缓左陡的特点,设

$$U(r) = \frac{1}{2}\beta\delta^2 + \frac{1}{6}\varepsilon\delta^3 \qquad (4.7\text{-}7)$$

式中

$$\varepsilon = \frac{d^3 U(r)}{dr^3}\bigg|_{r_0} < 0 \qquad (4.7\text{-}8)$$

作代换

$$\begin{cases} \dfrac{1}{2}\beta = b > 0 \\ -\dfrac{1}{6}\varepsilon = c > 0 \end{cases} \tag{4.7-9}$$

可将 $U(r)$ 简化表示为

$$U(r) = U(\delta) = b\delta^2 - c\delta^3 \tag{4.7-10}$$

类似于上面对简谐近似的讨论,现在可将(4.7-5)式中的积分下限仍取为 0,而上限取为 $r = r_0 + a$。通常情形,(4.7-10)式中右边第二项的贡献远小于第一项,因此 a 应为一个稍比 r_0 大的正数。由此得到

$$\bar{r} = \frac{\displaystyle\int_{-r_0}^{a}(r_0 + \delta)\mathrm{e}^{-U(\delta)/k_\mathrm{B}T}\mathrm{d}\delta}{\displaystyle\int_{-r_0}^{a}\mathrm{e}^{-U(\delta)/k_\mathrm{B}T}\mathrm{d}\delta} \tag{4.7-11}$$

或

$$\bar{r} = r_0 + \frac{\displaystyle\int_{-r_0}^{a}\delta\mathrm{e}^{-U(\delta)/k_\mathrm{B}T}\mathrm{d}\delta}{\displaystyle\int_{-r_0}^{a}\mathrm{e}^{-U(\delta)/k_\mathrm{B}T}\mathrm{d}\delta} \tag{4.7-12}$$

由于 $U(\delta)$ 中以 δ 的平方项贡献为主,δ 的立方项贡献甚小,T 不太小时,可将上式分子中的指数项近似展开为

$$\mathrm{e}^{-\frac{U(\delta)}{k_\mathrm{B}T}} = \mathrm{e}^{-\frac{b\delta^2}{k_\mathrm{B}T}}\mathrm{e}^{\frac{c\delta^3}{k_\mathrm{B}T}} \approx \mathrm{e}^{-\frac{b\delta^2}{k_\mathrm{B}T}}\left(1 + c\frac{\delta^3}{k_\mathrm{B}T}\right) \tag{4.7-13}$$

而在分母中略去 δ^3 的贡献,

$$\bar{r} \approx r_0 + \frac{\displaystyle\int_{-r_0}^{a}\delta\mathrm{e}^{-\frac{b\delta^2}{k_\mathrm{B}T}}\mathrm{d}\delta}{\displaystyle\int_{-r_0}^{a}\mathrm{e}^{-\frac{b\delta^2}{k_\mathrm{B}T}}\mathrm{d}\delta} + \frac{c}{k_\mathrm{B}T}\frac{\displaystyle\int_{-r_0}^{a}\delta^4\mathrm{e}^{-\frac{b\delta^2}{k_\mathrm{B}T}}\mathrm{d}\delta}{\displaystyle\int_{-r_0}^{a}\mathrm{e}^{-\frac{b\delta^2}{k_\mathrm{B}T}}\mathrm{d}\delta} \tag{4.7-14}$$

注意上式中的指数函数在 $\delta \neq 0$ 时随 $|\delta|$ 上升急剧衰减,可以近似地将积分限推至无穷远而不至于引进太大误差。于是

$$\bar{r} \approx r_0 + \frac{\displaystyle\int_{-\infty}^{\infty}\delta\mathrm{e}^{-\frac{b\delta^2}{k_\mathrm{B}T}}\mathrm{d}\delta}{\displaystyle\int_{-\infty}^{\infty}\mathrm{e}^{-\frac{b\delta^2}{k_\mathrm{B}T}}\mathrm{d}\delta} + \frac{c}{k_\mathrm{B}T}\frac{\displaystyle\int_{-\infty}^{\infty}\delta^4\mathrm{e}^{-\frac{b\delta^2}{k_\mathrm{B}T}}\mathrm{d}\delta}{\displaystyle\int_{-\infty}^{\infty}\mathrm{e}^{-\frac{b\delta^2}{k_\mathrm{B}T}}\mathrm{d}\delta} = r_0 + \frac{3}{4}\frac{c}{b^2}k_\mathrm{B}T \tag{4.7-15}$$

以(4.7-9)式代入,得到

$$\bar{r} \approx r_0 + \frac{1}{2}\frac{|\varepsilon|}{\beta^2}k_\mathrm{B}T \tag{4.7-16}$$

从而得到线膨胀系数

$$\alpha = \frac{1}{r_0}\frac{\mathrm{d}\bar{r}}{\mathrm{d}T} = \frac{k_\mathrm{B}}{2r_0}\frac{|\varepsilon|}{\beta^2} \tag{4.7-17}$$

上式表明,当计入原子间势能的三级项时得到与温度无关的线膨胀系数。可以设想,如果线膨胀系数与温度有关,则表明原子间相互作用势能的更高次项不能忽略。

这里我们应予说明的是,相对于图 4.7-1 所示的实际的 $U(r)$,(4.7-13)式只在 $|\delta|$ 远小于 r_0 的范围,即接近于曲线底部才有较高的准确性。在 $U(r)$ 与(4.7-13)式相距较远的范围,由于指数因子 $\exp(-b\delta^2/k_BT)$ 而对 $\bar{r}$ 影响甚小。这反映在不太高的温度下原子达到较高振动能量的几率甚小。如果温度升高到原子间的平均距离足够大以至于势能与(4.7-13)式有明显的差别,可能晶体已被熔化而不复存在,已非本节所感兴趣的范围。

图 4.7-2 画出固体氩的晶格常数与温度的关系。可见除了低温范围,晶格常数与温度近似于线性关系,与(4.7-16)式基本一致,曲线斜率即为线膨胀系数。表 4.7-1 列出常见的立方晶系的金属在室温下的线膨胀系数,而表 4.7-2 则为某些碱卤晶体在不同温度下的线

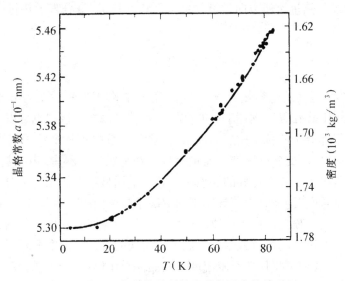

图 4.7-2 氩晶体的晶格常数与温度的关系

表 4.7-1 立方系金属室温线膨胀系数 $\alpha(10^{-6}/K)$

金　属	Li	Na	K	Rb	Cs	Cu	Ag	Au	Ca	Ba	Nb	Fe	Pb	Ir
α	45	71	83	66	97	17.0	18.9	13.9	22.5	18	7.1	11.7	28.8	6.5

表 4.7-2 碱卤化合物不同温度的线膨胀系数 $\alpha(10^{-6}/K)$

T (K) \ α 晶体	LiF	NaCl	KCl	KBr	CsBr	NaI	KI	RbI
0	0	0	0	0	0	0	0	0
20	0.063	0.62	0.74	2.23	10.0	0.62	4.5	6.0
65	3.6	15.8	17.5	22.5	35.2	15.8	26.0	28.0
283	32.9	39.5	36.9	38.5	47.1	39.5	40.0	39.0

膨胀系数。由该表可见,随着温度的降低线膨胀系数迅速下降,并非常数,而且在 T 趋向于零时变为零。这也与图 4.7-2 所示的氩的情形一致,表示这是一种一般的规律。比较详细的理论可以说明热膨胀系数随温度的变化,本书不再赘述。

4.8 固体的热传导

热传导是一种非平衡状态的能量输运过程。在气体情形,我们已经由普通物理学的学习知道,气体热传导可以用热导率 κ 来描述。如在气体内部存在稳定的温度梯度 ∇T,则稳态热流密度 $\boldsymbol{J}_\mathrm{t}$ 可表示为

$$\boldsymbol{J}_\mathrm{t} = -\kappa \nabla T \tag{4.8-1}$$

$\boldsymbol{J}_\mathrm{t}$ 为单位时间通过与热量流通方向垂直的单位面积的热量,负号表示热量向着温度降低的方向流通。热导率

$$\kappa = \frac{1}{3} C_\mathrm{V} v l \tag{4.8-2}$$

式中 C_V 为单位体积气体的定容热容,v 为气体分子的平均速率,而 l 为分子碰撞平均自由程。如果我们回忆上式在普通物理学中的推导过程就可以看出该式也可以适用于其他热学性质类似于理想气体分子的粒子构成的体系,在这种体系中每一个粒子携带与温度有关的能量,并且在与其他粒子的碰撞中产生能量交换。在绝缘体材料中,声子具有这样的性质,而在金属材料中价电子也具有这样的性质。而且在金属材料中往往电子对热导率的贡献远远大于声子的贡献,而在绝缘体中热导率则只取决于晶格振动。本节分别讨论这两种情形。为此我们先对声子这一概念所涵盖的物理内容作一较为详细的分析。根据(4.4-1)式,处于热平衡时任一模式的声子的数目或密度与温度有密切的关系。温度愈高,晶格振动愈烈,声子数也愈多。因此,我们可将任何有限温度下的晶体看作包含声子气的容器,晶体边界就是容器壁,类似于封闭于一定容器中的理想气体。不同模式的声子具有不同的动量(晶体动量)$\hbar q$ 和能量 $\hbar\omega(q)$,但其"热运动"的速度却是晶体中的弹性波速 v,在德拜理论中为一常数,这是由于用声子描述的格波是以速度 v 传播的缘故。这一性质在一定程度上类似于不同波长的光波,尽管波矢各不相同,在真空中却均以相同的速率传播。声子和声子之间可以有相互作用,可以交换能量和晶体动量,犹如气体分子间的碰撞一样。这是原子之间非简谐相互作用的结果。非简谐相互作用使各个简正模式间产生耦合而有能量交换,这正是在一定的温度下晶体能达到热平衡的必要条件。否则,各模式的能量只决定于初始状态而维持不变,不能达到平衡态,声子数也不能由(4.4-1)式表达。声子间的相互作用可描述为声子间的碰撞或散射,并且碰撞满足能量与晶体动量守恒。电子也能与声子相互作用,其实就是晶格振动对电子的散射作用。晶格振动改变了晶体的周期性势场,构成与时间有关的势场扰动,从而形成对电子的散射,引起电子能量与晶体动量的变化。这也可看作是电子与声子间的碰撞。不过应当注意的是,尽管声子在许多方面可以当作理想气体的分子处理,其与气体分子或电子的显著区别是声子不具有质量,而且在相互作用中声子数是不守恒的。声子可以产生,也可以湮没。例如,两个声子碰撞可消失而形成另一个不同模式的声子,一个声

子也可变为两个声子。同样声子与电子的碰撞往往也伴随着声子的湮没或产生,导致对电子的非弹性散射。

一、电子热导率

早在 19 世纪中叶人们便注意到金属传热本领远强于绝缘体,并定量地总结为著名的魏德曼-弗兰芝定律,即许多金属的热导率 κ 与电导率 σ 的比正比于绝对温度,而且 κ 与 σT 的比值 $\kappa/\sigma T$ 几乎对所有金属都为相同的常数,称为洛伦兹数。由于金属的电子导电性,人们自然联想到金属中的电子对热导率的贡献。而 20 世纪初特鲁德提出的将金属中的电子看作理想气体的自由电子气模型也正因为成功地解释了魏德曼-弗兰芝定律而大放光彩,成为近代电子论的鼻祖。

现在我们采用一维简化的模型来讨论电子对热导率的贡献。如图 4.8-1 所示,设想一截面为 ΔS 的细长金属丝沿 x 方向直线放置,两端维持固定的不同温度,从而在金属内部建立起稳定的温度梯度 $\mathrm{d}T/\mathrm{d}x$。考察坐标为 x 的截面,假设电子平均自由程为 l,根据气体分子运动论,从左方越过 x 的电子在此前最后一次碰撞发生的位置平均坐标应为 $x-l$;同样由右方越过 x 的电子最近一次碰撞平均发生在 $x+l$ 处。如果设想电子携带的热能正是最近一次碰撞处的电子平均能量 $\overline{E}$,我们可以近似地认为,每一个从左方越过 x 的电子平均携带能量 $\overline{E}(x-l)$,而每一个从右方越过 x 的电子携带的平均能量为 $\overline{E}(x+l)$。因此,Δt 时间内通过 x 向右方传输的能量 ΔQ 应为

$$\Delta Q = \frac{1}{2}nv[\overline{E}(x-l) - \overline{E}(x+l)]\Delta S\Delta t \tag{4.8-3}$$

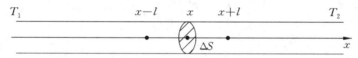

图 4.8-1 用一维简化模型导出热导率的示意图

式中 n 为电子数密度,v 为电子速率,1/2 表示向两边运动的电子数相等。通常 l 均不大,因此可近似地取

$$\overline{E}(x-l) - \overline{E}(x+l) = -\frac{\mathrm{d}\overline{E}}{\mathrm{d}x}2l \tag{4.8-4}$$

代入(4.8-3)式,并令

$$\frac{\mathrm{d}\overline{E}}{\mathrm{d}T} = c_{\mathrm{V}} \tag{4.8-5}$$

c_{V} 为每个电子对定容热容的贡献,则可得到

$$\Delta Q = -nvc_{\mathrm{V}}l\frac{\mathrm{d}T}{\mathrm{d}x}\Delta S\Delta t \tag{4.8-6}$$

从而得到热流密度

$$J = \frac{\Delta Q}{\Delta S\Delta t} = -nc_{\mathrm{V}}vl\frac{\mathrm{d}T}{\mathrm{d}x} \tag{4.8-7}$$

根据热导率定义，

$$\kappa = nc_V vl \tag{4.8-8}$$

在三维情形，计及电子运动的各向同性，根据气体分子运动论，上式应改为

$$\kappa = \frac{1}{3} C_V vl \tag{4.8-9}$$

式中

$$C_V = nc_V \tag{4.8-10}$$

为单位体积中的电子对热容的贡献。(4.8-9)式与理想气体的热导率的表达式(4.8-2)式形式完全一致。

对于金属中的电子，由本章前面以及上一章的讨论可知，只有费米面附近电子的能量才能变化，因此(4.8-9)式中的 v 应取费米速度 v_F。同时，如设电子碰撞的平均自由时间为 τ，$l = v_F\tau$，(4.8-9)式成为

$$\kappa = \frac{1}{3} C_V v_F^2 \tau \tag{4.8-11}$$

代入每个电子对热容的贡献(4.3-13)式，并利用 $\frac{1}{2} m v_F^2 = E_F$，我们得到单位体积中的电子对热导率的贡献为

$$\kappa = \frac{\pi^2}{3} \frac{n k_B^2}{m} \tau T \tag{4.8-12}$$

由(3.4-7)式金属的电导率 $\sigma = ne^2\tau/m$，从而可以得到魏德曼-弗兰芝定律

$$\frac{\kappa}{\sigma} = \frac{\pi^2}{3} \left(\frac{k_B}{e}\right)^2 T \tag{4.8-13}$$

而洛伦兹数

$$L = \frac{\kappa}{\sigma T} = \frac{\pi^2}{3} \left(\frac{k_B}{e}\right)^2 = 2.45 \times 10^{-8} \text{W} \cdot \Omega/\text{K}^2 \tag{4.8-14}$$

值得注意的是，L 只决定于基本常数 k_B 与 e，和电子数密度及平均自由时间等均无关系。表4.8-1列出部分金属的热导率和洛伦兹数的实验值，与(4.8-14)式符合甚好。

表 4.8-1 金属热导率和洛伦兹数的测量值

元　素	0 ℃		100 ℃	
	$\kappa(\text{W/cm} \cdot \text{K})$	$\kappa/\sigma T(\text{W} \cdot \Omega/\text{K}^2)$	$\kappa(\text{W/cm} \cdot \text{K})$	$\kappa/\sigma T(\text{W} \cdot \Omega/\text{K}^2)$
Li	0.71	2.22×10^{-8}	0.73	2.43×10^{-8}
Na	1.38	2.12		
K	1.0	2.23		
Rb	0.6	2.42		
Cu	3.85	2.20	3.82	2.29
Ag	4.18	2.31	4.17	2.38
Au	3.1	2.32	3.1	2.36
Be	2.3	2.36	1.7	2.42

元　素	0℃		100℃	
	$\kappa(\text{W/cm·K})$	$\kappa/\sigma T(\text{W·}\Omega/\text{K}^2)$	$\kappa(\text{W/cm·K})$	$\kappa/\sigma T(\text{W·}\Omega/\text{K}^2)$
Mg	1.5	2.14	1.5	2.25
Nb	0.52	2.90	0.54	2.78
Fe	0.80	2.61	0.73	2.88
Zn	1.13	2.28	1.1	2.30
Cd	1.0	2.49	1.0	
Al	2.38	2.14	2.30	2.19
In	0.88	2.58	0.80	2.60
Tl	0.5	2.75	0.45	2.75
Sn	0.64	2.48	0.60	2.54
Pb	0.38	2.64	0.35	2.53
Bi	0.09	3.53	0.08	3.35
Sb	0.18	2.57	0.17	2.69

图 4.8-2 为铜的热导率与温度的关系。在较高温度，电子平均自由程主要决定于晶格振动的散射。这种散射作用随着温度的增加而增加。由(4.4-1)式可知，在较高温度，如 $\hbar\omega \ll k_B T$，声子数可近似看成与温度成比例 $n(\omega, \boldsymbol{q}) \approx \dfrac{k_B T}{\hbar\omega}$，从而导致电子散射的平均自由时间 τ 或平均自由程 l 随温度的上升而线性下降，由(4.8-12)式可见，这使 κ 对温度的关系不敏感，从图 4.8-2 的右方以及表 4.8-1 中 0℃ 与 100℃ 的热导率相差很小即可看出这一情形。在很低温度，由于晶格振动十分微弱，对电子的散射作用可以略去，电子散射主要决定于样品边界和样品中的杂质。这类散射作用与温度关系不密切，τ 或 l 可视为与温度无关，热导率与温度的关系只决定于电子热容，与温度成正比。这就是图 4.8-2 左方的情形。在图的中央，有一段随着温度的降低热导率上升的过程。这可由晶格振动对电子的散射作用随温度的变化超过温度对热容的影响来说明。由(4.4-1)式可见，在较低温度声子数将随着温度的下降而近似于指数地减少，从而导致散射平均自由时间 τ 或自由程 l 随温度下降而指数式上升。这一因素超过热容随温度下降而线性下降的影响，从而导致热导率随温度的下降而上升。但是温度的继续下降导致声子的散射作用让位于杂质及样品几何因素的影响，热导率又转而表现为随温度下降而降低的低温特性。

二、晶格振动热导率

晶格振动对热导率的贡献可以用声子气的热导来描述。如果晶体中出现导致热传导的温度梯度，必然也会出现声子数密度及其按能量分布的不均匀。如果晶体与外界没有能量交换，热传导将导致温度梯度的降低，最终的结果必然是晶体处于统一的温度，声子的不均匀性也随之消失。由此可见，可以将热传导的过程看作声子无规则运动形成的输运过程。根据这样的分析，我们可以直接将(4.8-2)式应用于晶格热导率，只是其中的 C_V 应理解为单位体积的晶体晶格振动热容 C_V^l，v 为弹性波传播的速度，而 $l = v\tau$ 为声子平均自由程，τ

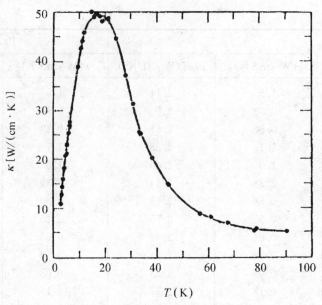

图 4.8-2 铜的热导率与温度的关系

为声子碰撞平均自由时间：

$$\kappa = \frac{1}{3}C_V^l vl = \frac{1}{3}C_V^l v^2 \tau \tag{4.8-15}$$

图 4.8-3 为一典型绝缘体 LiF 晶体的热导率与温度的关系，可以用上式很好解释。在上式中弹性波速与温度没有明显的关系，C_V^l 在高温不随温度变化，而在低温按德拜模型则正比于 T^3。声子碰撞平均自由时间 τ 与温度的关系比较复杂，我们现在根据德拜模型考虑高温与低温两种极限的温度范围。

设在高温时满足 $T \gg \Theta_D$，此时声子数密度与温度成比例。声子数密度愈高，声子间发生碰撞的机会愈多，我们有理由认为 τ 随温度上升而下降。由于在这一温度范围，晶格比热容符合杜隆-帕替定律，近似为一常数，κ 应随温度升高而下降。事实上，实验测量表明在这一温度范围，

$$\kappa \propto T^{-\alpha} \tag{4.8-16}$$

而 α 在 1～2 之间，图 4.8-3 的右方表现出这一趋势。反之，在低温范围，$T \ll \Theta_D$，此时声子数密度极低，导致平均自由程由样品几何线度决定而与温度无关，即声子的自由程由其与样品边界的碰撞所决定，犹如杜瓦瓶中低压气体分子一样。而此时比热容与 T^3 成比例，由 (4.8-15) 式可见这也是晶格热导率与温度的关系，有如图 4.8-3 左边 $T < 10$ K 的情形（注意该图的对数坐标）。图 4.8-3 中我们还可以看到，在低温同一温度下，尺寸大的样品热导率也高，这也是与上面的讨论相一致的。

最后，我们还应注意，虽然在纯金属中一般而言电子对热导率的贡献远远大于晶格振动，可以高一二个数量级；可对于不纯的金属和无序合金，由于其中电子自由程受到杂质散射的严重限制而使晶格振动对热导率的贡献能与电子相比拟。另一方面，虽然一般而言金属有较高的热导率，这并非一定意味着绝缘体的热导率低。事实上作为绝缘体的金刚石就有着惊人高的室温热导率，达 20.6 W/(cm·K)，几乎是良导体银的 5 倍，以至于有人建议

102

用金刚石作为特殊电子器件的热沉以散发器件中由功耗形成的热量。

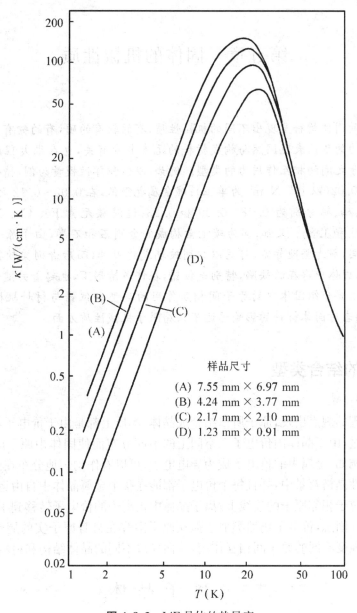

图 4.8-3　LiF 晶体的热导率

第五章　固体的机械性质

　　不同的固体材料呈现出不同的机械性质,有的软有的硬,有的韧有的脆。这些对外加应力的不同表现固然与构成材料的元素本身有关,也在很大程度上决定于固体中原子之间的相互作用力的类型。例如,以体积弹性模量为例,惰性气体在固态还不到 0.02(以 10^{11} N/m² 为单位);碱金属也很低,在 0.02~0.12 之间,而 VI 族元素的硫、硒、碲分别为 0.18、0.09 和 0.23;过渡族元素 Fe、Co、Ni 更高,达 1.68、1.91 和 1.86。又如,同为碳元素构成的金刚石和石墨,由于原子间相互作用力的不同,前者坚硬异常,可用以刻划玻璃或作刀具,而后者则柔软得可做润滑剂。另外,固体中存在的缺陷,特别是位错,在许多情形下,也起着关键性的作用。

　　本章主要介绍固体中的原子间相互作用的类型和位错与材料机械性质的关系,虽然两者对固体材料的影响远远不只局限于机械性质方面。

5.1　固体的结合类型

　　从经典物理的观点出发,原子所以结合成晶体,本质上都是由于价电子和原子实之间的静电吸引。不过,由于晶体内价电子在空间上的不同分布而使固体中原子间的结合表现为不同的类型。例如,金属中的价电子成为导电电子,可以看作均匀地分布在由荷正电的原子实形成的周期性晶格背景中,并且每个价电子都能在整个金属晶体中自由运动;共价晶体中的价电子往往位于相邻原子的连线上;离子晶体中正离子的价电子转移到了负离子上面;而惰性气体即使在固态,价电子仍然类似于孤立原子围绕在自身原子实的周围。不同的价电子分布相应于强度不同的原子间相互作用,从而导致不同的晶体结构和材料特性。

一、离　子　晶　体

　　典型的离子晶体为碱卤族化合物,碱金属失去价电子成为一价正离子,而卤族元素则得到一个价电子成为一价负离子。正、负离子间的静电吸引(形成离子键)是维系离子晶体的相互作用。这是一种相当强的相互作用,因而离子晶体具有相当高的熔点、较高的硬度和体积弹性模量。体积弹性模量是外加压强与体积相对变化的比值,体积弹性模量愈高愈不易发生体积变化。通常用晶体结合能来表示晶体结合的强弱,其意义是在绝对零度将 1 mol 晶体拆散成彼此相距无限远而又处于静止状态的孤立原子所需的能量。显然结合能愈高,晶体愈稳定,其熔点也愈高。离子晶体一般具有较高的结合能。离子间静电相互作用导致离子晶体结构上的一个特点,即每个离子的最近邻必须为异性离子。

典型的离子晶体具有氯化钠型和氯化铯型结构。Ⅵ族元素与碱土族元素结合也形成离子晶体，每个离子均为二价。除去 MgTe 与 BeO 具有纤维锌矿型结构，BeS、BeSe 与 BeTe 具有闪锌矿型结构外，这类化合物都具有氯化钠型结构。表 5.1-1 列出具有氯化钠型结构的碱卤族化合物离子晶体的部分物理性质。其中晶格能量代表将晶格拆散成彼此相距无限远的静止离子所需的能量。将负离子电子亲和势的绝对值（中性原子获得一个电子所释放的能量）与正离子的第一电离能（即从中性原子移走一个电子所需的能量）之差同阿伏伽德罗常数相乘，其积和晶格能量相加即得一价离子晶体的结合能。

表 5.1-1 氯化钠型离子晶体的结构与物理性质*

晶　体	最近邻原子间距 （10^{-1} nm）	体积弹性模量 （10^{10} N/m²）	晶格能实验值 （kcal/mol）
LiF	2.014	6.71	242.3[246.8]
LiCl	2.570	2.98	198.9[201.8]
LiBr	2.751	2.38	189.8
LiI	3.000	1.71	177.7
NaF	2.317	4.65	214.4[217.9]
NaCl	2.820	2.40	182.6[185.3]
NaBr	2.989	1.99	173.6[174.3]
NaI	3.237	1.51	163.2[162.3]
KF	2.674	3.05	189.8[194.5]
KCl	3.147	1.74	165.8[169.5]
KBr	3.298	1.48	158.5[159.3]
KI	3.533	1.17	149.9[151.1]
RbF	2.815	2.62	181.4
RbCl	3.291	1.56	159.3
RbBr	3.445	1.30	152.6
RbI	3.671	1.06	144.9

* 室温与大气压下的测量值，方括号内为零温零压值

二、原子晶体（共价晶体）

周期表中的Ⅳ族元素构成的晶体，包括碳（金刚石）、硅、锗和灰锡，是典型的原子晶体，都具有金刚石型结构。相邻原子靠形成共价键结合在一起，因此这类晶体又称为共价晶体。每个原子都有 4 个价电子，恰好与 4 个最近邻原子形成 4 根共价键，每一对形成共价键的原子"共用"一对价电子，因而每个原子周围均有位于 4 根共价键上的 8 个价电子，看上去如同一个封闭壳层而形成稳定的结构。这类晶体结构上的一个显著特点是四面体型的原子排列。每个原子位于正四面体的中心，而最近邻原子则位于 4 个顶角。近邻原子的排列具有

明显的方向性,这也是共价化学键的特点。共价结合中价电子位于两个原子实之间,是一种相当强的结合。因此,原子晶体都具有很高的硬度,金刚石作为一种最硬的材料早就是众所周知的事实。原子晶体也具有高体积弹性模量、高结合能和高熔点。表5.1-2列出金刚石、硅等原子晶体的部分物理性质。

表 5.1-2　几种原子晶体的部分物理性质

晶　体	熔点(K)	体积弹性模量 (10^{11} N/m²)	结合能(kJ/mol)
金刚石	3 280	4.43	711
硅	1 687	0.988	446
锗	1 211	0.772	372
灰锡	505	1.11	303

三、金　属

周期表中第一列碱金属、第二列碱土族、其后的过渡元素以及Ⅲ族元素 Al、Ga、In 等是典型的金属晶体。在碱金属和碱土族情形,每个原子的价电子不再束缚在原子实的附近,而是可以在金属内部自由运动。除去不能越出金属外,它们在相当大的程度上类似于自由电子,形成所谓近自由电子气。均匀分布的价电子气与位于格点位置上的荷正电的原子实之间的库仑相互作用将金属原子维系在一起形成金属晶体。而且,其中每个价电子的平均能量低于其在孤立原子中的能量,从而形成稳定的晶体。金属结构的一个特点是每一个原子周围最近邻数较高。不少金属具有面心立方和六角密集型结构,例如 Al 和 Mg,配位数为 12。部分金属具有体心立方结构,例如 Na 和 Fe,配位数也有 8。碱金属多具有体心立方结构,且晶格常数较高,结合能较低,最高为 Li,也只有 158 kJ/mol,远低于前述的离子晶体与原子晶体。碱土族的结合能也不高。但过渡族元素具有较高的结合能,熔点也较高,某些难熔金属如 W 的熔点甚至高达 3 695 K,相应的结合能也高达 859 kJ/mol,为所有元素晶体之最。过渡元素的高结合能与其中处于 d 壳层的电子有关。事实上过渡元素的独特性质都与 d 电子密不可分。不少金属具有良好的延展性,众所周知可制成厚度极薄的金箔即为一典型例证。

如果和离子晶体或原子晶体一样我们也用近邻原子间的化学键来描述金属中原子间的相互作用,则基本上应视为具有共价键的性质。只是与Ⅳ族元素不同,由于每个原子只有少数(一个或两个)价电子,远少于最近邻原子数,这种共价键是不饱和的。可以设想某一时刻原子与某一最近邻形成共价键,而下一时刻又与另一近邻形成共价键。这一价电子随时间在近邻原子间转移的图像显然与价电子可在金属中自由运动的图像没有太大的区别。金属原子间的这种相互作用有时称之为金属键,以区别于原子晶体中的共价键。如果考察一给定原子,电子可以在不同的近邻原子之间转移,使得给定原子与近邻原子之间相互作用的强度也相应发生变化。这正是金属具有良好延展性的物理基础,电子在延展过程中宛如起了"润滑剂"的作用。

四、分子晶体

惰性气体在低温下凝聚成固体,是典型的分子晶体。惰性气体原子的电子具有满壳层

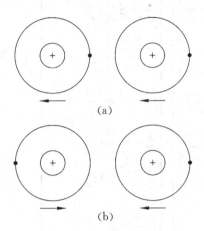

结构,因而形成单原子分子。在惰性气体固体中,价电子的状态没有大的变化,基本上仍然如同孤立原子情形一样。这是分子晶体应有的性质,只是由于不同时刻价电子在原子中的不同位置导致其与原子实所形成的电偶极矩随时间而变化,不同原子的瞬间偶极矩之间的范德瓦耳斯相互作用产生微弱的吸引力而维系分子晶体。对此可由图 5.1-1 的示意作定性说明。在图 5.1-1(a)情形,两个相邻分子的瞬间偶极矩相互平行,形成相互间的吸引;而在图 5.1-1(b)的情形,瞬间偶极矩反平行导致排斥作用。但由于吸引作用相当于低势能状态,根据玻尔兹曼统计理论在一定的温度下应当有较高的出现几率,从而使分子晶体得以形成。无疑,由于范德瓦耳斯相互作用甚弱,惰性气体的熔点与结合能均远远低于所有前

图 5.1-1 范德瓦耳斯相互作用

述几类晶体。

表 5.1-3 以周期表的形式列出所有元素晶体的结合能、熔点与体积弹性模量,使我们可以有一概貌性的认识,而且也便于比较不同类型晶体间的差别。

五、氢　　键

值得注意的是,在以上 4 类晶体中,除去金属以外原则上都是绝缘体,只是Ⅳ族原子晶体 Si 与 Ge 由于价带之上的禁带宽度较小而成为半导体。还有一类特殊的绝缘体的形成则与存在氢有关,其中所谓氢键就是使不同原子结合成晶体的相互作用。

氢原子在晶体结构中具有其独特的性质。虽然处在周期表第一列,但由于其电离能达 13.6 eV,远高于碱金属中其他元素(最高为 Li,亦仅为 5.39 eV),因而不易失去这一电子而成为离子,只能以共价键的形式与其他原子结合。但氢与相邻原子只能形成一根共价键,而除去形成共价键的电子以外就剩下一个体积极小的质子(比其他元素的原子实的半径要小约 10 万倍)。这样当氢与负电性较强的 F、O、N 等原子形成共价键时看上去就像一个裸露的质子粘贴在相应的负离子 F^-、O^- 或 N^- 上。裸露的质子又能吸引其他负离子,从而形成所谓氢键,其结合能在 0.1 eV 数量级,相当于惰性气体晶体中的范德瓦耳斯相互作用的强度。冰就是由水分子间的氢键结合形成的。如上所述,水分子 H_2O 中的氢可视为粘附于 O^{2-} 上的裸露质子,由于其会吸引另一个水分子中的 O^{2-},而使两个水分子中的氧离子束缚在一起,如图 5.1-2 所示。

以上我们虽然列举了晶体中原子间 5 种典型的相互作用,实际情形往往是复杂的。在同一晶体中原子间可以存在多种相互作用。例如,石墨晶体,其中的碳原子具有层状结构,每一层中,每个碳原子均有 3 个与之等距的最近邻,原子间相互作用具有典型的共价性,碳

表 5.1-3　结合能、熔点与体积弹性模量

图例：

Mg	——元素
922	——熔点 (K)
34.7	——结合能 (kcal/mol)
0.354	——体积弹性模量 (10^{11} N/m²)

元素	熔点 (K)	结合能 (kcal/mol)	体积弹性模量 (10^{11} N/m²)
H			0.002
He			0.00
Li	453.7	37.7	0.116
Be	1 562	76.5	1.003
B	2 365	134	1.78
C		170	4.43
N	63.15	113.4	0.012
O	54.36	60.03	
F	53.48	19.37	
Ne	24.56	0.46	0.010
Na	371.0	25.67	0.068
Mg	922	34.7	0.354
Al	933.5	78.1	0.722
Si	1 687	106.7	0.988
P	(r)863 (w)317	79.16	0.304
S	388.4	65.75	0.178
Cl	172.2	32.2	
Ar	83.81	1.85	0.016
K	336.3	21.54	0.032
Ca	1 113	42.5	0.152
Sc	1 814	89.9	0.435
Ti	1 946	111.8	1.051
V	2 202	122.4	1.619
Cr	2 133	94.5	1.901
Mn	1 520	67.4	0.596
Fe	1 811	98.7	1.683
Co	1 770	101.3	1.914
Ni	1 728	102.4	1.86
Cu	1 358	80.4	1.37
Zn	692.7	31.04	0.598
Ga	302.9	64.8	0.569
Ge	1 211	88.8	0.772
As	1 089	68.2	0.394
Se	494	56.7	0.091
Br	265.9	28.18	
Kr	115.8	2.68	0.018
Rb	312.6	19.64	0.031
Sr	1 042	39.7	0.116
Y	1 801	100.8	0.366
Zr	2 128	144.2	0.833
Nb	2 750	174.5	1.702
Mo	2 895	157.2	2.725
Tc	2 477	158	2.97
Ru	2 527	155.4	3.208
Rh	2 236	132.5	2.704
Pd	1 827	89.8	1.808
Ag	1 235	68.0	1.007
Cd	594.3	26.73	0.467
In	429.8	58.1	0.411
Sn	505.1	72.4	1.11
Sb	903.9	63.4	0.383
Te	722.7	50.34	0.230
I	386.7	25.62	
Xe	161.4	3.80	
Cs	301.6	18.54	0.020
Ba	1 002	43.7	0.103
La	1 194	103.1	0.243
Hf	2 504	148.4	1.09
Ta	3 293	186.9	2.00
W	3 695	205.2	3.232
Re	3 459	185.2	3.72
Os	3 306	188.4	4.18
Ir	2 720	160.1	3.55
Pt	2 045	134.7	2.783
Au	1 338	87.96	1.732
Hg	234.3	15.5	0.382
Tl	577	43.4	0.359
Pb	600.7	46.78	0.430
Bi	544.6	50.2	0.315
Po	527	34.5	0.26
At			
Rn			4.66
Fr			0.020
Ra	973	38.2	0.132
Ac	1 324	98	0.25

镧系元素：

元素	熔点 (K)	结合能 (kcal/mol)	体积弹性模量 (10^{11} N/m²)
Ce	1 072	99.7	0.239
Pr	1 205	85.3	0.306
Nd	1 290	78.5	0.327
Pm			0.35
Sm	1 346	49.3	0.294
Eu	1 091	42.8	0.147
Gd	1 587	95.5	0.383
Tb	1 632	93.4	0.399
Dy	1 684	70.2	0.384
Ho	1 745	72.3	0.397
Er	1 797	75.8	0.411
Tm	1 820	55.8	0.397
Yb	1 098	37.1	0.133
Lu	1 938	102.2	0.411

锕系元素：

元素	熔点 (K)	结合能 (kcal/mol)	体积弹性模量 (10^{11} N/m²)
Th	2 031	142.9	0.543
Pa	1 848		0.76
U	1 406	128	0.987
Np	910	109	0.68
Pu	913	83.0	0.54
Am	1 449	63	
Cm	1 613	92.1	
Bk	1 562		
Cf			
Es			
Fm			
Md			
No			
Lw			

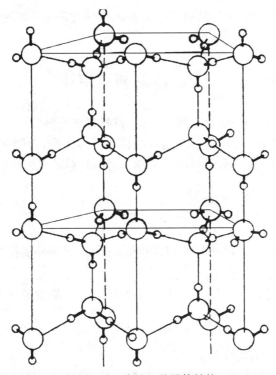

图 5.1-2　冰的一种晶体结构
大圈代表氧原子,小圈代表氢原子,分子间连接氧-氢-氧原子的长线即为氢键

原子的 3 个价电子与最近邻构成 3 根处于同一平面相互交角成 120° 的共价键。第四个价电子可以自由地在层中运动,类似于金属中的价电子,使石墨具有相当强的导电本领;层与层之间则存在范德瓦耳斯相互作用,故层与层间很容易滑动,这正是石墨呈现出柔软润滑的机械性质的原因。又如,碱土族元素与Ⅵ族元素生成的化合物的离子晶体的特点就不如碱卤族化合物突出,而带有一定的共价性。Ⅲ族与Ⅴ族元素之间生成的Ⅲ-Ⅴ族化合物离子性更弱,而共价性更为明显,这些化合物中原子间的结合也具有复杂的成分。事实上即使是氢键本身也包含共价键与离子键两种成分。同样在贵金属中由于其满壳层 d 电子云在晶体中发生畸变,也使晶体结合中出现共价与范德瓦耳斯相互作用的成分,而不仅是价电子与原子实之间的静电吸引。

5.2　晶体的弹性

第二章中的晶格振动与 5.1 节讨论的使原子结合成晶体的原子间相互作用具有密切的关系。事实上由图 4.7-1 可见,不同的原子间相互作用对应于不同的势能函数 $U(r)$。另一方面,对于波矢处于布里渊区中心附近的声学波而言,相应的格波波长远大于晶格常数,格波与宏观的弹性波没有原则上的区别。在通常温度下晶格振动的平均原子位移远小于原子间的距离,引起的晶格畸变在弹性限度之内。可见晶格振动、原子间相互作用、晶体弹性这三者之间在力学的基础上具有极密切的联系。原子间的相互作用与晶格振动的性质对晶体多方面的物理性质均有影响。可见,研究作为晶体机械性质之一的弹性也有助于我们对固体其他物理性质的认识。

一、晶体的胡克定律

通常当对固体材料施加一定的机械应力时,材料将发生形变。如外力在弹性限度之内,随着外力撤销晶体形变消除,外形恢复原状,则称为弹性形变;否则称为塑性形变。在弹性限度内,形变与外加应力成比例,满足胡克定律。对于简单的直线状材料,例如一根铁丝,胡克定律表现为

$$\sigma = E\varepsilon \tag{5.2-1}$$

这里 $\varepsilon = \Delta l/l_0$ 表示原长为 l_0 的线材的相对伸长;$\sigma = F/S$ 为外加拉伸应力,F 为外力,S 为线材的横截面积;E 称为杨氏模量。

对于施加在长方体的一对平面上引起切变的切应力 τ,胡克定律为

$$\tau = G\gamma \tag{5.2-2}$$

其中 G 为切变模量,而 γ 为切变角。

对于一般固体材料,通常须同时考虑这两类形变,情形就比较复杂。现在考虑单晶材料中一小块长方形体积元,设其三边分别沿坐标轴的方向,边长分别为 Δx、Δy、Δz,如图 5.2-1 所示。如果在外加应力作用下固体处于平衡状态,其内部任意平面上也必产生相应的内应力以与外加应力抗衡。因此,在外加应力的作用下,在此体积元内的 6 个面上都有应力存在,而且相对面的应力方向相反。作用于每个面上的应力一般均有与面垂直的法向拉伸(压缩)应力和与面平行的切应力两个分量。在应力作用下体积元发生形变,其中每一个质点均偏离其平衡位置而发生位移,若用 $u(r)$ 表示平衡位置在 r 处的质点的位移,可写成 $u = e_1 u_x + e_2 u_y + e_3 u_z$。易见,在图 5.2-1 所示的情形,

$$\varepsilon_x = \frac{u_x(\Delta x) - u_x(0)}{\Delta x}$$

为体积元沿 x 方向的相对伸长。在极限情形

$$\varepsilon_x = \partial u_x/\partial x \tag{5.2-3}$$

同样

$$\varepsilon_y = \partial u_y/\partial y \tag{5.2-4}$$

与

$$\varepsilon_z = \partial u_z/\partial z \tag{5.2-5}$$

为沿 y 与 z 方向的相对伸长。

至于体积元的切变,可考察图 5.2-2 所示的平面,设其为图 5.2-1 中 $x = 0$ 的平面,其中 θ_1 与 θ_2 分别代表两个切变角。由图可知

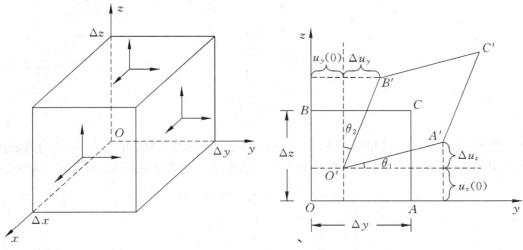

图 5.2-1 作用于立方体上的应力 　　　　　**图 5.2-2** 切变的几何关系示意图

$$\theta_1 \approx \frac{u_z(\Delta y) - u_z(0)}{\Delta y} \tag{5.2-6}$$

$$\theta_2 \approx \frac{u_y(\Delta z) - u_y(0)}{\Delta z} \tag{5.2-7}$$

极限情形下，

$$\begin{cases} \theta_1 = \partial u_z / \partial y \\ \theta_2 = \partial u_y / \partial z \end{cases} \tag{5.2-8}$$

同理，切变也应包括 $\partial u_x/\partial y$、$\partial u_y/\partial x$，以及 $\partial u_z/\partial x$、$\partial u_x/\partial z$。习惯上常将伸长与切变表示为

$$\begin{cases} s_1 = \varepsilon_x \\ s_2 = \varepsilon_y \\ s_3 = \varepsilon_z \\ s_4 = (\partial u_z/\partial y + \partial u_y/\partial z)/2 \\ s_5 = (\partial u_x/\partial z + \partial u_z/\partial x)/2 \\ s_6 = (\partial u_y/\partial x + \partial u_x/\partial y)/2 \end{cases} \tag{5.2-9}$$

至于作用在体积元上的应力，我们用符号 σ_{ij} 代表沿 e_i 方向作用于垂直于 e_j 方向的小面上的应力，e_i、e_j 可任意代表 x、y 或 z 轴方向。因此，σ_{11} 即代表 x 方向的正压力（压强），$\sigma_{11} = \dfrac{f_x}{\Delta y \Delta z}$，$f_x$ 为沿 x 方向作用于面积为 $\Delta y \Delta z$ 的小面上的正压力；而 σ_{12} 则代表沿 x 方向作用于面积为 $\Delta x \Delta z$ 的小面上的切应力；依此类推。在静态平衡时体积元并不运动，因此作用于其上的力矩应为零。从而得出

$$\sigma_{ij} = \sigma_{ji} \tag{5.2-10}$$

即应力分量对脚标的置换是对称的。常用符号 T_k 代表应力分量

$$\begin{cases} T_1 = \sigma_{11} \\ T_2 = \sigma_{22} \\ T_3 = \sigma_{33} \\ T_4 = \sigma_{23} \\ T_5 = \sigma_{31} \\ T_6 = \sigma_{12} \end{cases} \qquad (5.2\text{-}11)$$

值得注意的是,在晶体情形,一般而言,在弹性限度内,形变不只是单与某一应力分量成比例,而是与所有的应力分量有关。相对于(5.2-1)式与(5.2-2)式胡克定律取如下推广的形式:

$$\begin{cases} T_1 = c_{11}s_1 + c_{12}s_2 + \cdots + c_{16}s_6 \\ T_2 = c_{21}s_1 + c_{22}s_2 + \cdots + c_{26}s_6 \\ T_3 = c_{31}s_1 + c_{32}s_2 + \cdots + c_{36}s_6 \\ T_4 = c_{41}s_1 + c_{42}s_2 + \cdots + c_{46}s_6 \\ T_5 = c_{51}s_1 + c_{52}s_2 + \cdots + c_{56}s_6 \\ T_6 = c_{61}s_1 + c_{62}s_2 + \cdots + c_{66}s_6 \end{cases} \qquad (5.2\text{-}12)$$

或统一表示为

$$T_i = \sum_{j=1}^{6} c_{ij}s_j \quad (i = 1, 2, \cdots, 6) \qquad (5.2\text{-}13)$$

与(5.2-1)式及(5.2-2)式相比,显然系数 c_{ij} 具有弹性模量的性质,称为晶体的弹性模量。

二、弹性模量的对称性

c_{ij} 可以表示为一个 6×6 的矩阵 (C)。理论分析表明,c_{ij} 具有交换脚标的对称性,即

$$c_{ij} = c_{ji} \qquad (5.2\text{-}14)$$

因此矩阵 (C) 为一对称矩阵

$$(C) = \begin{bmatrix} c_{11} & c_{12} & \cdots & c_{16} \\ c_{12} & c_{22} & \cdots & c_{26} \\ \cdots & \cdots & \cdots & \cdots \\ c_{16} & c_{26} & \cdots & c_{66} \end{bmatrix} \qquad (5.2\text{-}15)$$

只有 21 个独立元素。如果晶体具有对称性,独立元素的数目还要减少。例如,对六角晶系,只剩下 5 个独立的晶体弹性模量。而对称性最大的立方晶系,如果将坐标轴取作立方体轴,矩阵只有 3 个不为零的矩阵元,(5.2-15)式成为

$$(C) = \begin{bmatrix} c_{11} & c_{12} & c_{12} & 0 & 0 & 0 \\ c_{12} & c_{11} & c_{12} & 0 & 0 & 0 \\ c_{12} & c_{12} & c_{11} & 0 & 0 & 0 \\ 0 & 0 & 0 & c_{44} & 0 & 0 \\ 0 & 0 & 0 & 0 & c_{44} & 0 \\ 0 & 0 & 0 & 0 & 0 & c_{44} \end{bmatrix} \qquad (5.2\text{-}16)$$

表 5.2-1 列出部分立方晶体室温下的弹性模量。

表 5.2-1 立方晶体的弹性模量(10^{11} N/m²)(300 K)

晶 体	c_{11}	c_{12}	c_{44}
Li(78 K)	0.148	0.125	0.108
Na	0.070	0.061	0.045
Cu	1.68	1.21	0.75
Ag	1.24	0.93	0.46
Au	1.86	1.57	0.42
Al	1.07	0.61	0.28
Pb	0.46	0.39	0.144
Ge	1.29	0.48	0.67
Si	1.66	0.64	0.80
V	2.29	1.19	0.43
Ta	2.67	1.61	0.82
Nb	2.47	1.35	0.287
Fe	2.34	1.36	1.18
Ni	2.45	1.40	1.25
LiCl	0.494	0.228	0.246
NaCl	0.487	0.124	0.126
KF	0.656	0.146	0.125
RbCl	0.361	0.062	0.047

对于多晶材料，通常每个晶粒尺度足够小并且晶粒间的取向是完全随机的，以上讨论的晶体弹性将呈现各向同性的特点，表示伸长的弹性模量与切变模量间存在进一步的关系：

$$c_{44} = \frac{c_{11} - c_{12}}{2} \tag{5.2-17}$$

即只剩下两个独立的弹性模量。事实上，c_{11} 与 c_{12} 可用杨氏模量表示为

$$c_{11} = \frac{E(1-\mu)}{(1+\mu)(1-2\mu)} \tag{5.2-18}$$

$$c_{12} = \frac{\mu E}{(1+\mu)(1-2\mu)} \tag{5.2-19}$$

而 c_{44} 则为材料的切变模量，

$$c_{44} = G \tag{5.2-20}$$

μ 为泊松比。通常如施以外力时引起沿外力方向的纵向形变(相对伸长或缩短，常规定伸长时形变为正，缩短为负)，在垂直于外力的方向同时也发生横向形变(相对缩短或伸长)，泊松比的定义即为横向形变对纵向形变之比的绝对值。容易算得在各向同性情形，杨氏模量、切变模量与泊松比之间存在如下关系：

$$\mu = \frac{E}{2G} - 1 \tag{5.2-21}$$

普通钢材的杨氏模量约为 2×10^{11} N/m²,而切变模量约为 8×10^{10} N/m²,因而泊松比在 0.25 左右。

5.3　范性形变和滑移

众所周知,如施加于固体材料上的应力超过弹性限度,当外加负载撤销后材料并不恢复原状,而留下永久的范性形变。材料发生范性形变的性质常称为塑性,在工程上具有十分重要的实用意义。例如,金属材料正是依靠其塑性而能轧制成各种不同的型材、工件和用具;另一方面,各类工件又要根据其塑性确定实际应用中所能安全承受的应力。

一、塑性材料的形变

图 5.3-1 为一典型的塑性材料——圆柱形低碳钢标准试件在轴向拉伸应力作用下发生的形变与应力的关系。图中纵轴为拉伸应力 $\sigma = f/S_0$,f 为拉力,S_0 为试件的原始截面积;横轴为相对伸长 $\varepsilon = \Delta l/l_0$,$l_0$ 为原长,Δl 为伸长。图中全部曲线可以分为几个阶段。

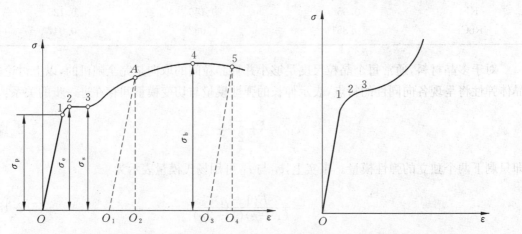

图 5.3-1　低碳钢标准试件拉伸形变与应力的关系　**图 5.3-2**　塑性材料压缩时的应力应变关系

1. 弹性阶段

在 $O1$ 段,σ-ε 关系呈直线,为弹性形变阶段,服从胡克定律。易见直线的斜率即为杨氏模量

$$E = \sigma/\varepsilon \tag{5.3-1}$$

由于 $O1$ 段应力与应变成比例,工程上将点 1 相应的应力称为比例极限 σ_p。在 1～2 之间,应力与应变不成比例。与点 2 相应的应力称为弹性极限 σ_e,如应力超过 σ_e,则外力撤销后将留有范性形变。通常点 1 与 2 间距离很小,因而实用上常取 $\sigma_e \approx \sigma_p$。

114

2. 屈 服 阶 段

在点 2 以后至点 3 这一阶段,应力不再明显上升,或在小范围内作窄幅波动,但形变增大。这一现象称为屈服。屈服阶段的最高应力与最低应力分别称为上屈服极限与下屈服极限。实用上取下屈服极限作为屈服极限,用 σ_s 表示。在此阶段,试件表面可见与试件轴线交角 45° 的斜线,称为滑移线。

3. 强 化 阶 段

点 3 之后曲线继续上升,表明如要增大形变必须施以更大的应力,好像试件经过屈服之后反而又倔强起来,因而称这一阶段为强化阶段。点 4 对应的最高应力 σ_b 称为强度极限。在强化阶段,伸长明显加大,试件的横向尺寸相应显著缩小。

4. 颈 缩 阶 段

在强度极限,试件发生局部截面收缩,称为颈缩,随后越过点 5 试件断裂。如果从超过屈服极限的应力为 σ_A 的某一状态 A 开始逐渐撤销外力(工程上称为卸载),则实验上可看到卸载过程中应力与应变的关系将按 AO_1 变化,AO_1 近似平行于弹性阶段的 $O1$。由图可见,状态 A 的形变为 OO_2,卸载后,形变未能完全消失,保留有范性形变 OO_1,而 O_1O_2 则为状态 A 的弹性形变,当卸载时随之消失。如果卸载后对试件重新施加应力,值得注意的是应力-应变关系将按 O_1A45 而变化。与曲线 $O123A45$ 相比,此时比例极限明显增加。这种现象称为冷作硬化。冷作硬化使材料塑性降低而脆性增加。反复弯折铁丝最后令其折断即为冷作硬化使铁丝脆性升高的典型例子。

图 5.3-2 为低碳钢标准试件在受轴向压缩应力作用下的应力应变图,与图 5.3-1 相比,弹性阶段 $O1$ 以及屈服阶段均与拉伸时相似,只是其后试件被压扁而不断裂。

与塑性材料相对照的有一类材料称为脆性材料。铸铁是一种典型的脆性材料,用其制作的标准试件拉伸及压缩时的应力-应变关系如图 5.3-3 所示。这类材料不服从胡克定律,

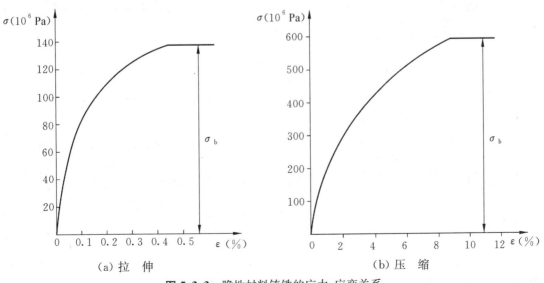

图 5.3-3 脆性材料铸铁的应力-应变关系

115

拉伸时也没有屈服阶段与颈缩现象,只是在某一应力下断裂;而在受压缩时也是最终被压断。重要的半导体材料锗与硅从机械性能上讲也属于脆性材料。

二、滑　　移

现在我们来专门分析一下塑性材料屈服阶段的滑移线。滑移线的出现表明由某一平面分割的材料两边有相对移动,而滑移线即为这一平面与试件外表面的交线,因而这一平面常称为滑移面。滑移线的出现表明两点:一是滑移并非到处都能发生,事实上两个相邻的滑移面之间材料仍然保持原状;二是正是这种材料各部分之间的相对滑移导致屈服阶段的范性形变。表观上这一阶段试件的形变仍为伸长,其实乃为切应力作用下滑移面两边的相对移动,如图 5.3-4 所示。更为重要的是,由此可以推知,在滑移面上一定存在材料中的某些薄弱部分,当加在其上的剪切应力达到某一临界值时就会发生滑移面两边的相对移动。在轴向拉伸应力作用下,试件内部只有与轴向夹角为 45° 的平面上形成的剪切应力最大,当此应力超过一定的限度时就产生滑移,引起范性形变,这就是滑移线总表现为与轴线交角在 45° 左右的原因。由图 5.3-5 我们可以清楚地看到这一点。截面积为 S 的试样经受轴向力 F 的作用,图中以阴影区标出的法线与轴向交角为 ϕ 的平面上产生的剪切应力应为

$$\tau = F'/S' \tag{5.3-2}$$

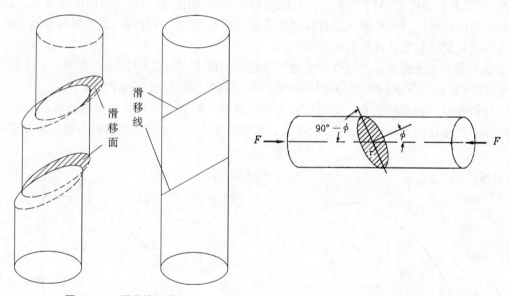

图 5.3-4　滑移线示意　　　　　图 5.3-5　轴向力引起滑移面滑动的示意图

其中 S' 为阴影区的面积,而 F' 则为外力在阴影面上的分量。显然

$$F' = F\cos\left(\frac{\pi}{2} - \phi\right) = F\sin\phi \tag{5.3-3}$$

而

$$S' = S/\cos\phi \tag{5.3-4}$$

因此

116

$$\tau = \frac{F}{S}\sin\phi\cos\phi \qquad (5.3\text{-}5)$$

简单的计算立刻表明,当 $\phi = 45°$ 时 τ 达到极大值,而滑移所以在某一滑移面上发生正是因为这一平面上抗剪切形变的能力不如其他与之平行的平面。

总之,以上的讨论表明,范性形变的产生是由于滑移面上的切应力超过一定的限度。下节我们将着重讨论单晶体中的滑移。我们要说明滑移面上的抗剪切强度下降而导致其上发生滑移的原因是存在一种晶格不完整性——位错。

5.4 滑移与位错

范性是许多晶体的突出机械性质。例如,铝单晶只有在应变小于 10^{-5} 时才表现为弹性,应变超过 10^{-5} 即发生范性形变。由上节讨论可知,范性形变对应于晶体不同部分之间沿滑移面发生相对移动,即滑移面两边的原子有相对滑移,而且是从一个稳定位置移动到另一个稳定位置。通常滑移面是原子密度较大的晶面,在面心立方结构的金属中为 $\{1\,1\,1\}$ 晶面族,而体心立方金属中常为 $\{1\,1\,0\}$、$\{1\,1\,2\}$ 与 $\{1\,2\,3\}$ 晶面族。而且,滑移又往往沿滑移面上原子线密度最高的方向,称之为滑移向。在面心立方金属中滑移向为 $\langle 1\,1\,0 \rangle$,而在体心立方金属中则为 $\langle 1\,1\,1 \rangle$。

设想晶体中原子排列服从严格的周期性,如图 5.4-1 所示,我们可以近似地估计引起滑移所需的临界剪切应力。设 AB 为滑移面,其上部相对于下部位移为 x,形成切变

$$\gamma = x/d \qquad (5.4\text{-}1)$$

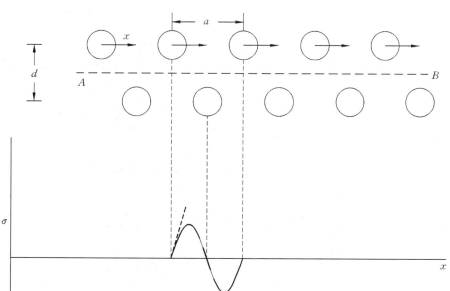

图 5.4-1 在原子按严格周期性排列的情形,滑移幅度同剪切应力的关系

式中 d 为原子面间距。注意,此时图中 AB 上面的原子相对于其平衡位置的位移即为 x。

如 $x = a$，即全部原子位移一个周期，又进入稳定的平衡位置，应力与应变都为零。可见可以近似地认为，随着相对位移的增加，应力将以 a 为周期在零与某一最大值之间振荡。取此最大值 τ_c 相应于 $x = a/4$，并近似设此时(5.2-2)式仍成立，则由(5.4-1)式，

$$\tau_c = \frac{a}{4d}G \tag{5.4-2}$$

显然，如果切应力超过上式，就能发生晶体一部分相对于另一部分的滑移，τ_c 即可视为临界应力。由表5.2-1可见，这里的切变模量 G 的数量级应在 $10^{10} \sim 10^{11}$ N/m²，而 a 应与 d 数量级相同，因而 τ_c 也应为 10^{10} N/m² 以上。但这一根据弹性模型得出的临界应力远较实验上观测到的为高，往往高出 $2 \sim 4$ 个数量级。这巨大差异的根源在于：在实际晶体中发生滑移时并非滑移面一边的所有原子一起移动，而是存在一些晶格结构的缺陷区，在缺陷区内原子排列与严格的周期性存在偏离，犹如相对于理想周期性排列已产生了一定数量的位移而处于某一不稳定的状态。从而在远小于(5.4-2)式 τ_c 的外加应力下就能使缺陷区的原子沿滑移面移动，并表现为缺陷区在外力作用下的移动。当缺陷区最终移出晶体表面时就产生数量为晶格周期或其整数倍的滑移，这就是范性形变。这种缺陷区即为位错。下面先介绍位错，再进而分析位错与范性形变的密切关系。

位错是一种线缺陷，典型的位错有两种，即棱位错及螺位错。

一、棱 位 错

棱位错亦称边缘位错。图5.4-2为一典型的棱位错结构模型，图中假定无缺陷的晶体为单原子简立方结构。由图可见，过 A 点垂直于纸面的一条直线附近原子排列发生了畸变，晶体产生局部形变，这一直线称为位错线。单纯从几何结构上来看，棱位错好像是在正

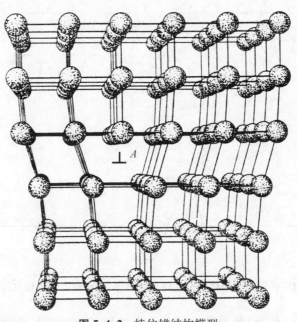

图 5.4-2 棱位错结构模型

常的晶体当中插进半个原子面,其边缘正是棱位错的所在,这也是边缘位错一词的由来。必须注意的是,几乎所有的实际晶体中都或多或少存在着位错。图 5.4-3(a)表明,单从结构上看,棱位错可当作是将晶体沿着某个滑移面(图中用虚线表示)切开至某处,再将一边的晶体相对于另一边沿垂直于切入线(切到与未切到的边界)的方向作一个原子周期的滑移,而位错线正是已经滑移一个周期的区域与尚未滑移区域的分界。因此,如晶体中已存在一个如图 5.4-3(a) 所示的棱位错,不妨认为,在象征棱位错的半个原子面的左边,滑移面上方的晶体已基本完成一个原子周期的滑移,而其右边靠近位错线的部分位移远小于一个原子周期。现在如对已存在此位错的晶体施以一如图所示的切应力 τ,由于位错线附近原子结构已有明显畸变,而使原子处于有较高能量的不稳定状态,在相当小的切应力作用下畸变区的原子就将发生运动,其表现犹如位错线在外加切应力作用下由左向右在滑移面上平行于滑移方向移动一样,如图 5.4-3(b)所示。当位错线移出晶体表面便在表面形成一个原子台阶而表现为滑移线。总之,原先存在于晶体内部的位错极大地降低了产生滑移所需的临界应力和晶体的屈服强度。这一过程极类似于一块厚重地毯的移动。众所周知,如使地毯的一边隆起一个鼓包,并使鼓包沿着希望地毯移动的方向运动,当鼓包移动到地毯的另一边时全部地毯即完成一定距离的位移,如图 5.4-4 所示。然而这样所花的力气要远小于使整块地毯一起移动。这里地毯上的鼓包如同晶体中的位错一样大大降低了其移动阻力。另一个类似的例子是撕纸。如用双手拉扯牛皮纸的两边很难拉断,但如横边上剪一缺口,则不用多大的力气就能使之沿缺口处撕成两半。

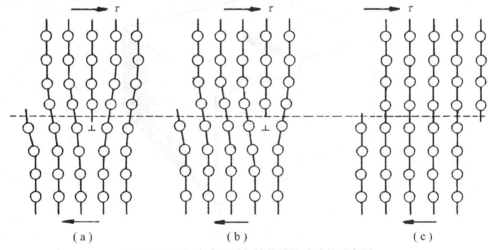

图 5.4-3 切应力 τ 引起棱位错的移动的示意图

图 5.4-4 地毯鼓包的移动

由以上讨论可知一根棱位错线移出晶体之外只能形成一个原子周期的滑移;但实际上观察到的滑移线可相应于成百上千的原子周期的滑移。这表明在滑移过程中位错线会增殖而使滑移面上的位错数目大增。因此,在发生范性形变的同时晶体内的位错密度也会大大增加。棱位错与滑移之间的关系有一个特点,即位错线与滑移方向是垂直的。与此相反,螺位错对应的滑移则是位错线与滑移方向平行。

二、螺 位 错

如果在前面关于棱位错的结构特点的说明(图 5.4-3(a))中,假想将晶体沿滑移面切入后并非将其一边沿垂直于切入线的方向,而是平行于切入线的方向相对于另一边推移一个原子周期,同样在切入线附近形成一条线状局部结构畸变区。晶体中存在这样的结构缺陷也是一种位错,切入线也就是位错线,如图 5.4-5 所示。注意:在图示情形,如果图中没有其他的位错和缺陷,则整块材料可看作是由单一的以位错线为轴心的旋转晶面构成的。例如,从最下面的晶面的 AB 边出发,沿反时针方向绕到位错线后边的 CD 再沿同一晶面绕到前面的 EF, EF 相对于 AB 而言已在 OO′ 方向上升了一个原子周期,如同旋转楼梯上了一层,因此这种位错称为螺位错。不难看出螺位错与棱位错两种线缺陷有共同的特点:一是位错线周围晶格结构均发生局域畸变;二是位错线总可以看作滑移面两边已发生滑移与尚未发生滑移的区域的边界。螺位错的存在也将极大地降低发生范性形变的临界应力。例如,在图 5.4-5 的情形,设想如图所示施加垂直方向的切应力,促使位错线附近的原子完成平行于位错线方向一个周期的滑移,而位错线则相应地垂直于滑移方向运动。当其运动至晶体后表面时滑移面左右两边即沿垂直方向完成一个原子周期的滑移而成为范性形变。

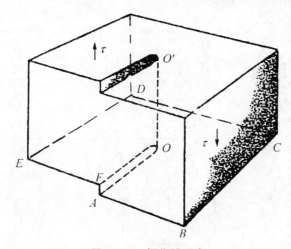

图 5.4-5 螺位错示意

图 5.4-6 进一步表示出棱位错与螺位错的异同。由图可见,对棱位错,位错线与滑移方向垂直;而对螺位错,位错线则与滑移方向平行。不过实际晶体中的位错往往表现为更为复杂的情形,位错线可以不是直线而是曲线,甚至是封闭的曲线,因而无法归结为单纯的棱位错或螺位错。在位错线与滑移方向彼此平行的部分具有螺位错的特点;在彼此垂直的部分具有棱位错的特点,而在更为一般的情形则兼有两者的成分。但位错线总可看作已滑移与未滑移区的边界,而且在位错线附近晶格有明显畸变,在远离位错线的地方,晶体保持其周期性原子排列。

应当说明,虽然以上介绍了在应力作用下位错线会运动,但同样晶体中也存在阻碍位错

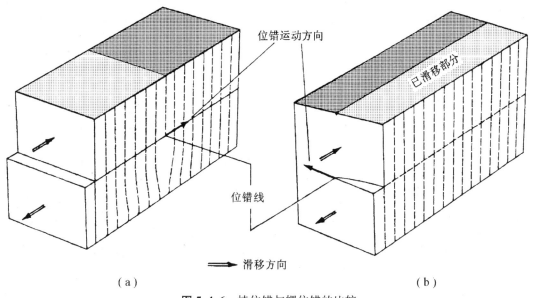

位错运动方向

位错线

已滑移部分

滑移方向

（a）　　　　　　　　　　　（b）

图 5.4-6　棱位错与螺位错的比较

线运动的因素。例如,微小粒子在晶体中的沉积就可能阻挡位错的运动,钢材中的碳化铁粒子与铝材中的 Al_2Cu 粒子可使材料硬化,就是因为它们能阻断位错运动而难以形成范性形变的缘故。即使是位错本身也能干扰其他位错的运动。例如,滑移面上如有其他位错线穿过,则处于滑移面上位错线的运动就会受到阻挡而难以通过。于是,位错密度极大的材料往往范性较差。金属丝反复弯折最终折断,就是因为每次弯折都引起范性形变,而范性形变的过程又会在材料中引进更多的位错,最终由于许多位错之间的交互作用妨碍位错线的移动,从而降低了材料的范性而至断裂。

5.5　晶体中的其他缺陷

从晶体结构上来看,任何微观原子排列偏离理想周期性的区域都可看作是缺陷或不完整性。晶体缺陷五花八门,就像人体的毛病一样数都数不过来,而且许多缺陷都是令人讨厌的。但也有一部分缺陷极具利用价值,例如在第六章中要介绍的半导体中的替位式杂质。几乎任何一种缺陷的存在都会或多或少影响固体的物理性质,位错对材料机械性质的影响即为一典型例子,虽然位错对固体的影响远不限于机械性质。本节我们再概要地介绍几种重要的晶体缺陷。

1. 空位与填隙原子

顾名思义,空位乃是周期性晶格排列上缺少原子、原子实和离子(以下通称原子),常又称其为肖特基缺陷,填隙原子则为正常格点之间出现的原子。如一个位于格点上的原子脱离格点位置成为填隙原子并留下一空位,则这一对缺陷称为弗仑克尔缺陷。空位和填隙原子都是点缺陷,是在一个格点周围不大的范围内引起对周期性排列的偏离。这类缺陷有一个显著的特点,即其密度决定于温度,在热平衡时具有确定的密度,故又称为热缺陷。它们的存在实际上是处于热平衡的晶体必然具有的本征性质。图 5.5-1 示意地画出肖特基缺陷与弗仑克尔缺陷。

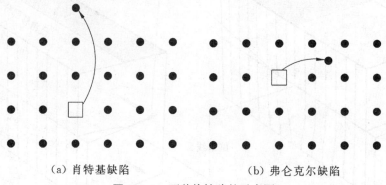

（a）肖特基缺陷　　　　　（b）弗仑克尔缺陷

图 5.5-1　两种热缺陷的示意图

2. 色　心

碱卤族离子晶体中负离子的空位称为 F 心，F 心使 NaCl 呈黄色、KCl 呈洋红色、LiF 呈粉红色。负离子的空位相当于一正电中心，可以束缚电子。由此 F 心可看作负离子空位束缚电子形成的体系，在一定的程度上类似一个氢原子。F 心所表现的颜色正是电子在这一类氢体系的能级之间跃迁的结果。F 心是色心的一种。色心也是点缺陷。离子晶体中还有其他种类的色心，例如两个相邻的 F 心构成 M 心，3 个相邻的 F 心构成 R 心等。图 5.5-2 为 F 心、M 心与 R 心的结构示意。

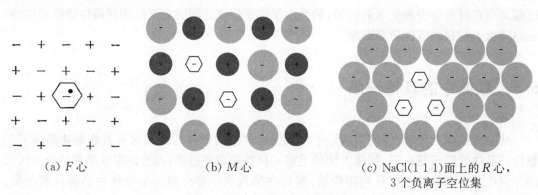

（a）F 心　　　　　　　（b）M 心　　　　　　（c）NaCl(1 1 1)面上的 R 心，
　　　　　　　　　　　　　　　　　　　　　　　　3 个负离子空位集

图 5.5-2　3 种色心的示意图

3. 替位式杂质

位于格点上的原子为外来杂质所取代。如 Ge 晶体中的原子为 As 原子取代。替位式杂质也是点缺陷，对半导体的性质有决定性的作用，我们将在第六章中讨论。

4. 小角晶界

图 5.5-3 为小角晶界的示意图，图中左右两边的晶体都具有完整的周期性结构，只是彼此之间的衔接处有一小角度的偏斜。由图可见，小角晶界可看成排在交界面上的一串棱位错。小角晶界是一种面缺陷，而位错则为线缺陷。

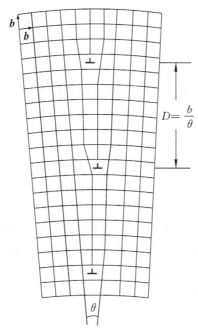

图 5.5-3 小角晶界

5. 堆 垛 层 错

另一种面缺陷为堆垛层错,晶体中沿某一方向原子面的排列顺序发生了偏离。图 5.5-4 以面心立方的(1 1 1)面为例表示出常见的两种堆垛层错。在图 5.5-4(a)的中部原来理想结构的 A 层缺损,如同被抽去一样,$[1 1 1]$方向的排列顺序由正常的$\cdots ABCABCABC\cdots$变为$\cdots ABCBCABC\cdots$,称为抽出型层错。与之形成对照的是,在图 5.5-4(b)的中部多出了一个 A 层,使堆垛顺序成为$\cdots ABCABACABC\cdots$,称为插入型层错。

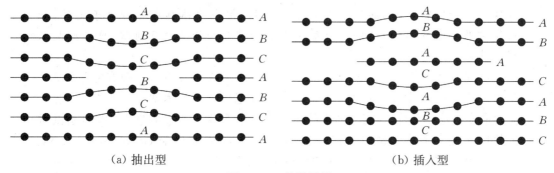

(a) 抽出型   (b) 插入型

图 5.5-4 堆垛层错

第六章 半导体中的电子过程

晶体中电子的能量形成一系列能带。按照电子在能带中的填充情况,可把晶体分成导体和非导体。低温下非导体最高的满带以上的能带都是空的,不为电子占据。如果最高的满带与最低的空带之间的禁带宽度比较小,在有限温度下,处于满带中的电子可以通过热激发跃迁至最低的空带,使最高的满带(价带)及最低的空带(常称导带)都变成非满带而能导电。但因其导电性能尚不及导体(金属),故把这类晶体称为半导体。相反,如果最高满带与最低空带之间的禁带宽度比较大,即使在室温禁带宽度 $E_g \gg k_B T$。因此在有限温度,很少有电子从满带激发至空带,满带基本上还是满的,空带也基本上还是空的。这类晶体为绝缘体。

半导体具有许多重要的特性,比如随着温度的变化,可以显著地改变电导率。除了温度,光照、压力以及周围环境的气氛都能引起半导体电导率的显著变化。利用半导体的这种热敏、光敏、压敏及气敏的特性,可以制成各种检测温度、光强、压力和有害气体的监测元件,也可以制成通过检测温度、光强、压力等而实现自动控制的各种元件。更值得指出的是,半导体的电导率还与其体内的杂质有着极其敏感的关系。在半导体内,只要掺入百万分之一或千万分之一的杂质就可使半导体的电导率发生极其明显的改变。而且掺入不同类型的杂质可以使半导体具有不同的导电类型(导带电子导电和价带空穴导电)。正是利用半导体的这一特性,可以通过不同的掺杂工艺,把半导体制成各种电子元件,如晶体管及集成电路;而这些电子元件正是目前电子计算机及通信、自动控制工程的基础。

通常把禁带宽度处在 $0.2 \sim 3.5$ eV 范围的晶体划为半导体。但有时也从更广泛的意义出发,把电阻率在 $10^{-3} \sim 10^9$ $\Omega \cdot$ cm 范围内的固体都称为半导体。除常见的晶态半导体之外,还有非晶半导体及有机半导体。晶态半导体包括目前最常见的IV族元素半导体锗、硅晶体,III-V族化合物半导体如 GaAs、InP、AlAs、$Ga_{1-x}Al_xAs$ 及 II-VI 族化合物半导体如 CdS、ZnTe、$Cd_{1-x}Zn_xTe$ 等。非晶半导体主要有无定型硅(a-Si)、多孔硅及硫属玻璃半导体如 As_2S_3、As_2Te_3 等。有机半导体主要是一些高聚物半导体,如聚乙炔$(CH)_x$ 链。非晶半导体及有机半导体目前仍处在发展阶段,所以这里只讨论晶态半导体。

6.1 半导体的能带结构

一、金刚石型和闪锌矿型半导体的能带

Ⅳ族元素半导体硅与锗具有金刚石型结构,Ⅲ-Ⅴ族和Ⅱ-Ⅵ族化合物半导体大多具有闪锌矿型结构。无论是金刚石型结构或闪锌矿型结构,都是复式格子,都是由两个面心立方格子(子晶格)沿立方体对角线方向位移四分之一距离穿套而成。对于金刚石型结构,两个子晶格都是由相同原子(硅或锗原子)所构成;而对闪锌矿型结构,两个子晶格则分别由两种不同元素的原子(如Ⅲ-Ⅴ族化合物半导体 GaAs 的 Ga 原子和 As 原子)所构成。金刚石型结构和闪锌矿型结构都属于同一种布拉菲格子——面心立方,因此,也都具有相同的布里渊区。为方便起见,在图 6.1-1(a) 及 6.1-1(b)中再次分别画出相应的单胞及布里渊区。图 6.1-1(a)中的"○"与"●"分别表示两个子晶格。对金刚石型结构,它们代表同一种原子(硅或锗);而对于闪锌矿型结构,则代表两种原子。由点画线画出的平行六面体表示原胞,每个原胞中分别包含一个 ○ 原子和一个 ● 原子。图 6.1-1(b)所表示的第一布里渊区(或称简约布里渊区)是一个截角八面体,图中也标出了各个特殊对称点及对称轴的记号:布里渊区中心点称为 Γ 点,6 个正方面的中心称为 X 点,8 个六边形的中心称为 L 点,而称 Γ-X 连线为 Δ 轴,Γ-L 连线为 Λ 轴。

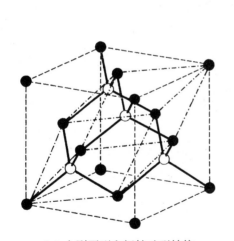
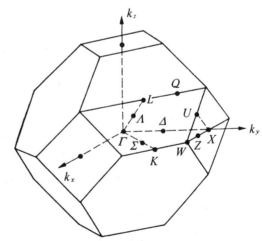

(a) 金刚石型和闪锌矿型结构   (b) 金刚石型和闪锌矿型结构的布里渊区

图 6.1-1

如第二章所述,当 N 个原子相互靠近结合成晶体时,每个原子轨道能级都将分裂成 N 个间隔极小的能级,即形成能带。每个 ns 原子能级能容纳 2 个电子,相应的许可带能容纳 $2N$ 个电子。同样,因为 np 原子能级可容纳 6 个电子,相应的 np 能带可容纳 $6N$ 个电子。

对于半导体硅或锗,如假设晶体中包含 N 个原胞,则由于每个原胞都包含两个原子,晶体由 $2N$ 个原子构成,因此 ns、np 能带可分别容纳 $4N$ 和 $12N$ 个电子。下面来分析电子在这些能带中的填充情况。由于原子内壳层能级所对应的能带总是填满的,这里只须讨论价

电子能级所对应的能带的填充情况。硅和锗的价电子组态分别是 $3s^2 3p^2$ 及 $4s^2 4p^2$，即在 $3s(4s)$ 及 $3p(4p)$ 能级上各有两个电子。由于硅、锗晶体分别由 $2N$ 个硅或锗原子所组成，它们分别含有 $4N$ 个 s 电子和 $4N$ 个 p 电子。$4N$ 个 s 电子正好填满 $3s(4s)$ 能带，但 $4N$ 个 p 电子只能部分填充 $3p(4p)$ 能带，因此 $3p(4p)$ 能带是非满带。若按前面关于能带的简单讨论，硅或锗晶体应是导体(金属)，而不是半导体。导致这一错误结论的原因是实际的能带形成过程远不如上面所说的那么简单。在实际能带形成过程中，两支能带会发生相互交叠。图 6.1-2 示意地画出了硅晶体中的价电子能量随相邻原子间距离 R 的变化关系。当 R 很大时，原子间没有相互作用，故保持原子的 3s 和 3p 能级。当 R 逐渐变小时，原子间相互作用开始出现，原子能级分裂成能带。随着原子间距 R 的减小，能带宽度也逐渐变大。当 R 减小到某一值时，3s 和 3p 能带发生相互交叠，3s 和 3p 态相互混合、杂化，常称之为 sp 杂化。随着 R 进一步减少，相互交叠的能带又分裂成两支能带。在新分裂的能带中，已不能区分哪个带是由 3s 态、哪个带是由 3p 态构成的，它们都是 3s 和 3p 态混合杂化的状态。在两支能带交叠前，3s 能带及 3p 能带可各容纳 $4N$ 个和 $12N$ 个电子；而在两支能带交叠以后，由于 s 态和 p 态的相互混合，在以后重新分裂的能带中同时包含有 s 态和 p 态成分，两支能带恰可各容纳 $8N$ 个电子。这样，由 $2N$ 个硅原子所组成的晶体中，$4N$ 个 3s 电子和 $4N$ 个 3p 电子正好填满较低的能带(价带)，而较高的能带(导带)全部空着。这样，在低温下硅晶体只有满带和空带，不含有非满带，而且满带(价带)和空带(导带)之间的禁带宽度又比较小，因此具有半导体特性。图 6.1-2 中的 R_0 表示实际硅晶体中的原子间距，相应于晶体能量最低的位置，即当原子间距为 R_0 时，整个晶体的总能量具有最小值。对于锗晶体，也有完全相似的情况。

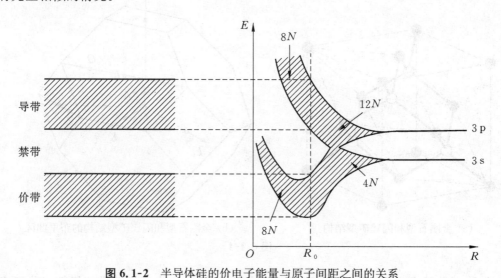

图 6.1-2 半导体硅的价电子能量与原子间距之间的关系

图的左侧表示硅的价带、禁带及导带的宽度

从第二章的讨论知道，晶体中的电子波函数是布洛赫函数：

$$\psi_{nk}(\boldsymbol{r}) = e^{i\boldsymbol{k}\cdot\boldsymbol{r}} u_{nk}(\boldsymbol{r})$$

即每个电子的状态由两个量子数 n 和 $\boldsymbol{k}$ 描述。n 为该电子所处的能带的标号，这里常用 c

表示导带,v 表示价带。k 为电子的波矢。电子的能量 $E_n(k)$ 也由这两个量子数表示。晶体电子的状态(由其波函数和能量标志)在倒空间中是波矢 k 的周期函数,因此只要讨论 k 空间中的一个原胞——简约布里渊区内的情况就已足够。为了描述晶体电子的能量状态,常画出电子能量沿简约布里渊区中某些对称方向的色散关系。图 6.1-3 示出忽略自旋-轨道耦合时硅、锗及砷化镓沿简约布里渊区 $L—\Gamma—X—U$,$K—\Gamma$ 方向的价带和导带的能带色散关系。从图中可以看到,这 3 种半导体的价带具有基本相似的结构:在 Γ 点 3 支价带相互简并。计入自旋-轨道相互作用使下面一支能带分裂出来,所以常把这支能带称为自旋-轨道分裂空穴价带,而能带分裂的间距 Δ_{so} 称为自旋-轨道分裂能隙。其上未分裂的两支能带分别称为重空穴价带和轻空穴价带。硅的导带最小值(导带底)处在 X 点附近的 Δ 轴上,锗的导带底处在 L 点上,而砷化镓的导带底与价带顶一样都处在同一点 Γ。导带底和价带顶都在同一 k 点的能带结构称为直接能隙结构,而导带底和价带顶不在同一 k 点的能带结构称为间接能隙结构。所以,砷化镓具有直接能隙结构,而硅、锗都是具有间接能隙结构的半导体。

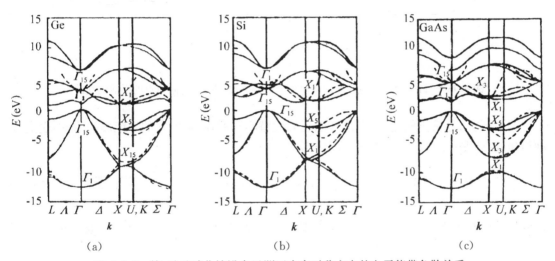

图 6.1-3 锗、硅及砷化镓沿布里渊区内高对称方向的电子能带色散关系

二、价带顶和导带底

半导体的电导主要依靠处在导带底附近的电子和价带顶附近的空穴,因此导带底和价带顶附近的能带结构对半导体的特性来说特别重要。如上所述,无论是硅、锗和砷化镓,价带顶附近都由 3 支能带构成。对于轻、重空穴能带,在 Γ 点附近的能带色散关系可以写成

$$E_{vh,vl}(k) = E_v(0) - \frac{\hbar^2}{2m}\left\{Ak^2 \pm \sqrt{B^2k^4 + c^2(k_x^2k_y^2 + k_y^2k_z^2 + k_z^2k_x^2)}\right\} \quad (6.1\text{-}1)$$

而自旋-轨道分裂空穴能带在 Γ 点附近的色散关系可写成

$$E_{vs\text{-}o}(k) = E_v(0) - \Delta_{so} - \frac{\hbar^2k^2}{2m}A \quad (6.1\text{-}2)$$

以上两式中的 $E_v(0)$ 表示价带顶能量,A、B、C 均为常量参数。由(6.1-2)式可见,自旋-轨

道分裂空穴能带在Γ点附近可看成各向同性，等能面是个球面。而轻、重空穴能带则是各向异性的，但具有立方对称性。图6.1-4示出硅及锗的轻、重空穴能带的等能面在过k空间原点的平面上的横截线。从图中也可直接看出轻、重空穴等能面都具有立方对称性，特别是锗的轻空穴等能面相当接近球面。

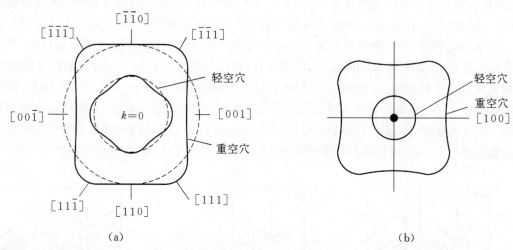

图6.1-4　硅(a)和锗(b)的价带顶附近电子等能面和过k空间原点的平面的交线

为了研究、分析方便起见，常用球面近似代替实际的轻、重空穴的等能面。为此，引进球面极坐标，于是(6.1-1)式可写成下面的形式：

$$E_{\mathrm{vh, vl}}(\boldsymbol{k}) = E_{\mathrm{v}}(0) - \frac{\hbar^2 k^2}{2m}\{A \pm \sqrt{B^2 + C^2 \sin^2\theta(\sin^2\varphi\cos^2\varphi\sin^2\theta + \cos^2\theta)}\} \qquad (6.1\text{-}3)$$

根号内的最小值为B^2（$\theta = 0$），而最大值为$B^2 + \dfrac{5C^2}{16}\left(\theta = \dfrac{\pi}{4},\ \varphi = \dfrac{\pi}{4}\right)$。通常取中间值$B^2 + \dfrac{C^2}{5}$。这样，(6.1-3)式可近似地写成

$$E_{\mathrm{vh, vl}}(\boldsymbol{k}) = E_{\mathrm{v}}(0) - \frac{\hbar^2 k^2}{2m}\left(A \pm \sqrt{B^2 + \frac{C^2}{5}}\right) \qquad (6.1\text{-}4)$$

经过这样近似处理后，轻、重空穴的等能面都变成球面。球形等能面具有单一的有效质量，可将(6.1-4)和(6.1-2)式分别写成

$$E_{\mathrm{vh}}(\boldsymbol{k}) = E_{\mathrm{v}}(0) - \frac{\hbar^2 k^2}{2m^*_{\mathrm{hh}}} \qquad (6.1\text{-}5)$$

$$E_{\mathrm{vl}}(\boldsymbol{k}) = E_{\mathrm{v}}(0) - \frac{\hbar^2 k^2}{2m^*_{\mathrm{hl}}} \qquad (6.1\text{-}6)$$

$$E_{\mathrm{vs\text{-}o}}(\boldsymbol{k}) = E_{\mathrm{v}}(0) - \Delta_{\mathrm{so}} - \frac{\hbar^2 k^2}{2m^*_{\mathrm{hs\text{-}o}}} \qquad (6.1\text{-}7)$$

这里已引进了轻、重空穴及自旋-轨道分裂空穴有效质量m^*_{hl}、m^*_{hh}及$m^*_{\mathrm{hs\text{-}o}}$：

$$m^*_{\mathrm{hh}} = m/(A - \sqrt{B^2 + C^2/5}) \qquad (6.1\text{-}8)$$

$$m_{hl}^* = m/(A + \sqrt{B^2 + C^2/5})\qquad(6.1\text{-}9)$$

$$m_{hs\text{-}o}^* = m/A\qquad(6.1\text{-}10)$$

所以(6.1-1)式或(6.1-4)式中参数 A、B、C 和轻、重空穴及自旋-轨道分裂空穴的有效质量有直接的关系,根据有效质量的测量值即可决定参数 A、B、C。

硅的导带底处在 Δ 轴上,在简约布里渊区(参见图 6.1-1b)之内,这样的等价 Δ 轴共有 6 个。若取 3 个晶轴方向为坐标轴,此 6 个 Δ 轴分别沿 $\pm e_1$、$\pm e_2$ 及 $\pm e_3$。图 6.1-5(a)示出了硅导带底附近的等能面,可见共有 6 个等价的导带等能面,分别为以 $\pm e_1$、$\pm e_2$、$\pm e_3$ 方向为对称轴的旋转椭球面,反映硅晶体具有的立方对称性。假设导带底分别处在 $\pm k_{x0}$、$\pm k_{y0}$、$\pm k_{z0}$ 处,由于旋转椭球形等能面不具有单一的有效质量,处在 k_{z0} 处导带底附近的电子能带色散关系可写成

$$E_c(\boldsymbol{k}) = E_c(0) + \frac{\hbar^2}{2m_t^*}(k_x^2 + k_y^2) + \frac{\hbar^2}{2m_l^*}(k_z - k_{z0})^2\qquad(6.1\text{-}11)$$

这里 m_l^* 表示沿椭球等能面旋转轴方向的导带电子有效质量,而 m_t^* 表示沿旋转轴之垂直方向的导带电子有效质量。对于其他 5 个导带底附近也可写出与上式相类似的色散关系。必须注意的是(6.1-11)式是导带电子能量和波矢的关系,而并非等能面方程。

锗的导带底处在 L 点。由于立方对称共有 8 个等价的对称位置,因此导带底附近共有 8 个等能面,如图 6.1-5(b)所示。同样,由于晶体对称性,这些等能面都是以 Γ-L 线为旋转轴的旋转椭球面。由于 L 点正处在简约布里渊区的边界面上,每个等能面都只有一半处在简约布里渊区内,另外一半处在区外。根据电子状态在 $\boldsymbol{k}$ 空间中的周期性,区外的一半与区内相对方向的一半互相重复,所以实际上合计只有 4 个椭球面。如果取旋转轴(Γ-L 轴)为 z 轴,则该椭球面的能带色散关系也可以由(6.1-11)式表示出,式中 k_{z0} 表示 L 点的位置。

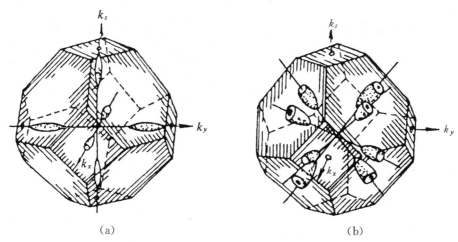

(a)　　　　　　　　　　　　　(b)

图 6.1-5 硅(a)和锗(b)导带底附近的电子等能面

对于砷化镓来说,导带底和价带顶都处在 Γ 点,而且 Γ 点附近的等能面都可近似地看成球面。如果取价带顶为能量的零点,则导带底及价带顶附近的能量色散关系可分别写成

$$E_c(\boldsymbol{k}) = E_g + \frac{\hbar^2 k^2}{2m_e^*}\qquad(6.1\text{-}12)$$

129

$$E_{vh}(\boldsymbol{k}) = -\frac{\hbar^2 k^2}{2m_{hh}^*} \qquad (6.1\text{-}13)$$

$$E_{vl}(\boldsymbol{k}) = -\frac{\hbar^2 k^2}{2m_{hl}^*} \qquad (6.1\text{-}14)$$

$$E_{vs\text{-}o}(\boldsymbol{k}) = -\Delta_{s\text{-}o} - \frac{\hbar^2 k^2}{2m_{hs\text{-}o}^*} \qquad (6.1\text{-}15)$$

这里 m_e^* 表示导带电子的有效质量。

三、回旋共振和有效质量

为了测量半导体的电子、空穴有效质量，常采用回旋共振实验技术。将自由电子的能量色散关系

$$E(\boldsymbol{k}) = \frac{\hbar^2 k^2}{2m}$$

与(6.1-5)～(6.1-7)式、(6.1-11)～(6.1-15)式诸式相比较，可以看到半导体中导带底附近的电子和价带顶附近的空穴的运动状态与自由电子相似，在许多情形可以看成是质量为有效质量的自由粒子。设对半导体施加一直流磁场，

$$\boldsymbol{B} = B(\boldsymbol{e}_1\alpha + \boldsymbol{e}_2\beta + \boldsymbol{e}_3\gamma) \qquad (6.1\text{-}16)$$

取晶体的 3 个晶轴为坐标轴，则 α、β、γ 分别是外磁场 $\boldsymbol{B}$ 与 3 个晶轴间夹角的方向余弦。在直流磁场的作用下，半导体内的电子和空穴将绕磁场作回旋运动。以导带电子为例。电子受到洛伦兹力

$$\boldsymbol{F} = -e\boldsymbol{v} \times \boldsymbol{B} \qquad (6.1\text{-}17)$$

的作用，这里 $\boldsymbol{v}$ 是电子的速度。根据经典牛顿力学，可以写出电子的运动方程：

$$\begin{cases} m_x^* \dfrac{\mathrm{d}v_x}{\mathrm{d}t} = -e(\boldsymbol{v} \times \boldsymbol{B})_x = -eB(v_y\gamma - v_z\beta) \\[2mm] m_y^* \dfrac{\mathrm{d}v_y}{\mathrm{d}t} = -e(\boldsymbol{v} \times \boldsymbol{B})_y = -eB(v_z\alpha - v_x\gamma) \\[2mm] m_z^* \dfrac{\mathrm{d}v_z}{\mathrm{d}t} = -e(\boldsymbol{v} \times \boldsymbol{B})_z = -eB(v_x\beta - v_y\alpha) \end{cases} \qquad (6.1\text{-}18)$$

这里已设电子沿 3 个坐标轴的有效质量分量分别是 m_x^*、m_y^* 和 m_z^*。令试解为

$$\boldsymbol{v} = \boldsymbol{v}_0 \mathrm{e}^{\mathrm{i}\omega_c t} \qquad (6.1\text{-}19)$$

代入(6.1-18)式，可得

$$\begin{cases} \mathrm{i}\omega_c v_{0x} + \dfrac{eB}{m_x^*}\gamma v_{0y} - \dfrac{eB}{m_x^*}\beta v_{0z} = 0 \\[2mm] -\dfrac{eB}{m_y^*}\gamma v_{0x} + \mathrm{i}\omega_c v_{0y} + \dfrac{eB}{m_y^*}\alpha v_{0z} = 0 \\[2mm] \dfrac{eB}{m_z^*}\beta v_{0x} - \dfrac{eB}{m_z^*}\alpha v_{0y} + \mathrm{i}\omega_c v_{0z} = 0 \end{cases} \qquad (6.1\text{-}20)$$

上式为线性齐次方程,要使方程有非零解,其系数行列式必须等于零。由此可求得电子作回旋运动的频率

$$\omega_c = eB \left(\frac{m_x^* \alpha^2 + m_y^* \beta^2 + m_z^* \gamma^2}{m_x^* m_y^* m_z^*} \right)^{1/2} \tag{6.1-21}$$

可见,回旋频率 ω_c 不仅与磁场的量值 B 有关,而且还决定于磁场的方向(α, β, γ)。对于空穴也可得类似的结果。

如果在与直流磁垂直的方向再施加一个交变的电磁场,则当电磁场的频率和电子(空穴)的回旋频率相等时就引起共振,导致电磁场在半导体中发生强烈的共振吸收(参见 8.9 节)。因此,根据发生共振时的交变电磁场的频率 $\omega(=\omega_c)$ 和直流磁场的量值 B 及其方向余弦 α、β、γ,就可由(6.1-21)式确定电子(空穴)的有效质量。

由于导带电子常处于导带底附近,硅中的导带电子就分布在 k 空间 6 个导带底等能面椭球中(见图 6.1-5(a))。对于对称轴沿 e_1 方向的两个椭球来说电子的回旋频率可按(6.1-21)式写成

$$\omega_c = eB \left[\frac{m_1^* \alpha^2 + m_t^* (\beta^2 + \gamma^2)}{m_1^* m_t^{*2}} \right]^{1/2} \tag{6.1-22}$$

而对称轴沿 e_2 轴的两个椭球中的电子,有

$$\omega_c = eB \left[\frac{m_1^* \beta^2 + m_t^* (\gamma^2 + \alpha^2)}{m_1^* m_t^{*2}} \right]^{1/2} \tag{6.1-23}$$

同样,对称轴沿 e_3 的两个椭球中的电子,

$$\omega_c = eB \left[\frac{m_1^* \gamma^2 + m_t^* (\alpha^2 + \beta^2)}{m_1^* m_t^{*2}} \right]^{1/2} \tag{6.1-24}$$

当直流磁场沿[１００]方向即沿 e_1 时,$\alpha = 1$,$\beta = \gamma = 0$,对于 e_1 轴上的两个椭球中的电子可得到

$$\omega_{c1} = \frac{eB}{m_t^*} \tag{6.1-25}$$

而对 e_2 和 e_3 轴上的 4 个椭球中的电子

$$\omega_{c2} = \frac{eB}{\sqrt{m_1^* m_t^*}} \tag{6.1-26}$$

这时,可测得两个共振频率 ω_{c1} 和 ω_{c2}。由于后者由 4 个椭球中的电子所贡献,而前者只为两个椭球中的电子所贡献,故后者的共振吸收峰值大约是前者的两倍。根据测得的 ω_{c1}、ω_{c2} 及 B,即可求得电子的有效质量 m_1^* 和 m_t^*。

在实际进行测量时,通常总是固定交变电磁场的频率 ω,而改变直流磁场的量值 B,当 B 满足(6.1-21)式时,就引起交变电磁场的共振吸收。图 6.1-6 示出对于锗的实验结果。图中横坐标磁场的量值改以 $\omega_c = eB/m_0$(m_0 为自由电子质量)表出,并以测量时的交变电磁场的频率 ω 作为单位。读者可以自行讨论在不同磁场方向出现的共振吸收峰的个数。

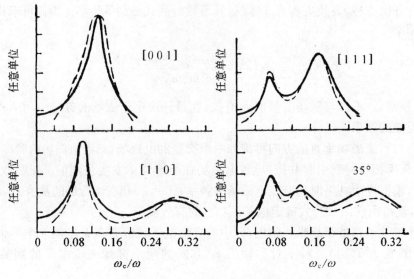

图 6.1-6　n 型锗的回旋共振吸收

6.2　杂　　质

一、施主型杂质和 n 型半导体

上节已述,硅、锗原子都有 4 个价电子,其组态分别是 $3s^2 3p^2$ 及 $4s^2 4p^2$,这 4 个价电子分别与 4 个近邻原子形成共价键。图 6.2-1(a)即为这种共价键的示意图。设想在硅、锗晶体中以替位的方式掺入 V 族元素 As 或 P。如以磷原子替位式掺入硅中为例,其内壳层组态和硅相似,但有 5 个价电子(组态为 $3s^2 3p^3$),比硅多一个,当然它的原子核也比硅多了一个正电荷。P 的 5 个价电子中,除了 4 个价电子与周围的硅原子形成共价键外,还多余了一个价电子。这个"多余"的价电子就在 P 原子实的正电荷作用下运动,图 6.2-1(b)为其示意图。这一"多余"电子与原子实正电荷的相互作用势能可表示成

$$U = -\frac{e^2}{4\pi\epsilon_0\epsilon_s r} \tag{6.2-1}$$

这里 ϵ_0 与 ϵ_s 分别是真空电容率及硅晶体的静态介电常数,r 是"多余"电子与磷原子核之间的距离。其中 ϵ_s 是考虑到正电荷受到晶体极化的屏蔽作用。由于半导体中的价带已被晶体中所有共价键上的电子所填满,这个"多余"电子如能在晶体中运动,应具有导带电子的能量,其有效质量也应为导带电子的有效质量 m_e^*(这里近似地假定导带底附近的等能面为球面,导带电子具有各向同性的有效质量)。现在采用量子力学的方法讨论这一"多余"电子的状态。该电子的薛定谔方程 * 可写成

$$\left(-\frac{\hbar^2}{2m_e^*}\nabla^2 - \frac{e^2}{4\pi\epsilon_0\epsilon_s r}\right)\psi(\boldsymbol{r}) = E\psi(\boldsymbol{r}) \tag{6.2-2}$$

---

　* (6.2-2)式实际上为电子的有效质量方程,为简单计,本书将这一类方程也称为薛定谔方程。

|（a）未掺杂|（b）掺入Ⅴ族杂质|（c）掺入Ⅲ族杂质|

图 6.2-1 硅半导体掺杂前后电子状态示意

上式与氢原子的薛定谔方程极为相似，只是以 m_e^* 替代氢原子方程中的电子静止质量 m，并且在势能项的分母中增加了 ϵ_s。因此，(6.2-2)式具有与氢原子方程相似的解，其基态能级可表示成

$$| E_1 | = \frac{m_e^* e^4}{8\epsilon_0^2 \epsilon_s^2 h^2} = \frac{m_e^*}{m} \frac{1}{\epsilon_s^2} | E_H | \qquad (6.2\text{-}3)$$

其中 $| E_H | = \frac{me^4}{8\epsilon_0^2 h^2} = 13.6\ \text{eV}$ 是氢原子的 1s 电子的电离能。假设 $\epsilon_s \approx 10, m_e^* \approx 0.1m$，则 $| E_1 | \approx 0.001 | E_H | \approx 13.6\ \text{meV}$。$| E_1 |$ 也就是相对导带底而言被杂质 P 原子实束缚的多余电子的束缚能。可见这一束缚能非常小，只要稍加激发这个"多余"电子即可脱离杂质原子的束缚而获得自由，成为导带中的电子；而杂质 P 原子则成为带正电荷的正离子。因此，被杂质 P 原子束缚的电子能级离导带边(导带底)很近，在图 6.2-2(a)中用标以 E_D 的虚线表出。这里 E_c、E_v 分别表示导带边及价带边(价带顶)能量。可见当掺入杂质后，在禁带中出现了电子的束缚能级。像硅、锗中的 As、P 这一类束缚能很小的杂质常称为浅能级杂质。由于束缚能很小，通常在室温电子就能被激发至导带，使原来导电性不好的半导体导电。这种能对半导体提供电子，使半导体获得电子导电本领的杂质称为施主杂质或简称施主，E_D 也因此称为施主能级。在杂质浓度不太高的情形，杂质之间的相互作用可以略去，每个杂质原子引入的杂质能级能量都相同，都是 E_D，如图 6.2-2(a)所示。在室温，掺有施主杂质的半导体导电的载流子主要是带负电的导带电子，这种主要依靠导带电子导电的半导体称为 n 型半导体。

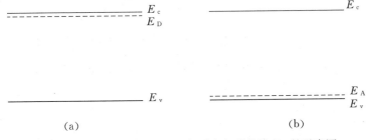

|（a）|（b）|

图 6.2-2 施主杂质能级 E_D 与受主杂质能级 E_A 的示意图

二、受主型杂质和 p 型半导体

现在讨论将价电子数比硅、锗原子少一个的Ⅲ族杂质原子以替位的方式掺入硅、锗晶体

中的情形。以Ⅲ族原子 B 掺入硅中为例。B 原子共有 3 个价电子,其组态是 $2s^2 2p^1$。因此当其以替位式掺入硅晶体中并与周围 4 个硅原子结合成共价键时,尚缺少一个电子,如图 6.2-1(c)所示。邻近硅原子共价键上的电子只要少许能量就可以转移过来填充这一缺位而在邻近硅原子价键上形成一个空位。硅原子共价键上的空位即相应于价带中的空穴。由于 B 原子原来是电中性的,当其周围的价键上填入一个电子后,就成为带负电荷的中心。正是这一负电中心对带正电荷的空穴具有库仑吸引力,把该空穴束缚在负电中心(杂质原子)的周围。为了研究这一束缚空穴的状态,也可解相应的薛定谔方程。与前面束缚在施主杂质原子附近的多余电子相似,束缚在杂质 B 原子附近的空穴薛定谔方程也可写成与(6.2-2)式相似的形式:

$$\left(-\frac{\hbar^2}{2m_h^*}\nabla^2 - \frac{e^2}{4\pi\epsilon_0\epsilon_s r}\right)\psi(\boldsymbol{r}) = E\psi(\boldsymbol{r}) \tag{6.2-4}$$

只是以空穴有效质量 m_h^* 替代(6.2-2)式中的导带电子有效质量 m_e^*。(6.2-4)式的基态能量也可写成与(6.2-3)式相似的形式

$$|E_1| = \frac{m_h^* e^4}{8\epsilon_0^2 \epsilon_s^2 h^2} = \frac{m_h^*}{m}\frac{1}{\epsilon_s^2}|E_H| \tag{6.2-5}$$

与施主原子相似,被杂质原子 B 束缚的空穴束缚能也很小。所以,被束缚的空穴能级虽在价带之上,但离价带顶也非常近,如图 6.2-2(b)中的 E_A 所示。在室温下,被杂质原子 B 束缚的空穴即能被激发而脱离杂质原子成为自由的空穴,而杂质原子就成为带负电的中心。在能带图 6.2-2(b)中,这一激发过程其实乃是处于价带中的电子由价带边激发至杂质能级,在价带中产生空穴。由于这种杂质原子能接受价带中的电子而使半导体的价带中产生空穴,所以常把这种杂质称为受主杂质或简称受主。受主能使半导体产生空穴而获得导电能力。依靠价带中的空穴导电的半导体常称为 p 型半导体。像 B、Al、Ga 那样的Ⅲ族元素杂质,它们在半导体硅、锗中形成的受主杂质能级 E_A 离价带边 E_v 都很近,所以它们也是浅能级杂质,常称其为浅受主杂质;而称像 As、P、Sb 那样的Ⅴ族元素杂质为浅施主杂质。

三、类 氢 模 型

对于浅能级杂质,都能用类似于氢原子的薛定谔方程(6.2-2)式或(6.2-4)式描述。这样的描述方法常称为类氢模型。由量子力学知道,氢原子的电子本征能级与主量子数 n 有关:

$$E_n^H = \frac{E_H}{n^2}$$

即除基态 1s 能级 $E_1^H = E_H$ 外,尚有激发态能级 E_2^H,E_3^H,…而前面所述的浅施主杂质和浅受主杂质能级都是相应于主量子数 $n = 1$ 的基态能级 E_1。因此,除基态能级以外,浅施主和浅受主杂质也同样存在一系列激发态能级:

$$|E_n| = \frac{|E_1|}{n^2} \tag{6.2-6}$$

浅施主和浅受主杂质能级都能进行实验测量。实际测量结果表明,用类氢模型计算得到的激发态能级与实验结果很好相符,但是基态能级与实验结果有较大的差异。这是由于处于基态能级的电子离杂质原子比较近,其势场不能完全用(6.2-1)式所示的库仑势描述,即不能把带电荷的杂质原子看作是点电荷,而必须考虑杂质原子的具体结构。此外对于硅、锗这类半导体,由于导带底附近的等能面是各向异性的椭球面,导带电子不具有单一的有效质量,因此被施主杂质束缚的电子的薛定谔方程(6.2-2)式应改写成

$$\left[-\frac{\hbar^2}{2m_t^*}\left(\frac{\partial^2}{\partial x^2}+\frac{\partial^2}{\partial y^2}\right)-\frac{\hbar^2}{2m_1^*}\frac{\partial^2}{\partial z^2}-\frac{e^2}{4\pi\epsilon_0\epsilon_s r}\right]\psi=E\psi \tag{6.2-7}$$

这个方程的解不能用解析形式表出,必须采用其他近似方法,例如变分法求解。

四、杂 质 补 偿

如果在半导体中同时掺入等量的施主杂质和受主杂质,则施主杂质中的电子常转移至受主杂质,使施主杂质和受主杂质同时电离,分别携带正、负电荷;而半导体中并不由此产生导带电子和价带空穴。常称这种半导体为补偿型半导体。尽管在补偿型半导体中可以存在许多施主杂质和受主杂质,但是由于它们相互"补偿",半导体中的载流子(导带电子和价带空穴)浓度(数密度)仍然可以很低。如果施主杂质浓度 N_D 大于受主杂质浓度 N_A,则在补偿以后,尚有浓度为 (N_D-N_A) 的施主可提供导带电子,因而半导体仍为 n 型。相反,如果受主杂质浓度 N_A 大于施主杂质浓度 N_D,则有浓度为 (N_A-N_D) 的受主可提供价带空穴(或者说接受价带中的电子);半导体为 p 型半导体。

五、两 性 杂 质

对于砷化镓等Ⅲ-Ⅴ族化合物半导体,如果掺入Ⅵ族元素如 S、Se、Te 等原子,它们将替代砷化镓中的Ⅴ族原子 As 的位置而成为施主杂质。如果掺入Ⅱ族元素 Zn、Be、Mg 等原子,则将替代砷化镓中的Ⅲ族原子 Ga 的位置而成为受主杂质。如果在砷化镓中掺入Ⅳ族原子 Si,则当其替代Ⅲ族原子 Ga 时,成为施主杂质;而当替代Ⅴ族元素 As 时,成为受主杂质。所以,在砷化镓中的 Si 原子既可成为施主杂质也可成为受主杂质。通常在杂质 Si 原子浓度较低时,Si 原子替代 Ga 原子成为施主杂质,而当 Si 原子浓度变大时,部分 Si 原子将替代 As 原子而成为受主杂质,使砷化镓半导体成为补偿型半导体。这时尽管杂质原子浓度逐渐增加,但载流子(导带电子)的浓度并不继续增加,而呈现出饱和的现象。通常把这类在半导体中既可成为施主又可成为受主的杂质原子称为两性杂质。

六、深 能 级 杂 质

现在考虑在硅、锗等Ⅳ族元素半导体中掺入Ⅵ族元素原子,如在锗半导体中掺入 Se、Te 等原子的情形。Ⅵ族原子的外壳层比Ⅳ族原子多两个价电子,其原子核也比周期表中同一周期的Ⅳ族原子多两个核电荷。因此,当Ⅵ族原子掺入Ⅳ族半导体之后,这两个

"多余"的价电子就围绕两个核电荷运动，其运动情况类似于氢原子。由于每个价电子受到两个核电荷的束缚，束缚能比较大，因此所对应的杂质能级离导带边比较远，故称这种能级为深杂质能级，而把这种杂质称为深能级杂质。当两个价电子中的一个被激发而脱离杂质的束缚，成为导带中的导电电子以后，剩下的一个价电子就受到两个核电荷的束缚，束缚能更大，能级也就离导带边更远。所以，Ⅵ族原子在Ⅳ族元素半导体中能形成两个施主杂质能级。同样，如果在硅、锗等Ⅳ族元素半导体中掺入Ⅱ族元素原子（如Zn）也可以产生两个离价带边相当远的深受主杂质能级。如果在Ⅳ族元素半导体中掺入ⅠB族原子，如在半导体锗中掺入 Cu、Au 等原子，则可以形成 3 个受主杂质能级。但是在半导体中形成杂质能级的情况也不能完全根据杂质原子的价电子数唯一地决定。例如 Au 原子在锗中不仅可以形成 3 个受主能级，而且还能形成一个施主能级；而在半导体硅中 Au 原子则是同时形成一个受主能级和一个施主能级。所以，Au 原子在半导体硅、锗中也是一个两性杂质，它既可以形成施主杂质能级也可以形成受主杂质能级。图 6.2-3(a)和(b)分别示出 Au 原子在硅和锗中形成的杂质能级。对于深能级，在能带图上施主能级甚至可以比受主能级还低。

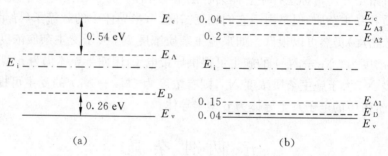

图 6.2-3 Au 在半导体硅(a)和锗(b)中形成的杂质能级

对于深能级杂质完全不能用前面的类氢模型进行讨论，因为必须更详细地考虑杂质原子的近程作用，同时还必须考虑因杂质的掺入而引起的周围晶格的局部畸变。导带中的电子和价带中的空穴常可被深能级杂质所俘获，而被束缚在杂质的附近。但在有限温度下，它们仍有一定的几率被重新热激发至导带和价带，成为自由电子和空穴。这一过程就犹如电子和空穴掉入陷阱，所以常称起这种作用的深能级杂质为电子或空穴的陷阱。深能级杂质也可同时俘获电子和空穴而使它们在那里复合，起这种作用的深能级杂质常称为复合中心。由于深能级杂质可以成为电子或空穴的陷阱和复合中心，它们的存在会显著地改变半导体的电学特性。通常它们对半导体器件特性产生不良的影响，因此在器件工艺过程中应尽量避免这些深能级杂质的玷污。但是有时也要有意识地利用一些特殊的深能级杂质来达到某些半导体器件的特殊要求。例如，为了提高半导体器件的开关速度，有时在硅片中故意掺入一些 Au 原子，使其在半导体硅中形成深能级杂质，成为电子、空穴的复合中心，以有效地减少载流子的寿命，从而提高半导体器件的开关速度。深能级仍是目前半导体物理中研究的热点之一。除了杂质可以在半导体的禁带中引入局域能级外，半导体中的任何缺陷（如第五章中介绍过的空位、填隙原子、位错，以及Ⅲ-Ⅴ族化合物半导体中正、负离子的反位等）都可在禁带中引入深局域能级。而且有时杂质和缺陷常可相互结合在一起形成复杂的复合体,例如在砷化镓及铝砷化镓($Al_xGa_{1-x}As$)中的 DX 深能级中心,就是由施主杂质原子 Si 与晶格局部畸变(Si 原子离开格点位置而位移)所形成的复合体。而砷化镓和铝砷化镓中的 EL2 中心则是与反位缺陷 As_{Ga}(占据 Ga 格点的 As 原子)有关的复合体。由于反位缺陷 As_{Ga} 常离开 Ga 格点位置而变成填隙 As 原子,并在 Ga 格点上留下一个空位,EL2 中心可以看成是 Ga 空位与 As 填隙原子所组成的复合体。

七、等电子中心

前面讨论的掺入半导体内杂质的价电子数都与半导体原子的不同,现在讨论价电子数和半导体原子的价电子数相同的杂质。这些杂质常称为等电子中心。例如,在半导体磷化镓(GaP)中掺入 V 族元素 N 原子以替代 P 原子。N 原子也有 5 个价电子,其组态与 P 原子相似。N 掺入半导体磷化镓以后成为替位式杂质。因为其价电子数与 P 原子相同,所以 N 原子与周围 Ga 原子形成共价键时既不缺少电子也不多余电子。然而,尽管价电子数和 P 原子一样,其内层芯电子数和芯电子组态却都与 P 原子有很大的区别。因此,就近程作用来说,在 N 原子附近的势场必然与 P 原子不一样。由于近程势场的不同,常能束缚住一个导带电子。在束缚住一个导带电子后就带负电,从而又能束缚住一个带正电的空穴。这样,杂质原子 N 就能束缚一个电子-空穴对。这种由库仑势联系在一起的相互束缚的电子-空穴对常称为激子;也就是说,等电子中心 N 能束缚住一个激子。本来激子是可以在晶体内自由移动的,现在由于杂质原子 N 的束缚,成为定域在 N 原子附近的束缚激子。等电子中心对半导体发光有着重要的意义。当半导体内的导带电子与价带空穴复合而发光时,必须同时满足能量守恒与准动量(波矢)守恒的条件。对于具有间接能隙结构的半导体磷化镓来说,要求满足波矢守恒就必须有声子参与,这就使磷化镓发光效率很低。现在如果在磷化镓中掺入等电子中心 N,由于 N 原子能束缚住一个束缚激子,而束缚激子的状态是局域化的,束缚激子内电子和空穴的复合不再需要声子参与,从而能大大提高半导体磷化镓的发光效率。

前面已经提及,除了杂质能在半导体的禁带中产生局域能级外,半导体中的缺陷也可在禁带中产生局域能级。Ⅲ-Ⅴ族化合物和Ⅱ-Ⅵ族化合物半导体中,由于Ⅲ(Ⅱ)族原子的电负性与Ⅴ(Ⅵ)族原子的电负性不一样,在它们所形成的价键中,价电子的出现几率更偏向于Ⅴ(Ⅵ)族原子;因而使它们间的价键呈现部分的离子性。这种带有部分离子性的半导体常称为极性半导体。在极性半导体,特别是极性较强的Ⅱ-Ⅵ族化合物半导体中,由于在点缺陷Ⅱ(Ⅲ)族原子空位附近缺少了带部分正电荷的Ⅱ(Ⅲ)族原子,表现为负电中心,可以束缚价带中的空穴,因而具有受主杂质的特性。同样,在Ⅱ-Ⅵ族和Ⅲ-Ⅴ族化合物极性半导体中,Ⅵ(Ⅴ)族原子空位附近由于缺少了带部分负电荷的Ⅵ(Ⅴ)族原子,而表现为正电中心,可以束缚导带中的电子,因此具有施主杂质的特性。此外,在晶体中的线缺陷——位错附近,由于晶格的应力,常会富集许多杂质,从而沿位错线产生许多深能级。这些深能级常导致半导体器件漏电、击穿,使半导体器件性能变坏、失效。

6.3 载流子统计

一、有效状态密度

由 3.2 节可知,等能面为球面的导带底及价带顶附近的电子能带色散关系可分别表示成

$$E_c(\boldsymbol{k}) = E_c + \frac{\hbar^2 k^2}{2m_e^*} \tag{6.3-1}$$

$$E_v(\boldsymbol{k}) = E_v - \frac{\hbar^2 k^2}{2m_h^*} \tag{6.3-2}$$

这里 E_c 和 E_v 分别是导带底和价带顶的能量,m_e^* 和 m_h^* 分别是电子和空穴的有效质量。根据第四章的讨论,导带底及价带顶附近的状态密度 $g_c(E)$ 及 $g_v(E)$ 可分别表示为

$$g_c(E) = \frac{1}{2\pi^2}\left(\frac{2m_e^*}{\hbar^2}\right)^{3/2}(E - E_c)^{1/2} \tag{6.3-3}$$

$$g_v(E) = \frac{1}{2\pi^2}\left(\frac{2m_h^*}{\hbar^2}\right)^{3/2}(E_v - E)^{1/2} \tag{6.3-4}$$

以上两式仅适用于导带底及价带顶附近等能面是球面的情况。但对硅和锗,由 6.1 节的介绍可知,导带底附近等能面并非是球面,而是旋转椭球面,应以(6.1-11)式代替(6.3-1)式表示导带底附近的能带色散关系。考虑到硅有 6 个等价的导带底椭球等能面,锗有 4 个等价的导带底椭球等能面,可推得硅、锗的导带底附近的电子状态密度为

$$g_c(E) = \frac{s}{2\pi^2}\sqrt{\frac{8m_l^*\, m_t^{*\,2}}{\hbar^3}}(E - E_c)^{1/2} \tag{6.3-5}$$

这里对硅,$s = 6$;对锗,$s = 4$。为了能得到与球形等能面相似的表达式,常引进状态密度有效质量 m_d^*,

$$m_d^* = (s^2 m_l^*\, m_t^{*\,2})^{1/3} \tag{6.3-6}$$

这样,对于硅及锗,导带底附近的电子状态密度也可表示成和(6.3-3)式一致的形式,

$$g_c(E) = \frac{1}{2\pi^2}\left(\frac{2m_d^*}{\hbar^2}\right)^{3/2}(E - E_c)^{1/2} \tag{6.3-7}$$

对于价带顶,必须注意的是常见的半导体的价带顶都是简并的,轻、重空穴及自旋-轨道分裂空穴能带都有像(6.3-4)式所示的状态密度。

电子和空穴以一定的几率占据能带中的状态。电子按费米分布占据导带中的状态,

$$f(E) = \cfrac{1}{1 + \exp\left(\cfrac{E - E_F}{k_B T}\right)} \qquad (3.4\text{-}1)$$

而空穴在价带中的占据几率即为这些状态未被电子占据的几率,

$$1 - f(E) = \cfrac{1}{1 + \exp\left(\cfrac{E_F - E}{k_B T}\right)} \qquad (6.3\text{-}8)$$

式中 E_F 为半导体的费米能级。由于在半导体中,电子和空穴数都很少,在导带中电子占据几率 $f(E) \ll 1$, 因此, $\exp\left(\cfrac{E - E_F}{k_B T}\right) \gg 1$, 可得

$$f(E) \approx \exp\left(-\cfrac{E - E_F}{k_B T}\right) \qquad (6.3\text{-}9)$$

式中 E 为导带中的电子能量。同样,在价带中因为空穴数很少, $1 - f(E) \ll 1$, 所以, $\exp\left(\cfrac{E_F - E}{k_B T}\right) \gg 1$, 即

$$1 - f(E) \approx \exp\left(-\cfrac{E_F - E}{k_B T}\right) \qquad (6.3\text{-}10)$$

式中 E 为价带中的电子能量。这就是说,对于半导体,由于电子和空穴数都很少,当考虑它们在导带或价带状态中的分布时,不需要计及泡利不相容原理(每个轨道状态只能容纳两个自旋方向相反的电子)的约束,可以用经典的玻尔兹曼分布几率(6.3-9)式及(6.3-10)式替代量子的费米分布几率(3.4-1)式及(6.3-8)式。这样,导带内的电子数密度——单位体积的电子数——就可由下式计算:

$$n = \int_{E_c}^{\infty} g_c(E) \exp\left(-\frac{E - E_c}{k_B T}\right) \mathrm{d}E$$

将(6.3-7)式代入上式,可得到

$$n = \frac{1}{4\pi^3}\left(\frac{2\pi m_d^* k_B T}{\hbar^2}\right)^{3/2} \mathrm{e}^{-\frac{E_c - E_F}{k_B T}} \qquad (6.3\text{-}11)$$

令

$$N_c = \frac{1}{4\pi^3}\left(\frac{2\pi m_d^* k_B T}{\hbar^2}\right)^{3/2} \qquad (6.3\text{-}12)$$

则(6.3-11)式可写成

$$n = N_c \mathrm{e}^{-\frac{E_c - E_F}{k_B T}} \qquad (6.3\text{-}13)$$

上式表明,在计算导带电子数时可以等效地用导带底能级 E_c 代替全部导带,只要认为每单位体积的半导体在导带底具有 N_c 个状态,即单位体积的晶体有 N_c 个状态处于能量 E_c。所以,常称 N_c 为导带电子的有效状态密度。同样,对于轻、重空穴价带的空穴数密度,也可以算得为

$$p_l = N_{vl} \mathrm{e}^{-\left(\frac{E_F - E_v}{k_B T}\right)} \qquad (6.3\text{-}14)$$

$$p_h = N_{vh} e^{-\left(\frac{E_F - E_v}{k_B T}\right)} \tag{6.3-15}$$

这里

$$N_{vl} = \frac{1}{4\pi^3} \left(\frac{2\pi m_{hl}^* k_B T}{\hbar^2}\right)^{3/2} \tag{6.3-16}$$

$$N_{vh} = \frac{1}{4\pi^3} \left(\frac{2\pi m_{hh}^* k_B T}{\hbar^2}\right)^{3/2} \tag{6.3-17}$$

分别表示轻、重空穴的有效状态密度。如不计自旋-轨道分裂能带,则总的空穴数密度为

$$p_c = p_h + p_l = (N_{vh} + N_{vl}) e^{-\left(\frac{E_F - E_v}{k_B T}\right)}$$

同样可以引进价带的空穴有效状态密度

$$N_v = N_{vh} + N_{vl}$$

则总的空穴数密度可表示为

$$p = N_v e^{-\left(\frac{E_F - E_v}{k_B T}\right)} \tag{6.3-18}$$

如果令

$$m_p^{*\,3/2} = m_{hh}^{*\,3/2} + m_{hl}^{*\,3/2} \tag{6.3-19}$$

则空穴有效状态密度 N_v 可表示成

$$N_v = \frac{1}{4\pi^3} \left(\frac{2\pi m_p^* k_B T}{\hbar^2}\right)^{3/2} \tag{6.3-20}$$

根据(6.3-13)式及(6.3-18)式,

$$np = N_c N_v e^{-\frac{E_c - E_v}{k_B T}} = N_c N_v e^{-\frac{E_g}{k_B T}} \tag{6.3-21}$$

式中 $E_g = E_c - E_v$ 为半导体的禁带宽度。从上式可见,半导体中的电子数密度 n 与空穴数密度 p 的乘积和费米能级 E_F 的位置无关,只与半导体的能带结构(禁带宽度和电子与空穴的有效状态密度)及温度有关。

二、本征半导体载流子数密度和费米能级

如果令

$$n_i^2 = np \tag{6.3-22}$$

则可得

$$n_i = \sqrt{N_c N_v} \, e^{-\frac{E_g}{2k_B T}} \tag{6.3-23}$$

在一定的温度 T 下,各种半导体都有一定的 n_i 值。如果知道了某种半导体的电子数密度值 n,即可求得其空穴数密度值 $p = n_i^2/n$;反之亦然。

没有掺杂的半导体常称为本征半导体,而掺有施主或受主杂质的半导体称为杂质半导体。无论是本征半导体或杂质半导体,(6.3-21)式及(6.3-23)式总是成立的。下面先讨论本征半导体。

对于本征半导体,导带中的电子完全依靠价带电子的激发而产生,而价带电子的激发同时也产生了等量的空穴。所以在本征半导体中,电子数密度 n 总是与空穴数密度 p 相等。因此,根据(6.3-22)式及(6.3-23)式,可求出本征半导体的电子数密度 n 和空穴数密度 p:

$$n = p = n_i = \sqrt{N_c N_v} \, e^{-\frac{E_g}{2k_B T}} \tag{6.3-24}$$

因此 n_i 称为本征载流子数密度。

由(6.3-13)式及(6.3-18)式可见半导体的费米能级决定载流子的数密度,对于本征半导体,根据 $n = p$,可以求得费米能级 E_F 的位置为

$$E_F = \frac{E_c + E_v}{2} + \frac{k_B T}{2} \ln \frac{N_v}{N_c} = E_i + \frac{k_B T}{2} \ln \frac{N_v}{N_c} \tag{6.3-25}$$

这里已引入

$$E_i = \frac{1}{2}(E_c + E_v) \tag{6.3-26}$$

表示禁带正中间的能量位置,E_i 常称为本征能级。从(6.3-25)式可以看到,本征半导体的费米能级 E_F 基本上处在禁带中央。在绝对零度或导带和价带的有效状态密度 N_c 和 N_v 相等的情形,E_F 就处在禁带正当中(即本征能级处)。但实际上,一般半导体的 $N_v \neq N_c$,因此随着温度的升高,E_F 要离开本征能级 E_i 缓慢变化。

三、杂质半导体载流子数密度与费米能级

对于杂质半导体,假设半导体中同时掺有施主杂质和受主杂质,它们的浓度(即数密度)分别为 N_D 和 N_A。在一般的温度下,施主杂质及受主杂质并非全部都束缚着电子及空穴。假设在 N_D 个施主杂质中束缚有电子的数目为 n_D;而在 N_A 个受主杂质中,束缚有空穴的数目为 p_A。因为施主杂质在失去电子后带正电荷,而受主杂质在失去空穴后带负电荷,所以在半导体中正电荷数为 $p + N_D - n_D$,负电荷数为 $n + N_A - p_A$。因为整个半导体应是电中性的,正电荷数应与负电荷数相等,即有

$$n + N_A - p_A = p + N_D - n_D \tag{6.3-27}$$

现在先来讨论束缚有电子的施主杂质数 n_D 及束缚有空穴的受主杂质数 p_A。在能带图中,束缚有电子的施主杂质数也就是在施主杂质能级上电子的占据数;同样,束缚有空穴的受主杂质数也就是未被电子占据的受主杂质数。对于晶体各个能带中的电子占据几率,如前所述,均可按费米分布函数决定。但是杂质能级为电子占据的几率有所不同。这是由于能带中的各个能级均可被两个自旋方向相反的电子占据,但是杂质能级只允许一个电子占据,可以自旋向上也可以自旋向下,这样就引起了占据几率的不同。根据统计物理学的计算,可得施主杂质能级上的电子占据数为

$$n_{\mathrm{D}} = \frac{N_{\mathrm{D}}}{1 + \frac{1}{2}\exp\left(\dfrac{E_{\mathrm{D}} - E_{\mathrm{F}}}{k_{\mathrm{B}}T}\right)} \tag{6.3-28}$$

而未被电子占据的受主杂质数(或其上的空穴数)则为

$$p_{\mathrm{A}} = \frac{N_{\mathrm{A}}}{1 + \frac{1}{2}\exp\left(\dfrac{E_{\mathrm{F}} - E_{\mathrm{A}}}{k_{\mathrm{B}}T}\right)} \tag{6.3-29}$$

把(6.3-13)式、(6.3-18)式、(6.3-28)式及(6.3-29)式一起代入(6.3-27)式,可得

$$N_{\mathrm{c}}\mathrm{e}^{-\frac{E_{\mathrm{c}} - E_{\mathrm{F}}}{k_{\mathrm{B}}T}} + \frac{N_{\mathrm{A}}}{1 + 2\exp\left(\dfrac{E_{\mathrm{A}} - E_{\mathrm{F}}}{k_{\mathrm{B}}T}\right)} = N_{\mathrm{v}}\mathrm{e}^{-\frac{E_{\mathrm{F}} - E_{\mathrm{A}}}{k_{\mathrm{B}}T}} + \frac{N_{\mathrm{D}}}{1 + 2\exp\left(\dfrac{E_{\mathrm{F}} - E_{\mathrm{D}}}{k_{\mathrm{B}}T}\right)} \tag{6.3-30}$$

根据上式即可决定杂质半导体的费米能级 E_{F},然后再根据(6.3-13)式及(6.3-18)式可分别求出电子数密度 n 及空穴数密度 p。

现在来比较详细地讨论只掺有浓度为 N_{D} 的施主杂质的 n 型半导体。先考虑较低温度下的情形。这时,载流子只有由施主杂质电离而提供的导带电子,由价带电子的激发而产生的导带电子及价带空穴都非常少。因此,在此温度范围(常称电离温度区)内,可近似地认为空穴数密度 $p \approx 0$,电中性条件(6.3-27)式则简化成

$$n = N_{\mathrm{D}} - n_{\mathrm{D}} \tag{6.3-31}$$

或者说,(6.3-30)式可简化成

$$N_{\mathrm{c}}\mathrm{e}^{-\frac{E_{\mathrm{c}} - E_{\mathrm{F}}}{k_{\mathrm{B}}T}} = \frac{N_{\mathrm{D}}}{1 + 2\exp\left(\dfrac{E_{\mathrm{F}} - E_{\mathrm{D}}}{k_{\mathrm{B}}T}\right)} \tag{6.3-32}$$

为了能从上式求出 E_{F},可令

$$\chi = \left(\frac{N_{\mathrm{c}}}{2N_{\mathrm{D}}}\right)^{1/2} \exp\left(-\frac{E_{\mathrm{c}} - E_{\mathrm{D}}}{2k_{\mathrm{B}}T}\right) \tag{6.3-33}$$

这样,(6.3-32)式可写成

$$2\chi^2\,\mathrm{e}^{\frac{E_{\mathrm{F}} - E_{\mathrm{D}}}{k_{\mathrm{B}}T}} = \frac{1}{1 + 2\mathrm{e}^{\frac{E_{\mathrm{F}} - E_{\mathrm{D}}}{k_{\mathrm{B}}T}}} \tag{6.3-34}$$

上式是以 $x = 2\mathrm{e}^{\frac{E_{\mathrm{F}} - E_{\mathrm{D}}}{k_{\mathrm{B}}T}}$ 为变量的二次方程,求解此二次方程,并注意 $x > 0$,可得

$$2\mathrm{e}^{\frac{E_{\mathrm{F}} - E_{\mathrm{D}}}{k_{\mathrm{B}}T}} = \frac{\sqrt{4 + \chi^2} - \chi}{2\chi} \tag{6.3-35}$$

由此可求得

$$E_{\mathrm{F}} = E_{\mathrm{D}} + k_{\mathrm{B}}T\ln\frac{\sqrt{4 + \chi^2} - \chi}{4\chi} \tag{6.3-36}$$

将上式代入(6.3-13)式,可得

$$n = N_c \frac{\sqrt{4+\chi^2}-\chi}{4\chi} e^{-\frac{E_c-E_D}{k_B T}} \tag{6.3-37}$$

根据(6.3-33)式,在一定的掺杂浓度 N_D 及一定的温度 T 下,可以求得 χ,然后由(6.3-36)式及(6.3-37)式可以分别决定费米能级 E_F 及电子数密度 n。

如果温度非常低,以致 $E_c-E_D > 2k_B T$,$\chi \ll 2$,这时只有部分杂质电离(常称此为弱电离情形),由(6.3-36)式可以近似得到

$$E_F \approx E_D + k_B T \ln \frac{1}{2\chi} = \frac{E_c+E_D}{2} + \frac{k_B T}{2} \ln \frac{N_D}{2N_c} \tag{6.3-38}$$

由于在一般情况, $N_D < 2N_c$, E_F 应随着温度的升高逐渐由 $\frac{1}{2}(E_c+E_D)$ 处降低。在 $\chi \ll 2$ 的情形,(6.3-37)式可近似地写成

$$n \approx \frac{1}{2\chi} N_c e^{-\frac{E_c-E_D}{k_B T}} = \left(\frac{N_c N_D}{2}\right)^{\frac{1}{2}} e^{-\frac{E_c-E_D}{2k_B T}} \tag{6.3-39}$$

随着温度的上升, χ 也逐渐变大,当满足 $\chi \gg 2$ 时,

$$\frac{\sqrt{4+\chi^2}}{4\chi} \approx \frac{1}{4} + \frac{1}{2\chi^2}$$

(6.3-37)式可近似写成

$$n \approx \frac{N_c}{2\chi^2} e^{-\frac{E_c-E_D}{k_B T}} = N_D \tag{6.3-40}$$

表明这时施主杂质已全部电离,导带中的电子数密度 n 就等于施主杂质浓度 N_D,常称此为强电离情形。

随着温度的进一步提高,由价带电子的热激发(常称为本征激发)所产生的电子和空穴不再能忽略,这时就进入本征激发区。在此温度范围内,电中性条件(6.3-27)式可近似地写成

$$n \approx p + N_D \tag{6.3-41}$$

根据(6.3-22)式及(6.3-41)式,可解得

$$n = \left(N_D + \sqrt{4n_i^2 + N_D^2}\right)\big/2 \tag{6.3-42}$$

$$p = \left(\sqrt{4n_i^2 + N_D^2} - N_D\right)\big/2 \tag{6.3-43}$$

如 $n_i \ll N_D$,则 $n \approx N_D$, $p \approx 0$,此即前面的强电离情形;而如 $n_i \gg N_D$, $n \approx p \approx n_i$,这时杂质的作用退居次要地位,与本征半导体的情况相同。为了求出在本征激发区内 E_F 随温度的变化情形,把(6.3-13)式及(6.3-18)式代入(6.3-41)式,可得

$$N_{\rm c}{\rm e}^{-\frac{E_{\rm c}-E_{\rm F}}{k_{\rm B}T}} = N_{\rm v}{\rm e}^{-\frac{E_{\rm F}-E_{\rm v}}{k_{\rm B}T}} + N_{\rm D} \tag{6.3-44}$$

为简单起见,假设 $N_{\rm c} = N_{\rm v} = N$,并应用(6.3-23)式及(6.3-26)式,可将(6.3-44)式改写为

$$n_{\rm i}({\rm e}^{\frac{E_{\rm F}-E_{\rm i}}{k_{\rm B}T}} - {\rm e}^{-\frac{E_{\rm F}-E_{\rm i}}{k_{\rm B}T}}) = N_{\rm D}$$

由此可求得

$$E_{\rm F} = E_{\rm i} + k_{\rm B}T\sin{\rm h}^{-1}\left(\frac{N_{\rm D}}{2n_{\rm i}}\right) \tag{6.3-45}$$

随着温度升高,本征载流子数密度 $n_{\rm i}$ 不断增大,当 $n_{\rm i} \gg N_{\rm D}$ 时,

$$\sin{\rm h}^{-1}\left(\frac{N_{\rm D}}{2n_{\rm i}}\right) \approx \frac{N_{\rm D}}{2n_{\rm i}} \to 0$$

因此,随着温度上升,费米能级 $E_{\rm F}$ 逐渐趋近本征能级 $E_{\rm i}$。

图 6.3-1 示出了施主杂质浓度 $N_{\rm D} = 10^{15}~{\rm cm}^{-3}$ 的 n 型半导体硅中电子数密度 n 随温度 T 的变化。从图中可以看到,温度在 $50 \sim 125$ K 范围,为杂质电离区,这时导带电子全部来自施主杂质的电离;当温度 T 上升至 125 K 时,施主杂质已基本上全部电离,$n \approx N_{\rm D} = 10^{15}~{\rm cm}^{-3}$,成为强电离情形。而当温度 T 达到 550 K 左右时,半导体进入本征激发区,此时电子数密度以指数形式增加。在强电离与本征激发区之间的温度范围($125 \sim 550$ K)内,施主杂质已全部电离,但本征激发尚不明显,因此在此温度范围内,电子数密度近似保持恒定,常称此温度区为饱和区。

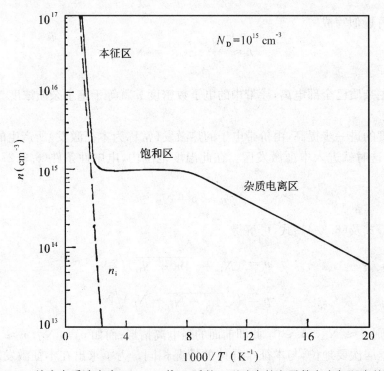

图 6.3-1 施主杂质浓度为 $N_{\rm D} = 10^{15}~{\rm cm}^{-3}$ 的 n 型硅中的电子数密度与温度的关系

144

对于只掺有受主杂质的 p 型半导体,也可作与以上相似的讨论。图 6.3-2 同时示出了不同掺杂浓度下的 n 型硅及 p 型硅中费米能级 E_F 随温度 T 的变化。随着温度的提高,E_F 分别由 $\frac{1}{2}(E_c + E_D)$ 及 $\frac{1}{2}(E_v + E_A)$ 逐渐趋向本征能级 E_i。图中也示出了导带边 E_c 及价带边 E_v 随温度 T 的变化。随着温度 T 的增加,禁带宽度 $E_g = E_c - E_v$ 略为变小,此处不再详述。

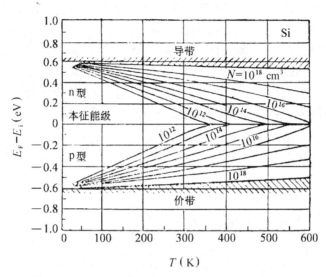

图 6.3-2　不同掺杂浓度下,n 型硅及 p 型硅的费米能级 E_F 随温度 T 的变化

6.4　半导体的输运特性

本节主要讨论在外加电场及磁场作用下半导体表现出来的一些性质。首先讨论电场的作用,然后再讨论同时存在电场及磁场的情形。

一、半导体的电导率

由第三章可知,在电场 $\mathscr{E}$ 的作用下,导带电子受到的电场力为

$$\boldsymbol{F} = -e\mathscr{E}$$

在 $\boldsymbol{F}$ 的作用下,导带电子获得加速度

$$\frac{\mathrm{d}\boldsymbol{v}_e}{\mathrm{d}t} = -\frac{e\mathscr{E}}{m_e^*} \tag{6.4-1}$$

这里 $\boldsymbol{v}_e$ 表示导带电子的速度,m_e^* 是导带电子的有效质量。上式给出了在外电场 $\mathscr{E}$ 作用下导带电子的速度变化率。但是实际上,即使没有外加电场,半导体中电子的速度也在不断地变化。这是由于在实际晶体中总存在缺陷和杂质,而且晶体中原子也在不断地振动(晶格振动),所有这些都使实际晶体势不再是理想的周期性势场,而是在理想的周期势上叠加了一

个不规则的附加势。在此附加势的作用下,导带电子的状态将发生变化,因而也使电子的速度发生变化。通常把电子由于这一附加势的作用而引起的状态改变称为电子受到缺陷、杂质和晶格振动(声子)的散射,或者更直观地看成为电子与缺陷、杂质或声子发生的碰撞,碰撞使电子的速度发生变化。电子在与缺陷、杂质或声子的碰撞过程中,不断地与晶格交换动量和能量,若没有任何外力的作用,最终将使电子系统与晶格系统达到热平衡。如设想在半导体上加上外电场 $\mathcal{E}$,并且在达稳态时电子获得与外电场 $\mathcal{E}$ 方向相反的定向运动速度 $\boldsymbol{v}$。现在某一时刻将外电场取消,这时电子将通过与杂质、缺陷及声子的碰撞而不断改变自己运动的方向和速率,最后使其定向运动速度变为零,即通过电子与杂质、缺陷及声子的碰撞使半导体由非平衡态(电子有定向运动速度 $\boldsymbol{v}$,因而在半导体中存在电流 $\boldsymbol{j} = -ne\boldsymbol{v}$)过渡到平衡态(电子的定向运动速度变为零,半导体中不再存在电流)。假设半导体由此非平衡态过渡到平衡态的弛豫时间为 τ_e,则电子因与杂质、缺陷或声子的碰撞而引起的速度 $\boldsymbol{v}_e$ 的变化率可表示为 $-\dfrac{\boldsymbol{v}_e}{\tau_e}$。如果计入电子速度的这一变化机理,则(6.4-1)式应改写成

$$\frac{\mathrm{d}\boldsymbol{v}_e}{\mathrm{d}t} = -\frac{e}{m_e^*}\mathcal{E} - \frac{\boldsymbol{v}_e}{\tau_e} \tag{6.4-2}$$

因为 $\boldsymbol{v}_e$ 与 $-\mathcal{E}$ 在同一方向,上式也可写成标量形式:

$$\frac{\mathrm{d}v_e}{\mathrm{d}t} = -\frac{e\mathcal{E}}{m_e^*} - \frac{v_e}{\tau_e} \tag{6.4-3}$$

上式是一阶常微分方程,可以很容易求得解为

$$v_e = Ce^{-t/\tau_e} - \frac{e\tau_e\mathcal{E}}{m_e^*} \tag{6.4-4}$$

式中 C 是积分常数,由 $t = 0$ 时的电子速度确定。从上式可以看到,经过足够长的时间达到稳态以后,电子的速度 v_e 可写成

$$v_e = -\frac{e\tau_e}{m_e^*}\mathcal{E} \tag{6.4-5}$$

由此可求出电子在单位电场作用下的定向运动速度,即电子迁移率为

$$\mu_e = \frac{e\tau_e}{m_e^*} \tag{6.4-6}$$

上面讨论的是半导体中导带电子在外电场作用下的运动情况。对于半导体中的价带空穴也可作完全相同的讨论,可得空穴在外电场作用下的速度 v_h 及迁移率 μ_h:

$$v_h = \frac{e\tau_h}{m_h^*}\mathcal{E} \tag{6.4-7}$$

$$\mu_h = \frac{e\tau_h}{m_h^*} \tag{6.4-8}$$

这里 τ_h 及 m_h^* 分别是空穴的弛豫时间及有效质量。在外电场 $\mathcal{E}$ 作用下,流过半导体的总电流密度 $\boldsymbol{j}$ 可写成

$$j = -ne\,\boldsymbol{v}_e + pe\,\boldsymbol{v}_h = (ne\mu_e + pe\mu_h)\,\mathscr{E} = \left(\frac{ne^2\tau_e}{m_e^*} + \frac{pe^2\tau_h}{m_h^*}\right)\mathscr{E} \qquad (6.4\text{-}9)$$

由此可见,半导体的电导率 σ 可写成

$$\sigma = ne\mu_e + pe\mu_h = \frac{ne^2}{m_e^*}\tau_e + \frac{pe^2}{m_h^*}\tau_h \qquad (6.4\text{-}10)$$

在前面的讨论中,都是假定导带底电子及价带顶空穴的等能面为球面,因此它们都有各向同性的有效质量(即有效质量均为标量)。但是,实际上往往并非如此,我们已经看到硅及锗的导带底等能面就是分别由 6 个旋转椭球面及 4 个旋转椭球面组成的,每个椭球面都是各向异性的,因此它们的电子迁移率表式须作相应的修正。然而,由于在锗、硅的情形这些椭球面在简约布里渊区内的位置具有立方对称性,结果迁移率及电导率仍然是各向同性的。设想以硅为例,如沿 z 方向(单位矢量为 $\boldsymbol{e}_3$)施加外电场 $\mathscr{E}$,考虑长轴沿此方向($\boldsymbol{e}_3$)的两个椭球面内的电子,令电子沿 $\boldsymbol{e}_3$ 方向的纵向有效质量为 m_l^*,则与此两旋转椭球面相应的电子迁移率可写成

$$\mu_e = \frac{e\tau_e}{m_l^*} \qquad (6.4\text{-}11)$$

而对长轴处在 $\boldsymbol{e}_1$、$\boldsymbol{e}_2$ 轴上的 4 个旋转椭球面上的电子来说,沿 $\boldsymbol{e}_3$ 方向的有效质量为横向有效质量 m_t^*,因此相应的电子迁移率应写成

$$\mu_e = \frac{e\tau_e}{m_t^*} \qquad (6.4\text{-}12)$$

实际电子迁移率应该是对这 6 个椭球面求取的平均值:

$$\mu_e = \frac{1}{6}\left(2\,\frac{e\tau_e}{m_l^*} + 4\,\frac{e\tau_e}{m_t^*}\right) = \frac{1}{3}\left(\frac{e\tau_e}{m_l^*} + 2\,\frac{e\tau_e}{m_t^*}\right) \qquad (6.4\text{-}13)$$

引进导带电子的电导率有效质量 m_σ^*,

$$\frac{1}{m_\sigma^*} = \frac{1}{3}\left(\frac{1}{m_l^*} + \frac{2}{m_t^*}\right) \qquad (6.4\text{-}14)$$

则硅的电子迁移率可表示为

$$\mu_e = \frac{e\tau_e}{m_\sigma^*} \qquad (6.4\text{-}15)$$

(6.4-14)式及(6.4-15)式也同样适用于锗。

由(6.4-10)式可见,半导体的电导率 σ 完全由电子数密度和空穴数密度 n、p 及迁移率 μ_e、μ_h 决定。由 6.3 节知道,电子数密度和空穴数密度 n、p 分别由(6.3-13)式及(6.3-18)式给出,由图 6.3-1 可见,除饱和区外,它们随温度 T 的升高均以指数形式增加。迁移率 μ_e、μ_h 随温度 T 的变化关系与电子、空穴在运动时受到的散射机理有关,但通常都可归结为幂函数 T^α 的形式(对电离杂质散射,$\alpha = 3/2$;而对声学声子散射,$\alpha = -1/2$)。由于指数形式的变化一般要比幂函数快,所以除饱和区以外电导率主要以指数形式随温度 T 的提高而迅速增大。这正是用半导体做热敏元件的基础。

二、半导体的霍尔效应

设如图 6.4-1 所示,在 x 方向施以电场 $\mathscr{E}$,并接有外电路,在电路中有密度为 j 的电流流过半导体。同时在 z 方向施加感应强度为 $\boldsymbol{B}$ 的磁场。考虑 p 型半导体,并设半导体内只有空穴。因此,在 x 方向流过的电流密度 j 全由空穴贡献,

$$j = pe\mu_{\mathrm{h}}\mathscr{E} = pev_{\mathrm{h}} \tag{6.4-16}$$

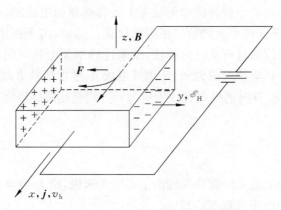

图 6.4-1 p 型半导体中霍尔效应示意

z 方向的磁场 B 对空穴产生的洛伦兹力为

$$\boldsymbol{F} = e\boldsymbol{v_h} \times \boldsymbol{B} = -ev_hBe_2 \tag{6.4-17}$$

这里 e_2 为沿 y 方向的单位矢量。(6.4-17)式表示每个空穴都受到沿 y 方向的洛伦兹力的作用,从而空穴将向 $-e_2$ 方向偏转。因为在 y 方向没有外电路连接,空穴将在 $-e_2$ 一端的侧面积累,使该侧面带有正电荷;相反,在 $+e_2$ 一端侧面,由于缺少空穴而带有负电荷(该负电荷由失去空穴的受主杂质提供)。结果半导体沿 y 方向产生了横向电场 $\mathscr{E}_{\mathrm{H}}$。和 3.5 节讨论金属的霍尔效应一样,此横向电场 $\mathscr{E}_{\mathrm{H}}$ 为霍尔电场。由此,在 y 方向上空穴受到方向相反的两个力的作用,一个是沿 $-e_2$ 方向的洛伦兹力;另一个是沿 $+e_2$ 方向的霍尔电场力 $e\mathscr{E}_{\mathrm{H}}$。除此以外,还必须考虑空穴在运动时杂质、缺陷及声子等的散射所引起的沿 y 方向的漂移速度 v_{hy} 的变化率 $-v_{\mathrm{hy}}/\tau_{\mathrm{h}}$。因此,空穴沿 y 方向运动的牛顿方程应写为

$$\frac{\mathrm{d}v_{\mathrm{hy}}}{\mathrm{d}t} = \frac{e}{m_{\mathrm{h}}^*}(\mathscr{E}_{\mathrm{H}} - v_{\mathrm{h}}B) - \frac{v_{\mathrm{hy}}}{\tau_{\mathrm{h}}} \tag{6.4-18}$$

由于在 y 方向上没有外电路连接,稳态时 $v_{\mathrm{hy}} = 0$,所以由上式直接可得

$$\mathscr{E}_{\mathrm{H}} = v_{\mathrm{h}}B \tag{6.4-19}$$

这表明在稳态霍尔电场对载流子的作用力与磁场的洛伦兹力相平衡。由(6.4-16)式可得 $v_{\mathrm{h}} = \dfrac{j}{pe}$,代入(6.4-19)式得

$$\mathscr{E}_\text{H} = \frac{1}{pe}jB = R_\text{H}jB \qquad (6.4\text{-}20)$$

上式表示霍尔电场 $\mathscr{E}_\text{H}$ 与电流密度 j 和磁感应强度 B 成正比,如前所述,比例系数 R_H 即为霍尔系数。在 p 型半导体情形,霍尔系数

$$R_\text{H} = \frac{1}{pe} \qquad (6.4\text{-}21)$$

对于 n 型半导体,也可作相似的讨论,并得到与金属(3.5 节)相一致的结果,即霍尔电场及霍尔系数可分别表示为

$$\mathscr{E}_\text{H} = -\frac{1}{ne}jB = R_\text{H}jB \qquad (6.4\text{-}22)$$

$$R_\text{H} = -\frac{1}{ne} \qquad (6.4\text{-}23)$$

当半导体处于本征激发区时,同时存在电子和空穴两种载流子。类似于(6.4-18)式 y 方向电子的运动方程可写成

$$\frac{\mathrm{d}v_{ey}}{\mathrm{d}t} = -\frac{e}{m_\text{e}^*}(\mathscr{E}_\text{H} - v_e B) - \frac{v_{ey}}{\tau_e} \qquad (6.4\text{-}24)$$

应该注意的是,对于处在本征激发区的半导体,即使在 y 方向不存在外电路,电子和空穴的漂移速度 v_{ey} 和 v_{hy} 都不一定为零,因为流过 y 方向的总电流密度可表示成

$$j_y = -nev_{ey} + pev_{hy} \qquad (6.4\text{-}25)$$

可见尽管当不存在外电路时,y 方向的总电流密度 $j_y = 0$,但是 v_{ey} 和 v_{hy} 均可不为零。然而在稳态,v_{ey} 及 v_{hy} 的变化率 $\frac{\mathrm{d}v_{ey}}{\mathrm{d}t}$ 及 $\frac{\mathrm{d}v_{hy}}{\mathrm{d}t}$ 应为零。因此,根据(6.4-18)式及(6.4-24)式可得

$$v_{hy} = \frac{e\tau_h}{m_\text{h}^*}(\mathscr{E}_\text{H} - v_h B) = \mu_h(\mathscr{E}_\text{H} - v_h B) \qquad (6.4\text{-}26)$$

$$v_{ey} = -\frac{e\tau_e}{m_\text{e}^*}(\mathscr{E}_\text{H} - v_e B) = -\mu_e(\mathscr{E}_\text{H} - v_e B) \qquad (6.4\text{-}27)$$

把上两式一起代入(6.4-25)式,可得

$$j_y = (ne\mu_e + pe\mu_h)\mathscr{E}_\text{H} - (ne\mu_e v_e + pe\mu_h v_h)B$$

由 $j_y = 0$,可得

$$\mathscr{E}_\text{H} = \frac{ne\mu_e v_e + pe\mu_h v_h}{ne\mu_e + pe\mu_h}B = \frac{-n\mu_e^2 + p\mu_h^2}{n\mu_e + p\mu_h}\mathscr{E}B = \frac{-n\mu_e^2 + p\mu_h^2}{e(n\mu_e + p\mu_h)^2}jB \qquad (6.4\text{-}28)$$

这里利用了关系式(6.4-9)式。所以,对于处在本征激发区的半导体,霍尔系数 R_H 可表示成

$$R_\text{H} = \frac{-n\mu_e^2 + p\mu_h^2}{e(n\mu_e + p\mu_h)^2} \qquad (6.4\text{-}29)$$

对于不含杂质的本征半导体,$n = p = n_i$,因此霍尔系数可表示为

$$R_\text{H} = \frac{\mu_h^2 - \mu_e^2}{n_i e(\mu_h + \mu_e)^2} \qquad (6.4\text{-}30)$$

在一般情形空穴迁移率 μ_h 总小于电子迁移率 μ_e，因此本征半导体的 R_H 一般也是负的。如果进一步令

$$b = \frac{\mu_e}{\mu_h} \qquad\qquad (6.4\text{-}31)$$

则(6.4-29)式可写成

$$R_H = \frac{p - nb^2}{e(p + nb)^2} \qquad\qquad (6.4\text{-}32)$$

据此可分析 n 型半导体和 p 型半导体的霍尔系数 R_H 随温度 T 的变化关系。对于 n 型半导体，在低温电离区及饱和区，R_H 由(6.4-23)式(或上式中代以 $p = 0$)给出，$R_H < 0$。随着温度的升高，当半导体进入本征激发区后，空穴数密度不再为零，但空穴数密度 p 总小于电子数密度 n，而且由于一般半导体的电子迁移率 μ_e 总大于空穴迁移率 μ_h，即 $b > 1$；由(6.4-32)式可见，即使 n 型半导体进入本征激发区，R_H 仍然小于零。所以，随着温度的变化 n 型半导体的 R_H 始终为负，只是随着 T 的上升 $|R_H|$ 下降。对于 p 型半导体，情形明显不同。在低温电离区及饱和区，R_H 由(6.4-21)式[或(6.4-32)式中代以 $n = 0$]给出，$R_H > 0$。但当温度上升向本征激发区过渡时，半导体中电子数密度 n 随温度的上升而增大，当 $nb = p$ 时，由(6.4-32)式可见，$R_H = 0$。温度进一步上升，则 n 也将进一步变大而接近于空穴数密度 p，使 $nb > p$（$b > 1$），于是 R_H 变号成为负的。所以，随着温度 T 的升高 p 型半导体的 R_H 可以由正变负，经历一个变号的过程。图 6.4-2 示出了 n 型半导体及 p 型半导体的霍尔系数的绝对值 $|R_H|$ 随温度 T 的变化关系。

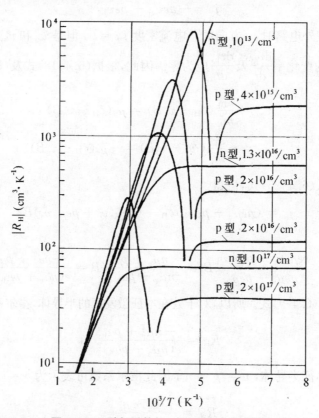

图 6.4-2 霍尔系数 $|R_H|$ 随温度 T 的变化

霍尔效应的主要应用是确定半导体中的载流子数密度。从(6.4-21)式及(6.4-23)式可见，对处在电离区温度的半导体，一旦测定了霍尔系数 R_H，便立即可定出其中的载流子数密度 n 或 p。霍尔效应也可用来确定迁移率。对于处在电离区温度的 n 型半导体，由于空穴很少，$p \approx 0$，由(6.4-10)式可得

$$\sigma_e = ne\mu_e$$

将其与(6.4-23)式相乘，得

$$\mu_e = \sigma_e \mid R_H \mid \tag{6.4-33}$$

对于 p 型半导体，也可得到类似的表式

$$\mu_h = \sigma_h \mid R_H \mid \tag{6.4-34}$$

这里 $\sigma_h = pe\mu_h$ 是处在电离区温度的 p 型半导体的电导率。所以通过测量处在电离区温度半导体的电导率及霍尔系数，就可确定其电子或空穴的迁移率。通常把由用霍尔效应所测得的迁移率称为霍尔迁移率，记作 μ_H。详细理论指出，由霍尔效应测得的霍尔迁移率与载流子的电导迁移率稍有差别，其差别的大小与载流子在运动时所受的散射机理（杂质或声子）有关。

6.5 热载流子效应

在加有电场 $\mathscr{E}$ 的 n 型半导体中，电子受到电场力 $\boldsymbol{F} = -e\mathscr{E}$ 的作用，沿电场 $\mathscr{E}$ 的反方向运动。电子在运动中不断从电场获得能量，其能量变化率为

$$\frac{\mathrm{d}E_e}{\mathrm{d}t} = -e\,\mathscr{E} \cdot \boldsymbol{v}_e = -e\,\mathscr{E} \cdot (-\mu_e\,\mathscr{E}) = e\mu_e\mathscr{E}^2 \tag{6.5-1}$$

这里已用了关系式

$$\boldsymbol{v}_e = -\mu_e\,\mathscr{E}$$

电子通过与晶格的相互作用把从电场获得的能量传递给晶格而表现为焦耳热。在稳态，电子从电场获得能量的速率与电子将能量传递给晶格的速率相等。如果近似地用温度来表示电子系统和晶格的能量的高低，则在电场作用下，电子系统的温度 T_e 总是高于晶格的温度 T_L。如电场比较微弱，T_e 和 T_L 差别不大，可以忽略。但如电场增大，电子系统的温度 T_e 将明显超过 T_L，因此通常把这些处在强电场作用下的电子称为热电子。以上讨论也完全适用于 p 型半导体中的空穴。处在强电场作用下的空穴可称为热空穴。或者将热电子与热空穴都统称为热载流子。

一、与场强有关的电导率

热载流子可表现出许多独特的性质，例如不再服从欧姆定律。图 6.5-1 示出了锗中的电流密度随电场强度 $\mathscr{E}$ 的变化。这里 1、2、3 三条曲线相应于不同的晶格温度。从图中可以看到，在较低电场，电流密度 j 与电场强度 $\mathscr{E}$ 间的关系满足欧姆定律。在这里的对数坐标

图中,曲线的斜率为 1。随着电场强度 $\mathscr{E}$ 增加,电流密度 j 逐渐偏离欧姆定律,曲线的斜率变为 $1/2$,即

$$j \propto \mathscr{E}^{1/2} \tag{6.5-2}$$

电场强度 $\mathscr{E}$ 的进一步增大导致曲线斜率变为零。这时电流密度 j 不再随 $\mathscr{E}$ 变化而变成常数,即

$$j = 常数 \tag{6.5-3}$$

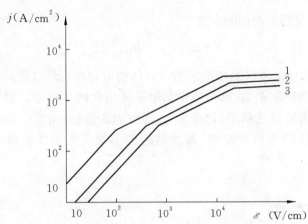

图 6.5-1 n 型锗的电流密度与电场强度的关系

为了解释上述强电场下的现象,应分析载流子在与晶格相互作用过程中能量传递的速率。为了清楚起见,这里仍以电子为例,所有的讨论也同样适用于空穴。晶格热振动可以形象地用声子来表示,晶格热振动的能量也可以用声子数的多少来计算,因此电子通过与晶格间的相互作用把能量传递给晶格的过程,可以看成是电子在晶格中激发声子的过程。当电场不很强时,电子的能量不足以激发能量较大的光学支声子,而主要是激发声学支声子。因为电子与声子相互作用必须同时满足能量守恒及准动量(波矢)守恒定律,作为一个粗略的近似,可把电子与声学支声子间相互作用(或激发声学声子的过程)看成是电子与一个质量为 M 的经典粒子间的相互碰撞(必须注意,这里的经典粒子并不代表单个声子)。假设碰撞前经典粒子的速度为零,碰撞以后经典粒子的速度变为 u,即通过碰撞电子把自己的能量传递给经典粒子,表示这时电子已把能量传递给晶格,在晶格中激发起声学支声子。按照经典理论,假设该粒子的平均动能 $\frac{1}{2}Mu^2$ 近似等于晶格系统中每个自由度的平均势能 $\frac{1}{2}k_B T_L$,即

$$\frac{1}{2}Mu^2 \approx \frac{1}{2}k_B T_L$$

便可以估算出经典粒子的质量

$$M = \frac{k_B T_L}{u^2} \tag{6.5-4}$$

这里的 u 可以看成是声学支格波在晶体中的传播速度。假设碰撞前后电子的速度分别是 $\boldsymbol{v}_e$ 及 $\boldsymbol{v}'_e$,则电子与粒子相互碰撞过程必须满足的能量守恒与动量守恒定律可写为

152

$$\frac{1}{2} m_e^* v_e^2 = \frac{1}{2} m_e^* v_e'^2 + \frac{1}{2} M u^2 \tag{6.5-5}$$

$$m_e^* \boldsymbol{v}_e = m_e^* \boldsymbol{v}_e' + M \boldsymbol{u} \tag{6.5-6}$$

式中 m_e^* 是电子的有效质量。由(6.5-6)式可得

$$m_e^{*2}(v_e^2 + v_e'^2 - 2 v_e v_e' \cos\theta) = M^2 u^2 \tag{6.5-7}$$

式中 θ 表示 $\boldsymbol{v}_e$ 与 $\boldsymbol{v}_e'$ 之间的夹角。根据(6.5-5)式及(6.5-7)式,可得

$$M(v_e^2 - v_e'^2) = m_e^*(v_e^2 + v_e'^2 - 2 v_e v_e' \cos\theta) \tag{6.5-8}$$

可将上式表示为关于 v_e' 的二次方程式

$$\left(1 + \frac{M}{m_e^*}\right) v_e'^2 - 2 v_e \cos\theta\, v_e' + \left(1 - \frac{M}{m_e^*}\right) v_e^2 = 0 \tag{6.5-9}$$

由此解得

$$v_e' = \frac{\cos\theta + \left[\cos^2\theta - \left(1 - \dfrac{M^2}{m_e^{*2}}\right)\right]^{1/2}}{(1 + M/m_e^*)} v_e \tag{6.5-10}$$

在通常情形,粒子的质量 M 比电子的有效质量 m_e^* 大得多。例如,室温下,令 $u = 300$ m/s,按 (6.5-4) 式估算可得 $M \approx 4 \times 10^{-25}$ kg。所以,$\dfrac{M^2}{m_e^{*2}} \gg |\cos^2\theta - 1|$。这样 (6.5-10) 式可近似地写成

$$v_e' \approx v_e \left(1 - \frac{m_e^*}{M}\right) \left(\frac{m_e^*}{M} \cos\theta + 1\right) \approx v_e \left[1 - \frac{m_e^*}{M}(1 - \cos\theta)\right] \tag{6.5-11}$$

在上式中已忽略了 $(m_e^*/M)^2$ 项。这样可算得电子一次碰撞传递给晶格的能量为

$$\Delta E = \frac{1}{2} m_e^*(v_e^2 - v_e'^2) = \frac{m_e^{*2}}{M}(1 - \cos\theta) v_e^2 = \frac{2 m_e^*}{M} E(1 - \cos\theta) \tag{6.5-12}$$

这里已令 E 表示电子碰撞前的动能:

$$E = \frac{1}{2} m_e^* v_e^2 \tag{6.5-13}$$

从(6.5-12)式可以看到,电子一次碰撞传递给晶格的能量不仅与碰撞前的电子能量有关,而且还与碰撞使电子速度方向的改变 θ 有关。电子一次碰撞传递给晶格的平均能量应对 θ 求平均:

$$\overline{\Delta E} = \frac{\displaystyle\int_0^\pi \Delta E P(\theta) 2\pi \sin\theta \, \mathrm{d}\theta}{\displaystyle\int_0^\pi P(\theta) 2\pi \sin\theta \, \mathrm{d}\theta} \tag{6.5-14}$$

式中 $P(\theta)$ 表示电子在碰撞时速度偏离 θ 角的几率。假设碰撞是各向同性的,即 $P(\theta)$ 应是和 θ 无关的常数,

$$P(\theta) = P \tag{6.5-15}$$

将(6.5-12)式及(6.5-15)式一起代入(6.5-14)式,可得

$$\overline{\Delta E} = \frac{2m_e^*}{M} E \tag{6.5-16}$$

假设电子的弛豫时间是 τ_e。电子弛豫时间可近似地看成是电子连续二次散射之间的时间间隔,因此也可理解为电子与假想的经典粒子之间二次相邻碰撞相隔的时间,所以电子传递能量给晶格的速率可表示成

$$\frac{\overline{\Delta E}}{\tau_e} = \frac{2m_e^*}{M\tau_e} E \tag{6.5-17}$$

当达到稳态时,电子从电场获得能量的速率[见(6.5-1)式]应与将能量传递给晶格的速率相等,即

$$e\mu_e \mathscr{E}^2 = \frac{2m_e^*}{M\tau_e} E \tag{6.5-18}$$

将(6.4-6)式及(6.5-13)式一起代入(6.5-18)式,可得

$$\tau_e^2 = \frac{m_e^{*\,3} v_e^2}{Me^2 \mathscr{E}^2} \tag{6.5-19}$$

如前所述,弛豫时间可以近似地理解为电子的平均自由时间。假设电子在二次碰撞之间所经过的路程(即平均自由程)为 l,则

$$\tau_e = \frac{l}{v_e} \tag{6.5-20}$$

可以证明,在电子与声学支声子的相互作用中电子的平均自由程 l 和电子的能量 E 无关,因而也和电子的速度 v_e 无关。把(6.5-20)式代入(6.5-19)式,可得

$$v_e = \frac{l^{1/2} M^{1/4} e^{1/2}}{m_e^{*\,3/4}} \mathscr{E}^{1/2} \tag{6.5-21}$$

由此可得电子的电流密度

$$j = |nev_e| \propto \mathscr{E}^{1/2} \tag{6.5-22}$$

这就解释了在强电场作用下,电流密度偏离欧姆定律的实验结果(6.5-2)式。

随着电场强度 $\mathscr{E}$ 的进一步增加,电子系统的能量也进一步增大。当电子的平均动能增大到光学支声子的能量 $\hbar\omega_0$ 时,电子与晶格相互作用的过程就以激发光学支声子为主。由于光学支声子的频率基本上是一个常数,很少随波矢 q 变化,所以相互作用时的波矢守恒很容易得到满足,因此只须考虑能量守恒。电子与光学声子每作用一次就损失能量 $\hbar\omega_0$,传递给晶格能量的速率即为

$$\frac{\Delta E}{\tau_e} = \frac{\hbar\omega_0}{\tau_e} \tag{6.5-23}$$

同样,当达到稳态时,电子从电场获得能量的速率应与将能量传递给晶格的速率相等:

$$e\mu_e \mathscr{E}^2 = \hbar\omega_0 / \tau_e \tag{6.5-24}$$

将(6.4-6)式代入上式可求得

$$\tau_e = \frac{\sqrt{m_e^* \hbar \omega_0}}{e\mathscr{E}} \tag{6.5-25}$$

再由(6.4-6)式可写出电子迁移率：

$$\mu_e = \frac{e\tau_e}{m_e^*} = \sqrt{\frac{\hbar\omega_0}{m_e^*}} \Big/ \mathscr{E} \tag{6.5-26}$$

从而电子电流密度

$$j = ne\mu_e\mathscr{E} = ne\sqrt{\frac{\hbar\omega_0}{m_e^*}} \tag{6.5-27}$$

是一个和电场强度无关的常数,这就解释了很强电场下的实验现象(6.5-3)式。

二、电子转移效应

对于某些具有特殊能带结构的半导体,强电场下的热电子还可以引起一个非常重要的效应——电子在能谷(能带极小值)之间的转移效应。图 6.5-2 示出了砷化镓的导带结构,该图实际上为图 6.1-3(c)上半部的放大。可见在 L 点存在有比 Γ 点略高(约为 0.3 eV)的能谷。在 Γ 点能谷的电子有效质量 m_Γ^*(0.065m)比 L 点能谷的电子有效质量 m_L^*(0.4m)小得多。因此,处在 Γ 能谷的电子迁移率 μ_Γ 也就比处在 L 能谷的电子迁移率 μ_L 大得多。在室温下,$k_B T \approx 0.026$ eV,比 L 能谷离 Γ 能谷的高度 0.3 eV 小得多,所以绝大部分的电子占据在 Γ 能谷里。如果对砷化镓施加强电场,由前面的讨论可知,随着电场强度的增加,Γ 能谷电子的平均动能,或者说电子系统的温度 T_e 将随之上升。因而有一部分电子可从 Γ 能谷跃迁至 L 能谷。也就是说,随着电场强度的增加,Γ 能谷的电子数 n_Γ 减少,而 L 能谷的电子数 n_L 增加。电导率应为所有导带电子贡献,即必须计及处于 Γ 与 L 谷电子的贡献之和,但由于 $\mu_L \ll \mu_\Gamma [\mu_L \approx 920 \text{ cm}^2/(\text{V} \cdot \text{s})$,$\mu_\Gamma \approx 7\ 350 \text{ cm}^2/(\text{V} \cdot \text{s})]$,n 型砷化镓的电导率

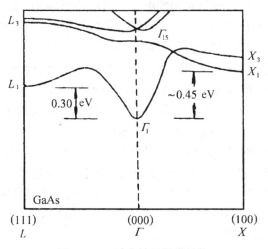

图 6.5-2　砷化镓的导带结构

$$\sigma = n_\Gamma e \mu_\Gamma + n_L e \mu_L \qquad (6.5\text{-}28)$$

将随着电场强度 $\mathscr{E}$ 的增加而下降,致使流过砷化镓的电流密度 j 也随电场强度的增加而衰减,呈现出负的微分电导,或者说出现负阻。图 6.5-3 示出了电流密度 j 与电场强度 $\mathscr{E}$ 之间的关系。图中 $\mathscr{E}_{th}$ 表示阈值电场强度,当 $\mathscr{E} > \mathscr{E}_{th}$ 时,砷化镓即呈现负阻特性。随着电场强度 $\mathscr{E}$ 的进一步增大,当达到 $\mathscr{E}'_{th}$ 时,Γ 能谷的电子数 n_Γ 和 L 能谷的电子数 n_L 基本上保持恒定,不再随电场强度而变化。这时电导率 σ 也不再随电场强度变化而成为常数。因此,电流密度又重新随电场强度增加,恢复到正电阻区域。

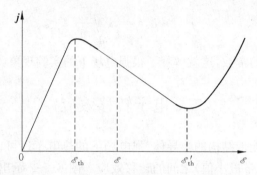

图 6.5-3 砷化镓的电流密度与电场强度的关系

三、耿 氏 效 应

半导体砷化镓在强电场下的负阻效应有重要的应用价值。设对长度为 L 的砷化镓晶体施加一恒定电压 V,如图 6.5-4 所示,并使晶体内的电场强度 $\mathscr{E} = V/L$ 大于 $\mathscr{E}_{th}$ 而处于负阻区。假设砷化镓体内某一薄层由于掺杂不均匀或热涨落等原因出现如图 6.5-4 所示的电偶极层。很明显,电偶极层

图 6.5-4 耿氏效应示意

内的电场强度比外面的高。由于砷化镓处在负阻区,电偶极层内的强电场使层内电子的漂移速度比层外电子的低。因而该层左侧的电子数浓度不断增加,成为电子的积累区;而其右侧电子数不断减少,成为电子的耗尽区。由于电偶极层的电场强度较高,常将其称为高场畴。由于层外所有的电子都具有相同的空间漂移速度 v,该高场畴必也以速度 v 向正电极方向漂移。并且,在漂移过程中,积累区内的电子数不断增加,耗尽区内的电子数不断减少,因而使偶极层两侧的正负电荷密度不断增加,使高场畴内的电场强度也不断增强。由于加在砷化镓上的电压是恒定的,随着高场畴内电场强度的增加,其他区域的电场强度必相应减小。直至畴外电场强度小于 $\mathscr{E}_{th}$,或者畴内电场强度超过 $\mathscr{E}'_{th}$,而进入正阻区。当畴内外的电子速度达到相等时,高场畴成为稳定的电偶极层。这时,积累区和耗尽区的电荷密度不再变化,畴内外电场强度也不再变化,高场畴遂以恒定的速度向正电极漂移。通常高场畴都在负电极处产生,并很快达到稳定,尔后以恒定的速度向正电极方向漂移,直至正电极处消失。其后又会在负电极附近形成新的高场畴,同样漂移至正电极处消失。这样,周而复始,使电路内形成振荡的电流。振荡频率 $\nu = v/L$,v 约为 10^7 cm/s 量级,若晶体长 $L = 0.01$ cm,则频率可达吉赫数量级,即可产生微波振荡。耿(Gunn)最早观测到这一现象,故称之为耿氏

效应。利用这一效应制成的微波振荡器件称为耿氏器件。除砷化镓以外，半导体 InP、CdTe、InAs、ZnSe 等也都存在电子转移效应，都观察到耿氏效应的电流振荡现象。

6.6 非平衡载流子

在掺有施主杂质的 n 型半导体中，电子数密度总是大于空穴数密度，因此将电子称为多数载流子，简称多子；而把空穴称为少数载流子，简称少子。相反，在掺有受主杂质的 p 型半导体中，空穴数密度总大于电子数密度，因此空穴是多子；而电子是少子。对于处在热平衡的半导体，电子数密度及空穴数密度都可根据 6.3 节讨论的方法求出。这里为清楚起见，把热平衡时的电子数密度和空穴数密度分别加脚标记为 n_0 及 p_0。利用(6.3-22)式

$$n_0 p_0 = n_i^2$$

可估算半导体中多子数密度和少子数密度的相对大小。以 n 型硅为例，由于硅的室温本征载流子数密度 $n_i \approx 10^{10}$ cm^{-3}，对于多子(电子)数密度为 $n_0 = 10^{16}$ cm^{-3} 的 n 型硅，其少子(空穴)数密度 $p_0 \approx 10^4$ cm^{-3}。由此可见，多子数密度 n_0 要比少子数密度 p_0 大得多。

一、非平衡载流子的注入和光电导

现在设想用一束频率 $\omega > E_g/\hbar$ 的光照射 n 型半导体，使其处于非平衡状态。由于光子能量 $\hbar\omega$ 大于禁带宽度 E_g，有可能把价带中的电子激发至导带，在导带中产生附加的电子数密度 Δn，并在价带中留下等量的附加空穴数密度 Δp。通常把这些附加的电子数密度和空穴数密度称为非平衡载流子数密度(有些教科书中也称它们为过剩载流子数密度)。由于光照，电子数密度 n 及空穴数密度 p 将分别变成

$$n = n_0 + \Delta n$$

$$p = p_0 + \Delta p$$

设想在一定光强的光束照射下达到稳态，$\Delta n = \Delta p = 10^{10}$ cm^{-3}。如果仍然采用前面 n 型硅的例子，$n_0 = 10^{16}$ cm^{-3}，$p_0 = 10^4$ cm^{-3}，得到 $\dfrac{\Delta n}{n_0} = 10^{-6}$，$\dfrac{\Delta p}{p_0} = 10^6$。结果

$$n \approx n_0$$

$$p \approx \Delta p$$

这就是说，光照对半导体中的多数载流子数密度基本上没有影响，却可使少数载流子数密度增加许多倍。上例光照射时的少子数密度 p 实际上就等于非平衡少子数密度 Δp。所以，当讨论非平衡载流子时，着眼点常放在非平衡少子上。

通过光学和电学的方法使半导体产生非平衡载流子的过程常称为非平衡载流子的光注入和电注入，前面谈到的即光注入的方法。由于光照可使半导体产生附加的等量非平衡电子数密度 Δn 及非平衡空穴数密度 Δp，光照可使半导体的电导率增加：

$$\Delta\sigma = e\mu_e\Delta n + e\mu_h\Delta p = e(\mu_e + \mu_h)\Delta n \tag{6.6-1}$$

因光照而增加的半导体电导率 $\Delta\sigma$ 称为光电导。半导体中的光电导常用来了解和研究半导体中非平衡载流子数密度的变化。

在一定的温度下,半导体中的价带电子可以热激发至导带,在半导体中产生一对电子和空穴;同时,导带中的电子也可与价带中的空穴相复合,而在半导体内湮没一对电子和空穴。在热平衡时,半导体中电子和空穴的产生速率与它们的复合速率相等,使半导体具有恒定的电子数密度 n_0 和空穴数密度 p_0。如果半导体受到外界作用,例如光照,破坏了半导体的平衡态,在半导体内产生了附加的非平衡电子和空穴。一旦外界作用停止,这些附加的非平衡载流子将通过复合作用而逐渐消失,使半导体内的电子数密度及空穴数密度由 $n = n_0 + \Delta n$ 及 $p = p_0 + \Delta p$ 逐渐过渡到热平衡时的电子数密度 n_0 及空穴数密度 p_0。这是半导体由非平衡态过渡到平衡态的过程。完成这一过程需要一定的时间 τ。经过时间 τ 以后,非平衡载流子将基本消失,半导体由非平衡态过渡到平衡态。可见 τ 也是非平衡载流子能够存在的平均时间,所以常称为非平衡载流子的寿命。具体设想由于光照导致半导体处于非平衡态的情形。由于非平衡载流子数密度 $\Delta n(\Delta p)$ 在 τ 时间内大部分都被复合,其复合速率 R,即非平衡载流子数密度的减少率 $-\dfrac{\mathrm{d}(\Delta n)}{\mathrm{d}t}$ 可表示成

$$R = -\frac{\mathrm{d}(\Delta n)}{\mathrm{d}t} = \frac{\Delta n}{\tau} \tag{6.6-2}$$

由此可求得

$$\Delta n = (\Delta n)_0 \mathrm{e}^{-t/\tau} \tag{6.6-3}$$

这就是说,当光照停止后,半导体内的非平衡载流子数密度将以指数形式衰减。式中 $(\Delta n)_0$ 表示光照停止时刻的非平衡载流子数密度。将(6.6-3)式代入(6.6-1)式,可得

$$\Delta\sigma = e(\mu_e + \mu_h)(\Delta n)_0 \mathrm{e}^{-t/\tau} \tag{6.6-4}$$

即当光照停止后,光电导也按指数形式衰减。所以,通过光电导随时间衰减变化的测量可以决定半导体的非平衡载流子的寿命 τ。

非平衡载流子寿命的长短和半导体材料的制备工艺密切相关,长的可达毫秒数量级,短的仅为纳秒数量级,一般约为微秒数量级。半导体中某些深杂质能级可对非平衡载流子寿命起决定性作用。当电子与空穴复合时,电子先由导带落入深杂质能级,尔后再与价带中的空穴相复合。这种间接的复合作用可使电子与空穴的复合速率大大增加。所以当半导体中存在这些深杂质能级时,非平衡载流子的寿命迅速下降。如前所述,这些能有效地影响非平衡载流子寿命的深能级杂质称为复合中心。

二、非平衡载流子的扩散

光照使半导体表面产生附加的非平衡载流子,因此表面处的载流子数密度高于体内的载流子数密度,从体内到表面形成载流子数密度的梯度。假设半导体的表面垂直于 x 轴,光线入射表面,则由光照引起的非平衡电子数密度梯度应为 $\mathrm{d}(\Delta n)/\mathrm{d}x$。由于数密度梯度的存在,电子将由数密度高的表面向体内扩散。电子扩散流密度 i_D 与电子数密度梯度的数

值成正比,但方向相反,因为梯度的方向应由数密度低的地方指向数密度高的地方,可写出

$$i_D = -D_e \frac{\mathrm{d}(\Delta n)}{\mathrm{d}x} \tag{6.6-5}$$

式中的比例系数 D_e 称为电子的扩散系数。电子在扩散过程中要不断与空穴相复合。考察如图 6.6-1 所示的一个扩散流的横截面,在 x 处的电子扩散流密度为 $i_D(x)$。由于电子与空穴的复合,在 $x + \Delta x$ 处电子扩散流密度变成 $i_D(x + \Delta x)$。设样品的截面积为单位面积,则对如图所示的薄层小长方体,单位时间内流进此小体积的电子数为 $i_D(x)$,而流出的电子数为 $i_D(x + \Delta x)$,因此单位时间单位体积中电子数密度的减少,即电子与空穴的复合率应为

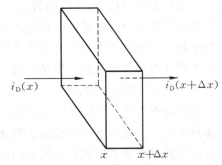

图 6.6-1 推导扩散流的横截面示意图

$$R = \lim_{\Delta x \to 0} \frac{i_D(x) - i_D(x + \Delta x)}{\Delta x} = -\frac{\mathrm{d}i_D(x)}{\mathrm{d}x} \tag{6.6-6}$$

将(6.6-2)式及(6.6-5)式一起代入(6.6-6)式,可得下面的方程:

$$D_e \frac{\mathrm{d}^2(\Delta n)}{\mathrm{d}x^2} = \frac{\Delta n}{\tau} \tag{6.6-7}$$

其解可写成

$$\Delta n = (\Delta n)_0 \mathrm{e}^{-x/L_e} \tag{6.6-8}$$

这里已取半导体表面为 x 轴的零点,$(\Delta n)_0$ 为表面处的非平衡电子数密度,而 L_e 由下式决定:

$$L_e = \sqrt{D_e \tau} \tag{6.6-9}$$

常称 L_e 为电子的扩散长度,表示非平衡电子所能扩散的远近。在离开表面 L_e 的距离处,非平衡电子的数密度将衰减至表面数密度的 $1/\mathrm{e}$。

将(6.6-8)式代入(6.6-5)式,可得电子的扩散流密度为

$$i_e = \Delta n \frac{D_e}{L_e} \tag{6.6-10}$$

从上式可见,D_e/L_e 具有速度量纲,称之为扩散速度,利用(6.6-9)式,可把扩散速度表示成

$$v_e = \frac{D_e}{L_e} = \frac{L_e}{\tau} \tag{6.6-11}$$

上面对非平衡电子的讨论也同样适用于非平衡空穴。对于非平衡空穴,同样可得下面的关系式:

$$i_p = \Delta p \frac{D_p}{L_p} \tag{6.6-12}$$

$$L_p = \sqrt{D_p \tau} \tag{6.6-13}$$

159

$$v_p = \frac{D_p}{L_p} = \frac{L_p}{\tau} \qquad (6.6\text{-}14)$$

这里 L_p、D_p 及 v_p 分别表示非平衡空穴的扩散长度、扩散系数与扩散速度。

在前面的讨论中,简单地假定半导体中不存在任何电场,但是实际上在非平衡载流子的扩散过程中很可能伴随着电场的产生。事实上只有当电子与空穴具有相同的扩散系数时,非平衡电子的数密度才会与非平衡空穴的数密度在空间处处相等,从而保持体内的电中性,在空间才不会产生电场。但是实际上电子扩散系数与空穴扩散系数往往并不相等,通常前者大于后者,即电子比空穴扩散得快。结果在体内电子数密度不再与空穴数密度相同,因而不能保持电中性,于是必然形成电场。在电场作用下,电子与空穴都将产生漂移运动,形成漂移电流。但是由于多数载流子数密度比少数载流子数密度大得多,多子的漂移运动足以补偿因两种载流子扩散系数的不同而引起的数密度差别,即多子的漂移运动可以保证非平衡多子数密度处处与非平衡少子数密度相同。这样可以认为少子的扩散与没有电场时的一样;也就是说,因扩散系数不同而引起的电场对少子扩散运动的影响可以忽略。所以,前面讨论的结果对少子的扩散运动来说仍是正确的。载流子的扩散系数与迁移率之间存在下面的爱因斯坦关系:

$$\frac{D}{\mu} = \frac{k_B T}{e} \qquad (6.6\text{-}15)$$

即扩散系数与迁移率成正比。因为电子的迁移率一般比空穴的迁移率大,所以电子的扩散系数一般也大于空穴的扩散系数。

6.7　p-n 结和晶体管

在 n 型半导体中,电子是多子,空穴是少子,电子数密度 n 可比空穴数密度 p 大好几个数量级。同样,在 p 型半导体中,空穴是多子,电子是少子,空穴数密度 p 要比电子数密度 n 大好几个数量级。如把 n 型半导体和 p 型半导体合并在一起,或者在一块半导体的一边掺入施主杂质,使其成为 n 型半导体;而在另一边掺入受主杂质,使其成为 p 型半导体,则形成所谓的 p-n 结。

一、内建电场和接触电势差

由于 n 型半导体中电子数密度比 p 型半导体中的大得多,而 p 型半导体中的空穴数密度比 n 型半导体中的大得多,电子将由 n 区向 p 区扩散,而空穴将由 p 区向 n 区扩散。又由于空穴和电子分别带有正、负电荷,扩散导致半导体内不再保持电中性,靠近界面处(结区)的 n 区一侧带正电荷,而 p 区一侧带负电荷,如图 6.7-1(a)所示。这样,在 n 型半导体与 p 型半导体之间将形成内建电场。于是,n 区和 p 区的电势也不再相等。内建电场阻止载流子的扩散,在热平衡时内建电场的漂移作用正好与载流子的扩散作用相抵消,从而在 p-n 结区形成一确定的接触电势差 V_D。由图 6.3-2 可知,在能带图上 n 型半导体的费米能级 $(E_F)_n$ 处在禁带的上半部,而 p 型半导体的费米能级 $(E_F)_p$ 处在禁带下半部,亦如图 6.7-1(b)中所示。当 n 型半导体与 p 型半导体合并在一起形成 p-n 结且达到热平衡时,全部系统(包括 n区、结区和 p 区)应有统一的费米能级。因此,如图 6.7-1(c)所示,在 n 型半导体与 p 型半导体的界面处,能带将发生弯曲,而弯曲的能带也正表示该处存在内建电场。由图可见,

$$eV_D = (E_F)_n - (E_F)_p \tag{6.7-1}$$

需要特别注意的是,这里的能带图是对电子画的。电子带有负电荷,因此在能带图中电势愈高的地方能量就愈低。例如,带正电荷的 n 区具有较高的电势,但在能带图中其能量却比 p区低。通常 V_D 称为 p-n 结的接触电势差。

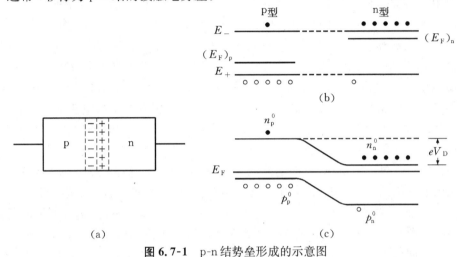

图 6.7-1 p-n 结势垒形成的示意图

半导体中的电子数密度和空穴数密度分别由(6.3-13)式及(6.3-18)式表示:

$$n = N_c e^{-\frac{E_c - E_F}{k_B T}}$$

$$p = N_v e^{-\frac{E_F - E_v}{k_B T}}$$

费米能级 E_F 离导带边 E_c 越远,电子数愈少;离价带边 E_v 愈远,则空穴数愈少。而由图 6.7-1(c) 可见,在 p-n 结区,E_F 处在禁带中心位置,因此在结区,电子数和空穴数都很少,是一个高阻区。从图中也可以看到,p-n 结对电子和空穴来说都是一个势垒区。电子从 n 区到 p 区必须越过高度为 eV_D 的势垒;同样,空穴从 p 区到 n 区也必须越过势垒 eV_D。这说明在越过结区时电子、空穴都必须克服 p-n 结的内建电场而作功。

根据 p-n 结中杂质分布的不同,一般可划分为两种类型:如果 p 区中受主杂质及 n 区的施主杂质都是均匀分布的,只是界面两侧的杂质种类突然改变,即由一侧 p 区的受主杂质突变为另一侧 n 区的施主杂质,则称这类 p-n 结为突变结。相反,如果在界面 p 区一侧受主杂质浓度由远离分界面的体内向界面逐渐变小,到界面处变为零;在界面的另一侧 n 区中施主杂质浓度同样由体内向界面逐渐下降,到界面处降为零,两种杂质在界面处是逐渐过渡的,则称这类 p-n 结为缓变结。对于采用不同工艺过程制作的实际 p-n 结,常都可用这两种不同的模型近似描述。对于突变结,计算可得

$$V_D = \frac{k_B T}{e} \ln \frac{N_A N_D}{n_i^2} \tag{6.7-2}$$

(6.7-2)式表明,接触电势差 V_D 与 p 区、n 区的杂质浓度 N_A、N_D 有关。杂质浓度愈大,p-n 结的势垒高度 eV_D 也就愈大。对于硅突变 p-n 结,如果 p 区和 n 区的掺杂浓度分别为 $N_A = 10^{18}$ cm^{-3}、$N_D = 10^{16}$ cm^{-3},则在室温下可得 $eV_D \approx 0.83$ eV。

二、p-n 结的整流效应

如前所述,由于 n 型和 p 型半导体中的电子数密度和空穴数密度不等,在 p-n 结中形成的扩散电流导致界面两边电中性破坏而产生内建电场,相应引起能带的弯曲。内建电场的方向由 n 区指向 p 区。内建电场要在 p-n 结中产生电子、空穴的漂移电流,这一电流的方向与扩散电流相反,在热平衡时,彼此大小相等而相互抵消,在 p-n 结中没有净电流流过。现在如果在结上施以 p 区为正、而 n 区为负的"正向"外加电压,这时外加电场的方向与内建电场的方向相反,使 p-n 结的势垒高度降低,电场强度下降,因此使漂移电流减少。漂移电流不再能完全抵消扩散电流,结果在 p-n 结中将有净扩散电流流过。相反,如果在 p-n 结上施以 p 区为负、而 n 区为正的"反向"外加电压,则外加电场的方向将与内建电场一致,使 p-n 结势垒高度和电场强度增加,也使漂移电流增加,超过扩散电流,在 p-n 结中将有净的漂移电流流过。但是正、反向电流的大小是不一样的,这是因为在反向电压下,电子漂移电流由 p 区流向 n 区,空穴漂移电流由 n 区流向 p 区;但是 p 区中的电子和 n 区中的空穴都是少子,它们的数密度都非常小,因此即使外加反向电压很高,流过 p-n 结的反向电流数值仍很小。图 6.7-2 示出了 p-n 结的电流-电压关系。从图中可以看到,正反向电压是不等价的。当正向(p 区接正、而 n 区接负)时,只要很小的正向电压,就可以得到相当大的正向电流。而当反向(p 区接负、而 n 区接正)时,只有很小的电流通过 p-n 结。所以,p-n 结具

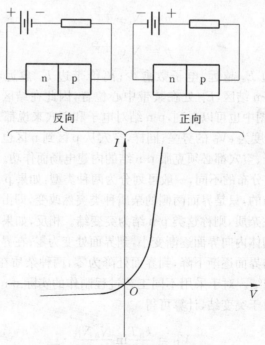

反向　　　正向

图 6.7-2　p-n 结电流-电压特性

有单向导电性。利用这一特性,可以作为整流器件,把交变电流变为直流电流。

三、p-n 结的伏-安特性

下面具体计算 p-n 结的正向及反向电流密度。假设为突变结,在未加电压前,结处在热平衡态,如图 6.7-1(c)所示。用 n_n^0 及 p_n^0 表示 p-n 结势垒区以外 n 区的电子数密度和空穴数密度;n_p^0 及 p_p^0 表示势垒外 p 区的电子数密度和空穴数密度。根据(6.3-13)式及(6.3-18)式,很容易求得

$$n_p^0 = n_n^0 e^{-\frac{eV_D}{k_B T}} \tag{6.7-3}$$

$$p_n^0 = p_p^0 e^{-\frac{eV_D}{k_B T}} \tag{6.7-4}$$

当施加正向电压 V 后,p-n 结势垒高度下降为 $e(V_D - V)$(参见图 6.7-3)。这时电子扩散流由 n 区流向 p 区,使边界处 p 区一侧的电子数密度变为 n_p。同样,空穴扩散流由 p 区流入 n 区,使边界 n 区一侧的空穴数密度变为 p_n。根据(6.3-13)式及(6.3-18)式,可得

$$n_p = n_n^0 e^{-\frac{e(V_D - V)}{k_B T}} \tag{6.7-5}$$

$$p_n = p_p^0 e^{-\frac{e(V_D - V)}{k_B T}} \tag{6.7-6}$$

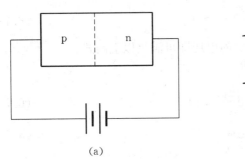
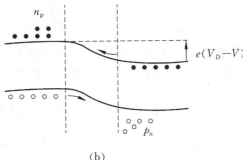

图 6.7-3 施加正向电压时 p-n 结的能带图

利用(6.7-3)式及(6.7-4)式,(6.7-5)式及(6.7-6)式可分别写成

$$n_p = n_p^0 e^{\frac{eV}{k_B T}} \tag{6.7-7}$$

$$p_n = p_n^0 e^{\frac{eV}{k_B T}} \tag{6.7-8}$$

这就是说,施加正向电压时边界附近 p 区的少子(电子)数密度由原来的 n_p^0 提高到 n_p,而 n 区的少子(空穴)数密度由原来的 p_n^0 提高到 p_n,相应增加的部分为

$$\Delta n_p = n_p - n_p^0 = n_p^0 (e^{\frac{eV}{k_B T}} - 1) \tag{6.7-9}$$

$$\Delta p_n = p_n - p_n^0 = p_n^0 (e^{\frac{eV}{k_B T}} - 1) \tag{6.7-10}$$

这也就是 p 区和 n 区边界的非平衡少数载流子。所以,对 p-n 结施加正向电压也就是采用电注入的方法在结区两边产生非平衡载流子。

非平衡载流子在势垒区注入后,就要向 p 区及 n 区体内扩散,其扩散流密度由上一节的(6.6-10)式及(6.6-12)式给出:

$$i_e = \Delta n_p \frac{D_e}{L_e} = n_p^0 \frac{D_e}{L_e}(e^{\frac{eV}{k_B T}} - 1) \tag{6.7-11}$$

$$i_p = \Delta p_n \frac{D_p}{L_p} = p_n^0 \frac{D_p}{L_p}(e^{\frac{eV}{k_B T}} - 1) \tag{6.7-12}$$

注意:这里的电子扩散流方向与外电场方向相反,但由于电子带负电,电子的扩散电流的方向仍与外电场一致;空穴的扩散电流方向当然与外电场方向相同。所以,在外加正向电压的作用下,流过 p-n 结的总电流密度应是

$$j = e(i_e + i_p) = e\left(n_p^0 \frac{D_e}{L_e} + p_n^0 \frac{D_p}{L_p}\right)(e^{\frac{eV}{k_B T}} - 1) \tag{6.7-13}$$

可见正向电流随电压以指数的形式增长。

当施加反向电压时,p-n 结势垒高度增加,势垒边界 n 区一侧的空穴被强电场拉向 p 区,而 p 区一侧的电子则被拉向 n 区,因此势垒区边界处的少子数密度 n 及 p 都将趋于零,这可由(6.7-7)式及(6.7-8)式看到。因为反向电压 $V_r = -V$,所以只要 $V \gg k_B T$,

$$n_p = n_p^0 e^{\frac{eV_r}{k_B T}} \longrightarrow 0 \tag{6.7-14}$$

$$p_n = p_n^0 e^{\frac{eV_r}{k_B T}} \longrightarrow 0 \tag{6.7-15}$$

注意:在室温下 $k_B T \approx 0.026\,\text{eV}$,1 V 以上的反向电压即可满足以上两式。

同样,(6.7-9)式及(6.7-10)式可分别写成

$$\Delta n_p = n_p^0 (e^{\frac{eV_r}{k_B T}} - 1) \tag{6.7-16}$$

$$\Delta p_n = p_n^0 (e^{\frac{eV_r}{k_B T}} - 1) \tag{6.7-17}$$

因为 $e^{\frac{eV_r}{k_B T}} < 1$,所以 Δn_p 及 Δp_n 均为负,反向电压的作用可以看成是非平衡少数载流子的抽出或负注入。显然(6.7-13)式同样也适用于反向电压。这时电子和空穴分别从 p 区及 n 区体内向 p-n 结势垒区边界扩散。扩散电流密度为:

$$j_r = e\left(n_p^0 \frac{D_e}{L_e} + p_n^0 \frac{D_p}{L_p}\right)(e^{\frac{eV_r}{k_B T}} - 1) \tag{6.7-18}$$

当 $-V_r \gg k_B T/e$ 时,$e^{\frac{eV_r}{k_B T}} \approx 0$。因此,

$$j_r \approx -e\left(n_p^0 \frac{D_e}{L_e} + p_n^0 \frac{D_p}{L_p}\right) \tag{6.7-19}$$

即反向电流随反向电压的增加很快趋向饱和,如图 6.7-2 所示。令

$$j_0 = e\left(n_p^0 \frac{D_e}{L_e} + p_n^0 \frac{D_p}{L_p}\right)$$

常称 j_0 为反向饱和电流密度。

四、晶体管及其放大作用

如果在同一半导体单晶片上制作两个方向相反的背靠背的 p-n 结,并相应引出 3 根电极,如图 6.7-4(a)及(b)所示,则分别称之为 p-n-p 晶体管及 n-p-n 晶体管。图中同时也示出其常用的符号。可见晶体管有 3 个区域,分别称为发射区(E 区)、基区(B 区)及集电区

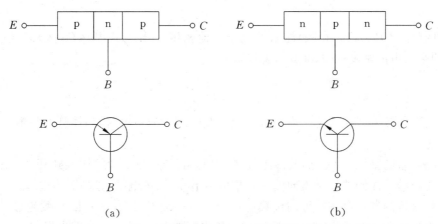

图 6.7-4 p-n-p 晶体管(a)与 n-p-n 晶体管(b)的结构与符号

(C 区),相应的引出线称之为发射极(E 极)、基极(B 极)及集电极(C 极)。通常晶体管的两个 p-n 结并不对称。一般而言发射区有较高的掺杂浓度。因此,发射区与基区间的 p^+-n(或 n^+-p)结(p^+ 及 n^+ 分别表示重掺杂的 p 型及 n 型半导体)不同于集电区与基区间的 p-n(或 n-p)结。图 6.7-5 示出了 n^+-p-n 晶体管对电信号的放大原理。由图可见,发射区与基区间的 n^+-p 结处于正向,而集电区与基区间的 p-n 结处于反向。因此,在 n^+-p 结中将有大量的正向电流密度 j_E 通过,此正向电流密度由两部分组成,即由 n^+ 区向 p 区注入的电子电流密度 j_e 和由 p 区向 n^+ 区注入的空穴电流密度 j_p,它们分别由 (6.7-11)式及(6.7-12)式给出:

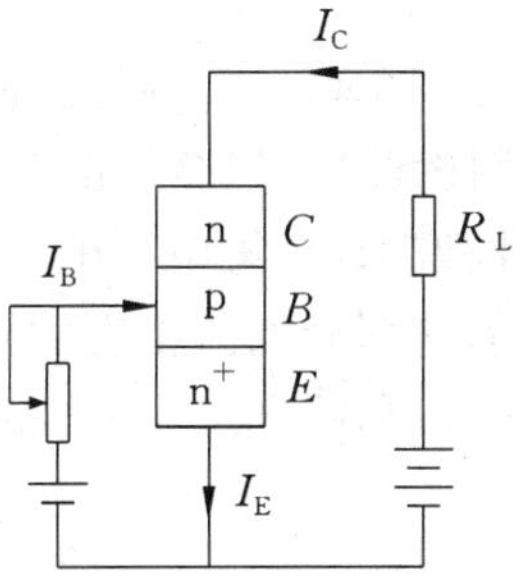

$$j_E = j_e + j_p = e(i_e + i_p) \qquad (6.7\text{-}20)$$

图 6.7-5 晶体管的放大原理

根据(6.3-22)及(6.3-23)式,发射区(图 6.7-5 中为 n^+ 区,下同)的多子数密度和少子数密度 n_n^0 及 p_n^0 应满足

$$n_n^0 p_n^0 = N_c N_v e^{-\frac{E_g}{k_B T}} \qquad (6.7\text{-}21)$$

同样,基区(p 区)内的多子数密度及少子数密度 p_p^0 及 n_p^0 应满足

$$n_p^0 p_p^0 = N_c N_v e^{-\frac{E_g}{k_B T}} \qquad (6.7\text{-}22)$$

由以上两式可得

$$\frac{n_p^0}{p_n^0} = \frac{n_n^0}{p_p^0} \tag{6.7-23}$$

由于发射区(n^+区)是重掺杂区,有极高的多子(电子)数密度 n_n^0;而基区(p 区)的掺杂浓度比较低,多子(空穴)数密度 p_p^0 比较小,所以 $n_n^0 \gg p_p^0$,因而由(6.7-23)式可知,

$$n_p^0 \gg p_n^0 \tag{6.7-24}$$

由(6.7-11)式及(6.7-12)式可见

$$i_e \gg i_p \tag{6.7-25}$$

即由发射区(n^+区)向基区(p 区)注入的电子电流密度 j_e 比与由基区(p 区)向发射区(n^+区)注入的空穴电流密度 j_p 大得多。通常规定

$$\gamma = \frac{j_e}{j_E} \tag{6.7-26}$$

为晶体管的发射效率或注射比。由(6.7-20)式及(6.7-25)式可见,晶体管的注射比 $\gamma < 1$,但接近于 1。

一般晶体管的基区(p 区)都做得比较薄,因此由发射区(n^+区)注入到基区(p 区)的电子能很快渡越基区而到达处于反向偏置的集电区 p-n 结(集电结)势垒区的边缘。反向偏置的集电结势垒区内的强电场的方向由集电区(n 区)指向基区(p 区),因此渡越过基区的电子很快就被强电场驱赶至集电区(n 区),成为集电极电流密度 j_C。当然由发射区(n^+区)注入到基区(p 区)的电子在渡越基区时也有一部分要被复合,所以被电场驱赶至集电区的电流密度 j_C 必小于 j_e,令

$$j_C = \eta j_e \tag{6.7-27}$$

比例系数 η 常称为基区输运系数,这也是一个小于 1 的参数。如果基区做得足够薄,而且材料的晶格又比较完整,则电子在渡越基区时只有很少一部分被复合,因此可认为 $\eta \approx 1$。严格说来,在集电极电流密度 j_C 中还应包括处于反向偏置的 p-n 结的反向饱和电流密度 j_0。但这部分电流密度通常比 ηj_e 小得多,这里予以忽略。

利用(6.7-26)式及(6.7-27)式,可得

$$j_C = \gamma \eta j_E \tag{6.7-28}$$

由于 γ、η 都是小于 1 但接近于 1 的参数,所以集电极电流密度 j_C 小于发射极电流密度 j_E,但近似相等。根据电学中的克希霍夫定律,由图 6.7-5 可得

$$I_B = (j_E - j_C)A \tag{6.7-29}$$

这里,I_B 表示基极电流,A 为结面积。因为 $j_C \approx j_E$,所以 I_B 是一个小量。通常在如图 6.7-5 所示的放大电路中,基极电流 I_B 常作为输入电流,而 I_C 作为输出电流(图中电阻 R_L 是负载电阻)。常规定该电路的电流放大倍数(称为共发射极电流放大倍数)为

$$\beta = \frac{I_C}{I_B} = \frac{I_C}{I_E - I_C} = \frac{\gamma \eta}{1 - \gamma \eta} \tag{6.7-30}$$

其中利用了(6.7-28)式。因为 $\gamma \eta \lesssim 1$,所以 β 值可以相当大,一般可达 50～100。从(7.7-30)

式可见,为了获得足够大的电流放大倍数 β,必须要求尽可能大的注射比 γ 及基区输运系数 η。发射区的掺杂浓度所以要比基区的掺杂浓度高得多(即形成 n^+-p 结或 p^+-n 结)就是为了提高注射比 γ;而在晶体管的制作工艺上要求将基区做薄,并且尽可能保证材料有完整的晶体结构,其目的也正是为了提高基区输运系数 γ。

五、阳 光 电 池

除晶体管而外,基于 p-n 结还可构成光电池。如图 6.7-6 所示,用光照射 p-n 结。如果光子能量 $h\nu > E_g$,即光波频率 $\nu > E_g/h$,便能在结区将价带中的电子激发至导带,形成一对电子与空穴。这与前面介绍的载流子的光注入本质上相同。这些新生的电子与空穴在结区内建电场(方向由 n 区指向 p 区)作用下分别向 n 区与 p 区运动,从而在 n 区与 p 区各自形成电子与空穴的积累,使 p 区电势升高,n 区电势降低。换言之,p-n 结在光照下产生光生电动势。如外接负载,便会形成回路,有电流通过。此时,光照射的 p-n 结如同电源,p 区为电源正极,n 区为电源负极,故又称之为光电池。如用阳光作光源则称为阳光电池。目前多

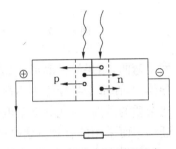

图 6.7-6 光电池原理示意

用无定型硅与单晶硅制作阳光电池,基本结构都是 p-n 结。无定型硅阳光电池效率已超过 10%;单晶硅阳光电池效率更高,可达 30%,但成本较高。阳光电池直接将太阳能转换为电能,是目前各发达国家都极为关注、争相开发的一种环保新能源。

p-n 结还可做成半导体激光器,将在下章 7.12 节中介绍。

六、异 质 结

近年来随着外延生长技术的提高,人们可以在一种半导体材料衬底上外延生长另一种半导体材料,例如在 GaAs 衬底上外延生长合金半导体 $Al_xGa_{1-x}As$。通常把由两种不同半导体材料组成的界面区称为异质结,而把前面讨论的由同种半导体材料组成的 p-n 结称为同质结。通常两种材料的禁带宽度不同,导带边和价带边的能量也不一致。图 6.7-7(a)示出了一种异质结的能带图,通常把两种材料的导带边及价带边的能量差

$$\Delta E_c = E_{c1} - E_{c2} \tag{6.7-31}$$

和

$$\Delta E_v = E_{v2} - E_{v1} \tag{6.7-32}$$

称为异质结的导带及价带边失配。由图 6.7-7(a)可以看出,

$$\Delta E_c + \Delta E_v = E_{g1} - E_{g2} \tag{6.7-33}$$

如果在半导体 $Al_xGa_{1-x}As$ 中掺入施主杂质,使其成为 n 型半导体(如图 6.7-7(b)所示),由于这里宽禁带(简称宽带)半导体 $Al_xGa_{1-x}As$ 的导带边 E_{c1} 高于窄禁带(简称窄带)半导体 GaAs 的导带边 E_{c2},电子将由宽带半导体转移至窄带半导体,使窄带半导体带负电荷而在宽带半导体中留下带正电荷的电离施主杂质。这样,也会在界面区产生内建电场,并使能带

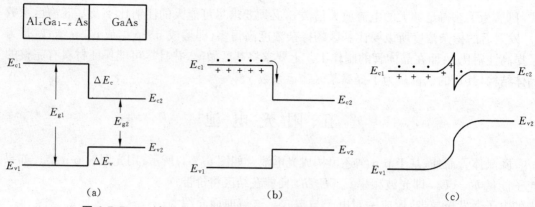

图 6.7-7 n-Al$_x$Ga$_{1-x}$As/GaAs 异质结的能带图，ΔE_c 与 ΔE_v 被故意夸大

发生弯曲，结果导带底形成如图 6.7-7(c)所示的尖峰和尖谷。由于掺入的杂质都在宽带半导体内，在窄带半导体中不存在杂质，处在窄带半导体尖谷内的电子作漂移运动时，不受电离杂质的散射，因此其低温电子迁移率可以达到非常大的数值。这是近年来为提高载流子迁移率而采用的有效方法之一，称为调制掺杂技术。

如果在宽带和窄带半导体中分别掺入不同类型的杂质，则可以得到各种异质 p-n 结。图 6.7-8(b)示出了在宽带半导体中掺入施主杂质，而在窄带半导体中掺入受主杂质的平衡能带图，图 6.7-8(d)则示出了宽带半导体掺入受主杂质而在窄带半导体中掺入施主杂质的情形。图 6.7-8(a) 及图 6.7-8(c)表示尚未结合成异质结时的两种半导体的独立能带图。与同质 p-n 结相比，异质结有许多特殊的性质，利用这些性质可改进各种半导体器件的性能。

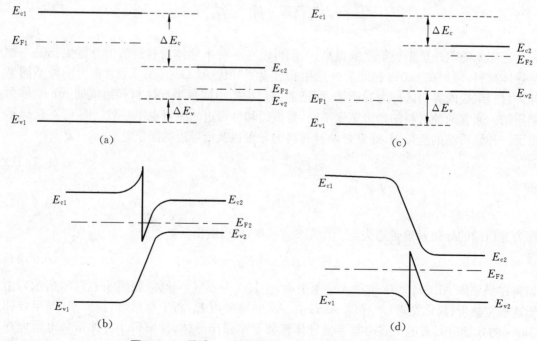

图 6.7-8 异质 p-n 结能带图，ΔE_c 与 ΔE_v 被故意夸大

6.8 金属-氧化物-半导体(MOS)结构

在半导体硅表面形成一层氧化物(SiO_2),尔后在氧化层上镀一层金属(通常是铝),就构成了一个金属-氧化物-半导体(MOS)结构,如图 6.8-1 所示。为讨论方便起见,这里假设 p 型半导体,因此空穴是多子,而电子是少子。现在设想半导体接地,而使金属处正电位,在半导体中产生由上向下的电场。在电场作用下,表面处的空穴被赶走,而留下带负电荷的电离受主杂质。这些电离受主杂质能屏蔽外加电场。于是 MOS 结构就犹如一个平行板电容器。当对金属一侧施加正向电压后在半导体一侧就产生负电荷。通常半导体中受主浓度并不很高,远低于原子数密度,因此要完全屏蔽外电场需要一定的厚度。在厚度为 d 的由电离受主杂质所构成的空间电荷区内,由于电场的存在其电势是逐渐变化的,因而该区域中的半导体能带发生弯曲,如图 6.8-2 所示。常把半导体表面($x=0$)相对于体内($x \geqslant d$)的电势差称为表面势,记为 V_S。从图 6.8-2 可见,在空间电荷区($0 < x < d$)内,价带边离费米能级 E_F 比较远,表明在表面附近空穴被赶走,那里只有极小的空穴数密度。该区是一个缺乏载流子的高阻区,常称为表面载流子的耗尽层。

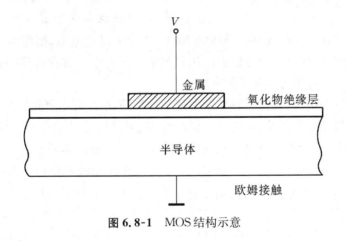

图 6.8-1 MOS 结构示意

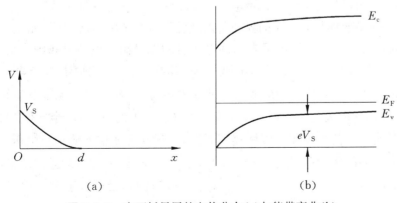

图 6.8-2 表面耗尽层的电势分布(a)与能带弯曲(b)

169

如果加大对金属施加的正电压,表面势将相应增大,能带也将更为弯曲。如图6.8-3所示。当费米能级E_F高于表面处的本征能级E_i时,表面附近就由p型转变成n型,因为在那里,电子数密度将高于空穴数密度。这就是说表面附近的半导体导电类型变得与体内相反,所以称该区域为表面反型层。可见形成表面反型层的条件为

$$eV_S \geqslant (E_i^B - E_F) \qquad (6.8\text{-}1)$$

这里E_i^B表示半导体体内的本征能级,即未发生能带弯曲时的本征能级。

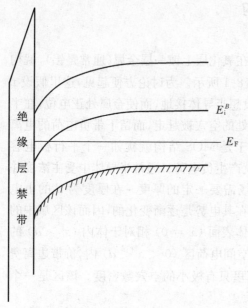

图6.8-3 表面反型层能带弯曲

前面的讨论假定组成MOS结构的半导体是p型。如果组成MOS结构的半导体是n型,也可作同样的讨论。这时如果对金属层施以负电压,则在其作用下,半导体表面的电子将被赶走,而形成缺乏载流子(电子)的表面耗尽层。如进一步加大负电压的值,则表面将由n型转变成p型,也形成表面反型层。如对p型半导体的MOS结构施以负电压,或对n型半导体的MOS结构施以正电压,则将在p型半导体表面积累起更多的空穴,或在n型半导体表面积累起更多的电子。常称这样的半导体表面区为表面积累层。在那里有更高的多子数密度。

在前面的讨论中认为,氧化层和半导体都是理想的,而实际上氧化层中常包含有一些正电荷。这些正电荷可分为两种:固定正电荷及可动正电荷。前者在氧化层中是不能移动的,对于硅MOS结构通常是在半导体氧化时因缺氧而产生的硅正离子Si^+;后者主要是来自工艺过程中的沾污,通常认为是钠的正离子Na^+,而且在外加电压作用下可以在氧化层中移动,造成MOS器件的不稳定。另外,由于处于半导体表面的原子与周围原子的成键状况和体内的原子不同,常在表面处形成一些局域电子态,相应的能级处在禁带中,故称之为界面电子态;而且,和杂质相类似,它们既可以是施主型的也可以是受主型的,前者可以给出电子而带正电荷,后者可以接受电子而带负电荷。由于这些氧化层电荷和界面态电荷的作用,即使不加外电压,在半导体与氧化层的界面附近就已经存在了电场,因而界面附近的半导体能带已是弯曲的。图6.8-4(a)示出了未加外电压时的能带图和电荷分布图。由于氧化层正电荷及界面态电荷(记为Q_{SS})的存在,金属一侧和半导体一侧分别感应起负电荷Q_M及Q_{SC}。由于存在Q_M与Q_{SS},在氧化层中形成自右向左的电场,因此氧化层能带发生倾斜。同样,半导体内的负电荷(电离受主杂质)Q_{SC}屏蔽了由Q_{SS}产生的电场,使半导体在界面层附近的能带发生弯曲。要使半导体能带恢复到平直,必须在金属层上施加负电压$V_{FB} < 0$,在金属一侧提供更多的负电荷以使$Q_M = -Q_{SS}$,如图6.8-4(b)所示。通常使半导体能带变平直时的外加电压称为平带电压V_{FB}。根据平带电压的测量可以了解氧化层电荷及界面态电荷的情况。

170

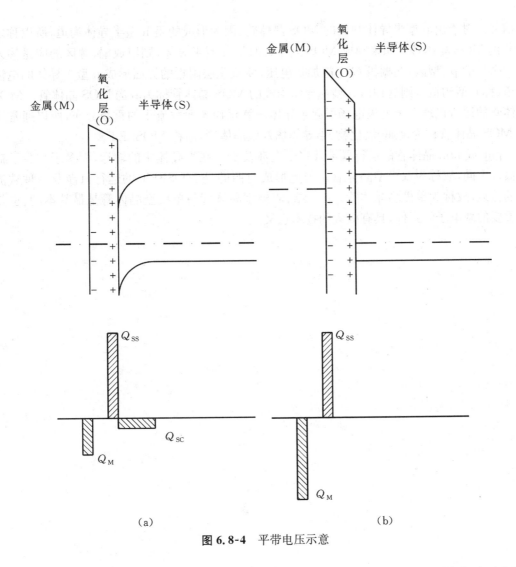

(a)   (b)

图 6.8-4　平带电压示意

　　MOS 结构常被用来制成能放大电信号的 MOS 晶体管。设如图 6.8-5 所示,在硅 MOS
结构的 p 型半导体上制作两个 n$^+$ 型(施主重掺杂)区,从
而形成两个 p-n$^+$ 结,常分别称与该二区连接的电极为漏
极和源极,并分别用 D 和 S 表示。另外,称与金属层相
连的电极为栅极,用 G 表示。设想如果在 D 极与 S 极之
间施加一电压,则相当于对两个背靠背的 p-n 结施加电
压。如其中一个 p-n 结处在正向则另一个必处于反向,
因此流过的电流很小,只能是 p-n 结的反向饱和电流。
现在如果在栅极 G 与 p 型硅衬底之间施以正电压,使 p
型硅的界面区转变为反型层,即变为 n 型硅。这样,在
氧化层界面附近形成 n 型硅的电流通道(常称为 n 型沟
道),于是在漏极 D 与源极 S 之间就有大量的电流流过。

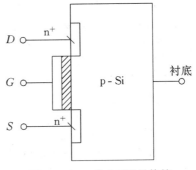

**图 6.8-5　n 沟 MOS 晶体管
结构示意**

因此,可以用加在栅极 G 上的电压来控制流过源-漏之间的电流,从而放大加在栅极 G 上的

电信号。对于由 p 型半导体制成的 MOS 晶体管,因为形成的是 n 型半导体沟道,所以称之为 n 沟 MOS 晶体管。如果制成 MOS 晶体管的是 n 型半导体,则组成漏、源区的应是掺入受主杂质的 p^+ 型区,在栅极 G 上施加负电压,使氧化层附近的界面形成 p 型半导体的电流通道(称 p 型沟道),则这种由 n 型半导体构成的 MOS 晶体管称为 p 沟 MOS 晶体管。MOS 晶体管的运行机理在于栅极电场引起半导体—氧化物界面载流子的重新分布,所以通常又将 MOS 晶体管称为金属-氧化物-半导体场效应晶体管,简称 MOSFET。

pnp 或 npn 晶体管的运行既涉及多子也涉及少子在半导体中的输运,而多子与少子荷电极性不同,故称为双极型晶体管。与此形成对照的是 MOSFET 的运行只涉及一种载流子的输运,故称为单极型晶体管。p-n 结、双极型晶体管与单极型晶体管是最基本的、也是最重要的微电子学元件,具有极大的技术意义。

第七章　固体的介电性质及光学性质

　　在各种频率的电磁场作用下,固体中的电子、离子将发生运动,并表现出相应的介电、光学特性。本章先讨论在直流或低频交流电场作用下的固体介电性质,然后再在此基础上讨论各种固体材料在光频电场作用下表现出来的各种光学性质。

7.1　介电常数及极化率

　　固体是由大量荷正电的原子核及荷负电的电子所组成的。在外电场$\mathcal{E}$的作用下,这些正负电荷要产生相对位移,而使固体介质极化。在原子晶体情形,是原子核周围的电子云发生畸变,使电子云的负电荷中心偏离荷正电的原子核,从而构成电偶极矩;在正负离子所组成的离子晶体中,则是正负离子间发生相对位移,因而也产生电偶极矩。还有一类固体,在无外电场时内部已存在分子固有电矩,但由于热运动,这些固有电矩的方向杂乱无章,呈随机分布,因此整个固体的总电偶极矩仍然为零。但当加上外电场后,这些固有电矩将逐渐转向与外电场方向一致而表现出非零的极化强度。总之,所有固体介质材料在外电场$\mathcal{E}$的作用下,都会发生极化。根据定义,单位体积中电偶极矩的矢量和称为极化强度$\boldsymbol{P}$。由静电学知,固体中的电位移矢量$\boldsymbol{D}$可由外电场$\mathcal{E}$及极化强度$\boldsymbol{P}$表示为

$$\boldsymbol{D} = \epsilon_0 \mathcal{E} + \boldsymbol{P} \tag{7.1-1}$$

式中$\epsilon_0 = 8.854 \times 10^{-12}$ F/m,为真空电容率。$\mathcal{E}$的单位是 V/m,$\boldsymbol{D}$及$\boldsymbol{P}$的单位是 C/m^2。如外电场$\mathcal{E}$不很强,可以认为极化强度$\boldsymbol{P}$与外电场有线性关系:

$$\boldsymbol{P} = \epsilon_0 \chi \mathcal{E} \tag{7.1-2}$$

其中比例系数χ即为固体介质的极化率。χ是表示固体介电性质的一个基本参量。χ愈大,则固体介质愈容易极化。将(7.1-2)式代入(7.1-1)式,可得

$$\boldsymbol{D} = \epsilon_0(1+\chi)\mathcal{E} = \epsilon_0 \epsilon \mathcal{E} \tag{7.1-3}$$

其中

$$\epsilon = 1 + \chi \tag{7.1-4}$$

称为固体的介电常数。ϵ也是表示固体材料在外电场$\mathcal{E}$作用下产生电极化大小的基本参量。

　　对于各向异性的固体,极化强度$\boldsymbol{P}$的方向不一定与外加电场$\mathcal{E}$相一致,因此对三维材料(7.1-2)式应一般表示为

$$\boldsymbol{P} = \epsilon_0 \boldsymbol{\chi} \cdot \mathcal{E} \tag{7.1-5}$$

式中 **χ** 为一二阶张量。(7.1-5)式也可写成分量形式：

$$P_\mu = \epsilon_0 \sum_\nu \chi_{\mu\nu} \mathcal{E}_\nu \qquad (7.1\text{-}6)$$

因此在各向异性的固体里，电位移矢量 **D** 的方向也不一定与外电场 $\mathcal{E}$ 相一致，介电常数也应是二阶张量，其分量可由下式给出：

$$\epsilon_{\mu\nu} = \delta_{\mu\nu} + \chi_{\mu\nu} \qquad (7.1\text{-}7)$$

这里 μ、ν 分别代表 x、y、z。不同的固体具有不同的微观极化机理，因此也表现出不同的宏观介电性质。

7.2 各种固体的介电性质

各种固体表现出来的宏观介电特性，都是固体中所包含的各种荷电微观粒子（电子、离子）对外电场作用响应的反映。自由电子、束缚电子以及离子在外场作用下都有各自不同的运动形态，因而表现出不同的宏观介电特性。下面首先讨论束缚电子对介电特性的贡献。几乎所有固体内都存在束缚电子，但是由束缚电子决定的介电特性主要在非导体（绝缘体及本征半导体）中才表现出来，因为在金属中存在大量的自由电子，自由电子对介电特性的贡献往往会掩盖束缚电子的影响。其次讨论离子晶体及具有部分离子性的极性晶体中由于离子位移而引起的电极化特性。然后讨论金属中自由电子对介电特性的贡献（半导体中的自由电子及空穴也表现出类似的特性）。此外，一部分固体中的电偶极矩在外场下的转向极化会表现出独特的介电特性，也将予以介绍。最后再简要地介绍一类特殊的固体——铁电体的主要特性。

一、非导体（绝缘体、半导体）的电子位移极化

这里先从经典的牛顿力学出发，将非导体晶体中的各个原子看成是由原子核及电子组成的谐振子，设此谐振子的固有频率为 ω_0。考虑一维模型，电子相对原子核的位移可表示成

$$x = x_0 e^{i\omega_0 t} \qquad (7.2\text{-}1)$$

谐振子的振动方程为

$$m\ddot{x} = -m\omega_0^2 x \qquad (7.2\text{-}2)$$

显然等式的右边 $-m\omega_0^2 x$ 为谐振子的振动恢复力，起源于原子核与电子之间的库仑作用力。当对晶体施加频率为 ω 的交变电场 $\mathcal{E} = \mathcal{E}_0 e^{i\omega t}$ 后，电子除受到恢复力 $-m\omega_0^2 x$ 外，还受到外电场的策动力 $-e\mathcal{E} = -e\mathcal{E}_0 e^{i\omega t}$。因此，谐振子的振动方程应改写成

$$m\ddot{x} = -m\omega_0^2 x - e\mathcal{E}_0 e^{i\omega t} \qquad (7.2\text{-}3)$$

实际上，电子之间还存在着相互作用，电子与晶体中的其他粒子（如声子）之间也存在着相互作用。因此，当外电场撤销后，谐振子的振动会逐渐衰减，并恢复到原来的平衡状态。这样的相互作用可以唯象地看成是电子在振动时受到阻尼。这种阻尼作用只有当存在振动时才

表现出来,因此可以认为与价电子的位移速度 $\mathrm{d}x/\mathrm{d}t$ 成正比而写成 $-m\Gamma\dfrac{\mathrm{d}x}{\mathrm{d}t}$。计及此阻尼作用,谐振子的振动方程(7.2-3)应写成

$$m\ddot{x} = -m\omega_0^2 x - e\mathscr{E}_0 \mathrm{e}^{\mathrm{i}\omega t} - m\Gamma\frac{\mathrm{d}x}{\mathrm{d}t} \tag{7.2-4}$$

易见这是谐振子在交变外电场 $\mathscr{E}_0\mathrm{e}^{\mathrm{i}\omega t}$ 作用下做受迫振动的运动方程,可令试解为

$$x = x_0 \mathrm{e}^{\mathrm{i}\omega t} \tag{7.2-5}$$

将上式代入(7.2-4)式,可得

$$x_0 = -\frac{e}{m}\frac{(\omega_0^2 - \omega^2) - \mathrm{i}\Gamma\omega}{(\omega_0^2 - \omega^2)^2 + \Gamma^2\omega^2}\mathscr{E}_0$$

即

$$x = -\frac{e}{m}\frac{(\omega_0^2 - \omega^2) - \mathrm{i}\Gamma\omega}{(\omega_0^2 - \omega^2)^2 + \Gamma^2\omega^2}\mathscr{E}_0 \mathrm{e}^{\mathrm{i}\omega t} \tag{7.2-6}$$

由于电子相对原子核的位移为 x,每个电子产生的电偶极矩即为 $-ex$。如电子数密度为 N(本章与下章中,为避免与折射率相混,数密度常用大写 N 表示,请读者注意),则晶体在外电场作用下的极化强度应为

$$P = -Nex$$

根据(7.1-2)式,晶体的极化率 χ 可表示为

$$\chi = \frac{P}{\epsilon_0 \mathscr{E}} = -\frac{Nex}{\epsilon_0 \mathscr{E}_0 \mathrm{e}^{\mathrm{i}\omega t}} = \frac{Ne^2}{m\epsilon_0}\frac{(\omega_0^2 - \omega^2) - \mathrm{i}\Gamma\omega}{(\omega_0^2 - \omega^2)^2 + \Gamma^2\omega^2} \tag{7.2-7}$$

将上式代入(7.1-4)式,晶体的介电常数便可表示为如下复数形式:

$$\epsilon = \epsilon_1(\omega) - \mathrm{i}\epsilon_2(\omega) \tag{7.2-8}$$

其中实部

$$\epsilon_1(\omega) = 1 + \frac{Ne^2}{m\epsilon_0}\frac{\omega_0^2 - \omega^2}{(\omega_0^2 - \omega^2)^2 + \Gamma^2\omega^2} \tag{7.2-9}$$

虚部

$$\epsilon_2(\omega) = \frac{Ne^2}{m\epsilon_0}\frac{\Gamma\omega}{(\omega_0^2 - \omega^2)^2 + \Gamma^2\omega^2} \tag{7.2-10}$$

可见,计入阻尼作用(即 $\Gamma \neq 0$)晶体的极化率及介电常数均变为复数。我们知道在介电常数为复数的介质中,交变电场的能量要损耗,能量损耗速率的平均值与介电常数的虚部 $\epsilon_2(\omega)$ 成正比,可表示为

$$\frac{\mathrm{d}W}{\mathrm{d}t} = \frac{1}{2}\epsilon_0\epsilon_2(\omega)\omega\mathscr{E}_0^2 \tag{7.2-11}$$

实际上,电子就是通过这种阻尼作用,即与晶体中的其他粒子(如声子)间的相互作用而将其从外电场获得的能量传递给晶格,因而造成电场能量的损耗。

上面介绍的经典理论是洛伦兹在 20 世纪初期提出来的,所以常称之为洛伦兹理论。

根据量子力学得到的能带理论,在半导体及绝缘体中,平衡时电子填满全部价带,而上面是未被电子占据的导带。采用量子力学中的微扰方法同样可以计算晶体的复数介电常数 ϵ,

相应的实部和虚部分别为

$$\epsilon_1(\omega) = 1 + \sum_j \frac{2N \mid M_{j0} \mid^2 \omega_{j0}}{\epsilon_0 \hbar} \frac{\omega_{j0}^2 - \omega^2}{(\omega_{j0}^2 - \omega^2)^2 + \Gamma^2 \omega^2} \tag{7.2-12}$$

$$\epsilon_2(\omega) = \sum_j \frac{2N \mid M_{j0} \mid^2 \omega_{j0}}{\epsilon_0 \hbar} \frac{\Gamma \omega}{(\omega_{j0}^2 - \omega^2)^2 + \Gamma^2 \omega^2} \tag{7.2-13}$$

式中

$$\omega_{j0} = E_{j0} / \hbar \tag{7.2-14}$$

$$M_{j0} = \langle \psi_j \mid -ex \mid \psi_0 \rangle \tag{7.2-15}$$

E_{j0} 表示电子基态与第 j 激发态能级之间的能量间隔。ψ_0 及 ψ_j 分别是电子基态及第 j 激发态的波函数,所以 M_{j0} 即为基态与第 j 激发态之间的电偶极矩 $(-ex)$ 的矩阵元,也称偶极跃迁矩阵元。这里的 Γ 可用电子平均寿命 τ 表示成 $\Gamma = 2\pi/\tau$。计及电子与晶体中的其他粒子(如声子)的相互作用,电子的状态将发生变化;或者说,电子会受到其他粒子的散射,从而每个电子态都有一定的寿命 τ,即电子平均地经过时间 τ 后,就会被散射至其他状态。

将(7.2-12)式及(7.2-13)式与经典理论的结果(7.2-9)式及(7.2-10)式相比较,可以看到,彼此基本上是一致的。但是按照量子理论晶体中应存在许多种固有频率 $\omega_{j0} = E_{j0} / \hbar$ 各不相同的谐振子,而在经典理论中,只存在一种固有频率为 ω_0 的谐振子。常引进下面的参数

$$f_{j0} = \frac{2 \mid M_{j0} \mid^2 m \omega_{j0}}{e^2 \hbar} \tag{7.2-16}$$

使量子理论的表式更便于与经典理论相比较,从而(7.2-12)式和(7.2-13)式可分别表示成

$$\epsilon_1(\omega) = 1 + \sum_j \frac{Ne^2 f_{j0}}{m \epsilon_0} \frac{\omega_{j0}^2 - \omega^2}{(\omega_{j0}^2 - \omega^2)^2 + \Gamma^2 \omega^2} \tag{7.2-17}$$

$$\epsilon_2(\omega) = \sum_j \frac{Ne^2 f_{j0}}{m \epsilon_0} \frac{\Gamma \omega}{(\omega_{j0}^2 - \omega^2)^2 + \Gamma^2 \omega^2} \tag{7.2-18}$$

以上两式形式上与经典理论(7.2-9)式与(7.2-10)式相近。很显然,f_{j0} 表示第 j 种谐振子对介电常数贡献的大小,所以称为振子强度。它也表达了量子理论对经典理论的修正。对直流电场,$\omega = 0$,由(7.2-8)式、(7.2-17)式及(7.2-18)式可得静态介电常数为

$$\epsilon_s = \epsilon_1(0) = 1 + \sum_j \frac{Ne^2 f_{j0}}{m \epsilon_0 \omega_{j0}^2} = 1 + \sum_j \frac{2N \mid M_{j0} \mid^2}{\epsilon_0 E_{j0}} \tag{7.2-19}$$

从上式可以看到,E_{j0} 愈大,ϵ_s 愈小。对于半导体及绝缘体,E_{j0} 可近似地看成是价带与导带间的禁带宽度。因绝缘体的禁带宽度比半导体大,绝缘体的静态介电常数应比半导体小。例如,半导体 Ge、Si 的 ϵ_s 分别为 16 及 12,而绝缘体金刚石的 ϵ_s 仅为 5.7。

如 $\Gamma^2 \ll \omega_{j0}^2$,可把表式(7.2-17)式及(7.1-18)式合并写成

$$\epsilon(\omega) = 1 + \sum_j A_{j0} \left[\frac{1}{E'_{j0} - E - \mathrm{i}\Lambda} + \frac{1}{E'_{j0} + E + \mathrm{i}\Lambda} \right] \tag{7.2-20}$$

其中，

$$A_{j0} = \frac{N \mid M_{j0} \mid^2}{\epsilon_0} \tag{7.2-21}$$

$$E = \hbar\omega \tag{7.2-22}$$

$$E'_{j0} = \hbar\sqrt{\omega_{j0}^2 - \Gamma^2/4} \tag{7.2-23}$$

$$\Lambda = \hbar\Gamma/2 \tag{7.2-24}$$

二、离子晶体的离子位移极化

第二章讨论晶格振动时知道，长波光学支晶格振动反映原胞内各个原子间的相对振动。对于由正负离子组成的离子晶体来说，这就是正负离子间的相对振动。由于离子带有电荷，离子晶体发生晶格振动时，各个离子除受到弹性恢复力外，离子间的库仑力也会相应变化。对于离子晶体或价键带有部分离子性的极性晶体（如Ⅲ-Ⅴ族、Ⅱ-Ⅵ族化合物半导体）中的长波光学支晶格振动，早在 20 世纪 50 年代黄昆等就提出了一组唯象方程。下面即从介绍这组唯象方程的基础出发讨论离子晶体（具体为氯化钠型）中的电极化问题。

在长波情形，由于波长比原子间距大得多，可以把晶体近似地看成连续介质。表示正负离子间相对位移的矢量 $\boldsymbol{w}$ 满足的黄昆方程为

$$\ddot{\boldsymbol{w}} = b_{11}\boldsymbol{w} + b_{12}\,\mathscr{E} \tag{7.2-25}$$

$$\boldsymbol{P} = b_{21}\boldsymbol{w} + b_{22}\,\mathscr{E} \tag{7.2-26}$$

式中 b_{11}、b_{12}、b_{21}、b_{22} 是 4 个常数参量；而 $\boldsymbol{w} = \sqrt{\dfrac{\mu}{\Omega}}(\boldsymbol{u}_+ - \boldsymbol{u}_-)$，$\boldsymbol{u}_+$、$\boldsymbol{u}_-$ 分别是振动时正、负离子的空间位移，μ 为它们的折合质量，Ω 为原胞体积。先从方程（7.2-26）式出发，该式表出了离子晶体中产生电极化的两个来源。$\boldsymbol{P}$ 为极化强度，等号右边第一项表示由于正、负离子的相对位移所形成的电极化；而第二项表示在电场 $\mathscr{E}$ 的作用下，正、负离子的电子云发生畸变，电子云的负电荷中心与原子核不重合而产生的电极化。现在再来看（7.2-25）式，该式实际上为经典力学中的牛顿方程，等号的左边 $\ddot{\boldsymbol{w}}$ 表示正负离子相对运动加速度；右边第一项表示因离子相对位移而引起的弹性恢复力，而第二项则表示电场 $\mathscr{E}$ 对离子的作用。

事实上，由于正负离子间的相对振动，即使不施加外电场，也可能在离子晶体中形成电场 $\mathscr{E}$。为此应具体分析横波与纵波振动的区别。我们知道横波不会引起密度起伏，不是一个疏密波；而纵波是一个疏密波，会引起介质密度的起伏。图 7.2-1 表示纵向光学支晶格振动会引起正、负密度的起伏，在某些区域正离子密度增加，负离子密度减少；而在另一些区域负离子密度增加，正离子密度减少。这样，晶体中不再处处保持电中性，在正离子密度增加的区域表现出正电荷，而在负离子增加的区域表现出负电荷，并由此产生电场。因为正负电荷密度的起伏是以波的形式在晶体中传播的，所以电场强度也以波的形式伴随着纵向光学支格波在晶体中传播；这就是说，离子晶体中的纵向光学支晶格振动必伴随电场强度的波动。至于横向光学支，由于不会引起正、负离子密度的起伏，不会破坏电中性，因而也不会产生电场。

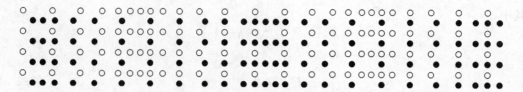

图 7.2-1 离子晶体中的纵向光学支晶格振动引起正、负离子密度的起伏

○——正离子, ●——负离子

下面首先定量讨论横向光学支晶格振动。由于横波不会产生电场,在(7.2-25)式中可令 $\mathscr{E} = 0$,这样,对横向光学支晶格振动,(7.2-25)式可写成

$$\ddot{w}_T = b_{11} w_T \tag{7.2-27}$$

采用平面波形式的试解

$$w_T = w_T^0 \exp[i(\omega_{T0} t - q_{T0} \cdot r)] \tag{7.2-28}$$

这里 ω_{T0} 及 q_{T0} 分别表示横向光学支长波的频率及波矢。将试解代入(7.2-27)式即可得唯象参数 b_{11}

$$b_{11} = -\omega_{T0}^2 \tag{7.2-29}$$

对于长波纵向光学支,由于伴随有电场的波动,必同时伴随有极化强度 P 的波动(极化波),可把与纵向格波一起存在的极化波及电场波动写成

$$P_L = P_L^0 \exp[i(\omega_{L0} t - q_{L0} \cdot r)] \tag{7.2-30}$$

$$\mathscr{E}_L = \mathscr{E}_L^0 \exp[i(\omega_{L0} t - q_{L0} \cdot r)] \tag{7.2-31}$$

式中已分别令 ω_{L0} 及 q_{L0} 为纵向光学支格波的频率及波矢。根据(7.1-1)式,可得晶体中的电位移矢量

$$D_L = \epsilon_0 \mathscr{E}_L + P_L \tag{7.2-32}$$

由于晶体中不存在任何"自由电荷",由麦克斯韦方程得到

$$\nabla \cdot D_L = 0 \tag{7.2-33}$$

将(7.2-32)式代入(7.2-33)式,并利用(7.2-30)式及(7.2-31)式可得

$$q_{L0} \cdot (\epsilon_0 \mathscr{E}_L + P_L) = 0$$

对于有限波长的纵向光学支格波,$q_{L0} \neq 0$,因此

$$\epsilon_0 \mathscr{E}_L + P_L = 0 \tag{7.2-34}$$

另一方面,对于纵向光学支格波(7.2-25)式和(7.2-26)式具体化为

$$\ddot{w}_L = b_{11} w_L + b_{12} \mathscr{E}_L \tag{7.2-35}$$

$$P_L = b_{21} w_L + b_{22} \mathscr{E}_L \tag{7.2-36}$$

利用(7.2-34)式及(7.2-36)式,可得到

178

$$\mathscr{E}_{\mathrm{L}} = -\frac{b_{21}}{\epsilon_0 + b_{22}} \boldsymbol{w}_{\mathrm{L}} \tag{7.2-37}$$

将(7.2-37)式代入(7.2-35)式,即得纵向光学支格波的振动方程为

$$\ddot{\boldsymbol{w}}_{\mathrm{L}} = \left(b_{11} - \frac{b_{12}b_{21}}{\epsilon_0 + b_{22}} \right) \boldsymbol{w}_{\mathrm{L}} \tag{7.2-38}$$

如果也将纵向光学支格波表示成平面波形式:

$$\boldsymbol{w}_{\mathrm{L}} = \boldsymbol{w}_{\mathrm{L0}} \exp[\mathrm{i}(\omega_{\mathrm{L0}}t - \boldsymbol{q}_{\mathrm{L0}} \cdot \boldsymbol{r})] \tag{7.2-39}$$

则可求得纵向光学支晶格振动的频率为

$$\omega_{\mathrm{L0}}^2 = \omega_{\mathrm{T0}}^2 + \frac{b_{12}b_{21}}{\epsilon_0 + b_{22}} \tag{7.2-40}$$

这里利用了(7.2-29)式。从后面的讨论可以看到,上式右方第二项大于零,可见由于纵向光学支格波伴随有电场波,离子在振动中除受到弹性恢复力之外还受到电场力的作用,所以纵向光学支格波的频率ω_{L0}总是高于横向光学支格波的频率ω_{T0}。

当在离子晶体上施加外电场

$$\mathscr{E} = \mathscr{E}_0 \exp(\mathrm{i}\omega t)$$

时,正、负离子将按外加电场的频率ω作受迫振动,

$$\boldsymbol{w} = \boldsymbol{w}_0 \exp(\mathrm{i}\omega t)$$

把上式代入(7.2-25)式,可得到

$$\boldsymbol{w} = -\frac{b_{12}}{b_{11} + \omega^2} \mathscr{E} \tag{7.2-41}$$

将上式代入(7.2-26)式,可得到

$$\boldsymbol{P} = \left(b_{22} - \frac{b_{12}b_{21}}{b_{11} + \omega^2} \right) \mathscr{E}$$

根据(7.1-2)式及(7.1-4)式,可得离子晶体的介电常数为

$$\epsilon = 1 + \frac{1}{\epsilon_0} \left(b_{22} + \frac{b_{12}b_{21}}{\omega_{\mathrm{T0}}^2 - \omega^2} \right) \tag{7.2-42}$$

在写出上式时,已利用了关系式(7.2-29)。从上式可见,介电常数ϵ随外电场的频率ω而改变。在高频极限,即当$\omega \to \infty$时,可得高频介电常数ϵ_∞。

$$\epsilon_\infty = 1 + \frac{b_{22}}{\epsilon_0}$$

即

$$b_{22} = \epsilon_0(\epsilon_\infty - 1) \tag{7.2-43}$$

而在直流电场的情形,即$\omega = 0$,由(7.2-42)式可得离子晶体的静态介电常数ϵ_{s}:

$$\epsilon_{\mathrm{s}} = 1 + \frac{1}{\epsilon_0} \left(b_{22} + \frac{b_{12}b_{21}}{\omega_{\mathrm{T0}}^2} \right)$$

再利用(7.2-43)式,可得到

$$b_{12}b_{21} = \epsilon_0(\epsilon_s - \epsilon_\infty)\omega_{T0}^2 \tag{7.2-44}$$

把(7.2-43)式及(7.2-44)式一起代入(7.2-42)式,可将离子晶体的介电常数表示成

$$\epsilon(\omega) = \epsilon_\infty + \frac{(\epsilon_s - \epsilon_\infty)\omega_{T0}^2}{\omega_{T0}^2 - \omega^2} \tag{7.2-45}$$

如果将(7.2-43)式及(7.2-44)式代入(7.2-40)式,则得到离子晶体中纵向光学支晶格振动的频率 ω_{L0} 与横向光学支晶格振动的频率 ω_{T0} 之间的关系

$$\frac{\omega_{L0}^2}{\omega_{T0}^2} = \frac{\epsilon_s}{\epsilon_\infty} \tag{7.2-46}$$

通常称此为 LST 关系。因为静态介电常数 ϵ_s 总大于高频介电常数 ϵ_∞,显然有 $\omega_{L0} > \omega_{T0}$。利用 LST 关系(7.2-46)式,(7.2-45)式也可写成

$$\epsilon(\omega) = \frac{\omega_{L0}^2 - \omega^2}{\omega_{T0}^2 - \omega^2}\epsilon_\infty \tag{7.2-47}$$

从上式可以看到,当 $\omega = \omega_{L0}$ 时,$\epsilon(\omega_{L0}) = 0$;而当 $\omega = \omega_{T0}$ 时,$\epsilon(\omega_{T0}) = \infty$。当然无穷大的介电常数是没有物理意义的。得到上述不合理结果的原因是在上面的讨论中没有考虑阻尼作用。如果类似于前面对电子极化的讨论,在振动方程(7.2-25)式右边加上一项与速度 $\dot{w}$ 成正比的阻尼项 $-\Gamma\dot{w}$,则振动方程应改写成

$$\ddot{w} = b_{11}w + b_{12}\mathscr{E} - \Gamma\dot{w} \tag{7.2-48}$$

重复上面的步骤,可以推得

$$\epsilon(\omega) = \epsilon_\infty + \frac{(\epsilon_s - \epsilon_\infty)\omega_{T0}^2}{(\omega_{T0}^2 - \omega^2) + i\Gamma\omega} \tag{7.2-49}$$

或

$$\epsilon(\omega) = \frac{\omega_{L0}^2 - \omega^2 + i\Gamma\omega}{\omega_{T0}^2 - \omega^2 + i\Gamma\omega}\epsilon_\infty \tag{7.2-50}$$

所以考虑阻尼以后,介电常数 $\epsilon(\omega)$ 也变成复数。当 ω 处在 ω_{T0} 或 ω_{L0} 附近时,$\epsilon(\omega)$ 随 ω 有剧烈的变化关系,这反映了离子位移对电极化的贡献。但当 ω 逐渐升高至 $\omega \gg \omega_{T0}$ 或 ω_{L0} 时,$\epsilon(\omega)$ 将逐渐趋近常数 ϵ_∞,这表明随着外加场频率 ω 的升高,离子位移已跟不上电场的变化。这时电极化主要来自于正、负离子电子云的畸变所形成的偶极矩,主要由(7.2-26)式右边第二项所表达。

三、金属或半导体中自由电子引起的极化

本节一开头所讨论的绝缘体、半导体的电子极化是束缚电子的电极化,即是那些不能参与导电的电子的极化,而这里则要讨论自由电子的电极化。本征半导体在高温下或掺杂半导体在常温下,都存在自由载流子电子(空穴),它们和金属中的自由电子一样,也是这里讨论的对象。

在理论上,常采用简化的胶体模型描述金属中的自由电子体系,即把金属中的正离子电荷看成是均匀分布的、连续的、固定不动的、荷正电的"胶体",而电子是在该"胶体"中自由移动的负电荷。很显然当电子也一个个均匀地分布在胶体中并保持整个体系电中性时,体系的能量为最低,是体系的基态。现在,如果偶然在某个区域发生电子数密度的涨落,即在某个地方电子数密度变大而在另一地方数密度减少,将会破坏局部电中性。电子数密度大的地方表现为负荷,而电子数密度小的地方表现为正电荷,并在正、负电荷之间形成电场。在电场的作用下,密度大的区域中的电子将向密度小的地方移动。使原来密度小的区域电子数密度变大,而原来密度大的地方电子数密度变小。这样,在金属中就会产生自由电子数密度的振荡,通常称之为等离子体振荡。振荡的传播形成波动。因为只有纵波才是疏密波,才会产生电子数密度的起伏,所以由等离子体振荡所形成的波动必定是纵波。如前所述,电子数密度均匀分布时的状态能量最低,是基态。所以产生等离体振荡时的状态就应是体系的激发态。按量子理论,所有状态的能量是量子化的。如果等离子体振荡的频率为 ω_P,则体系激发态的能量只能是 $\hbar\omega_P$ 的整数倍,$\hbar\omega_P$ 称为等离子振荡量子。这与晶格振动的声子很相似,理论计算证明,在长波极限(即波矢 $q \to 0$),等离子体振荡频率 ω_P 可表示成

$$\omega_P = \sqrt{\frac{Ne^2}{m\epsilon_0}} \qquad (7.2\text{-}51)$$

式中 N、e、m 分别是自由电子数密度、电荷及质量。

在下面的讨论中,为简单计,作两个基本假设:一是不存在外场时金属体内的自由电子是均匀分布的,即不存在等离子体振荡;另一是施加的电磁波的波长远大于晶体线度,以至于在金属体内可认为电场强度处处相等。这样,自由电子在外电场作用下将以相同的速度作整体运动。在运动过程中,自由电子数仍保持均匀分布,因而金属体内仍保持电中性。当然在金属表面会形成正、负电荷的积累,但是如果金属体积足够大,表面处的电荷积累对体内自由电子的影响往往可以略去。这样,金属体内的自由电子在运动过程中只受外加电场力的作用。据此可以写出自由电子的运动方程。具体假设一维模型,且电场随时间按

$$\mathcal{E} = \mathcal{E}_0 e^{i\omega t}$$

变化,则运动方程为

$$m\ddot{x} = -e\mathcal{E}_0 e^{i\omega t} \qquad (7.2\text{-}52)$$

如果考虑到电子在运动时受到其他粒子(如声子、杂质)的散射,则在方程中还须加上阻尼力 $-m\Gamma\dot{x}$:

$$m\ddot{x} = -e\mathcal{E}_0 e^{i\omega t} - m\Gamma\dot{x} \qquad (7.2\text{-}53)$$

将上式与洛伦兹理论的(7.2-4)式相比较,可以看到这里的情形就相当于 $\omega_0 = 0$。显然,这是与自由电子气的模型一致的。因此这里可以直接套用洛伦兹理论的结果(7.2-8)式、(7.2-9)式及(7.2-10)式,只要令其中 $\omega_0 = 0$。于是,介电常数的实部和虚部可分别表示为

$$\epsilon_1(\omega) = 1 - \frac{\omega_P^2}{\omega^2 + \Gamma^2} \qquad (7.2\text{-}54)$$

$$\epsilon_2(\omega) = \frac{\Gamma\omega_P^2/\omega}{\omega^2 + \Gamma^2} \qquad (7.2\text{-}55)$$

这里已应用了关系式(7.2-51)。

尽管上面的结果是从经典的牛顿方程推得的,但是多体量子理论也给出完全相同的结果。

四、固有电偶极矩的转向极化

有些分子晶体如 HCl、H_2S 等,因分子中的电子电荷分布常偏向于某个原子(如 Cl、S),而使分子具有固有的电偶极矩 $\boldsymbol{p}_0$。离子晶体中的正、负离子的空位也会形成固有电偶极矩 $\boldsymbol{p}_0$,如图 7.2-2 所示。如无外加电场,由于晶格的热运动,这些固有电偶极矩的取向都是杂乱无章的,因此整个晶体并不表现出极化强度。但如对晶体施加电场 $\mathscr{E}$,由于固有电偶极矩 $\boldsymbol{p}_0$ 方向与外场 $\mathscr{E}$ 趋向一致时具有较低的能量,固有电偶极矩 $\boldsymbol{p}_0$ 的方向将逐渐转向与 $\mathscr{E}$ 相同。这样,整个晶体的极化强度就不再为零。在绝对零度下,晶体中的所有固有电矩 $\boldsymbol{p}_0$ 的方向都将转向与 $\mathscr{E}$ 一致,因为这样可使体系的总能量最低。但是在有限温度下,由于热扰动,仍有一些固有电偶极矩的方向不能与 $\mathscr{E}$ 保持一致。而且温度愈高,方向与 $\mathscr{E}$ 不一致的固有电矩就愈多。假设某固有电矩 $\boldsymbol{p}_0$ 与外场 $\mathscr{E}$ 之间的夹角为 θ,则其在外场中的势能为

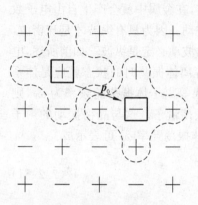

图 7.2-2 离子晶体中正、负离子空位产生固有的电偶极矩

$$U = -\boldsymbol{p}_0 \cdot \mathscr{E} = -p_0\mathscr{E}\cos\theta$$

由统计物理学知道,该固有电偶极矩出现在此方向的几率应与

$$\exp(-U/k_BT) = \exp(p_0\mathscr{E}\cos\theta/k_BT)$$

成正比。因此在有限温度 T 下,固有电偶极矩沿外场方向的平均值应为

$$\bar{p}_x = \frac{\int_0^{2\pi}\mathrm{d}\varphi\int_0^{\pi}\sin\theta\mathrm{d}\theta p_0\cos\theta\exp(p_0\mathscr{E}\cos\theta/k_BT)}{\int_0^{2\pi}\mathrm{d}\varphi\int_0^{\pi}\sin\theta\mathrm{d}\theta\exp(p_0\mathscr{E}\cos\theta/k_BT)} = p_0L\left(\frac{p_0\mathscr{E}}{k_BT}\right) \tag{7.2-56}$$

这里

$$L(x) = \frac{\mathrm{e}^x + \mathrm{e}^{-x}}{\mathrm{e}^x - \mathrm{e}^{-x}} - \frac{1}{x} \tag{7.2-57}$$

称为朗芝万(Langevin)函数。在室温及通常的场强下,$p_0\mathscr{E} \ll k_BT$。一般分子的电偶极矩约为 $p_0 \approx 10^{-29}$ C·m,若 $\mathscr{E}$ 取 10^5 V/m,则在室温 $T = 300$ K,$p_0\mathscr{E}/k_BT \approx 10^{-4}$。所以 $x = p_0\mathscr{E}/k_BT \ll 1$。在此条件下,朗芝万函数可近似地写成 $L(x) \approx x/3$,因此(7.2-56)式可近似地写成

$$\bar{p}_x \approx \frac{p_0^2\mathscr{E}}{3k_BT} \tag{7.2-58}$$

假设晶体中固有电偶极矩的数密度为 N,则晶体的极化强度 P 可写成

$$P = N \bar{p}_x = \frac{Np_0^2}{3k_BT}\mathscr{E} = \epsilon_0 \chi_s \mathscr{E} \tag{7.2-59}$$

由此可得晶体的极化率为

$$\chi_s = \frac{Np_0^2}{3\epsilon_0 k_B T} \tag{7.2-60}$$

在上面的讨论中,没有考虑电场$\mathscr{E}$随时间的变化,因此由(7.2-60)式给出的χ_s表示直流电场作用下的静态极化率,用脚标 s 表示。如外加电场是交变电场$\mathscr{E} = \mathscr{E}_0 e^{i\omega t}$,固有电偶极矩$p_0$也将随着交变电场$\mathscr{E}_0 e^{i\omega t}$而来回转向。但是,在转向过程中会受到邻近分子的阻挠,不可能与外场同步,而且为了克服邻近分子的阻力,必须消耗一定的能量,即损耗一部分电场能量,常称之为介电损耗。为了解其中的物理过程可分析从某一时刻$t = 0$施加直流电场后固有电偶极矩逐渐转向外电场方向的情形。如这一过程的弛豫时间为τ,则根据定义极化强度$P(t)$随时间变化的速率可表示为

$$\frac{dP(t)}{dt} = \frac{\epsilon_0 \chi_s \mathscr{E} - P(t)}{\tau} \tag{7.2-61}$$

式中$\epsilon_0 \chi_s \mathscr{E}$表示弛豫结束后极化强度的平衡值。根据上式可求得$P(t)$随时间的变化关系:

$$P(t) = \epsilon_0 \chi_s \mathscr{E}(1 - e^{-t/\tau})$$

即$P(t)$以指数形式随时间变化而逐渐趋近平衡值$\epsilon_0 \chi_s \mathscr{E}$。(7.2-61)式也能适用于交变场$\mathscr{E} = \mathscr{E}_0 e^{i\omega t}$,此时该式应改写成

$$\frac{dP(t)}{dt} = \frac{\epsilon_0 \chi_s \mathscr{E}_0 e^{i\omega t} - P(t)}{\tau} \tag{7.2-62}$$

显然$P(t)$也将按频率ω变化,因此$P(t)$可表示为

$$P(t) = \epsilon_0 \chi(\omega) \mathscr{E}_0 e^{i\omega t} \tag{7.2-63}$$

的试解形式,式中$\chi(\omega)$即是频率为ω的交变电场作用下的极化率。把上式代入(7.2-62)式,可得到

$$\chi(\omega) = \chi_s \frac{1}{1 + i\omega\tau}$$

再将(7.2-60)式代入,则得到

$$\chi(\omega) = \frac{Np_0^2}{3\epsilon_0 k_B T} \frac{1}{1 + i\omega\tau} \tag{7.2-64}$$

由上式可见,随着ω变大,$\chi(\omega)$将变小。这显然是由于固有电偶极矩跟不上电场变化的缘故。通常τ值在$10^{-10} \sim 10^{-12}$ s 之间,所以只有对低于微波频率的电磁场,$\chi(\omega)$才有较大的值。当ω大于微波频率时,固有电偶极矩转向极化的贡献逐渐降低而趋于零,这时必须考虑由洛伦兹理论给出的电子对极化率的贡献$\chi_e(\omega)$。为区别起见,这里分别用$\chi_e(\omega)$及$\epsilon_e(\omega)$表示电子极化相应的极化率及介电常数。从而这类晶体的介电常数应表示成固有电偶极矩转向极化与电子极化贡献之和:

$$\epsilon(\omega) = 1 + \chi_e(\omega) + \chi(\omega) = \epsilon_e(\omega) + \frac{Np_0^2}{3\epsilon_0 k_B T} \frac{1}{1 + i\omega\tau} \tag{7.2-65}$$

五、热电体及铁电体

这是一类特殊的、具有自发极化强度的固体。即使不加电场,这类固体也表现出数值很大的极化强度(10^5 C/m^2)。通常由于自发极化强度的存在,这类固体表面往往吸附有许多带电粒子。这些带电粒子的电荷屏蔽了自发极化强度,使它们不显示电偶极矩的特性。但如对它们加热,可以去除那些吸附在表面上的带电粒子,而显示出电偶极矩的存在,所以常把这类固体称为热释电晶体,简称热电体。对热电体施加外电场时,有一类热电体的自发极化强度可以随外电场的方向而转向,常把这类热电体称为铁电体。常见的铁电体有三类:罗息盐型,如 NaK($C_4H_4O_6$)·$4H_2O$ 及 LiNH$_4$($C_4H_4O_6$)·H_2O;KDP 型,如 KH$_2$PO$_4$、RbH$_2$PO$_4$、CsH$_2$AsO$_4$;钙钛矿型,如 BaTiO$_3$、SrTiO$_5$。非铁电体的热电体主要有硫酸三甘肽(TGS)晶体、LiTaO$_3$ 晶体、PLZT 陶瓷及聚偏二氟乙烯(PVF$_2$)薄膜等。

1. 相 变

铁电体的特性只存在于一定的温度范围。当温度 T 超过某一相变温度 T_C(常称居里温度)时,铁电特性消失,铁电体由铁电相转变成顺电相。处在顺电相的铁电体,不再具有自发极化强度。这时的静态介电常数满足居里-外斯定律:

$$\epsilon_s = \frac{C}{T - T_C} \tag{7.2-66}$$

这里 C 是与温度无关的常数,称之为居里常数。

2. 电 畴

处在铁电相时,铁电体内存在自发极化强度 P_s。但通常在铁电体内分成若干个区域,一般而言各个区域的自发极化强度的方向并不一致。在图 7.2-3 所示的情形,相邻区域的极化强度方向相反,因此整个固体的净极化强度为零。铁电体内的这些小区域称为电畴。铁电体内所以会形成电畴是因为这样可以使固体的总能量下降。

3. 电 滞 回 线

当对处在铁电相的铁电体施加外电场时各电畴内的极化强度就要发生转向。同时与外电场 $\mathcal{E}$ 方向一致的电畴将不断扩大,而与 $\mathcal{E}$ 方向不一致的电畴将逐渐减小,最后整个固体的极化强度都与 $\mathcal{E}$ 方向相一致。如改变外场的大小与方向,极化强度将表现出回线的特征。图 7.2-4 示出了图 7.2-3 中铁电体的极化强度 P 与外电场 $\mathcal{E}$ 的变化关系,常称此为电滞回线。假设初始时,铁电体的极化强度为零,在外电场 $\mathcal{E}$ 作用下,与 $\mathcal{E}$ 方向相反电畴中的自发极化强度发生转向,体积也随之缩小,而与 $\mathcal{E}$ 方向相同的电畴逐渐扩大,因此在图 7.2-4 中铁电体的总极化强度 P 将沿 OA 曲线逐渐变大。在足够大的电场下,整个铁电体将变成只有一个电畴,所有自发极化强度方向都与 $\mathcal{E}$ 一致,极化强度达到饱和。如果这时逐渐减小电场,极化强度 P 并不按原路沿 AO 曲线回到 O,而是沿 AB 曲线变化;即使外场降至零,铁电体仍留有一定的"剩余极化强度"P_r。要消去 P_r，必须施加相反方向的电场，当反向电场达 $-\mathcal{E}_C$ 时，才使 P_r 变为零，常称 $\mathcal{E}_C$ 为矫顽电场强度。

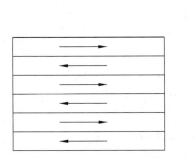

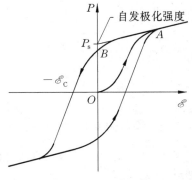

图 7.2-3　铁电体中的电畴结构示意　　　　图 7.2-4　电滞回线

对于形成铁电体的物理原因，历史上曾有理论予以解释，其中最著名的是"软模"理论。该理论认为铁电体的出现与离子位移极化有关。由 LST 关系可知，

$$\epsilon_s = \epsilon_\infty \frac{\omega_{L0}}{\omega_{T0}}$$

可见如横向光学支振动频率 $\omega_{T0} \to 0$，静态介电常数 ϵ_s 将趋向无穷大，静态极化率 $\chi_s = \epsilon_s - 1$ 也趋向无穷大。由于 $P = \epsilon_0 \chi_s \mathcal{E}$，这表明即使 $\mathcal{E} = 0$，也可以有非零的有限极化强度，就是说可以存在自发极化强度，从而形成铁电相。所以，$\omega_{T0} \to 0$ 可以认为是形成铁电体的一个物理原因。众所周知弹性体的振动频率与其弹性有关，弹簧愈软振动频率愈小，因此这里把 $\omega_{T0} \to 0$ 的振动模式称为软模。至于 ω_{T0} 趋于零的根源，通常认为是由于离子晶体的晶格振动恢复力可以分成两部分，即短程相互作用和长程库仑力。前者是离子间的引力和斥力，作用方向与离子间位移方向相反，阻止离子进一步位移；而后者是离子位移电偶极矩之间的相互作用力，这种力的作用与离子位移方向相同，因此帮助离子进一步位移。一旦这两种相互作用大小相抵时，晶格振动就失去了恢复力，正、负离子间产生了永久性的位移，并形成自发的电偶极矩及极化强度。软模理论可以很好地应用于钙钛矿型铁电体，并在实验上得到了证实。实验测量发现，当温度从高温趋近居里温度 T_C 时，钛酸锶（$SrTiO_3$）的 ω_{T0} 趋近于零。

7.3　光学常数与介电常数

前面讨论了在电场作用下的各种固体的介电性质。由于光就是频率较高的电磁波，固体的光学性质必然与其介电性质有密切的联系，光学常数也必定与介电常数有关。本节就要讨论它们间的相互关系。

一、光学常数与介电常数的关系

根据麦克斯韦方程

$$
\begin{cases}
\nabla \times \mathcal{E} = -\dfrac{\partial \boldsymbol{B}}{\partial t} = -\mu_0 \mu \dfrac{\partial \boldsymbol{H}}{\partial t} \\[2mm]
\nabla \times \boldsymbol{H} = \dfrac{\partial \boldsymbol{D}}{\partial t} = \epsilon_0 \epsilon \dfrac{\partial \mathcal{E}}{\partial t}
\end{cases}
\tag{7.3-1}
$$

可以导出电磁场的波动方程为

$$
\nabla^2 \mathcal{E} = \mu_0 \epsilon_0 \mu \epsilon \frac{\partial^2 \mathcal{E}}{\partial t^2}
\tag{7.3-2}
$$

这里 μ_0 为真空磁导率,而 μ 为相对磁导率。将平面波型的试解

$$
\mathcal{E} = \mathcal{E}_0 \exp\left[\mathrm{i}(\omega t - \boldsymbol{q} \cdot \boldsymbol{r})\right]
\tag{7.3-3}
$$

代入波动方程,可得

$$
q^2 = \mu_0 \epsilon_0 \mu \epsilon \omega^2 = \frac{1}{c^2} \mu \epsilon \omega^2
\tag{7.3-4}
$$

这里已利用了关系式

$$
\mu_0 \epsilon_0 = 1/c^2
\tag{7.3-5}
$$

c 是真空中的光速。众所周知波矢

$$
q = 2\pi/\lambda = \omega/v = n_c \omega/c
\tag{7.3-6}
$$

λ 是光的波长,v 是固体介质中的光速,而 n_c 即是固体介质的折射率。比较(7.3-4)式与(7.3-6)式,可得固体的折射率

$$
n_c^2 = \mu \epsilon \approx \epsilon
\tag{7.3-7}
$$

上面的近似等式是因为考虑到一般非磁性材料的相对磁导率 $\mu \approx 1$。这样,上式就把光学常数——折射率 n_c 与介电常数 ϵ 联系起来。由上节讨论知道,存在阻尼时固体介质的介电常数 ϵ 为复数,如(7.2-8)式所示。因此,由(7.3-7)式表出的折射率 n_c 也应为复数,可表示成

$$
n_c = n - \mathrm{i}k
\tag{7.3-8}
$$

为了清楚起见,常将 n_c 称为复数折射率,而其实部 n 称为折射率,其虚部 k 则称为消光系数。把(7.3-8)式代入(7.3-7)式,并利用(7.2-8)式,则可得如下关系:

$$
n^2 - k^2 = \epsilon_1
\tag{7.3-9}
$$

$$
2nk = \epsilon_2
\tag{7.3-10}
$$

为了解消光系数 k 的物理意义,可将(7.3-6)式代入(7.3-3)式,并设波矢 $\boldsymbol{q}$ 沿 x 方向,则由(7.3-8)式可得到

$$
\mathcal{E} = \mathcal{E}_0 \mathrm{e}^{\mathrm{i}\omega\left(t - \frac{n_c}{c}x\right)} = \mathcal{E}_0 \mathrm{e}^{\mathrm{i}\omega\left(t - \frac{n}{c}x\right)} \mathrm{e}^{-\frac{\omega k}{c}x}
\tag{7.3-11}
$$

由上式可以看到,沿 x 方向传播的光波的电场振幅以指数形式衰减。规定光在传播方向上每单位距离能流密度(电磁场的波印廷矢量)$\boldsymbol{S}$ 的相对变化为吸收系数 α:

$$
\alpha = -\frac{1}{|\boldsymbol{S}|} \frac{\mathrm{d}|\boldsymbol{S}|}{\mathrm{d}x}
\tag{7.3-12}
$$

其中

$$S = \mathscr{E} \times H \tag{7.3-13}$$

将(7.3-3)式代入(7.3-1)式中的第一式,并注意磁场强度 H 也以相同的频率和波矢振动且 $\mu \approx 1$,则可得到

$$q \times \mathscr{E} = -\mu_0 \omega H \tag{7.3-14}$$

考虑到电磁波是横波,波矢 q 与 $\mathscr{E}$ 相垂直,因此由上式可得

$$H = \frac{q}{\mu_0 \omega} \mathscr{E} \tag{7.3-15}$$

从(7.3-14)式可以看到,$\mathscr{E}$ 与 H 相互垂直,因此由(7.3-13)式

$$|S| = |\mathscr{E}H| = \frac{q}{\mu_0 \omega} \mathscr{E}^2 \tag{7.3-16}$$

将(7.3-11)式及(7.3-16)式一起代入(7.3-12)式,可得到

$$\alpha = \frac{2\omega k}{c} = 4\pi k / \lambda_0 \tag{7.3-17}$$

式中 λ_0 表示光在真空中的波长。可见反映光强衰减的吸收系数正比于消光系数 k。利用(7.3-10)式,也可把吸收系数 α 与介电常数的虚部 ϵ_2 联系起来:

$$\alpha = \frac{\omega \epsilon_2}{cn} = \frac{2\pi \epsilon_2}{\lambda_0 n} \tag{7.3-18}$$

在上节中曾提到介电常数 ϵ_2 与电场在固体中的能量损耗有关。在光学中,电磁场在固体中的能量损耗常用吸收系数 α 来描述。

对于具有自由电子的导体(金属或半导体),上节已导出过自由电子的电极化相应的介电常数。无疑,在交变外场作用下电子的运动将形成交变电流。习惯上,总是将自由电子引起的电流用电导率 σ 来描述,因此与自由电子相应的介电常数也必然可与导体的电导率联系起来。导体中电磁场能量密度损耗速率(或转换成热能的速率)可由下式进行计算:

$$\frac{dW}{dt} = \frac{1}{2} j_0 \mathscr{E}_0 = \frac{1}{2} \sigma \mathscr{E}_0^2 \tag{7.3-19}$$

式中 j_0 及 $\mathscr{E}_0$ 分别是变化的电流密度及电场强度的幅值。上式中已利用了欧姆定律 $j_0 = \sigma \mathscr{E}_0$。将上式与(7.2-11)式相比较,可以得到电导率 σ 直接与介电常数虚部 ϵ_2 相联系:

$$\epsilon_2 = \frac{\sigma}{\epsilon_0 \omega} \tag{7.3-20}$$

因此,导体(金属及半导体)中与自由电子相应的介电常数 ϵ 也可写成

$$\epsilon = \epsilon_1 - i \frac{\sigma}{\epsilon_0 \omega} \tag{7.3-21}$$

前面导出的消光系数及吸收系数也可分别用电导率表示成

$$k = \frac{\epsilon_2}{2n} = \frac{\sigma}{2n\epsilon_0\omega} \tag{7.3-22}$$

$$\alpha = \frac{\omega\epsilon_2}{cn} = \frac{\sigma}{c\epsilon_0 n} \tag{7.3-23}$$

在光学实验中,反射率的测量是一种基本测量方法。反射率 R 的定义为反射光的能流密度 S_r 与入射光的能量密度 S_i 之比:

$$R = S_r/S_i$$

在光束垂直入射的情形,反射率可由下式给出:

$$R = \frac{|n_c - 1|^2}{|n_c + 1|^2} = \frac{(n-1)^2 + k^2}{(n+1)^2 + k^2} \tag{7.3-24}$$

把 n 和 k 与介电常数 $\epsilon = \epsilon_1 - i\epsilon_2$ 间的关系代入,就可得到反射率 R 与介电常数的关系。

二、克拉默斯-克勒尼希关系

从上面的讨论可知,介电常数 ϵ 及折射率 n_c 都是复数。数学理论表明,满足一定条件的复变函数,实部与虚部间存在着一定的关系,常称此关系为克拉默斯-克勒尼希关系或 K-K 关系。利用这一关系可把介电常数的实部 $\epsilon_1(\omega)$ 及虚部 $\epsilon_2(\omega)$ 用下面的表式联系起来:

$$\begin{cases} \epsilon_1(\omega) - 1 = -\frac{2}{\pi} \mathcal{P} \int_0^\infty \frac{s\epsilon_2(s)}{s^2 - \omega^2} ds \\ \epsilon_2(\omega) = \frac{2\omega}{\pi} \mathcal{P} \int_0^\infty \frac{\epsilon_1(s) - 1}{s^2 - \omega^2} ds \end{cases} \tag{7.3-25}$$

同样对复数折射率 n_c 的实部 $n(\omega)$ 及虚部 $k(\omega)$ 也可用下面的表式相联关:

$$\begin{cases} n(\omega) - 1 = -\frac{2}{\pi} \mathcal{P} \int_0^\infty \frac{sk(s)}{s^2 - \omega^2} ds \\ k(\omega) = \frac{2\omega}{\pi} \mathcal{P} \int_0^\infty \frac{n(s)}{s^2 - \omega^2} ds \end{cases} \tag{7.3-26}$$

(7.3-25)和(7.3-26)两式中的积分都是反常积分($s = \omega$ 为被积函数的极点),积分号前的 $\mathcal{P}$ 表示取积分的主值。从上面的表式可以看到,只要知道实部 $\epsilon_1(\omega)$ 或 $n(\omega)$,利用 K-K 关系就可求出它的虚部 $\epsilon_2(\omega)$ 或 $k(\omega)$;反之亦然。这在实验测量中是非常有用的,例如可比较容易地测出固体的吸收系数 $\alpha(\omega)$,于是利用(7.3-17)式即可求出消光系数 $k(\omega)$,再通过 K-K 关系即可求出折射率 $n(\omega)$。由于(7.3-26)式中的积分范围是 $0 \to \infty$,为了保证一定的精度,对 $\alpha(\omega)$ 的实验测量必须在尽可能广的频率范围内进行。

7.4 非线性光学

在 7.2 节的讨论中,认为极化强度 P 与外电场 $\mathscr{E}$ 成正比。这在光电场较小的情况下是适用的。但在实际上,极化强度 P 并不严格地与 $\mathscr{E}$ 成线性关系。这种非线性来源于介质电极化的非线性,在 7.2 节介绍的洛伦兹理论中,认为振子的恢复力 $-m\omega_0^2 x$ 与振子位移 x 存在线性关系(即满足胡克定律),这是一种近似。如果考虑到除线性恢复力 $-m\omega_0^2 x$ 之外,还存在形如 $-mvx^2$ 的非线性二次项恢复力,v 是量纲为 $L^{-1}T^{-2}$ 的系数,则振子运动方程(7.2-4)式应改写成

$$m\ddot{x} = -m\omega_0^2 x - mvx^2 - e\mathscr{E}(t) - m\Gamma\frac{\mathrm{d}x}{\mathrm{d}t} \tag{7.4-1}$$

这里已把外场写成更一般的形式 $\mathscr{E}(t)$,而不必为简谐形式的 $\mathscr{E}_0 \mathrm{e}^{\mathrm{i}\omega t}$。为了求解方程(7.4-1)式,可令

$$x = \sum_{i=1}^{n} x_i \tag{7.4-2}$$

并认为 $x_i \propto \mathscr{E}^i$。上式实际上是将受电场影响的位移 x 按电场强度的幂级数展开。这里将电场 $\mathscr{E}$ 看成是一个小量,因此 x_i 是 i 级小量。将(7.4-2)式代入(7.4-1)式,按照小量的级次 i,可分别列出相应的方程:

一级小量 $i=1$,

$$\ddot{x}_1 + \omega_0^2 x_1 + \Gamma\dot{x}_1 = -\frac{e}{m}\mathscr{E}(t) \tag{7.4-3}$$

二级小量 $i=2$,

$$\ddot{x}_2 + \omega_0^2 x_2 + \Gamma\dot{x}_2 = -vx_1^2 \tag{7.4-4}$$

对于其他高级小量,也可分别依次列出。为简单起见,这里只考虑至二级小量(或二级非线性极化率)为止。设外场 $\mathscr{E}(t)$ 由两个频率为 ω_1 及 ω_2 的交变场叠加而成:

$$\mathscr{E}(t) = \mathscr{E}_1 \cos\omega_1 t + \mathscr{E}_2 \cos\omega_2 t$$

$$= \frac{1}{2}(\mathscr{E}_1 \mathrm{e}^{\mathrm{i}\omega_1 t} + \mathscr{E}_2 \mathrm{e}^{\mathrm{i}\omega_2 t} + \mathscr{E}_1 \mathrm{e}^{-\mathrm{i}\omega_1 t} + \mathscr{E}_2 \mathrm{e}^{-\mathrm{i}\omega_2 t})$$

$$= \frac{1}{2}\sum_n \mathscr{E}_n \mathrm{e}^{\mathrm{i}\omega_n t} \tag{7.4-5}$$

这里 $n = \pm 1, \pm 2$,并约定 $\omega_{-1} = -\omega_1$,$\omega_{-2} = -\omega_2$,而且 $\mathscr{E}_n = \mathscr{E}_{-n}$。由于方程(7.4-3)式与洛伦兹理论的方程(7.2-4)式相似,也是一个线性方程,可令其试解为

$$x_1 = \sum_n x_{1n} \mathrm{e}^{\mathrm{i}\omega_n t} \tag{7.4-6}$$

代入(7.4-3)式后,可得到

$$x_{1n} = \frac{e}{2m}\frac{\mathscr{E}_n}{\omega_n^2 - \omega_0^2 - \mathrm{i}\Gamma\omega_n} \tag{7.4-7}$$

即

$$x_1 = \sum_n \frac{e}{2m} \frac{\mathscr{E}_n \mathrm{e}^{\mathrm{i}\omega_n t}}{\omega_n^2 - \omega_0^2 - \mathrm{i}\Gamma\omega_n} \tag{7.4-8}$$

于是方程(7.4-4)式右边的 x_1^2 成为

$$x_1^2 = \sum_{n,\,m} \frac{e^2}{4m^2} \frac{\mathscr{E}_n \mathscr{E}_m \mathrm{e}^{\mathrm{i}(\omega_n+\omega_m)t}}{(\omega_n^2 - \omega_0^2 - \mathrm{i}\Gamma\omega_n)(\omega_m^2 - \omega_0^2 - \mathrm{i}\Gamma\omega_m)} \tag{7.4-9}$$

令(7.4-4)式的试解为

$$x_2 = \sum_{n,\,m} x_{2nm} \mathrm{e}^{\mathrm{i}(\omega_n+\omega_m)t} \tag{7.4-10}$$

这里 $n,\,m$ 可分别取值 ± 1 及 ± 2。将试解代入(7.4-4)式,可得到

$$x_{2nm} = \frac{ve^2 \mathscr{E}_n \mathscr{E}_m}{4m^2} \frac{1}{[(\omega_n+\omega_m)^2 - \omega_0^2 - \mathrm{i}\Gamma(\omega_n+\omega_m)](\omega_n^2 - \omega_0^2 - \mathrm{i}\Gamma\omega_n)(\omega_m^2 - \omega_0^2 - \mathrm{i}\Gamma\omega_m)}$$

即

$$x_2 = \sum_{n,\,m} \frac{ve^2}{4m^2} \frac{\mathscr{E}_n \mathscr{E}_m \mathrm{e}^{\mathrm{i}(\omega_n+\omega_m)t}}{[(\omega_n+\omega_m)^2 - \omega_0^2 - \mathrm{i}\Gamma(\omega_n+\omega_m)](\omega_n^2 - \omega_0^2 - \mathrm{i}\Gamma\omega_n)(\omega_m^2 - \omega_0^2 - \mathrm{i}\Gamma\omega_m)} \tag{7.4-11}$$

在只考虑二级小量的情形,由电子位移引起的极化强度可表示为

$$P = -Ne(x_1 + x_2) = P_1 + P_2$$

其中

$$P_1 = -Nex_1 = \sum_n \frac{Ne^2}{2m} \frac{\mathscr{E}_n \mathrm{e}^{\mathrm{i}\omega_n t}}{\omega_0^2 - \omega_n^2 + \mathrm{i}\Gamma\omega_n} \tag{7.4-12}$$

$$P_2 = -Nex_2$$

$$= \sum_{n,\,m} \frac{Nve^3}{4m^2} \frac{\mathscr{E}_n \mathscr{E}_m \mathrm{e}^{\mathrm{i}(\omega_n+\omega_m)t}}{[\omega_0^2 - (\omega_n+\omega_m)^2 + \mathrm{i}\Gamma(\omega_n+\omega_m)](\omega_0^2 - \omega_n^2 + \mathrm{i}\Gamma\omega_n)(\omega_0^2 - \omega_m^2 + \mathrm{i}\Gamma\omega_m)} \tag{7.4-13}$$

可见由(7.4-12)式所表示的 P_1 与外电场 $\mathscr{E}_n \mathrm{e}^{\mathrm{i}\omega_n t}$ 成线性关系,由此可以规定线性极化率 $\chi^{(1)}(\omega_n)$,

$$P_1 = \sum_n \epsilon_0 \chi^{(1)}(\omega_n) \left(\frac{1}{2} \mathscr{E}_n \mathrm{e}^{\mathrm{i}\omega_n t} \right) \tag{7.4-14}$$

与(7.4-12)式相比较,可得线性极化率为

$$\chi^{(1)}(\omega_n) = \frac{Ne^2}{\epsilon_0 m} \frac{1}{\omega_0^2 - \omega_n^2 + \mathrm{i}\Gamma\omega_n} \tag{7.4-15}$$

这与洛伦兹理论的表示式(7.2-7)完全一样。

由(7.4-13)式所示的 P_2 与外电场的二次方 $\mathscr{E}_n \mathscr{E}_m \mathrm{e}^{\mathrm{i}(\omega_n+\omega_m)t}$ 成正比,所以这是二阶非线性极化强度,据此可以规定二阶非线性极化率 $\chi^{(2)}(\omega_n, \omega_m)$:

$$P_2 = \sum_{n,\,m} \epsilon_0 \chi^{(2)}(\omega_n,\,\omega_m) \left(\frac{1}{2} \mathscr{E}_n e^{i\omega_n t} \right) \left(\frac{1}{2} \mathscr{E}_m e^{i\omega_m t} \right)$$

$$= \frac{1}{4} \sum_{n,\,m} \epsilon_0 \chi^{(2)}(\omega_n,\,\omega_m) \mathscr{E}_n \mathscr{E}_m e^{i(\omega_n + \omega_m)t} \tag{7.4-16}$$

与(7.4-13)式相比较,可得到

$$\chi^{(2)}(\omega_n,\,\omega_m) = \frac{N v e^3}{\epsilon_0 m^2} \frac{1}{[\omega_0^2 - (\omega_n + \omega_m)^2 + i\Gamma(\omega_n + \omega_m)](\omega_0^2 - \omega_n^2 + i\Gamma\omega_n)(\omega_0^2 - \omega_m^2 + i\Gamma\omega_m)} \tag{7.4-17}$$

利用(7.4-15)式,$\chi^{(2)}$ 也可用 $\chi^{(1)}$ 表示:

$$\chi^{(2)}(\omega_n,\,\omega_m) = \frac{m v \epsilon_0^2}{N^2 e^3} \chi^{(1)}(\omega_n) \chi^{(1)}(\omega_m) \chi^{(1)}(\omega_n + \omega_m) \tag{7.4-18}$$

从上面的讨论可以看到,是电子位移的非线性恢复力使电极化产生了非线性,即极化强度不仅与电场强度 $\mathscr{E}(t)$ 的一次方有关,而且还与电场强度 $\mathscr{E}(t)$ 的高次幂有关(上面的讨论中,只计及二次幂)。如果在(7.4-14)式中,令 $n = \pm 1, \pm 2$,则可得到

$$P_1 = \epsilon_0 \chi^{(1)}(\omega_1) \mathscr{E}_1 \cos \omega_1 t + \epsilon_0 \chi^{(1)}(\omega_2) \mathscr{E}_2 \cos \omega_2 t \tag{7.4-19}$$

同样,如果在(7.4-16)式中,完成对 n、m 的求和计算,则可得

$$P_2 = \frac{1}{2} \epsilon_0 \chi^{(2)}(2\omega_1) \mathscr{E}_1^2 \cos(2\omega_1 t) + \frac{1}{2} \epsilon_0 \chi^{(2)}(2\omega_2) \mathscr{E}_2^2 \cos(2\omega_2 t)$$

$$+ \epsilon_0 \chi^{(2)}(\omega_1 + \omega_2) \mathscr{E}_1 \mathscr{E}_2 \cos[(\omega_1 + \omega_2)t] + \epsilon_0 \chi^{(2)}(\omega_1 - \omega_2) \mathscr{E}_1 \mathscr{E}_2 \cos[(\omega_1 - \omega_2)t]$$

$$+ \frac{1}{2} \epsilon_0 \chi^{(2)}(0) \mathscr{E}_1^2 + \frac{1}{2} \epsilon_0 \chi^{(2)}(0) \mathscr{E}_2^2 \tag{7.4-20}$$

在上面的表式中,已令

$$\chi^{(2)}(2\omega_1) \equiv \chi^{(2)}(\omega_1,\,\omega_1), \quad \chi^{(2)}(2\omega_2) \equiv \chi^{(2)}(\omega_2,\,\omega_2),$$

$$\chi^{(2)}(\omega_1 + \omega_2) \equiv \chi^{(2)}(\omega_1,\,\omega_2) \equiv \chi^{(2)}(\omega_2,\,\omega_1), \quad \chi^{(2)}(\omega_1,\,-\omega_2) \equiv \chi^{(2)}(\omega_2,\,-\omega_1)$$

$$\chi^{(2)}(0) \equiv \chi^{(2)}(\omega_1,\,-\omega_1) \equiv \chi^{(2)}(\omega_2,\,-\omega_2)$$

所以,在入射光包括两种频率 ω_1、ω_2 的情形(如(7.4-5)式所示),晶体中除产生频率分别为 ω_1、ω_2 的线性极化强度 P_1 外,还产生含有频率成分 $2\omega_1$、$2\omega_2$、$\omega_1 \pm \omega_2$ 以及直流成分的二阶非线性极化强度 P_2。这说明在晶体中存在有频率 ω_1、ω_2、$2\omega_1$、$2\omega_2$、$\omega_1 \pm \omega_2$ 的电偶极子的振动,这些电偶极子的振动将各自辐射相应频率的电磁波(光波)。通常将能产生非线性极化的晶体称非线性晶体。可见通过非线性晶体的作用,可以得到倍频、和频及差频的光辐射,而且还得到直流电场,即可使光波整流。

上面讨论的仅是一维情形。在三维情形,如果也只考虑到二阶非线性极化率,则极化强度可用分量形式表示为

$$P_i = \epsilon_0 \sum_j \chi_{ij}^{(1)} \mathscr{E}_j + \epsilon_0 \sum_{j,\,k} \chi_{ijk}^{(2)} \mathscr{E}_j \mathscr{E}_k \tag{7.4-21}$$

所以，一阶线性极化率 $\chi^{(1)}$ 是二阶张量，二阶非线性极化率 $\chi^{(2)}$ 是三阶张量。如果考虑更高的 n 阶非线性极化率 $\chi^{(n)}$，则应是 $n+1$ 阶张量。对于三维情形，(7.4-18)式可近似地表示成

$$\chi^{(2)}_{ijk}(\omega_n, \omega_m) \approx \frac{mv^2 \epsilon_0^2}{N^2 e^3} \chi^{(1)}_{ii}(\omega_n) \chi^{(1)}_{jj}(\omega_m) \chi^{(1)}_{kk}(\omega_n + \omega_m) \tag{7.4-22}$$

应该指出，非线性极化率与晶体的对称性有关，存在有反演中心对称性的晶体，偶次阶非线性极化率均为零。

上面用经典的理论推得二阶非线性极化率的表示式(7.4-17)，采用量子理论也可得到相似的表式，但由于形式过于繁复，这里只列出关于倍频的二阶非线性极化率的一个张量元 $\chi^{(2)}_{111}(2\omega)$ 的表示式：

$$\chi^{(2)}_{111}(2\omega) = -\sum_{g \neq i \neq j} \frac{N}{2 \hbar^2 \epsilon_0} M_{gi} M_{ij} M_{jg} \rho^{(0)}_{gg} \times \left[(2\omega - \omega_{ig})^{-1} (\omega - \omega_{jg})^{-1} \right.$$
$$\left. + (2\omega + \omega_{ig})^{-1} (\omega + \omega_{jg})^{-1} - (\omega + \omega_{ig})^{-1} (\omega - \omega_{jg})^{-1} \right] \tag{7.4-23}$$

这里 g 表示各个占据态能级；$\rho^{(0)}_{gg}$ 表示这些占据态能级的电子占据几率；i、j 是未被电子占据的激发态能级；M_{ij} 与(7.2-15)式的定义相同，表示 i 能级与 j 能级间的偶极跃迁矩阵元；ω_{ig} 与(7.2-14)式的定义相同，$\hbar \omega_{ig}$ 表示 i 能级与 g 能级间的能量差。在上面的表式中没有考虑电子受其他粒子的散射，即没有考虑阻尼。

由以上讨论看出，可以用非线性晶体制作光的倍频器、混频器及整流器，但在实际应用中还必须解决位相匹配的问题。设想有两束频率分别为 ω_1、ω_2 的光波入射于非线性晶体，其在晶体中的波矢应为 $k_1 = n(\omega_1)\omega_1/c$ 与 $k_2 = n(\omega_2)\omega_2/c$，其中 $n(\omega_1)$、$n(\omega_2)$ 是晶体对频率为 ω_1 及 ω_2 的光波的折射率，一般而言 $n(\omega_1) \neq n(\omega_2)$。在前面的讨论中，为简单起见，只写出了电场强度及极化强度随时间的变化关系而没有写出与空间位置的关系，否则表示入射光电场的(7.4-5)式应写成

$$\mathscr{E}(t) = \mathscr{E}_1 \cos(\omega_1 t - k_1 x) + \mathscr{E}_2 \cos(\omega_2 t - k_2 x) = \frac{1}{2} \sum_n \mathscr{E}_n e^{i(\omega_n t - k_n x)} \tag{7.4-24}$$

这时二阶非线性极化强度 P_2 的表示式(7.4-20)也应写成

$$P_2 = \frac{1}{2} \epsilon_0 \chi^{(2)}(2\omega_1) \mathscr{E}_1^2 \cos(2\omega_1 t - 2k_1 x)$$
$$+ \frac{1}{2} \epsilon_0 \chi^{(2)}(2\omega_2) \mathscr{E}_2^2 \cos(2\omega_2 t - 2k_2 x)$$
$$+ \epsilon_0 \chi^{(2)}(\omega_1 + \omega_2) \mathscr{E}_1 \mathscr{E}_2 \cos[(\omega_1 + \omega_2)t - (k_1 + k_2)x]$$
$$+ \epsilon_0 \chi^{(2)}(\omega_1 - \omega_2) \mathscr{E}_1 \mathscr{E}_2 \cos[(\omega_1 - \omega_2)t - (k_1 - k_2)x]$$
$$+ \frac{1}{2} \epsilon_0 \chi^{(2)}(0) \mathscr{E}_1^2 + \frac{1}{2} \epsilon_0 \chi^{(2)}(0) \mathscr{E}_2^2 \tag{7.4-25}$$

为清楚起见，考察和频 $\omega_1 + \omega_2$。从上式第三项可见，在晶体中激发起来的和频极化波（极化强度的波动）的波矢是 $k_1 + k_2 = n(\omega_1)\omega_1/c + n(\omega_2)\omega_2/c$。由该极化波辐射出来的光波，频率当然应是 $\omega_3 = \omega_1 + \omega_2$，但该频率的光波在晶体中传播的波矢应是

$$k_3 = n(\omega_3)\omega_3/c = n(\omega_1 + \omega_2)(\omega_1 + \omega_2)/c$$

在一般情形,因为 $n(\omega_1) \neq n(\omega_2) \neq n(\omega_1 + \omega_2)$,所以光波的波矢 k_3 并不能与极化波的波矢 $k_1 + k_2$ 相等。结果由晶体不同位置的极化波辐射出来的光波位相不能相互匹配,干涉结果可能彼此抵消。所以,为了实际上得到频率为 $\omega_3 = \omega_1 + \omega_2$ 的光波,必须设法使 k_3 与 $k_1 + k_2$ 相等,也即使和频的光波与和频的极化波的位相相匹配。通常都利用非线性晶体的双折射性质来达到位相匹配的目的。双折射晶体的折射率与光的入射角度及温度有关,因此选择适当的入射角和温度,可以使 $k_3 = n(\omega_3)\omega_3/c$ 与 $k_1 + k_2 = [n(\omega_1)\omega_1 + n(\omega_2)\omega_2]/c$ 相等,从而实现和频效应。

以下几节均限于讨论与线性极化相关的物理过程。

7.5 带间跃迁光吸收

本节讨论非导体(绝缘体及半导体)的光吸收现象。

一、频谱区的划分

根据经典的洛伦兹理论得到的极化率表示式(7.2-9)和(7.2-10)式可把整个频率范围划分成 4 个区域:透明区、吸收区、反射区及透明区。

令 $\omega_P^2 = Ne^2/(m\epsilon_0)$,可将(7.2-9)和(7.2-10)式改写成如下形式:

$$\epsilon_1(\omega) = 1 + \frac{\omega_P^2(\omega_0^2 - \omega^2)}{(\omega_0^2 - \omega^2)^2 + \Gamma^2\omega^2} \tag{7.5-1}$$

$$\epsilon_2(\omega) = \frac{\Gamma\omega\omega_P^2\omega}{(\omega_0^2 - \omega^2)^2 + \Gamma^2\omega^2} \tag{7.5-2}$$

由(7.2-51)式知 ω_P 是非导体价电子的等离子体频率,其实就是设想非导体的所有价电子都激发成自由电子时的等离子体频率。根据(7.5-1)式及(7.5-2)式,可以画出 $\epsilon_1(\omega)$ 及 $\epsilon_2(\omega)$ 与 ω 的关系图,如图 7.5-1 所示。从图中可以看到整个频谱可以划分成四个区域。

(1) Ⅰ区(透明区)。该区域中,$\epsilon_2(\omega) \approx 0$,$\epsilon_1(\omega) > 0$,由(7.3-9)式及(7.3-10)式可得 $n > 0$,$k \approx 0$,因而吸收系数 $\alpha \approx 0$。这就是说,在该区域中,不会产生光吸收,所以Ⅰ区是光的透明区。

(2) Ⅱ区(吸收区)。在该区域中,$\epsilon_2(\omega)$ 在 ω_0 处达峰值,而 $\epsilon_1(\omega)$ 在 ω_0 附近由正变负。根据(7.3-9)式及(7.3-10)式可算得 k,因而 α 在 ω_0 附近有个峰值,处在该频率范围内的光波在晶体中将被吸收,故Ⅱ区是光的吸收区。

(3) Ⅲ区(反射区)。该区域的主要特征是 $\epsilon_2(\omega) \approx 0$,而 $\epsilon_1(\omega) < 0$。因此,根据(7.3-9)式及(7.3-10)式,可得 $n \approx 0$,而 $k = \sqrt{-\epsilon_1(\omega)} > 0$。根据(7.3-24)式,可得 $R \approx 1$。所以,在该区域中的光波都将被晶体反射,该区域是光的反射区。

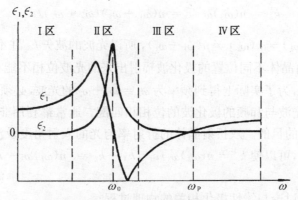

图 7.5-1　洛伦兹理论极化率 $\epsilon_1(\omega)$ 和 $\epsilon_2(\omega)$

（4）Ⅳ区（透明区）。该区域可近似地以 ω_P 为界。这里要注意的是 ω_P 通常比 ω_0 大得多，因此当 $\omega > \omega_P$ 时，$\omega \gg \omega_0$。所以在此区内（7.5-1）式及（7.5-2）式可近似地表示成

$$\epsilon_1(\omega) \approx 1 - \frac{\omega_P^2}{\omega^2} \geqslant 0 \quad (\omega \geqslant \omega_P)$$

$$\epsilon_2(\omega) \approx \frac{\Gamma \omega_P^2}{\omega^3} \approx 0$$

根据（7.3-9）式及（7.3-10）式，可得 $k \approx 0$，$n > 0$，因此 $\alpha \approx 0$。所以该区域也是光的透明区。

下面主要讨论Ⅱ区（吸收区）。图 7.5-2 示出了半导体 GaAs 在光吸收区的介电常数实部 $\epsilon_1(\omega)$ 及虚部 $\epsilon_2(\omega)$ 的实验测量结果。把图 7.5-2 与图 7.5-1 中的Ⅱ区相比较，可以看到大致相似，但实际晶体的介电常数比洛伦兹理论的单振子模型具有更复杂的结构。如果采用如（7.2-20）式所示的多振子模型，适当选取参数 A_{j0} 及 E_{j0} 的值，则可使理论曲线与实验曲线符合得非常好。

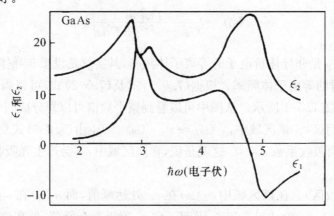

图 7.5-2　GaAs 在吸收区的介电常数实部 $\epsilon_1(\omega)$ 及虚部 $\epsilon_2(\omega)$

二、带间跃迁光吸收的物理本质

从量子理论的观点来看，所有电子系统的能量都是分立的，在外界电磁场的扰动下，电

194

子从占据态(基态)向非占据态(激发态)能级跃迁,从而产生电极化。电子位移极化的量子力学结果应如(7.2-17)式、(7.2-18)式或(7.2-20)式的多振子模型所示。从(7.2-18)式可见,当外加光场的频率 $\omega = \omega_{j0}$ 时,$\epsilon_2(\omega)$ 将有峰值,因而消光系数 k 或吸收系数 α 也相应有峰值;这就是说,当外加光子能量 $\hbar\omega = \hbar\omega_{j0} = E_{j0}$ 时,处于基态上的电子就能吸收光子的能量由基态能级跃迁至第 j 激发态能级。尔后处于激发态能级上的电子通过与其他粒子(如声子)的相互作用,将能量传递给晶格又回落到基态。这样,通过电子在能级间的跃迁,光波的能量传递给了晶格,变成晶格的振动热能,这就是光吸收的物理过程。所以,$\omega = \omega_{j0}$ 处应为一吸收峰。实际上,晶体中的电子能量形成能带,而在非导体(绝缘体及半导体)中,只有满带及空带。处在满带中的电子都可吸收外界光子的能量跃迁至空带而实现光吸收。但是对于常见的光频(红外、可见及紫外光)范围,最主要的是从最高的满带即价带至最低的空带即导带间的跃迁,而要实现这一跃迁,必须要求

$$\hbar\omega \geqslant E_{\mathrm{g}}$$

或

$$\omega \geqslant E_{\mathrm{g}} / \hbar = \omega_{\mathrm{th}} \tag{7.5-3}$$

这里 E_{g} 是价带与导带间的禁带宽度,ω_{th} 称为带间跃迁光吸收的阈值频率(或称为吸收阈值)。

从上面的讨论可知,洛伦兹理论中的单振子模型是相当粗略的近似。通常可以近似地认为单振子的固有频率 ω_0 与 $\hbar$ 的乘积 $\hbar\omega_0$ 即为导带与价带能级之间的平均能量差。有时也称带间跃迁光吸收为本征光吸收。

三、直接跃迁与间接跃迁

大家知道,两个经典粒子的相互碰撞过程必须同时满足能量守恒及动量守恒定律。同样,在量子理论中,晶体电子与光子的相互作用也必须同时满足能量守恒及准动量(或波矢)守恒定律:

$$\begin{cases} E_{\mathrm{c}} - E_{\mathrm{v}} = \hbar\omega & (7.5\text{-}4) \\ \hbar\boldsymbol{k}_{\mathrm{c}} - \hbar\boldsymbol{k}_{\mathrm{v}} = \hbar\boldsymbol{q} & (7.5\text{-}5) \end{cases}$$

这里 E_{c}、E_{v} 分别表示晶体电子的导带及价带能级,$\boldsymbol{k}_{\mathrm{c}}$、$\boldsymbol{k}_{\mathrm{v}}$ 分别表示晶体中导带电子及价带电子的波矢,ω 是光波频率,$\boldsymbol{q}$ 是光波的波矢。(7.5-4)式表示处于 E_{v} 能级的价带电子在光波的扰动下跃迁至导带能级 E_{c} 过程中的能量变化 $E_{\mathrm{c}} - E_{\mathrm{v}}$ 必须等于被吸收的光子能量 $\hbar\omega$。而(7.5-5)式表示电子在跃迁过程中其波矢改变量 $\boldsymbol{k}_{\mathrm{c}} - \boldsymbol{k}_{\mathrm{v}}$ 也必须等于光子的波矢 $\boldsymbol{q}$。因为即使在介质中光子的传播速度 v 也非常大,光子的波矢 $q = \omega/v$ 通常比电子的波矢小得多。例如,对于可见光,$q \sim 10^5 \ \mathrm{cm}^{-1}$,而电子的波矢一般具有 $10^8 \ \mathrm{cm}^{-1}$ 数量级,所以相对于电子来说光子的波矢往往可以被忽略。这样,根据准动量(或波矢)守恒定律(7.5-5)式,就要求电子在跃迁过程中保持准动量或波矢基本不变,即 $\boldsymbol{k}_{\mathrm{c}} \approx \boldsymbol{k}_{\mathrm{v}}$。电子波矢保持不变的这种光跃迁过程常称直接跃迁,意为不必通过其他过程(如声子参与);或竖直跃迁,意为在能带图中可以一竖直矢号表示。图 7.5-3 为这种跃迁过程的示意图。电子也可以与光子和声子一起作用,电子在吸收光子的同时,可以发射或吸收一个声子。这种三粒子参与的过程同样必须

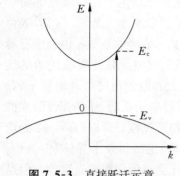

图 7.5-3　直接跃迁示意

满足能量守恒及准动量（或波矢）守恒定律：

$$E_c - E_v = \hbar\omega \pm \hbar\Omega \qquad (7.5\text{-}6)$$

$$\boldsymbol{k}_c - \boldsymbol{k}_v = \boldsymbol{q} \pm \boldsymbol{Q} \approx \pm \boldsymbol{Q} \qquad (7.5\text{-}7)$$

这里 Ω 及 $\boldsymbol{Q}$ 分别是声子的角频率及波矢，"＋"、"－"号分别相应于吸收声子及发射声子。(7.5-7)式已考虑到光子的波矢远比电子及声子的波矢小，因而可以忽略。在有声子参与的光吸收过程中，电子在跃迁前后波矢不必再保持相等，跃迁前后的波矢改变量 $\boldsymbol{k}_c - \boldsymbol{k}_v$ 等于吸收的声子波矢 $\boldsymbol{Q}$ 或发射的声子波矢的负值 $-\boldsymbol{Q}$。这种光吸收跃迁过程常称间接跃迁或非竖直跃迁。图 7.5-4 为间接跃迁过程的示意图。

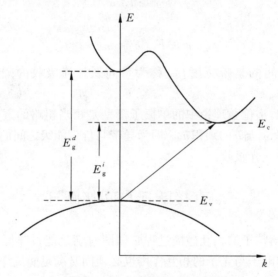

图 7.5-4　间接跃迁过程示意

　　在量子力学中，由两个粒子（电子与光子）参与的直接跃迁吸收过程是一级微扰过程，而由 3 个粒子（电子、光子及声子）参与的间接跃迁光吸收过程是二级微扰过程；通常后者的跃迁几率比前者小得多，从而直接跃迁光吸收的吸收系数比间接跃迁的吸收系数大得多。所以，当直接跃迁与间接跃迁同时存在时，间接跃迁光吸收往往被直接跃迁过程所掩盖而难以从实验上测量出来；只有当间接跃迁单独存在时，才能被实验所检测。对于具有直接能隙结构的半导体，其导带底和价带顶在 $\boldsymbol{k}$ 空间中处在同一位置。因此，直接能隙（禁带宽度）E_g^d 即是直接跃迁光吸收的吸收阈值，而且在同一半导体中间接跃迁光吸收的频率总比 E_g^d/h 大，所以对直接能隙结构半导体，如有间接跃迁，必同时伴有直接跃迁而一起发生，因而不能被实验测量出来。间接跃迁光吸收只能在间接能隙结构半导体中被测出。如图 7.5-4 所示，这种半导体的导带底与价带顶不在倒空间中的同一位置，间接能隙（禁带宽度）E_g^i 即是间接跃迁的吸收阈值。图示情形 $E_g^i < E_g^d$，则对频率处在 $E_g^i \leqslant \hbar\omega \leqslant E_g^d$ 范围内的光波，只存在间接跃迁光吸收，因而能被实验测出。

四、直接跃迁光吸收的吸收边

如前所述,带间跃迁光吸收存在吸收阈值频率 ω_{th},只有当光波频率 $\omega \geqslant \omega_{th}$ 时,光才会被吸收,所以吸收光谱存在一个边界,称为带间跃迁光吸收的吸收边。对直接跃迁来说 $\omega_{th} = E_g^d / \hbar$,因此对直接跃迁光吸收边的研究就是讨论直接能隙 E_g^d 附近吸收光谱的特征。根据量子力学的计算,对直接能隙位于 $k = 0$ 处的能带结构可得直接跃迁光吸收的介电常数虚部 $\epsilon_2(\omega)$:

$$\epsilon_2(\omega) \approx \frac{e^2 \hbar^2}{4\pi^2 \epsilon_0 m^2 \omega^2} \oiint_{\hbar\omega} \mid m_{cv}(\boldsymbol{k}) \mid^2 \frac{\mathrm{d}S}{\mid \boldsymbol{\nabla}_k E_{cv}(\boldsymbol{k}) \mid} \tag{7.5-8}$$

这里

$$E_{cv}(\boldsymbol{k}) = E_c(\boldsymbol{k}) - E_v(\boldsymbol{k}) \tag{7.5-9}$$

$E_c(\boldsymbol{k})$ 及 $E_v(\boldsymbol{k})$ 是导带及价带的能量。$\oiint_{\hbar\omega}$ 表示对 k 空间中等能面 $E_{cv}(\boldsymbol{k}) = \hbar\omega$ 的面积分。在直接能隙 E_g^d 对应的 $k = 0$ 附近 $m_{cv}(\boldsymbol{k})$ 可近似地表示成

$$m_{cv}(\boldsymbol{k}) \approx m_{cv}^0 + m_{cv}' k \tag{7.5-10}$$

其中

$$m_{cv}^0 = \langle \psi_c^0 \mid -e\boldsymbol{r} \mid \psi_v^0 \rangle \tag{7.5-11}$$

是导带底与价带顶电子态 ψ_c^0 及 ψ_v^0 之间的电偶极跃迁矩阵元。因为这里只讨论吸收边附近的光谱特性,因此当 $m_{cv}^0 \neq 0$(相应地称为许可跃迁)时,可略去矩阵元与波矢的关系,近似地认为 $m_{cv}(\boldsymbol{k}) \approx m_{cv}^0$ 而被移出(7.5-8)式的积分号外,即

$$\epsilon_2(\omega) \approx \frac{e^2 \hbar^2}{4\pi^2 \epsilon_0 m^2 \omega^2} \mid m_{cv}^0 \mid^2 \oiint_{\hbar\omega} \frac{\mathrm{d}S}{\mid \boldsymbol{\nabla}_k E_{cv}(\boldsymbol{k}) \mid^2}$$

$$= \frac{\pi e^2 \hbar^2}{\epsilon_0 m^2 \omega^2} \mid m_{cv}^0 \mid^2 g_{cv}(\omega) \tag{7.5-12}$$

其中

$$g_{cv}(\omega) = \frac{2}{(2\pi)^3} \oiint_{\hbar\omega} \frac{\mathrm{d}S}{\mid \boldsymbol{\nabla}_k E_{cv}(\boldsymbol{k}) \mid} \tag{7.5-13}$$

常称为联合状态密度。

由于吸收边只涉及导带底及价带顶附近的状态,如果取价带顶为能量零点,并且导带与价带在 $k = 0$ 附近均为各向同性,$E_c(\boldsymbol{k})$ 及 $E_v(\boldsymbol{k})$ 可近似地表示成

$$E_c(\boldsymbol{k}) = \frac{\hbar^2 k^2}{2m_e^*} + E_g^d \tag{7.5-14}$$

$$E_v(\boldsymbol{k}) = -\frac{\hbar^2 k^2}{2m_h^*} \tag{7.5-15}$$

因此

$$E_{cv}(\boldsymbol{k}) = \frac{\hbar^2 k^2}{2m_{cv}^*} + E_g^d \qquad (7.5\text{-}16)$$

其中

$$m_{cv}^* = (m_e^{*-1} + m_h^{*-1})^{-1} \qquad (7.5\text{-}17)$$

正是电子及空穴的折合有效质量,或称约化有效质量。将(7.5-16)式代入(7.5-13)式,并令 $\boldsymbol{k}$ 空间面元 $dS = k^2 \sin\theta d\theta d\varphi$,则可得到

$$g_{cv}(\omega) = \frac{1}{2\pi^2} \left(\frac{2m_{cv}^*}{\hbar^2}\right)^{3/2} (\hbar\omega - E_g^d)^{\frac{1}{2}} \qquad (\hbar\omega \geqslant E_g^d) \qquad (7.5\text{-}18)$$

所以,在许可跃迁情形,直接跃迁光吸收边附近的介电常数虚部 $\epsilon_2(\omega)$ 与光频 ω 间有下面的关系:

$$\epsilon_2(\omega) \sim \frac{1}{\omega^2} (\hbar\omega - E_g^d)^{1/2} \qquad (\hbar\omega \geqslant E_g^d) \qquad (7.5\text{-}19)$$

由(7.3-18)式可得

$$\alpha(\omega) \sim \frac{1}{\omega} (\hbar\omega - E_g^d)^{1/2} \qquad (\hbar\omega \geqslant E_g^d) \qquad (7.5\text{-}20)$$

如果导带底与价带顶电子态之间的电偶极跃迁矩阵元 $m_{cv}^0 = 0$,则称为禁戒跃迁,这时

$$m_{cv}(\boldsymbol{k}) \approx m_{cv}' k \qquad (7.5\text{-}21)$$

将(7.5-16)式、(7.5-21)式同时代入(7.5-8)式,可得在禁戒跃迁情形直接跃迁光吸收边附近的介电常数虚部

$$\epsilon_2(\omega) \sim \frac{1}{\omega^2} (\hbar\omega - E_g^d)^{3/2} \qquad (\hbar\omega \geqslant E_g^d) \qquad (7.5\text{-}22)$$

并由(7.3-18)式得

$$\alpha(\omega) \sim \frac{1}{\omega} (\hbar\omega - E_g^d)^{3/2} \qquad (\hbar\omega \geqslant E_g^d) \qquad (7.5\text{-}23)$$

所以,对于许可跃迁及禁戒跃迁,在直接跃迁的吸收边有不同的 $\alpha(\omega)$ 关系,即不同形状的吸收边曲线。通常根据晶体对称性可以确定 m_{cv}^0 是否为零,即可以根据晶体对称性确定该晶体的直接跃迁是许可跃迁还是禁戒跃迁。

五、临 界 点

由(7.5-8)式可见,当

$$\nabla_k E_{cv}(\boldsymbol{k}) = \nabla_k [E_c(\boldsymbol{k}) - E_v(\boldsymbol{k})] = 0 \qquad (7.5\text{-}24)$$

时被积函数发散。所以满足(7.5-24)式条件的点具有奇异性,常称这些点为临界点。在这些点附近,$\epsilon_2(\omega)$ 及 $\alpha(\omega)$ 谱线具有特殊的形状。图 7.5-5(a)示出了 Ge 的介电常数虚部 $\epsilon_2(\omega)$

谱中的临界点。图中的虚线及实线分别表示理论曲线及实验曲线。图中用箭号标明与各临界点相对应的带间跃迁。其中 Λ、Σ、L、X 等代表直接跃迁对应的波矢,下标则代表具体的能带。图 7.5-5(b)示出了 Ge 的能带结构,图中的虚线箭头标明了与图 7.5-5(a)中各临界点相对应的带间跃迁。从图 7.5-5(a)可以看到,理论和实验符合得相当好,而且由于 ϵ_2 或 α 同能带结构密切相关,通过临界点附近的理论和实验曲线的比较可以很好地确定晶体的能带结构。

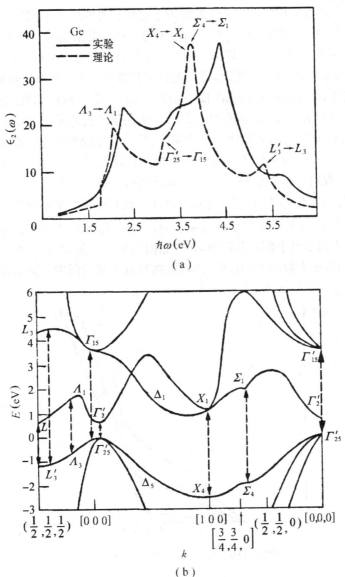

图 7.5-5 Ge 的介电常数虚部 $\epsilon_2(\omega)$(a)和 Ge 的能带图(b)

六、间接跃迁光吸收

量子理论计算指出,对于间接跃迁光吸收,介电常数虚部 $\epsilon_2(\omega)$ 可表示成

199

$$\epsilon_2(\omega) = \begin{cases} \dfrac{B_{\text{吸}}}{\omega^2}\dfrac{(\hbar\omega + \hbar\Omega - E_g^i)^n}{e^{\hbar\Omega/k_B T} - 1} + \dfrac{B_{\text{发}}}{\omega^2}\dfrac{(\hbar\omega - \hbar\Omega - E_g^i)^n}{1 - e^{-\hbar\Omega/k_B T}} & (\hbar\omega > E_g^i + \hbar\Omega) \\[3mm] \dfrac{B_{\text{吸}}}{\omega^2}\dfrac{(\hbar\omega + \hbar\Omega - E_g^i)^n}{e^{\hbar\Omega/k_B T} - 1} & (E_g^i - \hbar\Omega < \hbar\omega < E_g^i + \hbar\Omega) \\[3mm] 0 & (\hbar\omega < E_g^i - \hbar\Omega) \end{cases}$$

$$(7.5\text{-}25)$$

这里 $B_{\text{吸}}$ 及 $B_{\text{发}}$ 分别表示和吸收声子及发射声子过程有关的两个不同的常数。间接跃迁光吸收可以存在两种过程,即吸收声子和发射声子的过程。根据能量守恒定律,对吸收声子过程要求 $\hbar\omega + \hbar\Omega = E_c - E_v \geqslant E_g^i$,即 $\hbar\omega \geqslant E_g^i - \hbar\Omega$。而对发射声子过程,则要求 $\hbar\omega - \hbar\Omega = E_c - E_v \geqslant E_g^i$,即 $\hbar\omega \geqslant E_g^i + \hbar\Omega$。所以,可以把整个频谱分成 3 个区域:(i) $\hbar\omega < E_g^i - \hbar\Omega$,两个过程都不能发生,故 $\epsilon_2(\omega) = 0$;(ii) $E_g^i - \hbar\Omega < \hbar\omega < E_g^i + \hbar\Omega$,只能发生吸收过程,所以只有吸收声子的过程对 $\epsilon_2(\omega)$ 有贡献,如(7.5-25)式的第二行所示;(iii) $\hbar\omega > E_g^i + \hbar\Omega$,这时两个过程都能产生,(7.5-25)式的第一行中第一、第二项分别相应于吸收声子及发射声子过程对 $\epsilon_2(\omega)$ 的贡献。式中的 n 对于许可跃迁及禁戒跃迁分别为 2 及 3。把(7.5-25)式代入(7.3-18)式,可以看到吸收系数 $\alpha(\omega)$ 也有相类似的表示形式,从这些表达式中可以看到,$\epsilon_2(\omega)$ 及 $\alpha(\omega)$ 均与温度有明显的关系,这是与直接跃迁光吸收完全不同的特征。图 7.5-6 示出了许可跃迁情形 $\sqrt{\alpha(\omega)}$ 与 $\hbar\omega$ 的变化关系。对许可跃迁,$n = 2$,$\sqrt{\alpha(\omega)}$ 与 $\hbar\omega$ 有线性关系。图中示出了 3 种不同温度下的吸收曲线,每一条曲线都是一条折线,下面一段相应于吸收声子,而上面一段相应于发射声子的过程,两段折线具有不同的斜率。随着温度 T 的提高,这些斜率都要变大。

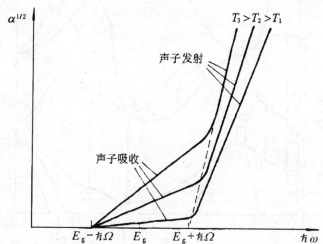

图 7.5-6　间接跃迁光吸收的理论曲线

7.6　激子的光吸收

上节的讨论指出,只有 $\hbar\omega \geqslant \hbar\omega_{\text{th}} = E_g$ 时,才可能产生带间跃迁光吸收。但是实验发现,在低温下许多非导体在阈值频率 ω_{th} 附近即使 $\hbar\omega < \hbar\omega_{\text{th}}$ 仍然存在吸收峰,这些吸收峰实

际上是一系列分立的谱线,图7.6-1为这种吸收的示意图。理论上认为这些出现在 $\hbar\omega_{th}$ 附近的分立吸收谱线是由激子吸收所引起的。下面就来讨论这一问题。

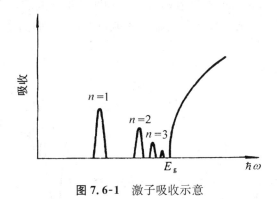

图 7.6-1 激子吸收示意

在带间跃迁光吸收中,价带电子吸收光子能量跃迁至导带后就在价带中留下一个空穴。通常认为跃迁至导带的电子与留在价带中的空穴间完全没有相互作用,因此产生带间跃迁光吸收所需要的最小光子能量就是禁带宽度 E_g(对直接跃迁是 E_g^d,对间接跃迁是 E_g^i)。但实际上电子和空穴分别带有负、正电荷,所以当它们被光子激发后,有可能相互束缚在一起,形成复合体。这种复合体就称激子。不同的非导体可以形成不同类型的激子。对于各个原子波函数相互交叠比较明显、能带比较宽而禁带比较窄的半导体来说,激子中电子和空穴距离比较大,相互间束缚比较弱,所以常称这类激子为松束缚激子或万尼尔(Wannier)激子;相反,对于各原子波函数相互间交叠比较少、能带比较窄而禁带比较宽的离子晶体或分子晶体来说,激子中的电子和空穴间距比较小、束缚比较紧,称为紧束缚激子或弗仑克尔(Frenkel)激子。由于电子、空穴可以在晶体中自由运动,不管是松束缚激子或紧束缚激子也都可以在晶体中自由运动。

对于松束缚激子,常可将其当成一个类氢原子,有些类似于半导体中的浅能级施主杂质。彼此的区别仅在于这里被当作为"原子实"的空穴质量 m_h^* 比施主杂质离子的质量小得多。采用类似于半导体浅能级施主杂质的理论计算方法(参见6.2节)可以得到,松束缚激子的束缚能也可用类氢原子的电子能级公式来表示:

$$|E_n| = \frac{m_{cv}^*}{m} \frac{|E_H|}{\epsilon_s^2 n^2} \qquad (7.6-1)$$

这里 $|E_H|$ 是氢原子的电离能(即1s电子能级),也称里德伯常数,数值为 13.6 eV。m_{cv}^* 是(7.5-17)式所示的电子及空穴的折合有效质量。(7.6-1)式中的 $n = 1, 2, 3, \cdots$,即氢原子的主量子数,表示激子的束缚能也形成一系列能级。因为产生带间跃迁光吸收所需要的最小光子能量是 E_g,如果激发出来的电子与空穴相互结合成激子,必释放出束缚能 $|E_n|$,因此形成激子所吸收的光子能量 $\hbar\omega$ 应为

$$\hbar\omega = E_g - |E_n| \qquad (7.6-2)$$

这样的激子吸收必然在阈值 $\hbar\omega_{th} = E_g$ 之下紧靠阈值处形成一系列的吸收峰,如图7.6-1所

示。n 愈大，$|E_n|$ 愈小，所以 $n=1$ 的谱峰离吸收边 E_g 最远。图 7.6-2 示出了实验测得的半导体 Cu_2O 的激子吸收谱。因为 Cu_2O 的带间跃迁光吸收边是禁戒跃迁，理论计算表明此时只能出现 $n=2,3,4,\cdots$ 的激子吸收，$n=1$ 的跃迁是禁戒的。由于松束缚激子的束缚能很小（约几十毫电子伏），所以只有在低温下才能进行测量；如温度较高，激子将离解成自由的电子和空穴。

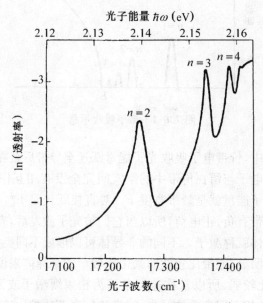

图 7.6-2 77 K 下 Cu_2O 的激子吸收谱

对于紧束缚激子，结合能比较大，尽管不能采用类氢模型进行计算，但其状态也形成分立的能级。所以紧束缚激子的吸收谱也同样表现为吸收阈值附近的一系列分立谱线。图 7.6-3 示出了 20 K 下对固态氪晶体测得的激子吸收谱。通常紧束缚激子的吸收系数比松束缚激子的吸收系数大得多。前者可达 $10^6\ cm^{-1}$，而后者仅为 $10^4\ cm^{-1}$。

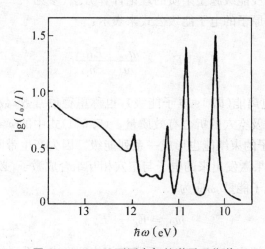

图 7.6-3 20 K 下固态氪的激子吸收谱

7.7 杂质及缺陷的光吸收

图 7.5-1 中的 I 区是透明区，非导体在该频率范围内不应有光吸收。但是，如果在非导体中存在杂质或缺陷，则在该频率区域中也可发生由于杂质、缺陷引起的光吸收。如前所述，半导体中的浅能级杂质可以在半导体禁带内引进一系列分立能级。绝缘体中的过渡金属或稀土金属离子也可在绝缘体禁带中引入分立能级。在外界光电场扰动下，电子在这些分立能级间的跃迁即产生杂质的光吸收。再如离子晶体中的负离子空位（点缺陷）相当于该处存在正电荷，从而可束缚电子构成类氢体系。被束缚在空位附近的电子态也是分立的能级，电子在这些分立能级间的跃迁也可产生光吸收。由于这些分立能级的间距处在可见光频谱内，当无色透明的离子晶体中存在这些负离子空位后，就使离子晶体染色，正因为这样，常把这类离子晶体中的空位缺陷称之为色心。下面将分别对半导体中的浅能级杂质、绝缘体中的过渡金属或稀土金属杂质离子及离子晶体中的色心所产生的光吸收现象作扼要的说明。

一、半导体中浅能级杂质光吸收

由上一章可知，半导体中浅能级杂质的电子态主要由母体半导体的性质（导带底电子有效质量或价带顶空穴有效质量以及半导体的静态介电常数 ε_s）所决定。激发态能级 E_n 由 (6.2-6) 式给出：

$$|E_n| = \frac{|E_1|}{n^2}$$

其中 $|E_1|$ 是浅能级杂质的基态能级，由 (6.2-3) 或 (6.2-5) 式决定：

$$|E_1| = \frac{m^*}{m} \frac{1}{\varepsilon_s^2} |E_H|$$

这里对浅施主杂质，m^* 即导带电子有效质量 m_e^*；对于浅受主杂质，m^* 为价带空穴有效质量 m_h^*。$|E_H|$ 是氢原子电离能，为 13.6 eV。

在光电场的扰动下，电子从杂质基态能级跃迁至各激发态能级即形成杂质吸收光谱。图 7.7-1 示出了半导体 Si 中的浅受主杂质硼、铝及铟的吸收谱。低能方向的各个分立谱线相当于电子从杂质基态能级至各激发态能级的跃迁；高能方向的连续谱则相应于电子从基态能级至导带准连续能级的跃迁。

由于浅能级杂质的束缚能非常小，通常只有几十毫电子伏，稍高的温度就能使它们电离，即电子被

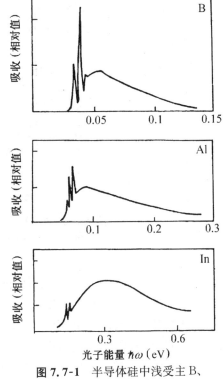

图 7.7-1 半导体硅中浅受主 B、Al 及 In 的杂质吸收谱

热激发至导带。因此,测量浅能级杂质的吸收谱,必须在低温下进行。通常杂质的数量比半导体母体原子数少得多,杂质光吸收的吸收系数也要比带间跃迁光吸收的吸收系数小得多。

二、绝缘体中过渡金属或稀土金属离子杂质光吸收

过渡金属原子具有不满的 3d 壳层,而稀土金属原子具有不满的 4f 壳层。由于 3d 及 4f 壳层都是原子的内壳层,当这些金属原子掺入晶体以后,其外壳层价电子常被剥离而成为杂质离子,但 3d 及 4f 壳层的电子能级仍基本保持孤立金属原子中的组态。杂质周围的晶体原子会对这些 3d 及 4f 壳层的电子能级产生一定的影响。理论上常把这种作用归结为"晶体场"的作用。根据杂质离子在晶体中所处的位置,晶体场具有一定的对称性。在晶体场的作用下,杂质离子的 3d 及 4f 能级都会发生分裂。特别是 3d 能级,由于更靠近外壳层,受到晶体场的影响更大,能级分裂更明显。无论如何,经晶体场的作用,内壳层 d 电子或 f 电子的状态都形成一系列分立能级。在光电场作用下电子在这些分立能级间的跃迁也就形成一系列的杂质吸收谱。图 7.7-2 示出了红宝石晶体(Al_2O_3)中过渡金属铬离子 Cr^{3+} 的光吸收谱。由于晶体场的作用,每个原子能级都分裂成几个能级。由于分裂间距甚小,光吸收谱线交叠成为有一定宽度的吸收峰。而且由于晶体场的作用,吸收峰的高度与入射光的偏振方向有关。图中两条曲线分别相应于入射光偏振方向与晶体的[0 0 1]晶轴平行及垂直时的吸收谱。由于这里的杂质吸收相应于 d 壳层(或 f 壳层)内各电子能级间的跃迁,不满足原子光谱中的选择定则 $\Delta l = \pm 1$(l 是角量子数)。所以,吸收系数 α 的数值非常小。

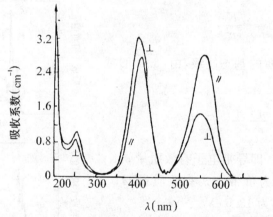

图 7.7-2 Al_2O_3 晶体中过渡金属铬离子 Cr^{3+} 的杂质吸收谱

∥和⊥分别对应入射光的偏振方向与[0 0 1]轴方向平行和垂直

三、离子晶体中色心的光吸收

如图 7.7-3 所示,F 心为负离子空位,因失去一个负电荷,表现为多出一个正电荷而可束缚一个电子构成类氢体系。图 7.7-3(a)中用虚线示出了 F 心电子的基态轨道,图 7.7-3(b)则示出其激发态轨道。不过,由于 F 心的正电荷实际上是由负离子空位周围的正离子所提供的,其电子状态与晶体中各离子的位置自然就有密切的关系。理论上常用如图 7.7-4 所示

的位形坐标来描述它们之间的关系。这里的横坐标表示位形坐标。位形坐标并不是指某个离子的位置坐标,而是描述晶格振动的一种综合意义上的坐标。纵坐标表示整个 F 心体系的能量,即包括电子及负离子空位附近正离子的总能量。图中的两条曲线分别表示当 F 心的电子处在基态及激发态时 F 心总能量与位形坐标间的关系。如电子处于基态时位形坐标的平衡位置在 x_1,则表示在 x_1 处,处在基态的 F 心总能量有极小值。同样,对于处在激发态的 F 心,位形坐标的平衡位置在 x_2。由于离子质量比电子大得多,当电子吸收光子能量从基态跃迁至激发态的瞬时,离子还来不及调整自己的位置,即可近似地认为在电子跃迁过程中离子的位置保持不变。这是弗兰克和康登根据大量实验事实总结出来的规律,常称弗兰克-康登原理。根据这一原理,如图 7.7-4 所示,当电子由基态跃迁至激发态时,需要吸收光子能量 $\hbar\omega_1$。当电子由基态跃迁至激发态之后,由于 x_1 并不是激发态的位形坐标平衡位置,离子位置将会弛豫而使位形坐标逐渐过渡到平衡位置 x_2,同时把多余的能量转变成晶格振动能。处于激发态的电子可以回复到基态,并把能量以光波的形式发射出来,即发射光子。在发射过程中,同样根据弗兰克-康登原理,位形坐标 x_2 保持不变。因此,从图中可以看到,发射光子的能量应为 $\hbar\omega_2$。由此得到一个很重要的结论:

发射光子的频率小于吸收光子的频率。这是一个普遍的规律,常称为斯托克斯定律,频率改变量称为斯托克斯频移。在一定的温度下离子位置都在平衡位置附近振动,因此吸收光子的能量并不完全相同,如图所示,存在有一定的范围 $\Delta\hbar\omega_1$。这就表示吸收光谱并不是

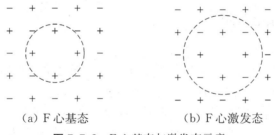

(a) F 心基态　　　　　　　(b) F 心激发态

图 7.7-3　F 心基态与激发态示意

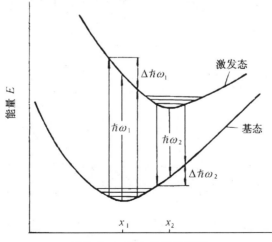

图 7.7-4　F 心位形坐标图

单一频率的谱线,而是具有一定宽度的谱峰。同样,在发射光子时,也存在有宽度 $\Delta \hbar \omega_2$。温度愈高离子振动的幅度愈大,吸收光子或发射光子的能量范围也愈大,结果吸收光谱或发射光谱的谱峰宽度也愈大。图 7.7-5 示出了离子晶体 KBr 中 F 心的吸收谱及发射谱。图中可明显地看到发射光子的能量小于吸收光子的能量,以及吸收谱峰及发射谱峰的宽度随着温度的上升而增大的现象。

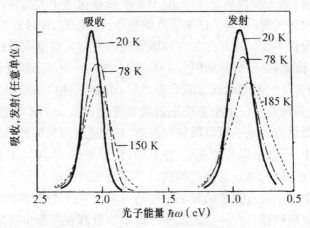

图 7.7-5　KBr 中 F 心的吸收谱及发射谱

7.8　自由电子的光吸收

导体(金属与半导体)中的自由电子在光电场作用下会来回振荡,并从光场获得能量。自由电子在运动中会与晶格中的其他粒子(杂质或声子)发生相互作用,把从光电场获得的能量传递给晶格。这样就产生了自由电子的光吸收。从量子观点来看,无论是金属还是半导体,自由电子都是指存在于非满带中的电子(对于半导体来说自由电子是指处在导带中的电子,而这里的讨论也同样适用于价带中的空穴),在光电场作用下,这些自由电子可以吸收光子的能量从一个状态跃迁至带内的另一个状态。图 7.8-1 为这种带内跃迁的示意图。费

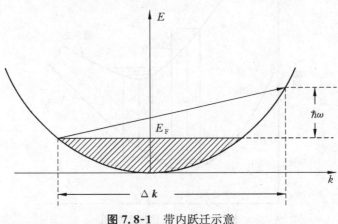

图 7.8-1　带内跃迁示意

206

米能级 E_F 以下的能级绝大部分被电子所占据，电子在光电场扰动下，可以在带内从一个被占能级跃迁至另一个空能级。在跃迁过程中电子同时改变能量 $\hbar\omega$ 及波矢 $\Delta \boldsymbol{k}$。能量 $\hbar\omega$ 来自于吸收的光子，而波矢的变化 $\Delta \boldsymbol{k}$ 则主要来自于声子的贡献，这是因为如前所述光子的波矢非常小，与声子或电子的波矢相比，可以被忽略的缘故。由此可见，自由电子光吸收（或称带内跃迁光吸收）必须有声子或其他粒子（如杂质）的参与。

根据 7.2 节的讨论，导体中由自由电子对介电常数实部和虚部的贡献分别为

$$\epsilon_1(\omega) = 1 - \frac{\omega_P^2}{\omega^2 + \Gamma^2} \tag{7.2-54}$$

$$\epsilon_2(\omega) = \frac{\Gamma \omega_P^2}{\omega(\omega^2 + \Gamma^2)} \tag{7.2-55}$$

对于自由电子，也常通过(7.3-20)式，用电导率 σ 来代替介电常数虚部 $\epsilon_2(\omega)$：

$$\sigma(\omega) = \frac{\epsilon_0 \Gamma \omega_P^2}{\omega^2 + \Gamma^2} \tag{7.8-1}$$

根据(7.2-54)式及(7.8-1)式，可画出 $\epsilon_1(\omega)$ 及 $\sigma(\omega)$ 与频率 ω 的关系，如图 7.8-2 所示。从图中可以看到，整个频谱可划分成 3 个区域：(i) 吸收区，在该区域中 $\sigma > 0$，$\epsilon_1 < 0$，所以吸收系数 $\alpha > 0$；(ii) 反射区，$\sigma \approx 0$，$\epsilon_2 \approx 0$，$\epsilon_1 < 0$，根据(7.3-9)式及(7.3-10)式，$n \approx 0$，$k \neq 0$，因此反射系数 $R \approx 1$；(iii) 当 $\omega > \omega_P = \sqrt{\dfrac{Ne^2}{m\epsilon_0}}$ 时，$\epsilon_1 > 0$，$\sigma = 0$，因此 $\alpha = 0$，故为透明区。

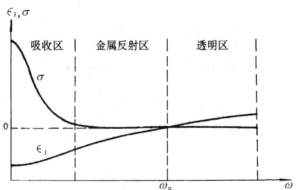

图 7.8-2 自由电子极化相应的介电常数实部 $\epsilon_1(\omega)$ 及电导率 $\sigma(\omega)$ 与频率 ω 的关系

根据(7.8-1)式，可得导体的直流（$\omega = 0$）电导率为

$$\sigma_0 = \frac{\epsilon_0 \omega_P^2}{\Gamma} = \frac{Ne^2}{m\Gamma} \tag{7.8-2}$$

已知

$$\sigma_0 = Ne^2\tau/m \tag{7.8-3}$$

式中 τ 为自由电子的弛豫时间，即自由电子与杂质、声子相互碰撞的平均自由时间。比较

由(7.8-2)式与(7.8-3)式可见,阻尼系数 Γ 即是弛豫时间 τ 的倒数:

$$\Gamma = 1/\tau \tag{7.8-4}$$

利用(7.8-2)式及(7.8-4)式,(7.2-54)及(7.8-1)式可分别写成

$$\epsilon_1(\omega) = 1 - \frac{\sigma_0\tau}{\epsilon_0(1+\omega^2\tau^2)} \tag{7.8-5}$$

$$\sigma(\omega) = \frac{\sigma_0}{1+\omega^2\tau^2} \tag{7.8-6}$$

由于金属和半导体中自由电子数密度 N 相差甚大,它们的电导率 σ_0 也相差甚大。因此自由电子光吸收特征也表现出很大的差别。下面我们分别就此两种情形加以讨论。

一、金　属

考虑光波频率 ω 满足条件:

$$\omega\tau \ll 1 \tag{7.8-7}$$

的情形。因金属具有较大的电导率 σ_0,(7.8-5)式及(7.8-6)式可分别近似地写成

$$\epsilon_1(\omega) \approx -\sigma_0\tau/\epsilon_0 \tag{7.8-8}$$

$$\sigma(\omega) \approx \sigma_0 \tag{7.8-9}$$

因此

$$\epsilon_2(\omega) = \frac{\sigma(\omega)}{\epsilon_0\omega} \approx \frac{\sigma_0}{\epsilon_0\omega} \tag{7.8-10}$$

根据(7.3-9)式及(7.3-10)式,并利用条件(7.8-7)式,可得到

$$k^2 - n^2 \approx \frac{\sigma_0\tau}{\epsilon_0} \ll 2nk \approx \frac{\sigma_0}{\epsilon_0\omega} \tag{7.8-11}$$

根据上式可求得

$$k \approx n \approx \sqrt{\frac{\sigma_0}{2\epsilon_0\omega}} \tag{7.8-12}$$

由(7.3-17)式,可得吸收系数

$$\alpha \approx \sqrt{2\sigma_0\omega\mu_0} \tag{7.8-13}$$

这里已利用了关系式 $c = 1/\sqrt{\epsilon_0\mu_0}$。由(7.3-24)式可得反射率

$$R \approx 1 - 2\sqrt{\frac{2\epsilon_0\omega}{\sigma_0}} \tag{7.8-14}$$

上式常称哈根–鲁本斯 Hagen-Rubens 关系。由上式可见,对于直流电导率 σ_0 很大的金属,在吸收区的低频端(满足条件 $\omega\tau \ll 1$),也有较大的反射率。

下面以金属钠为例估算(7.8-7)式适用的频率范围。已知钠的直流电导率 $\sigma_0 \approx 2.3 \times 10^7 (\Omega \cdot m)^{-1}$,电子数密度 $N \approx 2.55 \times 10^{28}\ m^{-3}$。根据 $\sigma_0 = Ne^2\tau/m$ 可估算得 $\tau \approx$

3.2×10^{-14} s,所以满足条件(7.8-7)式的频率范围为

$$\omega \ll 1/\tau \approx 3 \times 10^{13} \text{ Hz}$$

这是比远红外频率低得多的频率范围。

这里必须注意的是,实际金属除了有带内跃迁的自由电子光吸收以外,还存在带间跃迁光吸收,因此实际光吸收常是两者的叠加,介电常数实部 $\epsilon_1(\omega)$ 及电导率 $\sigma(\omega)$ 均可分成两部分:

$$\epsilon_1(\omega) = \epsilon_1^f(\omega) + \epsilon_1^b(\omega) \tag{7.8-15}$$

$$\sigma(\omega) = \sigma^f(\omega) + \sigma^b(\omega) \tag{7.8-16}$$

这里 ϵ_1^f 及 σ^f 分别表示由自由电子贡献的介电常数的实部及电导率;ϵ_1^b 及 σ^b 分别表示由带间跃迁贡献的介电常数的实部及电导率。ϵ_1^f 及 σ^f 分别由(7.2-54)及(7.8-1)式给出,ϵ_1^b 由(7.5-1)式给出,σ^b 可由(7.5-2)式及(7.3-20)式求得

$$\sigma^b(\omega) = \epsilon_0 \omega_P^2 \frac{\Gamma \omega^2}{(\omega_0^2 - \omega^2)^2 + \Gamma^2 \omega^2} \tag{7.8-17}$$

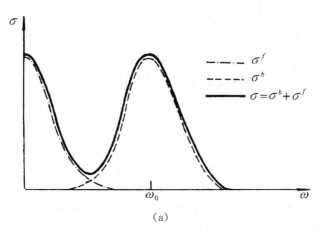

(a)

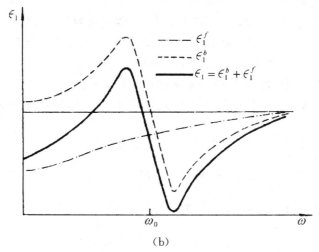

(b)

图 7.8-3 带内跃迁自由电子光吸收及带间跃迁光吸收的电导率及介电常数实部的叠加

图 7.8-3(a)及图 7.8-3(b)分别画出了 $\sigma(\omega)$ 及 $\epsilon_1(\omega)$ 的叠加。从图中可以看到,计入带间跃迁光吸收,实际金属有比较复杂的谱图,不能按图 7.8-2 把频率简单地划分成 3 个区域。图 7.8-4 是金属银的介电常数实部和虚部的实验测量谱。与图 7.8-3 相比较,可以看到,大致情况相似。图 7.8-3 中 ϵ_1^i 及 σ^i 仅由经典理论的单振子模型给出,实际银的能带具有比较复杂的结构,一般需用多振子模型进行拟合。

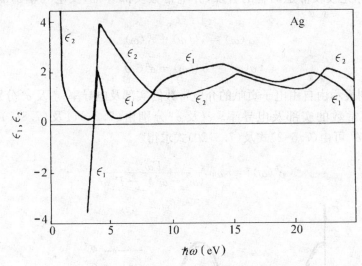

图 7.8-4 银的介电常数的实验谱

二、半 导 体

与金属不同,半导体中自由载流子(电子或空穴)数比较少,它们在导带或价带中按玻尔兹曼统计规律分布,因而这些自由电子(空穴)的能量及速度各不相同。由于弛豫时间或阻尼系数与载流子的能量有关,它们的光吸收也就与它们的能量或速度有关,因此计算半导体的自由电子或空穴光吸收的介电常数都必须取相应的平均值。至于金属,自由电子是高度简并的,费米能级以下的状态基本上都被电子占据,要实现自由电子的带内光跃迁,只有处在费米能级附近的电子才有可能,因为在费米能级上面才有空态。所以,对于金属,实际上只有费米能级附近的电子才对光吸收有贡献;而费米能级附近的自由电子能量基本上都是相同的,与 E_F 相差无几,因此对于金属,无须进行平均。计入上述效应,对于半导体导带中的电子,介电常数实部及电导率表式(7.8-5)式及(7.8-6)式应分别改写成

$$\epsilon_1(\omega) = \epsilon_L(\omega) - \frac{\sigma_0}{\epsilon_0} \left\langle \frac{\tau^2}{1+\omega^2\tau^2} \right\rangle \bigg/ \langle \tau \rangle \tag{7.8-18}$$

$$\sigma(\omega) = \sigma_0 \left\langle \frac{\tau}{1+\omega^2\tau^2} \right\rangle \bigg/ \langle \tau \rangle \tag{7.8-19}$$

这里的 $\langle A \rangle$ 表示物理量 A 对能量的平均值:

$$\langle A \rangle = \frac{\int A(E)g(E)f_B(E)\mathrm{d}E}{\int g(E)f_B(E)\mathrm{d}E} \tag{7.8-20}$$

式中 $g(E)$ 及 $f_B(E)$ 分别是半导体导带状态密度及玻尔兹曼分布函数。(7.8-18)式中的 $\epsilon_L(\omega)$ 表示由晶格振动贡献的介电常数实部。由于半导体的电导率 σ_0 比较小,所以在稍高的频率(如红外),(7.8-18)式右边第二项即可趋于零,因此如光波频率超过红外频率,自由电子光吸收即可忽略。但是,这时离子位移极化尚存在。所以考虑到离子位移极化效应,应将 (7.8-5) 式中的 1 用 $\epsilon_L(\omega)$ 代替。

在吸收区的高频端,可设

$$\omega\tau \gg 1 \tag{7.8-21}$$

在此条件下,(7.8-19)式可近似地写成

$$\sigma(\omega) \approx \frac{\sigma_0}{\omega^2}\langle 1/\tau\rangle\Big/\langle\tau\rangle \tag{7.8-22}$$

利用(7.3-23)式,可得吸收系数

$$\alpha \approx \frac{\sigma_0}{cn\epsilon_0\omega^2}\left\langle\frac{1}{\tau}\right\rangle\Big/\langle\tau\rangle = \frac{\sigma_0\lambda^2}{4\pi^2 c^3 n\epsilon_0}\left\langle\frac{1}{\tau}\right\rangle\Big/\langle\tau\rangle \tag{7.8-23}$$

所以,在吸收区高频端,半导体自由电子光吸收的吸收系数与波长的平方 λ^2 成正比。

对于半导体来说,弛豫时间 τ 约比金属大一二个数量级,若取 $\tau \approx 5 \times 10^{-12}$ s,则条件(7.8-21) 式可具体化为

$$\omega \gg \frac{1}{\tau} \approx 2 \times 10^{11}\,(\mathrm{Hz})$$

所以当光波频率处在远红外或红外区时,即可满足条件 $\omega\tau \gg 1$,半导体自由电子光吸收的吸收系数遂与波长的平方成正比。

下面讨论图 7.8-2 中反射区与透明区的边界,即 $\omega = \omega_P$ 附近的情形。对于半导体,如果假设电子数密度 $N = 10^{14} \sim 10^{18}$ cm^{-3},则 $\omega_P = \sqrt{\dfrac{Ne^2}{m^*\epsilon_0}} \approx 6 \times 10^{12} \sim 10^{14}$ Hz,所以在 $\omega = \omega_P$ 附近,必然满足条件(7.8-21)式,因此(7.8-18)式可近似地写成

$$\epsilon_1(\omega) \approx \epsilon_L - \frac{\sigma_0}{\epsilon_0\omega^2}\frac{1}{\langle\tau\rangle} \tag{7.8-24}$$

由(7.8-21)式及(7.3-20)式可得

$$\epsilon_2(\omega) \approx \frac{\sigma_0}{\epsilon_0\omega^2}\left\langle\frac{1}{\omega\tau}\right\rangle\Big/\langle\tau\rangle \tag{7.8-25}$$

如果考虑到半导体中的自由电子的能量(速度)分布,直流电导率 σ_0 的表式也应改写为

$$\sigma_0 = Ne^2\langle\tau\rangle/m^* \tag{7.8-26}$$

把上式代入(7.8-24)式及(7.8-25)式,可得到

$$\epsilon_1(\omega) = \epsilon_L\left(1 - \frac{Ne^2}{\epsilon_0\epsilon_L m^*}\frac{1}{\omega^2}\right) \tag{7.8-27}$$

$$\epsilon_2(\omega) = \epsilon_L\frac{Ne^2}{\epsilon_0\epsilon_L m^*}\frac{1}{\omega^2}\left\langle\frac{1}{\omega\tau}\right\rangle \tag{7.8-28}$$

令

$$\widetilde{\omega}_P^2 = \frac{Ne^2}{\epsilon_0\epsilon_L m^*} \tag{7.8-29}$$

则(7.8-27)式及(7.8-28)式可分别写成

$$\epsilon_1(\omega) = \epsilon_L\left(1 - \frac{\widetilde{\omega}_P^2}{\omega^2}\right) \tag{7.8-30}$$

$$\epsilon_2(\omega) = \epsilon_L\frac{\widetilde{\omega}_P^2}{\omega^2}\left\langle\frac{1}{\omega\tau}\right\rangle \tag{7.8-31}$$

所以,当 $\omega = \widetilde{\omega}_P$ 时,$\epsilon_1(\omega) \approx 0$;$\epsilon_2(\omega) = \epsilon_L\left\langle\dfrac{1}{\widetilde{\omega}_P\tau}\right\rangle \approx 0$。根据(7.3-9)式、(7.3-10)式及

(7.3-24)式,可得 $R = 1$,即在 $\omega = \widetilde{\omega}_P$ 处光波将完全被反射。而当 $\omega = \sqrt{\dfrac{\epsilon_L}{\epsilon_L-1}}\,\widetilde{\omega}_P$ 时,

$\epsilon_1(\omega) = 1$,$\epsilon_2(\omega) = (\epsilon_L-1)\left\langle\dfrac{1}{\widetilde{\omega}_P\tau}\right\rangle \approx 0$。根据(7.3-9)式、(7.3-10)式及(7.3-24)式,可得

$R = 0$。因此在 $\widetilde{\omega}_P$ 与 $\sqrt{\dfrac{\epsilon_L}{\epsilon_L-1}}\,\widetilde{\omega}_P$ 之间,半导体的反射率 R 有陡峭的变化。图 7.8-5 给出了不

同掺杂浓度(也即不同自由电子数密度)的 n 型 InSb 的自由电子反射谱。在 $\omega = \widetilde{\omega}_P$ 附近,

反射率 R 有非常陡峭的变化。根据测得的反射谱,可求出 $\widetilde{\omega}_P$,从而由 $\widetilde{\omega}_P = \dfrac{Ne^2}{\epsilon_0\epsilon_L m^*}$ 可求得电

子的有效质量 m^*。所以根据反射谱,可以研究有效质量随自由电子数密度的变化关系。

以上的讨论虽是对半导体中的自由电子进行的,但也完全适用于半导体中的空穴。

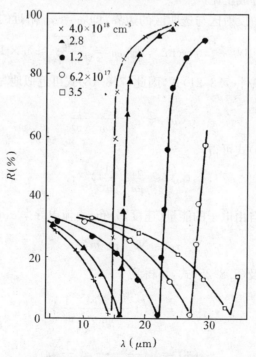

图 7.8-5　InSb 自由电子反射谱

7.9 晶格吸收光谱

本节讨论光电场对绝缘体晶格振动的影响。下面先介绍光电场在极性绝缘晶体中所形成的一种特殊的运动状态,这种状态常用术语极化激元来描述。然后再讨论因晶格振动而引起的光吸收。

一、极化激元

假设光波入射于极性(离子)晶体,其中的荷电离子将在光电场作用下产生受迫振动——激发光学支晶格振动。离子的运动又会引起电极化场,因此在晶体中形成一种特殊的运动状态,即光学支晶格振动与光电场的混合态。按量子理论,这种运动状态的能量也是量子化的,只能是某个能量单元的整数倍,该能量单元称为极化激元(polariton)。与描述格波的声子相类似,可以用极化激元描述在极性(离子)晶体中传播的光波。极化激元的波矢就是晶体中光电场的波矢 q,频率也就是光电场的频率 ω。波矢 q 与频率 ω 间的关系应满足(7.3-4)式

$$\frac{q^2 c^2}{\omega^2} = \mu\epsilon$$

式中的 ϵ 为极化晶体中离子位移极化相应的介电常数,如不考虑阻尼,由(7.2-47)式给出。对于一般非磁性晶体,可设 $\mu = 1$,因此,上式可写成

$$\frac{q^2 c^2}{\omega^2} = \epsilon_\infty \frac{\omega_{L0}^2 - \omega^2}{\omega_{T0}^2 - \omega^2} \tag{7.9-1}$$

根据(7.9-1)式可以画出极化激元的色散关系 $\omega(q)$,如图 7.9-1 所示。从图中可以看到,整个色散关系分成两个分支:(i)对上支,$\omega \geqslant \omega_{L0}$,当 $q \to 0$ 时,$\omega \to \omega_{L0}$,即接近晶格振动的纵向光学声子频率 ω_{L0};而当 q 较大时,色散关系趋近高频光波在晶体中的色散关系 $\omega = \frac{c}{\sqrt{\epsilon_\infty}}q$。(ii)对下支,$\omega \leqslant \omega_{T0}$,当 $q \to 0$ 时,色散曲线逼近介电常数等于静态值 ϵ_s 的介质中的光波色散曲线 $\omega = \frac{c}{\sqrt{\epsilon_s}}q$;而当 q 较大时,$\omega \to \omega_{T0}$。也就是说,在波矢较大处,极化激元的两支色散曲线分别趋近于声子色散曲线及光波色散曲线。常把趋近声子色散关系的一支称为类声子支,而把趋近光波色散关系的一支称为类光子支。对于处在 ω_{T0} 与 ω_{L0} 之间的频率范围,极化激元的色散曲线并不经过,即不存在该频率范围内的极化激元。从(7.2-47)式、(7.3-9)式及(7.3-10)式可得不考虑阻尼的折射率及消光系数:

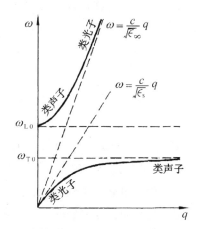

图 7.9-1 极化激元的色散关系

$$n = \sqrt{\epsilon(\omega)} = \left(\epsilon_\infty \frac{\omega_{LO}^2 - \omega^2}{\omega_{TO}^2 - \omega^2} \right)^{1/2} \tag{7.9-2}$$

$$k = 0 \tag{7.9-3}$$

如入射光频处在极化激元的频隙内,即 $\omega_{TO} < \omega < \omega_{LO}$,由(7.2-47)式知 $\epsilon(\omega) < 0$,因此 $n = i\sqrt{|\epsilon(\omega)|}$,$n$ 为纯虚数。由(7.3-24)式可得在该频率范围内的反射率 $R = 1$。所以,频率处在 ω_{TO} 与 ω_{LO} 之间的光波如入射极性晶体,将被全反射。可见在极性晶体中不能存在处于该频率范围的光场,这也是不存在该频率范围内的极化激元的原因。

图 7.9-2 示出了离子晶体 NaCl 的反射谱,从图中可以看到,在 ω_{LO} 与 ω_{TO} 所对应的波长 38~61 μm 之间存在高反射带,历史上曾把该反射带称为剩余射线带。

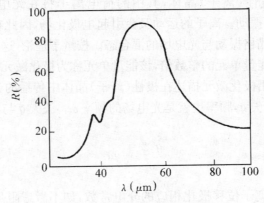

图 7.9-2 NaCl 晶体的反射谱

二、极性晶体的晶格光吸收

前面的讨论,没有考虑阻尼,因而不存在光吸收。但实际晶体总有阻尼,所以必然存在光吸收。计入阻尼项极性晶体中由离子位移极化所对应的介电常数变成复数,由(7.2-50)式给出。根据(7.2-50)式,可分别写出介电常数的实部及虚部:

$$\epsilon_1(\omega) = \epsilon_\infty \frac{(\omega_{LO}^2 - \omega^2)(\omega_{TO}^2 - \omega^2) + \Gamma^2 \omega^2}{(\omega_{TO}^2 - \omega^2)^2 + \Gamma^2 \omega^2} \tag{7.9-3}$$

$$\epsilon_2(\omega) = \epsilon_\infty \frac{(\omega_{LO}^2 - \omega_{TO}^2)\Gamma\omega}{(\omega_{TO}^2 - \omega^2)^2 + \Gamma^2 \omega^2} \tag{7.9-4}$$

从(7.9-4)式可见,介电常数虚部在 $\omega = \omega_{TO}$ 处存在峰值,根据(7.3-18)式,吸收系数 α 也将在 ω_{TO} 处达峰值,所以晶体在横向光学支声子频率 ω_{TO} 处应有明显的光吸收。

因为电磁波是横波,当光波入射至极性晶体后,正负离子在光电场作用下产生的受迫振动也必是横向振荡的格波。如入射光波的频率 ω 趋近晶格离子的固有振荡频率,即横向光学支格波频率 ω_{TO} 时,将出现共振,正负离子间的受迫振动达到最大的振幅,晶格从光场获得最大能量。如果存在阻尼,即与晶体的其他声子间存在相互作用,则在受迫振动过程中晶格离子从光场获得的能量可以传递给晶体中的其他声子,即转变成晶体的热能,这就是晶格振动光吸收。

根据量子力学的观点,在极性晶体中光波能直接与正负离子的横向光学支晶格振动发生相互作用,吸收一个光子而发射一个横向光学支声子。在吸收光子和发射声子过程中,必须要同时满足能量守恒和波矢守恒定律:

$$\hbar\omega = \hbar\omega_{T0} \tag{7.9-5}$$

$$q = Q \tag{7.9-6}$$

这就是说吸收的光子频率就是发射的横向光学支声子频率 ω_{T0};吸收的光子波矢 q 就是发射的横向光学支声子的波矢 Q。因为光子的波矢 q 非常小,所以发射的横向光学支声子波矢必局限于布里渊区的中心 Γ 点附近。

上述吸收一个光子同时发射一个声子的过程,称为单声子光吸收过程。除此以外,在极性晶体中还存在双声子光吸收过程或多声子光吸收过程。由于声子间相互作用的存在,一个声子可以转变成两个其他模式的声子,也可以是两个模式不同的声子转变成一个其他模式的声子。对于前者,常说一个声子湮没而产生两个声子,可用图 7.9-3(a) 表示;对于后者,常说两个声子湮没而产生一个声子,用图 7.9-3(b) 表示。图中用带有波纹线的箭头表示一个声子,每个声子都由一定的波矢 Q 和 σ 表示具体的振动模式(横向或纵向,光学波或声学波)。3 个声子线相交在一点,箭头向着交点的表示相应过程使该模式声子湮没,而箭头离开交点的表示过程产生的声子。在声子相互变换过程中,也必须满足能量守恒及波矢守恒定律。

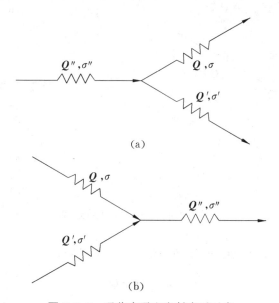

图 7.9-3　吸收声子和发射声子示意

在图 7.9-3(a) 的情形,应有

$$\hbar\omega(Q'', \sigma'') = \hbar\omega(Q, \sigma) + \hbar\omega(Q', \sigma') \tag{7.9-7}$$

$$Q'' = Q + Q' \tag{7.9-8}$$

这里 $\omega(Q, \sigma)$ 表示波矢为 Q、模式 σ 的声子频率。上面两式表示吸收(或湮没)声子的总能量和总波矢应分别等于发射(或产生)声子的总能量和总波矢。

假想极性晶体在光电场作用下吸收一个光子同时发射一个声子(Q'', σ'')，随后该声子通过声子间相互作用又转化成两个声子(Q, σ)及(Q', σ')，如图 7.9-4(a)所示，图中以不带波纹线的箭头表示光子。这里声子(Q'', σ'')是个中间态，其存在的时间非常短，因此我们可以直接认为过程是吸收了一个光子，而发射了两个声子(Q, σ)及(Q', σ')，如图 7.9-4(b)所示。同样，吸收光子时发射的声子(Q'', σ'')可以与另一个声子(Q', σ')一起湮没，而发射声子(Q, σ)，如图 7.9-4(c)所示。显然图中的(Q'', σ'')也可以略去而直接表示成图 7-9-4(d)的形式，即这一过程相当于同时吸收一个光子和一个声子而发射一个声子。上述这种吸收一个光子、发射两个声子或吸收一个声子、发射一个声子的过程就是双声子光吸收过程。双声子光吸收过程也必须满足能量守恒和波矢守恒定律，对于发射两个声子的过程为

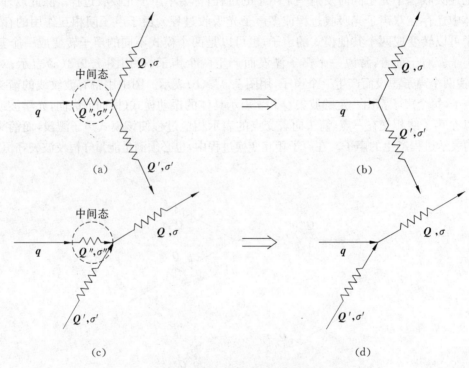

图 7.9-4　双声子光吸收过程

$$\hbar\omega(q) = \hbar\omega(Q, \sigma) + \hbar\omega(Q', \sigma') \tag{7.9-9}$$

$$q = Q + Q' \tag{7.9-10}$$

对于发射一个声子，吸收一个声子的双声子吸收过程为

$$\hbar\omega(q) = \hbar\omega(Q, \sigma) - \hbar\omega(Q', \sigma') \tag{7.9-11}$$

$$q = Q - Q' \tag{7.9-12}$$

考虑到光子波矢很小，即$q \approx 0$，所以由(7.9-10)式可写成$Q + Q' \approx 0$，即发射的两个声子的波矢应近似等值反向；而(7.9-12)式可近似写成$Q \approx Q'$，即发射的声子波矢应与吸收的声子波矢近似相等。

216

三、非极性绝缘晶体的晶格光吸收

光电场不能与非极性晶体中的晶格振动(声子)发生直接的相互作用,便不能像极性晶体那样产生单声子光吸收过程,但是可以发生双声子或多声子的光吸收过程。这是因为虽然组成非极性晶体的每个原子都是电中性的,但是原子中的电子壳层可以因晶格振动而发生畸变,使原子中的正负电荷中心不重合而引起感应电偶极矩,如图 7.9-5 所示。光电场又可与这些带有感应电偶极矩的原子发生相互作用,从而导致光吸收。理论计算表明,由感应电偶极矩导致的光吸收只可能是双声子或多声子吸收过程,即光吸收过程至少涉及两个声子。与极性晶体中的双声子过程一样,吸收一个光子可以发射两个声子,也可以同时发射一个声子吸收一个声子。相应过程也必须满足(7.9-9)~(7.9-12)式。

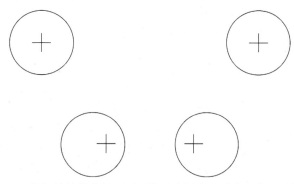

图 7.9-5 非极性晶体中的原子因电子壳层发生畸变而产生电偶极矩

极性晶体中的正负离子在晶格振动过程中也可发生电子壳层的畸变,从而产生相应的感应电偶极矩。光电场也可以通过感应偶极矩而与离子相互作用并产生光吸收。所以对于极性晶体,也可以通过感应偶极矩而发生双声子或多声子光吸收;这就是说,在极性晶体中可以通过两种机理发生双声子及多声子光吸收过程。

最后值得指出的是双声子光吸收的吸收系数比单声子光吸收的小得多,通常在晶格吸收中涉及的声子数愈多,相应的吸收系数也愈小。另外,由于晶格振动的光学声子频率一般都处在红外区,晶格光吸收的频率范围也一般在红外范围。由上节讨论可知,导体(金属或具有自由载流子的半导体)的自由电子光吸收频率也在该区域。因此,在导体中的晶格吸收常被自由电子光吸收所掩盖,在实验上很难检测。通常在非导体(绝缘体及处在低温下的本征半导体)中才可以清楚地测量到晶格光吸收谱。

7.10 喇 曼 光 谱

本节讨论另一个重要的光学性质——光散射。当光波在介质中传播时,由于光波与物质中的原子、分子的相互作用,光的传播方向发生改变。这一现象即为物质的光散射。如果散射光的频率与入射光的频率相同,则为弹性散射,常称瑞利散射;如果散射光的频率与入射光不同,则为非弹性散射,常称喇曼散射。

当光波在固体中传播时,固体中的电子在光电场作用下产生位移极化,并形成极化强度矢量

$$\boldsymbol{P} = \epsilon_0 \boldsymbol{\chi} \mathscr{E} \tag{7.10-1}$$

其中 $\boldsymbol{\chi}$ 为极化率张量。上式的分量形式为

$$P_\mu = \epsilon_0 \sum_\nu \chi_{\mu\nu} \mathscr{E}_\nu \tag{7.10-2}$$

7.2 节中讨论非导体的电子位移极化时曾指出,固体中的原子或离子的电子云在电场作用下发生畸变,使原子或离子的正、负电荷中心不再重合而产生感应电偶极矩。原子或离子中的电子位移极化一般与原子或离子的位置有关。位置不同,产生的电偶极矩也不相同。因而由电子位移极化决定的极化率 $\chi_{\mu\nu}$ 也与原子或离子的位置有关,这就是说晶体的极化率 $\chi_{\mu\nu}$ 是晶体中各原子(离子)位置的函数,从而与晶体的晶格振动有关。所以极化率 $\chi_{\mu\nu}$ 可以按原子(离子)晶格振动的位移 $u_\alpha(l, s)$ 作级数展开:

$$\chi_{\mu\nu} = \chi_{\mu\nu}^0 + \sum_{\alpha,\, l,\, s} \frac{\partial \chi_{\mu\nu}}{\partial u_\alpha(l,\, s)} u_\alpha(l,\, s) + \text{高次项} \tag{7.10-3}$$

这里的 $u_\alpha(l, s)$ 表示第 l 原胞中第 s 原子在 α 方向上的位移。式中第一项 $\chi_{\mu\nu}^0$ 表示与原子(离子)位置无关的部分,第二项是原子(离子)位移 $u_\alpha(l, s)$ 的线性项,后面的高次项包括 $u_\alpha(l, s)$ 的二次方及以上的所有项。因为原子(离子)的晶格振动都是围绕其平衡位置的微振动,所以 $u_\alpha(l, s)$ 都是小量。为简单起见这里只考虑线性项,相应于一阶喇曼散射。上式右边第二项称为喇曼张量,记为

$$R_{\mu\nu} = \sum_{\alpha,\, l,\, s} \frac{\partial \chi_{\mu\nu}}{\partial u_\alpha(l,\, s)} u_\alpha(l,\, s) \tag{7.10-4}$$

假设光波的电场可表示为

$$\mathscr{E} = \mathscr{E}_0 \cos(\omega_i t - \boldsymbol{q}_i \cdot \boldsymbol{r}) \tag{7.10-5}$$

则按(7.10-2)式,由(7.10-3)式中常数项 $\chi_{\mu\nu}^0$ 贡献的极化强度可写成

$$P_\mu^{(1)} = \epsilon_0 \sum_\nu \chi_{\mu\nu}^0 \mathscr{E}_\nu = \epsilon_0 \sum_\nu \chi_{\mu\nu}^0 \mathscr{E}_{0\nu} \cos(\omega_i t - \boldsymbol{q}_i \cdot \boldsymbol{r}) \tag{7.10-6}$$

可见 $P_\mu^{(1)}$ 也是波动,且与入射光波有相同的频率 ω_i 及相同的波矢 $\boldsymbol{q}_i$。$P_\mu^{(1)}$ 导致频率与入射光相同的光发射,这就是散射光。显然因散射光的频率与入射光相同,与 $\chi_{\mu\nu}^0$ 相应的散射就是瑞利散射。为了讨论喇曼张量 $R_{\mu\nu}$ 的影响,假设晶格振动处于某一声子模式:

$$u_\alpha(l,\, s) = u_\alpha^0(l,\, s) \cos(\Omega t - \boldsymbol{Q} \cdot \boldsymbol{r}) \tag{7.10-7}$$

这里 Ω、$\boldsymbol{Q}$ 分别是声子的频率及波矢。因此,由(7.10-2)式及(7.10-3)式,可得到相应的极化强度

$$P_\mu^{(2)} = \epsilon_0 \sum_\nu \sum_{\alpha,\, l,\, s} \frac{\partial \chi_{\mu\nu}}{\partial u_\alpha(l,\, s)} u_\alpha^0(l,\, s) \mathscr{E}_{0\nu} \cos(\Omega t - \boldsymbol{Q} \cdot \boldsymbol{r}) \cos(\omega_i t - \boldsymbol{q}_i \cdot \boldsymbol{r})$$

$$= \epsilon_0 \sum_\nu \sum_{\alpha,\, l,\, s} \frac{\partial \chi_{\mu\nu}}{\partial u_\alpha(l,\, s)} \frac{1}{2} u_\alpha^0(l,\, s) \mathscr{E}_{0\nu} \{ \cos[(\Omega + \omega_i) t - (\boldsymbol{Q} + \boldsymbol{q}_i) \cdot \boldsymbol{r}]$$

218

$$+\cos[(\Omega-\omega_i)t-(Q-q_i)\cdot r]\}\tag{7.10-8}$$

因此,$R_{\mu\nu}$ 的作用是使极化强度 $P_\mu^{(2)}$ 具有 $\omega_i\pm\Omega$ 的频率。由 $P_\mu^{(2)}$ 发射的散射光的频率当然就是 $\omega_i\pm\Omega$,所以这种散射光相应于非弹性散射,即为喇曼散射。喇曼散射光的频率 ω_s 可以比入射光的频率 ω_i 低一个声子频率 Ω,也可以比入射光频率 ω_i 高一个声子频率。常称前者为斯托克斯过程,而称后者为反斯托克斯过程。从量子力学的观点来看,喇曼散射实际上涉及如图 7.10-1 所示的 3 个过程,在图中分别用①、②、③表出。首先是价带中的电子吸收一个光子跃迁至导带,然后导带电子吸收或发射一个声子在导带内产生带内跃迁如图 7.10-1(a)所示,图示的是发射声子的情形;也可以是价带中的空穴吸收或发射一个声子而在价带内作带内跃迁,如图 7.10-1(b)所示,图示情形为吸收声子,最后导带电子与价带中的空穴相复合而发射散射光。喇曼散射过程也必须同时满足能量守恒及波矢守恒定律:

$$\hbar\omega_s=\hbar\omega_i\pm\hbar\Omega\tag{7.10-9}$$

$$q_s=q_i\pm Q\tag{7.10-10}$$

这里 ω_s 及 q_s 分别表示散射光的频率及波矢,式中的"$+$"号相应于在散射过程中吸收了一个声子,是反斯托克斯过程;而"$-$"号相应于散射过程中发射了一个声子,是斯托克斯过程。历史上曾将吸收或发射声学声子的散射称为布里渊散射,而把喇曼散射限于吸收或发射光学声子的散射过程。近来也将吸收或发射诸如等离子振荡量子等其他准粒子的散射过程均称为喇曼散射。

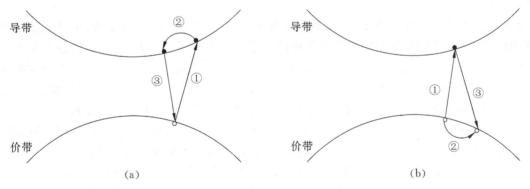

图 7.10-1 喇曼散射的微观过程

图 7.10-2 为单晶硅在不同温度下的喇曼光谱。入射光的波长是 514.5 nm,图的左边相应于斯托克斯谱线,而右边相应于反斯托克斯谱线。从图中可以看到斯托克斯谱线比反斯托克斯谱线强度高得多;而且,温度愈低,两者的强度比愈大。这是由于斯托克斯过程相应于发射声子的过程,而反斯托克斯过程相应于吸收声子的过程。只有在比较高的温度晶体内存在有比较多的声子,才有可能有较高的几率吸收声子而发生反斯托克斯过程。至于发射声子的斯托克斯过程,不管晶体中是否存在声子都能发生。在低温下,晶体中的声子很少,发生反斯托克斯过程的几率很低,基本上都是斯托克斯过程。这就是斯托克斯谱线与反斯托克斯谱线的强度比在低温变大的原因。由(7.10-9)式可见,$\Omega=|\omega_s-\omega_i|$,所以从实验上测得散射光相对于入射光的频移便可决定声子的频率。从(7.10-10)式可见 $|Q|=$

$|q_s - q_i|$。因为光子的波矢很小,参与散射过程的声子波矢 Q 必也很小,$Q \approx 0$。所以,根据喇曼光谱测到的是波矢 $Q \approx 0$(即处于布里渊区中心 Γ 点附近)的光学声子的频率。从图 7.10-2 可知 Γ 点光学声子的频率也随温度稍有变化。

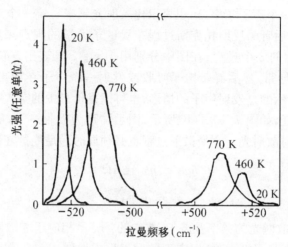

图 7.10-2 硅在不同温度下的喇曼光谱

7.11 固体光发射

晶体受外界各种能量的激发,如照射各种射线(γ射线、电子束、质子束、X射线或各种频率的光线)或对晶体施加电场,使晶体中的电子由基态跃迁至激发态,晶体便处于非平衡态。处于激发态的电子具有一定的寿命,换言之有一定的几率回落到基态,并把多余的能量以各种形式释放出来。如果以光能的形式释放,就是光发射过程。所以要使晶体发光,首先必须使部分电子处于激发态。根据电子的激发方式,固体发光可分为以下几种:

(1)射线激发发光,包括各种频率的光线、X射线、γ射线、电子束及质子束等的激发。电子束型电视机显像管或计算机显示器的荧屏就是依靠电子束激发而发光的。

(2)电激发发光,如对半导体 p-n 结施加正向电压,就有非平衡载流子注入,在 p-n 结附近产生非平衡电子和空穴,这些电子和空穴可以相互复合而发光。这就是 p-n 结复合发光,常被用来制成固态发光器件。

(3)化学发光,系利用某些物质的化学过程发光,金属钠在空气中燃烧时发出黄光即为一例。

(4)机械发光,如砂轮磨刀时发出的闪光。

下面讨论固体发光的几种主要机理及其发光特征。

一、绝缘体及宽禁带半导体中的杂质发光

前面讨论杂质光吸收时,曾提到绝缘体中的过渡金属或稀土金属离子杂质的 3d 壳层或 4f 壳层基本上仍保持原先金属原子的组态,杂质周围晶体原子的影响可归结为晶体场的作

用,而处于有一定对称性的晶体场中的 3d 壳层或 4f 壳层的某些简并能级会分裂,因而这些杂质形成一系列分立的电子能级。因为 3d 壳层及 4f 壳层都是未满壳层,这些分立能级不会被电子全部占满,既有占据态也存在空态。如电子吸收光子能量由占据态跃迁至空态,使杂质由基态变为激发态就是光吸收。相反被激发至空态的电子如回落到原来的状态,使杂质原子回复到基态就是光发射。与前面讨论色心相类似,杂质处于基态或激发态时的能量与杂质所处的位置有关,因此也常可用图 7.7-4 所示的位形坐标来表示。与色心一样,杂质的发射光频率总小于吸收光的频率。其多余的能量以声子形式转变成晶格的热能。

处于激发态的杂质是不稳定的,具有有限的寿命 τ。其意义是在单位时间内,激发态杂质以几率 $1/\tau$ 回复到基态。所以如 t 时刻处在激发态的杂质数为 $N(t)$,则其衰减速率应为

$$\frac{dN(t)}{dt} = -\frac{N(t)}{\tau} \tag{7.11-1}$$

求解该方程可得

$$N(t) = N_0 e^{-t/\tau} \tag{7.11-2}$$

这里 N_0 是 $t = 0$ 时处于激发态的杂质数。所以,处于激发态的杂质数以指数形式衰减。假设每个激发态杂质回落到基态时都要发射一个光子,则发射光的强度应与 $|dN(t)/dt|$ 成正比:

$$I(t) \sim \left| \frac{dN(t)}{dt} \right| = \frac{N(t)}{\tau} = \frac{N_0}{\tau} e^{-t/\tau} \tag{7.11-3}$$

所以,杂质发光的光强在外界激发源(如各种射线)停止以后将以指数形式衰减,而 N_0 即是外界激发源停止时处于激发态的杂质数。

不过,实际情况常常并不如此简单。实际上在那些分立的杂质态电子能级中,有些能级间的光跃迁是许可的,也有些能级间的光跃迁是禁戒的。图 7.11-1 是一个简化的示意图。假设杂质共有 3 个电子能级。其中 B 相应于基态,A 和 M 都是激发态,而且只有 A 和 B 之间的光跃迁是许可的,M 和 B 之间的光跃迁是禁戒的(常称 M 为亚稳态能级)。如在外界激发源的作用下,电子已处于激发态 A,则电子既可以直接跃迁至基态 B 而发射出光子;也可以回落到能级 M 而发射声子。处于 M 能级上的电子并不能跃迁至 B 能级而发光;只能

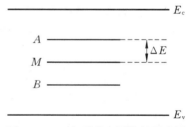

图 7.11-1 杂质的电子能级示意图

等待时机,被重新热激发至 A 能级后,才能有机会直接回到基态 B 而发光。根据统计物理学,电子由能级 M 热激发至能级 A 的几率与 $\exp(-\Delta E/k_B T)$ 成正比。其中 ΔE 是 A 和 M 之间的能量差。假设单位时间内电子由 A 回落到 B 而发光的几率是 $1/\tau_0$,则处于能级 M 上的电子被热激发至能级 A 再回落到能级 B 而发光的几率应是

$$\frac{1}{\tau} = \frac{1}{\tau_0} \exp(-\Delta E/k_B T) \tag{7.11-4}$$

因为 M 比 A 能量低,被激发的电子绝大部分都处在能级 M 上,因此激发电子回落到基态而发光的几率基本上由(7.11-4)式决定。把(7.11-4)式代入(7.11-3)式,就可得当存在亚稳态能级 M 时,杂质发光的强度随时间的变化规律:

$$I(t) \sim \frac{N_0}{\tau_0} e^{-\frac{\Delta E}{k_B T}} \exp\left(-\frac{t}{\tau_0} e^{-\frac{\Delta E}{k_B T}}\right) \tag{7.11-5}$$

上式表明亚稳态能级 M 使发光强度随时间的衰减与温度 T 有关,温度愈低衰减愈慢。

二、半导体中的带间跃迁光发射

在外界激发源的作用下,价带中的电子被大量激发至导带成为自由电子,而在价带中留下了大量空穴。这时导带中的电子可以回落到价带,与空穴复合,而把多余的能量以光能的形式释放出来,形成光发射。带间跃迁光发射与带间跃迁光吸收一样,也必须同时满足能量守恒及波矢(或准动量)守恒,因此也有直接跃迁与间接跃迁之分。对于间接跃迁必须同时有声子参与,所以间接跃迁的发光强度(带间跃迁几率)比直接跃迁低得多。因为间接能隙结构半导体(如 Si、Ge)的导带底与价带顶的波矢不在布里渊区中的同一点,导带底电子要与价带顶空穴相复合必须有声子的参与,所以间接能隙结构半导体的带间跃迁发光强度通常要比直接能隙结构半导体低得多。与前面讨论的杂质发光机理不同,对带间跃迁发光而言,由于发光体中存在有大量的自由电子与空穴,发光体本身有导电能力。如果认为处于导带中的电子完全由价带激发产生,则电子数 n 应与空穴数 p 相等。电子与空穴的复合速率应与 $np = n^2$ 成正比,即导带中电子数的变化速率应为

$$\frac{dn(t)}{dt} = -\beta n^2(t) \tag{7.11-6}$$

设外界激发源作用刚停止时 $(t = 0)$ 处于导带中的电子(或价带中的空穴)数为 n_0,则 (7.11-6) 式的解为

$$n(t) = n_0(1 + \beta n_0 t)^{-1} \tag{7.11-7}$$

带间跃迁的发光强度

$$I(t) \sim \left|\frac{dn(t)}{dt}\right| = \frac{\beta n_0^2}{(1 + \beta n_0 t)^2} \tag{7.11-8}$$

当 t 较大时,$I(t) \sim 1/t^2$,即发光强度按 t^{-2} 规律衰减。

在实际的半导体中常存在因缺陷或深能级杂质所引起的处于禁带中间位置的能级,这些能级常可作为电子或空穴的陷阱。导带中的电子(或价带中的空穴)可落入这些深能级,而处在这些能级上的电子(或空穴)却不能直接与价带中的空穴(或导带中的电子)相复合,即电子陷阱能级与价带间的光跃迁是禁戒的;空穴陷阱能级与导带间的光跃迁也是禁戒的。因此,陷阱能级与杂质发光机构中的亚稳态能级 M 类似,只有依靠热激发,使电子(或空穴)从陷阱能级重新激发至导带(或价带)以后,电子与空穴才能复合发光。所以在此情况下,带间跃迁发光强度的衰减也将与温度有关。实际半导体的带间跃迁发光强度常有非常复杂的衰减规律。

三、半导体中的其他发光机理

在半导体中除上面介绍的导带电子与价带空穴复合的带间跃迁发光机理外,还存在有

下面的一些发光过程：

(1) 激子复合发光。在低温下,导带中的电子常与价带中的空穴相互结合成自由激子(这种激子能在晶体中自由移动)。自由激子中的电子和空穴也有一定的几率相互复合而发光。自由激子的复合发光仍须满足能量守恒及准动量(波矢)守恒定律。其发射光子的能量将比禁带宽度 E_g 小一个激子的结合能。

(2) 如果半导体中掺有施主、受主杂质,则施主杂质中的电子可以与价带中的空穴相复合而发光,导带中的电子可以与受主杂质束缚的空穴相复合而发光;施主杂质上的电子也可以与受主杂质上的空穴相复合而发光。

(3) 等电子中心发光。在第六章讨论半导体的杂质态时,已提及被束缚在等电子中心附近的激子(电子-空穴对)可以复合发光。由于这些激子是束缚激子,其中的电子及空穴都处在局域态,因此这种束缚激子的复合发光不需要满足能量守恒及准动量(波矢)守恒定律。所以,利用等电子中心可以提高间接能隙半导体的发光效率。图 7.11-2 即为含有等电子中心氮(N)的半导体 GaP 的发射光谱。图中 A 相当于总角动量量子数 $j = 1$ 的激子态的复合发光谱线;B 相当于总角动量量子数 $j = 2$ 的激子态的复合发光谱线。A-LO、A-TO 及 B-LO 分别表示有纵向光学声子(LO)、横向光学声子(TO)参与的 $j = 1$ 及 $j = 2$ 激子态的复合发射光谱。

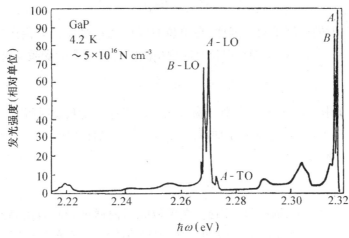

图 7.11-2 含等电子中心 N 的 GaP 在 4.2 K 的发射光谱

7.12 受激发射及激光

上节讨论的由处于激发态的电子自发地回落到基态而发光的过程为自发发射。对于自发发射,各个发光中心(发光杂质或电子-空穴对等)之间并无相互联系,因此自发发射出的光子位相各不相同,传播方向及偏振方向也互不一致。所以,由自发发射得到的光发射是互不相干的。除自发发射以外,还有受激光发射。受激发射时,处于激发态上的电子在外界入射的光电场感应下回落到基态,并发射出传播方向、偏振方向及位相都与入射光相同的光波,所以受激发射的光波是相干的,常称之为激光。可以设想,如果处于激发态的电子数与处于基态的电子数之比足够大,受激发射出的光子又可去感应产生新的受激光子。这样受激光束的强度将逐渐增大。如果再把发光体制作成与该受激光频率相应的谐振腔,就可产生光强非常高、光频单色性非常好的激光。

处于激发态的电子可以自发发射的形式回落到基态而发光,也可以受激发射的方式回落到基态而发光,彼此各有一定的几率;下面讨论这两种几率间的关系。

一、自发发射几率及受激发射几率

为简单起见,假设单位体积的某固体,该固体材料只具有两个电子能级,分别为基态能级及激发态能级,并设处在基态及激发态的电子数分别为 N_1 及 N_2。如上节所述,发光体在单位时间内,有一定的自发发射几率 $1/\tau$,这里 τ 即是处于激发态电子的自发寿命。因此,在单位时间内通过自发发射由激发态回落到基态的电子数为 N_2/τ,即在单位时间内由激发态至基态的自发发射电子数

$$n_1 = N_2/\tau \tag{7.12-1}$$

受激发射在单位时间内的发射几率 P_{21} 应与感应光场能量密度 ρ 成正比:

$$P_{21} = B_{21}\rho \tag{7.12-2}$$

这里 B_{21} 是受激发射的比例系数。因此,在单位时间内通过受激发射由激发态回落到基态的电子数为 $N_2 P_{21} = B_{21} N_2 \rho$, 即在单位时间内由激发态至基态的受激发射电子数

$$n_2 = B_{21}N_2\rho \tag{7.12-3}$$

在外界感应光的作用下,不仅可以使处于激发态的电子通过受激发射而回落到基态,而且也可以使处于基态的电子吸收感应光子而跃迁至激发态。这种光吸收的几率 P_{12} 也应与外界感应光的能密度 ρ 成正比:

$$P_{12} = B_{12}\rho \tag{7.12-4}$$

式中 B_{12} 是光吸收过程的比例系数。因此,在单位时间内通过光吸收由基态跃迁至激发态的电子数为 $N_1 P_{12} = B_{12} N_1 \rho$, 即在单位时间内因光吸收由基态跃迁至激发态的电子数为

$$n_3 = B_{12}N_1\rho \tag{7.12-5}$$

而同时计入自发发射及受激发射,在单位时间内,从激发态回落到基态的总电子数为

$$n_1 + n_2 = \frac{N_2}{\tau} + B_{21}N_2\rho$$

在热平衡时,由激发态回落到基态的电子数应与由基态跃迁至激发态的电子数相等, $n_1 + n_2 = n_3$, 即

$$\frac{N_2}{\tau} + B_{21}N_2\rho = B_{12}N_1\rho \tag{7.12-6}$$

由此可以求得热平衡时发光体中存在的光场能量密度

$$\rho = \frac{1/\tau}{\dfrac{N_1}{N_2}B_{12} - B_{21}} \qquad (7.12\text{-}7)$$

而在热平衡时,由玻尔兹曼分布律基态及激发态的电子数 N_1 及 N_2 应满足下面的关系:

$$\frac{N_1}{N_2} = \exp\left(\frac{h\nu}{k_{\mathrm{B}}T}\right) \qquad (7.12\text{-}8)$$

这里 $h\nu$ 即是激发态能级与基态能级间的能量差。把(7.12-8)式代入(7.12-7)式,可得

$$\rho = \frac{1}{\tau}\,\frac{1}{B_{12}\exp\left(\dfrac{h\nu}{k_{\mathrm{B}}T}\right) - B_{21}} \qquad (7.12\text{-}9)$$

在热平衡下,发光体内存在的光场即发光体自身的黑体辐射场,其能量密度 ρ 即是黑体辐射单位频率间隔的能量密度。因此

$$\rho(\nu) = \frac{8\pi h\nu^3 n^3}{c^3}\,\frac{1}{\exp\left(\dfrac{h\nu}{k_{\mathrm{B}}T}\right) - 1} \qquad (7.12\text{-}10)$$

比较以上二式可得

$$B_{12} = B_{21} = \frac{c^3}{8\pi h\nu^3 n^3 \tau} \qquad (7.12\text{-}11)$$

式中 n、c 分别是发光体的折射率及真空中的光速。把上式代入(7.12-2)式,即可得单位时间内受激发射的几率

$$P_{21} = \frac{c^3}{8\pi h\nu^3 n^3 \tau}\rho(\nu) \qquad (7.12\text{-}12)$$

应用量子力学也可计算光吸收及受激发射的速率(单位时间内的几率):

$$P_{12} = P_{21} = \frac{2\pi}{3\hbar^2}\,|\langle\psi_1\,|\,er\,|\,\psi_2\rangle|^2\rho(\nu) \qquad (7.12\text{-}13)$$

这里 $\langle\psi_1\,|\,er\,|\,\psi_2\rangle$ 表示基态 ψ_1 与激发态 ψ_2 之间的电偶极跃迁矩阵元。由(7.12-12)式及(7.12-13)式可得自发发射速率

$$\frac{1}{\tau} = \frac{4\omega^3 n^3}{3\hbar c^3}\,|\langle\psi_1\,|\,er\,|\,\psi_2\rangle|^2 \qquad (7.12\text{-}14)$$

式中已利用了关系式 $\omega = 2\pi\nu$。

二、获得激光的必要条件

尽管受激发射随时随地都可发生,但要获得具有一定强度的激光仍需要满足一定的必要条件。

设想在发光介质中光波传播方向上的某一位置 z 处,频率为 ν 附近单位频率间隔受激光的光强为 I_ν,则在该处单位频率间隔受激光的能量密度应为

$$\rho(\nu) = \frac{n}{c}I_\nu \qquad (7.12\text{-}15)$$

在此受激光的电场感应下,单位时间内新产生的受激光子数应为

$$N_2 P_{21} = B_{21} N_2 \rho(\nu) = \frac{N_2 c^3}{8\pi h \nu^3 n^3 \tau} \frac{n}{c} I_\nu = \frac{N_2 c^2}{8\pi h \nu^3 n^2 \tau} I_\nu$$

当然在此受激光的作用下,也会产生光吸收。因光吸收而减少的受激光子数应为

$$N_1 P_{12} = B_{12} N_1 \rho(\nu) = \frac{N_1 c^3}{8\pi h \nu^3 n^3 \tau} \frac{n}{c} I_\nu = \frac{N_1 c^2}{8\pi h \nu^3 n^2 \tau} I_\nu$$

考虑介质中的薄层,厚度为 Δl,面积为 ΔS;光波即垂直于该面积传播。设对此薄层入射光波的强度为 I_ν,出射光波的强度为 $I_\nu + \Delta I_\nu$,如图 7.12-1 所示。在 Δt 时间内薄层中受激光子净增加数为

$$(N_2 P_{21} - N_1 P_{12})\Delta S \Delta l \Delta t = (N_2 - N_1)\frac{c^2}{8\pi h \nu^3 n^2 \tau} I_\nu \Delta S \Delta l \Delta t$$

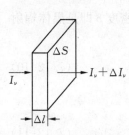

相应的受激光波的能量增加为

$$(N_2 P_{21} - N_1 P_{12}) h\nu \Delta S \Delta l \Delta t = \frac{(N_2 - N_1)c^2}{8\pi \nu^2 n^2 \tau} I_\nu \Delta S \Delta l \Delta t$$

由此得到

$$\Delta I_\nu = \frac{(N_2 - N_1)c^2}{8\pi \nu^2 n^2 \tau} I_\nu \Delta l$$

图 7.12-1 受激光强的变化

因此受激光光强在传播方向的变化率:

$$\frac{\mathrm{d}I_\nu}{\mathrm{d}z} = \frac{(N_2 - N_1)c^2}{8\pi \nu^2 n^2 \tau} I_\nu \tag{7.12-16}$$

求解上式可得

$$I_\nu = I_\nu(0) \mathrm{e}^{\gamma(\nu)z} \tag{7.12-17}$$

其中

$$\gamma(\nu) = \frac{(N_2 - N_1)c^2}{8\pi \nu^2 n^2 \tau} \tag{7.12-18}$$

$I_\nu(0)$ 表示 $z = 0$ 处的受激光强。常称 $\gamma(\nu)$ 为指数增益系数。从上面两式可以看到,如果 $\gamma(\nu) > 0$,则受激光强 I_ν 以指数形式增加;反之,如果 $\gamma(\nu) < 0$,则受激光强以指数形式衰减,最后将衰减为零,根本不可能有激光输出。所以,为了获得具有一定强度的激光,必须要求指数增益系数

$$\gamma(\nu) > 0 \tag{7.12-19}$$

根据(7.12-18)式,获得激光的这一必要条件也可表示成

$$N_2 > N_1 \tag{7.12-20}$$

即要求激发态的电子数大于基态电子数。这是与平衡态完全相反的,这一条件常称为布居数反转。

三、光泵激光器及半导体 p-n 结激光器

这是两种常见的激光器。光泵激光器是采用光波作为激发源,并利用绝缘体中的稀土金属或过渡金属杂质离子作受激光发射的激光器。在强度极大的光波(光泵)作用下,绝缘体中的绝大多数杂质离子都由基态变成激发态,使处于激发态的杂质数(电子数)超过处于基态的杂质数(电子数),从而实现布居数反转以达到获得激光的必要条件。目前常用的光泵激光器有掺过渡族离子 Cr^{3+} 的红宝石(Al_2O_3)激光器、掺稀土族离子 Nd^{3+} 的钇铝石榴石(Nd^{3+}:YAG)激光器及在玻璃基质中掺入少量氧化钕的钕玻璃激光器。下面简单介绍 Nd^{3+}:YAG 激光器的工作原理。

稀土离子 Nd^{3+} 在周围晶体场作用下分裂成许多能级,这些能级间的光跃迁有些是许可的,有些则是禁戒的。根据这些能级在光发射中的不同作用,可以归并成 4 个能级,如图 7.12-2 所示。E_0 和 E_3 以及 E_2 和 E_1 之间的光跃迁是许可的,而 E_0 和 E_1、E_2 和 E_3 之间的光跃迁是禁戒的。若以高强度频率 $\nu = \dfrac{E_3 - E_0}{h}$ 的激发光(光泵)照射晶体,使处于基态能级 E_0 上的电子都激发至 E_3 能级。处于 E_3 上的电子,通过声子的发射回落到 E_2(图中以波纹线表示)。因为 E_2 与 E_1 间的光跃迁是许可的,所以电子从 E_2 回落到 E_1 时产生光发射。电子到达 E_1 后,很快又通过发射声子而回落到基态。因为这里与发光有关的是 E_1 和 E_2 能级,所以获得激光的必要条件是要求 E_1 和 E_2 能级上的电子数实现布居数反转,即要求处于

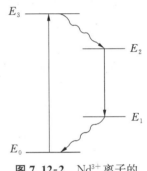

图 7.12-2 Nd^{3+} 离子的四个能级示意

E_2 上的电子数 N_2 大于处在 E_1 上的电子数 N_1。在这里的四能级情形,E_0 常比 E_1 低约 0.25 eV。所以,在室温下 E_1 上的电子基本上都落入 E_0 能级,E_1 上的电子数非常少。而由泵光激发到 E_3 的电子数极大部分都落入 E_2 能级,所以很容易达到 $N_2 > N_1$ 的要求,即很容易实现布居数反转。

半导体 p-n 结激光器是利用半导体的导带和价带间的带间跃迁实现光发射的激光器,采用电激发,即在 p-n 结两端施加正向电压的方法,在结区附近达到布居数反转的条件。图 7.12-3 为 p-n 结激光器工作原理示意图。图(a)为未加电压时的能带图,这里要求

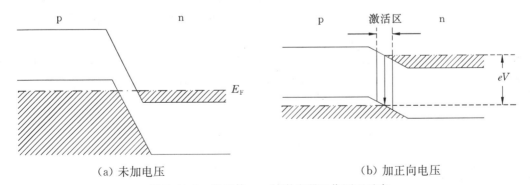

(a) 未加电压 （b) 加正向电压

图 7.12-3 半导体 p-n 结激光器工作原理示意

p 区和 n 区的掺杂浓度都很大,因此 n 区有非常高的电子数密度,以至费米能级 E_F 进入导带;同样,p 区有非常高的空穴数密度,费米能级处在价带内。图(b)示出加正向电压时的情形,这时在图示的激活区(即 p-n 结区)内存在大量的电子和空穴。理论上可以证明,当外加正向电压满足 $V > Eg/e$ 时,可实现布居数反转,Eg 为禁带宽度。

近来随着外延技术的提高,常采用由不同半导体材料构成的异质 p-n 结来制作激光器,使激光器的性能得到极大的改善。

第八章　固体的磁性

固体的磁性早就被人们所注意,并为人们所利用。固体中的很多磁学现象都直接与固体材料的结构以及固体中的电子、原子运动状态有关,而且还深刻地反映了固体中微观粒子运动状态的量子效应。因此,对固体磁性的研究可以获得许多有关固体材料内的物质结构以及固体中各种微观粒子间相互作用的信息,并由此更深刻地了解物质的本性。固体磁性材料在当前科学技术及国民经济中也有着十分广泛的应用,诸如变压器中的铁芯,用来记录声音、图像及各种数据信息的磁带、磁盘以及微波线路中使用的隔离器等都由各种固体磁性材料制成。另外,各种磁共振技术在化学、医学、生物学等科技领域也有着十分重要的应用。

本章将看重介绍各种固体磁性的物理本质,依次介绍顺磁性、逆磁性、铁磁性(包括反铁磁性及亚铁磁性)的物理起因。最后对各种磁共振现象及新学科磁电子学作简要的介绍。

8.1　磁化率及固体磁性材料的分类

一、磁　化　率

在真空中磁感应强度 $\boldsymbol{B}$ 与磁场强度 $\boldsymbol{H}$ 有下面的关系:

$$\boldsymbol{B} = \mu_0 \boldsymbol{H} \tag{8.1-1}$$

其中 $\mu_0 = 4\pi \times 10^{-7}$ H/m,为真空磁导率。放置在磁场中的固体物质将被磁化,在固体中感应出许多磁偶极矩,单位体积中的磁偶极矩称为磁化强度 $\boldsymbol{M}$,其与磁场强度 $\boldsymbol{H}$ 之比 χ 称为磁化率,即

$$\boldsymbol{M} = \chi \boldsymbol{H} \tag{8.1-2}$$

χ 是一个描述固体磁性的重要物理量,其大小直接反映固体材料被磁场磁化的难易程度。计入由外磁场感应产生的磁偶极矩,固体中的磁感应强度 $\boldsymbol{B}$ 应表示成

$$\boldsymbol{B} = \mu_0 \boldsymbol{H} + \mu_0 \boldsymbol{M} \tag{8.1-3}$$

即 $\boldsymbol{B}$ 由两部分组成:第一项 $\mu_0 \boldsymbol{H}$ 由外加磁场决定;第二项 $\mu_0 \boldsymbol{M}$ 则由固体介质的磁化决定。(8.1-2) 式代入 (8.1-3) 式可得

$$\boldsymbol{B} = \mu_0 (1 + \chi) \boldsymbol{H} = \mu_0 \mu \boldsymbol{H} \tag{8.1-4}$$

上式表明固体介质中磁感应强度 B 仍与磁化强度 H 成正比,比例系数

$$\mu = 1 + \chi \qquad (8.1\text{-}5)$$

称为固体介质的磁导率或相对磁导率。

二、固体磁性的分类

根据磁化率 χ 的大小,可把固体分成下面 3 类:顺磁体、逆磁体及铁磁体(包括反铁磁体及亚铁磁体)。它们所具有的磁性分别称为顺磁性、逆磁性和铁磁性(或反铁磁性及亚铁磁性)。

顺磁体的磁化率 χ 数值很小($\sim 10^{-4}$),但大于零。由(8.1-2)式可知,顺磁体的磁化强度 M 的方向与外磁场 H 的方向一致。顺磁体中常含具有固有磁矩的顺磁离子。这些顺磁离子主要是具有不满原子壳层的过渡金属离子(如 Fe^{2+}、Fe^{3+}、Ni^{2+}、Co^{2+} 等)及稀土金属离子(如 Sm^{3+}、Eu^{3+}、Nd^{3+}、Dy^{3+}、La^{3+} 等),它们都具有固有磁矩。在无磁场时,由于热运动各个固有磁矩的方向的分布杂乱无章,因而不表现出磁性。在外磁场作用下,这些固有磁矩的方向逐渐趋向与外磁场方向一致而表现出 $\chi > 0$ 的顺磁性。磁化率 χ 与温度 T 之间常满足居里定律:

$$\chi = \mu_0 C / T \qquad (8.1\text{-}6)$$

式中 C 称居里常数。此外,一般的金属由于导电电子的自旋磁矩在外磁场作用下也可发生转向,因而也表现出微弱的顺磁性。

磁化率 $\chi < 0$ 的物体称为逆磁体。在逆磁体中,由外磁场感应产生的磁化强度 M 的方向与外磁场的磁场强度 H 方向相反。其实,逆磁性是一切物质的本性。固体中任何电子(包括内壳层电子、外壳层电子或金属中的导电电子)运动均形成电流,此电流在外磁场作用下会引起附加的感应电流,由这些感应电流所产生的感应磁场(磁化强度)的方向必与外磁场相反,因而必然产生逆磁性($\chi < 0$)。但通常由此产生的逆磁磁化率 χ 都很小($10^{-5} \sim 10^{-6}$),只有在没有其他磁性(如顺磁性或铁磁性)的情形才能表现出来,所以只有在那些不含顺磁离子、其原子组态都是满壳层的离子晶体、分子晶体才会呈现逆磁性。在金属中,由导电电子运动引起的逆磁性通常也小于由导电电子的自旋磁矩所决定的顺磁性,但由于内层电子的逆磁性,总的效果是部分金属可呈现逆磁性,而另有部分金属则可呈现顺磁性。

铁磁性表现为非常大的磁化率 χ,而且即使无外加磁场,铁磁体也可表现出磁化强度(常称自发磁化强度)。铁磁体均是那些含有不满原子壳层因而具有固有磁矩的过渡金属或稀土金属原子所组成的。由于量子力学的交换相互作用,这些原子的固有磁矩的方向趋于一致,而表现出巨大的自发磁化强度。如果原子间的交换相互作用使各相邻固有磁矩的排列方向相反,而各原子的固有磁矩大小又都相等,则这些固有磁矩都相互抵消而表现为反铁磁性。如果各个原子的固有磁矩的量值不等,虽依次反向排列,并不能完全抵消,则表现为亚铁磁性。亚铁磁材料通常也称铁氧体,因为大部分是铁族元素的氧化物。对于铁磁体、反铁磁体及亚铁磁体,通常都存在有一个相变温度(铁磁体称居里温度 T_c,反铁磁体及亚铁磁

体称尼尔温度 T_N）。只有当 $T < T_C$ 或 T_N 时，才存在铁磁性或反铁磁性及亚铁磁性；即只有在 $T < T_C$ 或 T_N 时，那些原子的固有磁矩才排列整齐。当 $T > T_C$ 或 T_N 时，材料均转而显示顺磁性，常称 $T < T_C$ 或 T_N 时的状态为铁磁相或反铁磁相及亚铁磁相；而称 $T > T_C$ 或 T_N 时的状态为顺磁相。在顺磁相，铁磁体及反铁磁体的磁化率 χ 与温度关系满足下面的居里-外斯定律：

对铁磁体

$$\chi = \frac{\mu_0 C}{T - T_P} \tag{8.1-7}$$

而对反铁磁体

$$\chi = \frac{\mu_0 C}{T + T_N'} \tag{8.1-8}$$

这里 T_P 是与 T_C 相近的常数，T_N' 是与 T_N 相近的常数。至于处在顺磁相的亚铁磁体，其磁化率与温度间存在非常复杂的关系。

8.2 朗之万顺磁性

如上节所述，顺磁性一般包括两种情形：一是由顺磁离子的固有原子磁矩引起的顺磁性，另一是由金属中自由电子自旋磁矩引起的顺磁性。这里只讨论第一种情形，对于第二种情形将在 8.4 节讨论。为此先讨论原子的磁矩。

一、原 子 磁 矩

由电磁学知道，一个平面闭合环路电流会产生大小为

$$\mu_m = iA \tag{8.2-1}$$

的磁矩，这里 i 是环路中的电流，而 A 是环路所围的面积。磁矩 $\boldsymbol{\mu}_m$ 是一个矢量，方向与环路垂直，并由电流 i 的方向按右手定则决定。

原子中所有电子都按一定的轨道绕核运动，也都形成轨道环路电流，从而产生轨道磁矩。另一方面，电子的轨道运动具有确定的轨道角动量

$$\boldsymbol{L} = m(\boldsymbol{r} \times \boldsymbol{v}) \tag{8.2-2}$$

图 8.2-1 为电子轨道运动的示意图。从图中可以看到，在 dt 时间内矢径 $\boldsymbol{r}$ 扫过的三角形面积 $dA = \frac{1}{2} r(vdt)\sin\theta = \frac{1}{2} |\boldsymbol{r} \times \boldsymbol{v}| dt$ ，由此可得到电子作轨道运动时的掠面速度：

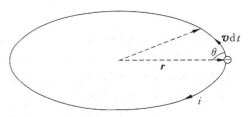

$$\frac{dA}{dt} = \frac{1}{2} |\boldsymbol{r} \times \boldsymbol{v}| = \frac{1}{2m} |\boldsymbol{L}| \tag{8.2-3}$$

图 8.2-1 轨道运动导致环路电流

由力学知电子的轨道掠面速度为一常量，如设电子轨道运动周期为 T，上式可写成

$$\frac{A}{T} = \frac{1}{2m} \mid \boldsymbol{L} \mid \qquad\qquad (8.2\text{-}4)$$

电子的轨道电流 i 可表为

$$i = -\frac{e}{T} \qquad\qquad (8.2\text{-}5)$$

这里 $(-e)$ 为电子电荷，因此根据(8.2-1)式，可把轨道磁矩写成

$$\mu_{\mathrm{L}} = iA = -e\,\frac{A}{T} = -\frac{e}{2m} \mid \boldsymbol{L} \mid$$

或直接写成矢量形式

$$\boldsymbol{\mu}_{\mathrm{L}} = \left(-\frac{e}{2m}\right)\boldsymbol{L} \qquad\qquad (8.2\text{-}6)$$

由上式可见，轨道磁矩 $\boldsymbol{\mu}_{\mathrm{L}}$ 与轨道角动量成正比但方向相反，比例系数

$$\gamma = -\frac{e}{2m} \qquad\qquad (8.2\text{-}7)$$

称为轨道运动的旋磁比。

除轨道运动外，电子还有自旋运动，因此也相应存在与自旋有关的自旋磁矩 $\boldsymbol{\mu}_{\mathrm{S}}$，与自旋角动量 $\boldsymbol{S}$ 间存在如下关系：

$$\boldsymbol{\mu}_{\mathrm{S}} = \left(-\frac{e}{m}\right)\boldsymbol{S} = 2\gamma\boldsymbol{S} \qquad\qquad (8.2\text{-}8)$$

自旋的旋磁比

$$-\frac{e}{m} = 2\gamma \qquad\qquad (8.2\text{-}9)$$

是轨道旋磁比 γ 的两倍。由于自旋运动在本质上完全是量子性的，自旋的旋磁比不能用经典力学的方法推出。

原子中包含有大量的电子，如与第 i 个电子相应的轨道角动量和自旋角动量为 $\boldsymbol{L}_i$ 和 $\boldsymbol{S}_i$，则原子的总轨道角动量 $\boldsymbol{L}$ 及总自旋角动量 $\boldsymbol{S}$ 应分别为所有电子的 $\boldsymbol{L}_i$ 及 $\boldsymbol{S}_i$ 的矢量和：

$$\boldsymbol{L} = \sum_i \boldsymbol{L}_i \qquad\qquad (8.2\text{-}10)$$

$$\boldsymbol{S} = \sum_i \boldsymbol{S}_i \qquad\qquad (8.2\text{-}11)$$

而原子的总角动量

$$\boldsymbol{J} = \boldsymbol{L} + \boldsymbol{S} \qquad\qquad (8.2\text{-}12)$$

尽管由于自旋-轨道耦合作用，轨道角动量 $\boldsymbol{L}$ 与自旋角动量 $\boldsymbol{S}$ 的方向都在不断发生变化，但是一个不受任何外力作用的孤立原子的总角动量应是常量，保持不变。因此，如图 8.2-2 所示，为了使 $\boldsymbol{J} = \boldsymbol{L} + \boldsymbol{S}$ 保持不变，$\boldsymbol{L}$ 和 $\boldsymbol{S}$ 的变化只能是环绕 $\boldsymbol{J}$ 的旋转。这样由 $\boldsymbol{L}$ 和 $\boldsymbol{S}$ 引起的磁矩 $\boldsymbol{\mu}_{\mathrm{L}}$ 和 $\boldsymbol{\mu}_{\mathrm{S}}$ 也将绕 $\boldsymbol{J}$ 旋转。由于轨道旋磁比与自旋旋磁比不同，致使总磁矩 $\boldsymbol{\mu} = \boldsymbol{\mu}_{\mathrm{L}} + \boldsymbol{\mu}_{\mathrm{S}} = \gamma\boldsymbol{L} + 2\gamma\boldsymbol{S} = \gamma(\boldsymbol{L} + 2\boldsymbol{S})$ 的方向与总角动量 $\boldsymbol{J} = \boldsymbol{L} + \boldsymbol{S}$ 不在同一直线上，因而总磁矩 $\boldsymbol{\mu}$ 也不是恒定的，也在不断地旋转。因为这种旋转的频率一般很高，所以实际测量到的常是 $\boldsymbol{\mu}$ 在 $\boldsymbol{J}$ 方向上的分量 $\boldsymbol{\mu}_{\mathrm{J}}$，而垂直于 $\boldsymbol{J}$ 方向的分量的平均值为零。由图8.2-2可以得到

$$\boldsymbol{\mu}_J = \frac{\boldsymbol{\mu} \cdot \boldsymbol{J}}{J^2} \boldsymbol{J} = g\gamma \boldsymbol{J} \qquad (8.2\text{-}13)$$

其中

$$g = \frac{\boldsymbol{\mu} \cdot \boldsymbol{J}}{\gamma J^2} = \frac{(\boldsymbol{L} + 2\boldsymbol{S}) \cdot \boldsymbol{J}}{J^2} = \frac{(\boldsymbol{J} + \boldsymbol{S}) \cdot \boldsymbol{J}}{J^2} = 1 + \frac{\boldsymbol{S} \cdot \boldsymbol{J}}{J^2}$$
$$(8.2\text{-}14)$$

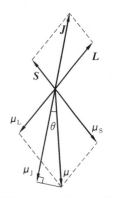

图 8.2-2　$\boldsymbol{J}$、$\boldsymbol{L}$、$\boldsymbol{S}$ 及 $\boldsymbol{\mu}_J$、$\boldsymbol{\mu}_L$、$\boldsymbol{\mu}_S$ 间的关系示意

因为 $\boldsymbol{L} = \boldsymbol{J} - \boldsymbol{S}$，所以 $L^2 = J^2 + S^2 - 2\boldsymbol{J} \cdot \boldsymbol{S}$，即 $\boldsymbol{J} \cdot \boldsymbol{S} = \frac{1}{2}(J^2 + S^2 - L^2)$。考虑到 J^2、S^2 及 L^2 的本征值分别为 $j(j+1)\hbar^2$，$s(s+1)\hbar^2$ 及 $l(l+1)\hbar^2$（j、s 及 l 分别是总角动量、自旋角动量及轨道角动量的量子数），(8.2-14)式可写成

$$g = 1 + \frac{j(j+1) + s(s+1) - l(l+1)}{2j(j+1)} \qquad (8.2\text{-}15)$$

从(8.2-13)式可见，实验测量到的原子总磁矩 $\boldsymbol{\mu}_J$ 与总角动量 $\boldsymbol{J}$ 成正比，其比例系数除轨道旋磁比 γ 之外，还有一个数字因子 g，这是由于轨道旋磁比与自旋旋磁比不同所引起的，常称之为朗德 g 因子。利用(8.2-7)式及(8.2-13)式，原子磁矩 $\boldsymbol{\mu}_J$ 的绝对值可表示成

$$|\boldsymbol{\mu}_J| = |g\gamma\hbar\sqrt{j(j+1)}| = g\sqrt{j(j+1)}|\gamma\hbar| = p\mu_B \qquad (8.2\text{-}16)$$

这里

$$p = g\sqrt{j(j+1)} \qquad (8.2\text{-}17)$$

$$\mu_B = -\gamma\hbar = \frac{e\hbar}{2m} \qquad (8.2\text{-}18)$$

从量子力学的观点来看，磁矩也是量子化的，而磁矩的量子就是 μ_B，常称为玻尔磁子。(8.2-16)式表明原子的平均磁矩 $|\boldsymbol{\mu}_J|$ 是玻尔磁子 μ_B 的 p 倍，所以常称 p 为有效磁子数。

二、洪德定则及顺磁离子

从原子物理学知道，满壳层对原子的轨道角动量 $\boldsymbol{L}$、自旋角动量 $\boldsymbol{S}$ 及总角动量 $\boldsymbol{J}$ 都没有贡献，只有那些处在非满壳层中的电子才对原子的 $\boldsymbol{L}$、$\boldsymbol{S}$ 及 $\boldsymbol{J}$ 有贡献。以碳原子 C 为例，共有 6 个电子，1s 及 2s 壳层各有两个电子，因为 s 壳层只能容纳两个电子，所以 1s、2s 都是满壳层，因此这 4 个电子对碳原子的 $\boldsymbol{L}$、$\boldsymbol{S}$、$\boldsymbol{J}$ 贡献为零。留下来还有两个处在 2p 壳层的电子。2p 壳层共可容纳 6 个电子，现在只有两个电子，显然是非满壳层。2p 壳层的轨道角动量量子数 $l = 1$，磁量子数 $m_l = -1, 0, 1$。考虑到电子的自旋量子数 m_s 可以是 $\frac{1}{2}$ 与 $\left(-\frac{1}{2}\right)$，2p 壳层的 6 个电子状态可由表 8.2-1 列出。若不考虑自旋-轨道耦合，上述 6 个状态的能量都是相等的，但如计入自旋-轨道耦合，上述 6 个状态的能量就不再相等。碳原子的 2p 壳层中的两个电子当然占据其中能量最低的两个状态，但是哪两个状态能量最低或者说碳原子的这两个 2p 电子究竟占据哪两个状态，可由洪德根据大量实验事实总结出的如下定则来确定：

（1）原子的自旋量子数 s 取泡利不相容原理所允许的最大值。

（2）原子的轨道角动量量子数 l 也取泡利不相容原理所允许的、而且与定则（1）不矛盾的最大值。

（3）若壳层内电子数不到半满，取 $j = |l-s|$，若壳层内电子数等于或超过半满，则取 $j = l+s$。

表 8.2-1　2p 壳层中的 6 个状态

	1	2	3	4	5	6
m_l	1	1	0	0	-1	-1
m_s	1/2	-1/2	1/2	-1/2	1/2	-1/2

根据上面定则的（1）及（2），碳原子中的两个 2p 电子应占据表 8.2-1 中的第一及第三状态：即 $m_l = 1, 0$；$m_s = 1/2, 1/2$。这样可得碳原子的自旋量子数 $s = 1/2 + 1/2 = 1$，而轨道角动量量子数 $l = 1 + 0 = 1$。碳原子的 2p 电子只有两个，不到 p 壳层的半满数，所以，根据上述定则第（3）项原子总角动量量子数 $j = |l-s| = |1-1| = 0$。因此，由（8.2-13）或（8.2-16）式可知碳原子的磁矩 $\boldsymbol{\mu}_J = 0$，没有固有磁矩。

大多数内壳层未满的原子或离子都有非零磁矩。在元素周期表中有两族元素，即过渡金属元素及稀土族元素，都具有非满的内壳层。前者为 3d 壳层未满，后者为 4f 壳层未满，因此它们的磁矩一般都不为零。通常把这些离子称为顺磁离子。下面分别对过渡金属离子及稀土金属离子给予适当的讨论。

包括 Fe、Co、Ni 在内的过渡金属元素的原子都有未满的 3d 壳层。在 3d 壳层外面尚有两个 4s 电子，但在晶体中这两个 4s 电子常被电离，因此过渡金属离子的未满的 3d 壳层就常暴露在离子的最外面，直接受到晶体中其他原子的影响。在周围原子的作用下，过渡金属离子 3d 电子的轨道运动常被破坏，使 3d 电子的轨道角动量"猝灭"，而只剩下自旋角动量，即处在晶体中的过渡金属离子的总角动量 $j = s$。从表 8.2-2 列出的过渡金属离子的有效磁子数中也可以看到，p 的实验测量值与 $p = 2\sqrt{s(s+1)}$ 的计算值非常接近，但与 $p = g\sqrt{j(j+1)}$ 的计算值却相差很大。这就说明了过渡金属离子的 3d 电子的轨道角动量确已猝灭。而且当 $l = 0$，$j = s$ 时，由（8.2-15）式的确算得朗德因子 $g = 2$。

表 8.2-2　过渡金属离子的有效磁子数 p

离　　子	$p = g\sqrt{j(j+1)}$ 计算值	$p = 2\sqrt{s(s+1)}$ 计算值	实　验　值
Ti^{3+}，V^{4+}	1.55	1.73	1.7
V^{3+}	1.63	2.83	2.8
V^{2+}，Cr^{3+}，Mn^{4+}	0.77	3.87	3.8
Mn^{2+}，Fe^{3+}	5.92	5.92	5.9
Fe^{2+}	6.70	4.90	5.4
Co^{2+}	6.64	3.87	4.8
Ni^{2+}	5.59	2.83	3.2

稀土族元素包括元素周期表中从 La 开始到 Lu 的 15 个元素,除 La 和最后两个元素 Yb 和 Lu 以外,都有未满的 4f 壳层。在 4f 壳层外面还有 5s、5p 和 5d、6s 壳层。在晶体中,稀土金属原子最外层的 5d、6s 电子常被电离而使原子成为离子。因为 5s 及 5p 壳层都是满的,对离子磁矩无贡献,稀土金属离子的磁性就只决定于未满的 4f 壳层中的电子。但由于 4f 壳层是内壳层,4f 电子受到外面 5s 及 5p 电子的屏蔽。因此,即使在晶体中,4f 电子也很少受到晶体中其他原子的影响,于是失去 5d、6s 电子的稀土金属离子的表现基本上与单个孤立自由离子一样。据此稀土金属离子的磁矩可根据 4f 电子的数目按洪德定则计算得到。表 8.2-3 列出了一些稀土金属离子的有效磁子数 p 的理论计算值及实验测量值。从表中可以看到理论值与实验值符合得非常好。

表 8.2-3 稀土金属离子的有效磁子数 p

离　　　子	理论值 $g\sqrt{j(j+1)}$	实　验　值
Pr^{3+}	3.58	3.6
Nd^{3+}	3.62	3.6
Dy^{3+}	10.6	10.6
Tb^{3+}	9.72	9.5

三、朗之万顺磁磁化率

在掺有顺磁离子(过渡金属离子或稀土金属离子)的化合物或合金中,存在有顺磁离子的离子磁矩 $\boldsymbol{\mu}_J$。如果对这些化合物或合金施加磁场 $\boldsymbol{B}$,则在外磁场 $\boldsymbol{B}$ 的作用下,顺磁离子将获得附加的能量

$$E = -\boldsymbol{\mu}_J \cdot \boldsymbol{B} = -g\gamma\boldsymbol{J} \cdot \boldsymbol{B} = -g\gamma B J_z \qquad (8.2\text{-}19)$$

这里已应用了(8.2-13)式,式中 J_z 表示总角动量 $\boldsymbol{J}$ 在外磁场 $\boldsymbol{B}$ 方向上的投影。由量子力学知道,

$$J_z = m_j \hbar \qquad (8.2\text{-}20)$$

其中

$$m_j = -j, -j+1, -j+2, \cdots, j-1, j \qquad (8.2\text{-}21)$$

把(8.2-20)式代入(8.2-19)式,并考虑(8.2-18)式,则

$$E = g\mu_B B m_j \qquad (8.2\text{-}22)$$

根据(8.2-21)式,m_j 可以取 $2j+1$ 个不同的数值。所以,总角动量为 j 的离子能级在外磁场的作用下分裂成 $2j+1$ 个能级(常称为塞曼分裂)。在有限温度 T 下,离子按统计规律以一定的几率分布在这些能级上,离子处在某个 m_j 能级上的几率与因子 $\exp\left(-\dfrac{g\mu_B B m_j}{k_B T}\right)$ 成正比,因此在有限温度 T 下,由外磁场 $\boldsymbol{B}$ 引起的离子平均能量

$$\overline{E} = \frac{\sum_{m_j=-j}^{j} g\mu_B B m_j \exp\left(-\frac{g\mu_B B m_j}{k_B T}\right)}{\sum_{m_j=-j}^{j} \exp\left(-\frac{g\mu_B B m_j}{k_B T}\right)} \tag{8.2-23}$$

由此可得

$$\overline{E} = -g\mu_B B j B_J\left(\frac{g\mu_B B j}{k_B T}\right) \tag{8.2-24}$$

其中

$$B_J(y) = \frac{2j+1}{2j}\coth\left[\left(1+\frac{1}{2j}\right)y\right] - \frac{1}{2j}\coth\frac{y}{2j} \tag{8.2-25}$$

是布里渊函数,这里

$$y = \frac{g\mu_B B j}{k_B T} \tag{8.2-26}$$

也可将外磁场 $\boldsymbol{B}$ 引起的平均离子附加能量 $\overline{E}$ 写成

$$\overline{E} = -\overline{\boldsymbol{\mu}_j \cdot \boldsymbol{B}} = -\bar{\mu}_z B \tag{8.2-27}$$

式中 $\bar{\mu}_z$ 表示离子磁矩在外磁场 $\boldsymbol{B}$ 方向的分量的平均值,与(8.2-24)式相比较可得

$$\bar{\mu}_z = g\mu_B j B_J\left(\frac{g\mu_B B j}{k_B T}\right) \tag{8.2-28}$$

假设化合物或合金中的顺磁离子数密度为 N,则可得到磁化强度

$$M = N\bar{\mu}_z = N g\mu_B j B_J(g\mu_B B j/k_B T) \tag{8.2-29}$$

根据(8.1-2)式,可得到磁化率

$$\chi = \frac{M}{H} = \frac{N\mu_0 g\mu_B j B_J(g\mu_B B j/k_B T)}{B} \tag{8.2-30}$$

在室温及磁场不太高的情形,$k_B T \gg g\mu_B B j$,此时布里渊函数 $B_J(g\mu_B B j/k_B T)$ 可近似地表示成

$$B_J(g\mu_B B j/k_B T) \approx \frac{j+1}{3}\frac{g\mu_B B}{k_B T} \tag{8.2-31}$$

将(8.2-31)式代入(8.2-30)式可得

$$\chi \approx \mu_0 \frac{N j(j+1)g^2\mu_B^2}{3k_B T} = \mu_0 \frac{N p^2 \mu_B^2}{3k_B T} \tag{8.2-32}$$

这里已应用了关系式(8.2-17)。上式给出了顺磁体所遵循的居里定律,即磁化率 χ 与绝对温度 T 成反比。与(8.1-6)式相比较,可得到居里常数

$$C = \frac{N p^2 \mu_B^2}{3k_B} \tag{8.2-33}$$

居里定律最初(1895 年)是由居里根据大量实验事实总结出来的经验定律。10 年后朗之万采用经典统计方法证明了这一定律。所以,现在常把由顺磁离子磁矩的转向所对应的顺磁

236

磁化率称为朗之万顺磁磁化率。利用(8.1-6)式所表示的居里定律及(8.2-33)式所表示的居里常数，根据 χ 与 T 的关系可测量各种顺磁离子的有效磁子数 p。对部分过渡金属离子及稀土金属离子测得的 p 的实验值已分别列在表8.2-2及表8.2-3中。

为了估算朗之万顺磁磁化率的大小，可根据基本常数的数值并设 $p = 2$ 而将(8.2-32)式近似地写成

$$\chi \approx \frac{N}{T} \times 10^{-29} \tag{8.2-34}$$

若取 $T \approx 100\,\mathrm{K}$，顺磁离子数密度 $N \approx 10^{27}\,\mathrm{m}^{-3}$，则可得 $\chi \approx 10^{-4}$。

8.3 朗之万逆磁性

逆磁性是物质的一般性质。原子中任何电子运动对外磁场的响应，或者说由外磁场感应产生的电子附加运动的电流磁场(感应磁场)，方向总是与外磁场方向相反的，相应的磁化率 χ 总小于0，即表现为逆磁性。按电子的运动可把逆磁性分成两类：一是由内层电子绕核旋转的轨道运动产生的逆磁性；另一是由自由电子的广延运动产生的逆磁性。前者称为朗之万逆磁性，这是本节要讨论的内容；后者称为朗道逆磁性，将在下节讨论。

每个绕核旋转的电子都有一个轨道角动量 $\boldsymbol{L}$ 及相应的轨道磁矩 $\boldsymbol{\mu}_{\mathrm{L}}$，彼此间存在如(8.2-6)式所示的关系：

$$\boldsymbol{\mu}_{\mathrm{L}} = -\left(\frac{e}{2m}\right)\boldsymbol{L} = \gamma\boldsymbol{L} \tag{8.3-1}$$

在外加磁场 $\boldsymbol{B}$ 中，磁矩 $\boldsymbol{\mu}_{\mathrm{L}}$ 要受到力矩 $\boldsymbol{\mu}_{\mathrm{L}} \times \boldsymbol{B}$ 的作用，并使角动量 $\boldsymbol{L}$ 发生变化：

$$\frac{\mathrm{d}\boldsymbol{L}}{\mathrm{d}t} = \boldsymbol{\mu}_{\mathrm{L}} \times \boldsymbol{B} \tag{8.3-2}$$

将上式等号两边分别乘以旋磁比 γ，并利用(8.3-1)式，可得到

$$\frac{\mathrm{d}\boldsymbol{\mu}_{\mathrm{L}}}{\mathrm{d}t} = \gamma\boldsymbol{\mu}_{\mathrm{L}} \times \boldsymbol{B} = -\frac{e}{2m}\boldsymbol{\mu}_{\mathrm{L}} \times \boldsymbol{B} \tag{8.3-3}$$

上式表明磁矩 $\boldsymbol{\mu}_{\mathrm{L}}$ 要不断地绕着外磁场 $\boldsymbol{B}$ 旋转。因为角动量 $\boldsymbol{L}$ 的方向与 $\boldsymbol{\mu}_{\mathrm{L}}$ 正好相反，所以角动量 $\boldsymbol{L}$ 也绕外磁场 $\boldsymbol{B}$ 旋转。图8.3-1为一示意图。从图中可以看到，电子的轨道运动绕外磁场 $\boldsymbol{B}$ 进动，常称为拉莫尔进动，其进动频率可求得为

$$\omega_{\mathrm{L}} = \frac{eB}{2m} \tag{8.3-4}$$

一个电子作拉莫尔进动时所产生的附加电流为

$$i = -e\frac{1}{T} = -e\frac{\omega_{\mathrm{L}}}{2\pi} = -\frac{e}{2\pi}\frac{eB}{2m} \tag{8.3-5}$$

这里 T 是拉莫尔进动的周期。假设磁场 $\boldsymbol{B}$ 沿 z 方向，电子进动半径的平均值可写成

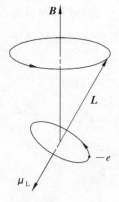

图 8.3-1 磁场中
电子的拉莫尔进动

$$\overline{\rho^2} = \overline{x^2} + \overline{y^2} = \frac{2}{3}\overline{r^2} \qquad (8.3\text{-}6)$$

其中 r 是电子绕核运动的轨道半径，$\overline{r^2} = \overline{x^2} + \overline{y^2} + \overline{z^2} = 3\overline{x^2} = 3\overline{y^2} = 3\overline{z^2}$。电子进动轨道的面积应是

$$A = \pi\overline{\rho^2} = \frac{2\pi}{3}\overline{r^2} \qquad (8.3\text{-}7)$$

根据(8.2-1)式，进动产生的附加磁矩

$$\boldsymbol{\mu}_a = -\frac{e^2\overline{r^2}}{6m}\boldsymbol{B} \qquad (8.3\text{-}8)$$

上式右面的负号表示磁矩 $\boldsymbol{\mu}_a$ 的方向与磁场 $\boldsymbol{B}$ 相反。设单位体积的固体中有 N 个原子，每个原子有 Z 个电子，则由于拉莫尔进动而引起的磁化强度

$$\boldsymbol{M} = NZ\boldsymbol{\mu}_a = -\frac{NZe^2\overline{r^2}}{6m}\boldsymbol{B} \qquad (8.3\text{-}9)$$

从而得到固体的逆磁磁化率(即朗之万逆磁磁化率)

$$\chi_a = -\frac{\mu_0 NZe^2}{6m}\overline{r^2} \qquad (8.3\text{-}10)$$

若取 $N \approx 10^{29}\ \mathrm{m}^{-3}$，$Z \approx 10$，$\overline{r^2} \approx 10^{-20}\ \mathrm{m}^2$，则由上式可得 $\chi_a \approx 10^{-5}$。可见其数值非常小，只有在分子晶体(如在低温下的惰性气体晶体)及离子晶体中才显现出来。对于原子晶体及金属，上述讨论只适用于内层电子；至于它们的总磁化率还要考虑价电子的贡献(参见 8.4 节)。价电子既有顺磁性(泡利顺磁性)，也有逆磁性(朗道逆磁性)；对于不同情况，两者的量值各不一样，因此有些晶体的价电子表现为顺磁性，而有些则表现为逆磁性。

8.4 泡利顺磁性及朗道逆磁性

本节讨论原子晶体(半导体)及金属中导电电子的磁性。导电电子的自旋磁矩在外磁场作用下的转向表现为顺磁性，称为泡利顺磁性；而在外磁场中因导电电子的广延运动而感应产生的逆磁性即为朗道逆磁性。下面首先讨论泡利顺磁性，继而讨论朗道逆磁性。

一、泡 利 顺 磁 性

导电电子都具有自旋角动量 $\boldsymbol{S}$，其自旋量子数 $s = \frac{1}{2}$。因此按(8.2-8)式，每个导电电子具有自旋磁矩

$$|\boldsymbol{\mu}_s| = \left(\frac{e}{m}\right)|\boldsymbol{S}| = \frac{e\hbar}{2m} = \mu_B \qquad (8.4\text{-}1)$$

在外磁场 $\boldsymbol{B}$ 的作用下,导电电子的自旋(或自旋磁矩)只可能沿两个方向,或者与磁场 $\boldsymbol{B}$ 相同,或者相反。自旋磁矩方向与 $\boldsymbol{B}$ 一致的自由电子在磁场中的能量为

$$E_{\uparrow} = -\mu_B B \tag{8.4-2}$$

而自旋磁矩方向与 $\boldsymbol{B}$ 相反的电子在磁场中的能量为

$$E_{\downarrow} = \mu_B B \tag{8.4-3}$$

这里 μ_B 是玻尔磁子,由(8.2-18)式给出。因此,在绝对零度下,全部导电电子的磁矩都要转到与外磁场 $\boldsymbol{B}$ 的方向一致,因为这样电子具有较低的能量,$E_{\uparrow} < E_{\downarrow}$。但是,实际上由于泡利不相容原理,导电电子的磁矩并不能全部转向。图 8.4-1 表示在磁场中导电电子的能量分布。这里纵轴表示导电电子的能量,横轴表示导电电子的状态密度(参见 4.1 节),其正方向表示自旋磁矩与 $\boldsymbol{B}$ 相一致的电子(以 $\uparrow \mu_B$ 表示)的状态密度 $g_+(E)$,负方向表示自旋磁矩方向与 $\boldsymbol{B}$ 相反的电子(以 $\downarrow -\mu_B$ 表示)的状态密度 $g_-(E)$。如无外磁场,如图(a)所示,由于泡利不相容原理,每个电子能级只能被两个自旋方向相反的电子占据,因此电子只能逐一向上填充能级,直至费米能级 E_F^0。当施加外磁场 $\boldsymbol{B}$ 后,自旋磁矩方向与 $\boldsymbol{B}$ 相一致的电子能量将下降 $\mu_B B$,而自旋磁矩方向与 $\boldsymbol{B}$ 相反的电子能量将上升 $\mu_B B$,如图(b)所示。由图可见,这时对自旋磁矩方向与 $\boldsymbol{B}$ 相反的电子而言,如其能量较高则自旋将转向,从与 $\boldsymbol{B}$ 相反的方向转至与 $\boldsymbol{B}$ 一致的方向,图(c)为达平衡时的情形。从图中可以看到,在外磁场 $\boldsymbol{B}$ 的作用下,实际上只有处在费米能级 E_F^0 附近电子的自旋磁矩才能转向。发生转向的电子数可近似地表示为 $\frac{1}{2} g(E_F^0) \mu_B B V$,这里 V 是晶体的体积。每个电子磁矩的转向都使晶体的总磁矩改变 $2\mu_B$,因此在外加磁场 $\boldsymbol{B}$ 的作用下,晶体的磁化强度(单位体积内的总磁矩)可表示为

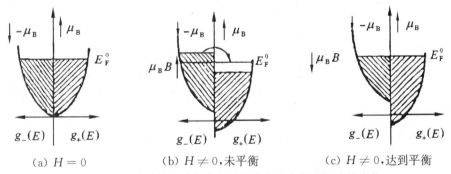

(a) $H = 0$　　　　(b) $H \neq 0$,未平衡　　　　(c) $H \neq 0$,达到平衡

图 8.4-1 绝对零度时自由电子能量分布在外磁场中的变化

$$M = g(E_F^0) \mu_B^2 B \tag{8.4-4}$$

由此可得绝对零度下的泡利顺磁磁化率为

$$\chi_P = \frac{M}{H} = \frac{\mu_0 M}{B} = \mu_0 g(E_F^0) \mu_B^2 \tag{8.4-5}$$

由 4.2 节可知,如导电电子的能带结构可表示成

$$E(\boldsymbol{k}) = \frac{\hbar^2 k^2}{2m^*} \tag{8.4-6}$$

239

则其状态密度 $g(E_F^0)$ 与导电电子数密度 N 有下面的关系：

$$g(E_F^0) = \frac{3}{2}\frac{N}{E_F^0} \tag{8.4-7}$$

因此泡利顺磁磁化率 χ_P 也可写成

$$\chi_P = \frac{3}{2}\mu_0 N\mu_B^2/E_F^0 \tag{8.4-8}$$

(8.4-5)式及(8.4-8)式给出了绝对零度下的泡利顺磁磁化率。注意：它们仅适用于金属的情况，这是因为在绝对零度下，只有金属才有导电电子。对于半导体来说，除非掺杂浓度非常高（$10^{19}\ \mathrm{cm^{-3}}$），在绝对零度时并没有导电电子，所以也就不存在泡利顺磁磁化率。只有在有限温度时，半导体才有导电电子(或空穴)，因而也才有泡利顺磁性。

在 $T \neq 0$ 时，由于有热扰动，电子在能级 E 上的分布应由费米分布函数表示：

$$f(E) = \frac{1}{1+\mathrm{e}^{\frac{E-E_F}{k_B T}}}$$

对于金属而言，由于存在大量的导电电子，通常在有限温度 $E_F \gg k_B T$。在 $T \neq 0\ \mathrm{K}$ 时，(8.4-5)式中的 $g(E_F^0)$ 应代之以 $g(E_F)$。由(4.2-9)式可知(8.4-5)式应代之以

$$\chi_P \approx \mu_0 g(E_F^0)\mu_B^2 \left\{ 1 - \frac{\pi^2}{12}\left(\frac{k_B T}{E_F^0}\right)^2 \right\}^{1/2} \tag{8.4-9}$$

同样，(8.4-8)式亦应改成

$$\chi_P \approx \frac{3}{2}\mu_0 \eta\mu_B^2 \frac{1}{E_F^0}\left\{ 1 - \frac{\pi^2}{12}\left(\frac{k_B T}{E_F^0}\right)^2 \right\}^{-1} \tag{8.4-10}$$

因为对于一般的金属，$E_F^0 \gg k_B T$，所以金属的 χ_P 实际上很少随温度变化。

至于半导体，情况正好相反，即使 $T \neq 0$ 自由电子数也很少。导带中每个能级上的电子占据数远小于1，因此泡利不相容原理实际上对导带电子不起作用。所以，对于半导体来说，常可用经典的玻尔兹曼分布替代费米分布。对于自旋磁矩与外磁场 $\boldsymbol{B}$ 方向一致的电子，其在磁场中获得的能量由(8.4-2)式给出，这种状态出现的几率按玻尔兹曼分布应与

$$\exp(-E_\uparrow/k_B T) = \exp(\mu_B B/k_B T)$$

成正比。而自旋磁矩与外磁场 $\boldsymbol{B}$ 方向相反的电子状态出现的几率则与

$$\exp(-E_\downarrow/k_B T) = \exp(-\mu_B B/k_B T)$$

成正比。因此，半导体的平均自旋磁矩应为

$$\bar{\mu}_s = \frac{\mu_B\exp(\mu_B B/k_B T) + (-\mu_B)\exp\left(-\frac{\mu_B B}{k_B T}\right)}{\exp\left(\frac{\mu_B B}{k_B T}\right) + \exp\left(-\frac{\mu_B B}{k_B T}\right)} = \mu_B\tanh\left(\frac{\mu_B B}{k_B T}\right) \tag{8.4-11}$$

假设半导体的导电电子数密度为 N，则半导体的磁化强度可写成

$$M = N\bar{\mu}_s = N\mu_B\tanh\left(\frac{\mu_B B}{k_B T}\right) \tag{8.4-12}$$

在室温及磁感应强度 **B** 不太高的情形,都能满足关系 $k_B T \gg \mu_B B$,因此

$$\tanh\left(\frac{\mu_B B}{k_B T}\right) \approx \frac{\mu_B B}{k_B T}$$

代入(8.4-12)式,可得

$$M \approx \frac{N\mu_B^2 B}{k_B T} \tag{8.4-13}$$

由此可得半导体中导电电子的泡利顺磁磁化率

$$\chi_P = \frac{\mu_0 M}{B} = N\mu_0\mu_B^2/k_B T \tag{8.4-14}$$

将随温度升高而下降。

二、朗道逆磁性

下面讨论金属或半导体中的导电电子的逆磁性。为了说明导电电子的逆磁性,须采用量子力学的方法。朗道首先讨论了这个问题。假设无磁场时导电电子的能量可表示成

$$E_0 = \frac{\hbar^2 k^2}{2m^*} \tag{8.4-15}$$

式中 m^* 为电子有效质量。如取外磁场 **B** 的方向为 z 轴,则可把导电电子在外磁场 **B** 中的薛定谔方程写成

$$\frac{1}{2m^*}\left[(\hat{p}_x - eBy)^2 + \hat{p}_y^2 + \hat{p}_z^2\right]\psi(x, y, z) = E\psi(x, y, z) \tag{8.4-16}$$

式中 $\hat{p}_x$、$\hat{p}_y$、$\hat{p}_z$ 分别表示动量算符在 x、y、z 方向的分量。求解上面的薛定谔方程(参见 10.2 节),得到导电电子在外磁场 **B** 中的能量 E 可表示成

$$E = \frac{\hbar^2 k_z^2}{2m^*} + \left(n + \frac{1}{2}\right)\hbar\omega_c \quad (n = 0, 1, 2, \cdots) \tag{8.4-17}$$

其中

$$\omega_c = \frac{eB}{m^*} \tag{8.4-18}$$

正是导电电子绕磁场 B 旋转的回旋频率[参见(6.1-21)式,这里相当于各向同性的情形,$m_x^* = m_y^* = m_z^* = m^*$]。将(8.4-17)式与(8.4-15)式相比较可以看出导电电子的能量状态在外磁场 **B** 作用下的变化。无磁场时,电子的能量 E_0 在 x、y、z 三个方向都是连续的,电子的状态可以用平面波描述,(8.4-15)式中的 $k^2 = k_x^2 + k_y^2 + k_z^2$ 表示平面波波矢 k 绝对值的平方。施加沿 z 轴的磁场 **B** 后,电子在 x-y 平面内绕磁场 **B** 作回旋运动,因此使导电电子在 x-y 平面上的能量不再连续,而形成一系列分立的能级,如(8.4-17)式所示。相邻能级间的距离均为 $\hbar\omega_c$,通常把这些分立能级称为朗道能级。但是在磁场方向,电子的能量仍保持连续。电子的状态仍可用平面波表示,k_z 即为其波矢。如果金属或半导体是一个沿 x、

y、z 方向长度分别为 L_x、L_y、L_z 的长方体,按周期性边界条件,无磁场时的波矢 k_x、k_y、k_z 只能取下面的准连续分立值:

$$k_\alpha = \frac{2\pi}{L_\alpha} n \quad (n = 0, \pm1, \pm2, \cdots; \ \alpha = x, y, z)$$

在 x-y 平面内,计入自旋,每单位能量间隔的状态数为(参见(4.1-13)式)

$$N_{/\!/} = \frac{m^*}{\pi \hbar^2} L_x L_y \tag{8.4-19}$$

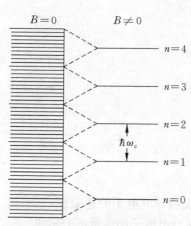

磁场使与其垂直的 x-y 平面内的准连续能量变成一系列分立的朗道能级,如图 8.4-2 所示。原来 $\hbar\omega_c$ 范围内所有的准连续能级合并成单一的朗道能级。在 $\hbar\omega_c$ 的能量范围内可容纳的电子状态数为

$$D = N_{/\!/} \hbar \omega_c = \frac{\hbar e B}{m^*} \frac{m^*}{\pi \hbar^2} L_x L_y = \frac{e B}{\pi \hbar} L_x L_y \tag{8.4-20}$$

图 8.4-2 磁场使导电电子在 x-y 平面内的准连续能量分裂成分立的朗道能级

这就是说,有 $\frac{eB}{\pi\hbar}L_x L_y$ 个状态合并为一个朗道能级,即每个朗道能级都是简并的,简并度即为 $D = \frac{eB}{\pi\hbar}L_x L_y$,从而每个朗道能级可容纳的电子数为 $\frac{eB}{\pi\hbar}L_x L_y$。

下面进一步考察施加磁场对导电电子系统能量的改变。为了方便起见,这里讨论 $T = 0\,\mathrm{K}$ 在垂直磁场作用下的二维导电电子体系,此时电子能量应改写为

$$E = \left(n + \frac{1}{2}\right)\hbar\omega_c \tag{8.4-21}$$

表明二维电子的能量完全量子化。图 8.4-3 示出了二维导电电子系统的朗道能级随磁感应强度 $\boldsymbol{B}$ 的变化。当 $\boldsymbol{B} = 0$ 时,导电电子按准连续的能级填充到费米能级 E_F^0。当施加垂直磁场时,二维电子的准连续能级变成完全分立的朗道能级。假设 $|\boldsymbol{B}| = B_1$ 时二维电子正好填满 n_0 个朗道能级,每个朗道能级上均容纳 $\frac{eB}{\pi\hbar}L_x L_y$ 个电子。随着磁感应强度的增加,朗道能级间的距离 $\hbar\omega_c = \frac{\hbar e B}{m^*}$ 相应增加,因而各个朗道能级也向上移动。与此同时,各个朗道能级的简并度 $D = \frac{eB}{\pi\hbar}L_x L_y$ 也不断增加,因此能被填满的朗道能级数将随着磁感应强度的增加而减少。假设当 $|\boldsymbol{B}| = B_2$ 时,二维电子只能填满 $\left(n_0 - \frac{1}{2}\right)$ 个朗道能级,即第 n_0 个朗道能级只填了一半。随着磁感应强度的继续增加,朗道能级的能量及其简并度进一步增大。假设当 $|\boldsymbol{B}| = B_3$ 时,第 n_0 能级只被填充了一小部分,而当 $|\boldsymbol{B}| = B_4$ 时,二维电子恰巧填满第 $(n_0 - 1)$ 个朗道能级,第 n_0 个朗道能级是完全空的。由此很易看出朗道能级被电子填充的情况与体系总能量的关系。图 8.4-4 示出了朗道能级被完全填满及部分填满时的电子体

系能量随外磁场的变化。图(a)表示能级被完全填满。当施加磁场时,原来处在准连续能级区域 A 及 B 内的电子全部填充在同一朗道能级上,因此原来能量在 A 区的电子能量变低,而原来处在 B 区的电子能量变高。在如图(a)所示的朗道能级被完全填充的情形,能量下降的电子数与能量升高的电子数相等,因此电子体系的总能量保持不变。但在如图(b)所示情形,朗道能级未被全部填满,能量升高的电子数显然比能量下降的电子数多,因此电子体系的总能量将上升。现在再回到图8.4-3,可以看出当 $|\boldsymbol{B}| = B_1$ 时,体系的总能量不变,但随着磁感应强度的增加,当 $|\boldsymbol{B}| = B_2$、B_3 时体系的能量将相继升高;而当 $|\boldsymbol{B}| = B_4$ 时,总能量又恢复到未加磁场时的数值,所以随着磁感应强度的增加,体系的总能量的增加也将作周期性变化。众所周知,磁化强度为 $\boldsymbol{M}$ 的磁性物体每单位体积在磁场中应有附加能量

$$\Delta E = -\boldsymbol{M} \cdot \boldsymbol{B}$$

即如果磁化强度 $\boldsymbol{M}$ 与外磁场 $\boldsymbol{B}$ 方向相同,则磁感应强度 $\boldsymbol{B}$ 的增加将引起体系能量的减少。而这里讨论的导电电子体系的能量却可能随着磁感应强度 $\boldsymbol{B}$ 的增加而增加。这说明导电电子体系的磁化强度 $\boldsymbol{M}$ 的方向与外磁场 $\boldsymbol{B}$(或 $\boldsymbol{H} = \boldsymbol{B}/\mu_0$)的方向可能相反。根据(8.1-2)式导电电子体系的磁化率 χ_L 应由下式决定:

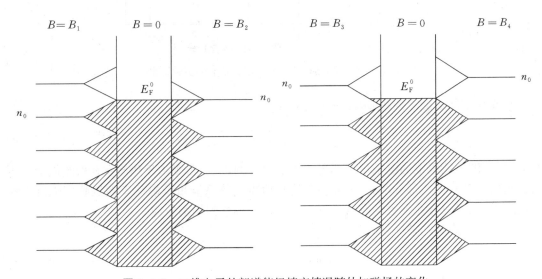

图 8.4-3 二维电子的朗道能级填充情况随外加磁场的变化

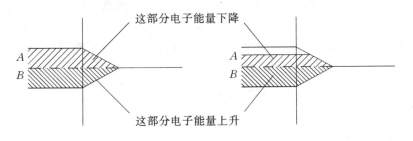

(a) 朗道能级被完全填满　　　　　　(b) 朗道能级未被完全填满

图 8.4-4 电子体系能量随朗道能级填充情况的变化

$$M = \chi_L H = \frac{1}{\mu_0} \chi_L B \tag{8.4-22}$$

所以，如 M 与 B 方向相反，$\chi_L < 0$。这就是导电电子体系表现的逆磁性，即朗道逆磁性。因为体系的能量 E 随着磁感应强度 B 作周期性的变化，χ_L 也相应随磁感应强度 B 作周期性振荡。图 8.4-5 为铋单晶的逆磁磁化率 χ 随磁感应强度 B 的振荡。通常称此现象为迪哈斯-范阿尔芬（de Hass-van Alphen）效应。理论表明 χ 的振荡周期 $\Delta\left(\frac{1}{B}\right)$ 和与 B 相垂直的费米面的最大横截面积 A_F 成正比。因此，通过在不同磁场方向测得的周期 $\Delta\left(\frac{1}{B}\right)$ 可以了解在 k 空间中金属费米面的形状。不过实际观察 χ 的振荡效应必须满足一定的实验条件。

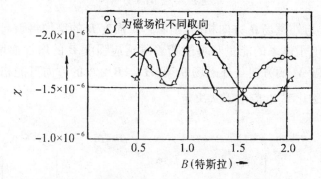

图 8.4-5 铋的迪哈斯-范阿尔芬效应的实验结果

首先要求朗道能级间距 $\hbar\omega_c$ 比 $k_B T$ 大得多，

$$\hbar\omega_c = \frac{\hbar e}{m^*} B \gg k_B T \tag{8.4-23}$$

只有这样，朗道能级上的电子填充情况才不受温度的影响，否则由于热激发在费米能级附近的朗道能级都只会被部分填充，因此很难清楚地得到体系能量及磁化率随磁感应强度而振荡的结果，所以只有在强磁场及低温下才能清楚地观察到振荡效应。

另一必须满足的条件是

$$\omega_c \tau = \frac{eB}{m^*}\tau \gg 1 \tag{8.4-24}$$

这里 τ 是电子的平均自由时间。上式的意义是电子在经受相邻两次碰撞的时间间隔内，已绕磁场旋转许多次。只有满足条件(8.4-24)式的导电电子体系才清楚地形成分立的朗道能级。为满足(8.4-24)式的要求，实验样品的晶格结构必须相当完整，所含杂质比较少，这样才可获得比较长的平均自由时间 τ。如果前面提到的两个条件不能同时满足，实验上就难以看到逆磁磁化率 χ_L 的振荡效应，但是仍然可以测量到导电电子体系的朗道逆磁磁化率。金属及半导体的朗道逆磁磁化率可以分别由以下两式表示：

$$\chi_L = -\frac{1}{3}\left(\frac{m}{m^*}\right)^2 \mu_0 g(E_F^0)\mu_B^2, \ T = 0 \tag{8.4-25}$$

$$\chi_L = -\frac{1}{3}\left(\frac{m}{m^*}\right)^2 N\mu_0\mu_B^2/k_B T, \ T \neq 0 \tag{8.4-26}$$

式中 m 是真空中自由电子的质量。根据(8.4-5)式及(8.4-14)式,将 χ_L 与 χ_P 相加可得导电电子的总磁化率

$$\chi_f = \chi_P + \chi_L = \chi_P\left[1 - \frac{1}{3}\left(\frac{m}{m^*}\right)^2\right] \tag{8.4-27}$$

从上式可见,导电电子的磁性主要取决于 m/m^*,即取决于电子的能带结构。对于多数半导体,$m^* \ll m$,因此掺杂半导体中的导电电子对磁性的贡献主要是逆磁性的。对于金属,情况比较复杂。就碱金属来说,费米面与球面相差不大,其导电电子的性质比较接近于具有有效质量 m^* 的自由电子,且其有效质量 m^* 具有较大的值,因而表现出总体的顺磁性。对于 Au、Ag、Cu 等贵金属,费米面形状比较复杂,与球面相差较为明显;特别是 Bi、Sb、Zn 及 Sn 等金属,其费米面与球面简直是风马牛不相及。因此,这些金属的导电电子都不能简单地看成具有单一有效质量 m^* 的自由电子。但是,无论如何,一般也表现为顺磁性。当然,在考虑这些金属的实际磁性表现时,还必须同时计入芯态电子的朗之万逆磁性。表 8.4-1 列出室温下某些单价及双价金属的磁化率。表中第一列为这些金属的总磁化率 χ 的实验值;第二列为芯态电子的朗之万逆磁磁化率 χ_a;第三列给出了根据前两列计算得到的价电子(导电电子)的磁化率 $\chi_f = \chi - \chi_a$;最后,第四列给出了根据上述理论计算得到的价电子的磁化率 $\chi_f = \chi_P + \chi_L$。从表中可以看到,金属的导电电子都贡献顺磁性,$\chi_f > 0$;而且,一般而言,金属的费米面形状愈复杂,理论值与实验值的差别也愈大。

表 8.4-1 某些单价及双价金属的室温磁化率($\times 10^6$)

元素	χ(实验)	χ_a	$\chi_f = \chi - \chi_a$(实验)	$\chi_f = \chi_P + \chi_L$(理论)
K	0.47	-0.31	0.78	0.35
Rb	0.33	-0.46	0.79	0.33
Au	-2.9	-4.3	1.4	0.59
Ag	-2.1	-3.0	0.9	0.60
Cu	-0.76	-2.0	1.24	0.65
Mg	0.95	-0.22	1.2	0.65
Ca	1.7	-0.43	2.1	0.5

8.5 铁 磁 性

对于前面介绍的顺磁性及逆磁性,材料的磁化强度只有存在外磁场时才不为零。下面将要介绍具有自发磁化强度的材料,即使不存在外磁场这些材料也表现有磁化强度。这类材料主要有铁磁体、反铁磁体及铁氧体(或亚铁磁体)。本节先讨论铁磁体。铁、镍、钴及其合金是常见的铁磁体;某些稀土金属如钆、镝及某些绝缘体如 CrO_2 也可显示铁磁性。

一、磁 滞 回 线

图 8.5-1 示出了铁磁体在外磁场作用下,磁化强度 M 随磁场强度 H 的变化关系。对

一原先磁化强度为零的铁磁体当外磁场 H 由零增大时其 M 沿 $0A$ 曲线变化。如 H 超过 H_s，M 达到饱和值 M_s，不再继续随 H 的增加而增加。常称 H_s 及 M_s 为饱和磁场强度及饱和磁化强度。当 H 从 A 点减小为零时，M 并不沿原路 $A0$ 返回，而保持有限值 M_r。只有当 H 反向增大到（$-H_c$）时，M 才变到零。这里分别称 M_r 及 H_c 为剩余磁化强度及矫顽磁场强度（也称矫顽力）。当 H 沿反方向继续增大至 $H=-H_s$ 时，M 也可达到反向的饱和磁化强度 $-M_s$。这时，如果让 H 再由 $-H_s$ 增大到 H_s，则 M 沿 DEA 完成如图所示的回路，此回路称为磁滞回线。

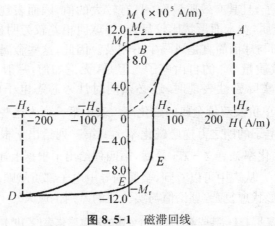

图 8.5-1　磁滞回线

磁滞回线是铁磁体磁性的重要特征，而且不同铁磁体的磁滞回线有很大的差别。通常把矫顽场强大（$H_c > 10^4$ A/m）的铁磁体称为硬铁磁体，而把矫顽场强小（$H_c \sim 1$ A/m）的铁磁体称为软铁磁体。硬铁磁体常用来制作永久磁铁；而软铁磁体常用来制作变压器的铁芯。

实用上磁场强度 H 还以奥斯特为单位，简称奥或 Oe，1 奥斯特 $= \dfrac{10^3}{4\pi}$ A/m。

二、相　变

所有铁磁体所具有的铁磁性只存在于一定的温度范围，当超过某一温度时，铁磁性就会消失而转变成顺磁性。铁磁性与顺磁性间的转变是一种相变。铁磁性代表一种有序相，而顺磁性则为无序相。其相变温度常称为铁磁居里温度 T_C。当 $T < T_C$ 时为铁磁相，铁磁体呈现铁磁性；而当 $T > T_C$ 时，转变成顺磁相而呈现顺磁性，这时其磁化率随温度的变化关系满足（8.1-7）式所示的居里-外斯定律，常称式中的 T_P 为顺磁居里温度。图 8.5-2 表示 $T > T_C$ 时顺磁相磁化率的倒数 $1/\chi$ 与温度间的变化关系。从图中可以看到当温度接近相变温度 T_C 时，磁化率的温度关系偏离居里-外斯定律。表 8.5-1 给出了某些铁磁体的铁磁居里温度 T_C 及顺磁居里温度 T_P 的值。

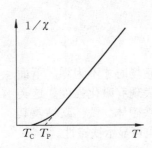

图 8.5-2　铁磁体的顺磁相（$T > T_C$）磁化率 χ 与温度 T 的关系

	Fe	Co	Ni	Gd	Dy	Ho	Er
T_C	1 043	1 388	627	292	85	20	20
T_P	1 093	1 428	650	317	154	85	42

三、外 斯 理 论

铁磁体都是一些铁族(过渡金属)或稀土金属元素及其合金或化合物。如 8.2 节所述,这些过渡金属或稀土金属原子(离子)都具有固有的原子磁矩。19 世纪初,为解释铁磁现象,外斯提出了下面的假设:

(1)铁磁体内存在一种相互作用(常称内场或分子场),使铁磁体内的原子固有磁矩整齐排列,相互平行,因而形成自发磁化强度。即使不存在外磁场,也具有磁化强度。

(2)铁磁体内分成许多小区域,每个区域内所有原子磁矩的方向相互平行,但不同区域内的原子磁矩方向不同。这种具有自发磁化的区域称为磁畴。如未加磁场,由于不同磁畴内的原子磁矩可以有各种不同的方向,从而相互抵消而使总的磁化强度为零。在外磁场的作用下,原子磁矩沿磁场方向的磁畴不断扩大。原子磁矩与外磁场方向不一致的磁畴,在外磁场作用下,原子磁矩也将逐渐转向而与外磁场方向一致。这样就使铁磁体呈现出与外磁场方向一致的磁化强度。当磁场强度足够大,达到饱和磁场强度 H_s 时,铁磁体内所有的原子磁矩方向都转向成与外磁场方向一致,铁磁体的磁化强度达到饱和,整个铁磁体就一个磁畴。若再增加磁场强度,磁化强度也不再增加。这时,如果把外磁场减小到零,由于热运动,部分磁畴内的原子磁矩方向会发生偏离,但大部分磁畴的原子磁矩仍保持原来的方向,因而尽管外磁场已减小到零,铁磁体仍保持一定的剩余磁化强度。当沿反向增加磁场强度时,各个磁畴的原子磁矩也可逐渐转成反向,而表现出如图 8.5-1 所示的磁滞回线。

(3)铁磁体内存在的使各原子磁矩排列整齐的内场(或分子场)与铁磁体的磁化强度 M 成正比,可把内场表示成 λM,这里 λ 是比例系数。

存在外磁场 B 时,作用在铁磁体内各原子磁矩上的有效场 B_e 应为外场及内场之和:

$$B_e = B + \lambda M \tag{8.5-1}$$

与 8.2 节讨论的朗之万顺磁性相似,在有效场 B_e 作用下,原子磁矩逐渐转向成与 B_e 一致,由此形成的磁化强度 M 应由(8.2-29)式给出。但是,这里必须以 B_e 替代(8.2-29)式中的 B,因此可把磁化强度 M 表示成

$$M = Ng\mu_B jB_J(y) \tag{8.5-2}$$

其中

$$y = g\mu_B jB_e/k_B T = g\mu_B j(B + \lambda M)/k_B T \tag{8.5-3}$$

(8.5-2)式中的 $B_J(y)$ 是布里渊函数,由(8.2-25)式给出。由以上两式即可得到磁化强度 M 与磁感应强度 B 之间的关系。这里最感兴趣的当然是铁磁体的自发磁化强度,即外磁场 $B = 0$ 时的磁化强度。当 $B = 0$ 时可把(8.5-3)式写成

$$M = \frac{k_B T}{\lambda g \mu_B j} y \qquad (8.5\text{-}4)$$

因此自发磁化强度可从 (8.5-2) 式及 (8.5-4) 式求出。图 8.5-3 为此二式的图解，其中 (8.5-4) 式乃是一条直线，曲线则代表 (8.5-2) 式。图中画出了 3 个不同温度 $T_1 < T_2 < T_3$ 下的 3 条直线。根据直线与曲线的交点就可决定 (8.5-2) 式与 (8.5-4) 式的解，即铁磁体的自发磁化强度。由 (8.5-4) 式及图 (8.5-3) 可见，随着温度 T 的上升，直线的斜率变大，因此由与曲线的交点所决定的自发磁化强度相应下降。当 $T = T_2$ 时，直线与曲线在 $M = 0$ 处相切。这时已没有自发磁化强度，所以 T_2 即是铁磁居里温度 T_C。当 $T > T_C$ (如 T_3) 时，直线与曲线不再相交，当然也不再会有自发磁化强度存在。相反，如 $T < T_C$，随着温度 T 的下降自发磁化强度将逐渐上升。但由于布里渊函数 $B_J(y)$ 随着 y 的变大逐渐趋向饱和值 1，所以图中表示 (8.5-2) 式的曲线也随着 y 的变大而趋近饱和值 $Ng\mu_B j$。因此，当温度 T 较低时 (如 $T = T_1$)，自发磁化强度就逐渐趋近饱和值：

$$M_s = Nj g \mu_B \qquad (8.5\text{-}5)$$

M_s 相应于铁磁体内所有原子的磁矩方向都沿外磁场方向排列。

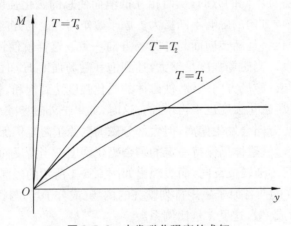

图 8.5-3　自发磁化强度的求解

图 8.5-4 给出了由以上方法解得的自发磁化强度 M 与温度 T 的关系。这里 M 及 T 分别以 M_s 及 T_C 作为单位。图中 3 条曲线分别相应于原子总角动量量子数 $j = 1/2, 1$ 及 ∞。图中同时标出了 Fe、Ni、Co 3 种铁磁体的实验数据。可以看到，它们都与 $j = 1/2$ 的曲线相符合，这强烈表明铁磁性来源于原子的自旋磁矩。本章第 7 节将对此做详细说明。

从图 8.5-3 还可以得到铁磁居里温度 T_C 的表示式。如前所述，图中与 $T_C (= T_2)$ 相应的直线与曲线在 $y = 0$ 点相切；而在 $y = 0$ 附近 (即 $y \ll 1$)，

$$B_J(y) \approx \frac{j+1}{3j} y \qquad (8.5\text{-}6)$$

因此在 $y = 0$ 附近 (8.5-2) 式也可近似地表示成

$$M \approx Ng\mu_B \frac{j+1}{3} y \qquad (8.5\text{-}7)$$

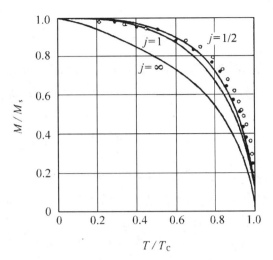

图 8.5-4 自发磁化强度与温度的关系
●——钴、镍，○——铁

显然上式即为图中曲线在 $y = 0$ 处的切线方程,比较(8.5-4)式及(8.5-7)式,当 $T = T_C$($= T_2$)时,两条直线应完全一致,因此可得到

$$\frac{k_B T_C}{\lambda g \mu_B j} = \frac{N g \mu_B (j+1)}{3}$$

即

$$T_C = N g^2 \mu_B^2 j(j+1)\lambda/3k_B = N p^2 \mu_B^2 \lambda/3k_B \qquad (8.5\text{-}8)$$

上式中利用了(8.2-17)式,p 是有效磁子数。从上式可见,铁磁居里温度 T_C 直接与内场系数 λ 成正比。铁磁体的内场愈强(内场系数 λ 愈大),铁磁居里温度也就愈高。如果把(8.5-8)式改写成

$$k_B T_C = N p^2 \mu_B^2 \lambda/3 \qquad (8.5\text{-}9)$$

则可将右边看成是内场与原子磁矩间的相互作用能。当 $T > T_C$ 时,热起伏大于该相互作用能,因而使内场失去作用,铁磁性消失而转变成顺磁性。根据 T_C 的大小可由(8.5-9)式估计内场与原子磁矩间的相互作用能。若 $T_C \approx 1\,000\,\text{K}$,相互作用能约为 $0.1\,\text{eV}$。

当 $T > T_C$ 时,自发磁化强度消失,铁磁相转变成顺磁相。只有当外磁场 $\boldsymbol{B} \neq 0$ 时,才有磁化强度 $\boldsymbol{M} \neq 0$。如 $T \gg T_C$,由(8.5-3)式,可认为 $y \ll 1$,因此 $B_J(y)$ 可近似由(8.5-6)式给出,将(8.5-3)式及(8.5-6)式一起代入(8.5-2)式,可得

$$M = \frac{N g^2 j(j+1) \mu_B^2}{3 k_B T}(B + \lambda M)$$

利用(8.5-8)式,可把上式表示成居里-外斯定律的形式:

$$M = \frac{C}{T - T_C} B \qquad (8.5\text{-}10)$$

式中 C 即是由(8.2-33)式表出的居里常数。(8.5-10)式也可表示成

249

$$\chi = \frac{\mu_0 C}{T - T_C} \qquad\qquad (8.5\text{-}11)$$

与(8.1-7)式相比较,可见根据外斯理论推得的居里-外斯定律,顺磁居里温度 T_P 应与铁磁居里温度 T_C 相同,这是与实验不符的。χ 与 T 关系的实验曲线已在图 8.5-2 中表出。

四、铁磁晶体的各向异性能

研究表明,铁磁晶体的磁化与外磁场相对于晶轴的取向有关。当外磁场 H 沿不同晶向时铁磁体的磁化强度并不相等。例如对体心立方结构的铁而言,当外磁场强度一定时,H 沿[100]晶向得到较大的磁化强度,沿[110]晶向次之,沿立方体对角线[111]方向时最小;而在高磁场下趋于一致,如图 8.5-5a 所示(图中横坐标以奥斯特为单位,纵坐标代表铁磁体中的磁感应强度,以高斯为单位,$1\,\mathrm{Gs} = 10^{-4}\,\mathrm{T}$)。换言之,外磁场沿[100]晶向时最易磁化,故常称该轴为易轴。而对面心立方结构的镍而言,情况恰好相反,立方体对角线[111]为易轴方向,沿[100]方向则最难磁化,如图 8.5-5b 所示。这说明对一给定的铁磁晶体,外磁场沿不同方向时磁化所需的能量不一致,沿易轴磁化所需的能量最低。通常将沿给定方向磁化所需的能量和沿易轴磁化所需能量之差称为铁磁晶体的各向异性能。

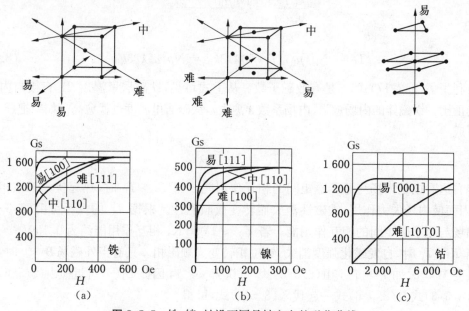

图 8.5-5 铁、镍、钴沿不同晶轴方向的磁化曲线

8.6 反铁磁性及亚铁磁性

前面已指出,铁磁性是一种磁有序态,所有原子的磁矩都按同一方向平行排列,如图 8.6-1(a)所示。反铁磁性和亚铁磁性也是一种磁有序态,其中所有相邻原子的磁矩都是反

平行排列。因此，整个晶体可分成两个磁性子晶格，每个子晶格中所有的原子磁矩方向都一致，但两个子晶格的原子磁矩方向则正好相反。对于反铁磁性，两个相邻子晶格的原子磁矩大小相等，因此彼此的磁矩相互抵消而使反铁磁体的总磁化强度接近于零。对于亚铁磁性，两个子晶格的原子磁矩大小不等，因此相互抵消以后，尚有一定的净磁化强度，从而与铁磁性相似，也表现出一定的自发磁化强度。

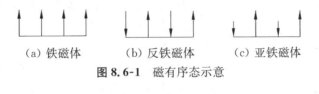

（a）铁磁体　　　（b）反铁磁体　　　（c）亚铁磁体

图 8.6-1　磁有序态示意

一、反　铁　磁　性

很多过渡金属化合物（如 MnO、MnF_2、$FeCl_3$、FeO、$CoCl_2$、CoO、$NiCl_2$、NiO）都具有反铁磁性，铂、钯、锰、铬等金属及某些合金也具有反铁磁性。图 8.6-2 表示反铁磁体 MnO 中锰离子磁矩反平行的排列。MnO 具有 NaCl 型结构，其中锰离子 Mn^{2+} 组成面心立方结构子晶格。从图中可见子晶格的（1 1 1）晶面族中，同一原子面上的磁矩相互平行，相邻原子面上的磁矩反平行。

由于与铁磁性一样，反铁磁性也相应于一种磁有序结构，也会发生相变，反铁磁性也只存在于一定的温度范围。如温度 T 超过相变温度尼尔温度 T_N，反铁磁性消失，反铁磁相转变成顺磁相。转变成顺磁相后，磁化率 χ 满足（8.1-8）式的居里-外斯定律。

与铁磁体不同的是反铁磁体没有自发磁化强度。只有在外磁场作用下才产生磁化强度，并表现

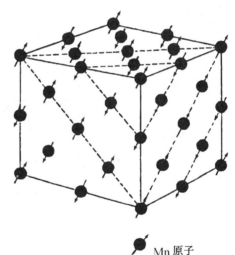

　Mn 原子

图 8.6-2　MnO 中 Mn^{2+} 离子磁矩的排列

出特殊的顺磁性。图 8.6-3 给出了反铁磁体 MnF_2 的磁化率 χ 随温度 T 的变化关系。从图中可以看到，如 $T < T_N$，即处于反铁磁相时，χ 表现出明显的各向异性。这里 $\chi_\parallel$ 及 $\chi_\perp$ 分别表示当外磁场 B 分别平行及垂直于原子磁矩时测量所得的磁化率。如将原子磁矩平行及反平行的离子也看作各自构成一子晶格 A 与 B，相应磁化强度分别用 M_A 及 M_B 表示，则在低温下，两个子晶格的磁化强度 M_A 及 M_B 量值相等、方向相反，如图 8.6-4 所示。这时如果沿垂直方向施加外磁场 B，很显然，M_A 及 M_B 都将受到外磁场力矩的作用而转向 B 的方向，如图 8.6-4 所示，这时总磁化强度 $M = M_A + M_B$ 不再为零，并随 B 的增大而很快增大，即表现出较大的磁化率 $\chi_\perp$。相反，如果沿着 M_A 或 M_B 的方向施加外磁场 B，因为 B 与 M_A（或 M_B）间的夹角为零（或 $180°$），它们受到的外磁场力矩为零，外磁场不会使它们转向，因此总磁化强度 $M = M_A + M_B$ 仍为零，即 $\chi_\parallel$ 为零。但在有限温度，由于热运动 M_A 与 M_B 的方向不会严格地与外磁场保持平行或反平行，因此可能受到外磁场 B 的力矩的作用而转

251

向,并使 $\chi_{\parallel}$ 不为零。显然,温度愈高热运动愈激烈,$\boldsymbol{M}_A$ 与 $\boldsymbol{M}_B$ 随机地对外磁场 $\boldsymbol{B}$ 的平行或反平行的偏离也愈远,受到外场的力矩也愈大,转向也愈有可能,结果 $\chi_{\parallel}$ 也愈大。所以,$\chi_{\parallel}$ 随着温度的增加而增加,如图 8.6-3 所示。对于反铁磁体,也可像铁磁体那样引入内场(或分子场)的作用。只是这里应引入两种内场系数 λ_1 及 λ_2。$-\lambda_1\boldsymbol{M}_A$ 及 $-\lambda_1\boldsymbol{M}_B$ 表示子晶格 A 及 B 中由于同一子晶格内的原子间相互作用而产生的内场。因为不同磁性离子之间的相互作用倾向于使彼此的磁矩反平行,所以内场的方向与 $\boldsymbol{M}_A$ 或 $\boldsymbol{M}_B$ 相反,故在前面冠以负号($\lambda_1 > 0$)。另一种的内场 $-\lambda_2\boldsymbol{M}_B$ 及 $-\lambda_2\boldsymbol{M}_A$ 表示子晶格 A 及 B 中由于相邻子晶格中的原子间相互作用而引起的内场。同样由于相邻子晶格中的原子间的相互作用也是使彼此的磁矩反平行,所以在它们前面也冠以负号($\lambda_2 > 0$)。由于 $\lambda_2 > \lambda_1$,即相邻子晶格原子间相互作用所产生的内场 $\lambda_2\boldsymbol{M}_B$(或 $\lambda_2\boldsymbol{M}_A$)大于同一子晶格中原子相互作用所产生的内场 $\lambda_1\boldsymbol{M}_A$(或 $\lambda_1\boldsymbol{M}_B$),结果使相邻子晶格中的原子磁矩互相反平行,而同一子晶格内的原子磁矩只能彼此平行。在外磁场作用下,反铁磁体中子晶格 A 及子晶格 B 中的原子磁矩受到的有效磁场可以分别表示为

$$\boldsymbol{B}_{e,A} = \boldsymbol{B} - \lambda_1\boldsymbol{M}_A - \lambda_2\boldsymbol{M}_B \tag{8.6-1}$$

$$\boldsymbol{B}_{e,B} = \boldsymbol{B} - \lambda_1\boldsymbol{M}_B - \lambda_2\boldsymbol{M}_A \tag{8.6-2}$$

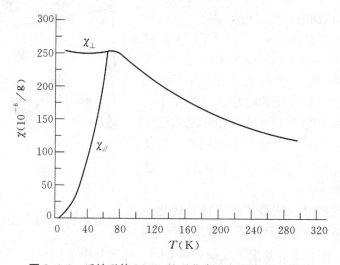

图 8.6-3 反铁磁体 MnF_2 的磁化率 χ 与温度 T 的关系

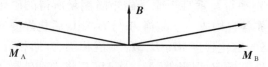

图 8.6-4 反铁磁体子晶格的磁化强度

从上面两个方程出发,通过与铁磁体的外斯理论相似的推演,可以得到反铁磁体的相变温度——尼尔温度 T_N 的表示式

$$T_N = \frac{C}{2}(\lambda_2 - \lambda_1) \tag{8.6-3}$$

式中 C 是由(8.2-33)式给出的居里常数。同时也可得到当 $T > T_N$, 反铁磁相转变成顺磁相时, 磁化率 χ 所遵循的居里-外斯定律(8.1-8)式, 并可得到式中的特征温度 T_N' 的表示式:

$$T_N' = \frac{C}{2}(\lambda_1 + \lambda_2) \tag{8.6-4}$$

表 8.6-1 给出了部分反铁磁体的尼尔温度 T_N 及特征温度 T_N' 的实验值。

表 8.6-1　部分反铁磁体的尼尔温度 T_N 及特征温度 T_N' (K)

	MnO	FeO	CoO	NiO	MnS	MnTe	MnF$_2$	Cr$_2$O$_3$
T_N	116	198	291	525	160	307	67	307
T_N'	610	570	330	2 000	528	690	82	485

二、亚铁磁性

亚铁磁体也称铁氧体, 是铁和其他金属离子的混合氧化物。目前存在许多不同类型的亚铁磁体, 最常见的有以下 3 类: 反尖晶石结构铁氧体; 石榴石结构铁氧体; 铅磁石结构铁氧体。由于这些晶体结构都比较复杂, 这里只对反尖晶石结构做比较详细的介绍。

反尖晶石结构铁氧体是三价的铁离子 Fe^{3+} 与其他二价金属离子 M^{2+} (包括二价铁离子 Fe^{2+}) 的混合氧化物, 化学组成形式可写成 MFe_2O_4, 而晶体结构在某种程度上类似于尖晶石 $MgAl_2O_4$。图 8.6-5 示出尖晶石的一个单胞, 其中共有 32 个 O^{2-}, 16 个 Al^{3+} 和 8 个 Mg^{2+}。由图(a)可见, 整个单胞可以分成 8 个小的立方单元。这些立方单元可以分成甲、乙两种类型, 分别如图(b)及(c)所示。无论是甲型还是乙型单元, O^{2-} 都位于立方体的对角线离顶角 1/4 的位置处。在甲型单元中 Mg^{2+} 处在 4 个 O^{2-} 所组成四面体中心。在乙型单元中 Al^{3+} 则处在立方体对角线另一端离顶角 1/4 的位置上, 而这些位置正是邻近的 6 个 O^{2-} 组成的八面体的中心, 如图(d)所示。所以, 在尖晶石结构中氧离子分别组成氧四面体及氧八面体, 8 个 Mg^{2+} 处在氧四面体中心, 称 A 位; 而 16 个 Al^{3+} 处在氧八面体中心, 称 B 位, 如图(d)所示。对于铁氧体 MFe_2O_4, 16 个 Fe^{3+} 有一半处在 A 位, 而另一半与 8 个二价金属离子 M^{2+} 一起处在 B 位。由于与尖晶石相比, 二价金属离子(M^{2+})不是处在 A 位而是处在 B 位, 所以称铁氧体 MFe_2O_4 的结构为反尖晶石结构。处在 A 位的离子磁矩与处在 B 位的离子磁矩方向相反。因为 Fe^{3+} 一半处在 A 位, 一半处在 B 位, 所以三价铁离子 Fe^{3+} 的离子磁矩都相互抵消, 结果只剩下二价金属离子 M^{2+} 的磁矩。最常见的铁氧体 MFe_2O_4 中的二价金属离子 M^{2+} 为 Mn^{2+}、Fe^{2+}、Co^{2+}、Ni^{2+} 及 Cu^{2+}。根据这些离子的电子壳层结构可以知道它们分别具有 5、6、7、8 及 9 个 3d 电子, 因此未配对的电子数分别为 5、4、3、2 及 1, 而它们的自旋磁矩应当分别是 $5\mu_B$、$4\mu_B$、$3\mu_B$、$2\mu_B$ 及 μ_B。由下节可知, 铁磁性、反铁磁性及亚铁磁性主要由交换作用所引起, 离子磁矩来自于各个电子的自旋磁矩。这样, 相应的铁氧体 $MnFe_2O_4$、Fe_3O_4($FeFe_2O_4$)、$CoFe_2O_4$、$NiFe_2O_4$、$CuFe_2O_4$ 中每个分子磁矩应分别为 $5\mu_B$、$4\mu_B$、$3\mu_B$、$2\mu_B$ 及 μ_B。实验测得的每个分子磁矩分别为 $4.6\sim5.0\mu_B$、$4.08\mu_B$、$3.7\mu_B$、$2.3\mu_B$ 及 $1.3\mu_B$, 基本上与理论估计一致。

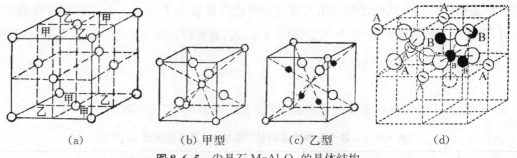

（a）　　　　（b）甲型　　　　（c）乙型　　　　（d）

图 8.6-5 尖晶石 $MgAl_2O_4$ 的晶体结构

石榴石结构铁氧体的化学组成可写成 $M_3^{3+} Fe_2^{3+} (Fe^{3+} O_4^{2-})_3$，这里 M^{3+} 是三价的金属离子（常是稀土金属离子）。在石榴石结构中，氧离子 O^{2-} 分别组成氧八面体、氧四面体及氧十二面体。有 3 个铁离子 Fe^{3+} 处在氧八面体中心（称 A 位），2 个铁离子 Fe^{3+} 处在氧四面体中心（称 B 位），而 3 个金属离子 M^{3+} 处在氧十二面体中心（称 L 位）。处在 A 位与处在 B 位的离子磁矩方向相反。因此，处在 A 位的 3 个 Fe^{3+} 离子磁矩与处在 B 位的 2 个 Fe^{3+} 离子磁矩相互抵消后，还剩下 1 个 Fe^{3+} 离子磁矩（$5\mu_B$）。而这一个 Fe^{3+} 离子磁矩与处在 L 位的三价金属离子 M^{3+} 的磁矩又有反方向耦合；并且，随着温度的变化，L 位的离子磁矩的方向可以有较大的涨落变动，这就导致石榴石铁氧体的饱和磁化强度随温度有明显的变化。

铅磁石结构铁氧体的化学组成可写成

$$lBaO \cdot mMO \cdot nFe_2O_3$$

其中 l、m、n 均为整数，M 是二价金属离子，可以是 Mn^{2+}、Fe^{2+}、Co^{2+}、Ni^{2+}、Zn^{2+} 及 Mg^{2+}。铅磁石结构是一种属于六角晶系的结构。

与铁磁性及反铁磁性相似，亚铁磁性也只存在于一定的温度范围内。当温度 T 高于相变温度 T_N（尼尔温度）时，亚铁磁相转变成顺磁相。不过，处在顺磁相的亚铁磁体，其磁化率 χ 并不满足居里-外斯定律，χ 与温度之间具有更复杂的关系。由于铁氧体是一种金属氧化物，有着较高的电阻率，因而在国民经济和科学技术上具有非常广泛的应用，是目前最重要的磁性材料之一。

8.7 自发磁化的局域电子模型及巡游电子模型

外斯的分子场（内场）理论认为铁磁体内各个离子磁矩受到内场力的作用，从而使各离子磁矩排列一致。但是这种内场力的物理本质一直是人们感到困惑的问题，长期得不到澄清。早期人们很自然地认为这种内场力起源于离子磁矩之间的相互作用，因为磁矩之间的相互作用也有方向趋于一致的倾向。假设各磁矩大小为 μ_B，磁矩间经典的相互作用能量可用下式进行估算：

$$E = \mu_0 \frac{\mu_B^2}{r^3} \tag{8.7-1}$$

这里 r 是磁矩之间的距离。根据上式得到的相互作用能约在 10^{-4} eV 数量级。但是在 8.5 节讨论外斯理论时已知道,如果根据铁磁体的居里温度实验值来估算,内场力与离子(原子)磁矩间的作用能约为 0.1 eV,要比磁矩间的经典相互作用能大得多。实际上内场力是一种量子效应。为此,海森伯首先提出了近邻原子之间的直接交换作用,直接与泡利不相容原理有关。

一、直接交换作用、间接交换作用及超交换作用

以氢分子为例。当两个氢原子结合成氢分子时,根据泡利不相容原理,可以存在两种不同的状态:

(1) 两个电子自旋相平行的状态。这时电子的自旋波函数 $\zeta(s_1, s_2)$ 对交换两个电子而言是对称的,而轨道波函数是反对称的:

$$\phi(r_1, r_2) = \frac{1}{\sqrt{2}} \left[\varphi_a(r_1) \varphi_b(r_2) - \varphi_a(r_2) \varphi_b(r_1) \right] \tag{8.7-2}$$

这里 φ_a、φ_b 是两个氢原子的电子轨道波函数。

(2) 两个电子自旋反平行的状态。这时电子自旋波函数 $\zeta(s_1, s_2)$ 对交换两个电子而言是反对称的,而轨道波函数是对称的:

$$\phi(r_1, r_2) = \frac{1}{\sqrt{2}} \left[\varphi_a(r_1) \varphi_b(r_2) + \varphi_a(r_2) \varphi_b(r_1) \right] \tag{8.7-3}$$

只有这样,才能使总的电子波函数

$$\Phi = \phi(r_1, r_2) \zeta(s_1, s_2)$$

对交换两个电子而言是反对称的,满足泡利不相容原理。

上述两种状态的能量虽不相同,但可统一地用下式表示:

$$E = 2E_A + K - \frac{J}{2} - 2J s_1 \cdot s_2 / \hbar^2 \tag{8.7-4}$$

如两个电子自旋角动量 s_1 与 s_2 互相平行,则

$$2 s_1 \cdot s_2 = s^2 - s_1^2 - s_2^2 = \left[s(s+1) - s_1(s_1+1) - s_2(s_2+1) \right] \hbar^2 = \hbar^2/2$$

(这里总自旋角动量 $s = s_1 + s_2$,所以 $s^2 = s_1^2 + s_2^2 + 2 s_1 \cdot s_2$;$s$、$s_1$、$s_2$ 分别是总自旋角动量量子数和两个电子自旋角动量量子数,$s_1 = s_2 = 1/2$,$s = 1$),因此

$$E = 2E_A + K - J \tag{8.7-5}$$

反之,当两个电子自旋反平行时,两个电子的总自旋角动量量子数 $s = 0$,因此

$$2 s_1 \cdot s_2 = s^2 - s_1^2 - s_2^2 = -3\hbar^2/2,$$

从而(8.7-4)式化为

$$E = 2E_A + K + J \tag{8.7-6}$$

这里 E_A 表示孤立氢原子的能量；K 表示两个原子间的库仑作用能：

$$K = \int \varphi_a^*(\boldsymbol{r}_1)\varphi_b^*(\boldsymbol{r}_2)V_{ab}\varphi_a(\boldsymbol{r}_1)\varphi_b(\boldsymbol{r}_2)\,\mathrm{d}\tau_1\mathrm{d}\tau_2 \tag{8.7-7}$$

式中 V_{ab} 为两原子间的相互作用势能：

$$V_{ab} = e^2\left(\frac{1}{r_{ab}} - \frac{1}{r_{a2}} - \frac{1}{r_{b1}} + \frac{1}{r_{12}}\right) \tag{8.7-8}$$

这里 r_{ab}、r_{a2}、r_{b1} 及 r_{12} 分别表示核 a、核 b、电子 1 及电子 2 之间的距离。J 表示两电子间的交换能

$$J = \int \varphi_a^*(\boldsymbol{r}_1)\varphi_b^*(\boldsymbol{r}_2)V_{ab}\varphi_a(\boldsymbol{r}_2)\varphi_b(\boldsymbol{r}_1)\,\mathrm{d}\tau_1\mathrm{d}\tau_2 \tag{8.7-9}$$

比较(8.7-7)式及(8.7-9)式，可以看到两者的差别仅在于后者的积分中 φ_a、φ_b 的宗量 $\boldsymbol{r}_1$ 与 $\boldsymbol{r}_2$ 进行了交换，即两个电子的坐标进行了交换。这种交换能完全是由于泡利不相容原理引起的，称为直接交换作用。如果不考虑泡利不相容原理，即如果不考虑电子波函数 $\varPhi = \phi(\boldsymbol{r}_1,\boldsymbol{r}_2)\zeta(\boldsymbol{s}_1,\boldsymbol{s}_2)$ 的反对称性，在能量表示式(8.7-4)中就不会出现与 J 有关的项。从(8.7-4)式可见，氢分子的能量与电子自旋有关。如果交换能 $J < 0$，则当电子自旋反平行时，分子能量较低；相反，如果 $J > 0$，则电子自旋平行的状态能量较低。磁性离子之间也存在类似的直接交换作用。即当 $J > 0$ 时，磁性离子的电子自旋方向一致对应较低的能量，因而表现出铁磁性；而当 $J < 0$ 时，磁性离子自旋方向反平行才具有较低能量，从而表现出反铁磁性或亚铁磁性。

斯莱特提出可以用比值 r/r_B（r 是原子间距离，r_B 是原子壳层中电子轨道的半径）来区分铁磁性与反铁磁性（或亚铁磁性）。图 8.7-1 给出了交换能 J 与比值 r/r_B 的关系。从图中可以看到，当 $r/r_B > 3$ 时，$J > 0$，这时应具有铁磁性，Fe、Co、Ni 即属于此类；而当 $r/r_B < 3$ 时，$J < 0$，应具有反铁磁性，和 Mn、Cr 相应，故 Mn、Cr 具有反铁磁性。由(8.7-9)式可见，以上介绍的直接交换作用只有当两个电子波函数相互交叠时才存在，这可适用于过渡金属中的 3d 电子，但对于稀土金属中处于内壳层的 4f 电子来说，两个相邻稀土金属离子的 4f 电子波函数相互交叠甚微，因而很难用直接交换作用解

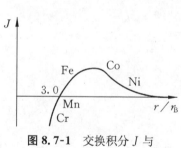

图 8.7-1 交换积分 J 与 r/r_B 的关系

释其磁性表现。对此，有人提出了间接交换作用模型。该模型认为两个磁性离子的磁矩是通过传导电子（5s、5p 电子）为中介而发生相互作用的。例如，一磁性离子中的 4f 电子先与 s 传导电子发生交换作用，使 s 电子的自旋与 4f 电子的自旋平行或反平行。然后，此 s 电子再与邻近的磁性离子的 4f 电子发生作用，而使此离子的 4f 电子自旋与 s 电子平行或反平行。这样通过 s 电子的中介，使相邻磁性离子的 4f 电子自旋处于平行或反平行状态。除这种 s-f 电子间的间接交换作用外，也可存在 s-d 及 d-d 电子间的间接交换作用。如下面要介绍的巡游电子模型所指出的，3d 电子中有一部分可以参与共有化运动，成为传导电子；而另一部分仍然是局域化的电子。d-d 间接交换作用就是指局域的 d 电子通过传导的 d 电子的中介而发生的间接交换作用。通过传导的 d 电子的中介也可以使两个相邻离子中的 f 电子

发生间接交换作用,这就是 d-f 间接交换作用。

具有铁磁性、反铁磁性或亚铁磁性的绝缘体都是磁性离子与其他离子形成的化合物,如 MnO,这里两个相邻锰离子的自旋磁矩是由于其间氧离子的中介使彼此方向相反而具有反铁磁性的,即两个磁性离子的自旋是通过负离子的中介而发生交换作用,常称此为超交换作用。通过超交换作用,也可以使两个磁性离子的自旋平行或反平行。

上述建立在交换作用基础上的局域电子模型可以很好地对铁磁性、反铁磁性及亚磁性进行定性的解释。但是尚不能作定量的说明。按照上述直接交换作用模型,在绝对零度,每个原子(离子)对铁磁性有贡献的局域磁矩(自旋磁矩)应该是玻尔磁子 μ_B 的整数倍,但是实验结果却并非如此。例如,Fe 为 $2.22\mu_B$、Co 为 $1.72\mu_B$、Ni 为 $0.606\mu_B$。这些矛盾只有用巡游电子模型才能予以解释。

二、巡游电子模型

巡游电子模型也就是能带模型。按照能带理论,各个原子壳层的电子都形成能带。处于最外层的价电子所处的能带较宽,相应的态密度比较小。而处于内壳层的 3d 或 4f 电子所形成的能带比较窄,态密度比较大。图 8.7-2 示意地画出过渡金属中的 3d 和 4s 电子能带的态密度。从图中还可以看到 3d 和 4s 能带相互交叠,因此该两壳层的电子可以相互转移,部分 3d 电子可以从 3d 带转移至 4s 带,反之亦然。图中数字 1, 2, 3, …, 11, 12 表示当 4s 与 3d 壳层的总电子数等于 1, 2, 3, …, 11, 12 时相应的费米能级的位置。

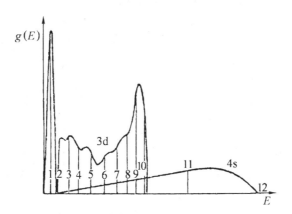

图 8.7-2 过渡金属的 3d 及 4s 电子态密度

因为只有 3d 电子对铁磁性有贡献而 4s 电子并无贡献,图 8.7-3 中示意地专门画出了 3d 电子的态密度 $g(E)$ 与能量的关系,且将自旋向上和自旋向下的电子的态密度分别画出。图(a)不考虑交换作用。注意,态密度对能量的积分就是电子数密度,可见此时自旋向上和自旋向下的电子数相等,两个不同自旋的 3d 子带都填充到费米能级 E_F。交换作用使不同自旋的电子具有不同的能量。如假定交换作用使自旋向上的电子的能量低于自旋向下的电子能量,则计入交换作用将使自旋向上的子带下移,而使自旋向下的子带上移,如图(b)所示。这时有一部分电子自旋向下的状态转变成向上的状态,从而产生净磁化强度 M_s,此即自发磁化。M_s 就是实验测得的铁磁体的饱和磁化强度。由此可见,M_s 取决于子带的相对移动,而子带的移动又取决于交换作用的强弱及能带的结构。

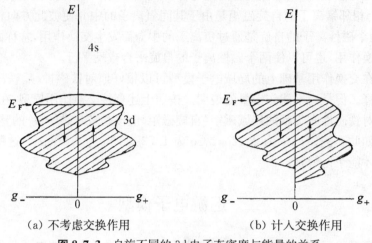

(a) 不考虑交换作用　　　　　　(b) 计入交换作用

图 8.7-3　自旋不同的 3d 电子态密度与能量的关系

在图 8.7-4 中示出了典型的铁磁晶体铁、镍和钴的状态密度。每个小图分上、下两部分(相当于图 8.7-3(a)或(b)的右、左两边)。上半部为自旋向上的电子的态密度,而下半部则为自旋向下的电子的态密度。由图明显可见,在选做能量零点的费米能级附近,自旋向上与自旋向下电子的态密度不相等。与之形成对照的是,非铁磁性的铜,自旋向上与自旋向下的电子的态密度是完全对称的,不存在子带的相对移动。

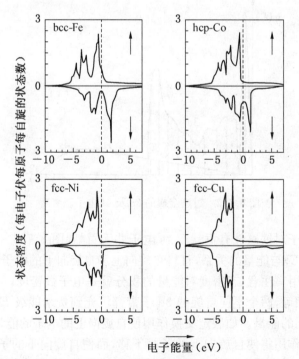

图 8.7-4　铁、镍、钴、铜自旋向上与自旋向下电子的态密度,
费米能级选做能量零点

在后面的讨论中，为简单起见，我们一般将略去电子态密度随能量变化的细节，而将图 8.7-3(b) 所示的态密度简化为图 8.7-5 所示的形式。

下面作半定量的估计。如设单位体积的晶体中有一个电子从自旋向下的状态转变成自旋向上的状态引起的磁化强度改变为 $\Delta M = 2\mu_B$。假设内场 $B_w = \lambda M$，则根据经典的电磁理论由磁化强度的改变 ΔM 而引起的总能量改变为

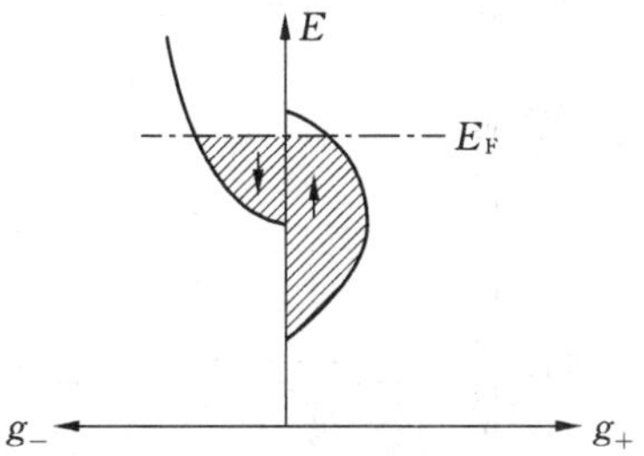

图 8.7-5　简化的自旋向上与自旋向下的电子态密度

$$\Delta E_1 = -\int_0^{\Delta M} B_w \mathrm{d}M = -\int_0^{\Delta M} \lambda M \mathrm{d}M = -\frac{1}{2}\lambda \Delta M^2 = -2\lambda \mu_B^2$$

另一方面，电子由自旋向下的子带转移到自旋向上的子带时，由于泡利不相容原理，只能填充到费米能级 E_F 上面的状态，因而引起能量的增加，增加的能量 ΔE_2 可从关系式

$$n = \frac{1}{2}g(E_F)\Delta E_2$$

求得。这里 $g(E_F)$ 是费米能级处的状态密度。因为这里只考虑一种自旋的状态密度，故乘以因子 1/2。又因为现在考虑的是一个电子的转移，所以 $n = 1$，由此可求得

$$\Delta E_2 = \frac{2}{g(E_F)}$$

很显然，如果

$$\Delta E_1 + \Delta E_2 < 0$$

即

$$\lambda \mu_B^2 > \frac{1}{g(E_F)} \tag{8.7-10}$$

则电子自旋由向下转变成向上的过程在能量上是有利的，从而可能形成铁磁性，因此可以把 (8.7-10) 式看成是能否形成铁磁性的判据。通常内场系数 λ 与交换作用的强弱有关，并与交换积分 J 存在下面的关系：

$$\lambda = \frac{2JZ}{Ng^2\mu_B^2} \tag{8.7-11}$$

式中 Z 是近邻的磁性离子数，即每个磁性离子周围有 Z 个磁性离子与之相邻；N 是磁性离子数密度。将 (8.7-11) 式代入 (8.7-10) 式得

$$\frac{2JZ}{Ng^2} > \frac{1}{g(E_F)} \tag{8.7-12}$$

从上式可以看到，交换能 J 及态密度 $g(E_F)$ 愈大愈易形成铁磁性，并且这两个条件是相辅相成的。按照图 8.7-1，$J > 0$ 对应于 $r/r_B > 3$，即要求原子壳层的电子半径 r_B 比较小，而原子壳层半径小就使波函数交叠得少，因而能带变窄，态密度 $g(E)$ 变大。Fe、Co、Ni 中的 3d 能带以及 Gd、Dy 中的 4f 能带都能满足这些要求，它们都有较大的交换积分，而且带宽都比较小，因而有较大的态密度 $g(E)$。所以，它们都表现出铁磁性。

图 8.7-6 表示 Ni 的 4s 能带及两个 3d 子带中的电子填充情形。Ni 原子的外层电子组态是 $3d^8 4s^2$，每个原子共有 10 个电子。其中处于 4s 能带的有 0.54 个电子，即平均每个离子有 0.54 个电子处于 4s 带，而处于自旋向上的 3d 子带的有 5 个电子，余下的 4.46 个电子处于自旋向下的 3d 子带。对于 4s 能带，自旋向上和自旋向下的电子数相等(4s 电子之间由于不存在交换作用，自旋向上及自旋向下的电子能量是相等的)，因此 4s 能带电子对铁磁性没有贡献，铁磁性仅来自 3d 能带的电子。可见 4s 带与 3d 带的交叠使每个 Ni 原子的净自旋磁矩为 $(5-4.46)\mu_B = 0.54\mu_B$。这就解决了局域电子模型所不能解决的困难，解答了为什么铁磁体每个原子的磁矩不是玻尔磁子整数倍的问题。

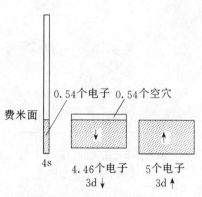

图 8.7-6 Ni 的 4s 能带及两个 3d 子带中的电子填充示意

8.8 自 旋 波

从图 8.5-4 可以看到，根据外斯理论，按总角动量量子数 $j = 1/2$ 计算得到的自发磁化强度与温度的关系同实验结果很好地相符。但是在非常低的温度，理论与实验的符合并不太好；这就是说，外斯理论不能说明极低温度下的铁磁性。实验测量表明，在极低温度，自发磁化强度 M 与温度 T 之间满足下面的关系：

$$M = M_s - \alpha T^{3/2} \tag{8.8-1}$$

式中 α 是一常数。为了说明这一低温下铁磁体的自发磁化强度与温度间的 $T^{3/2}$ 关系，布洛赫提出了自旋波理论。根据前面的讨论可知，$T = 0$ K 时铁磁体的基态是自旋均沿同一方向排列并形成饱和磁化强度 M_s 的状态。在有限温度下，铁磁体中个别自旋磁矩的方向可以发生涨落而偏离磁化强度的方向。自旋磁矩的方向一旦偏离了磁化强度，就会受到后者的作用而产生绕磁化强度的进动。但是在晶体中各个自旋磁矩与其邻近的自旋磁矩之间都存在着交换作用，因此一个自旋的进动状态不会只局限于这一个自旋上，而是可以在晶体中传播。这种自旋磁矩绕磁化强度方向进动的状态在晶体中传播便形成波(与晶体中原子热振动在晶体中传播形成格波相类似)，常称之为自旋波。图 8.8-1 为自旋波的示意图，图(a)及(b)分别是侧视图和俯视图。我们已经不止一次地看到，晶体中传播的波动的色散关系是很感兴趣的问题，因此下面即在量子力学的交换作用的基础上用经典力学的方法讨论自旋波的色散关系。为简单起见只讨论一维体系。假设自旋磁矩之间的相互作用是直接交换作用，则相互作用的能量可用(8.7-4)式表示。若取 $2E_A + K - J/2$ 为能量的零点，相互作用能可表示成

$$E = -2J s_1 \cdot s_2 / \hbar^2 \tag{8.8-2}$$

考虑一维晶体中第 p 个自旋，其与左右两个自旋之间的相互作用能可写成

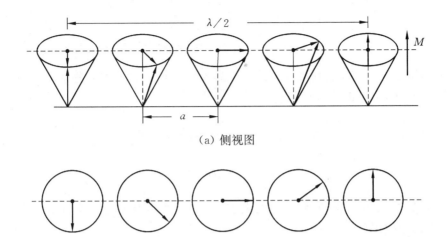

(a) 侧视图

(b) 俯视图

图 8.8-1 $\lambda = 8a$ 的一维自旋波的形态

$$E = -2J\bm{s}_p \cdot (\bm{s}_{p-1} + \bm{s}_{p+1})/\hbar^2 \tag{8.8-3}$$

第 p 个格点上的自旋磁矩 $\bm{\mu}_p$ 可写成〔参见(8.2-13)式及(8.2-18)式,并注意这里 $\bm{J} = \bm{s}_p$〕：

$$\bm{\mu}_p = g\gamma\bm{s}_p = -g\mu_B\bm{s}_p/\hbar \tag{8.8-4}$$

因此可把(8.8-3)式重写成

$$E = -\bm{\mu}_p \cdot \left[\left(-\frac{2J}{g\mu_B\,\hbar} \right)(\bm{s}_{p-1} + \bm{s}_{p+1}) \right] \tag{8.8-5}$$

上式方括号因子可看成是作用在 $\bm{\mu}_p$ 上的有效磁感应强度：

$$\bm{B}_p^{eff} = \left(-\frac{2J}{g\mu_B\,\hbar} \right)(\bm{s}_{p-1} + \bm{s}_{p+1}) \tag{8.8-6}$$

由于此有效场的作用,第 p 格点上的自旋角动量 $\bm{s}_p$ 要发生变化：

$$\frac{\mathrm{d}\bm{s}_p}{\mathrm{d}t} = \bm{\mu}_p \times \bm{B}_p^{eff} = \left(\frac{2J}{\hbar^2} \right)\bm{s}_p \times (\bm{s}_{p-1} + \bm{s}_{p+1}) \tag{8.8-7}$$

考虑在低温下各个自旋方向对磁化强度(设为 z 方向)仅有微小的偏离,可近似地认为 $s_p^z \approx s_{p-1}^z \approx s_{p+1}^z \approx s$,并忽略 s_p^x、s_{p-1}^x、s_{p+1}^x 与 s_p^y、s_{p-1}^y、s_{p+1}^y 间的乘积。这样,可把(8.8-7)式近似地写成下面的分量形式：

$$\begin{cases} \dfrac{\mathrm{d}s_p^x}{\mathrm{d}t} = \dfrac{2Js}{\hbar^2}(2s_p^y - s_{p-1}^y - s_{p+1}^y) \\[2mm] \dfrac{\mathrm{d}s_p^y}{\mathrm{d}t} = -\dfrac{2Js}{\hbar^2}(2s_p^x - s_{p-1}^x - s_{p+1}^x) \\[2mm] \dfrac{\mathrm{d}s_p^z}{\mathrm{d}t} = 0 \end{cases} \tag{8.8-8}$$

从上式直接可解得 $s_p^z = s$ 为一常数。取 s_p^x、s_p^y 具有波动形式的试解：

$$\begin{cases} s_p^x = u\exp[\mathrm{i}(kpa - \omega t)] \\ s_p^y = v\exp[\mathrm{i}(kpa - \omega t)] \end{cases} \tag{8.8-9}$$

式中 u、v 分别是 x、y 方向的振幅,a 是一维晶体的晶格常数,k 和 ω 分别为波矢及角频率。将(8.8-9)式代入(8.8-8)式,可得到

$$\begin{cases} \mathrm{i}\omega u + \left(\dfrac{4Js}{\hbar^2}\right)(1 - \cos ka)v = 0 \\ -\left(\dfrac{4Js}{\hbar^2}\right)(1 - \cos ka)u + \mathrm{i}\omega v = 0 \end{cases} \tag{8.8-10}$$

上式是以 u 及 v 为变量的线性齐次方程,若要得到非零解系数行列式必须等于零,由此即可求得自旋波的色散关系:

$$\omega = \left(\frac{4Js}{\hbar^2}\right)(1 - \cos ka) \tag{8.8-11}$$

将(8.8-11)式代回(8.8-10)式,可得到

$$v = -\mathrm{i}u \tag{8.8-12}$$

将(8.8-12)式代入(8.8-9)式,并只取其实部,则可得

$$\begin{cases} s_p^x = u\cos(kpa - \omega t) \\ s_p^y = u\sin(kpa - \omega t) \end{cases} \tag{8.8-13}$$

上式清楚地表明每个自旋绕 z 轴(磁化强度)作圆周进动,而且这种进动状态沿着一维晶体传播。图 8.8-1 为 $k = \dfrac{\pi}{4a}$(波长 $\lambda = 8a$)的自旋波在某一时刻的形态。图中只画出了半个波长。

由(8.8-11)式可得,在长波极限,即 $ka \ll 1$ 时自旋波的色散关系变为

$$\omega = \left(\frac{2Jsa^2}{\hbar^2}\right)k^2 \tag{8.8-14}$$

尽管上式是对一维晶体推得的,但是对于三维立方晶体,在长波极限下也同样可得相同的关系式,只要把其中的因子 2 改成每个格点的近邻数 Z:

$$\omega = (ZJsa^2 / \hbar^2)k^2 \tag{8.8-15}$$

按照量子理论,自旋波的能量也应是量子化的,它只能是能量量子 $\hbar\omega$ 的整数倍:

$$E = \sum_k \left(n_k + \frac{1}{2}\right)\hbar\omega \tag{8.8-16}$$

常称自旋波的能量量子 $\hbar\omega$ 为磁振子,能量为 E 的自旋波中包含 n_k ($n_k = 1, 2, 3, \cdots$) 个波矢为 k 的磁振子。n_k 与温度有关,温度愈高磁振子数愈大。在热平衡时 n_k 的平均值由玻色-爱因斯坦统计规律决定:

$$\bar{n}_k = \frac{1}{\exp(\hbar\omega/k_{\mathrm{B}}T) - 1} \tag{8.8-17}$$

和讨论晶格振动时一样,采用周期性边界条件可得 k 空间中的状态密度为 $1/(2\pi)^3$(假设晶体为单位体积,即 $V = 1$)。所以,总的磁振子数为

$$\sum_k \bar{n}_k = \frac{1}{(2\pi)^3} \int \bar{n}_k \mathrm{d}\tau_k \qquad (8.8\text{-}18)$$

式中 $\mathrm{d}\tau_k$ 表示 k 空间的体积元。考虑到与(8.8-15)式相应的等频面是一个球面,在作(8.8-18)式的积分时可采用球坐标而表示成

$$\sum_k \bar{n}_k = \frac{1}{4\pi^2} \left(\frac{\hbar^2}{ZJsa^2} \right)^{3/2} \int_0^{\omega_{\max}} \frac{\omega^{1/2} \mathrm{d}\omega}{\mathrm{e}^{\hbar\omega/k_{\mathrm{B}}T} - 1} \qquad (8.8\text{-}19)$$

式中 $\omega_{\max}$ 表示自旋波的最大频率。令

$$\zeta = \frac{\hbar\omega}{k_{\mathrm{B}}T} \qquad (8.8\text{-}20)$$

在低温 $\zeta_{\max} = \dfrac{\hbar\omega_{\max}}{k_{\mathrm{B}}T} \to \infty$, 可进一步将(8.8-19)式写成

$$\sum_k \bar{n}_k = \frac{1}{4\pi^2} \left(\frac{\hbar^2}{ZJsa^2} \right)^{3/2} \left(\frac{k_{\mathrm{B}}T}{\hbar} \right)^{3/2} \int_0^{\zeta_{\max}} \frac{\zeta^{1/2} \mathrm{d}\zeta}{\mathrm{e}^\zeta - 1}$$

$$\approx \frac{1}{4\pi^2} \left(\frac{\hbar k_{\mathrm{B}}T}{ZJsa^2} \right)^{3/2} \int_0^\infty \frac{\zeta^{1/2} \mathrm{d}\zeta}{\mathrm{e}^\zeta - 1} \qquad (8.8\text{-}21)$$

令常数

$$\alpha' = \frac{1}{4\pi^2} \left(\frac{\hbar k_{\mathrm{B}}}{ZJsa^2} \right)^{3/2} \int_0^\infty \frac{\zeta^{1/2} \mathrm{d}\zeta}{\mathrm{e}^\zeta - 1} \qquad (8.8\text{-}22)$$

则磁振子总数可表示为

$$\sum_k \bar{n}_k = \alpha' T^{3/2} \qquad (8.8\text{-}23)$$

自旋波表示自旋磁矩偏离饱和磁化强度方向的波动。虽然按经典力学的观点,自旋磁矩对饱和磁化强度方向的偏离角度可以连续取值,但是实际上根据量子力学,自旋只能有两个取向,不是与饱和磁化强度的方向相同就是相反。激发起一个磁振子就表示有一个自旋磁矩的方向由与磁化强度相同变成相反,因此激发起一个磁振子就意味着饱和磁化强度减小 $g\gamma(s_\uparrow - s_\downarrow)$[参见(8.2-13)式,并令 $J = s$]。这里 $s_\uparrow$ 及 $s_\downarrow$ 分别表示自旋转向前后的自旋角动量,$s_\uparrow = -s_\downarrow = \hbar/2$。于是激发起一个磁振子就使饱和磁化强度减少 $g\gamma\hbar = g\mu_{\mathrm{B}}$。总数 $\displaystyle\sum_k \bar{n}_k$ 个磁振子对应的磁化强度就应为

$$M = Ms - g\mu_{\mathrm{B}} \sum_k \bar{n}_k \qquad (8.8\text{-}24)$$

把(8.8-23)式代入上式即可得到实验测得的自发磁化强度与温度的关系(8.8-1)式,其中

$$\alpha = g\mu_{\mathrm{B}}\alpha' \qquad (8.8\text{-}25)$$

至此,已用自旋波理论解释了铁磁体的自发磁化强度在低温下的行为。通常将(8.8-1)式称为布洛赫 $T^{3/2}$ 定律。

磁振子可以通过中子的非弹性散射进行实验研究。因为中子具有磁矩,所以中子入射铁磁体可以激发起磁振子,并将自身的能量转化为磁振子的能量,因此测量散射前后中子的能量和动量(波矢)就可以获知磁振子(自旋波)的重要性质。

8.9 磁 共 振

前面讨论的都是在直流磁场作用下物体表现出来的一些磁学性质,下面要讨论在交变磁场作用下的磁共振现象。利用磁共振实验技术可以获得许多有关固体及物质结构的知识;而且,现代磁共振有许多重要的实际应用。不同的磁性材料可以实现许多不同的磁共振,下面主要介绍在朗之万顺磁体中产生的顺磁共振。在此基础上再简单地介绍一些有关铁磁共振、反铁磁共振及核磁共振方面的内容。

一、电子顺磁共振(自旋共振)(EPR)

考虑一个具有朗之万顺磁性的顺磁体,其中各个顺磁离子磁矩之间的相互作用比较微弱,以至可以忽略而看成彼此独立。存在外加磁场 $\boldsymbol{B}$ 时,顺磁离子的电子总角动量 $\boldsymbol{J}$ 受到力矩 $\boldsymbol{\mu}_J \times \boldsymbol{B}$ 的作用而变化:

$$\frac{\mathrm{d}\boldsymbol{J}}{\mathrm{d}t} = \boldsymbol{\mu}_J \times \boldsymbol{B} \tag{8.9-1}$$

对上式两边乘以 $g\gamma$,利用(8.2-13)式可得到

$$\frac{\mathrm{d}\boldsymbol{\mu}_J}{\mathrm{d}t} = (g\gamma)\boldsymbol{\mu}_J \times \boldsymbol{B} \tag{8.9-2}$$

如果顺磁离子数密度为 N,则顺磁体的磁化强度 $\boldsymbol{M} = N\boldsymbol{\mu}_J$。对(8.9-2)式两边乘以 N 可得

$$\frac{\mathrm{d}\boldsymbol{M}}{\mathrm{d}t} = -\eta\boldsymbol{M} \times \boldsymbol{B} \tag{8.9-3}$$

这里已令

$$\eta = -g\gamma = \frac{ge}{2m} \tag{8.9-4}$$

如果外磁场是直流磁场 $\boldsymbol{B}_0$,则由 8.3 节可知(8.9-3)式表示 $\boldsymbol{M}$ 绕外磁场 $\boldsymbol{B}_0$ 进动,并且进动角频率为

$$\omega_0 = \eta B_0 = \frac{geB_0}{2m} \tag{8.9-5}$$

现在,设想除在 z 方向施以强直流磁场 $\boldsymbol{B}_0$ 之外,还在 x-y 平面内施以小幅度横向交变磁场 $\boldsymbol{b}$。这时,施加在顺磁离子上的总磁感应强度应是

$$\boldsymbol{B} = \boldsymbol{e}_3 B_0 + \boldsymbol{b} \tag{8.9-6}$$

式中 $\boldsymbol{e}_3$ 表示沿 z 方向的单位矢量。把磁化强度 $\boldsymbol{M}$ 也表示成相似的形式:

$$\boldsymbol{M} = \boldsymbol{e}_3 M_z + \boldsymbol{m} \tag{8.9-7}$$

式中 M_z 为沿 z 轴的磁化强度,而 $\boldsymbol{m}$ 是 $x\text{-}y$ 平面内变化的磁化强度。将(8.9-6)式代入 (8.9-3) 式可得(8.9-3)式的分量形式:

$$\begin{cases} \dfrac{\mathrm{d}m_x}{\mathrm{d}t} = -\eta(m_y B_0 - M_z b_y) \\[2mm] \dfrac{\mathrm{d}m_y}{\mathrm{d}t} = -\eta(M_z b_x - m_x B_0) \\[2mm] \dfrac{\mathrm{d}M_z}{\mathrm{d}t} = -\eta(m_x b_y - m_y b_x) \end{cases} \tag{8.9-8}$$

由于假设在 $x\text{-}y$ 平面内施加的横向交变场的磁感应强度 $\boldsymbol{b}$ 远比 z 方向的直流场的磁感应强度 $\boldsymbol{B}_0$ 小,易见在(8.9-8)式中,和 B_0 及 M_z 相比,b_x 与 b_y 及 m_x 与 m_y 都是小量。如果只保留一级小量而忽略二级以上的小量,则由(8.9-8)式可得

$$\frac{\mathrm{d}M_z}{\mathrm{d}t} \approx 0 \tag{8.9-9}$$

这表示在只考虑一级近似的情形,磁化强度 $\boldsymbol{M}$ 在 z 方向上的分量 M_z 是个常量;这也说明,磁化强度 $\boldsymbol{M}$ 仍然绕 z 轴作简单进动。如设 $x\text{-}y$ 平面内的横向交变场 $\boldsymbol{b}$ 的角频率为 ω,

$$\boldsymbol{b} = \boldsymbol{b}_0 \mathrm{e}^{\mathrm{i}\omega t} \tag{8.9-10}$$

可以想到在 $\boldsymbol{b}$ 的作用下横向磁化强度 $\boldsymbol{m}$ 也按相同的角频率 ω 变化:

$$\begin{cases} m_x = m_{0x} \mathrm{e}^{\mathrm{i}\omega t} \\ m_y = m_{0y} \mathrm{e}^{\mathrm{i}\omega t} \end{cases} \tag{8.9-11}$$

将上式代入(8.9-8)式,经简单运算可得

$$\begin{cases} m_x = \dfrac{\eta M_z}{\omega_0^2 - \omega^2}(\omega_0 b_x + \mathrm{i}\omega b_y) \\[3mm] m_y = \dfrac{\eta M_z}{\omega_0^2 - \omega^2}(-\mathrm{i}\omega b_x + \omega_0 b_y) \end{cases} \tag{8.9-12}$$

为简单起见,可取 $\boldsymbol{b}$ 的方向沿 x 轴,即 $b_x = b_0 \mathrm{e}^{\mathrm{i}\omega t}$、$b_y = 0$,代入(8.9-12)式并取其实部可得到

$$\begin{cases} m_x = \dfrac{\eta M_z \omega_0}{\omega_0^2 - \omega^2} b_0 \cos \omega t \\[3mm] m_y = \dfrac{\eta M_z \omega}{\omega_0^2 - \omega^2} b_0 \sin \omega t \end{cases} \tag{8.9-13}$$

上式表示横向磁化强度 $\boldsymbol{m} = \boldsymbol{e}_1 m_x + \boldsymbol{e}_2 m_y$($\boldsymbol{e}_1$ 及 $\boldsymbol{e}_2$ 分别为沿 x 及 y 轴的单位矢量)在 $x\text{-}y$ 平面内以角频率 ω 转动,但其端点的轨迹却为一椭圆,如图 8.9-1(a)所示。如果再结合(8.9-9)式,则可以看到在纵向直流磁场 $\boldsymbol{B}_0$ 及横向交变磁场 $\boldsymbol{b}$ 的共同作用下,磁化强度 $\boldsymbol{M}$ 仍绕 $\boldsymbol{B}_0$ (z 轴)进动,但其端点在 $x\text{-}y$ 平面内的轨迹为一椭圆,如图 8.9-1(b)所示。从(8.9-13)式

可以看到,图 8.9-1a 所示的椭圆长轴、短轴分别是 $\dfrac{\eta M_z \omega_0}{\omega_0^2 - \omega^2} b_0$ 及 $\eta \dfrac{M_z \omega}{\omega_0^2 - \omega^2} b_0$。如果改变横向交变磁场 b 的频率 ω,当 $\omega \rightarrow \omega_0$ 时,椭圆的长轴、短轴将趋向无穷大;这就是说,当横向交变磁场 b 的角频率(即横向磁化强度 m 在 $x\text{-}y$ 平面内的旋转角频率)ω 与由纵向直流磁场 B_0 决定的进动角频率 ω_0 相接近时,两种旋转运动将同步而达到共振,这时横向磁化强度 m 及总磁化强度 M 都趋向无穷大。

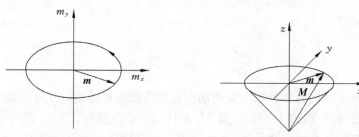

$\qquad$（a）横向磁化强度 m 端点的轨迹 $\qquad$（b）磁化强度 M 绕 z 轴进动

图 8.9-1

$\qquad$以上假设交变磁场 b 的方向不变,相当于线偏振的电磁波(常为光波和微波)中的磁场。现在考虑圆偏振电磁波的情形。圆偏振电磁波的偏振面一直在旋转,也就是说交变磁感应强度 b 的方向一直在旋转。可以将 b 分为右旋及左旋而表示成下面的形式:

$$\begin{cases} b_x = b_0 \cos \omega t \\ b_y = b_0 \sin \omega t \end{cases} \quad \text{(右旋)} \tag{8.9-14}$$

和

$$\begin{cases} b_x = b_0 \cos \omega t \\ b_y = - b_0 \sin \omega t \end{cases} \quad \text{(左旋)} \tag{8.9-15}$$

分别如图 8.9-2(a)和(b)所示。如果把 b 写成复数形式,则(8.9-14)式及(8.9-15)式可分别表示为

$$\begin{cases} b_x = b_0 e^{i\omega t} \\ b_y = - i b_0 e^{i\omega t} = - i b_x \end{cases} \quad \text{(右旋)} \tag{8.9-16}$$

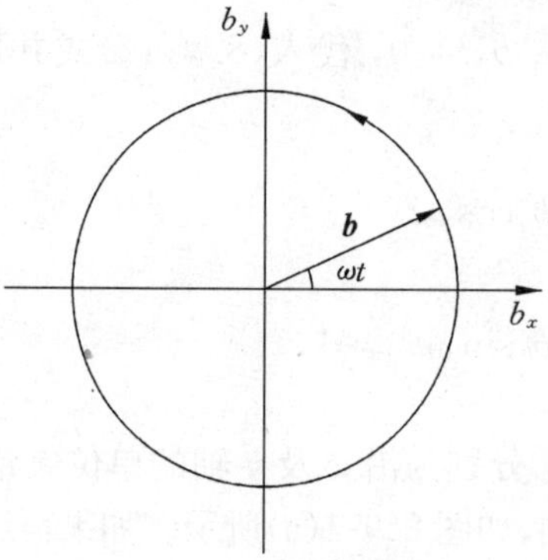

$\qquad\qquad$（a）右旋圆偏振 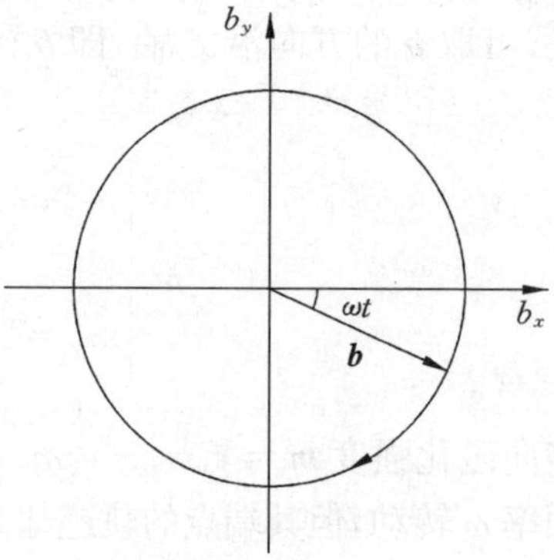 $\qquad\qquad\qquad$（b）左旋圆偏振

图 8.9-2 $\quad$ 电磁波中磁场分量 b 的旋转

$$\begin{cases} b_x = b_0 \mathrm{e}^{\mathrm{i}\omega t} \\ b_y = \mathrm{i} b_0 \mathrm{e}^{\mathrm{i}\omega t} = \mathrm{i} b_x \end{cases} \quad (左旋) \tag{8.9-17}$$

分别将(8.9-16)式及(8.9-17)式代入(8.9-12)式,可得在右旋和左旋圆偏振情形的横向磁化强度为

$$\begin{cases} m_x = \dfrac{\eta M_z}{\omega_0 - \omega} b_x \\[2mm] m_y = \dfrac{\eta M_z}{\omega_0 - \omega} b_y \end{cases} \quad (右旋) \tag{8.9-18}$$

$$\begin{cases} m_x = \dfrac{\eta M_z}{\omega_0 + \omega} b_x \\[2mm] m_y = \dfrac{\eta M_z}{\omega_0 + \omega} b_y \end{cases} \quad (左旋) \tag{8.9-19}$$

从上面的表式中可以看到,$\boldsymbol{m} = \boldsymbol{e}_1 m_x + \boldsymbol{e}_2 m_y$ 的方向与交变磁场 $\boldsymbol{b} = \boldsymbol{e}_1 b_x + \boldsymbol{e}_2 b_y$ 完全一致。因为 $\boldsymbol{b}$ 按逆时针(右旋)或顺时针(左旋)方向旋转,横向磁化强度 $\boldsymbol{m}$ 必相应也按逆时针(右旋)或顺时针(左旋)方向旋转;而且,根据(8.9-18)式,当右旋横向磁场 $\boldsymbol{b}$ 的交变角频率 ω 与纵向直流磁场 $\boldsymbol{B}_0$ 决定的进动角频率 ω_0 相一致时,$\boldsymbol{b}$ 的旋转与 $\boldsymbol{M}$ 的进动完全同步而发生共振。这时横向磁化强度 $\boldsymbol{m}$ 及总磁化强度 $\boldsymbol{M}$ 都趋向无穷大。但是,从(8.9-19)式可以看到,对于右旋圆偏振,当 $\omega \to \omega_0$ 时,并不引起共振。其原因是在直流磁场 $\boldsymbol{B}_0$ 作用下,磁化强度 $\boldsymbol{M}$ 绕 $\boldsymbol{B}_0$ 的进动是按逆时针(右旋)方向旋转的,左旋的 $\boldsymbol{b}$ 不可能与之同步,因而也不可能达到共振。(8.9-18)式及(8.9-19)式可分别表示成

$$\boldsymbol{m}_{\mathrm{R}} = \frac{\eta M_z}{\omega_0 - \omega} \boldsymbol{b} \tag{8.9-20}$$

$$\boldsymbol{m}_{\mathrm{L}} = \frac{\eta M_z}{\omega_0 + \omega} \boldsymbol{b} \tag{8.9-21}$$

所以,对右旋及左旋圆偏振电磁场可分别写出相应的横向磁化率为

$$\chi_{\mathrm{R}} = \frac{\mu_0 \eta M_z}{\omega_0 - \omega} \tag{8.9-22}$$

$$\chi_{\mathrm{L}} = \frac{\mu_0 \eta M_z}{\omega_0 + \omega} \tag{8.9-23}$$

前面的讨论没有考虑顺磁离子之间以及它们与其他晶格原子之间的相互作用,可是实际上这种相互作用总是存在的,顺磁体就是依靠这种相互作用由非平衡态过渡到平衡态。设想在某一时刻对顺磁体仅施加直流磁场 $\boldsymbol{B}_0$ 而未施加横向交变场,使顺磁体处于非平衡态。这时在顺磁体内同时存在有与 $\boldsymbol{B}_0$ 方向一致的纵向磁化强度 M_z 及与 $\boldsymbol{B}_0$ 垂直的横向磁化强度 m_x、m_y。但经过一定的弛豫时间 τ 以后,由于在离子之间及与其他晶格原子之间的相互作用,顺磁体将逐渐过渡到平衡态。当达到平衡态时,横向磁化强度 m_x、m_y 变为零,纵向磁化强度 M_z 将趋于平衡值 M_0。

在由非平衡态过渡到平衡态的过程中,纵向磁化强度 M_z 及横向磁化强度 m_x、m_y 的变

化速率可分别表示成 $\dfrac{M_0-M_z}{\tau_1}$ 及 $-m_x/\tau_2$、$-m_y/\tau_2$（τ_1、τ_2 分别表示纵向及横向弛豫时间）。因此,计入顺磁离子之间及顺磁离子与其他晶格原子间的相互作用,方程(8.9-8)式应改写为

$$
\begin{cases}
\dfrac{\mathrm{d}m_x}{\mathrm{d}t} = -\eta(m_y B_0 - M_z b_y) - \dfrac{m_x}{\tau_2} \\[2mm]
\dfrac{\mathrm{d}m_y}{\mathrm{d}t} = -\eta(M_z b_x - m_x B_0) - \dfrac{m_y}{\tau_2} \\[2mm]
\dfrac{\mathrm{d}M_z}{\mathrm{d}t} = -\eta(m_x b_y - m_z b_x) - \dfrac{M_z - M_0}{\tau_1}
\end{cases}
\tag{8.9-24}
$$

常称此方程为布洛赫方程。现在来分析纵向弛豫时间 τ_1 的物理意义。假设在顺磁体上同时加有直流磁场 $\boldsymbol{B}_0$ 及交变磁场 $\boldsymbol{b}=\boldsymbol{e}_1 b_x+\boldsymbol{e}_2 b_y$,而在某一时刻 $t=0$ 将 $\boldsymbol{b}$ 撤销。这时顺磁体应开始向平衡态弛豫。对 $t>0$,(8.9-24)式的最后一式应写成

$$
\frac{\mathrm{d}M_z}{\mathrm{d}t} = \frac{M_z - M_0}{\tau_1}
\tag{8.9-25}
$$

上式的解为

$$
M_z = M_0 + (M_{z0} - M_0)\mathrm{e}^{-\frac{t}{\tau_1}}
\tag{8.9-26}
$$

式中 M_{z0} 表示撤销交变场 $\boldsymbol{b}$ 的瞬间 $(t=0)M_z$ 的值。上式说明,此时 M_z 将按指数规律弛豫至平衡值 M_0,相应的弛豫时间即为 τ_1。图 8.9-3 示意地画出了撤销交变场后 $\boldsymbol{M}$ 的弛豫情形。$\boldsymbol{M}$ 将在 τ_1 的时间标度内螺旋式地逼近其平衡值 $\boldsymbol{M}_0$。在弛豫过程中 $\boldsymbol{M}$ 的方向由原来与 $\boldsymbol{B}_0$ 不一致逐渐过渡到与 $\boldsymbol{B}_0$ 一致;与此同时,磁能由大变小。减少的能量依靠顺磁离子和周围晶格原子间的相互作用而变成晶格振动能。由于这一弛豫过程是依靠顺磁离子与周围晶格原子间的相互作用而实现的,有时也称此纵向弛豫时间 τ_1 为自旋-晶格弛豫时间。温度愈高,晶格振动愈激烈,顺磁离子与晶格原子间的相互作用愈强,过渡到平衡态所需的弛豫时间 τ_1 就愈短。在液氦温度,τ_1 约为 $10^{-6}\,\mathrm{s}$。

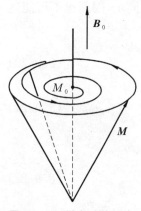

图 8.9-3 纵向弛豫示意

下面再来分析横向弛豫时间 τ_2 涉及的机理。设在 $t=0$ 时刻撤销交变场 $\boldsymbol{b}$,其后 $(t>0)$ (8.9-24)式的前两式可分别写成

$$
\begin{cases}
\dfrac{\mathrm{d}m_x}{\mathrm{d}t} = -\omega_0 m_y - \dfrac{m_x}{\tau_2} \\[2mm]
\dfrac{\mathrm{d}m_y}{\mathrm{d}t} = \omega_0 m_x - \dfrac{m_y}{\tau_2}
\end{cases}
\tag{8.9-27}
$$

上式的解可以写成

$$
\begin{aligned}
m_x &= m_{x0}\,\mathrm{e}^{\mathrm{i}\omega_0 t}\,\mathrm{e}^{-t/\tau_2} \\
m_y &= m_{y0}\,\mathrm{e}^{\mathrm{i}\omega_0 t}\,\mathrm{e}^{-t/\tau_2}
\end{aligned}
\tag{8.9-28}
$$

式中 m_{x0} 及 m_{y0} 分别表示撤销 $\boldsymbol{b}$ 的瞬间 $(t=0)m_x$ 及 m_y 的值。从(8.9-28)式可见,m_x 及 m_y

268

在 τ_2 的时间标度内指数式地弛豫到平衡值零。这一弛豫过程主要依靠顺磁离子之间的相互作用,即顺磁离子磁矩之间的相互作用。任何一个顺磁离子都感受到周围顺磁离子磁矩产生的磁场的作用。顺磁离子的位置不同,其感受到的周围离子磁矩所产生的磁场也不相同,因而处于不同位置的顺磁离子磁矩的取向也各不相同。这就是说顺磁离子之间的相互作用倾向于使各个顺磁离子的磁矩方向变得杂乱无章,其结果是使横向磁化强度 m_x 及 m_y 逐渐变为零。横向弛豫时间 τ_2 有时也称自旋-自旋弛豫时间,与温度无关,但与顺磁离子数密度密切相关,顺磁离子数密度愈高 τ_2 愈短。横向弛豫不像纵向弛豫那样涉及能量的转换。在纵向弛豫过程中磁能转换成晶格振动的能量,相当于发射声子。而声子发射必须满足准动量守恒及能量守恒,因而发生的几率较小,即纵向弛豫时间较长。通常横向弛豫时间 τ_2 都比 τ_1 小得多,τ_2 的典型值约为 10^{-10} s。

图 8.9-4 表示由 3 个磁矩组成的系统的弛豫。设在 $t=0$,即横向交变磁场 b 被撤除的瞬间(纵向直流场仍存在),3 个磁矩的方向都一致。在 $\tau_2 < t < \tau_1$ 内通过磁矩间相互作用的横向弛豫,3 个磁矩在水平方向变得杂乱无章,因此磁矩(即磁化强度)的横向分量变为零。在纵向弛豫以后($t > \tau_1$),通过磁矩与晶格原子间相互作用将能量传递给晶格振动(声子),最后使 3 个磁矩的方向全都与直流磁场一致,达到存在外场时的热平衡状态。

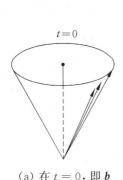
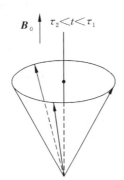
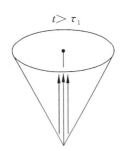

(a) 在 $t=0$,即 b
被撤销的瞬间,
3 个磁矩方向一致

(b) $\tau_2 < t < \tau_1$,横向弛豫后,
3 个磁矩方向杂乱无章,
3 个磁矩的横向分量之和为零

(c) $t > \tau_1$,纵向弛豫后,
3 个磁矩都与直流磁场
B_0 方向一致

图 8.9-4 3 个磁矩的弛豫

从(8.9-13)式及(8.9-20)式可以看到,对于线偏振及右旋圆偏振的横向交变磁场,当交变场的角频率 ω 趋近于 ω_0(即达到共振)时,横向磁化强度 m_x 及 m_y 都将趋于无穷大。但如计及顺磁离子之间及与其他晶格原子间的相互作用,即使达到共振 m_x 与 m_y 也不会趋于无穷大。为明确起见,下面讨论右旋圆偏振情形。利用关系式(8.9-12)式及(8.9-16)式,在系统达到稳态,即 ${\rm d}M_z/{\rm d}t = 0$ 时,可由(8.9-24)式求得右旋圆偏振情形的解:

$$\boldsymbol{m}_{\mathrm{R}} = (\chi' + \mathrm{i}\chi'')\boldsymbol{b}/\mu_0 \tag{8.9-29}$$

其中

$$\chi' = \mu_0\eta M_0 \frac{(\omega_0 - \omega)\tau_2^2}{1 + (\omega_0 - \omega)^2\tau_2^2 + \tau_1\tau_2(\eta b_0)^2} \tag{8.9-30}$$

$$\chi'' = \mu_0 \eta M_0 \frac{\tau_2}{1 + (\omega_0 - \omega)^2 \tau_2^2 + \tau_1 \tau_2 (\eta b_0)^2} \tag{8.9-31}$$

所以在计及自旋-自旋与自旋-晶格弛豫后磁化率为复数 $\chi_R = \chi' + i\chi''$。复数磁化率意味着体系存在能量损耗(磁能转换成热能)。能量的损耗率为

$$P = \left\langle \frac{\mathrm{d}}{\mathrm{d}t} \mid \boldsymbol{m} \cdot \boldsymbol{b} \mid \right\rangle = \left\langle \boldsymbol{b} \cdot \frac{\mathrm{d}\boldsymbol{m}}{\mathrm{d}t} + \boldsymbol{m} \cdot \frac{\mathrm{d}\boldsymbol{b}}{\mathrm{d}t} \right\rangle \tag{8.9-32}$$

这里符号$\langle\ \rangle$表示对时间的平均值。将(8.9-16)式及(8.9-29)式代入(8.9-32)式可得

$$P = \frac{1}{\mu_0} \omega \chi'' b_0^2 \tag{8.9-33}$$

即交变磁场能量的损耗率 P 与磁化率的虚部 χ'' 成正比。磁化率虚部 χ'' 与交变磁场 $\boldsymbol{b}$ 的角频率 ω 有关,图 8.9-5 表示磁化率的实部 χ' 及虚部 χ'' 与角频率 ω 的关系。从图中可以看到,在 $\omega = \omega_0$ 处 χ'' 达到峰值。这说明,当 $\omega = \omega_0$ 共振时,磁场的能量损耗率 P 也达峰值。顺磁共振实验正是利用这一点进行测量的。图 8.9-6 为顺磁共振实验示意图,把顺磁性样品放在微波共振腔内,由微波发生器提供横向交变磁场 $\boldsymbol{b}$,而由磁铁提供纵向直流磁场 $\boldsymbol{B}_0$,其值约为十分之几特斯拉。在未达共振时,$\omega \neq \omega_0$,微波共振腔具有很大的 Q 值,而当达到共振时,由于交变磁场能量的损耗,共振腔的 Q 值迅速下降,从 Q 值最低的频率即可定出顺磁共振频率 $\omega_0 = g\dfrac{eB_0}{2m}$,再由直流磁场 $\boldsymbol{B}_0$ 的值,即可求得顺磁离子的 g 因子。通常在作具体实验时都是固定微波发生器的频率,而改变磁铁的直流磁场。除求得 g 因子外,通过顺磁共振实验还可测量自旋-自旋弛豫时间 τ_2 及自旋-晶格弛豫时间 τ_1。在(8.9-31)式中,通常 $\tau_1 \tau_2 (\eta b_0)^2 \ll 1$,因此(8.9-31)式可近似地写成

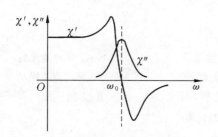

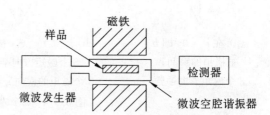

图 8.9-5　磁化率实部 χ' 及虚部 χ'' 与横向交变场频率 ω 的关系

图 8.9-6　顺磁共振实验装置示意

$$\chi'' \approx \mu_0 \eta M_0 \frac{\tau_2}{1 + (\omega_0 - \omega)^2 \tau_2^2} \tag{8.9-34}$$

从上式可见,χ''(因而损耗功率 P)的共振吸收峰的半宽度应为 $1/\tau_2$(在 $\omega = \omega_0 \pm 1/\tau_2$ 处,χ'' 或损耗功率 P 将从共振峰值下降一半)。所以,通过半宽度处频率的测量即可得出自旋-自旋弛豫时间。在共振频率 $\omega = \omega_0$ 处,(8.9-31)式可写成

$$\chi'' = \mu_0 \eta M_0 \frac{\tau_2}{1 + \tau_1 \tau_2 (\eta b_0)^2} \tag{8.9-35}$$

上式表明,χ''或损耗功率 P 在共振处的峰值随横向交变场 b_0 的增加而减少,这种现象常称饱和。从(8.9-35)式可见,当

$$\tau_1\tau_2(\eta b_0)^2 = 1 \tag{8.9-36}$$

时,共振峰值将降至最大值的一半。所以只要增大 b_0,并在共振峰值减至其最大值的一半时,记下相应的 b_0 值(设为 b_0'),则由(8.9-36)式,即可求得自旋-晶格弛豫时间 $\tau_1 = 1/\tau_2(\eta b_0')^2$。为了能顺利地进行测量,通常实验必须在低温下进行,并对顺磁离子数密度进行稀释,使 τ_2 增大。

上面是在经典力学的框架中讨论顺磁共振现象。但是根据量子力学,在外加直流磁场 $\boldsymbol{B}_0$ 的作用下,顺磁离子的电子能级将发生塞曼分裂,图 8.9-7 即为一典型例子。一个总角动量量子数 $j = 3/2$ 的顺磁离子在磁场 $\boldsymbol{B}_0$ 的作用下,要分裂成 4 个能级。各个能级之间的距离均为 $\hbar\omega_0$。如对体系施加横向交变场(交变电磁场),当交变场的能量量子 $\hbar\omega$ 与能级间距 $\hbar\omega_0$ 相等时就会使电子从低能级跃迁至高能级而导致电磁场能量的吸收,这就是顺磁共振。如果考虑顺磁离子与其他晶格原子间的相互作用,处于高能级激发态上的电子又可以通过发射声子而回到低能级基态,然后处于基态能级上的电子仍可再次吸收电磁场的能量激发至激发态高能级。这样通过反复跃迁交变场的能量被不断的转化为晶格振动(声子)的能量,即转化为热能,从而引起场能的损耗。如果电磁场的能量密度(或交变场的磁感应强度 b_0)非常大,以至可使大部分离子的电子都处于激发态,因而很少再有电子从基态跃迁至激发态,就会使电磁场的能量损耗下降,这就是上面提到的饱和现象,

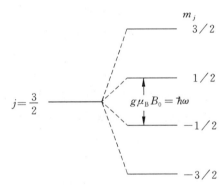

图 8.9-7 顺磁离子的电子能级在直流磁场 $\boldsymbol{B}_0$ 中的塞曼分裂

损耗功率 P 的共振峰值相应地随交变磁场的增大而减小。如果考虑到自旋-自旋弛豫,这些塞曼分裂能级将不再是一个单一的能级。根据邻近离子位置及离子间相互作用大小,此能级可以上下移动,即能级间距不再是严格的 $\hbar\omega_0$,而是变成 $\hbar\omega_0 + \hbar\,\Delta\omega$;或者说,能级有一定的宽度,宽度 $\hbar\,\Delta\omega$ 与自旋-自旋弛豫的强弱有关。由于单一的能级间距变成 $\hbar\omega_0 + \hbar\,\Delta\omega$,吸收谱也不再表现为在 ω_0 处的极尖锐的共振吸收线,而是变成具有一定宽度 $\Delta\omega$ 的以 ω_0 为中心的共振峰。

二、铁磁共振及反铁磁共振

在直流磁场作用下,铁磁体中的磁化强度 $\boldsymbol{M}$ 及反铁磁体中的两个磁性子晶格的磁化强度 $\boldsymbol{M}_A$ 和 $\boldsymbol{M}_B$ 都会绕磁场进动。如果在垂直于直流磁场的方向施加一交变磁场,当交变场的频率与磁化强度绕直流磁场进动的频率相等时,和前面讨论的顺磁共振一样,也会发生铁磁共振和反铁磁共振;而且,与顺磁共振一样,铁磁共振及反铁磁共振也可以用(8.9-3)式讨论。但是这里应注意,$\boldsymbol{B}$ 与外磁场 $\boldsymbol{B}_0$ 有很大的差别,因为在铁磁体及反铁磁体中都存在内场,如 8.5 节和 8.6 节所述,内场可用与磁化强度 $\boldsymbol{M}$ 成正比的有效磁感应强度 $\boldsymbol{B}_I$ 来表

示。对于铁磁体，$\boldsymbol{B}_\mathrm{I}$ 可写成

$$\boldsymbol{B}_\mathrm{I} = \lambda \boldsymbol{M} \tag{8.9-37}$$

式中 $\boldsymbol{M}$ 是铁磁体的磁化强度。对于反铁磁体，两个磁性子晶格 A、B 中的有效磁感应强度可分别写成

$$\boldsymbol{B}_\mathrm{I, A} = -\lambda_1 \boldsymbol{M}_A - \lambda_2 \boldsymbol{M}_B \tag{8.9-38}$$

$$\boldsymbol{B}_\mathrm{I, B} = -\lambda_2 \boldsymbol{M}_A - \lambda_1 \boldsymbol{M}_B \tag{8.9-39}$$

式中 $\boldsymbol{M}_A$ 及 $\boldsymbol{M}_B$ 分别表示子晶格 A 及 B 的磁化强度。如前所述，铁磁体是磁各向异性的，表现为沿有些方向比较容易磁化，有些方向较难磁化；反铁磁体也一样。这种磁各向异性可想象为在易磁化的方向上存在一有效磁感应强度 $\boldsymbol{B}_\mathrm{a}$，在其作用下，当磁化强度 $\boldsymbol{M}$ 处在易磁化方向（即与 $\boldsymbol{B}_\mathrm{a}$ 方向一致）时具有最小的能量。此外，由于铁磁体具有非常大的磁化强度 $\boldsymbol{M}$，在铁磁体中常存在非常大的所谓退磁场 $\boldsymbol{B}_\mathrm{d}$，其定义是由有限体积的铁磁体所产生的体内磁感应强度与无限体积理想情形的体内磁感应强度之差，并可由下式表示：

$$\boldsymbol{B}_\mathrm{d} = -\mu_0 \mathbf{D} \cdot \boldsymbol{M} \tag{8.9-40}$$

式中 $\mathbf{D}$ 称退磁因子，为一个二级张量，其大小决定于铁磁体的几何外形。计及上述诸因素，对于铁磁共振及反铁磁共振，(8.9-3)式中的 $\boldsymbol{B}$ 应写成

$$\boldsymbol{B} = \boldsymbol{B}_0 + \boldsymbol{B}_\mathrm{I} + \boldsymbol{B}_\mathrm{a} + \boldsymbol{B}_\mathrm{d} \tag{8.9-41}$$

对于反铁磁共振，因为总磁化强度 $\boldsymbol{M} = \boldsymbol{M}_A + \boldsymbol{M}_B$ 非常小，所以退磁场 $\boldsymbol{B}_\mathrm{d}$ 也非常小，常可略去。下面分别对铁磁共振及反铁磁共振作简要的讨论。

1. 铁 磁 共 振

对铁磁共振，计入内场 $\lambda \boldsymbol{M}$、有效磁感应强度 $\boldsymbol{B}_\mathrm{a}$ 及退磁场 $\boldsymbol{B}_\mathrm{d}$，(8.9-3)式可写成

$$\frac{\mathrm{d}\boldsymbol{M}}{\mathrm{d}t} = -\eta \boldsymbol{M} \times (\boldsymbol{B}_0 + \lambda \boldsymbol{M} + \boldsymbol{B}_\mathrm{a} - \mu_0 \mathbf{D} \cdot \boldsymbol{M}) \tag{8.9-42}$$

由于铁磁体中 $\boldsymbol{M}$ 非常大，与其他各项相比 $\boldsymbol{B}_\mathrm{a}$ 是个小量，这里可以忽略不计。另外，考虑到 $\boldsymbol{M} \times \boldsymbol{M} = 0$，(8.9-42)式可近似地简化成

$$\frac{\mathrm{d}\boldsymbol{M}}{\mathrm{d}t} = -\eta \boldsymbol{M} \times (\boldsymbol{B}_0 - \mu_0 \mathbf{D} \cdot \boldsymbol{M}) \tag{8.9-43}$$

对于椭球形的均匀铁磁体，如椭球的 3 个主轴方向分别沿 x、y、z 轴，则退磁因子可写成

$$\mathbf{D} = \begin{pmatrix} D_x & 0 & 0 \\ 0 & D_y & 0 \\ 0 & 0 & D_z \end{pmatrix} \tag{8.9-44}$$

假设外加直流磁场 $\boldsymbol{B}_0$ 沿 z 轴，则(8.9-43)式可写成下面的分量形式：

$$\begin{cases} \dfrac{\mathrm{d}M_x}{\mathrm{d}t} = -\eta[B_0 + \mu_0(D_y - D_z)M_z]M_y \\[2mm] \dfrac{\mathrm{d}M_y}{\mathrm{d}t} = \eta[B_0 + \mu_0(D_x - D_z)M_z]M_x \\[2mm] \dfrac{\mathrm{d}M_z}{\mathrm{d}t} = \eta(D_x - D_y)M_xM_y \end{cases} \tag{8.9-45}$$

众所周知,在直流场的作用下,$\boldsymbol{M}$ 将绕其进动,因此 M_x 和 M_y 的平均值均为小量,所以(8.9-45)式的第三式可近似写成

$$\frac{\mathrm{d}M_z}{\mathrm{d}t} \approx 0 \tag{8.9-46}$$

即 M_z 为常数,

$$M_z \approx M \tag{8.9-47}$$

为求解(8.9-45)式中另外两个方程,可令

$$\begin{cases} M_x = M_{x0}\mathrm{e}^{\mathrm{i}\omega_0 t} \\ M_y = M_{y0}\mathrm{e}^{\mathrm{i}\omega_0 t} \end{cases} \tag{8.9-48}$$

代入(8.9-45)式,可得到

$$\begin{cases} \mathrm{i}\omega_0 M_{x0} = -\eta[B_0 + \mu_0(D_y - D_z)M]M_{y0} \\ \mathrm{i}\omega_0 M_{y0} = \eta[B_0 + \mu_0(D_x - D_z)M]M_{x0} \end{cases} \tag{8.9-49}$$

由此可解得铁磁体中磁化强度 $\boldsymbol{M}$ 绕外加直流磁场 $\boldsymbol{B}_0$ 旋转的进动角频率

$$\omega_0^2 = \eta^2[B_0 + (D_y - D_z)\mu_0 M][B_0 + (D_x - D_z)\mu_0 M] \tag{8.9-50}$$

如果在垂直于 $\boldsymbol{B}_0$ 的方向施加横向交变磁场,当交变场的频率 $\omega = \omega_0$ 时,发生铁磁共振,所以由(8.9-50)式给出的频率也就是铁磁共振的共振频率。由此可见,铁磁共振的共振角频率 ω_0 与铁磁体的外形密切相关。对于球形的铁磁体样品,退磁因子变成标量,即在(8.9-44)式中 $D_x = D_y = D_z = 1/3$,因此由(8.9-50)式得到的球形铁磁体样品的铁磁共振角频率 $\omega_0 = \eta B_0 = g\dfrac{eB_0}{2m}$ 与(8.9-5)式表示的顺磁共振频率完全相同。对于平板形样品,若外磁场 $\boldsymbol{B}_0$ 垂直于板面,则退磁因子可表示为

$$\mathbf{D} = \begin{pmatrix} 0 & 0 & 0 \\ 0 & 0 & 0 \\ 0 & 0 & 1 \end{pmatrix} \tag{8.9-51}$$

因此由(8.9-50)式可得平板样品的铁磁共振频率为

$$\omega_0 = \eta\,|\,B_0 - \mu_0 M\,| = \frac{ge}{2m}\,|\,B_0 - \mu_0 M\,| \tag{8.9-52}$$

从(8.9-50)式及(8.9-52)式可见,即使不加直流磁场,即 $\boldsymbol{B}_0 = 0$,对于椭球及平板形状的样品也可产生铁磁共振。

2. 反铁磁共振

与铁磁共振一样,即使不加直流磁场也能发生反铁磁共振。对于反铁磁体,两个磁性子晶格的磁化强度 M_A 与 M_B 大小相等方向相反,设分别沿 z 与 $-z$ 方向;总的磁化强度 $M = M_A + M_B \approx 0$。因此,退磁场 $B_d \approx 0$。通常两个子晶格的磁化强度 M_A 与 M_B 都处在易磁化方向,因此可令两个子晶格的各向异性磁感应强度 B_a 也分别沿 $\pm z$ 轴的方向。根据(8.9-38)式、(8.9-39)式及(8.9-41)式,对反铁磁体中两个子晶格,(8.9-3)式可分别写成

$$\begin{cases} \dfrac{\mathrm{d}\boldsymbol{M}_A}{\mathrm{d}t} = -\eta \boldsymbol{M}_A \times (-\lambda_1 \boldsymbol{M}_A - \lambda_2 \boldsymbol{M}_B + B_a \boldsymbol{e}_3) \\[3mm] \dfrac{\mathrm{d}\boldsymbol{M}_B}{\mathrm{d}t} = -\eta \boldsymbol{M}_B \times (-\lambda_2 \boldsymbol{M}_A - \lambda_1 \boldsymbol{M}_B - B_a \boldsymbol{e}_3) \end{cases} \tag{8.9-53}$$

这里 $\boldsymbol{e}_3$ 为沿 z 轴的单位矢量。如果写成分量形式,则上式化为

$$\begin{cases} \dfrac{\mathrm{d}M_{Ax}}{\mathrm{d}t} = \eta[M_{Ay}(\lambda_2 M_{Bz} - B_a) - \lambda_2 M_{Az} M_{By}] \\[3mm] \dfrac{\mathrm{d}M_{Ay}}{\mathrm{d}t} = -\eta[M_{Ax}(\lambda_2 M_{Bz} - B_a) - \lambda_2 M_{Az} M_{Bx}] \\[3mm] \dfrac{\mathrm{d}M_{Az}}{\mathrm{d}t} = \eta\lambda_2(M_{Ax} M_{By} - M_{Ay} M_{Bx}) \end{cases} \tag{8.9-54}$$

$$\begin{cases} \dfrac{\mathrm{d}M_{Bx}}{\mathrm{d}t} = \eta[M_{By}(\lambda_2 M_{Az} + B_a) - \lambda_2 M_{Bz} M_{Ay}] \\[3mm] \dfrac{\mathrm{d}M_{By}}{\mathrm{d}t} = -\eta[M_{Bx}(\lambda_2 M_{Az} + B_a) - \lambda_2 M_{Bz} M_{Ax}] \\[3mm] \dfrac{\mathrm{d}M_{Bz}}{\mathrm{d}t} = \eta\lambda_2(M_{Bx} M_{Ay} - M_{By} M_{Ax}) \end{cases} \tag{8.9-55}$$

同样考虑到在进动时,M_{Ax}、M_{Ay}、M_{Bx}、M_{By} 的平均值均为小量,则由以上二式中的最后一式可得 $\mathrm{d}M_{Az}/\mathrm{d}t \approx 0$ 及 $\dfrac{\mathrm{d}M_{Bz}}{\mathrm{d}t} \approx 0$,即 M_{Az} 和 M_{Bz} 均为常数;并且,$M_{Az} \approx M_A$,$M_{Bz} \approx M_B$。因为两个子晶格的磁化强度 M_A 与 M_B 大小相等方向相反,可令 $M_A = -M_B = M$。因此

$$M_{Az} \approx -M_{Bz} \approx M \tag{8.9-56}$$

为了求解(8.9-54)式及(8.9-55)式中其余两式,可令

$$\begin{cases} M_A^+ = M_{Ax} + \mathrm{i}M_{Ay} = M_{A0}^+ \mathrm{e}^{\mathrm{i}\omega_0 t} \\[2mm] M_B^+ = M_{Bx} + \mathrm{i}M_{By} = M_{B0}^+ \mathrm{e}^{\mathrm{i}\omega_0 t} \end{cases} \tag{8.9-57}$$

则(8.9-54)式及(8.9-55)式的第一和第二式变成

$$\mathrm{i}\omega_0 M_A^+ = \mathrm{i}\eta[M_A^+(\lambda_2 M + B_a) + \lambda_2 M M_B^+] \tag{8.9-58}$$

$$\mathrm{i}\omega_0 M_B^+ = -\mathrm{i}\eta[M_B^+(\lambda_2 M + B_a) + \lambda_2 M M_A^+] \tag{8.9-59}$$

在导出以上两式时,已利用了关系式(8.9-56)。联合求解以上两式可求得在外磁场 $\boldsymbol{B}_0 = 0$ 时的反铁磁共振频率 ω_0:

274

$$\omega_0^2 = \eta^2 [B_a(B_a + 2\lambda_2 M)] = \left(\frac{ge}{2m}\right)^2 B_a(B_a + 2\lambda_2 M) \tag{8.9-60}$$

对一般的反铁磁体，ω_0 约为 $10^{11} \sim 10^{12}$ Hz。

三、核 磁 共 振（NMR）

原子核由极小的质子和中子所组成,这些核子都具有自旋;整个原子核的自旋就是这些核子自旋的矢量和。原子核的自旋量子数用 I 表示,I 必须是整数或半整数。原子核的自旋角动量 $\boldsymbol{J}$ 的量值为 $\hbar\sqrt{I(I+1)}$。由原子核自旋引起的核磁矩可写成

$$\boldsymbol{\mu}_{\mathrm{N}} = g_{\mathrm{N}}\left(\frac{e}{2M_{\mathrm{p}}}\right)\boldsymbol{J} = g_{\mathrm{N}}\mu_{\mathrm{BN}}\boldsymbol{J}/\hbar \tag{8.9-61}$$

式中 g_{N} 是原子核的 g 因子,M_{p} 是质子(或中子)的质量,而

$$\mu_{\mathrm{BN}} = \frac{e\hbar}{2M_{\mathrm{p}}} \tag{8.9-62}$$

是原子核的玻尔磁子。由于质子的质量是电子的 1 839 倍,所以 μ_{BN} 大约是 μ_{B} 的二千分之一($\mu_{\mathrm{BN}} \approx 5.05 \times 10^{-27}$ A·m^2)。g_{N} 值依赖于原子核的具体结构,既可为正也可为负,所以核磁矩 $\boldsymbol{\mu}_{\mathrm{N}}$ 的方向既可与 $\boldsymbol{J}$ 平行也可与 $\boldsymbol{J}$ 反平行。中子的自旋量子数 $I = 1/2$,磁矩 $\boldsymbol{\mu}_{\mathrm{n}} = -1.919\boldsymbol{\mu}_{\mathrm{BN}}$;而质子的自旋量子数 $I = 1/2$,但磁矩 $\boldsymbol{\mu}_{\mathrm{p}} = 2.793\boldsymbol{\mu}_{\mathrm{BN}}$。氘核 H^2 由 1 个质子和 1 个中子组成,其自旋量子数 $I = 1$,而磁矩 $\boldsymbol{\mu}_{\mathrm{D}} = \boldsymbol{\mu}_{\mathrm{p}} + \boldsymbol{\mu}_{\mathrm{n}} = 0.874\boldsymbol{\mu}_{\mathrm{BN}}$。

像顺磁共振实验一样,对样品同时施加一个直流磁场 $\boldsymbol{B}_0$ 和与其相垂直的交变磁场 $\boldsymbol{b}$,在直流磁场 $\boldsymbol{B}_0$ 作用下,核磁矩将绕 $\boldsymbol{B}_0$ 进动,进动角频率为

$$\omega_0 = \frac{g_{\mathrm{N}}e}{2M_{\mathrm{p}}}B_0 \tag{8.9-63}$$

当横向交变场 $\boldsymbol{b}$ 的角频率 $\omega = \omega_0$ 时,将发生核磁共振,交变磁场(电磁场)的能量被强烈地吸收,转化成样品的热能(晶格振动能)。如 $B_0 = 0.5$ T,ω_0 处在射频波段,约为 $10^6 \sim 10^7$ Hz。

对于核磁共振,也像顺磁共振一样存在两种弛豫过程,分别由弛豫时间 τ_1 及 τ_2 描述。它们同样可以根据核磁共振能量吸收峰的峰宽及峰高进行测量。其中横向弛豫时间 τ_2 直接反映了核磁矩之间的相互作用,因此通过对 τ_2 的测量可以了解原子核周围的环境。

核磁矩除受到周围其他邻近原子的核磁矩的作用外,还受到核外电子磁矩的作用。特别是在金属的情形,核磁矩还受到金属中传导电子自旋磁矩的作用,每个传导电子在磁场 $\boldsymbol{B}_0$ 中的平均自旋磁矩可表示成

$$\bar{\mu}_{\mathrm{s}} = M/N = \chi_{\mathrm{p}}B_0/\mu_0 N \tag{8.9-64}$$

这里 N 是金属中传导电子数密度,M 是由传导电子的泡利顺磁性决定的磁化强度,χ_{p} 是泡利顺磁磁化率。由于传导电子波函数在原子核处具有非零值 $\psi(0)$,它们有一定的几率在原子核处出现,因此电子的自旋磁矩与核磁矩间存在有"接触"作用,其相互作用能可表示成

$$E = a \bar{\mu}_s \mu_{Nz} = -\Delta \boldsymbol{B} \cdot \boldsymbol{\mu}_N \tag{8.9-65}$$

这里 μ_{Nz} 表示核磁矩 $\boldsymbol{\mu}_N$ 沿外磁场 $\boldsymbol{B}_0$ 方向的分量；a 是相互作用常数，其值与传导电子在原子核处出现的几率 $|\psi(0)|^2$ 成正比。(8.9-65)式表示传导电子对核磁矩的相互作用，也可以等效地看成是传导电子的自旋磁矩在原子核处产生了附加磁场

$$\Delta \boldsymbol{B} = -a \bar{\mu}_s \left(\frac{\boldsymbol{B}_0}{B_0} \right) \tag{8.9-66}$$

所以核磁矩感受到的总磁感应强度应是 $\boldsymbol{B}_0 + \Delta \boldsymbol{B}$，因而金属中的核磁共振频率应为

$$\omega_0 + \Delta\omega_0 = \frac{g_N e}{2M_p}(B_0 + \Delta B) \tag{8.9-67}$$

即与绝缘体(其中不存在传导电子的自旋磁矩，并假设是逆磁的)相比，金属中的核磁共振频率将产生移动

$$\Delta\omega_0 = \frac{g_N e}{2M_p} \Delta B \tag{8.9-68}$$

因为磁共振测量通常都是固定交变磁场(电磁场)的频率而改变直流磁场 $\boldsymbol{B}_0$ 的大小，所以常将金属中观测到的核磁共振时的磁场与在逆磁性绝缘体中观测到的共振磁场间的相对移动

$$K = -\frac{\Delta B}{B_0} = \frac{a\chi_p}{\mu_0 N} \tag{8.9-69}$$

用来表示共振频率的移动。上式中已利用了(8.9-64)式及(8.9-66)式。常称共振磁场的相对移动 K 为奈特移动。奈特移动的测量对研究金属的电子能带结构具有相当重要的意义。

8.10　自　旋　极　化

在 8.5 节我们已看到，由于交换作用，铁磁体中自旋向上与自旋向下的电子的子能带之间发生相对位移，这也常称之为交换劈裂。交换劈裂正是铁磁性材料自发磁化的物理机制所在。自发磁化是由于自旋向上与自旋向下的电子数密度不相等，所以又常称为自旋极化。在第六章中我们已看到由于半导体中正、负电荷载流子的数密度 ρ 与 n 不相等而导致一系列半导体独特的输运性质，据此研制的半导体元器件成为微电子学的基础；而上一世纪下半叶微电子学的发展又成为当代高度物质文明与精神文明建设的重要物质基础之一。自然人们会联想到，除了人们熟知的磁性而外，铁磁性物质的自旋极化是否也会导致特殊的输运性质，进而可能利用自旋作为信息载体而发展出新的器件甚至发展出新的学科。事实上，这正是当前新兴的科学前沿领域之一——磁电子学的研究方向。

在本书前面几章的介绍中我们已经知道，导体中的电流主要来自费米面附近电子的贡献。铁磁过渡金属的能带结构表明，费米面附近同时存在 s、p 与 d 电子的能带。s、p 电子受交换劈裂的影响不大，只有 d 电子的不同自旋的子带有明显的相对位移。由图 8.7-3 可以看出，在费米面附近自旋向上与自旋向下的子带态密度可能会有明显的差异。这样，由于 s、p、d 电子都参与导电过程，通过铁磁体的电流中自旋向上与自旋向下的电子的

贡献并不相等,也就是说电流是部分极化的。注意本节和下节我们提到的自旋极化是指自旋向上与自旋向下的电子数密度不对称,从而导致宏观的自发磁化,勿与上一章中介质的电极化相混淆。

研究表明,某些铁磁性材料(如化合物 NiMnSb)中一种自旋取向的电子的子带可能在费米面上下存在能隙,如图 8.10-1 所示。这样通过这类铁磁体的电流全由另一种自旋取向的电子构成,形成自旋完全极化的电流。这类材料也因此而称为单自旋金属[*]。

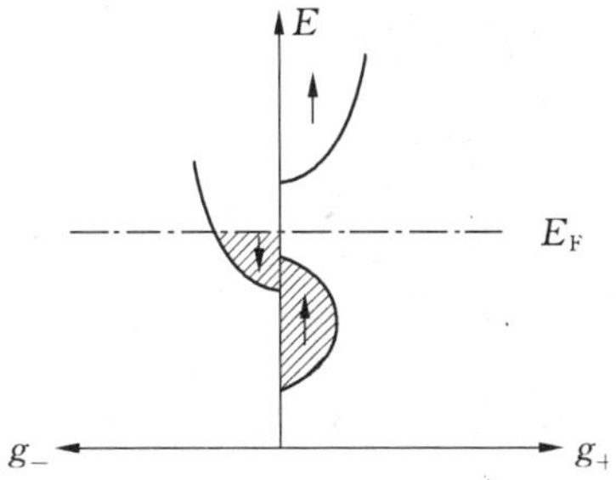

自旋极化电流在 20 世纪 70 年代得到实验证实。采用的样品为超导体、非磁绝缘体、铁磁金属构成的 3 层隧道结,在一定的外加磁场作用下测量不同极性外加电压下的样品电导与电压的关系,证实不同极性偏压下的输运过程涉及的是铁磁金属中不同自旋的电子。

图 8.10-1 单自旋金属电子态密度示意

无外加电压时,铁磁金属、非磁绝缘体与超导体处于平衡态,具有统一的费米能级。如外加电压使铁磁金属处负电位,超导体处正电位,此时体系不再有统一的费米能级,但可用铁磁金属的准费米能级表示低温下其中电子的最高占有态。处于负电位的铁磁金属中的电子有可能隧穿非磁绝缘层形成的势垒而进入超导体。这

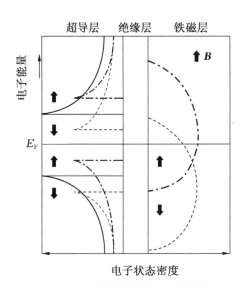

图 8.10-2 3 层结构隧道结中超导体和铁磁体的状态密度

一隧穿过程是否发生,相应的隧穿电流的大小均依赖于铁磁材料和超导体材料具体的能带结构。平衡时超导体与铁磁体费米面附近的电子状态密度分别如图 8.10-2 的左右两部分所示。图的右边虚线代表铁磁体中自旋向下的电子子带态密度,而点画线则代表自旋向上子带的态密度。图的左边实线代表不加外磁场时超导体的电子状态密度。在下一章中可以看到,超导体的电子态在费米面附近存在宽度为 2Δ 的能隙;而在费米能级上下 Δ 处,电子态密度发散,如(9.3-8)式所示。图 8.10-2 左边的实线其实与图 9.3-6(a)一致。在外磁场 $\boldsymbol{B}$ 作用下,超导体中自旋向上与自旋向下的电子分别获得 $(\mu_{\mathrm{B}}B)$ 与 $(-\mu_{\mathrm{B}}B)$ 的附加能量,使自旋向上与自旋向下电子的子能带产生相对位移,分别在图中由点画线与虚线表示其态密度 $g_{s\uparrow}$ 与 $g_{s\downarrow}$。

设外加电压为 V,则根据经典的隧穿理论,隧穿过程应遵循能量守恒与泡利不相容原理,流经上述 3 层隧道结的电流服从费米黄金规则,即在能量 $E\sim E+\mathrm{d}E$ 范围内由电极 A(设为负电位)隧穿进电极 B(设为正电位)的电子流

$$\mathrm{d}I_{A\to B} \propto T_{AB}g_A(E)f(E)g_B(E+eV)[1-f(E+eV)]\mathrm{d}E \tag{8.10-1}$$

---

[*] 单自旋金属曾被译为半金属(half-metal),但与早已熟悉的 semi-metal 的汉译相混,近来倾向于"单自旋"的名称。

其中 T_{AB} 为电子由电极 A 向电极 B 隧穿的穿透系数, g_A 和 g_B 分别为电极 A 和 B 的电子状态密度, f 为费米分布函数。(8.10-1)式可如下理解:一方面,电极 A 中的电子只能隧穿进电极 B 中相同能量的空态。另一方面,在单位能量间隔内,除穿透系数而外,一个电极 A 中的电子能隧穿入电极 B 的几率与电极 B 中的空态数成比例;而 B 电极中的空态能接受来自电极 A 的电子的几率也与电极 A 中占有态的数目成比例。同样,能量在 $E \sim E + dE$ 范围内由电极 B 隧穿进电极 A 的电子流可表示为

$$dI_{B \to A} \propto T_{BA} g_B(E + eV) f(E + eV) g_A(E)[1 - f(E)]dE \tag{8.10-2}$$

T_{BA} 为电子由电极 B 向电极 A 隧穿的穿透系数。假设

$$T_{AB} = T_{BA} = |M|^2 \tag{8.10-3}$$

式中 M 为与隧穿相应的跃迁矩阵元,因而通过隧道结的电流可表示为

$$I \propto \int dI_{A \to B} - \int dI_{B \to A}$$

即

$$I \propto \int |M|^2 g_A(E) g_B(E + eV)[f(E) - f(E + eV)]dE \tag{8.10-4}$$

在低温下,只有费米能级附近的电子才能参与隧穿过程。如穿透系数随能量变化不明显,便可将 $|M|^2$ 作为常数移至积分号外。同时,在线性响应范围,即低外加电压情形,

$$f(E + eV) - f(E) \approx \frac{df}{dE}(eV) \tag{8.10-5}$$

而由图 3.4-1 所示的费米分布函数可见,$(-df/dE)$ 具有 δ 函数的性质,如图 8.10-3 所示。

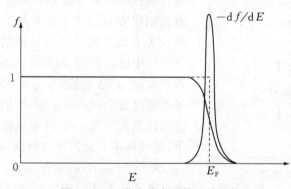

图 8.10-3 费米分布函数及其导数

由此,(8.10-4)式可化为

$$I \propto g_A(0) g_B(eV)(eV)$$

或隧道结的电导

$$G = I/V \propto g_A(0) g_B(eV) \tag{8.10-6}$$

这里我们已将体系平衡时的费米能级 E_F 取为能量零点。

在无外磁场时,超导体中自旋向上与自旋向下电子的态密度满足

278

$$g_{s\uparrow}(E) = g_{s\downarrow}(E) = \frac{1}{2}g_s(E) \tag{8.10-7}$$

$g_s(E)$ 为超导体的电子状态密度。

对于这里的三层隧道结,中间势垒区为非磁性绝缘体,其中一般不存在使自旋翻转的散射因素,因此可以认为在隧穿过程中电子的自旋状态不变。换言之,一个电极中自旋向上(下)的电子只会隧穿进入另一电极中相同能量且自旋也向上(下)的空态。由图 8.10-2 可知,当存在外磁场 $\boldsymbol{B}$ 时,

$$\left. \begin{aligned} g_{s\uparrow}(E) &= \frac{1}{2}g_s(E - \mu_B B) \\ g_{s\downarrow}(E) &= \frac{1}{2}g_s(E + \mu_B B) \end{aligned} \right\} \tag{8.10-8}$$

隧穿电流包括两种自旋的贡献,于是由(8.10-6)式可将电导表示为

$$G \propto g_{\uparrow}(0)g_s(eV + \mu_B B) + g_{\downarrow}(0)g_s(eV - \mu_B B) \tag{8.10-9}$$

由上式及图 8.10-2 可见,如外加电压 V 满足

$$eV = \Delta - \mu_B B \tag{8.10-10}$$

铁磁体的准费米能级附近自旋向上子带的空态与超导体自旋向上占有态的态密度峰值对齐,电导呈现极大值。同时由于此时铁磁体准费米能级附近自旋向下子带的空态处于超导体自旋向下子带的能隙中,相应的隧穿是禁戒的。换言之,此时隧穿电流完全由自旋向上的电子运载。相反,如外加电压 V 满足

$$eV = -\Delta + \mu_B B \tag{8.10-11}$$

则铁磁体自旋向下的子带在准费米能级附近的占有态与超导体自旋向下空态的态密度峰值对齐,反向电导呈现极大值,且电流全由从铁磁体向超导体隧穿的自旋向下的电子运载。同样,电流也是完全自旋极化的。在一般情形,可将(8.10-9)式改写为

$$G \propto \alpha g_s(eV + \mu_B B) + (1 - \alpha)g_s(eV - \mu_B B) \tag{8.10-12}$$

式中

$$\alpha = \frac{g_{\uparrow}(0)}{g_{\uparrow}(0) + g_{\downarrow}(0)} \tag{8.10-13}$$

代表平衡费米能级处铁磁材料中自旋向上的电子所占据的百分比。令

$$P = \frac{g_{\uparrow}(0) - g_{\downarrow}(0)}{g_{\uparrow}(0) + g_{\downarrow}(0)} = 2\alpha - 1 \tag{8.10-14}$$

P 称为铁磁金属的自旋极化度。由上面的讨论可知,分析上述的隧道结的正、反向电导便可得到铁磁金属的自旋极化度。已经得到,在饱和磁场作用下,铁、钴和镍的自旋极化度分别为 40%、34% 和 11%。

综上所述,测量外加磁场时铁磁金属-非磁绝缘体-超导体隧道结的电导与外加电压的关系,就能利用超导能隙边缘态密度的尖锐峰值选择铁磁体中不同自旋的电子运载隧穿电

流,从而证实通过铁磁金属的电流是自旋极化的。

在上面的隧道结构中,夹在中间的一层是绝缘材料,因而电导的机理只能是透过势垒的隧穿过程。如果研究电流通过铁磁金属-非磁金属(例如铝、金等)这样的体系的输运现象,则由于铁磁金属中的电子是自旋极化的,必将涉及非磁金属中与自旋相关的散射问题,特别是散射会不会改变自旋的方向。在第三章里我们已经看到,影响金属电导的是晶格振动与杂质两种使周期性势场遭到破坏的散射因素。散射改变电子的动量,导致有限的电导率。值得注意的是,这两种散射因素一般不能改变电子的自旋状态,因为只有与磁性相关的散射因素,例如磁性杂质原子或自旋-轨道相互作用,才有可能改变自旋状态。这就使得在非磁金属中平均相邻两次改变自旋的时间(可称为自旋散射弛豫时间)远大于改变动量的散射弛豫时间(可称为动量散射弛豫时间)。事实上,在非磁性金属中自旋翻转事件只占所有散射事件的百分之几甚至千分之几,这就使自旋散射相应的自由程远大于和电导有关的动量散射自由程。这样就会在磁性金属-非磁性金属-铁磁金属复合体系中在非磁金属区域形成自旋的非平衡极化。如果在铝或金这样的普通顺磁金属基片上蒸镀两个隔开一定距离的铁磁性电极,即成为这样的 3 层复合体系。图 8.10-4(a)为说明有关过程的示意图。在图示情形,如在铁磁金属 E 与普通金属 B 间施加负偏压(E 接负电位),则自旋极化的电子流(比如说自旋向上的电子居多)进入普通金属,铁磁金属 E 就起自旋注入的作用,类似于半导体 p-n 结在正偏下的载流子注入。由于进入普通金属 B 中的电子虽经多次散射仍能维持其自旋方向不变,就会在 B 中形成向上自旋的积累。这就是普通金属中自旋的非平衡极化现象。这种自旋积累会相应地影响铁磁金属 C 的电位,从而使与金属 C 相连的电极起探测电极的作用。这一物理过程可用图 8.10-4(b)的能带图予以简单的说明。E、B 间未加偏压时,E、B、C 三个电极处于平衡态,具有统一的费米能级 E_F。用电流源在 E、B 间输入电流,并设电流为从中间电极 B 流向铁磁区 E,如果这一电流如图 8.10-4(b)所示全由自旋向上的电

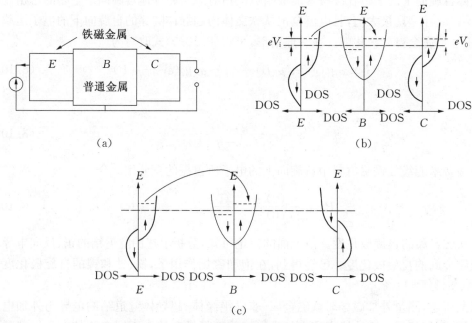

图 8.10-4　自旋晶体管的结构与能带图示意

子负载,即偏置过程为由电极 E 向 B 注入自旋向上的电子,便使普通金属中自旋向上的电子数密度超过平衡值。由于准费米能级随电子数密度而升高,B 中自旋向上的电子的准费米能级将相对于平衡费米能级 E_F 升高,而自旋向下的电子的准费米能级则有所下降以维持电中性,由此自旋向上的电子便有向铁磁金属 C 转移的趋势。如果 B、C 之间开路,电子由 B 向 C 转移导致电极 C 电位下降,即探测电极将表现为低电位输出。

上述物理过程其实正是近年来在研究自旋相关输运的基础上发展起来的一种新型器件——自旋晶体管的基本原理。由以上讨论可见,可将 E、B 与 C 分别看作晶体管的发射极、基极和收集极。在图 8.10-4(b)所示的情形,发射极 E 与收集极 C 自旋极化相同,收集极输出负电位。此时基极与收集极可视为一个电池的正、负极。如果在其间接一低阻负载,便有电流从基极经由负载流入收集极,即器件既可用电压输出(B、C 间开路或接高阻负载),也可用电流输出(B、C 间接低阻负载),而器件的输入端 E 则用电流源偏置。

如收集极 C 与发射极 E 的自发磁化方向相反,则相应的能带图当如图 8.10-4(c)所示。此时,发射极在偏置电流源作用下向基极注入自旋向上的电子,使基极 B 中自旋向下电子的子带略向下移动,从而使收集极 C 中自旋向下的电子的准费米能级超过基极 B,导致自旋向下的电子有从收集极向基极转移的趋势。结果,收集极 C 的准费米能级便有下降的趋势,在收集极开路或 B、C 间接高阻负载时便输出正电位;如负载为低阻回路,便有反向电流由收集极流出经由负载流进基极。

由此可见,如用外磁场改变收集极的磁化方向,便能在相同的输入偏置电流情形下输出不同极性的电压或电流,即用磁场改变收集极的磁化方向便能控制输出状态。而且这种三层金属结构还能实现电压与电流放大功能,从而表现出晶体管特性。在这种器件中是自旋状态决定着信息的传递与变化,故称之为自旋晶体管。

自旋晶体管也可用作存储元件,还可组合成各种逻辑电路和处理器,从而成为新兴学科磁电子学的重要元件。与以硅为材料的半导体元件相比,虽然速度较慢,但功耗却低得多,且密度可高几十倍。此外,自旋晶体管耐辐射、对温度也不如半导体器件那样敏感、由于铁磁材料固有的磁滞性质作为具有记忆功能的元件无需提供能量就能保存信息。当然,目前自旋晶体管尚处于发展阶段,但由于其固有的优点,好几个世界一流的实验室都在积极研究、开发,无疑未来会有美好的前景。

8.11 巨 磁 电 阻

电流磁效应或磁场中电阻率的改变是重要的固体输运现象,更是铁磁金属输运领域不可或缺的课题。铁磁金属各向异性的磁电阻,即电流方向与磁场平行时的电阻率 $\rho_\parallel$ 和电流与磁场垂直时的电阻率 $\rho_\perp$ 不一致的特性早已引起人们的注意。各向异性磁电阻通常用比值 $\Delta\rho/\rho_{\text{平均}}$ 表示,其中 $\Delta\rho = \rho_\parallel - \rho_\perp$,而 $\rho_{\text{平均}} = \frac{1}{3}(\rho_\parallel + 2\rho_\perp)$。低温 5 K 下,钴的各向异性磁电阻值约为 1%,坡莫合金($Ni_{81}Fe_9$)为 15%;而室温下坡莫合金各向异性磁电阻仅为 2.5%。可见一般磁电阻效应并不显著。但就是这么小的磁电阻,却据以开发出许多重要的磁电子学器件,诸如读出磁头、传感器、磁性随机存取存储器(MRAM)等,直至今日仍占据着相当大的市场份额,发挥着重要的技术作用。由于磁电阻器件的输出信号与其磁电阻值成正比,而各向异性磁电阻毕竟不大,难以满足日见更新的需求,人们自然期待着磁电阻效应大于或远大于各向异性磁电阻的新材料出现。20 世纪 80 年代发现的巨磁电阻(GMR)效应开创了这一领域的新时代。GMR 较之各向异性的磁电阻数值上有成数量级的增加。最早发现 GMR 的是铁磁(Fe)-非铁磁(Cr)材料的夹层面包式三层结构(Fe-Cr-Fe)。早在 1988 年即发现在 Fe-Cr-Fe 三层结构中,上下两层铁磁材料可通过夹层非铁磁过渡金属 Cr 实现反铁磁交换耦合,即上下两层铁的磁化矢量反平行。对用分子束外延生长的(100)晶面方向的 Fe-Cr-Fe 三层结构进行的实验测量表明,当 Cr 层厚度为 0.9 nm 时,在液氦温度施加 2×10^4 Oe 的磁场即可克服上下铁层间的反铁磁耦合而使上下两层铁的磁化矢量平行。此时电流方向平行于层面的电阻率 $\rho_{(H)}$ 降至不加外磁场时电阻率 $\rho_{(0)}$ 的一半。通常对这类结构磁电阻的定义为 $\Delta\rho/\rho_S = \dfrac{\rho_{(0)} - \rho_S}{\rho_S}$,$\rho_S$ 为外加磁场使磁化饱和时的电阻率。根据这一定义,上述结构的磁电阻值即高达 100%,远远超过铁磁金属的各向异性磁电阻。其后,陆续发现了许多由各种铁磁层(Fe、Co、Ni 及其合金)与非铁磁层(包括 3d、4d 与 5d 非铁磁金属)交替生长形成的磁性多层膜结构都呈现出 GMR 效应,其中尤以多晶 Co/Cu 多层膜最为突出,其 GMR 甚至远大于 Fe/Cr 多层膜结构。而且,这类多层膜体系呈现出丰富的物理性质。例如,铁磁金属-非磁性金属交替的多层结构的磁电阻随其中非磁性金属层的厚度变化而周期性地振荡,反映出相邻铁磁层间的交换耦合随非磁层的厚度而作反铁磁/铁磁的周期性变化。

除磁性金属的 GMR 外,20 世纪 80 年代后期至 90 年代初,又陆续发现许多磁有序的氧化物也呈现 GMR 效应。在通常情形这类氧化物为高电阻率材料,外加磁场使电阻率明显降低。例如 1993 年发现 $La_{\frac{2}{3}}Ba_{\frac{1}{3}}MnO_2$ 铁磁薄膜在外加 5×10^4 Oe 磁场时有 150% 的室温磁电阻。次年更发现在 $LaAlO_3$ 单晶基片上外延 $La_{1-x}Ca_xMnO_3$ 薄膜,在 6×10^4 Oe 外磁场下液氦温度的磁电阻竟高达 1.27×10^5%。之后又相继发现外磁场使电阻率下降 7 个量级的氧化物结构。这些结构的 GMR 值远大于铁磁-非铁磁金属多层膜,故冠以特大磁电阻或庞磁电阻(CMR)之名。自 20 世纪 90 年代至今,GMR 与 CMR 的研究一直是磁学领域中的一个重要热点,并据以开发出性能较基于各向异性磁电阻的器件为优的原型元器件,使磁电子学在短短十几年的时间内迅速发展为众所瞩目的新学科。下面我们针对铁-铬-铁 3 层结构定性介绍其 GMR 的物理机理以及据以开发的 MRAM 的存取过程。

GMR 又是与电子的自旋状态分不开的。具体而言,在同一块材料中,自旋状态不同的电子经受的散射不同,因而相应的平均自由程各不相同。例如,钴中自旋向上电子的平均自由程为 $\lambda_\uparrow = 5.5$ nm,而自旋向下的则为 $\lambda_\downarrow = 0.6$ nm;同样,在坡莫合金中 $\lambda_\uparrow = 4.6$ nm,$\lambda_\downarrow$ 也是 0.6 nm。这里的散射是指动量散射,而非自旋翻转过程,也就是说散射前后电子的自旋方向并不改变。

电子的动量散射平均自由程与自旋状态有关,原因在于磁性材料特有的电子结构。由图 8.7-2 可见,过渡族元素的 3d 带和 4s 带交叠,而且铁、钴、镍等铁磁金属在费米面处 d 带状态密度很高。固体的电导理论表明电导主要由费米面附近的电子贡献,而电子遭受动量散射的几率又正比于费米面附近的状态密度。这就是铁磁金属中的导电电子经受的动量散射比普通非铁磁金属强得多,从而具有比铜、银等金属高得多的电阻率的原因。更为重要的是,由图 8.7-3 或 8.7-4 可见,由于交换劈裂费米面处自旋向上与自旋向下电子的态密度明显不同。

例如钴在 E_F 处自旋向上电子的态密度明显低于自旋向下电子的态密度。这就导致钴中自旋向上的电子遭受动量散射的几率远小于自旋向下的电子。加上动量散射基本上不改变自旋取向,使自旋翻转散射的平均自由程几乎可与样品线度相比拟,便可以认为铁磁金属中的导电过程由自旋向上与自旋向下两类电子独立贡献,综合效果相当于两股独立通道的并联。可以看成自旋向上与自旋向下的电子各自形成一种流体。这种基于和自旋有关的散射的所谓二流体模型早在 20 世纪 30 年代即为莫特(N. F. Mott)提出,并可在这里用来定性地解释 GMR。

图 8.11-1 示意地表示铁磁-非磁金属多层膜结构。图 8.11-1(a)中相邻铁磁层间存在反铁磁性交换耦合,即相邻铁磁层的磁化强度矢量反平行;而在图 8.11-1(b)中所有铁磁层的磁化强度矢量均平行。图中,我们将磁化强度矢量向左的当作自旋向上;而磁化强度矢量向右的为自旋向下。设多数自旋(磁化强度向左时为向上自旋,向右时为向下自旋)电子的散射少而自由程长;少数自旋(磁化强度向左时为向下自旋、向右时为向上自旋)的电子散射多而自由程短。如一个自旋向上的电子在某磁化强度矢量向左的铁磁层中遭受较弱散射,则在图 8.11-1(a)的情形,当其进入相邻铁磁层时由于自旋方向与决定该层磁化强度方向的多数自旋方向相反成为少数自旋电子而必遭受较强散射。同样,一个自旋向下的电子也会经历类似的散射过程。因此,无论电子的自旋向上还是向下,总体上均遭遇较强散射,而当电流平行于层面时表现出较高的电阻率。如在外磁场作用下,所有铁磁层的磁化强度矢量都趋于平行而作铁磁性耦合,如图 8.11-1(b)所示,则即便自旋向下的电子遭遇较强散射,自旋向上的电子却必然在全部结构中均只遭受弱散射而表现为较低的电阻率;两者的综合效果相当于并联低电阻。弱散射电子对电导的贡献相当于对强散射电子电阻的短路,如图 8.11-1(b)的下方所示。其中空心与打阴影的电阻分别为低电阻与高电阻,对应于不同自旋态对电阻的贡献。图8.11-1(a)的下方则模拟相邻铁磁层间作反铁磁耦合时的情形。

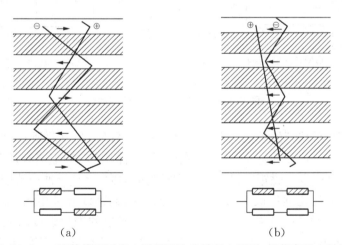

图 8.11-1 二流体模型示意。阴影区为非铁磁金属层;折线旁的＋号代表自旋向上,－号代表自旋向下。实心、空心矩形框分别代表高、低电阻

综上所述,外加磁场使相邻铁磁层作铁磁性耦合,降低了整个结构的电阻率。这就解释了存在外磁场时电阻率明显降低的 GMR。

由于基于磁电阻特性的器件输出信号正比于磁电阻的数值,基于 GMR 开发的器件相比于基于各向异性磁电阻的明显具有小型廉价的优点,无疑具有极大的吸引力。事实上

GMR 发现之后只过了 6 年,IBM 公司就在 1994 年宣称研制成利用 GMR 的硬盘读出磁头的原型器件,使磁盘系统的记录密度提高了近 20 倍,达每平方时 100 亿位,甚至超过当时的光盘记录密度,成为计算机工业又一重大突破。又如利用各向异性磁电阻的 MRAM 由于磁电阻值小而速度慢、密度低,难以与半导体动态随机存取存储器 DRAM 相匹敌。但利用 GMR 开发的 MRAM 已大为改观,已能与半导体 DRAM 相抗衡。下面即简单介绍基于铁磁-非铁磁-铁磁 3 层金属结构 GMR 的 MRAM 单元的基本结构和单元信息的读写原理。

如同其他磁记录器件一样,MRAM 也是利用磁性材料不同的磁化状态存储信息的,但应用磁电阻效应读出信息。MRAM 的制作过程大致为在硅基片上形成铁磁层间反铁磁交换耦合的铁磁-非铁磁-铁磁金属 3 层结构并在外磁场中退火,使上下两层铁磁金属均沿易轴方向磁化,但磁化强度方向彼此相反;易轴方向的两个相反的指向就是上、下铁磁层中磁化强度的平衡位置。然后用标准的半导体集成电路工艺将其分割成面积很小的单元,小单元间敷以彼此绝缘且相互垂直的字线与感线,感线与 MRAM 单元保持电接触。图 8.11-2 示意地表出一个单元的结构,同时标出通过单元的感线电流 I_S 与其邻近的字线中电流 I_W 的方向。图中空心箭头表示 GMR 三层结构中下铁磁层中的磁化方向,而黑箭头表示上铁磁层中的磁化方向。它们的两种不同组合,即上层磁化向上、下层磁化向下与上层磁化向下、下层磁化向上分别代表单元的两个信息状态"0"与"1",如图所示。

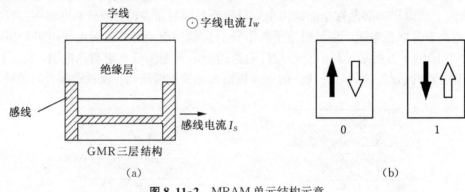

图 8.11-2 MRAM 单元结构示意

现在介绍对原存储"0"的单元写入"1"的过程。如图 8.11-3(a)所示,采用极性相同(均为正)的矩形字线与感线脉冲电流,两者脉宽相同,但后者在时间上略有延迟。

众所周知,在外磁场中磁矩有沿磁场方向排列的倾向,字线脉冲电流的磁场 H_W 将使单元中上、下铁磁层的磁化强度改变方向。设在某一时刻字线脉冲电流 I_W 开始,且设其在 GMR 结构中产生的磁场使近邻 GMR 单元中上层铁磁层的磁化强度沿顺时针方向转一角度;与此同时,由于下铁磁层中原磁化强度与上铁磁层中的相反,而字线电流的磁场在上、下两层中的方向大致相同,下铁磁层中的磁化方向必沿逆时针方向也转过一角度。随后感线电流脉冲 I_S 启动。由于感线电流与字线电流垂直,如其产生的磁场使上层磁化继续沿顺时针方向转一角度,则由于其在下铁磁层中的方向相反(见图 8.11-2(a)中感线电流位于 3 层结构的当中),便使下层磁化也继续沿逆时针方向转一角度。换言之,在这一阶段字线、感线电流的效果一致,彼此加强。之后,字线电流脉冲消失,在感线电流的继续作用下,上下层中的磁化方向继续转动并越过临界位置。最后,当感线电流脉冲也消失后,上、下两层中的磁化便要转至均与易轴方向平行但彼此指向相反的新的平衡位置。此时上、下层的磁化方向互换,均由对应于"0"的状态转过180°,成为状态"1"。在感线电流脉冲消失后上、下两层的磁化强度均维持在新的平衡位置,单元保持状态"1",如图8.11-3(a)所示,实现"1"的写入。

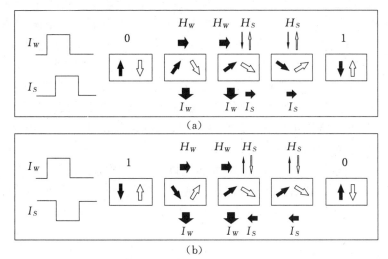

图 8.11-3 利用 GMR 效应的 MRAM 单元写入过程。除代表铁磁层中磁化方向的箭头而外,其他箭头分别代表字线电流 I_w、感线电流 I_s 及其相应产生的磁场 H_w 与 H_s 的方向
(a) "1"写入;(b) "0"写入

类似地,如果要对原始状态为"1"的单元写入信息"0",可采用同样的字线和感线脉冲电流,只是彼此极性相反,即感线电流用负脉冲,如图8.11-3(b)所示,此处不再赘述。

读出过程仍可采用字线与感线脉冲电流实现,但彼此极性相反,且字线电流脉冲较感线电流脉冲为宽,在时间上前者完全覆盖后者。设单元状态为"0",为读出此信息,施以负脉冲

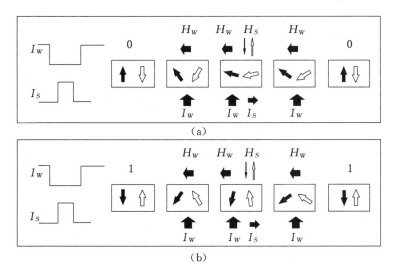

图 8.11-4 GMR 结构 MAMR 单元的信息读出过程
(a) "0"读出;(b) "1"读出

285

字线电流。设在其作用下,上层与下层的磁化强度分别沿逆时针与顺时针方向转一角度。在随之而来的感线正脉冲作用下,这一变化得以增强,以致使 GMR 结构中上、下两层的磁化方向几乎趋于一致,即相对于初始状态各自沿相反方向转过近 90°。根据前面 GMR 机理的讨论可知,此时单元电阻较小,感线上的电压也小,从而作为"0"信息信号输出,即被"读出"。之后,感线电流消失,在仍存在的字线电流的磁场作用下,上、下两层铁磁层的磁化方向各自转回一开始单独受字线电流磁场作用下的方向。在字线电流脉冲也消失后,便转回彼此反平行的状态,即在信息读出后仍为"0"状态。同样的脉冲也可读出状态为"1"的信息,只要注意在字线与感线电流同时存在时,与初始状态为"0"时不同,上、下两层铁磁层的磁化方向不是趋于一致,而是均与初始状态一致而仍然彼此反平行。因此,这时单元呈高阻状态,感线电压也较高,便作为"1"状态的信息输出而被读出。对状态"0"与"1"的读出过程均示意地画在图 8.11-4 中。

目前,基于巨磁电阻效应开发的小型大容量硬盘已在便携式计算机、MP3 音乐播放器等设备内得到广泛应用。因在 1988 年独立发现巨磁电阻作出杰出贡献的法国科学家阿尔贝·费尔与德国科学家彼得·格林贝尔格共享 2007 年度诺贝尔物理学奖。

第九章　超导电性

超导体是一类重要的固体材料,超导电性是固体物理中的一个重要分支。高温超导体的发现,对传统的超导电性理论提出了挑战,也给超导电性的应用开辟了巨大空间。超导电是一个既有很长的历史又显露崭新面貌的领域,一定会成为21世纪中的一个科学热点。

本章将介绍这一领域的发展概貌,包括基本现象和相应的基础理论及应用。

9.1　超导电现象

一、零电阻现象

1908年荷兰物理学家卡麦林-昂内斯首次将氦气液化,获得了4.2 K的低温。随后于1911年他在研究低温水银的电阻R随温度变化时发现R在4.2 K附近突然降到了零,如图9.1-1所示。这种电阻突然消失的状态,昂内斯称为超导态。电阻突然消失时的温度称为材料的超导转变温度T_c,也称为超导临界温度。这种能随温度降低而进入超导态的材料称为超导材料或超导体。

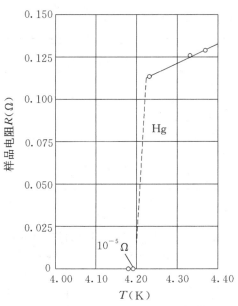

图 9.1-1　昂内斯观测到的水银的电阻随温度的变化

所谓电阻为零,当然取决于测量方法和仪表的灵敏度。在昂内斯时代电阻的最小可分辨量即电阻的测量灵敏度上限是 10^{-5} Ω。今天若仍用电流-电压法测量其上限也只能达到 10^{-9} Ω。但若采用持续电流法则能检测出更低的电阻。其方法是将超导材料做成环形置于磁场中,降低温度后再撤去磁场,然后测量环中的电流变化。因为磁场在环中激发起的沿环流动的环行电流,在超导态下在外磁场撤去后由于电阻很小不会马上消失而是持续运行(故称之为持续电流法),此电流的消失或衰减速度与环的电阻有关。测量环行电流随时间的衰减情况就可以测定环的电阻。设超导环的电感为 L,环的电阻为 R,则环中电流随时间的衰减规律为

$$I(t) = I(0)\exp(-tR/L)$$

式中 $I(0)$ 是衰减开始时刻的环中电流,$I(t)$ 是测量时刻 t 的环中电流。环中电流的测量可以用环行电流产生的磁场的测量来代替。对于给定的比值 $I(t)/I(0)$,时间间隔 t 愈大表示电阻愈小。1914 年昂内斯在超导态的铅环中通数百安培电流,持续二年半时间没有发现可观察到的电流衰减,将铅的超导电阻率改进到 10^{-21} Ω·cm。1962 年人们用铅膜做成电感极小的圆筒,缩短了测量时间,仅用 7 小时观察测量,得到铅的超导电阻率为 3.6×10^{-23} Ω·cm。后来人们用超导重力仪测量,得出超导态的电阻率小于 10^{-26} Ω·cm。因此,将超导态的电阻率与迄今能达到的最低的正常态金属电阻率 $10^{-12} \sim 10^{-13}$ Ω·cm 相比,认为超导态的电阻率为零的理由是很充分的。

实验发现,超导体从正常态到超导态的转变是在一个有限的温度范围内完成的,我们称这个温度范围为超导体的超导转变宽度。超导转变宽度与样品的纯度、晶体的完整性、有无应力等因素有关。纯度愈高,转变愈陡,如图 9.1-2 所示。通常人们把样品电阻下降到正常态电阻值一半时所对应的温度定为超导转变温度 T_c。近年来,由于高温超导体出现后,超导转变的情况显得更为复杂,一般把超导体偏离正常态电阻开始向超导态转变的温度称为超导起始转变温度 T_{onset},而将到达电阻为零的温度称为超导零电阻温度 T_{c0}。

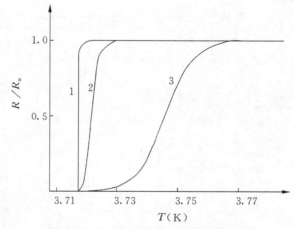

图 9.1-2 3 种不同状态下 Sn 的超导转变
1—纯锡单晶,2—纯锡多晶,3—含杂质锡多晶

实验发现,很多物质都是超导体。在元素周期表中,常压下具有超导性的就有 26 个,如 Pb、In、Sn、Al、Nb、V、Ta 等,如表 9.1-1 所示。有的元素在常压下不能成为超导体,但

表 9.1-1 周期表中的超导元素

1	2	3	4	5	6	7	8	9	10	11	12	13	14	15	16	17	18
H																	He
Li	Be 0.026											B	C	N	O	F	Ne
Na	Mg											Al 1.19	Si 7.1	P 5.8	S	Cl	Ar
K	Ca	Sc 6.8	Ti 0.49	V 5.4	Cr	Mn	Fe	Co	Ni	Cu	Zn 0.86	Ga 1.09	Ge 5.4	As 0.5	Se	Br	Kr
Rb	Sr	Y 2.5	Zr 0.65	Nb 9.2	Mo 0.92	Tc 7.8	Ru 0.5	Rh 0.0002	Pd	Ag	Cd 0.52	In 3.4	Sn 3.72	Sb 3.6	Te 3.3	I	Xe
Cs 1.6	Ba 5	La 12	Hf 0.13	Ta 4.5	W 0.015	Re 1.4	Os 0.66	Ir 0.11	Pt	Au	Hg 4.15	Tl 2.38	Pb 7.20	Bi 8.3	Po	At	Rn
Fr	Ra	Ac															

Ce 1.7	Pr	Nd	Pm	Sm	Eu	Gd	Tb	Dy	Ho	Er	Tm	Yb	Lu 0.1
Th 1.38	Pa 1.4	U 0.68	Np	Pu	Am	Cm	Bk	Cf	Es	Fm	Md	No	Lr

在高压下就能进入超导态,如 Ge、Si 等。除上述的金属元素外还有一些金属元素的合金、化合物也能呈现超导电性,称为合金超导体和化合物超导体。超导合金以 PbIn、NbTi 为代表,超导化合物以 Nb_3Sn、V_3Ga 为代表。它们的 T_c 见表 9.1-2。迄今为止发现具有超导性的元素、化合物已有数千种。特别是近 20 多年来,高温氧化物超导体的发现,又使超导体的范围大为扩展,增加了成千上万个成员,表 9.1-3 列出了一些主要的高温氧化物超导体及其 T_c。

表 9.1-2　典型超导合金和超导化合物的超导转变温度

材 料 名 称	$T_c(K)$	材 料 名 称	$T_c(K)$
NbTi	9.5	Nb_3Sn	18.1
NbZr	11	Nb_3Al	18.8
PbIn	3.4—7.3	Nb_3Ge	23.2
PbBi	8.5	V_3Ga	16.8
$PbMo_6S_8$	14.7	NbN	17

表 9.1-3　典型高温氧化物超导体的超导转变温度

材 料 名 称	$La_{2-x}Sr_xCuO_4$	$YBa_2Cu_3O_{7-\delta}$	$Bi_2Sr_2CaCu_2O_8$	$Bi_2Sr_2Ca_2Cu_3O_{10}$
$T_c(K)$	~40	90	85	110
材 料 名 称	$Nd_{2-x}Ce_xCuO_4$	$Ba_{1-x}K_xBiO_3$	$Tl_2Ba_2Ca_2Cu_3O_{10}$	$HgBa_2Ca_2Cu_3O_{10}$
$T_c(K)$	~20	~30	125	136

二、完全抗磁性

1933 年,迈斯纳和奥森菲尔德在实验中发现,超导体还有另外一个特性,就是进入超导态后能把体内磁感线完全排除出来,即体内 $B \equiv 0$,称为超导体的完全抗磁性或完全逆磁性,也常称之为迈斯纳效应。观察迈斯纳效应的实验装置如图 9.1-3 所示。在圆柱形超导体外绕以线圈,线圈两端连接到冲击电流计或磁通计上。在超导体未降温以前(处于正常态)先沿轴向加一磁场,使磁感线进入体内,此时,冲击电流计指针偏转某一角度 α 后回复到零,说明磁感线已进入材料体内。当圆柱体冷却至超导转变温度 T_c 以下时,材料进入超导态,此时冲击电流计指针又有一反向偏转 α 角度后回零,说明磁力线被全部排除,此后再撤掉外加磁场,冲击电流计指针不再转动,说明进入超导态后,超导体内磁感线已全部排出,因而不再有磁通变化。这一实验,用磁感线说明的示意图如图 9.1-4 所示。在外加磁场 B_a 下,$T > T_c$ 时,金属超导体内

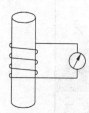

图 9.1-3　观察迈斯纳效应的装置原理图

$B = B_a$,当冷却到 $T < T_c$ 时,样品进入超导态,超导体内 $B = 0$。迈斯纳效应表明:超导体在 T_c 温度以下的性质与只是电导趋于无穷大的理想导体的性质不一样,不能把它只看成是一个理想导体。因为按理想导体推断的结果是:在图 9.1-3 的情形,如室温下加外磁场,电流计指针也是偏转一角度 α 后到零,但当冷却到 T_c 以下时,线圈所连的冲击电流计应该不发生反偏。这一点正是关键性的差异。而当外加磁场在降温后再撤掉时,电流计指针也应不动。理想导体的上述实验现象完全可以用电导趋向无穷大,即电阻为零的特性来解释。因为根据法拉第定律

$$-S \frac{\mathrm{d}B}{\mathrm{d}t} = iR + L \frac{\mathrm{d}i}{\mathrm{d}t}$$

(9.1-1)

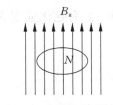

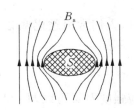

（a）$T > T_c$，处在小磁场中的　　　　（b）在 $T < T_c$、$B_a < B_c$ 时，超导金属
　　　超导金属（正常态）　　　　　　　　进入超导态，内部 $B = 0$

图 9.1-4　超导体内 $B \equiv 0$

上式中 S 是圆柱导体的截面积，i 是理想导体中激发出的电流，L 是此圆柱体的电感。由于进入理想导体状态，电阻 $R = 0$，所以上式给出

$$Li + BS = 常数$$

可见该圆柱体中的总磁通量在进入该状态后应保持不变。理想导体在外磁场下的行为如图 9.1-5 所示。由于迈斯纳效应即超导体内磁通要被完全排出的现象不能用 $R = 0$ 的特性来解释，所以这是超导体的另一种独立于电阻为零之外的基本特性。迈斯纳效应的发现纠正了人们自 1911 年以后 20 多年对超导体认识的讹误。

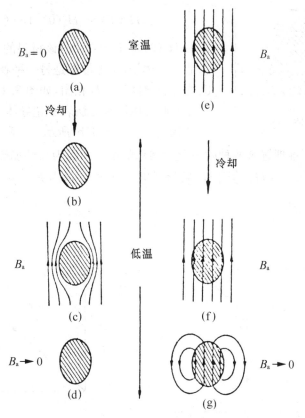

图 9.1-5　理想导体在外场中的行为

（a）—（b）样品在没有磁场下变为无阻，　（c）对无阻样品施加磁场，　（d）移去磁场，
（e）—（f）样品在外加磁场中变为无阻，　（g）移去外加磁场

由第八章可知,人们常用磁化率 χ 来表示材料的磁性。χ 为磁化强度 M 对外加磁场 H_a 的比值,

$$\chi = M/H_a$$

材料体内的磁感应强度 B 又可以 H_a 和 M 表示为

$$B = \mu_0(H_a + M)$$

μ_0 为真空磁导率。由于超导体内的 $B \equiv 0$,所以超导态下,超导体内的磁化强度 $M = -H_a$。这表明超导态下的材料磁化率 $\chi = -1$,也就是超导态具有完全的抗磁性。

三、3 个临界参数

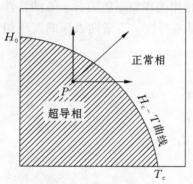

图 9.1-6 超导体相图

除了温度外,磁场也会破坏超导态。当外加磁场超过某一值 H_c 时,就会使处于超导态的材料进入正常态。H_c 称为该超导体的临界磁场。H_c 的数值除因材料不同外与所处的温度有关。理论和实验证实,临界磁场 H_c 与温度 T 有如下的抛物线关系:

$$H_c(T) = H_c(0)[1 - (T/T_c)^2] \qquad (9.1\text{-}2)$$

式中 $H_c(0)$ 是 $T = 0\,\text{K}$ 时该材料的临界磁场。因为超导态是一种物相,而正常态是另一种物相,H_c-T 的分界图也就是超导体的一种相图,如图 9.1-6 所示。

人们常用两种方法表示超导体在外磁场下的磁性行为,如图 9.1-7(a)和(b)所示。一种用 B 表示,一种用 M 表示。结合相图,不难理解这两种归一化的表示的由来。因为当外加磁场 $H_a < H_c$ 时体内的 $B = 0$,$M = -H_a$。当 H_a 达到 H_c 后材料进入正常态,体内 $B = \mu_0 H_a$,金属正常态的磁化强度 $M \approx 0$。

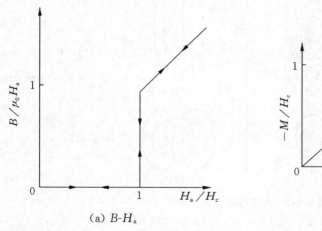

(a) B-H_a

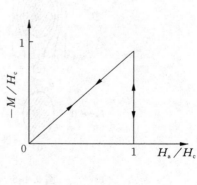

(b) M-H_a

图 9.1-7 超导体磁性的两种表示法

图 9.1-8 给出了一些金属元素超导体的 H_c-T 相图。表 9.1-4 给出了某些超导元素在 0 K 下的 H_c 值。同温度一样,磁场作用下的超导态、正常态之间的转变也有一定的转变宽度。

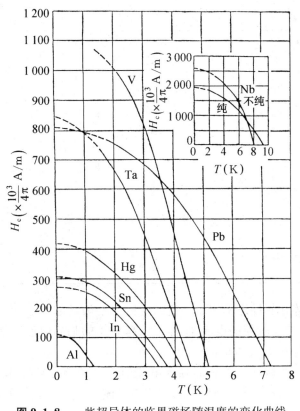

图 9.1-8 一些超导体的临界磁场随温度的变化曲线

表 9.1-4

元　素	$H_c(0\ \mathrm{K})$	
	$(\times 10^2\ \mathrm{A/m})$	$\left(\times \dfrac{10^3}{4\pi}\ \mathrm{A/m}\right)$
Al	83.50	104.93
Ti	45, 80	56, 100
V	875, 1 114	1 100, 1 400
Zn	44	55
Ga	47.2	59.3
Zr	37	47
Mo	72, 78	90, 98
Tc	1 122	1 410
Ru	53	66
Cd	23.6	29.6
In	224.03	281.53
Sn	243	305

元　素	$H_c(0\text{ K})$	
	$(\times 10^2\text{ A/m})$	$(\times \dfrac{10^3}{4\pi}\text{ A/m})$
La(α)	643，635	808，798
La(β)	872	1 096
Ta	661	831
W	0.92	1.15
Re	150，168	188，211
Os	52	65
Ir	15	19
Tl	144	181
Hg(α)	327	411
Hg(β)	270	339
Pb	639	803
Th	126.6	159.1

除此之外，超导体在超导态下通以一定的电流也会破坏超导态而进入正常态。使超导体从超导态转变为正常态所需的电流 I_c 称为该超导体的临界电流。临界电流的大小也和所处的温度有关，也存在 I_c-T 的相图关系。

在圆柱形超导体中，破坏超导态的临界电流值正好是使在超导体表面的磁场达到 H_c 时的值，即临界电流 I_c 与 H_c 有如下关系式：

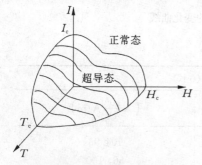

图 9.1-9 超导体的三维相图

$$I_c = 2\pi r H_c \qquad (9.1\text{-}3)$$

式中 r 为圆柱体的半径。这一关系称之为西耳斯比关系。西耳斯比关系只对于某类超导体，即下述的第一类超导体适用，而对于另一类超导体，即第二类超导体，并不适用。

综合 T、H、I 对超导态的影响，可得出超导体的三维相图，它给出了超导体的这 3 个临界参数的范围，如图 9.1-9 所示。处在此三维相图面与坐标面所围范围之内的是超导态，超出此范围之外的是正常态。

四、同位素效应

人们在寻找超导电性的起因时，曾经从实验上比较 X 射线衍射图在超导相变前后的变化，排除了超导相变是由晶格结构变化所导致的因素，确认了超导转变只是金属中电子状态的一种变化。至于这种变化的原因，也就是产生超导电性的机制不外乎晶格中的离子与离子、共有化电子与共有化电子、离子与共有化电子之间的相互作用。同位素效应的发现，对这一问题的解决提供了重要的启示。

实验表明超导体的转变温度 T_c 与超导体的同位素质量 Mi 有关,可表示为

$$T_c \mathrm{Mi}^\alpha = 常数 \qquad (9.1\text{-}4)$$

这里一般 $\alpha = 0.5$,这就是同位素效应。

同位素效应实验是在 1950 年由麦克斯韦和雷诺各自独立地对 Hg 元素超导体完成的。图 9.1-10 给出了 Hg 的同位素实验结果。后来又在其他元素超导体上得到证实,相应的 α 值列于表 9.1-5。

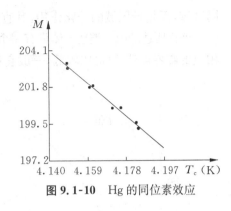

图 9.1-10　Hg 的同位素效应

表 9.1-5　几种元素超导体的 α

元素	Hg	Zn	Cd	Tl	Sn	Pb
α	0.5	0.5	0.50 ± 0.10	0.50 ± 0.10	0.47 ± 0.02	0.50 ± 0.01

同位素效应说明了超导电性的产生和电子与晶格振动的作用即电子-声子相互作用有关。因为同位素的差异改变了构成晶格的离子质量,因而影响了声子的性质,例如德拜频率。在同位素实验之前,弗洛里希(Fröhlich)注意到:那些电子与晶格作用强的不良导体易于成为超导体,而与晶格作用弱的良导体不能成为超导体。他曾正确地预言:"正是高温下引起电阻的原因——电子与晶格振动的相互作用,在低温下导致超导电性。"

五、两类超导体

前面介绍的是第一类超导体的磁学性质。实际上,有很多超导体,当外磁场加大至一定值时并不从超导态直接变为正常态,而是进入一个超导相和正常相混合的状态(称为混合态),直到外磁场继续增加至另一值后,正常相由部分扩展为全部而进入正常态。这类超导体的 $H\text{-}T$ 相图见图 9.1-11。在超导态(迈斯纳态)和混合态之间的分界磁场称为第一临界场 H_{c1} 或下临界场。在混合态和正常态之间的分界磁场称为第二临界场 H_{c2} 或上临界场。在混合态区域,超导体内既有超导相又有正常相,两相混合。在此区域中不再具有完全抗磁性,超导体的迈斯纳态被破坏,即超导体内的 $B \neq 0$,$M \neq -H_a$,$\chi \neq -1$。具有这种特性的超导体称为第二类超导体,其抗磁特性 $B\text{-}H_a$、$M\text{-}H_a$ 的关系如图 9.1-12 所示。在 $H < H_{c1}$ 时,仍与第一类超导体一样,具有完全抗磁性,处于迈斯纳态,即 $B \equiv 0$,$M = -H_a$,$\chi = -1$。当 $H_{c2} > H > H_{c1}$ 时,迈斯纳态被破坏,不再具有完全抗磁性,$B \neq 0$,$B < \mu_0 H_a$,$M < 0$,$|M| < H_a$;而如 $H > H_{c2}$,则超导性完全被破坏,全部进入正常相(正常态)。

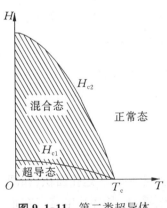

图 9.1-11　第二类超导体
的 $H\text{-}T$ 相图

此时该金属材料内部 $B = \mu_0 H_a$,$M \approx 0$。在混合态区由于是超导相和正常相并存,各处于不

同区域,因超导区域的分路作用,其直流电阻仍为零。

前面所述的第一类超导体只有一个临界磁场 H_c,而且临界场比较低,一般只有几万安/米,相应的临界电流 I_c 也比较低,一般它们只能在低磁场、小电流下应用。

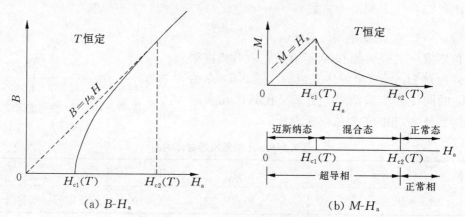

(a) $B\text{-}H_a$ (b) $M\text{-}H_a$

图 9.1-12 第二类超导体的磁学性质

六、磁通量子化

这是超导体进入超导态后所具有的又一种基本特性。磁通量子化有两种情况,包含两种不同的意思。

第一种情况是指超导体的复联通区域,如超导体中开一孔,超导体所包围的孔环中的磁通必须是量子化的,如图 9.1-13 所示。环中的磁通由两部分组成:

$$\Phi = \Phi_{ex} + LI_{cir} \tag{9.1-5}$$

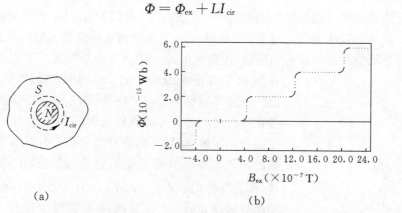

(a)   (b)

图 9.1-13 超导环的磁通量子化

其中 $\Phi_{ex} = B_{ex}S$ 是外加磁场在孔中产生的磁通,B_{ex} 是外加的磁感应强度,S 是孔面积(如图中阴影所示);LI_{cir} 是超导环的环电流所产生的磁通,L 是环孔的电感,I_{cir} 是环行电流。在正常态的金属环中,此环电流只在外磁场加上时瞬态出现,稳定后因存在电阻而消失,但在超导体中激发出的环流因电阻为零而一直保持不变。环中的磁通,由于环电流 I_{cir} 的贡献,其值一定是量子化的,即

$$\Phi = \Phi_{ex} + LI_{cir} = n\Phi_0 \tag{9.1-6}$$

式中 n 是包括零的正负整数，$n = 0, \pm1, \pm2, \pm3, \cdots$。$\Phi_0$ 是磁通的最小单位，称为磁通量子，$\Phi_0 = h/2e = 2.07 \times 10^{-15}$ Wb $= 2.07 \times 10^{-7}$ Gs·cm^2。

环中量子化的磁通 Φ 值的大小取决于进入超导态前初始时刻的 Φ_{ex}，n 则为使 $n\Phi_0$ 与 Φ_{ex} 最相近的整数。I_{cir} 的自动调节使 Φ 保持量子化的数值 $n\Phi_0$。不同的初始状态相应于不同的 n 值。一旦进入超导态后，即使改变外磁场 B_{ex}，Φ 的量子化状态（n 值）仍然不变，只是环电流 I_{cir} 变大变小，或变正变负以维持磁通 Φ，即量子数 n 不变。这里所说的环中磁通，有的书上称为类磁通或全磁通。因为它不仅包含了外磁场乘以环面积产生的磁通量，还包含了由环电流及环自感所作的贡献。

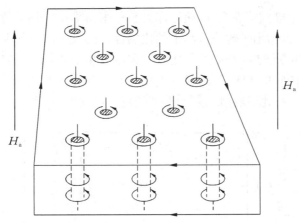

图 9.1-14 磁通量子化的混合态正常芯（同时表示出正常芯及环形的超流电流涡旋）
竖线代表穿过正常芯的磁通

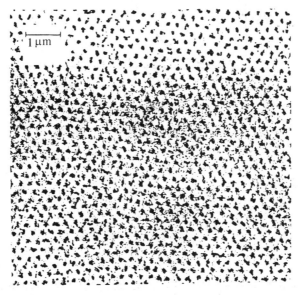

图 9.1-15 第二类超导体混合态中量子磁通线的三角密排阵列

磁通量子化的第二种情况是对于进入第二类超导体中的磁感线来说的。上面说过,对于第二类超导体,当 $H > H_{c1}$ 时,磁感线可以进入超导体内,超导体中 $B \neq 0$,呈超导相和正常相并存的混合态。这里的正常相就是磁感线所贯穿的地方,每一根进入的磁感线相应于一条正常芯。每一条正常芯所包围的磁通量恰好是一个磁通量子。如图 9.1-14 所示,每条正常芯占据一定的空间范围,正常芯的周围为超导区所包围。在每一正常芯周围的超导区中形成了超导的涡旋状环电流,人们常把正常芯及其周围的涡旋电流称之为磁通涡旋线结构,简称涡旋线。实验观察到这种状态下的磁感线是按一定的结构形状排列的,称为磁通格子,如图 9.1-15 所示。

七、比 热 容 跳 变

除了以上几个基本电磁特性之外,超导体另有一个很重要的热学特性,即在 T_c 处存在比热容跳变。图 9.1-16 给出了锡在低温下的比热容。热力学相变有两类:一类是相变时体积要发生变化,产生相变潜热;另一类相变时体积不发生变化,无潜热发生,但比热容会变化。超导相和正常相的转变属于后者(第二类相变),比热容跳变说明超导态比正常态处于更低的能量状态。但这种比热容跳变须无外加磁场才可发生,外磁场可以破坏这种跳变。

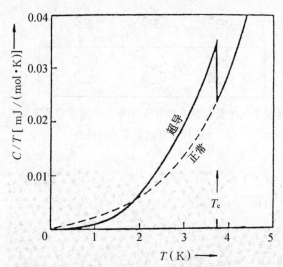

图 9.1-16 Sn 在正常态和超导态的摩尔比热容

在 $T < T_c$ 时,正常态的比热容是在磁场中使 Sn 为正常态而测出

9.2 超 导 电 理 论

一、超 导 热 力 学

迈斯纳效应表明,超导态是与外界条件(温度、磁场)有关而与外界条件施加过程无关的热力学平衡态。从正常态向超导态的转变是一种热力学相变。热力学的研究表明,超导态

是比正常态更加稳定的热力学状态。从正常态转变为超导态时，系统的熵减少，超导态的有序化程度比正常态高。在确定的温度和磁场下，超导体究竟处于超导态，还是正常态，取决于哪个状态的自由能更低。

在涉及到磁场的情形，常用的系统热力学函数是吉布斯自由能 G：

$$G = U - TS + pV - \mu_0 MHV \tag{9.2-1}$$

这里 U 是系统内能，T 是温度，S 是系统的熵，p 是系统所处的压强，V 是体积，M 是材料的磁化强度，H 是磁场强度，μ_0 是真空磁导率。在压强不变、体积不变的情况下，自由能是温度 T 和外磁场 H 的函数。用小写的 $g(T, H)$ 表示单位体积的自由能，即自由能密度。$g_s(T, H)$ 表示超导态下的自由能密度，$g_n(T, H)$ 表示正常态下的自由能密度。

对于一超导样品，如无磁场，当温度低于临界温度 T_c 时，样品处于超导态，说明在低于 T_c 的温度，超导态的自由能密度 $g_s(T, 0)$ 低于正常态的自由能密度 $g_n(T, 0)$。如果样品是一细长圆柱体，外加磁场的方向沿柱体的轴向，则由于被磁化超导体自由能密度将增加

$$\int_0^H - \mu_0 M dH$$

因为在正常态下磁化强度 M 的值很小，可视作零，因此在正常态，

$$g_n(T, H) = g_n(T, 0) \tag{9.2-2}$$

当样品处于超导态时，因 $M = -H$，有无磁场的自由能密度差为

$$g_s(T, H) - g_s(T, 0) = \int_0^H - \mu_0 M dH = \frac{1}{2} \mu_0 H^2 \tag{9.2-3}$$

当外磁场增大到临界磁场 H_c 时，样品从超导态转为正常态；也就是说，在 $H = H_c$ 时，超导态的自由能密度应等于正常态的自由能密度，即

$$g_n(T, H_c) = g_s(T, H_c) \tag{9.2-4}$$

由(9.2-2)式、(9.2-3)式和(9.2-4)式可得零场超导态与正常态自由能密度之差为

$$g_s(T, 0) - g_n(T, 0) = -\frac{1}{2} \mu_0 H_c^2 \tag{9.2-5}$$

如图 9.2-1 所示。上式表明，在 $T < T_c$ 下，超导态的自由能密度比正常态的低 $\frac{1}{2} \mu_0 H_c^2$。

同时，这表明，临界磁场 H_c 是零场正常态与超导态的吉布斯自由能密度之差的量度。由于正常态的自由能密度 g_n 与外加磁场强度 H 无关，而施加外场可以把超导态的 g_s 提高 $\frac{1}{2} \mu_0 H^2$，临界磁场 H_c 就是把超导态自由能密度提高到正常态自由能密度时所需的场强。

由(9.2-3)式及(9.2-5)式知处于温度 T 和外磁场 H 下，超导体的正常态与超导态自由能密度之差的一般表达式为

$$g_n(T, 0) - g_s(T, H) = \frac{1}{2} \mu_0 \left[H_c^2(T) - H^2 \right] \tag{9.2-6}$$

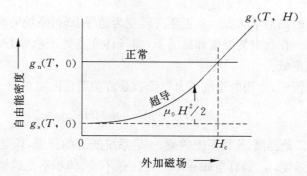

图 9.2-1 超导态及正常态的吉布斯自由能密度随 H 变化的曲线

将(9.2-6)式对 T 求偏导数,并由热力学公式

$$S = -\left(\frac{\partial G}{\partial T}\right)_{p,H}$$

可得

$$s_s(T, 0) - s_n(T, 0) = \mu_0 H_c(T)\frac{\mathrm{d}H_c(T)}{\mathrm{d}T} \tag{9.2-7}$$

上式的 s_s 和 s_n 分别是超导态和正常态单位体积的熵。由 H_c-T 相图(图 9.1-6)可知,在 T_c 以下,临界磁场 H_c 的值总是随温度 T 的增加而减少,即 $\dfrac{\mathrm{d}H_c(T)}{\mathrm{d}T} < 0$,注意到 $H_c(T)$ 恒大于零,因此

$$s_s(T, 0) - s_n(T, 0) < 0 \tag{9.2-8}$$

即超导态的熵总是小于正常态的熵;也就是说,与正常态相比,超导态是更加有序的状态。

下面来讨论单位体积超导体的热容跳变。

将(9.2-7)式两边乘以 T,可得单位体积相变潜热为

$$q = T(s_s - s_n) = \mu_0 T H_c(T)\frac{\mathrm{d}H_c(T)}{\mathrm{d}T} \tag{9.2-9}$$

在不加外磁场时,超导转变发生在 $T = T_c$ 处,此时 $H_c = 0$。因此,如无外磁场,超导体的相变无潜热发生。

利用求热容关系式

$$c = T\left(\frac{\partial s}{\partial T}\right)_{p,H}$$

将(9.2-7)式两边对 T 求偏导数后再乘以 T,即得

$$c_s - c_n = \mu_0 T\left\{H_c(T)\frac{\mathrm{d}^2 H_c(T)}{\mathrm{d}T^2} + \left[\frac{\mathrm{d}H_c(T)}{\mathrm{d}T}\right]^2\right\} \tag{9.2-10}$$

注意到 $T = T_c$ 时,$H_c(T_c) = 0$,故有

$$c_s - c_n = \mu_0 T_c\left[\frac{\mathrm{d}H_c(T)}{\mathrm{d}T}\right]_{T=T_c}^2 \tag{9.2-11}$$

因为 $\dfrac{\mathrm{d}H_{\mathrm{c}}(T)}{\mathrm{d}T} \neq 0$，可见 $c_{\mathrm{s}} - c_{\mathrm{n}} \neq 0$，故热容必有一跳变。这就是图 9.1-16 的热容跳变实验结果的解释。

由第四章知金属固体的热容由两部分组成：

$$c = c_{\mathrm{l}} + c_{\mathrm{e}} \tag{9.2-12}$$

其中 c_{l} 表示晶格振动对热容的贡献，c_{e} 为传导电子对热容的贡献。但实验表明，在正常态向超导态转变时，晶格点阵的性质并未改变，相应地晶格振动对热容的贡献不变。因此，在正常态-超导态相变时，固体热容的跳变应归结为传导电子的热容在两种状态下的差异。研究低温下超导体的热容随温度变化的规律表明，这与更深层次的物理现象相联系。

二、二流体模型

超导电唯象理论的目的是要解释所观察到的实验现象，如零电阻、比热容跳跃、完全抗磁性等。二流体模型就是早期提出的一种唯象理论。1934 年，戈德和卡西米尔提出：超导体中存在两类共有化电子：一类为超导电子，一类为正常电子。超导电子与晶格振动不产生相互作用，无能量、动量交换，即不受声子散射。它们不产生电阻，对熵的贡献为零，对比热容也没有贡献。正常电子和正常态金属中的导电电子性质一样，受晶格振动的散射，有电阻，对熵有贡献。共有化电子数密度 n 为两种电子数密度之和，即

$$n = n_{\mathrm{s}} + n_{\mathrm{n}} \tag{9.2-13}$$

式中 n_{s} 是超导电子数密度，n_{n} 是正常电子数密度。

这个模型认为，可以用一个序参量 ω 来描述超导态这个更有序的状态，

$$\omega = n_{\mathrm{s}}(T)/n \tag{9.2-14}$$

ω 与温度有关。结合超导热力学和超导实验事实得出，ω 与温度有如下关系：

$$\omega = 1 - (T/T_{\mathrm{c}})^{4} \tag{9.2-15}$$

此式表明，$T = 0\,\mathrm{K}$ 时，$\omega = 1$，$n = n_{\mathrm{s}}$，全部电子为超导电子。$T = T_{\mathrm{c}}$ 时，$\omega = 0$，$n = n_{\mathrm{n}}$，超导体进入正常态，全部电子为正常电子。

根据以上模型可以解释零电阻、H_{c}-T 相图、比热容跳跃等现象。

二流体模型对于电阻为零的解释可以用一个形象的等效电路来说明，如图 9.2-2 所示。图中，n_{n} 代表正常电子的作用，用电阻 R 表示，n_{s} 代表超导电子的作用，用无电阻的电感 L 表示。在 $T < T_{\mathrm{c}}$ 下，$n_{\mathrm{s}} \neq 0$，无阻的电感短路了正常电子的电阻部分，因而直流电阻为零。

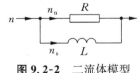

图 9.2-2 二流体模型

三、伦 敦 方 程

1935 年，在二流体模型的基础上，伦敦兄弟最早提出了两个描述超导体的电磁场方程。

结合已经建立的麦克斯韦方程组,可以成功地解释零电阻现象和迈斯纳效应。原来,当时在描写超导体的时候,麦克斯韦方程组遇到了两个困难。一是因为超导态的电阻为零,电导为无穷大,因此无法用 $j = \sigma\mathscr{E}$ 描写欧姆定律;另一个是超导体的完全抗磁性(体内 $B \equiv 0$)难以解释。唯象理论的任务就是根据实验现象来寻找符合事物内在规律的模型或理论,以解释实验现象。为了解释零电阻及体内磁感应强度为零,伦敦兄弟作了两个假定,提出两个合理的关系式;人们称之为伦敦方程。

伦敦根据二流体模型,认为超导体中的电流密度 j 也由两部分组成,即

$$j = j_s + j_n \tag{9.2-16}$$

其中 j_s 是超导电子的电流密度,j_n 是正常电子的电流密度。j_n 的性质服从欧姆定律,即

$$j_n = \sigma_n \mathscr{E} \tag{9.2-17}$$

对于 j_s,伦敦认为,它应当满足下述的第一个假定:

$$\frac{\partial j_s}{\partial t} = \frac{n_s e^2}{m} \mathscr{E} \tag{9.2-18}$$

这里 n_s 是超导电子数密度,e、m 分别是超导电子的电荷和质量,$\mathscr{E}$ 为超导体中的电场强度。(9.2-18)式称为伦敦第一方程。据此能解释零电阻现象。因为,在直流情况下,$\frac{\partial j_s}{\partial t} = 0$,故由此式可说明 $\mathscr{E} = 0$,因而由(9.2-17)可得 $j_n = 0$,电流仅由 j_s 承担。根据二流体模型,j_s 是由无电阻的超导电子提供的,所以直流下电阻为零。上式还说明了在交流情形下,超导体的电阻不为零。因为是交流,$\frac{\partial j_s}{\partial t} \neq 0$,故 $\mathscr{E} \neq 0$,由于有电场,正常电子电流密度 $j_n = \sigma_n\mathscr{E} \neq 0$,故交流情况下超导体是有电阻的。

伦敦的上述假定,成功地避开了 j_s 与电场 $\mathscr{E}$ 直接联系所导致的电导率无穷大的出现;至于 j_s 随时间的变化率与 $\mathscr{E}$ 的关系可由超导电子的加速度与 $\mathscr{E}$ 的关系 $\frac{d\boldsymbol{v}}{dt} = \frac{e}{m}\mathscr{E}$ 导出。

为解释迈斯纳效应,伦敦又作出第二个假定:

$$\nabla \times j_s = -\frac{n_s e^2}{m} \boldsymbol{B} \tag{9.2-19}$$

上式称为伦敦第二方程。由麦克斯韦方程组

$$\nabla \cdot \boldsymbol{D} = \rho \tag{9.2-20}$$

$$\nabla \cdot \boldsymbol{B} = 0 \tag{9.2-21}$$

$$\nabla \times \mathscr{E} = -\frac{\partial \boldsymbol{B}}{\partial t} \tag{9.2-22}$$

$$\nabla \times \boldsymbol{H} = j + \frac{\partial \boldsymbol{D}}{\partial t} \tag{9.2-23}$$

以及介质的电磁性质

$$D = \epsilon_0 \epsilon \mathscr{E} \tag{9.2-24}$$

$$B = \mu_0 \mu H \tag{9.2-25}$$

可以看出,(9.2-19)式的假定也不是随意的,而是麦克斯韦方程组在特定条件下的结果。因为如将伦敦第一方程代入麦克斯韦方程(9.2-22)式,则有

$$\nabla \times \frac{m}{ne^2} \frac{\partial j_s}{\partial t} = -\frac{\partial B}{\partial t} \quad \text{或} \quad \frac{\partial}{\partial t} \left[\frac{m}{ne^2} \nabla \times j_s + B \right] = 0$$

由此得到

$$\frac{m}{ne^2} \nabla \times j_s + B = 常数$$

令上式的常数为零,即得伦敦第二方程。

将伦敦第二方程(9.2-19)式与麦克斯韦方程(9.2-23)式联立,并假定无位移电流存在,即可解释迈斯纳效应。

在(9.2-19)式中,将 j_s 用 $\nabla \times H$ 代入,并取 $\mu = 1$,即 $B = \mu_0 H$,可得

$$\nabla \times \nabla \times B = -\frac{n_s e^2 \mu_0}{m} B$$

由于 $\nabla \cdot B = 0$,利用矢量分析公式

$$\nabla \times \nabla \times B = \nabla(\nabla \cdot B) - \nabla^2 B$$

可得

$$\nabla^2 B = \frac{n_s e^2 \mu_0}{m} B \tag{9.2-26}$$

令

$$\lambda^2 = \frac{m}{n_s e^2 \mu_0} \tag{9.2-27}$$

得

$$\nabla^2 B = \frac{1}{\lambda^2} B \tag{9.2-28}$$

为简单计,设超导体为 $x > 0$ 的半无限超导平板,外磁场平行于板面沿 y 轴方向,则方程(9.2-26)简化为一维情形:

$$\frac{\mathrm{d}^2}{\mathrm{d}x^2} B(x) = \frac{1}{\lambda^2} B(x) \tag{9.2-29}$$

此方程的解为

$$B(x) = B(0) \mathrm{e}^{-x/\lambda} \tag{9.2-30}$$

可见磁场进入超导体后将指数式衰减,如图 9.2-3 所示。当 $x \gg \lambda$, $B(x) = 0$,即超导体内部的磁感应强度等于零。由(9.2-30)式可知,λ 是超导体内

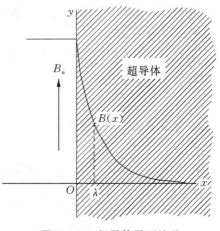

图 9.2-3 超导体界面处磁感应强度的变化

磁感应强度衰减到表面值 $\dfrac{1}{e}$ 的距离,常称之为伦敦穿透深度:

$$\lambda = \sqrt{\frac{m}{\mu_0 n_s e^2}} \qquad (9.2\text{-}31)$$

由于超导电子数密度 n_s 是温度的函数,所以 λ 也与温度有关,

$$\lambda(T) = \frac{\lambda_0}{\sqrt{1-(T/T_c)^4}} \qquad (9.2\text{-}32)$$

λ_0 为 $T=0\,\text{K}$ 时的伦敦穿透深度,此时 $n_s = n$。当 $T \rightarrow T_c$ 时,$n_s = 0$,所以 $\lambda \rightarrow \infty$,磁场屏蔽效应消失。事实上,此时超导体已转变为正常态,的确不再有磁屏蔽作用。

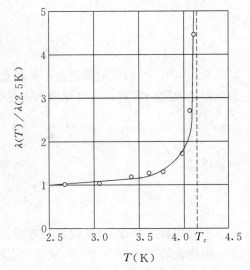

图 9.2-4　Hg 穿透深度曲线

　　$\lambda(T)$ 与温度的典型关系见图 9.2-4。由图可知,当 T 接近 T_c 时,λ 急剧增大。一般在 $T/T_c < 0.8$ 时,λ 便基本上不随温度而变。λ_0 的数量级为几十 nm(即几百埃)。一些常见超导金属的 λ_0 的实验值列于表 9.2-1 中。

表 9.2-1　0 K 时的穿透深度

元　　素	Al	Cd	Hg	In	Pb	Sn	Tl	Nb
λ_0(nm)	50	130	38~45	64	39	51	92	44

　　实际超导金属的穿透深度还与纯度有关,金属如含有杂质将使穿透深度增大。如含铟 3% 的锡,其穿透深度是纯锡的两倍。

　　应当指出,伦敦穿透深度的这一理论,对于第二类超导体比较适用,而对第一类超导体符合得并不好。原因在于:伦敦理论认为某处超导电子的密度只受所在处磁场的影响,而事实上影响某点超导电子密度的并不只是该点所在处的磁场,而是在一个相当范围内的磁场都对电子密度产生影响。这就是所谓局域化的影响。第二类超导体的这种局域化范围小,周围的影响可以略去。

　　利用类似上述的推导方法,同样可以得到超导体内电流密度的分布方程,

$$\nabla^2 \boldsymbol{j}_s = \frac{1}{\lambda^2} \boldsymbol{j}_s \qquad (9.2\text{-}33)$$

类似于(9.2-30)式的解释,超导体中的电流密度同样被限制在穿透深度 λ 的范围之内。

四、金兹堡-朗道理论

　　1950 年,金兹堡将朗道在 1937 年研究相变的理论应用于超导,引进了一个复数序参量 $\psi(\boldsymbol{r})$ 或称为有效波函数以描述超导态。$\psi(\boldsymbol{r})$ 与超导电子数密度 $n_s(\boldsymbol{r})$ 的关系为

$$|\psi(\boldsymbol{r})|^2 = n_s(\boldsymbol{r}) \qquad (9.2\text{-}34)$$

式中 $|\psi(\boldsymbol{r})|^2 = \psi(\boldsymbol{r})\psi^*(\boldsymbol{r})$，$\psi^*(\boldsymbol{r})$ 是 $\psi(\boldsymbol{r})$ 的共轭复数。因此复数序参量可写成

$$\psi(\boldsymbol{r}) = \sqrt{n_\mathrm{s}(\boldsymbol{r})}\,\mathrm{e}^{\mathrm{i}\theta(\boldsymbol{r})} \tag{9.2-35}$$

其中 $\theta(\boldsymbol{r})$ 称为序参量的位相或有效波函数的位相。序参量 $\psi(\boldsymbol{r})$ 是位置 $\boldsymbol{r}$ 的函数，满足描述有序度的性质，即在正常相 $\psi(\boldsymbol{r}) = 0$，超导相 $\psi(\boldsymbol{r}) \neq 0$。

金兹堡认为在相变点 T_c 附近，系统的自由能密度可按 ψ 的幂级数展开。无磁场时，超导体的自由能密度 $g_{\mathrm{s}0}$ 可按 ψ 展开为

$$g_{\mathrm{s}0} = g_\mathrm{n} + \alpha|\psi|^2 + \frac{1}{2}\beta|\psi|^4 + \cdots \tag{9.2-36}$$

其中 g_n 为正常相的自由能密度，α、β 为展开系数。超导态是自由能最小的稳定态，因此可由与自由能极小值相应的 ψ 定出 α、β 的正负及彼此间的关系。超导态下的自由能密度 $g_{\mathrm{s}0}$ 满足的极小值条件为

$$\frac{\partial g_{\mathrm{s}0}}{\partial|\psi|} = 0 \tag{9.2-37}$$

与

$$\frac{\partial^2 g_{\mathrm{s}0}}{\partial|\psi|^2} > 0 \tag{9.2-38}$$

利用上述条件，可得到

$$|\psi|^2 = -\frac{\alpha}{\beta} \tag{9.2-39}$$

由此，(9.2-36)式化为

$$g_{\mathrm{s}0} = g_\mathrm{n} - \alpha^2/2\beta \tag{9.2-40}$$

由 $g_\mathrm{n} - g_{\mathrm{s}0} = \frac{1}{2}\mu_0 H_\mathrm{c}^2(T)$，即得

$$H_\mathrm{c}^2(T) = \alpha^2/\mu_0\beta$$

故有 $\beta > 0$；而由(9.2-39)式可知，必有 $\alpha < 0$。在有外磁场情形，超导体自由能密度 g_{sH} 按序参量 ψ 的展开式应为

$$g_{sH} = g_\mathrm{n} + \alpha|\psi|^2 + \frac{\beta}{2}|\psi|^4 + \frac{1}{2m^*}|(-\mathrm{i}\hbar\nabla + e^*\boldsymbol{A})\psi|^2 + \frac{1}{2}\mu_0 H^2 \tag{9.2-41}$$

式中 m^* 和 e^* 为超导电子的有效质量和等效电荷；$\boldsymbol{A}$ 为磁场矢势，$\nabla \times \boldsymbol{A} = \boldsymbol{B}$。上式中的第四项为有矢势时超导电子对动能密度的贡献。

金兹堡利用超导体平衡态下自由能密度为极小的条件，对含有序参量 ψ 和磁矢势 $\boldsymbol{A}$ 的自由能密度 g_{sH} 求变分，并令其等于零，得到序参量 ψ 满足的两个方程，即金兹堡-朗道(G-L) 方程。

G-L 第一方程为

$$\frac{1}{2m^*}(\mathrm{i}\hbar\nabla - e^*\boldsymbol{A})^2\psi + \alpha\psi + \beta|\psi|^2\psi = 0$$

或改写成

$$\left[\frac{1}{2m^*}(-\mathrm{i}\hbar\boldsymbol{\nabla}+e^*\boldsymbol{A})^2 + \beta\mid\psi\mid^2 \right]\psi = -\alpha\psi \qquad (9.2\text{-}42)$$

G-L 第二方程为

$$\boldsymbol{j} = \frac{\mathrm{i}\hbar e^*}{2m^*}(\psi\boldsymbol{\nabla}\psi^* - \psi^*\boldsymbol{\nabla}\psi) - \frac{e^{*2}}{m^*}\mid\psi\mid^2\boldsymbol{A} \qquad (9.2\text{-}43)$$

对比量子力学中描写微观粒子运动状态的薛定谔方程和电流密度的表达式

$$\left[-\frac{\hbar^2}{2m}\boldsymbol{\nabla}^2 + U(\boldsymbol{r}) \right]\psi = E\psi \qquad (9.2\text{-}44)$$

$$\boldsymbol{j} = \frac{\mathrm{i}\hbar e}{2m}(\psi\boldsymbol{\nabla}\psi^* - \psi^*\boldsymbol{\nabla}\psi) \qquad (9.2\text{-}45)$$

可见 G-L 方程与之十分相似。G-L 方程中的序参量 ψ 类似于薛定谔方程中的粒子波函数，这就是超导序参量 ψ 亦称为超导电子的有效波函数的原因。

G-L 理论是描写超导状态的有效工具。在伦敦方程中认为超导电子数密度 n_s 仅仅与温度 T 有关；而在这里，认为 n_s 不仅与温度 T 有关，而且还与空间位置 $\boldsymbol{r}$ 以及外磁场（即磁矢势 $\boldsymbol{A}$）有关，这比伦敦理论前进了一大步。

利用 G-L 方程也可以解释零电阻、低场下的迈斯纳效应以及磁通量子化等现象。

1. 迈斯纳效应

在弱磁场下，序参量 ψ 在空间的变化缓慢，可以近似地取 $\mid\psi(\boldsymbol{r})\mid^2 = \mid\psi_0\mid^2$，将序参量定义 $\psi = \mid\psi\mid\mathrm{e}^{\mathrm{i}\theta}$ 代入 G-L 第二方程 $\boldsymbol{j}$ 的表达式，得到

$$\boldsymbol{j} = \frac{e^*\mid\psi\mid^2}{m^*}(\hbar\boldsymbol{\nabla}\theta - e^*\boldsymbol{A}) \qquad (9.2\text{-}46)$$

对上式两边取旋度，注意 $\boldsymbol{\nabla}\theta$ 的旋度为零，得

$$\boldsymbol{\nabla}\times\boldsymbol{j} = -\frac{e^{*2}\mid\psi_0\mid^2}{m^*}\boldsymbol{\nabla}\times\boldsymbol{A} = -\frac{e^{*2}\mid\psi_0\mid^2}{m^*}\boldsymbol{B} \qquad (9.2\text{-}47)$$

由(9.2-34)式可见，此即伦敦第二方程，由此不难解释迈斯纳效应。

2. 超导环的磁通量子化

由(9.2-46)式可以得到

$$\boldsymbol{A} = -\frac{m^*}{e^{*2}\mid\psi\mid^2}\boldsymbol{j} + \frac{\hbar}{e^*}\boldsymbol{\nabla}\theta \qquad (9.2\text{-}48)$$

在超导环中取一包含环孔的闭合回路 C，对上式两边沿此回路积分，得到

$$\oint_C \boldsymbol{A}\cdot\mathrm{d}\boldsymbol{l} = \oint_C -\frac{m^*}{e^{*2}\mid\psi\mid^2}\boldsymbol{j}\cdot\mathrm{d}\boldsymbol{l} + \frac{\hbar}{e^*}\oint_C\boldsymbol{\nabla}\theta\cdot\mathrm{d}\boldsymbol{l} \qquad (9.2\text{-}49)$$

上式左边积分化为

$$\oint_C \boldsymbol{A} \cdot \mathrm{d}\boldsymbol{l} = \int_S (\boldsymbol{\nabla} \times \boldsymbol{A}) \cdot \mathrm{d}\boldsymbol{S} = \int_S \boldsymbol{B} \cdot \mathrm{d}\boldsymbol{S} = \Phi \tag{9.2-50}$$

这里利用了线积分与面积分转换的斯托克斯公式。S 是闭合回路 C 包围的任一曲面，Φ 是穿过此超导环的磁通量。因为(9.2-49)式的右边第一项环路积分的路径可以任意选取，只要超导环的厚度远大于穿透深度 λ，可将 C 选在离表面距离大于穿透深度处，则该环路上的 $j = 0$，因而第一项积分为零；剩下的第二项是序参量的位相梯度沿环路的积分。

由于序参量 ψ 的单值性，在任一点如位相变化 2π 的整数倍，ψ 值不变。故有

$$\oint_C \boldsymbol{\nabla} \theta \cdot \mathrm{d}\boldsymbol{l} = \pm n 2\pi \quad (n = 0, 1, 2, \cdots) \tag{9.2-51}$$

所以得到

$$\Phi = \frac{\hbar}{e^*} \oint_C \boldsymbol{\nabla} \theta \cdot \mathrm{d}\boldsymbol{l} = \pm n \frac{h}{e^*} = \pm n \frac{h}{2e} = \pm n \Phi_0 \tag{9.2-52}$$

这里将超导电子的等效电荷量用 $2e$ 代入，$e^* = 2e$（参见下面的库柏电子对），e 为电子电量。$\frac{h}{2e} = \Phi_0$ 即磁通量子。

虽说由 G-L 方程和麦克斯韦方程组原则上可以解出超导体在任何磁场下的 ψ 和 $\boldsymbol{A}$，但因其中含有非线性的 $|\psi|^2 \psi$ 项，不仅严格求解困难，连近似求解也十分繁复，这里不予讨论；不过 G-L 方程的求解过程中引入的几个参数和得到的一些结论却对于认识超导体极有帮助。

其一是在弱磁场和 ψ 梯度很小的情况下，得到磁场穿透深度

$$\lambda = \sqrt{\frac{m^*}{\mu_0 |\psi_0|^2 e^{*2}}} \tag{9.2-53}$$

显然，这就是伦敦穿透深度，这里的 $|\psi_0|^2$ 就是超导电子数密度 n_s，只是用等效电荷 e^* 代替 e。

其二是在序参量 ψ 随空间的变化不可忽略情况下，可求得一个超导电子数密度有显著变化的长度范围 ξ，称为超导电子的相干长度。ξ 也是温度 T 的函数，

$$\xi(T) = \xi(0) \sqrt{\frac{T_c}{T_c - T}} \tag{9.2-54}$$

其中 $\xi(0)$ 是 0 K 时超导体的相干长度。

利用穿透深度 λ 和超导电子相干长度 ξ 这两个参量，可以计算在外磁场下正常相和超导相交界处的自由能，即界面能的大小。根据计算出的界面能的正负，可以判定超导体是第一类超导体还是第二类超导体。若界面能为负，则易于生成正常相与超导相的界面，是为第二类超导体；若界面能为正，则不利于生成界面，因而在外磁场下，只能从超导相直接进入正常态，是为第一类超导体。由此引进一个参数 κ，称之为金兹堡-朗道参数，或 G-L 参数，

$$\kappa = \frac{\lambda(T)}{\xi(T)} \tag{9.2-55}$$

当 $\kappa = \dfrac{\lambda}{\xi} < 0.7$ 时，为第一类超导体；当 $\kappa = \dfrac{\lambda}{\xi} > 0.7$ 时，为第二类超导体。表 9.2-2 给出了一些超导体的 G-L 参数。

表 9.2-2　一些超导体的 G-L 参数

超　导　体	κ	超　导　体	κ
Hg	0.163	Ta	0.5
Pb	0.33	Nb	0.9
Sn	0.15	V	1.7
Al	0.015	NbTi	20
In	0.07	Nb_3Sn	45

在外磁场 H 下超导体界面能 σ_{ns} 的计算公式为

$$\sigma_{ns} = \xi \frac{H_c^2}{2} - \lambda \frac{H^2}{2} \tag{9.2-56}$$

这里 H_c 是由(9.2-5)式自由能差得出的临界磁场，也称热力学临界场。其余各参数的意义如前所述。图 9.2-5 为界面能的示意图。

　　(a) 第一类超导体，$\xi > \lambda$　　　　　　(b) 第二类超导体，$\xi < \lambda$

图 9.2-5　超导体的界面能

1957 年阿勃里柯索夫求解 G-L 方程时，得出了超导体内可存在 $B \neq 0$ 的解，因而从理论上说明了第二类超导体的存在。并且，他阐明了磁通格子、涡旋线的理论，从而进一步提高了人们对超导电性的认识。

求解 G-L 方程，还可以得出第二类超导体的上临界场 H_{c2}，

$$H_{c2} = \kappa \sqrt{2} H_c \tag{9.2-57}$$

而且，上、下临界场与热力学临界场间有如下近似关系：

$$H_{c1} H_{c2} \approx H_c^2 \ln \kappa \tag{9.2-58}$$

1959 年，戈尔科夫从 BCS 微观理论出发，也推导出了 G-L 方程。因此，G-L 理论已不再是唯象理论。通常称由 G-L 方程得出的超导理论为 GLAG 理论。

五、BCS　理　论

BCS 理论是巴丁(Bardeen)、库柏(Cooper)、施里弗(Schrieffer)三人共同建立的。BCS 理论完全不像从实验现象出发作出假定或建立模型来解释现象的唯象理论。唯象理论只是

308

解释现象,却没有回答超导态的本质问题,例如什么是超导电子? 超导电性又是怎样形成的? BCS 理论从电子-声子相互作用出发,给出了描述超导电性的完整理论,回答了超导电性的来源和起因。为此,巴丁、库柏和施里弗共享 1972 年度诺贝尔物理学奖。

应该说同位素效应奠定了 BCS 理论的电子-声子机制的实验基础,因为从同位素效应实验得知,当 Mi $\to \infty$ 时,$T_c \to 0$。原子质量 Mi 趋于无穷大时,晶格原子不可能运动,也就没有晶格振动,超导电性也就不可能了。

1. 电子-声子相互作用

电子-声子相互作用可描述为发射声子或吸收声子,这一过程必须满足准动量 p 守恒或波矢 k 守恒,$p = \hbar k$。波矢为 k_1 的电子发射波矢为 q 的声子,自身波矢变为 k_1' 的过程如图9.2-6(a)所示,满足

$$k_1 = k_1' + q$$

同理,图 9.2-6(b)的过程满足

$$k_2 + q = k_2'$$

表示波矢为 k_2 的电子吸收一个波矢为 q 的声子而变为波矢 k_2' 的电子。如果一个波矢为 k_1 的电子发射的声子又为波矢为 k_2 的电子所吸收,则过程如图 9.2-6(c)。

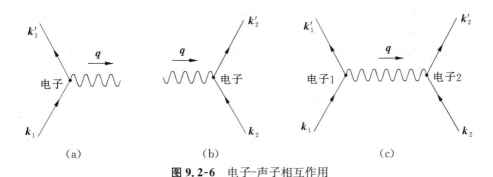

图 9.2-6 电子-声子相互作用

BCS 理论的核心——超导电流的载体,即构成无电阻电流的超导电子——库柏对就是在一定条件下通过电子-声子相互作用而由两个电子相互吸引构成的,如图 9.2-6(c)所示。其中的发射声子和吸收声子过程都须满足准动量守恒,而在整个过程的初态与末态间,准动量也是守恒的,因为

$$p_1 + p_2 = p_1' + p_2' \tag{9.2-59}$$

至于能量,虽然在初态和末态间也满足守恒条件,

$$E_1 + E_2 = E_1' + E_2' \tag{9.2-60}$$

式中 E_1、E_2 分别表示发射声子前两个电子的能量,E_1'、E_2' 为吸收声子后两个电子的能量;但在初态和中间态以及中间态和末态之间则不然,如果中间态的寿命很短,则根据量子力学的测不准关系 $\Delta E \Delta t \geqslant \hbar$,即在发射和吸收声子的过程中,能量不一定守恒。这种能量不守恒的过程称为虚过程,产生的声子称为虚声子。理论计算表明凡是

$$E_1 - E_1' = E_2' - E_2 > \hbar \omega \tag{9.2-61}$$

的过程,电子间通过声子的发射和吸收而产生的作用是相互排斥的;而凡是

$$E_1 - E_1' = E_2' - E_2 < \hbar\omega \qquad (9.2\text{-}62)$$

的过程,电子间交换声子的作用却是相互吸引的。这里 $\hbar\omega$ 为声子的能量。由于电子之间还存在库仑排斥作用,最终两个电子之间的净相互作用是排斥还是吸引,将取决于电子-声子作用产生的吸引作用是否超过电子之间的库仑排斥作用。当然金属中的电子不同于真空中的自由电子,它们处于晶格正离子的包围之中,因此电子间的库仑排斥受到一定的屏蔽。其结果一是使金属中的库仑力大为减弱,二是使电子间的库仑斥力表现为一种短程作用,只有在短程距离(屏蔽半径约 1 nm)内才有明显影响。

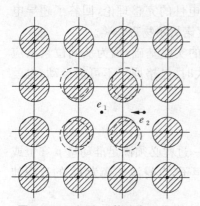

图 9.2-7 电子 e_1 使正离子位移从而吸引另一电子 e_2

·——电子 e_1、e_2

图 9.2-7 为金属中电子间产生相互吸引的物理图像的示意图。

2. 库 柏 电 子 对

1956 年库柏完成了导致超导微观理论成功的关键性的一步。他在对一个简单的双电子模型进行了计算之后指出,只要这两个电子间存在净吸引作用,不论这种作用多么弱,都能形成电子对束缚态。

库柏的模型和方法是:设想在绝对零度下把两个额外的电子加到金属中,假定此金属原有的导电自由电子的费米球并未因这两个额外电子的引入而发生变化,它们只是形成了安稳的"费米海"背景。由于泡利原理的限制,这两个电子只能去占据波矢 $|\mathbf{k}| > |\mathbf{k}_F|$ 的状态。这样,多体问题(金属中很多的电子再加上外来的两个电子)就化为二体问题。再假定在这两个额外电子之间存在着净吸引作用,然后根据电子服从费米统计建立起双电子波函数,再由量子力学的波动方程求解其能量本征值。

下面我们即来证明上述情况下两个电子会形成能量更低的束缚态的结论。

这里略去与时间的关系,只考虑定态薛定谔方程的解。设以 $\mathbf{r}_1$、$\mathbf{r}_2$ 分别代表两个额外的电子 1 和 2 的坐标。E_1 和 $E_2 (\approx E_F)$ 为相应的电子能量,两电子间的相互作用势能为 V。为简单起见,假定该二电子系统的质心坐标是静止的,相互作用势只与相对坐标 $\mathbf{r}_1 - \mathbf{r}_2$ 有关,即

$$V = V(\mathbf{r}_1 - \mathbf{r}_2) \qquad (9.2\text{-}63)$$

因此,系统的波函数也只依赖于两个电子的相对坐标,

$$\psi(\mathbf{r}_1, \mathbf{r}_2) = \psi(\mathbf{r}_1 - \mathbf{r}_2) \qquad (9.2\text{-}64)$$

这样二电子系统的哈密顿算符可表为

$$\hat{H} = -\frac{\hbar^2}{2m}\nabla_1^2 - \frac{\hbar^2}{2m}\nabla_2^2 + V(\mathbf{r}_1 - \mathbf{r}_2) \qquad (9.2\text{-}65)$$

由于现在我们关心的是体系的最低能量状态,而波矢 $\mathbf{K} = \mathbf{k} + \mathbf{k}'$ 描述的是两个波矢分别为 $\mathbf{k}$ 与 $\mathbf{k}'$ 的自由电子的质心的运动,最低能量状态对应于质心静止,即 $\mathbf{K} = 0$,

$\boldsymbol{k}' = -\boldsymbol{k}$。如此,注意到 $\psi(\boldsymbol{r}_1 - \boldsymbol{r}_2)$ 可以用两个电子所有平面波波函数的乘积 $e^{i\boldsymbol{k}\cdot\boldsymbol{r}_1} \cdot e^{i\boldsymbol{k}'\cdot\boldsymbol{r}_2}$ 展开,便可得如下表达式:

$$\psi(\boldsymbol{r}_1 - \boldsymbol{r}_2) = \sum_{\boldsymbol{k}} g(\boldsymbol{k}) e^{i\boldsymbol{k}\cdot(\boldsymbol{r}_1 - \boldsymbol{r}_2)} \tag{9.2-66}$$

其中 $g(\boldsymbol{k})$ 是一个电子的准动量为 $\hbar\boldsymbol{k}$,另一个电子的准动量为$(-\hbar\boldsymbol{k})$的几率振幅,将上式代入定态薛定谔方程得到

$$-\frac{\hbar^2}{2m}[\nabla_1^2 + \nabla_2^2]\psi(\boldsymbol{r}_1 - \boldsymbol{r}_2) + V(\boldsymbol{r}_1 - \boldsymbol{r}_2)\psi(\boldsymbol{r}_1 - \boldsymbol{r}_2) = (E + 2E_F)\psi(\boldsymbol{r}_1 - \boldsymbol{r}_2)$$
$$\tag{9.2-67}$$

为方便计,这里将体系能量 E 相对于 $2E_F$ 量度,故本征能量写作 $E + 2E_F$。利用

$$\nabla_i^2\psi = -\sum_{\boldsymbol{k}} k^2 g(\boldsymbol{k}) e^{i\boldsymbol{k}\cdot(\boldsymbol{r}_1 - \boldsymbol{r}_2)} \quad (i = 1,\, 2) \tag{9.2-68}$$

得到

$$\frac{\hbar^2}{m}\sum_{\boldsymbol{k}} k^2 g(\boldsymbol{k}) e^{i\boldsymbol{k}\cdot(\boldsymbol{r}_1 - \boldsymbol{r}_2)} + \sum_{\boldsymbol{k}} V(\boldsymbol{r}_1 - \boldsymbol{r}_2) g(\boldsymbol{k}) e^{i\boldsymbol{k}\cdot(\boldsymbol{r}_1 - \boldsymbol{r}_2)} = \sum_{\boldsymbol{k}} (E + 2E_F) g(\boldsymbol{k}) e^{i\boldsymbol{k}\cdot(\boldsymbol{r}_1 - \boldsymbol{r}_2)}$$
$$\tag{9.2-69}$$

两边乘上 $e^{-i\boldsymbol{k}'\cdot(\boldsymbol{r}_1 - \boldsymbol{r}_2)}$ 再对整个体系的体积 Ω 积分:

$$\frac{1}{\Omega}\int d\Omega \left\{ \frac{\hbar^2}{m}\sum_{\boldsymbol{k}} k^2 g(\boldsymbol{k}) e^{i\boldsymbol{k}\cdot(\boldsymbol{r}_1 - \boldsymbol{r}_2)} e^{-i\boldsymbol{k}'\cdot(\boldsymbol{r}_1 - \boldsymbol{r}_2)} + \sum_{\boldsymbol{k}} V(\boldsymbol{r}_1 - \boldsymbol{r}_2) g(\boldsymbol{k}) e^{i\boldsymbol{k}\cdot(\boldsymbol{r}_1 - \boldsymbol{r}_2)} e^{-i\boldsymbol{k}'\cdot(\boldsymbol{r}_1 - \boldsymbol{r}_2)} \right\}$$
$$= \frac{1}{\Omega}\int d\Omega \left\{ \sum_{\boldsymbol{k}} (E + 2E_F) g(\boldsymbol{k}) e^{i\boldsymbol{k}\cdot(\boldsymbol{r}_1 - \boldsymbol{r}_2)} e^{-i\boldsymbol{k}'\cdot(\boldsymbol{r}_1 - \boldsymbol{r}_2)} \right\} \tag{9.2-70}$$

利用平面波的正交归一性:

$$\frac{1}{\Omega}\int e^{-i\boldsymbol{k}'\cdot\boldsymbol{r}} e^{i\boldsymbol{k}\cdot\boldsymbol{r}} d\Omega = \begin{cases} 1 & (\boldsymbol{k} = \boldsymbol{k}') \\ 0 & (\boldsymbol{k} \neq \boldsymbol{k}') \end{cases} \tag{9.2-71}$$

得到

$$\frac{\hbar^2 k'^2}{m} g(\boldsymbol{k}') + \frac{1}{\Omega}\int \sum_{\boldsymbol{k}} V(\boldsymbol{r}_1 - \boldsymbol{r}_2) g(\boldsymbol{k}) e^{i\boldsymbol{k}\cdot(\boldsymbol{r}_1 - \boldsymbol{r}_2) - i\boldsymbol{k}'\cdot(\boldsymbol{r}_1 - \boldsymbol{r}_2)} d\Omega = (E + 2E_F) g(\boldsymbol{k}')$$
$$\tag{9.2-72}$$

利用在距费米球表面 $\pm\hbar\omega_D$ 层内的电子才有吸引作用的条件(参与电子相互作用的声子的最大能量为 $\hbar\omega_D$,$\omega_D = k_B\Theta_D/\hbar$,$\Theta_D$ 为德拜温度),且假定电子间的吸引势 $V(\boldsymbol{r}_1 - \boldsymbol{r}_2)$ 满足如下条件

$$\frac{1}{\Omega}\int V(\boldsymbol{r}_1 - \boldsymbol{r}_2) e^{i(\boldsymbol{k} - \boldsymbol{k}')\cdot(\boldsymbol{r}_1 - \boldsymbol{r}_2)} d\Omega = \begin{cases} -V & \left(E_F - \hbar\omega_D \leqslant \dfrac{\hbar^2 k^2}{2m},\ \dfrac{\hbar^2 k'^2}{2m} \leqslant E_F + \hbar\omega_D \right) \\ 0 & (\boldsymbol{k},\, \boldsymbol{k}' \text{ 为其他值}) \end{cases}$$
$$\tag{9.2-73}$$

这里设 $V > 0$。于是,(9.2-72)式变为

$$\frac{\hbar^2 k'^2}{m} g(\boldsymbol{k}') - V \sum_{\boldsymbol{k}} g(\boldsymbol{k}) = (E + 2E_F) g(\boldsymbol{k}')$$

或

$$\left(\frac{\hbar^2 k'^2}{m} - E - 2E_F\right) g(\boldsymbol{k'}) = V \sum_{\boldsymbol{k}} g(\boldsymbol{k}) \tag{9.2-74}$$

注意上式中 $\boldsymbol{k}$ 的求和范围为

$$E_F - \hbar\omega_D \leqslant \frac{\hbar k^2}{2m} \leqslant E_F + \hbar\omega_D \tag{9.2-75}$$

因(9.2-74)式

$$g(\boldsymbol{k'}) = \frac{V \sum\limits_{\boldsymbol{k}} g(\boldsymbol{k})}{\frac{\hbar^2 k'^2}{m} - E - 2E_F} \tag{9.2-76}$$

将上式对 $\boldsymbol{k'}$ 求和,范围同(9.2-75)式所示,则得

$$\sum_{\boldsymbol{k'}} g(\boldsymbol{k'}) = \sum_{\boldsymbol{k'}} \frac{V \sum\limits_{\boldsymbol{k}} g(\boldsymbol{k})}{\frac{\hbar^2 k'^2}{m} - E - 2E_F} \tag{9.2-77}$$

因全部几率相加为1,得到

$$1 = V \sum_{\boldsymbol{k'}} \frac{1}{\frac{\hbar^2 k'^2}{m} - E - 2E_F} \tag{9.2-78}$$

为简便计,略去波矢值上的撇号,即将 k' 用 k 代替,并令

$$\varepsilon = \frac{\hbar^2 k^2}{2m} - E_F$$

将对波矢 $\boldsymbol{k}$ 的求和变为倒空间的积分,

$$\frac{1}{\Omega} \sum_{\boldsymbol{k}} \rightarrow \frac{1}{(2\pi)^3} \int 4\pi k^2 \mathrm{d}k \tag{9.2-79}$$

并引入自由电子状态密度 $N(\varepsilon)$(即第四章中的 $g(E)$):

$$N(\varepsilon) \mathrm{d}\varepsilon = \frac{4\pi k^2 \mathrm{d}k}{(2\pi)^3} \tag{9.2-80}$$

可将对波矢 $\boldsymbol{k}$ 的积分转变为对能量 ε 的积分,从而(9.2-78)式可化为

$$1 = V \int_0^{\hbar\omega_D} \frac{N(\varepsilon)}{2\varepsilon - E} \mathrm{d}\varepsilon \tag{9.2-81}$$

通常 $\hbar\omega_D \ll E_F$,因此积分区间局限在费米能级附近很小的能量范围,故能量为 ε 的电子态密度可近似地以费米面上的态密度 $N(0)$ 来代替,注意这里已把能量零点放在费米面上,故从(9.2-81)式可得到

$$1 = \frac{V N(0)}{2} \ln\left[\frac{2\hbar\omega_D - E}{-E}\right] \tag{9.2-82}$$

如果电子间的吸引势足够弱,满足

312

$$VN(0) \ll 1 \tag{9.2-83}$$

则有

$$\ln\left(\frac{2\hbar\omega_D - E}{-E}\right) = \frac{2}{VN(0)} \gg 1 \tag{9.2-84}$$

于是

$$\frac{2\hbar\omega_D - E}{-E} \approx \frac{2\hbar\omega_D}{-E} = e^{2/VN(0)} \tag{9.2-85}$$

故有

$$E = -2\hbar\omega_D e^{-2/VN(0)} \tag{9.2-86}$$

由于 $\hbar\omega_D > 0$，所以此处 $E < 0$。故此二电子系统在费米海背景下的总能量为

$$2E_F + E = 2E_F - 2\hbar\omega_D e^{-2/VN(0)} \tag{9.2-87}$$

上式说明，这两个电子通过电子-声子的净吸引作用，系统的能量确实比两个孤立电子要低，正是这个比原先为低的能量构成了两电子的束缚态，把两个电子束缚在一起，组成电子对——库柏对。每对电子降低的能量为 $2\hbar\omega_D e^{-2/VN(0)}$，这个能量称为一对电子的凝聚能。

下面我们来分析金属中哪些电子可以构成库柏电子对。首先，我们说过，一定是那些费米球表面附近，即 $E \approx E_F$ 的电子。在费米球内部的电子基本不参与。由于它们是通过与能量为 $\hbar\omega$ 的声子发生作用，其相应的能量范围应在 $E_F \pm \hbar\omega$ 之内。参加相互吸引的电子，由于要满足准动量守恒 $\boldsymbol{p}_1 + \boldsymbol{p}_2 = \boldsymbol{p} = \boldsymbol{p}'_1 + \boldsymbol{p}'_2$ 的条件，它们必定是如图 9.2-8 所示的在两个费米球壳层的交叉部(图中阴影区)的电子。这里 $\boldsymbol{p} = \hbar\boldsymbol{k}$ 代表波矢为 $\boldsymbol{k}$ 的电子的准动量。如果这些电子满足 $\boldsymbol{p}_i + \boldsymbol{p}_j = 0$ 的条件，即两个费米球重合时，则整个费米球厚度为 $\hbar\omega_D$ 的球壳内的电子都可以参加到这种吸引中来，此时的电子产生吸引的可能性，即构成电子对的可能性最大。这就是库柏电子对需要满足的第二个基本条件。另外，根据泡利不相容原理，处于同一能级上的电子只能是自旋相反的，即配对的电子其自旋应当为 $\frac{1}{2}\hbar$ 和 $-\frac{1}{2}\hbar$。由此我们得出了组成库柏电子对的条件：

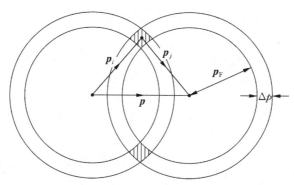

图 9.2-8 两个半径为 p_F，厚度 $\Delta p = (m\hbar\omega_D / p_F)$ 的球壳，它们的中心相距为矢量 $\boldsymbol{p}$此图具有绕矢量 $\boldsymbol{p}$ 的旋转对称。所有能满足关系式 $\boldsymbol{p}_i + \boldsymbol{p}_j = \boldsymbol{p}$ 的 $\boldsymbol{p}_i$ 和 $\boldsymbol{p}_j$ 动量对都可以用此图形绘出。动量对的数目与图中阴影所示的 $\boldsymbol{p}$ 空间中环的体积成正比，图中阴影区即为此环在纸面上的截面。当 $\boldsymbol{p} = 0$ 时，这个体积有一尖锐的极大值

(1) 距费米能级 E_F 为 $\hbar\omega_D$ 能量范围内的电子。

(2) 满足 $\boldsymbol{p}_1 + \boldsymbol{p}_2 = 0$，即准动量大小相等、方向相反的电子。

(3) 一个自旋向上，一个自旋向下。

由此可见，库柏电子对的电荷量为 $2e$，质量是 $2m$。但由于这些电子是在金属中，应取其有效质量，只是人们仍习惯于把它写成 m。库柏电子对的动量 $\boldsymbol{p} = 0$。

电子结成库柏电子对后所以不产生电阻也正是因为库柏电子对在形成电流的定向运动中总动量始终保持不变，因此总的能量在运动中也没有变化；也就是说，电子对不受晶格振动的散射，没有能量损失，于是也就没有了电阻。也可以这样理解：电子对中一个电子如果因声子散射产生能量损失，则会通过另一配对的电子与声子的作用将损失的能量补回来，以使总能量保持不变。

3. BCS 基态、能隙

巴丁、库柏和施里弗在库柏的费米海背景下两个电子构成束缚态的计算基础上对整个多电子系统进行了理论计算。计算结果得到：超导态比正常态的电子系统处于能量更低的状态。由于计算过于复杂，超出本书内容范围，这里只给出其结果。

$T = 0\,\mathrm{K}$ 时，

$$E_0 = E_N - \frac{1}{2} N(E_F)\Delta^2 \tag{9.2-88}$$

这里，E_0 为 0 K 时处于超导态的电子系统的能量，也称为 BCS 基态。E_N 为 0 K 下，处于正常态的电子系统的能量。$N(E_F)$ 是费米能级处的电子态密度。式中的 Δ 是一个重要的物理参量，称为超导体的能隙。在 $N(E_F)V \ll 1$ 的弱相互作用情形，

$$\Delta \approx 2\hbar\omega_D e^{-\frac{1}{N(E_F)V}} \tag{9.2-89}$$

(9.2-88)式可改写成

$$E_N - E_0 = \left[\frac{1}{2}N(E_F)\Delta\right]\Delta \tag{9.2-90}$$

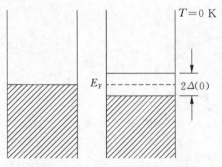

图 9.2-9　正常态与超导态的能谱

其中 $E_N - E_0$ 是 0 K 下电子系统的正常态和超导态的能量差，也称为绝对零度下的凝聚能。(9.2-90)式右边中括号内的项恰好可看作是构成凝聚能的电子对的数目，而括号外的 Δ 正是每个电子对对凝聚能的贡献。(9.2-90)式说明超导态的基态处于 E_F 能级以下 Δ 处，且表示在 E_F 之下 Δ 的能量范围内不存在电子状态。图 9.2-9 给出了超导态的基态与正常态能级的比较。

分析证明，拆散一对库柏电子对使之变为两个准动量分别为 $\boldsymbol{p}_i$ 和 $\boldsymbol{p}_j$ 的电子，所需要的能量为

$$E = E_i + E_j = \sqrt{\left(\frac{\boldsymbol{p}_i^2}{2m} - E_F\right)^2 + \Delta^2} + \sqrt{\left(\frac{\boldsymbol{p}_j^2}{2m} - E_F\right)^2 + \Delta^2} \tag{9.2-91}$$

由此得出,拆散一个电子对所需的最低能量为 2Δ。

需要特别指出的是,凝聚后的电子对,其总的自旋为零。因此表现超导行为的电子对(所谓超导电子)已经不再是费米子,而成为玻色子,不再服从费米分布。超导电子对可以全部凝聚在比 E_F 低 Δ 的能级上。由此可见,整个金属体系的电子状态密度的分布起了明显的变化,在凝聚的能级处,即超导基态的最高能级位置处(0 K 下比正常态金属的费米能级 E_F 低 Δ),存在着大量的电子对占有态。超导态下的电子态密度分布如图 9.2-10(b)所示。

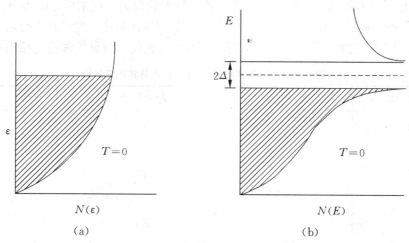

图 9.2-10   正常态和超导态的态密度

4. 临界温度 T_c

当温度不等于零时,由于热运动的影响,超导体不再处于 BCS 基态。温度升高激发出了相当数量的正常电子,构成库柏电子对的数目也相应减少。同时,凝聚能有所下降,Δ 值也会减小。BCS 理论证明能隙 Δ 与温度的关系满足下列方程:

$$\frac{1}{N(E_F)V} = \int_0^{\hbar\omega_D} \frac{1}{\sqrt{\varepsilon^2 + \Delta^2(T)}} \tan h\left(\frac{\sqrt{\varepsilon^2 + \Delta^2(T)}}{2k_B T}\right) d\varepsilon \qquad (9.2\text{-}92)$$

其中各物理量的意义如前。

当 $T = T_c$ 时,超导态变为正常态,凝聚能消失,因此 $\Delta(T_c) = 0$,所以有

$$\frac{1}{N(E_F)V} = \int_0^{\hbar\omega_D} \frac{\tan h\left(\frac{\varepsilon}{2k_B T_c}\right)}{\varepsilon} d\varepsilon \qquad (9.2\text{-}93)$$

利用积分公式

$$\int_0^a \frac{\tan hx}{x} dx = \ln 2a + \ln 1.13 \qquad (9.2\text{-}94)$$

从(9.2-93)式可得到

$$k_B T_c = 1.13\,\hbar\omega_D e^{-\frac{1}{N(E_F)V}} \qquad (9.2\text{-}95)$$

将上式与 0 K 下导出的凝聚能或能隙表达式(9.2-89)比较,可得到

$$\Delta(0) = 1.76 k_B T_c$$

或写作

$$2\Delta(0)/k_B T_c = 3.53 \tag{9.2-96}$$

能隙 $\Delta(0)$ 的值可以用实验方法测得，T_c 也可从实验测得，因此可以用实验来验证 BCS 理论的正确性。

大多数元素超导体的 T_c 实验值与 BCS 理论的推算十分吻合（参见表 9.2-3），只有 Hg 和 Pb 的 $2\Delta(0)$ 对 $k_B T_c$ 的比值与 3.53 的结果有较大的偏离。这主要是因为 BCS 理论只适用于弱电子-声子相互作用，对于强的电子-声子相互作用体系这一理论并不合适。图 9.2-11 给出了超导体归一化的 $\Delta(T)$ 与 T 关系的理论和实验比较。可见该理论是相当成功的。

表 9.2-3　隧道实验测定的一些超导体的 $2\Delta(0)$

超 导 体	$2\Delta(0)/k_B T_c$	超 导 体	$2\Delta(0)/k_B T_c$
Sn	3.46 ± 0.01	Ta	3.60
	3.10 ± 0.05		3.5
	3.51 ± 0.18		3.65
Al	4.2 ± 0.6	Tl	3.57
	2.5 ± 0.3		3.9
	3.37 ± 0.1		
In	3.63 ± 0.1	Zn	$3.2 \pm$
	3.45 ± 0.07		
	3.61		
V	3.4	Hg(α)	$4.6 \pm$
Nb	3.84 ± 0.06	Pb	4.29
	3.6		4.38

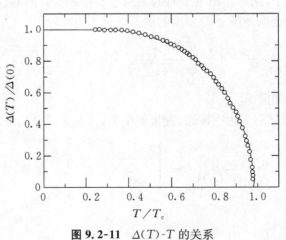

图 9.2-11　$\Delta(T)$-T 的关系
○——实验值，　实线——BCS 理论

BCS 理论从微观上解决了超导电性的起因，给众多实验规律作出了合理的解释。

5. 相 干 长 度

构成库柏电子对的电子间的相互吸引作用范围或在空间的库柏电子对的延伸距离称为

关联长度,即相干长度,是另一感兴趣的问题,现在利用测不准关系

$$\Delta x \Delta p_x > \hbar \tag{9.2-97}$$

对此作粗略估计。

设库柏电子对的关联长度为 ξ,则有

$$\xi \approx \frac{\hbar}{\Delta p_x} \tag{9.2-98}$$

这里 Δp_x 为组成库柏对的电子的动量差,其值可以从费米球表面的能隙范围内的能量差来估计:

$$\Delta p_x = p_F \cdot \frac{1}{2} \frac{2\Delta}{E_F} \tag{9.2-99}$$

0 K 时的费米能量为

$$E_F = \frac{p_F^2}{2m} = \frac{h^2}{8m} \left(\frac{3n}{\pi} \right)^{2/3} \tag{9.2-100}$$

其中 n 是该金属中的电子数密度,如 4.2 节所述 E_F 常为几个电子伏数量级。

利用 BCS 理论推导的结果 $\frac{2\Delta(0)}{k_B T_c} = 3.53$,如以 $T_c = 1\,\mathrm{K}$ 代入,则 2Δ 在 10^{-4} eV 量级。

从(9.2-99)式可得到

$$\frac{\Delta p_x}{p_F} = \frac{1}{2} \frac{2\Delta}{E_F} \approx 10^{-4} \tag{9.2-101}$$

于是

$$\xi \approx \frac{\hbar}{\Delta p_x} = \frac{\hbar}{10^{-4} p_F} \approx 10^{-4} \,(\mathrm{cm}) \tag{9.2-102}$$

另一方面,我们可从参与超导凝聚的电子的密度求出电子对的平均距离。由前所述,参与凝聚的电子数为距费米球表面 Δ 范围内的电子,所以由(9.2-96)式,若取 $n = 10^{22}/\mathrm{cm}^3$,参与凝聚的电子数密度为

$$n' \approx nk_B T_c/E_F \approx n \cdot 10^{-4} = 10^{18} \,(\mathrm{cm}^{-3}) \tag{9.2-103}$$

由此得到电子对的几何尺寸为

$$d \approx \sqrt[3]{\frac{1}{n'}} = 10^{-6} \,(\mathrm{cm}) \tag{9.2-104}$$

由于相干长度为 10^{-4} cm,所以电子对可通过线度为几百个电子对的距离相关联,因此这是一种长程关联。在超导体相干范围 ξ^3 的空间内,库柏对的数目为

$$\xi^3/d^3 = 10^6$$

这也说明了这种电子对间的吸引作用是一种宏观统计的结果。由于关联作用,库柏对的凝聚可从一处延伸到另一处,从而遍及整块超导体,构成了超导电子对的长程有序。其关联作用的延伸可由图 9.2-12 来说明。图中的圆代表直径为相干长度 ξ 的球,球 1 和球 2 有交叠,球 2 和球 3 有交叠。通过这种交叠,

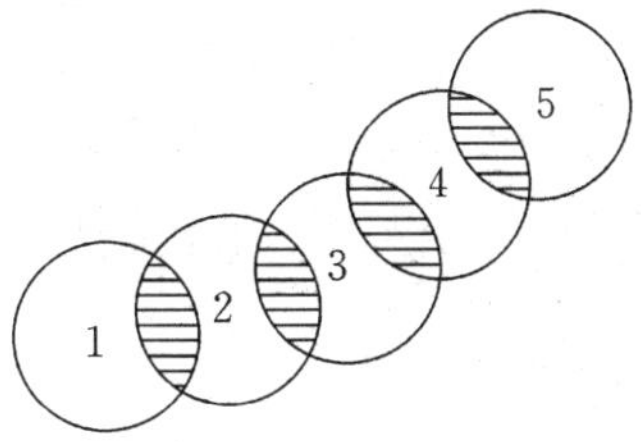

图 9.2-12 超导体电子对的长程关联作用

317

库柏对的凝聚可从球 1 开始，扩展到球 2、球 3、……一直到整个超导体的每一个角落，以至于整块超导体，在没有电流和外磁场情况下，可以用一个统一的电子波函数来描述。

9.3 超导隧道效应

由于超导体中的电子分为正常电子和超导电子两类，超导体中的电子隧道效应也有两类，一类属正常电子，另一类则属库柏电子对。为有别于库柏对，我们这里称正常电子为单电子。

一、单电子隧道效应

一般金属的隧道效应，是由于量子力学中的势垒贯穿所致。假定一个能量为 E 的粒子，沿 x 轴正方向射向一矩形势垒，势垒高度为 U_0（$U_0 > E$），宽度为 d，如图 9.3-1 所示。量子力学给出的粒子穿透势垒的几率为

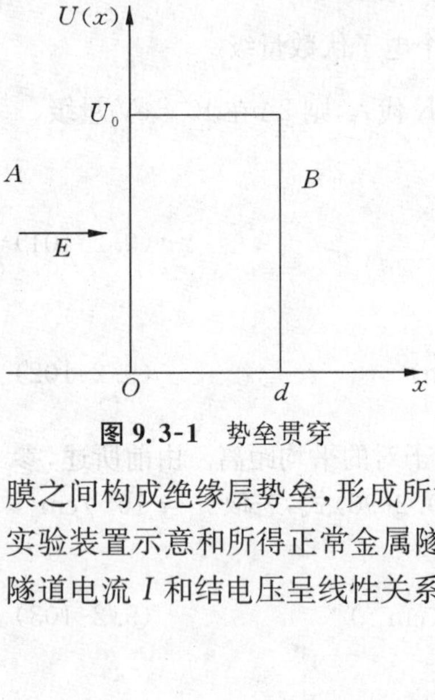

$$P \approx \frac{16E(U_0 - E)}{U_0^2} e^{-\frac{2d}{\hbar}\sqrt{2m(U_0 - E)}} \tag{9.3-1}$$

穿透几率随势垒宽度的增大而指数式地减小。如 $U_0 - E$ 在 1 eV、穿透几率在 10^{-6} 数量级，则相应的势垒宽度 d 也只约为 1 nm。因此，要观察单电子的隧道效应必须势垒层很薄，这在 20 世纪 50 年代还是一件困难的事。1960 年贾埃弗（Giaever）用氧化办法在两层蒸镀的金属膜之间构成绝缘层势垒，形成所谓 N-I-N 隧道结，成功地观察到金属之间的隧道效应。其实验装置示意和所得正常金属隧道结的 I-V 特性见图 9.3-2。当结的偏置电压比较小时，隧道电流 I 和结电压呈线性关系：

图 9.3-1　势垒贯穿

$$I = G_N V = \frac{1}{R_N}V \tag{9.3-2}$$

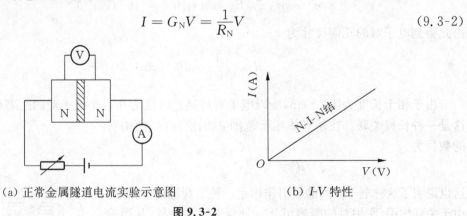

(a) 正常金属隧道电流实验示意图　　　　　　　(b) I-V 特性

图 9.3-2

式中 R_N（有时写作 R_{NN}，表示金属正常状态下的电阻）称为该隧道结的正常电阻。这一关系式可由金属的能带理论予以说明。图 9.3-3 表示正常态金属的电子结构，横线代表被占据

318

的能级。图 9.3-3(a) 中纵坐标为能量 E, 横坐标为态密度 $N(E)$。当 $T = 0$ 开时, 导带电子遵从泡利原理从导带底依次占据各量子态, E_F 即是电子填充的最高能级, $E < E_F$ 的所有本征态完全填满, 而 $E > E_F$ 都是空态。图 9.3-3(b) 则为与图 9.3-3(a) 相对应的 0 K 时电子占据各能级的几率。纵坐标仍为能量 E, 而横坐标则为费米分布函数 $f(E)$。图 9.3-3(c) 为 $T \neq 0$ K 时的 $f(E)$。由于 $T \neq 0$ K 时, E_F 以下的部分电子被热激发而占据了 E_F 以上的电子能级, 故在 E_F 以下的能级出现了空态。低温下热平衡时, 正常金属-绝缘层-正常金属 (N-I-N) 隧道结的电子能级占有图如图 9.3-4 所示, 金属 A 和金属 B 的费米能级处于同一水平。由于单电子隧道过程遵守能量守恒定律及泡利不相容原理, 当 $T = 0$ K, $V = 0$ 时, 隧道结中不可能产生隧道电流。低温下当 $V \neq 0$ 时, 如金属 A 接负电位, 能级占有情形基本如图 9.3-4(b) 所示。此时由 B 流向 A 的净电流如 (8.10-4) 式所示。这里为方便起见改写为

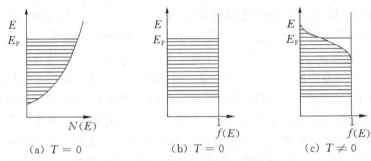

(a) $T = 0$ (b) $T = 0$ (c) $T \neq 0$

图 9.3-3 正常态金属的电子分布

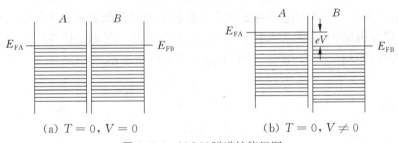

(a) $T = 0, V = 0$ (b) $T = 0, V \neq 0$

图 9.3-4 N-I-N 隧道结能级图

$$I \propto \int T_{AB}(E) N_A(E) N_B(E + eV) [f(E) - f(E + eV)] \mathrm{d}E \tag{9.3-3}$$

式中 N_A 与 N_B 分别为金属 A 和金属 B 中的电子的状态密度。当隧道结两端的偏置电压 V 较小时, 考虑到费米能级附近的态密度变化缓慢, 可以认为

$$N_A(E) \approx N_A(E_F)$$

$$N_B(E + eV) \approx N_B(E_F)$$

其中 $N_A(E_F)$、$N_B(E_F)$ 表示金属 A、B 中费米能级处的态密度。于是, (9.3-3) 式变为

$$I = D N_A(E_F) N_B(E_F) \int [f(E) - f(E + eV)] \mathrm{d}E \tag{9.3-4}$$

式中 D 为与 T_{AB}、样品尺寸等有关的常数。当 V 很小时, 费米分布函数可以展开,

$$f(E) - f(E + eV) = -eV \frac{\mathrm{d}f}{\mathrm{d}E} \tag{9.3-5}$$

当 $T = 0\,\mathrm{K}$ 时，$-\frac{\mathrm{d}f}{\mathrm{d}E}$ 为 δ 函数；而若温度不太高，$-\frac{\mathrm{d}f}{\mathrm{d}E}$ 也可以近似地认为是 δ 函数，如图 8.10-3 所示。于是 (9.3-4) 式积分后变为

$$I = DN_A(E_F)N_B(E_F)eV \tag{9.3-6}$$

因而得到

$$G_N = \frac{I}{V} = DN_A(E_F)N_B(E_F)e = \frac{1}{R_N} = 常数 \tag{9.3-7}$$

因此，N-I-N 隧道结在温度较低，偏置电压较小时，I 和 V 呈线性关系。

当涉及超导体时，如低于转变温度，正常电子要配对凝聚。在 $T = 0\,\mathrm{K}$，构成库柏对的电子全部凝聚到 E_F 以下 Δ 处的能级 L（即基态）上。当 $T > 0\,\mathrm{K}$ 时，会有一些超导电子对被热激发到比 L 能级高的能级上去。一个库柏对被拆散成两个单电子。由于材料中的单电子也是准粒子，也称受激准粒子。拆散一个电子对所需要的最小能量为 2Δ，因而折合到每一个"受激准粒子"所需的最小受激能量为 Δ。超导体中这种受激准粒子的行为与超导电子对的行为截然不同，而类似于正常电子的行为。它们是费米子，服从费米-狄拉克分布，遵守泡利不相容原理。在这个意义上来讲，这种准粒子可称作正常电子或单电子，但严格来说，它们又不同于正常电子或单电子。它们是由库柏对因热激发或其他形式（如吸收光子）激发而生成的，这种准粒子必须成对存在。拆散一对库柏对所需的能量如前所述，最小为 2Δ。因此，人们参照半导体中电子能级的表示法，把超导体中这种准粒子的能级占有状态画成如图 9.3-5 所示。在 $T = 0\,\mathrm{K}$ 时电子对受激生成准粒子的最低能级是在 E_F 能级以上 Δ 处，在 E_F 的上下 Δ 能量范围内（即能隙 2Δ），不允许电子态存在。图中的横线区是已经为电子填充了的占有态区，空白处是未占区。图示的电子态密度可表示为

$$N(E) = \begin{cases} N(0)\left|\dfrac{E}{\sqrt{E^2 - \Delta^2}}\right| & (|E| > \Delta) \\ 0 & (|E| < \Delta) \end{cases} \tag{9.3-8}$$

此处，将能量的零点移在费米能级处，在 $|E| = \Delta$ 时，电子态密度 $N(\Delta) \to \infty$。图 9.3-5(b) 为图 9.3-5(a) 在 E_F 附近能量坐标的放大图，除 $E = \pm\Delta$ 附近处，状态密度随能量的变化不明显。$T \neq 0\,\mathrm{K}$ 时一部分库柏对因热激发而解体，如图 9.3-5(c) 所示。

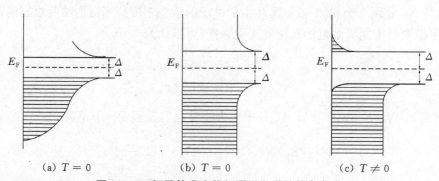

图 9.3-5 超导体费米能级附近电子的状态密度

现在利用上述模型来定性地考察由超导金属与正常金属构成的隧道结(S-I-N)的 I-V 特性。

我们只讨论 $T = 0$ K 时 S-I-N 结的准粒子或单电子隧道效应。用上述模型表示的不同结电压下的能级图和 I-V 特性如图 9.3-6 所示。此处,左侧金属 A 处于超导态,其能隙之下的电子态全部填满,能隙以上全是空态。右侧金属 B 为正常金属,在费米能级 E_F 以下的电子态也全部填满,E_F 以上的电子态全部出空。当偏置电压 $V = 0$ 时,左右两侧的费米能级处于同一高度,即 $E_{FA} = E_{FB}$,无电流流过。当 $0 < V < \dfrac{\Delta}{e}$ 时,受泡利原理的制约,不可能产生隧道电流,如图 9.3-6(c) 的水平线所示。当偏置电压达到和刚超过 Δ/e 时,如图 9.3-7(b) 所示,左侧超导金属 A 中能隙下边缘处的大量电子的能量开始与右侧金属 B 中费米能级之上的空态对齐,满足了产生隧道电流的必要条件,出现急剧上升的隧道电流。随后隧道电流 I 与偏置电压 V 趋向于呈线性关系,如图 9.3-6(c) 的斜线所示。当改变偏置电压的极性时,I-V 特性仍如图 9.3-6(c) 所示,只是电流、电压换了方向。当 $|V| < \dfrac{\Delta}{e}$ 时,如图 9.3-6(d) 所示,右侧金属 B 在费米能级之下的电子不能隧穿至左侧,因为与其能级相对应的左侧超导金属 A 的状态不是填满的电子态(在能隙之下)就是能隙区域内的禁区,不允许电子隧穿。只有当 $|V| \geqslant \dfrac{\Delta}{e}$ 时,左侧超导金属在能隙之上的大量空态对应下降到右侧正常金属占有态能量范围,如图 9.3-6(e) 所示。从而出现急剧上升的隧道电流。随后电流 I 也随电压线性增加,亦如图 9.3-6(c) 所示。由此可见,利用这类隧道结的 I-V 特性在尽可能低的温度下陡然出现隧道电流的电压可以测定超导体的能隙 2Δ。

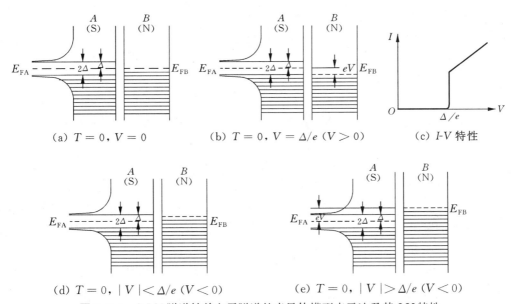

(a) $T = 0, V = 0$ (b) $T = 0, V = \Delta/e$ ($V > 0$) (c) I-V 特性

(d) $T = 0, |V| < \Delta/e$ ($V < 0$) (e) $T = 0, |V| > \Delta/e$ ($V < 0$)

图 9.3-6 S-I-N 隧道结单电子隧道的半导体模型表示法及其 I-V 特性

当隧道结两侧都是超导体时,则构成 S-I-S 结。若两侧超导体的能隙分别为 $2\Delta_1$ 和 $2\Delta_2$,则在 $T = 0$ K,只有当 $V \geqslant \dfrac{\Delta_1 + \Delta_2}{e}$ 时,才会有单电子隧道电流通过,如图 9.3-7 所示。

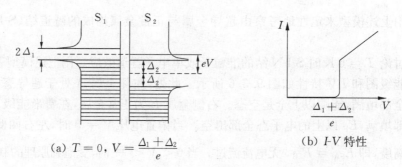

(a) $T = 0$, $V = \dfrac{\Delta_1 + \Delta_2}{e}$　　　　(b) I-V 特性

图 9.3-7　　$T = 0\,\mathrm{K}$ 时 S_1-I-S_2 隧道结的 I-V 特性曲线

在 $T \neq 0\,\mathrm{K}$ 时，S-I-S 隧道结的特性变得复杂起来，这是因为 $T \neq 0\,\mathrm{K}$ 时，电子按能级的分布起了变化。图 9.3-8 给出了电子占据能级及其 I-V 特性的示意图。图 9.3-9 是一实际的铝-铝隧道结不同温度下的 I-V 特性曲线。

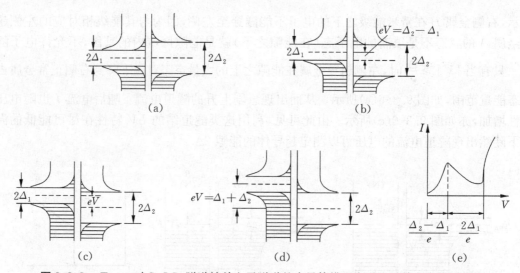

图 9.3-8　　$T \neq 0$ 时 S_1-I-S_2 隧道结单电子隧道的半导体模型表示法及其 I-V 特性曲线

二、超导电子对隧道效应

虽然贾埃弗在 1960 年发现了超导体的单电子隧道效应，而 BCS 在此之前已解决了超导电性的机制问题，但是在 1962 年之前人们对于超导体中的另一种隧道现象即库柏对的隧道效应仍然一无所知。尽管事实上贾埃弗在实验中已经观察到了这一现象，直到 1962 年约瑟夫森在理论上作出了科学预言后，人们才有意识地去探索这一现象，并立即证实了约瑟夫森的理论。由此可见，理论指导的意义非同一般。其时，还是英国剑桥大学研究生的约瑟夫森用微扰法计算超导体间的隧道效应，作出如下预言：

（1）在超导体构成的隧道结两端，当电压为零时，也可以有隧道电流流过，流过的这一无阻电流有一个允许的最高值，称为约瑟夫森临界电流 I_{cJ}。

（2）在隧道结上通过的电流超过临界电流时，结两端出现电压，此时将出现交变的超导

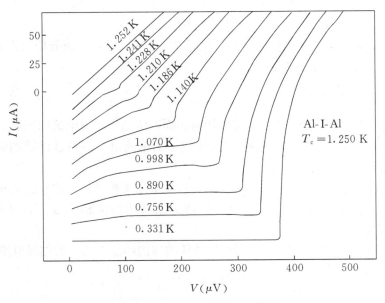

图 9.3-9 Al-I-Al 结的 I-V 特性

隐道电流;该交变电流的频率 f 与结两端的电压成正比,其关系式为 $f = \dfrac{2e}{h}V$, 这相当于 4.836×10^{14} Hz/V。

(3) 磁场能够透入结区的势垒层而强烈地影响临界电流的大小。

这就是人们称之为约瑟夫森效应的全部内容,它包含了直流约瑟夫森效应、交流约瑟夫森效应以及磁场对约瑟夫森临界电流的影响三部分。

约瑟夫森效应可归纳为下述 3 个基本数学表达式:

$$j = j_c \sin \varphi \tag{9.3-9}$$

$$\frac{\partial \varphi}{\partial t} = \frac{2e}{\hbar}V \tag{9.3-10}$$

$$\nabla \varphi = \frac{2ed}{\hbar}\boldsymbol{H} \times \boldsymbol{n} \tag{9.3-11}$$

这里,j 是流过隧道结的电流密度,j_c 是约瑟夫森临界电流密度,方程中的 φ 为势垒两侧超导体波函数的量子位相差,即

$$\varphi = \theta_2 - \theta_1 \tag{9.3-12}$$

量子位相 θ 与超导电子对波函数的关系为

$$\psi = \sqrt{n_s}\,\mathrm{e}^{i\theta} \tag{9.3-13}$$

n_s 为超导电子对的数密度。(9.3-10)式中的 V 是隧道结两端的电压,$\dfrac{\partial \varphi}{\partial t}$ 为位相差随时间的变化率即交变电流的角频率 $\omega = 2\pi f$,$\nabla \varphi$ 是 φ 的梯度,d 是隧道区有效厚度,等于势垒层几何厚度 t 加上两侧超导体的伦敦穿透深度,即

$$d = t + \lambda_1 + \lambda_2 \qquad (9.3\text{-}14)$$

$\boldsymbol{H}$ 为外加磁场,$\boldsymbol{n}$ 是势垒层面的法线方向。关系式(9.3-9)说明直流效应,(9.3-10)说明交流效应,(9.3-11)说明磁场的影响。

1. 直流约瑟夫森效应

直流约瑟夫森效应是在隧道结两端不加电压而产生超导隧道电流的现象。只要超导隧道结形成回路就存在零电压下的电流;只要通过结的电流值 I 不超过该结的临界值 I_{cJ},这一直流无损电流总可以存在。

该效应在约瑟夫森预言后半年即由安德森和罗威尔实验证实。此实验的布局和结果如图 9.3-10 所示。流过结的电流大小改变时,隧道结两边的位相差 φ 会自动调整,以适应(9.3-9)式的要求。

后来根据 BCS 理论的计算证明,同种超导体构成的约瑟夫森结的临界电流可表示为

$$I_{cJ} = \frac{1}{R_N} \frac{\pi}{2} \frac{\Delta(T)}{e} \tanh \frac{\Delta(T)}{2k_B T} \qquad (9.3\text{-}15)$$

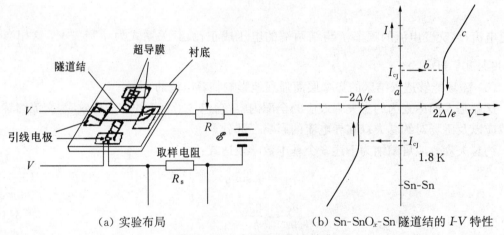

(a) 实验布局　　　　　　　(b) Sn-SnO$_x$-Sn 隧道结的 I-V 特性

图 9.3-10　直流约瑟夫森效应

式中 R_N 为隧道结的正常态电阻,$\Delta(T)$ 是温度 T 下超导体的能隙。上式表明,I_{cJ} 的理论值可以由单电子隧道效应的 I-V 特性求得,如图 9.3-11 所示。只要 $\dfrac{T}{T_c} < 0.5$,则

$$\tanh \frac{\Delta(T)}{2k_B T} \approx 1 \qquad (9.3\text{-}16)$$

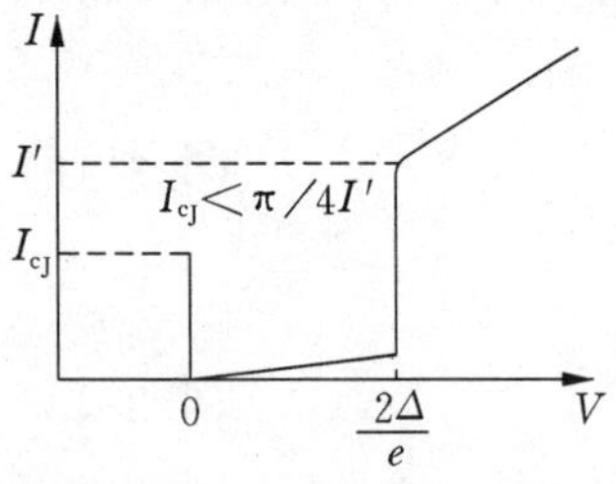

因此,零电压下的 I_{cJ} 值理论上是超导能隙 2Δ 所对应电压处电流跳变高度 I' 的 $\dfrac{\pi}{4}$ 倍。不过,实验测得的 I_{cJ} 值,往往低于理论值。这一方面是由于外磁场的影响,另外,约瑟夫森电流的

图 9.3-11　约瑟夫森隧道结的临界电流

自生磁场也会削弱 I_{cJ}。

2. 交流约瑟夫森效应

交流约瑟夫森效应是在隧道结两端出现电压时,产生电磁波辐射的现象,其频率服从 $f = \frac{2e}{h}V$,即 4.836×10^{14} Hz/V 的恒定关系。由结上电压产生的交变电流的频率常称为约瑟夫森频率。此一预言一年后由夏皮罗(Shapiro)首次间接证实,夏皮罗对呈现直流约瑟夫森效应的 Al-Al$_2$O$_3$-Sn 隧道结用微波辐照,首次观察到 $V \neq 0$ 时,在 I-V 特性曲线上出现一系列电流的台阶,它们之间有相等的电压间隔,满足

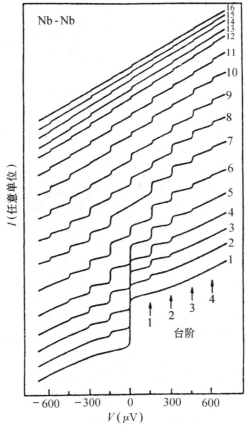

图 9.3-12 不同功率微波辐射下的 I-V 曲线

$$\Delta V = \frac{h}{2e}f_s \qquad (9.3\text{-}17)$$

此处 f_s 是入射微波的频率。图 9.3-12 所示为一典型的微波辐照下呈现交流约瑟夫森效应的 I-V 特性。该实验是在 4.2 K 温度下,用 72 GHz 的微波辐照在 Nb-Nb 做成的点接触结上得到的。这些直流电流台阶是由于微波的倍频与约瑟夫森频率 f 形成拍频的结果。

交流约瑟夫森效应建立起了频率和电压之间通过基本物理量 e 和 h 的联系,它的理论和实验正确性至少优于 10^{-8}。因此,在这一基础上出现了约瑟夫森电压基准,由频率标准来实现基准电压比对。这是约瑟夫森效应的第一个有重大影响的实际应用,在 9.5 节中还将作介绍。

3. 磁场对约瑟夫森临界电流的影响

约瑟夫森临界电流受磁场的影响是罗威尔在 1963 年首次实验证实的，而朗根伯格的实验更为完美，其结果如图 9.3-13 所示，它明显表示出临界电流值受外加磁场周期性的调制，并且验证了其周期所相应的磁通量正好是一个磁通量子 $\Phi_0 = 2.07 \times 10^{-15}$ Wb。这一周期性调制图形与物理光学中的单缝夫琅和费衍射图样非常相像。后面的分析将证明，这是超导结各点临界电流相位相干的结果。

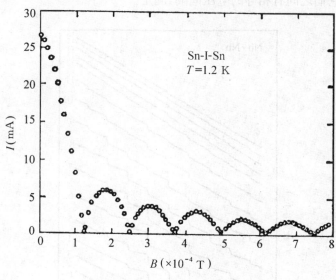

图 9.3-13 $I_{cJ}(B)$-B 关系曲线

4. 约瑟夫森隧道效应的理论分析

约瑟夫森本人所作的理论推导涉及较多的理论工具，这里只介绍由费恩曼（Feynman）用量子力学方法导出的约瑟夫森隧道效应的头两个关系式，以便于对此现象有更好的了解。

约瑟夫森隧道效应是在两块超导体之间隔以某种很薄的势垒，使得库柏电子对在两块超导体之间存在一定的转移几率，其结构安排和上节介绍的单电子隧道效应完全一样。费恩曼认为，如果隧道结的两侧超导体是彼此独立的，则可以分别用波函数 ψ_1 和 ψ_2 来描写：$\psi_1 = \sqrt{n_1}\,e^{i\theta_1}$；$\psi_2 = \sqrt{n_2}\,e^{i\theta_2}$，并且满足各自的薛定谔方程，

$$i\hbar\frac{\partial\psi_1}{\partial t} = E_1\psi_1; \quad i\hbar\frac{\partial\psi_2}{\partial t} = E_2\psi_2$$

其中 E_1、E_2 分别代表超导体 1 和 2 中的库柏对能量，而 n_1 与 n_2 则为相应的库柏对数密度。

假若 S-I-S 隧道结的势垒层足够薄，使得两侧超导体存在能量上的弱耦合，则两侧超导体的宏观波函数有一定程度的交叠，不再完全独立，其物理图像如图 9.3-14 所示。此时的 ψ_1 和 ψ_2 应满足下列方程组：

$$\begin{cases} i\hbar\dfrac{\partial\psi_1}{\partial t} = E_1\psi_1 + K\psi_2 & (9.3\text{-}18) \\[2mm] i\hbar\dfrac{\partial\psi_2}{\partial t} = E_2\psi_2 + K\psi_1 & (9.3\text{-}19) \end{cases}$$

式中 K 为能量耦合系数。

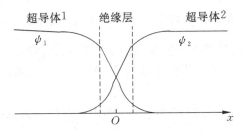

图 9.3-14　约瑟夫森结两边超导体波函数的耦合

将 $\psi_1 = \sqrt{n_1}\,\mathrm{e}^{\mathrm{i}\theta_1}$ 和 $\psi_2 = \sqrt{n_2}\,\mathrm{e}^{\mathrm{i}\theta_2}$ 代入(9.3-18)式与(9.3-19)式,再分别取两式的实部和虚部,并令各自相等,得到

$$\frac{\partial n_1}{\partial t} = \frac{2K}{\hbar}\sqrt{n_1 n_2}\sin(\theta_2 - \theta_1) \tag{9.3-20}$$

$$\frac{\partial n_2}{\partial t} = -\frac{2K}{\hbar}\sqrt{n_1 n_2}\sin(\theta_2 - \theta_1) \tag{9.3-21}$$

$$\frac{\partial \theta_1}{\partial t} = -\frac{E_1}{\hbar} - \frac{K}{\hbar}\sqrt{\frac{n_2}{n_1}}\cos(\theta_2 - \theta_1) \tag{9.3-22}$$

$$\frac{\partial \theta_2}{\partial t} = -\frac{E_2}{\hbar} - \frac{K}{\hbar}\sqrt{\frac{n_1}{n_2}}\cos(\theta_2 - \theta_1) \tag{9.3-23}$$

由(9.3-20)式和(9.3-21)式可见

$$\frac{\partial n_1}{\partial t} = -\frac{\partial n_2}{\partial t} \tag{9.3-24}$$

上式表示右侧电子对数密度的减少恰好等于左侧电子对数密度的增加。由此,通过势垒的电流密度

$$j = 2e\frac{\partial n_1}{\partial t} = 2e\left(-\frac{\partial n_2}{\partial t}\right) = \frac{4eK}{\hbar}\sqrt{n_1 n_2}\sin(\theta_2 - \theta_1) \tag{9.3-25}$$

引入位相差 $\varphi = \theta_2 - \theta_1$,并令

$$j_c = \frac{4eK}{\hbar}\sqrt{n_1 n_2} \tag{9.3-26}$$

即得约瑟夫森第一方程(9.3-9)式。

假定势垒层两侧为相同的超导体,则 $n_1 = n_2$。由(9.3-23)式减去(9.3-22)式得到

$$\frac{\partial(\theta_2 - \theta_1)}{\partial t} = \frac{E_1 - E_2}{\hbar}$$

若隧道结两端所加的电压为 V,则一个库柏电子对在穿过隧道结后的能量变化就是 $2eV$,即 $E_1 - E_2 = 2eV$,上式便是约瑟夫森第二方程(9.3-10)式。

下面先看直流效应,此时 $V = 0$,由(9.3-10)式得到 $\varphi = \varphi_0$,φ_0 为一常数,可不等于零。因此,当 $V = 0$ 时,约瑟夫森第一方程变为 $j = j_c \sin \varphi_0$。如 φ_0 由 0 变至 $\frac{\pi}{2}$,j 可由 0 变为最大值 j_c。j_c 即电压为零时的临界电流密度。由(9.3-26)式可知,j_c 的数值与超导体的电子对数密度 n 以及耦合系数 K 有关。值得注意的是,这一约瑟夫森临界电流密度值远远小于该超导体的临界电流密度。

再看交流效应,此时 $V \neq 0$。若 V 为某一常数 V_0,由约瑟夫森第二方程(9.3-10)式得到

$$\varphi = \frac{2e}{\hbar} V_0 t + \varphi_0 \tag{9.3-27}$$

代入约瑟夫森第一方程(9.3-9)式得到

$$j = j_c \sin\left(\frac{2eV_0}{\hbar} t + \varphi_0\right) \tag{9.3-28}$$

此式说明结中存在交变电流,其频率就是 V_0 下的约瑟夫森频率

$$f_0 = \frac{2e}{h} V_0$$

当结两端为交变电压 $V = V(t) \neq 0$,则

$$\varphi(t) = \varphi_0 + \frac{2e}{\hbar} \int V(t) \mathrm{d}t \tag{9.3-29}$$

若 $V(t)$ 为一直流偏置电压 V_0 再附加一振幅为 v 的高频电压,

$$V(t) = V_0 + v\cos \omega t \tag{9.3-30}$$

且满足 $\frac{v}{V_0} \ll 1$,则此时的位相变化为

$$\varphi(t) = \varphi_0 + \omega_0 t + \frac{2e}{\hbar} \frac{v}{\omega} \sin \omega t \tag{9.3-31}$$

将上式代入约瑟夫森第一方程,并利用近似公式:

$$\sin(x + \Delta x) \approx \sin x + \Delta x \cos x \quad (\Delta x \ll 1)$$

可以得到

$$j = j_c \left[\sin(\omega_0 t + \varphi_0) + \frac{2e}{\hbar} \frac{v}{\omega} \sin \omega t \cos(\omega_0 t + \varphi_0) \right] \tag{9.3-32}$$

该式的第一项为纯正弦项,对时间的平均值为零。对于第二项,通过傅里叶展开可得

$$j = j_c \sum_{n=-\infty}^{\infty} (-1)^n \mathrm{J}_n\left(\frac{2eV_0}{\hbar\omega}\right) \sin[(\omega_0 - n\omega)t - n\theta + \varphi_0]$$

此处 J_n 为 n 阶贝塞尔函数。可见,当偏置直流电压 V_0 使得 ω_0 等于微波角频率 ω 的整数倍,即当

$$V_0 = n\frac{\hbar\omega}{2e} = n\frac{h}{2e}f_s \tag{9.3-33}$$

时得到电流的直流分量，I-V 特性上出现微波辐照下的电流台阶，如图 9.3-12 所示；通常称之为夏皮罗台阶。$f_s = \omega/2\pi$ 为微波辐照的频率。

最后分析磁场对临界电流的影响。

假定隧道结的势垒面为 x-y 平面，结区的宽度为 L_x 和 L_y，外磁场沿 y 方向，隧道电流沿 z 方向，如图 9.3-15 所示。而且，假定结在 x 方向较窄，以保证在外磁场为零时，沿 x 方向各点的位相 φ 是相同的。在磁场沿 y 方向的情况下(9.3-11)式化为

$$\frac{\mathrm{d}\varphi(x)}{\mathrm{d}x} = \frac{2ed}{\hbar}H_y \tag{9.3-34}$$

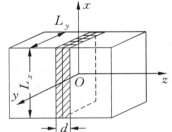

图 9.3-15 推导 $I_{\max}(H)$-H 关系曲线时所选取的坐标系

此处 d 是势垒层的有效宽度，由 (9.3-14) 式表出。将 (9.3-34)式积分可得

$$\varphi(x) = \frac{2ed}{\hbar}H_y x + \varphi_0 \tag{9.3-35}$$

将此式代入约瑟夫森第一方程，得到

$$j = j_c\sin\left(\frac{2ed}{\hbar}H_y x + \varphi_0\right) \tag{9.3-36}$$

由此可见，在有外加磁场时约瑟夫森结中各点的电流密度并不相等。流过结平面的总的约瑟夫森隧道电流为对整个结平面求积分，故而

$$I(H) = \int_{-\frac{L_y}{2}}^{\frac{L_y}{2}}\int_{-\frac{L_x}{2}}^{\frac{L_x}{2}}j\mathrm{d}x\mathrm{d}y = \int_{-\frac{L_y}{2}}^{\frac{L_y}{2}}\int_{-\frac{L_x}{2}}^{\frac{L_x}{2}}j_c\sin\left(\frac{2ed}{\hbar}H_y x + \varphi_0\right)\mathrm{d}x\mathrm{d}y$$

$$= j_c L_y L_x \frac{\sin\left(\frac{\pi\Phi_j}{\Phi_0}\right)}{\frac{\pi\Phi_j}{\Phi_0}}\sin\varphi_0 = I_{cJ}(0)\frac{\sin\left(\frac{\pi\Phi_j}{\Phi_0}\right)}{\frac{\pi\Phi_j}{\Phi_0}}\sin\varphi_0 \tag{9.3-37}$$

式中

$$I_{cJ}(0) = j_c L_x L_y \tag{9.3-38}$$

为外磁场为零时的约瑟夫森临界电流。Φ_0 为磁通量子，Φ_j 是结区面积 $L_x d$ 内外磁场产生的磁通量，

$$\Phi_j = H_y L_x d \tag{9.3-39}$$

当 $\sin\varphi_0 = 1$ 时，$I(H)$ 达到最大值 $I_{\max}(H)$，于是可得到

$$I_{cJ}(H) = I_{cJ}(0)\left|\frac{\sin\frac{\pi\Phi_j}{\Phi_0}}{\frac{\pi\Phi_j}{\Phi_0}}\right| \tag{9.3-40}$$

由该式得出的 I_{cJ} 受磁场调制的关系与实验结果图 9.3-13 十分一致。图 9.3-16 形象地给出在结区磁通量不同时约瑟夫森电流密度在结区中的分布。

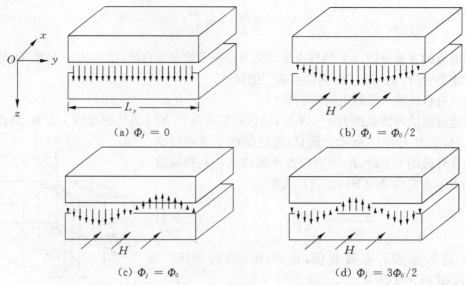

(a) $\Phi_j = 0$ (b) $\Phi_j = \Phi_0/2$

(c) $\Phi_j = \Phi_0$ (d) $\Phi_j = 3\Phi_0/2$

图 9.3-16 结区不同磁通量 Φ_j 对应的电流密度的分布

三、超导量子干涉器

1964 年雅克勒维克(Jaklevic)和默塞留(Mercereau)发现,当两个约瑟夫森结用超导环连成闭合环路时,双结的临界电流是超导环孔中的外磁通的周期函数,周期也是磁通量子 Φ_0。此装置对外加磁通十分敏感,因此可作为检测微弱磁通的器件。从理论分析可知,这是两路约瑟夫森电流因量子位相相干涉的结果,故人们称之为超导量子干涉器(superconducting quantum interference device,SQUID)。因这种器件是在直流电流偏置下工作,所以叫做直流超导量子干涉器,或简称 DCSQUID。

20 世纪 60 年代后期,齐默曼(Zimmerman)等又发现了一种只用一个约瑟夫森结和一个闭合的超导环组成的器件,它同样具有周期为 Φ_0 的灵敏的外磁通调制特性。因为是在射频电流偏置下工作,所以称为射频超导量子干涉器或简称 RFSQUID。虽然 RFSQUID 的工作原理与 DCSQUID 有相当的差别,前者已失去了两路电流位相相干的特征,但人们仍然称之为超导量子干涉器。

超导量子干涉器的出现使超导在弱电应用上开辟了一个广阔的天地。这种器件具有噪声低、灵敏度高、响应速度快等一系列优点。利用 SQUID 可以检测到的最低能量已可接近测不准关系极限 $\hbar$,可做成迄今为止最灵敏的磁强计和磁化率仪,以及快速、低功耗的计算机电路等,可广泛地应用于物理、化学、生物、医学、精密计量、地质勘探、计算机技术等各个领域。

1. 直流超导量子干涉器

考虑两个约瑟夫森结 a、b 通过超导体并联,如图 9.3-17 所示。设流过双结的总电流为 I,两个约瑟夫森结支路的电流各为 I_1 和 I_2,假定两个结的约瑟夫森临界电流相等,即 $I_{ca} = I_{cb} = I_{cJ}$,而两个结的位相差分别为 φ_1 和 φ_2,则有 $I_1 = I_{cJ} \sin \varphi_1$;$I_2 = I_{cJ} \sin \varphi_2$。

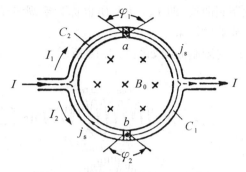

图 9.3-17 两个并联的约瑟夫森结

由于外加磁场的加入，两个结的量子位相差有如下的关系(证明见后)：

$$\varphi_2 = \varphi_1 + \frac{2\pi\Phi_{in}}{\Phi_0} \tag{9.3-41}$$

Φ_{in}是为超导环所包围面积 S 的磁通量，

$$\Phi_{in} = BS \tag{9.3-42}$$

流过并联双结的总电流为

$$I = I_1 + I_2 = I_{cJ}(\sin\varphi_1 + \sin\varphi_2) = I_{cJ}\left[\sin\varphi_1 + \sin\left(\varphi_1 + \frac{2\pi\Phi_{in}}{\Phi_0}\right)\right] \tag{9.3-43}$$

即

$$I = 2I_{cJ}\sin\left(\varphi_1 + \frac{\pi\Phi_{in}}{\Phi_0}\right)\cos\frac{\pi\Phi_{in}}{\Phi_0} \tag{9.3-44}$$

利用(9.3-40)式，把上式用零磁场下的临界电流 $I_{cJ}(0)$ 表示：

$$I(B) = 2I_{cJ}(0)\frac{\sin\dfrac{\pi\Phi_j}{\Phi_0}}{\dfrac{\pi\Phi_j}{\Phi_0}}\cos\frac{\pi\Phi_{in}}{\Phi_0}\sin\left(\varphi_1 + \frac{\pi\Phi_{in}}{\Phi_0}\right) \tag{9.3-45}$$

所以流过双结的最大临界电流 I_{max} 为

$$I_{max} = 2I_{cJ}(0)\frac{\sin\dfrac{\pi\Phi_j}{\Phi_0}}{\dfrac{\pi\Phi_j}{\Phi_0}}\cos\frac{\pi\Phi_{in}}{\Phi_0} \tag{9.3-46}$$

此处，Φ_j 是单个结区有效穿透深度区域内的磁通量，Φ_{in} 是双结与并联超导体构成的环内的磁通量。此环的面积远远大于穿透深度区域的面积，因此在相同外磁场作用下，$\Phi_{in} \gg \Phi_j$，因而 Φ_{in} 对外磁场更敏感，即 I_{max} 随磁场的变化，Φ_{in} 的影响表现为小周期，而 Φ_j 的影响则是大周期的包络线。在一般用来检测小磁场情况下，往往满足 $\Phi_j \ll \Phi_0$，因此(9.3-46)式变为

$$I_{max} = 2I_{cJ}(0)\cos\frac{\pi\Phi_{in}}{\Phi_0} \tag{9.3-47}$$

此式与光学中双缝干涉的光强分布表达式十分相似。因此流过并联双结的临界电流最大值

随外磁场的变化的周期性调制曲线，即 $I_{\max}(B)\text{-}B$ 也称为宏观量子干涉曲线。这也就是这种器件称之为超导量子干涉器的由来。

实验测得的 $I_{\max}(B)\text{-}B$ 的调制曲线如图 9.3-18 所示。

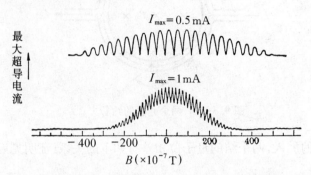

图 9.3-18　并联双结 $I_{\max}(B)\text{-}B$ 的实验结果

现在来证明(9.3-41)式。利用上节的金兹伯-朗道第二方程(9.2-46)

$$\boldsymbol{j}_{\mathrm{s}} = \frac{2en_{\mathrm{s}}}{m}(\hbar\boldsymbol{\nabla}\theta - 2e\boldsymbol{A})$$

可得

$$\boldsymbol{\nabla}\theta(\boldsymbol{r},\,t) = \frac{2e}{\hbar}\left[\boldsymbol{A}(\boldsymbol{r},\,t) + \frac{m}{4e^2n_{\mathrm{s}}}\boldsymbol{j}_{\mathrm{s}}(\boldsymbol{r},\,t)\right] \qquad (9.3\text{-}48)$$

超导体中任意两点 a、b 间序参量 ψ 的位相差可由下述线积分求出：

$$\varphi_b - \varphi_a = \int_a^b \boldsymbol{\nabla}\theta(\boldsymbol{r},\,t)\cdot\mathrm{d}\boldsymbol{l} \qquad (9.3\text{-}49)$$

在如图 9.3-17 所示的含两个约瑟夫森结的超导环中，选择在超导环内部绕环运行一周的积分路径，则因宏观波函数的单值性，要求绕环一周后的总的位相差等于 2π 的整数倍，即

$$\oint\boldsymbol{\nabla}\theta\cdot\mathrm{d}\boldsymbol{l} = \frac{2e}{\hbar}\oint\boldsymbol{A}(\boldsymbol{r},\,t)\cdot\mathrm{d}\boldsymbol{l} + \frac{2e}{\hbar}\oint\frac{m}{4e^2n_{\mathrm{s}}}\boldsymbol{j}_{\mathrm{s}}(\boldsymbol{r},\,t)\cdot\mathrm{d}\boldsymbol{l} = 2\pi n \qquad (9.3\text{-}50)$$

这里 $n = 0,\,\pm 1,\,\pm 2,\,\pm 3,\,\cdots$ 按斯托克斯公式，上式右边第一项可化为

$$\frac{2e}{\hbar}\oint\boldsymbol{A}(\boldsymbol{r},\,t)\cdot\mathrm{d}\boldsymbol{l} = \frac{2e}{\hbar}\iint\boldsymbol{\nabla}\times\boldsymbol{A}\cdot\mathrm{d}\boldsymbol{\sigma} = \frac{2e}{\hbar}\iint\boldsymbol{B}\cdot\mathrm{d}\boldsymbol{\sigma} = \frac{2e}{\hbar}\Phi_{\mathrm{in}} = \frac{2\pi\Phi_{\mathrm{in}}}{\Phi_0} \qquad (9.3\text{-}51)$$

而其中第二项

$$\frac{2e}{\hbar}\oint\frac{m}{4e^2n_{\mathrm{s}}}\boldsymbol{j}_{\mathrm{s}}(\boldsymbol{r},\,t)\cdot\mathrm{d}\boldsymbol{l} = \frac{2e}{\hbar}\frac{m}{4e^2n_{\mathrm{s}}}\left(\int_a\boldsymbol{j}_{\mathrm{s}}\cdot\mathrm{d}\boldsymbol{l} + \int_{C_1}\boldsymbol{j}_{\mathrm{s}}\cdot\mathrm{d}\boldsymbol{l} + \int_b\boldsymbol{j}_{\mathrm{s}}\cdot\mathrm{d}\boldsymbol{l} + \int_{C_2}\boldsymbol{j}_{\mathrm{s}}\cdot\mathrm{d}\boldsymbol{l}\right)$$

$$= \varphi_1 - \varphi_2 \qquad (9.3\text{-}52)$$

这里 $\varphi_1 = \dfrac{2e}{\hbar}\displaystyle\int_a\frac{m}{4e^2n_{\mathrm{s}}}\boldsymbol{j}_{\mathrm{s}}\cdot\mathrm{d}\boldsymbol{l}$ 与 $\varphi_2 = -\dfrac{2e}{\hbar}\displaystyle\int_b\frac{m}{4e^2n_{\mathrm{s}}}\boldsymbol{j}_{\mathrm{s}}\cdot\mathrm{d}\boldsymbol{l}$ 分别是两个约瑟夫森结 a、b 两端的量子位相差，C_1 是在右边超导环中的积分路径，C_2 是在左边超导环中的积分路径。由于积分路径可以任意选取，而且实际上超导环的线径远大于该超导体的穿透深度，故可选择积分

路径在 λ 深度之内，以使 $j_s = 0$，$\int_{C_1+C_2} j_s \cdot dl = 0$，从而由（9.3-50）式、（9.3-51）式及（9.3-52）式得到

$$\frac{2\pi\Phi_{\text{in}}}{\Phi_0} + \varphi_1 - \varphi_2 = 2\pi \cdot n \qquad (9.3\text{-}53)$$

若令 $n = 0$，即得（9.3-41）式。

将实验测得的调制曲线 $I_{\max}(B)$-B 与理论结果（9.3-47）式相比较，虽然两者的周期性规律相似，但实验测得的最小 $I(B)$ 不为零。这一差别的原因在于理论模型中忽略了超导环的电感作用以及实际器件中两个结 I_{cJ} 的差别，其细节这里不再讨论。

实际的直流超导量子干涉器并不是工作在结两端为零电压的状态，而是处于有电压状态，即总是使偏置的总电流 I_b 略大于双结的总电流 $2I_{cJ}$，测量结两端电压随外加磁通（磁场）的变化就能检测出外磁场的变化。

利用适当的电子线路技术，把结两端的电压随外磁通（外磁场）的周期性变化转换成线性变化，测量结两端电压的变化就可以度量外磁通或相应物理量的变化。按现有的器件制作和电路水平，可以检测出 Φ_0 对应的电压值的十万分之一，即能检测出 $10^{-5}\Phi_0$ 的磁通变化，因此超导量子干涉器是一种极灵敏的磁测器件。

2. 射频超导量子干涉器

射频超导量子干涉器与直流超导量子干涉器的工作原理完全不同，乃是利用含单个约瑟夫森结的超导环的磁通特性，通过射频调制表现出来。射频频率可以从几十兆、几百兆甚至到微波频率。鉴于篇幅限制，这里不深入讨论射频超导量子干涉器的物理原理，仅给出其基本结构和简单的工作原理。

射频超导量子干涉器是由一个含单个约瑟夫森结的超导环及一个与之耦合的射频回路构成，如图 9.3-19 所示。射频回路通过适当的耦合给超导环中偏置射频信号，外加磁场或磁通通过某种方式（可直接耦合或通过超导线圈检拾）耦合到超导环中。当选择了适当的射频偏置电流后，射频回路两端的平均电压将是输入磁通的周期函数，其周期也是磁通量子 Φ_0。

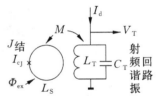

图 9.3-19　射频超导量子干涉器的结构示意

9.4　高温超导体

1986 年贝特诺兹（Bednorz）和谬勒（Müller）发现了转变温度为 35 K 的 LaBaCu 氧化物超导体，开辟了超导研究的新领域。自此以后，各种其他类型的氧化物超导体不断涌现，超导转变温度不断刷新，从 90 K、110 K、125 K 到 135 K，实现了超导体临界温度的大突破，不久华人科学家朱经武等又在施压条件下把 HgBaCuO 的 T_c 值提高到 15 GPa 下的 150 K 和 45 GPa 下的 164 K，在科学史上写下了光辉的一页。超导体临界温度的提高历程可见图 9.4-1。通常，我们称这些新发现的氧化物超导体为高温超导体或非常规超导体，而那些过去研究的 T_c 比较低的、已经在超导电性技术中广泛应用的超导体为常规超导体，常规的含意是其超导性符合传统 BCS 理论的电子-声子相互作用机理。

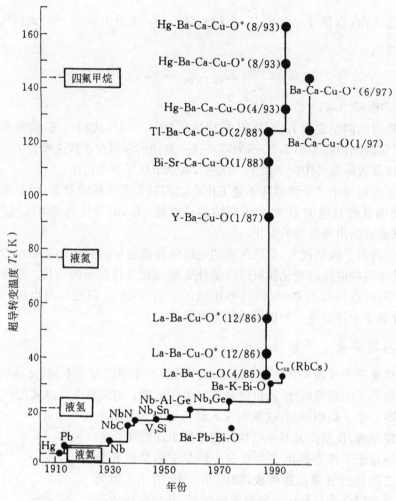

图 9.4-1　超导体临界温度提高的历史

一、常规的超导元素、合金和化合物

直到目前为止,在周期表中仍有一些元素不具有超导电性,尤其是铜、银、金等在室温下的良导体以及一些铁磁和反铁磁元素。有一些元素如采用特殊技术处理,如前提及的高压技术,以及薄膜技术、快速冷却和非晶化无序技术等,也能呈现超导态。以室温常压下为半导体的锗和硅为例,在约 120 kbar（1 bar $= 10^5$ Pa）的压强下,硅进入一种金属态,并在 6.7 K 时变为超导态;锗在 115 kbar 下进入金属态,而在 5.3 K 时变为超导态。其他一些在常压下不表现超导性而在高压下可成为超导体的元素还有铯、钡、镧、铈、磷、砷、锑、铋、硒、碲及铀等。利用在冷底板上淀积薄膜可以提高一些元素的超导转变温度。例如钨,其块状体材的 T_c 仅为 0.15 K,而制成面心立方结构的钨膜后 T_c 可提高到 4.6 K;又如铍的正常转变温度仅 0.026 K,成为铍膜后的超导转变温度可达 9.3 K。但有些元素,其低温底板上薄膜的 T_c 反而比块材的要低,如钒、铌、钽等。采用急冷无序化使 T_c 提高的明显例子是元素铝,通常其 T_c 为 1.25 K,而加入 10% 的铜淬炼凝结的铝的 T_c 可提高到 5.5 K。用离子注入也可以改变材料的超导转变温度,如在钼(块材的 T_c 为 0.92 K)薄膜中于低温下(4.2 K)注入不同的离子,可使 T_c 提高。当注入 35％原子比的 As 时 T_c 可达 1.7 K,注入 17％的碳时 T_c 可达 8.3 K,加 16％的硼时 T_c 可达 8.7 K,注入 23％的 N、27％的 P 或 25％的 S 时 T_c 都可达到 9.2 K。有些元素处于不同的晶体结构时,超导转变温度也可以不一样。如镧有两种晶体结构,六角结构 α-镧的 T_c 为 4.87 K,而面心立方 β-镧的 $T_c = 6.00$ K,后者是在压强加到 23 kbar 时转变的相,而当压强达到 150 kbar 和 200 kbar 时,T_c 分别达到 12 K 和 13 K。锕系元素镅的六角结构的 T_c 为 0.79 K,面心立方结构的 T_c 为 1.05 K。

以往的研究表明,3 个临界参数(T_c、H_c、j_c)都高的有实用价值的超导材料往往是二元或多元的合金和化合物,这里 j_c 为临界电流密度。在过渡元素、合金及化合物范围内,超导电性通常只发生在 $Z = 2 \sim 8$ 的范围之内,这里 Z 表示每个原子的平均价电子数。20 世纪 50 年代大量研究的统计表明,T_c 大小与 Z 有关,比较高的超导转变温度发生在 Z 为 3、5、7 附近,如图 9.4-2 所示。常用的超导元素、合金和化合物的 T_c 和晶体结构列于表 9.4-1,而常用超导材料 Nb_3Sn 的 A_{15} 晶格结构见图 9.4-3。

表 9.4-1

超 导 材 料	T_c(K)	$\overline{Z}$	晶体结构
$(Nb_3Al)_4Nb_3Ge$	20.05	4.55	A15
Nb_3Sn	18	4.75	A15
$NbN_{0.72}C_{0.28}$	17.9	4.86	NaCl
Nb_3Al	17.5	4.5	A15
V_3Si	17.1	4.75	A15
NbN	16.1	5.0	NaCl
V_3Ga	14.6	4.5	A15
$Mo_{0.95}Hf_{0.05}C_{0.75}$	14.2	5.1	NaCl
Nb	9.2		bcc
Pb	7.2		fcc

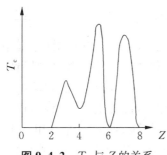

图 9.4-2 T_c 与 Z 的关系

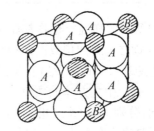

图 9.4-3 $Nb_3Sn(T_c = 18$ K$)$ 的 A_{15} 结构
A—Nb, B—Sn

对实用的超导体来说,除了 T_c 之外,H_c 或 H_{c2} 和外场下临界电流密度 j_c 的大小也是主要的考察指标。$Pb(Mo_6S_8)$ 是氧化物超导体发现前具有最高上临界值的材料,其 $\mu_0H_{c2} = 60$ T,T_c 也高达 14.7 K,这是一种被称为 Chevrel 相的化合物,由于二元 Mo_3S_4 化合物不稳定,只有加入第三种金属元素才能使之稳定。该金属元素可以是 Pb、Sn、Cu、Ag、Zn、Mg 等。NbTi 是用得最多的实用超导材料,为了能通高的电流密度,往往拉成细丝,采用多股扭绞的办法。同时为了保证热稳定性,需包以铜等导热材料。其电流密度在几特斯拉外场下,可达 10^5 A/cm^2(4.2 K)。另一种实用的化合物超导体为 Nb$_3$Sn 则可在更高的(十几特斯拉)磁场下通过 10^5 A/cm^2 的电流。

二、高温超导体

自 LaBaCuO 氧化物超导体发现至今已有 20 年的历史。到目前为止,发现的氧化物系列共有 5 类,即 LaSrCuO、YBaCuO、BiSrCaCuO、TlBaCaCuO、HgBaCaCuO。表 9.4-2 给出了它们的超导相、超导转变温度和结构特性。

表 9.4-2　几种高温氧化物超导体的结构和转变温度

材料成分	简　称	T_c(K)	晶格结构	晶格常数(nm)
La$_{2-x}$Ba$_x$CuO$_4$	214	～40	四　角	$a=b=0.38$, $c=1.32$
YBa$_2$Cu$_3$O$_7$	123	～90	正　交	$a=0.382$, $b=0.388$, $c=1.169$
YBa$_2$Cu$_4$O$_8$	124	～80	正　交	$a=0.384$, $b=0.387$, $c=2.724$
Y$_2$Ba$_4$Cu$_7$O$_{15}$	247	～60	正　交	$a=0.385$, $b=0.387$, $c=5.029$
Bi$_2$Sr$_2$CaCu$_2$O$_8$	Bi-2212	～85	正　交	$a=0.541$, $b=0.542$, $c=3.693$
Bi$_2$Sr$_2$Ca$_2$Cu$_3$O$_{10}$	Bi-2223	～110	赝四角	$a\approx b=0.38$, $c=3.71$
Tl$_2$Ba$_2$CuO$_6$	Tl-2201	～80	四　角	$a=b=0.39$, $c=2.32$
Tl$_2$Ba$_2$CaCu$_2$O$_8$	Tl-2212	～105	四　角	$a=b=0.356$, $c=2.926$
Tl$_2$Ba$_2$Ca$_2$Cu$_3$O$_{10}$	Tl-2223	～125	四　角	$a=b=0.350$, $c=3.580$
HgBa$_2$CuO	Hg-1201	～94	四　角	$a=b=3.89$, $c=9.51$
HgBa$_2$CaCu$_2$O	Hg-1212	～120		
HgBa$_2$Ca$_2$Cu$_3$O	Hg-1223	～136	正　交	$a=5.45$, $b=5.43$, $c=15.83$

表 9.4-2 中所列的高温氧化物都属于正交或四角晶系。Bi-2223 的两个晶格常数 a 和 b 近似等,故有人称之为赝四角或准四角结构。这些氧化物超导体大多是由钙钛矿型[钛酸钙(CaTiO$_3$)、钛酸钡(BaTiO$_3$)]结构(见图 9.4-4)派生出来的,称之为有缺陷的钙钛矿型化合物。在图 9.4-4(a)中立方体的顶角上是钡,钛位于体心,面心上是 3 组氧,这 3 组氧周围的情况各不相同,分别标为 OⅠ、OⅡ、OⅢ。整个晶格是由 Ba、Ti 和 OⅠ、OⅡ、OⅢ 各自组成的 5 个简立方子晶格穿套而成。如果把 OⅠ、OⅡ、OⅢ 连接起来可围成一个八面体,称为氧八面体,钛处在氧八面体的中央,见图 9.4-4(b),氧八面体是钙钛矿型结构的主要特点。钙钛矿型结构的普遍形式可写成 ABO$_3$,根据单胞取法的不同可以画成图 9.4-5 所示的 3 种形式。ABO$_3$ 结构具有以下的特性:首先,其中的 A 为具有较大离子半径的正离子,B 为半径较小的过渡金属正离子,A 和 B 离子的价态之和为 +6,以保持和氧负离子电中性,例如 A^{+1}B^{+5}O$_3$ 型的代表化合物 KBiO$_3$、A^{+2}B^{+4}O$_3$ 型的代表化合物 CaMnO$_4$、A^{+3}B^{+3}O$_3$ 型的代表化合物 LaCoO$_3$。其次,ABO$_3$ 型钙钛矿结构的组分可通过部分替代而在很宽的范围内变化,如 A$_{1-x}$A$'_x$BO$_3$ 或 AB$_{1-x}$B$'_x$O$_3$,这里 A$'_x$ 和 B$'_x$ 分别为部分替代 A 和 B 的元素,此种新

化合物可保持钙钛矿的基本结构不变,但物理特性却可发生很大变化。如 $LaCoO_3$ 是绝缘体,用 Sr 部分替代 La 后,$La_{1-x}Sr_xCoO_3$ 变成导电率很高的金属氧化物;又如 $KBiO_3$ 也是绝缘体,经部分替代成 $K_{1-x}Ba_xBiO_3$ 后,便成为 T_c 为 $20\sim30$ K 的超导体。ABO_3 结构的第三个特点是其中或多或少地存在氧空位和 A 位正离子的空位。氧空位的数量可在很大范围内变化,以致形成晶格畸变。如最早突破液氮温度 77 K 的高温超导体 $YBa_2Cu_3O_{9-\delta}$($T_c=90$ K),其 δ 竟高达 2,使得在 ABO_3 结构中不存在三维 Cu-O 多面体网络,只存在一维 CuO_2 链和二维 CuO_4 平面。

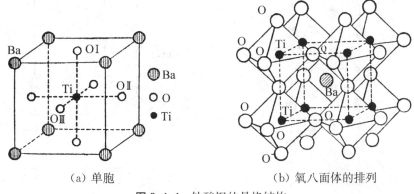

(a) 单胞 (b) 氧八面体的排列

图 9.4-4 钛酸钡的晶格结构

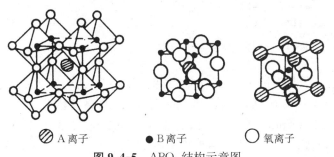

⊘ A 离子   ● B 离子   ○ 氧离子

图 9.4-5 ABO_3 结构示意图

在氧化物超导体的结构中,对超导电性至关重要的就是这些二维 CuO_4 层。下面我们更为深入地考察 LaSrCuO 和 $YBa_2Cu_3O_{7-\delta}$ 的单胞结构。

图 9.4-6 给出了导致氧化物超导体成批出现的镧锶铜氧化物超导体的单胞。它与上述的钙钛矿结构 ABO_3 有所不同,这是一种 K_2NiF_4(214)型结构,La、Sr 或 Ba 占据 K 的位置,Cu 占 Ni 的位置,而 O 在 F 的位置上。这种结构属四角晶系,单胞内共有 14 个原子。其中 La 或 Sr 原子为 4 个,2 个位于棱边上(在棱边上共有 8 个 La 或 Sr 原子,但为 4 个单胞所共有)、2 个位于中轴 $\left(\frac{1}{2}, \frac{1}{2}, z\right)$;Cu 原子共 2 个,1 个位于单胞中央,1 个位于顶角上(每个顶角上的 Cu 原子为 8 个单胞所共有);氧原子共 8 个,4 个位于 4 条棱上,(在棱上有 16 个氧,每一个为 4 个单胞所共有)2 个位于面心 $\left(x, y, \frac{1}{2}\right)$,2 个位于中轴 $\left(\frac{1}{2}, \frac{1}{2}, z\right)$。中间层的 Cu 和 O 以 Cu 离子为中心,与周围 4 个氧离子构成 Cu-O_4 平面(图中以虚线标出),与上下 2 个氧原子构成 CuO_6 八面体,该八面体沿 c 轴方向略有伸长,其中的 CuO_4 平

面层是超导电性的主要承担者,每一 CuO_4 平面层被夹在上、下两层 La(Ba)-O 平面之间。单胞中央和顶角上的 CuO_6 八面体是单胞的重要结构单元。

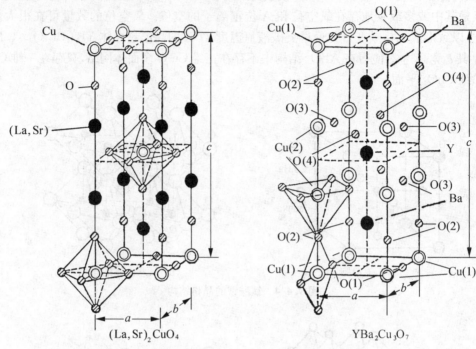

图 9.4-6　$(LaSr)_2CuO_4$ 的单胞　　　　图 9.4-7　$YBa_2Cu_3O_{7-\delta}$ 的单胞

图 9.4-7 给出了研究得最多的 T_c 为 90 K 的 $YBa_2Cu_3O_7$(123 相)超导体的单胞。它是由 3 个畸变的正交型钙钛矿结构重叠而成的,其典型晶格常数为 $a = 0.382\,0$ nm、$b = 0.383\,9$ nm、$c = 1.168\,8$ nm。从上到下依次地由 Cu-O、Ba-O、Cu-O、Y(无氧)、Cu-O、Ba-O 和 Cu-O 层共 7 层排列而成。中间有两个 Cu-O 层,在 Cu-O 层平面内的 Cu-O 为短键,在 c 轴方向的 Cu-O 键则较长些,这是由于 Y 原子面上的氧原子全部丢失,正电荷过剩而使四周的氧向其靠拢,导致中间两个 Cu-O 平面的扭曲。氧离子分别占据 4 种晶体位置,其中 O(2)、O(3)、O(4)的占有率为 1,而 O(1)的占有率小于 1。铜离子有两种位置 Cu(1) 和 Cu(2)。Cu(2)离子与近邻的 5 个氧离子形成一个四方锥形的金字塔。Cu(2)处于金字塔底部 CuO_4 层的中间。这一层 CuO_4 不是严格的平面。Cu(2)离子向 O(1)方向偏移约 0.025 nm,从而使这一层内 O(3)-Cu(2)-O(3)的键角变成为 163°。同时,沿 c 轴方向的 Cu(2)-O(2)间距大于理想值 0.19 nm,变为 0.23 nm。有人认为这一结构与超导电性密切相关。由 Cu(1)和 O(1)、O(2)组成的平面型 Cu 四配位 CuO_4 结构被称为一维链,这个一维链沿基矢 b 方向排列,在 b 方向的 Cu-O 键长为 0.194 nm。实际上这一排列并不是严格的直线而略呈锯齿状。在实际晶体中,由于 O(1)的部分缺位,其链常常中断。O(1)离子很容易逸出,这使 YBCO 中的氧含量可在 6.0～7.0 之间连续变化。当氧含量处于 6.0～6.5 之间时,YBCO 变成不显超导性的四角相。当氧含量在 6.5～7.0 之间时,YBCO 成为正交的超导相。图 9.4-8 给出了 $YBa_2Cu_3O_x$ 的 X 光粉末衍射图,显示的超导相(正交晶系)与非超导相(四角晶系)的衍射峰的差异表明其晶格结构的差异。

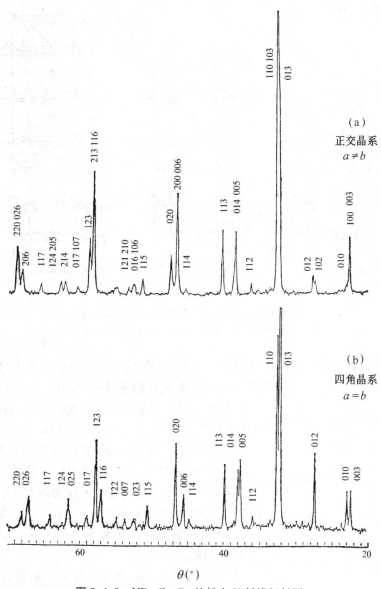

图 9.4-8 $YBa_2Cu_3O_x$ 的粉末 X 射线衍射图
在室温为正交晶系(a),在 930 ℃为四角晶系(b)

其他系列的氧化物超导体也具有类似的 CuO_4 层的层状结构,其晶格常数 a、b 基本取决于层内的 Cu-O 的键长(0.19 nm),为键长的两倍。在 c 方向,Cu 离子与氧离子的间距较长,也形成被拉长了的 Cu-O 八面体结构。在图 9.4-9 中给出了 BiSrCaCuO 的 3 种超导相(2201、2212、2223)的单胞,这里 4 组数字分别代表每个单胞中 Bi、Sr、Ca 和 Cu 的原子数。通常多用这种方法表示氧化物超导体中除氧之外的成分,如表 9.4-2 所示。图 9.4-10 是 TlBaCaCuO 的 2223 相沿晶轴 c 的半个单胞。大量元素替代的实验证明,超导电性主要发生在 CuO_4 平面上。比较各种氧化物超导体中所含 CuO_4 的层数和 T_c 的大小,一般认为,随 CuO_4 层数增加,T_c 也相应提高。例如图 9.4-9 所示的 Bi-2201、Bi-2212、Bi-2223 的单胞中分别有 1、2 和 3 个这样的铜-氧面,相应的 T_c 也依次为 10 K、85 K 和 110 K。这促

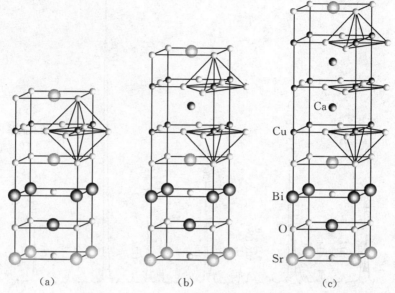

图 9.4-9 $Bi_2 Sr_2 Ca_{n-1} Cu_n O_{2n+4}$ 的单胞示意图

(a)$Bi_2 Sr_2 CuO_6$；(b)$Bi_2 Sr_2 CaCu_2 O_8$；(c)$Bi_2 Sr_2 Ca_2 Cu_3 O_{10}$

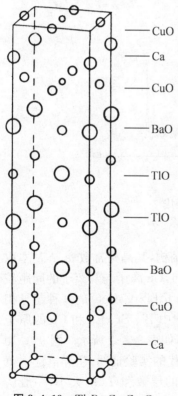

图 9.4-10 $Tl_2 Ba_2 Ca_2 Cu_3 O_{10}$
结构示意

使人们寻找尽可能多的 CuO_4 层材料以谋求得到更高的 T_c。但是实际上，这并非普适规律。如在 Tl 系氧化物超导体中，有 4 层 Cu-O 层的氧化物 T_c 反而低于只有 3 层 Cu-O 层的氧化物；另一种在结构上被认为具有无限多 Cu-O 层的超导体 $SrCuO_2$，T_c 却低于 40 K。研究表明，除了 CuO 平面对超导电性起决定作用外，结构中的 CuO_2 链也对超导电性有影响。CuO_2 链上的氧容易发生变化，而氧的变化不仅影响 CuO_2 链上的 Cu 的氧化态，也引起载流子由 CuO_2 链向 CuO_4 层上的转移，从而导致 CuO_4 层上载流子数密度的变化。因此，有人称此 CuO_2 链为载流子库层。

把氧化物超导体的超导电性完全归结为 CuO_4 层过于简单，还应考虑层间的相互作用和 CuO_2 链的影响。总之，晶格结构与超导电性有很密切的关系。而且，晶体结构中的层状结构的特点毫无疑问是导致氧化物超导体的物理性质各向异性的根源。

上述氧化物超导体除了高 T_c 及在结构上的特点之外，在超导电性质方面与常规超导体相比，有如下异同。

（1）首先表现在它们也有常规超导体所呈现的一切超导现象：零电阻、完全抗磁性、混合态、能隙、磁通量子化、约瑟夫森效应等；其超导电子也是配对的；而且这些氧化物已被证明为具有很高的第二临界场 H_{c2}（$\mu_0 H_{c2} \approx 100$ T）和高场下有很强的载流能力的第二类超导体（如短样 $YBa_2 Cu_3 O_7$

块材在 77 K 近 9 T 下 j_c 可达 10^5 A/cm², 薄膜型 YBCO、TlBaCaCuO 等在零场下 j_c 更高达 5×10^6 A/cm²)。

(2) 这类超导体在电磁性质方面呈现强烈的各向异性, 其能隙 $\Delta(0)$、伦敦穿透深度 $\lambda(0)$、相干长度 $\xi(0)$、H_{c1}、H_{c2} 以及 j_c 等都是各向异性的。

表 9.4-3 给出了 3 种超导体的 3 个物理参数的各向异性的数值。其中特短的相干长度是值得注意的。

表 9.4-3　氧化物超导体的各向异性

超 导 材 料	$YBa_2Cu_3O_{7-\delta}$	$Bi_2Sr_2CaCu_2O_{8+\delta}$	$Tl_2Ba_2CaCu_2O_{8+\delta}$
穿透深度 $\lambda_{ab}(0)$ (nm)	130~180	270~300	
穿透深度 $\lambda_c(0)$ (nm)	500~800	$\geqslant 370$	
相干长度 $\xi_{ab}(0)$ (nm)	1.2~1.6	2.7~3.9	2.1
相干长度 $\xi_c(0)$ (nm)	0.15~0.3	0.045~0.16	0.03
能隙比 $2\Delta_{ab}(0)/k_BT_c$	6~8	8~11	
能隙比 $2\Delta_c(0)/k_BT_c$	3~3.5	5~7	
第二临界场 $\mu_0H_{c2} \perp c$ 轴(T)	200	480	
第二临界场 $\mu_0H_{c2} \parallel c$ 轴(T)	40	30	

(3) 与常规超导体相比氧化物超导体的载流子数密度低一个数量级, 即 n 约为 $10^{21}/cm^3$, 但其 T_c 却高出一个数量级。按照 BCS 理论, T_c 与 n 有关。n 愈高, 费米能级附近的态密度 $N(E_F)$ 愈大, T_c 将愈高。高温超导体的这一现象无法用 BCS 理论解释。

(4) 与常规超导体相比氧化物超导体具有很多反常的正常态行为: 如载流子大多数是空穴, 电阻率各向异性且服从不同的温度规律, 霍尔系数各向异性且具有不同的温度关系, 热导也有各向异性和同样具有不同的温度关系, 核磁共振的弛豫时间 τ_1 所遵循的规律也与常规超导体不同等。

总之, 这些氧化物超导体具有正常的超导态行为, 但是却有反常的正常态性质。用 BCS 的电子-声子耦合理论解释仍存在很多问题。关键是这类超导体的超导机理尚不完全清楚(如虽知电子的确是配对的, 但其配对原因仍不清楚)。迄今, 理论工作者也曾提出过诸多模型, 例如属于电子-声子框架内的理论有呼吸模式、声频等离激元、激子机理的两相模型等; 属于非电子-声子机理的有激子、等离激元、双极化子模型, 共振价键态、负 U 中心、电荷转移涨落、自旋密度涨落等。但至今还没有一个理论能全面地解释各种现象, 是对 BCS 理论作修改, 还是采用非电子-声子作用机理, 目前尚无定论。

三、其他的非常规超导体

除了上述的氧化物超导体外, 20 世纪 70 年代以来还发现了许多其他的非常规超导体。它们的 T_c 并不太高, 虽然与传统超导体相比, 其中有些 T_c 也算不低。由于它们在机理研究中的重要性, 也引起了人们很大的关注。这些非常规超导体大致可分为如下几类: 低载流子数密度超导体、重费米子超导体、超晶格超导体、有机超导体、非晶态超导体和磁性超导体等。

1. 低载流子数密度超导体

这类超导体的载流子数密度小于 $10^{21}/cm^3$，实际上氧化物超导体即属此类。因 n 小，$N(E_F)$ 就小，但它们的 T_c 很高，与 BCS 理论不符。不过 1964 年发现的第一个低载流子超导体 $SrTiO_3$（现常作为 YBCO 薄膜的衬底）T_c 并不高，仅为 0.4 K，其 n 为 $1.4 \times 10^{20}/cm^3$。在 1986 年大批氧化物超导体发现之前已发现了 30 多种属此类的钙钛矿型结构超导体，有代表性的 T_c 较高的是 $BaPb_{1-x}Bi_xO_3$，n 为 $4 \times 10^{21}/cm^3$，T_c 为 13 K。另一典型为尖晶石结构的 $Li_{1+x}Ti_{2-x}O_4$，T_c 为 13.7 K，在 T_c 以上温区，其电阻温度关系呈半导体型，载流子为电子。

2. 重费米子超导体

有一些由稀土元素 Ce 或锕系元素 U 和不含 f 电子的金属或非金属元素组成的化合物，它们有比普通金属高 200 倍的比热容系数，表明该材料中电子的有效质量约为自由电子的 200 倍，因之称为重费米子化合物。实验发现有不少重费米子材料是超导体。1979 年发现的第一个重费米子超导体是 $CeCu_2Si_2$，之后又发现了 UBe_{13}、UPt_3、URu_2Si_2 等，T_c 分别为 0.7 K、0.9 K、0.5 K 和 1.0 K。虽然这些超导体的 T_c 都很低，但它们的反常性质使原来以为已颇为了解的超导电领域再次呈现出矛盾和问题。有人提出重费米子超导体的超导机理可能是电子-电子间的直接相互作用，即由自旋涨落产生的极化导致了束缚电子对的形成，而且可能是自旋平行的电子配对。

3. 超晶格超导体

用人工方法控制晶态材料的结构周期而形成的超导体称为超晶格超导体。制备方法包括分子束外延及溅射等。这都是一些薄膜型超导体，如 NbGe、NbCu、VAg、VNi、$H_{0.01}$ $NbSe_2$ 等。超晶格超导体研究起始于 20 世纪 70 年代初，历史不长，在实验和理论两方面都还有许多工作要做。有趣的是 Au 是不具超导性的，Cr 是呈反铁磁性的，但 AuCrAu 超晶格膜却是超导体，T_c 为 1~3 K。

4. 有机超导体

伦敦早就提出在大的有机分子如蛋白质中有可能存在超导态。1964 年李特（Little）提出超导态有可能在准一维的有机分子如遗传分子脱氧核糖核酸（DNA）中存在，只要这种分子具有电子能在其中运动的介质和有起离子晶格作用的略带弹性的带电结构；并且，认为电子间的吸引作用可能来自高极化率的有机基团，其 T_c 可能很高。第一个有机超导体 $(TMTSF)_2PF_6$ 是在 1980 年发现的，在压力为 1 200 MPa 时，T_c 为 0.9 K。1990 年对 C_{60} 掺杂制成了真正的三维有机超导体 K_3C_{60}，T_c 为 18 K。后来有人掺铷和掺铯后研制成另两种超导体 Rb_3C_{60} 和 $Cs_2Rb_1C_{60}$，T_c 分别为 29 K 和 33 K。

5. 非晶态超导体

原先不具超导性的简单金属或 T_c 很低的元素在低温基片上淀积时形成的非晶态膜可以成为超导体或变成 T_c 较高的超导体，如 Bi 和 Be。Bi 可从无超导性变为 T_c 为 6.1 K 的超导体；Be 的 T_c 可从 0.026 K 变为 6.1 K。研究表明，非晶态的声子谱低频端成分增加可使电子-声子相互作用增强，从而使 T_c 提高。非晶态超导体中也有许多实验和理论问题有待进一步研究。

6. 磁性超导体

早期的认识认为，磁有序和超导电性是两种对立的现象，两者不能共存。这种观点目前已被否定。1977 年发现稀土化合物 $ErRh_4B_4$ 和 $HoMo_6S_8$ 在低温下可以从超导态转化到铁磁态，如图 9.4-11 所示。$ErRh_4B_4$ 在 8.7 K 下电阻消失进入超导态，但当温度降到 0.9 K 时，又出现电阻，且呈铁磁性质。后来又发现，对于过渡金属 La 系和 Ac 系都存在这种超导电性与磁性的相互影响机理。设从正常态进入超导态的转变温度为 T_c，而由超导态转化为磁有序的温度为 T_m；如 $T_c > T_m$，像 $ErRh_4B_4$ 和 $HoMo_6S_8$，随着温度的下降，首先从正常态过渡到超导态，当温度进一步降低时，则又从超导态进入到长程铁磁有序的正常态。这种材料称之为铁磁超导体或再入超导体，它不存在超导与铁磁有序共存的温区。如果在低温下发生的磁有序是长程反铁磁有序，则可存在超导电性与磁有序共存的区域。如 $Ho(Rh_{0.3}Ir_{0.7})_4B_4$，其 T_c 为 1.6 K，而 $T_m = 2.7$ K，$T_c < T_m$，当温度低于 1.6 K 后，超导电性与反铁磁有序共存。

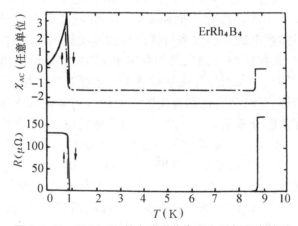

图 9.4-11 $ErRh_4B_4$ 的交流磁化率和电阻与温度关系

9.5 超导电的应用

从 1960 年制成第一个可应用的超导磁体以及约瑟夫森效应发现后，超导电的应用逐步展开。但由于受液氦低温条件的限制，1986 年前主要局限于科研单位、高等院校和有特殊需要的工业部门。高温氧化物超导体的发现使超导体突破了液氮的温度壁垒，超导电的大规模应用展现了灿烂前景。

超导电的应用基本上可分为强电和弱电两大类。

一、强 电 应 用

强电应用的物理基础是超导体的零电阻和高电流密度特性，以及产生高磁场。强电应用的电流范围为几十安到几万、几十万安。按功能分类可归纳为超导磁体、超导电缆及超导储能等。

超导磁体是强电应用中最大量、最有成效的一种。超导磁体利用超导电的直流电阻为零,可通过极高的电流密度(10^5 A/cm^2)无损耗地产生几个特斯拉、十几特斯拉的高场强。它没有铁芯,只由超导线材绕成的线圈构成,其优点是体积小、重量轻、场强高、无功耗、稳定度高、均匀性好。常规电磁铁只能用到 2 T,场强再高铁芯将呈磁饱和而使效率下降,功耗增大,且需水冷,体积又大又笨重;而 5 T 数量级的超导磁体只重几千克到几十千克,闭环运行时磁场既稳定又无需维持电源。超导磁体大量用在固体物理学、高能物理学、物质结构分析以及受控热核反应、发电、交通运输等科学、工程领域。

固体物理学实验室的超导磁体用以研究强场下的固体行为,例如量子霍尔效应的发现就需要使用十几特斯拉的强磁体。加速器中的超导磁体用来使粒子改变轨迹,磁场越强,弯曲的半径越小。实际上往往用几百、几千个磁体串接而成,整个加速器直径可达几千米、几十千米,是目前使用磁体最为集中,规模最大的应用领域之一。表 9.5-1 给出了国际上加速器和超导环形系统应用中的磁体情况。另一超导磁体的大规模应用是在受控热核反应中,它需要数量众多的大孔径(达米级)的超导磁体,产生 10 T 数量级的强磁场,对温度高达上亿度的高温等离子体产生磁约束和磁聚焦。核磁共振谱仪是物质结构分析的常规手段,如 8.9 节所述,当电磁波的频率与核自旋的进动频率相同时,原子核吸收电磁波能量进入激发态,产生共振吸收。测出共振信号和频率,就可以知道原子核的种类和密度分布。对于磷、钠等原子,要求外加磁场超过 4 T 才能获得共振信号,而且要求所加场具有高度的空间均匀性、在时间上也具有高度稳定性。超导磁体能满足这两个要求。建立在鉴别核的种类和密度分布基础上的医用核磁共振成像仪,是在固定磁场下叠加三维扫描场,采用计算机处理获得人体器官的三维断层实物像。可以用来诊断肿瘤、心血管病变等疾病,是现代医院中不可或缺的诊断工具。它要求磁体稳定度高达 10^{-6},只有用超导磁体才能获得良好的图像分辨率。这是超导技术与人类生活直接相关的重要应用。一般的发电机,当采用超导磁体时磁感应强度可以提高四五倍,电流密度可提高几十倍,可以突破常规电机功率的 100 万 kW 的极限。而其体积可大大减小,重量也可大大减轻。当高温高速等离子体通过磁场时,利用洛伦兹力使离子打到电极板上而直接发电的过程称为磁流体发电,其效率可从一般发电机的 30%～40% 提高到 50%～60%;实验表明只有采用超导磁体时才能获得净功率增益。超导磁悬浮列车是一种未来的高速运输工具。在列车的每一节车厢下面的车轮旁都装有超导磁体线圈,而在轨道两旁埋设一系列的闭合铝环。列车由埋在地下的线性同步马达驱动,当列车向前运行时,超导磁体产生的磁场切割闭合铝环,在铝环中感应出强大的电流,超导磁体的磁场和铝环中感应电流的磁场相互作用,产生向上的斥力把列车凌空托起,高度可达 10 cm。由于减小了车厢与轨道的摩擦力,时速可达每小时 500 km。目前,在日本、德国已有原型投入实际的试验。在船上安装超导磁体以在海水中形成磁场,再在其垂直方向通入大的电流,利用洛伦兹力作用于海水,其反作用力将推动船体向前行驶,这就是所谓的电磁推进船;在日本也已出现原型船。利用物质磁化率的不同,在超导磁体产生的强磁场和高梯度下可以使混杂在一起的不同物质分离出来,称为超导磁分离,可用以分离共生矿、处理贫矿、从煤中去硫、处理污水等。

表 9.5-1 国际超导加速器和超导环形系统(可控核聚变)的磁体

应用类型	超导加速器				超导环行系统			
装置名称	Tevatron	HERA	UNK	SSC	TESPE	LCT	T-15	Tore Supra
国　别	美国	德国	前苏联	美国	德国	美国	前苏联	法国
磁感应强度(T)	4.5	4.7	5	6	7	8	8.2/9.1	9.0
磁体数(个)		656	2 200	7 680	6	6	24	18
电流(A)					7 000	11 400	4 800/5 300	1 400
超导线材重(t)		NbTi, 50	220	2 000	NbTi, 60	60	Nb₃Sn, 90	NbTi, 45
建成时间(年份)	1983	1990		1995	1984	～1986	～1987	～1987

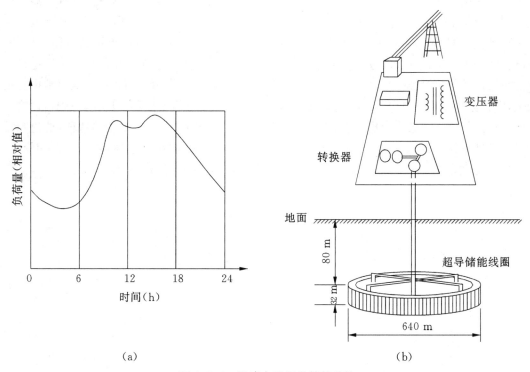

（a）　　　　　　　　　　　　　（b）

图 9.5-1 拟建中的超导储能系统

　　众所周知,供电中日夜负荷的差异几乎是每个大城市都会遇到的问题。在用电低谷时将电能储存起来,在高峰时再释放出去的方法除了泵压储能(夜里用电能把蓄水池的水抽运到高处的水池中,白天再将此势能通过落差发电变为电能)的方式外,利用超导线圈将电能转化为磁能储存起来的超导储能也具有极大的吸引力。图 9.5-1 为用超导线圈储能的示意图,这是目前世界上拟建的最大的超导储能系统。储能线圈直径 640 m、高 32 m,造于地下80 m 深处,可适应 1 000 万人口的大城市的电力调剂的需要。

二、弱 电 应 用

超导电的弱电应用主要是利用约瑟夫森效应、超导量子干涉器、超导薄膜以及单电子隧道效应等。

1. 电 压 基 准

这是最早对社会经济产生重要影响的超导电弱电应用。如前所述,利用微波辐照约瑟夫森结,结的直流 I-V 特性曲线上会出现一系列等电压间隔的电流台阶。第 n 号台阶所对应的结电压为

$$V_n = n\frac{h}{2e}f$$

其中 f 为外加的微波频率,$n = 1, 2, 3, \cdots$。已经证明,该式的准确性至少优于 10^{-8}。由于 h 和 e 是不变的基本物理常量,结两端电压的大小仅与 n 和辐照频率 f 有关,与所用器件的超导材料性质、种类、结构等因素无关;而一般微波信号频率 f 的测量精度(10^{-11})已远远高于电压的测量精度(10^{-6}),因而可以通过由频率确定的电压来校正标准电池的电压。以往,标准电池的电压值是通过国家计量局保存的标准电池组与国际上巴黎度量衡局的标准电池组比对来校正的,这种比对每 3 年要举行一次,在比对过程中由于搬运等因素会影响电池电压的数值,而且已经发现标准电池组的电动势值每年也有微伏数量级的偏移。现在,各国可以在自己的计量部门建立约瑟夫森电压基准比较设备,只需根据国际公认的 $2e/h$ 的数值,通过自己的频率基准来校对和修正自己的伏特基准。1988 年 $2e/h$ 值国际上定为 483 597.9 GHz/V。图 9.5-2 是约瑟夫森电压基准比对设备的原理图,标准电池的电压可表为

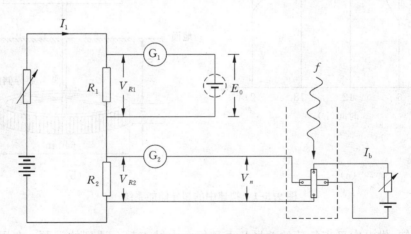

图 9.5-2 电压基准比对原理

$$E_0 = n\frac{R_1}{R_2}\frac{h}{2e}f$$

微调辐照的频率 f 使电流计读数为零,便可由 n、R_1/R_2、f 及给定之 $2e/h$ 值给出 E_0。20 世纪 70 年代后,各国已陆续建立了这种计量设备。我国的国家计量院和航天部也已建成了

这一装置。由于每个结可使用的最高电压仅毫伏级,而约瑟夫森结的制作又难以一致,致使早期伏特级的标准电池电动势与第 n 个台阶上电压的比较要通过电阻分压的传递来实现。近年来,器件制作水平的提高可以将上千个约瑟夫森结串接在一起,构成在伏特级上的直接比较。航天部的器件是由 3 020 个用铌-氧化铌-铅铟金做的约瑟夫森结组成,用 181 型数字电压表直接比较。该设备的电压保持精度为 3×10^{-8}。

约瑟夫森电压基准是目前最具成效的超导电弱电应用项目。如果能够用其他方法独立地测出具有高精度的 $2e/h$ 值,那么就可以利用关系式 $V_n = n \dfrac{h}{2e} f$ 来对伏特下定义,把伏特单位和频率基准直接联系起来,这将对单位制和计量学产生深远的影响。

2. 超导量子干涉器(SQUID)

这是超导弱电应用中发展最快、用途最广的一种。如今已广泛涉及物理学、生物医学、地球物理学、地质勘探、计算机技术等领域及军事部门。自 20 世纪 60 年代中期 DCSQUID 和 RFSQUID 问世以来,经过几年的研究、开发,至 1972 年起开始有商品出售。高温超导体发现以后,用氧化物超导体也能做成性能优良的 SQUID,可与 4.2 K 下工作的常规超导体器件相媲美。而且,由于可在液氮下工作,更具有广阔的应用前景。用 SQUID 可做成各种磁测仪器,如磁强计、磁梯度计、磁化率计;也可做成灵敏的电压计、电流计、电阻与电感测量仪等,其灵敏度一般比常规手段要高 3~5 个数量级,具有无可取代的优势。表 9.5-2 给出了使用 SQUID 可以检测的各种物理量的灵敏度。

表 9.5-2 SQUID 可检测的物理量分辨率

物理量名称	分 辨 率	物理量名称	分 辨 率
磁场(T)	10^{-15}	电压(V)	10^{-15}
磁场梯度(T/m)	10^{-12}	电流(A)	10^{-11}
磁通量(Wb)	10^{-20}	电阻(Ω)	10^{-8}
磁矩(emu)	10^{-12}	电感(H)	10^{-11}
电磁能(J)	10^{-33}	位移(m)	10^{-11}

SQUID 原则上是一种磁通敏感元件。要检测的物理量要通过输入线圈或磁通变换器转换成输入 SQUID 的超导环中的磁通。无论是 DCSQUID 还是 RFSQUID 都可以看成是一个四端器件,如图 9.5-3 所示。输入端的内部是一个耦合到超导环中去的电感线圈 L_{in},它通过互感 M_{in} 与超导环作耦合,输出端则是经约瑟夫森结参与作用后的电压输出,单位为微伏/单位磁通($\mu V/\Phi_0$)。因此,SQUID 最基本的输入量是进入输入线圈 L_{in} 的电流 I_{in},输入的磁通为 $M_{in} I_{in}$。如果待测物理量是磁场,则需要通过磁通变换器输入,即需要外接一个检拾线圈通过磁通变换输入到超导环中,如图 9.5-4 所示。若输入磁场为 B,单匝检拾线圈的电感为 L_P,面积为 S_P,则检拾线圈的磁通为 $\Phi_P = BS_P$,输入的磁通为

$$M_{in} I_{in} = M_{in} \frac{BS_P}{L_P + L_{in}}$$

因为带有检拾线圈的 SQUID 装置的输出信号直接正比于磁场强度(磁感应强度 B),故称

为磁强计。需要指出的是,SQUID磁强计测量的磁场只能是相对的磁场强度的变化量,它无法测定磁场的绝对值,除非预先置于零场的环境下。SQUID磁强计能检测的磁场最小极限为 10^{-15} T。

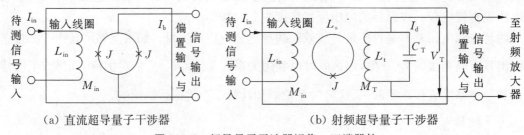

(a) 直流超导量子干涉器　　　　　　　(b) 射频超导量子干涉器

图9.5-3　超导量子干涉器视作一四端器件

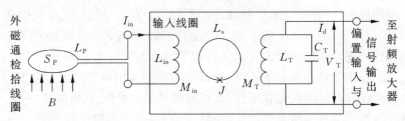

图9.5-4　外磁通通过磁通变换器送至SQUID中

　　SQUID接上梯度计线圈能检测磁场梯度。检测磁场梯度的用处是能抑制远处的均匀信号而检出近处有用的非均匀场信号,这是一种由测量人体微弱的生物磁信号而发展起来的空间鉴别技术。磁梯度计线圈的结构示意如图9.5-5。一次微商梯度计的线圈绕制方向使均匀场的影响相互抵消,因此其输出信号只与场的一次微商成正比,而二次微商梯度计则与场的二次微商成正比。后者的空间鉴别能力更优于前者。为了检测到直流的磁信号,SQUID的输入线圈和磁通变换器的检拾线圈或梯度计线圈需要用超导线绕制,否则只能检测交变的磁信号。采用梯度计技术后,可以在城市环境噪声背景下,不用磁屏蔽室就可记录下人体的心磁信号,甚至受激发的人脑视觉神经信号。

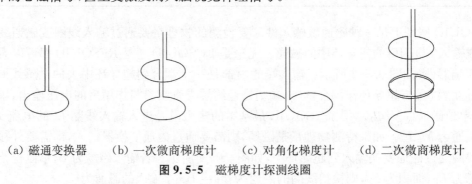

(a) 磁通变换器　　(b) 一次微商梯度计　　(c) 对角化梯度计　　(d) 二次微商梯度计

图9.5-5　磁梯度计探测线圈

　　图9.5-6给出了人体磁场信号的强度数量级范围。由于SQUID技术的兴起,已经形成了一门新的学科分支——生物磁学,使用SQUID探索生命的磁现象。近来的研究表明,采用在液氮下工作的高温SQUID,在屏蔽室里已可获得信噪比为490的人体心磁信号。对

于人体脑磁的研究是未来生物医学界的重要课题,采用高温 SQUID 来检测、研究是当前各国 SQUID 研究人员努力奋斗的目标。

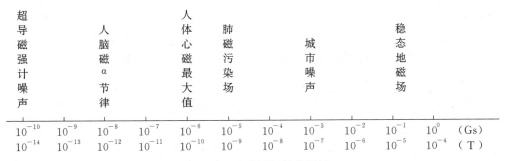

图 9.5-6 人体磁场的数量级

对于物理学而言,SQUID 除了可用于研究物质微弱的磁性,如做成高灵敏度的 SQUID 磁化率仪外,人们更用它来开展基础物理的研究。一个例子是引力波探测。人们相信存在引力波,只是因为信号太微弱而无法检测。利用 SQUID 有希望将其检测出来。方法是用几百千克甚至几吨重的大铝棒作为引力波探测天线,大铝棒表面附着一层超导材料,在低温下用磁场将铝棒悬浮起来,当天体演变中的某个事件发出引力波辐射时,地面的引力波天线受到该引力波的作用,将产生极其微弱的机械振动。采用 SQUID 手段有可能将这种反应检测出来。另一个例子是探测磁单极子。1931 年狄拉克预言宇宙中存在磁单极子,其发出的磁通量为磁通量子的 2 倍。人们利用 SQUID 磁强计已记录到疑似现象,但需要进一步证实。

SQUID 在地球物理学、地质勘探方面的应用也是很有价值的。在实验室中对采集的岩石标本进行磁矩检测,可作为地质勘探的重要依据,也可用于对古代地磁的研究。实验室中的岩石磁强计就是用 SQUID 制作的。采用 SQUID 在空中进行大地磁异常检测,有利于探测矿藏、了解地下资源。我国曾在西藏使用过低温 SQUID 这一技术,一次采集的数据可以抵得上数年的常规勘测的结果。

采用 SQUID 还发展了一种大地磁勘测方法。用人为方法在空间产生向地面垂直辐射的电磁波,其中一部分穿入地壳表面,并在进入地壳后不断衰减,电磁波的穿透深度 δ 与地壳层的电阻率 ρ 和电磁波的频率 f 有关:

$$\delta = 0.5\sqrt{\frac{\rho}{f}} \ (\text{km})$$

式中的 ρ 以 $\Omega\cdot m$ 为单位,f 以 Hz 为单位。地壳层的电阻率通常为 $1\sim10^4\ \Omega\cdot m$。一般石油、地热等资源的埋藏深度为 $0.1\sim30$ km,因此大地磁测量的频率范围应为 $10^2\sim10^{-4}$ Hz,矿藏愈深要求频率愈低,由于常规电磁信号探测器采用电感线圈,信号灵敏度随频率降低而下降,而 SQUID 的信号受频率的影响较小,因而使用 SQUID 有利作大地磁检测。近来高温 SQUID 的使用,更便于野外操作,这也是与国民经济直接相关的应用。

SQUID 的另一重要应用是用在计算机领域。超导用在计算机领域的最初想法是利用有无电阻的状态,20 世纪 50 年代的所谓冷子管就是如此。约瑟夫森效应发现后,首先想到

的是利用隧道结的两种状态,电流小于约瑟夫森临界电流 I_c 时的零电压状态,以及 $I > I_c$

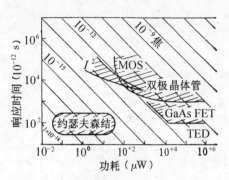

图 9.5-7　各种电子器件的响应时间
与功耗的函数关系

时结电压突变到能隙电压附近的状态。此"0"和"1"状态的转变相应的本征响应时间 τ 由能隙 2Δ 根据测不准关系式决定,即 $\tau = \hbar/2\Delta$。超导体的能隙仅为毫电子伏数量级,因此本征时间在 10^{-12} s 数量级。实际上由于结电容的延迟,大约只能达到纳秒(10^{-9} s)数量级,即使如此其转换速度也是极高的。此外,超导电路的另一优点是功耗极低。与半导体电路相比,由于工作电压降低了 3 个数量级,而工作电流相仿,因此功耗也下降了 3 个数量级,对于超大规模集成十分有利。图 9.5-7 给出了各种电子器件的响应时间与功耗的关系,可见超导约瑟夫森器件

有极为优越的性能。实验发现,用 DCSQUID 亦可构成"0"和"1"两种状态。由于对磁场非常敏感,用很小的控制电流就可以发生状态转换。用 DCSQUID 已经构成各种逻辑元件和记忆元件。此外还发展了三结 SQUID 等各种形式的逻辑电路,用低温超导制作的计算机电路已经做成了四位微处理机,一次演算周期为 1 ns,比 Si 和 GaAs 器件快 1 个数量级,电耗仅为半导体器件的 1/200。

3. 辐射探测器

利用超导薄膜的辐射探测器在此也值得一提。其原理是利用红外线照射时产生热量引起薄膜电阻的改变,称为热辐射探测器。这类探测器必须工作在超导转变区中电阻对温度导数 dR/dT 最大的工作温度区,其标志器件品质性能的单位功率产生的响应 D^* 已达到 $10^9 \sim 10^{10}$ cm·Hz$^{1/2}$/W,达到的探测灵敏度为 $10^{-11} \sim 10^{-12}$ W/Hz$^{1/2}$,特别在中红外范围比常规半导体热辐射器件性能优越,可做成多元的热辐射成像仪。

第十章 低维体系的电子性质

   大约在 20 世纪 60 年代前后，固体物理学的研究对象呈现出由三维向低维、从有序向无序体系转移的明显特点。这种转移的发生，一方面是由于对固体三维体系的认识已趋成熟，亟待开拓新的领域；另一方面也是由于当代技术的进步为人们提供了用于研究低维和无序体系的样品。事实上低维、无序体系中除了极少部分天然存在的以外，绝大多数是采用当代新技术由人工制备而得到的。即使像固体表面这样的天然二维体系，也须采用离子轰击、超高真空等实验技术才能制备出适于研究的实验样品；又如无定形半导体薄膜这样的无序材料也是采用先进技术制备而得的。正是第二次世界大战之后科学技术的迅速发展才使人类得以拥有这些先进的技术手段，从而制备出新的低维、无序材料体系。与此同时成功地应用于三维体相固体材料研究的理论、方法与实验手段经过改进也可推广应用于低维和无序材料；而最近二三十年的科学技术的发展更为研究这类体系提供了必需的实验手段和理论方法，例如当代先进的实验仪器设备和功能强大的计算机。所有这些因素促成了对这类不同于三维周期性有序材料的体系研究的热潮。更为重要的是随着研究的深入，发现这类新材料体系的独特性质可以成为许多新型器件的物理基础，甚至有可能成为突破目前使用的常规电子器件将要面临的经典极限的有效途径；这一技术应用的前景更对这类体系的研究以极大的促进。

   本章集中介绍低维体系的电子性质，包括二维电子气、一维量子线和零维量子点中的电子性质，以期对这几种低维体系的性质及其可能的技术应用有基本的认识。

10.1 MOS 反型层异质结与量子阱中的二维电子气

   第六章末曾介绍 n 沟道金属-氧化物-半导体场效应晶体管（MOSFET），利用栅压影响 p 型半导体与氧化物界面的反型层而控制源漏间的电流。原则上那里反型层中的电子即可看成二维电子气。图 10.1-1 示意地画出 MOSFET 的结构剖面与沿垂直于界面方向的能带图。在正栅压作用下，电场通过氧化物-半导体界面而透入半导体内一定距离，使近界面处的能带向下弯曲，以至平衡时费米能级高过导带底而形成一电子积累区，即反型层。由能带图可见，反型层内的电子在垂直于界面的 z 方向受到一近三角形势阱的束缚而只能在平行于界面的薄层内运动，从而构成二维电子气。类似地由两种禁带宽度不同的半导体形成的异质结界面也能形成二维电子气。如图 6.7-7(a) 和 (b) 所示，由禁带较窄的 p 型 GaAs 与禁带较宽的 n 型 $Al_xGa_{1-x}As$ 构成的异质结，在界面的 GaAs 一侧也形成二维电子气，而且电子束缚势阱的形状也接近于三角形。下面我们将说明,根据量子力学的观点,这里电子气的二维特点源自 z 方向能量的明显量子化。

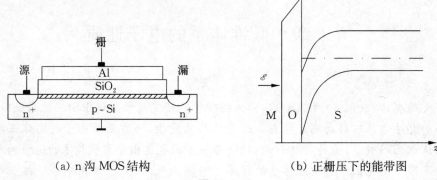

(a) n 沟 MOS 结构   (b) 正栅压下的能带图

图 10.1-1

将上述 MOSFET 或异质结界面的电子势阱近似地画为图 10.1-2 的形式,即

$$V(z) = \begin{cases} \alpha z & (z \geqslant 0) \\ \infty & (z < 0) \end{cases} \tag{10.1-1}$$

式中 α 为一常数,代表电子在三角势阱中受到的电场力的大小。于是电子的薛定谔方程[*]成为

$$\left[\frac{\hbar^2}{2m^*} \nabla^2 + V(z) \right] \psi = E\psi \tag{10.1-2}$$

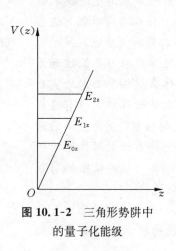

图 10.1-2 三角形势阱中的量子化能级

式中用半导体中电子的有效质量 m^* 概括晶体周期场的作用,并且为简单计,假设 m^* 为一标量。显然,方程(10.1-2)可以分离变量,从而得到在与界面平行的 (x, y) 方向,具有类自由电子的色散关系

$$E_{/\!/} = \frac{\hbar^2 k_{/\!/}^2}{2m^*} \tag{10.1-3}$$

和类平面波的波函数,式中

$$k_{/\!/} = (k_x^2 + k_y^2)^{1/2} \tag{10.1-4}$$

表示与界面平行的波矢,如在此二维平面内取周期性边界条件,$E_{/\!/}$ 具有准连续结构。

z 方向的能量本征值可表示为

$$E_\perp = E_{nz} = \left(\frac{\hbar^2}{2m^*} \right)^{1/3} \left[\frac{3\pi}{2} \alpha \left(n + \frac{3}{4} \right) \right]^{2/3} \tag{10.1-5}$$

而相应的波函数在势阱右边随 z 增加而衰减。因此,电子总能量为

$$E = E_{/\!/} + E_{nz} = \frac{\hbar^2}{2m^*} (k_x^2 + k_y^2) + \left(\frac{\hbar^2}{2m^*} \right)^{1/3} \left[\frac{3}{2} \alpha \pi \left(n + \frac{3}{4} \right) \right]^{2/3} \tag{10.1-6}$$

---

[*] 为简单计,这里将(10.1-2)式表示的有效质量方程也称之为薛定谔方程。

352

(10.1-5)式或(10.1-6)式表示由于势阱的束缚,界面电子的能量在与界面垂直方向是量子化的。式中 n 为量子数,$n = 0,1,2,\cdots$。图 10.1-2 中即画出 $n = 0,1,2$ 的量子化能级。(10.1-6)式表明每个能级 E_{nz} 都有一个二维能带与之相应,称为子能带。二维电子气中的电子即根据费米能级的高低分布于这些子能带中。例如,假设 $E_{1z} < E_F < E_{2z}$,则在低温下全部电子只占据最低的两个子带;而如果 $E_F < E_{1z}$,则所有电子均处于和 E_{0z} 对应的子带中。处在子带中的电子要在垂直于界面方向运动必须克服势阱的束缚。只要势阱足够深,在一般情形电子很难越出其范围,如同被冻结一样,不能在 z 方向运动。而在与界面平行的方向,电子的能量和波函数都类似于自由电子,从而在物理上形成二维电子气体系。

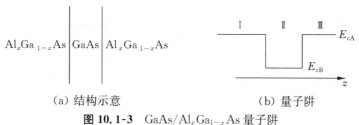

(a) 结构示意   (b) 量子阱

图 10.1-3   GaAs/Al$_x$Ga$_{1-x}$As 量子阱

下面讨论实际上更常采用的量子阱内的二维电子气。图 10.1-3 为由 Al$_x$Ga$_{1-x}$As/GaAs/Al$_x$Ga$_{1-x}$As 形成的 3 层结构,显然可看作两个异质结的组合。图中 E_{cA} 代表 Al$_x$Ga$_{1-x}$As 的导带底,而 E_{cB} 为 GaAs 的导带底(为简单计,这里不考虑价带)。易见由于这两种材料能带结构(包括禁带宽度及导带底的位置)的差别,在与界面垂直的 z 方向形成一个导带电子的势阱,极类似于初等量子力学的一维方势阱。因此,所有关于束缚于这一势阱中电子的性质均可直接援引量子力学教程中的结果,只须将自由电子的质量代之以半导体电子的有效质量 m^*。常将图 10.1-3 中的势阱称为量子阱,虽然图 10.1-2 所示的原则上也是量子阱。

如果图 10.1-3 结构中 GaAs 层足够薄,束缚于阱中的电子也形成二维电子气,电子一般只能在平行于界面的二维层面,即 GaAs 层中运动而不能穿越界面。电子能量也可用

$$E = E_{//} + E_{nz} \tag{10.1-7}$$

表达,只是其中 E_{nz} 为一维有限方势阱的束缚态本征能量,$E_{//}$ 仍如(10.1-3)式所示。

应该指出,由于实际量子阱材料中电子分布的变化,界面附近的能带也如 MOSFET 结构或单个异质结界面一样有所弯曲,不会像图 10.1-3 所示的那样平直。这里只是为简单起见而将能带弯曲略去。基于量子阱可以形成多种具有特殊性质的结构,例如共振隧穿双垒、超晶格等,将在后面再行讨论。

10.2   量子霍尔效应

在 3.5 节中我们曾一般地讨论过霍尔效应,而在 6.4 节中也曾详细介绍过块体半导体材料的霍尔效应。霍尔效应是典型的外加相互垂直的电场和磁场时的输运现象。现在我们先来一般地分析二维电子气在相互垂直的电、磁场中的输运现象。

假设电子气存在于 xOy 平面,恒定电场 E 平行于该平面,而恒定磁场 B 则垂直于平面,

即沿 z 方向。如体系内不存在任何散射因素，即相应于散射弛豫时间 $\tau = \infty$，则电子运动方程可写为

$$m^* \frac{\mathrm{d}\boldsymbol{v}}{\mathrm{d}t} = -e\boldsymbol{E} - e\boldsymbol{v} \times \boldsymbol{B} \tag{10.2-1}$$

式中 m^* 为电子的有效质量。将上式写成分量式

$$m^* \frac{\mathrm{d}v_x}{\mathrm{d}t} = -eE_x - ev_y B \tag{10.2-2}$$

$$m^* \frac{\mathrm{d}v_y}{\mathrm{d}t} = -eE_y + ev_x B \tag{10.2-3}$$

将上式对时间微分，考虑到电场强度和磁感应强度均不随时间变化，得

$$\ddot{v}_y + \frac{e^2 B^2}{m^{*2}} v_y = -\frac{e^2 B}{m^{*2}} E_x \tag{10.2-4}$$

(10.2-4)式的解可写成

$$v_y = A_y \cos(\omega t + \varphi) - E_x / B \tag{10.2-5}$$

其中，$\omega = eB/m^*$ 正是质量为 m^*、荷单位电荷 e 的粒子在磁场中的回旋角频率。同理可得

$$v_x = A_x \cos(\omega t + \varphi') + E_y / B \tag{10.2-6}$$

由于余弦函数在一周期内的平均值为零，(10.2-5)与(10.2-6)式表明，电子在电场方向的平均速度为零；而在垂直于电场方向，则获得数值为 E/B 的平均速度。

对于通常测量霍尔效应的实验布局，稳态时霍尔电场与垂直磁场对载流子的作用力相平衡。电流沿纵向(x 方向)，而横向(y 方向)无电流。由(10.2-5)与(10.2-6)式可得电流密度

$$j_x = -n_s e v_x = -n_s \frac{e}{B} E_y \tag{10.2-7}$$

$$j_y = -n_s e v_y = n_s \frac{e}{B} E_x \tag{10.2-8}$$

式中 n_s 为单位面积二维电子气的电子数，即电子数的面密度，勿与第九章中超导电子数密度相混。由于 y 方向无电流，$j_y = 0$，得

$$E_x = 0$$
$$E_y = E$$

从而得霍尔系数

$$R_\mathrm{H} = \frac{E_y}{B j_x} = -\frac{1}{n_s e} \tag{10.2-9}$$

这正是用电子数面密度 n_s 代替(3.5-14)式中的电子数体密度 n 所得到的结果。

一、张 量 电 导 率

如果计入散射因素，样品具有有限的电导率。众所周知，当不存在磁场时，在一般情形，流过样品的电流密度 $\boldsymbol{j}$ 与电场强度 $\boldsymbol{E}$ 成正比，比例系数即电导率 σ 为一标量，这就是欧姆定律。如果存在外加磁场，由(3.5-9)式以及 $\boldsymbol{j} = -ne\boldsymbol{v}$ 可见，电导率不再是标量，而是一二级

354

张量。在这里的二维情形,(3.5-9)式成为

$$v_x = -\frac{e\tau}{m^*}E_x - \omega\tau v_y$$
$$v_y = -\frac{e\tau}{m^*}E_y + \omega\tau v_x$$

(10.2-10)

其中我们已将自由电子的质量代之以各向同性的有效质量 m^*,并将 ω_c 代之以 ω。上式可写成:

$$v_x = -\frac{e\tau}{m^*}\frac{1}{1+\omega^2\tau^2}(E_x - \omega\tau E_y)$$
$$v_y = -\frac{e\tau}{m^*}\frac{1}{1+\omega^2\tau^2}(\omega\tau E_x + E_y)$$

(10.2-11)

由 $j = -n_\mathrm{s}ev$ 可得二维电流密度

$$j_x = \frac{n_\mathrm{s}e^2\tau}{m^*}\frac{1}{1+\omega^2\tau^2}(E_x - \omega\tau E_y)$$
$$j_y = \frac{n_\mathrm{s}e^2\tau}{m^*}\frac{1}{1+\omega^2\tau^2}(\omega\tau E_x + E_y)$$

(10.2-12)

将上式写成矩阵形式

$$(j) = (\sigma)(E)$$

(10.2-13)

即得张量电导率

$$(\sigma) = \frac{n_\mathrm{s}e^2\tau}{m^*}\frac{1}{1+\omega^2\tau^2}\begin{pmatrix} 1 & -\omega\tau \\ \omega\tau & 1 \end{pmatrix}$$

(10.2-14)

相应的电阻率 ρ 也为一二级张量

$$(\rho) = \frac{m^*}{n_\mathrm{s}e^2\tau}\begin{pmatrix} 1 & \omega\tau \\ -\omega\tau & 1 \end{pmatrix} = \begin{pmatrix} \dfrac{1}{\sigma} & \dfrac{B}{n_\mathrm{s}e} \\ -\dfrac{B}{n_\mathrm{s}e} & \dfrac{1}{\sigma} \end{pmatrix}$$

(10.2-15)

满足矩阵方程 $(E) = (\rho)(j)$。(10.2-15)式中的 $\sigma = \dfrac{n_\mathrm{s}e^2\tau}{m^*}$ 为零磁场时的标量电导率。(10.2-15)式表明,当存在散射因素时,电阻率张量(ρ)的对角元 $\rho_{xx} = \rho_{yy} = 1/\sigma$ 为常数,而非对角元 $\rho_{xy} = -\rho_{yx} = \dfrac{1}{n_\mathrm{s}e}B$ 与磁感应强度成线性关系。

如不计散射因素,$\tau \to \infty$,(10.2-14)式化为

$$(\sigma) = \begin{bmatrix} \sigma_{xx} & \sigma_{xy} \\ \sigma_{yx} & \sigma_{yy} \end{bmatrix} = \begin{bmatrix} 0 & -\dfrac{n_\mathrm{s}e}{B} \\ \dfrac{n_\mathrm{s}e}{B} & 0 \end{bmatrix}$$

(10.2-16)

同样,电阻率张量化为

$$(\rho) = \begin{bmatrix} \rho_{xx} & \rho_{xy} \\ \rho_{yx} & \rho_{yy} \end{bmatrix} = \begin{bmatrix} 0 & \dfrac{B}{n_\mathrm{s}e} \\ -\dfrac{B}{n_\mathrm{s}e} & 0 \end{bmatrix}$$

(10.2-17)

实际上(10.2-2)式与(10.2-3)式或(10.2-1)式正是不计散射时(3.5-8)式应用于二维的情形。由以上讨论可知,二维霍尔电阻 r_H 正是电阻率张量的非对角元:

$$r_H = \frac{V_y}{I_x} = \rho_{xy} = \frac{1}{n_s e} B \tag{10.2-18}$$

即当电子数密度一定时,r_H 应与外加磁场的磁感应强度成线性关系;而当磁感应强度一定时,r_H 应与电子数密度 n_s 成反比。但 1980 年,德国学者冯·克立青(von Klitzing)发现在一定条件下 MOSFET 的霍尔电阻 r_H 随 n_s 的变化并不如上式所示,而是呈现一系列平台,平台对应的电阻可表示为

$$r_H = r_K / i \tag{10.2-19}$$

式中 i 为整数,而 r_K 只决定于基本物理常数,

$$r_K = h/e^2 = 25\ 812.807(\Omega) \tag{10.2-20}$$

称为冯·克立青常量[*]。(10.2-19)式即为著名的量子霍尔效应,为二维电子气的独特物理性质。因为这一重大发现,冯·克立青荣获 1985 年诺贝尔物理学奖。

二、磁场中的朗道能级

图 10.2-1 为图 10.1-1(a)所示 MOSFET 结构的俯视图,二维电子气即处于纸面内。存在磁场时的电子哈密顿算符应表示为

$$\hat{H} = \frac{1}{2m^*}(\hat{\boldsymbol{p}} + e\boldsymbol{A})^2 + V(\boldsymbol{r}) \tag{10.2-21}$$

式中 $\hat{\boldsymbol{p}}$ 为动量算符。由于如 10.1 节所述在 z 方向受界面势阱的约束电子运动被冻结而不必考虑,上式化为二维情形。因此

$$\hat{\boldsymbol{p}} = \frac{\hbar}{i}\left(\boldsymbol{e}_1 \frac{\partial}{\partial x} + \boldsymbol{e}_2 \frac{\partial}{\partial y}\right) \tag{10.2-22}$$

$V(\boldsymbol{r})$ 为电场标量势。在图示情形,设霍尔电场沿 $\boldsymbol{e}_2$ 方向,

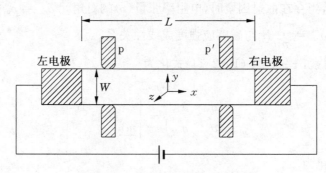

图 10.2-1 MOSFET 结构俯视图

---

　* 根据(10.2-20)式,可由冯·克立青常量确定全球统一的电阻标准。(10.2-20)式所示的常量称为 r_{K-90};作为电阻标准,从 1990 年 1 月 1 日开始生效。

$$\mathscr{E} = \boldsymbol{e}_2 \mathscr{E} \tag{10.2-23}$$

$$V = e\mathscr{E}y \tag{10.2-24}$$

$\boldsymbol{A}$ 为磁场矢势，在图示磁感应强度沿 z 方向的情形，可取

$$\boldsymbol{A} = -\boldsymbol{e}_1 By \tag{10.2-25}$$

将以上诸式代入(10.2-21)式可得薛定谔方程

$$\hat{H}\psi = E\psi \tag{10.2-26}$$

其中

$$\hat{H} = \frac{1}{2m^*}\left[(\hat{p}_x - eBy)^2 + \hat{p}_y^2\right] + e\mathscr{E}y \tag{10.2-27}$$

由于

$$\hat{p}_x = \frac{\hbar}{\mathrm{i}}\frac{\partial}{\partial x}$$

$$\hat{p}_y = \frac{\hbar}{\mathrm{i}}\frac{\partial}{\partial y} \tag{10.2-28}$$

哈密顿算符 $\hat{H}$ 与 $\hat{p}_x$ 对易

$$\hat{H}\hat{p}_x = \hat{p}_x\hat{H} \tag{10.2-29}$$

从而在 $\hat{H}$ 的本征态 ψ 中电子动量的 x 方向分量有确定值，可将(10.2-26)的解，即电子波函数写成如下的试解形式：

$$\psi = \mathrm{e}^{\mathrm{i}k_x x}\phi(y) \tag{10.2-30}$$

将上式代入(10.2-26)式，可得到

$$\hat{H}'\phi = E\phi \tag{10.2-31}$$

而

$$\hat{H}' = \frac{1}{2m^*}\hat{p}_y^2 + \frac{(eB)^2}{2m^*}\left[y^2 - 2y\left(\frac{1}{eB}p_x - \frac{m^*}{eB^2}\mathscr{E}\right) + \left(\frac{p_x}{eB}\right)^2\right] \tag{10.2-32}$$

其中

$$p_x = \hbar k_x \tag{10.2-33}$$

(10.2-32)式可改写为

$$\hat{H}' = \frac{1}{2m^*}\hat{p}_y^2 + \frac{(eB)^2}{2m^*}(y - y_0)^2 + \frac{p_x}{B}\mathscr{E} - \frac{m^*}{2B^2}\mathscr{E}^2 \tag{10.2-34}$$

其中

$$y_0 = \frac{p_x}{eB} - \frac{m^*}{eB^2}\mathscr{E} \tag{10.2-35}$$

由此关于 ϕ 的方程(10.2-31)可改写为

$$\hat{H}_1'\phi = E_1\phi \tag{10.2-36}$$

其中

$$\hat{H}'_1 = \frac{1}{2m^*}(\hat{p}_y)^2 + \frac{(eB)^2}{2m^*}(y-y_0)^2 \qquad (10.2\text{-}37)$$

而

$$E_1 = E - \frac{p_x}{B}\mathscr{E} + \frac{m^*}{2B^2}\mathscr{E}^2 \qquad (10.2\text{-}38)$$

如令

$$\omega = eB/m^* \qquad (10.2\text{-}39)$$

则(10.2-37)式化为

$$\hat{H}'_1 = \frac{1}{2m^*}\hat{p}_y^2 + \frac{m^*\omega^2}{2}(y-y_0)^2 \qquad (10.2\text{-}40)$$

(10.2-39)式的 ω 正是一质量为 m^*、电荷为 e 的粒子在磁感应强度 B 的磁场中的回旋角频率。若令

$$K = m^*\omega^2 \qquad (10.2\text{-}41)$$

$$\hat{H}'_1 = \frac{1}{2m^*}\hat{p}_y^2 + \frac{1}{2}K(y-y_0)^2 \qquad (10.2\text{-}42)$$

众所周知,上式为一质量为 m^*、中心位于 y_0、劲度系数为 K 的一维简谐振子的哈密顿算符。因此,(10.2-36)式的解 ϕ 乃是谐振子波函数,而

$$E_1 = \left(i+\frac{1}{2}\right)\hbar\omega \qquad (10.2\text{-}43)$$

即为朗道能级,其中 i 为整数,能级图如图 10.2-2(a)所示。由此得到电子能量为

$$E = \left(i+\frac{1}{2}\right)\hbar\omega + \frac{p_x}{B}\mathscr{E} - \frac{m^*}{2}\left(\frac{\mathscr{E}}{B}\right)^2 \qquad (10.2\text{-}44)$$

若在平衡态,不存在电流 I,因而霍尔电场 $\mathscr{E}=0$,处于磁场中二维电子气的电子能量

$$E = E_1 \qquad (10.2\text{-}45)$$

实际上(10.2-43)所代表的朗道能级正是 $V(r)=0$ 时(10.2-21)式的哈密顿算符的本征值,即在垂直磁场作用下二维电子气的量子化能量。此时电子将分布在相邻间距为 $\hbar\omega$ 的朗道能级上。

三、朗道能级的简并度和子能带

值得注意的是,在平衡态朗道能级是高度简并的,i 为某给定值的能级与许多电子状态相对应。这一点我们只要应用 x 方向的周期性边界条件即可看出。

(10.2-30)式中 x 方向的波函数为平面波 $e^{ik_x x}$,若样品沿 x 方向的长度为 L,周期性边界条件要求:

$$e^{ik_x x} = e^{ik_x(x+L)} \qquad (10.2\text{-}46)$$

因此

$$k_x L = 2\mu\pi \qquad (10.2\text{-}47)$$

μ 为任意整数,于是 k_x 作为好量子数可以取值

$$k_x = 2\pi\mu/L \tag{10.2-48}$$

相应的动量 p_x 取值为

$$p_x = \hbar k_x = \mu h/L \tag{10.2-49}$$

上式表明,在一维动量空间中状态代表点的密度为

$$D = 1/(h/L) = L/h \tag{10.2-50}$$

另一方面,由(10.2-35)式可知,当 $\mathcal{E} = 0$ 时

$$p_x = eBy_0 \tag{10.2-51}$$

根据简谐振子波函数的性质以及实际实验中的磁感应强度,可以近似地认为 y_0 的变化范围就是样品在 y 方向的宽度 W,由此可知动量 p_x 的分布范围也就近似为 eBW。这样由(10.2-50)式,在 eBW 的范围内一共有

$$N = eBW\frac{L}{h} = \frac{eB}{h}WL \tag{10.2-52}$$

个可允许的 p_x 值。由(10.2-44)式与上式可知,当无电流通过样品霍尔电压为零时每个朗道能级的简并度 N 与二维电子气的面积 $S = WL$ 成比例。因此,对单位面积的二维电子气而言,每个朗道能级的简并度都是

$$n_0 = N/S = eB/h \tag{10.2-53}$$

与磁感应强度成正比。在上面的讨论中我们未曾考虑电子的自旋,如计入电子自旋,(10.2-52)式应改为 $N = \dfrac{2eB}{h}WL$,但由于自旋不同的电子在外磁场中自旋简并度消除,与每个朗道能级相应的简并度仍然为(10.2-53)式所示的 n_0。

当 $\mathcal{E} \neq 0$,或有电流通过样品时,由(10.2-44)式知电子能量与 p_x 有关,即不同 p_x 对应的状态之间的简并性消除。然而,相邻 p_x 之间的能量差通常都很小,而且在实际的低温、强磁场实验条件下远小于 $\hbar\omega$,于是不同 p_x 的电子能级形成能带,也称为子能带,每一个子能带

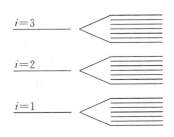

(a) p_x 简并的朗道能级　(b) 电场形成子能带

图 10.2-2

都对应于某一 i 的朗道能级,于是电子能量有如图 10.2-2(b)所示。至于在实际情形究竟哪些子能带为电子所占据,则依赖于二维电子气中的具体电子数。

四、量子霍尔效应

在 n 沟 MOSFET 的情形,随着栅压 V_g 从零开始增加,近氧化层的半导体逐渐由 p 型转化为 n 型,生成二维电子气;V_g 继续增加,二维电子气的密度随之上升,同时电子逐级由低到高填充朗道子能带。设在低温下对于某一栅压,电子恰填满第 i 子能带,其他的子能带

全是空的。进一步增高栅压将使电子数密度上升,但增加的电子往往并非填充第 $i+1$ 个子能带。这是由于实际样品中存在的杂质、缺陷等不完整性会形成处于子能带间的局域化能级。填满 i 子能带之后增加的电子即填充在这些局域化能级上。处在这些能级上的电子如同被束缚,对电流 I 及霍尔电压 V_H 均无贡献,即在这一范围,栅压上升并不引起 V_H 的相应变化,从而使霍尔电压 V_H 与 V_g 的关系曲线出现平台区,在平台区 V_H 不随 V_g 而变化。现设某一栅压下第 i 个朗道能级的子能带恰被填满,则二维"自由"电子气的数密度应为

$$n_s = in_0 = ieB/h \tag{10.2-54}$$

由(3.5-13)式得

$$V_H = \frac{BI}{in_0 e} \tag{10.2-55}$$

以(10.2-53)式代入上式得霍尔电阻

$$r_H = V_H/I = \frac{h}{ie^2} = r_K/i \tag{10.2-56}$$

可见与 V_H 相似 r_H 随 V_g 的变化关系中也会呈现阶梯状平台结构,这就是量子霍尔效应。在平台区之间,电流由处于和朗道能级对应的子能带中的电子贡献。随着 V_g 的增加,二维电子气中对电流有贡献的电子数密度增大,从而引起 V_H 或霍尔电阻相应变化。

图 10.2-3 为冯·克立青等人的实测结果,横坐标上的 n 代表朗道能级,$n=0$ 为最低的朗道能级。图中显示与每一个朗道能级相应均有 4 个霍尔电压平台,这是由于 2 度自旋简并及所采用的半导体样品材料的能带结构的简并性消除的结果,这里不予详述。图中还

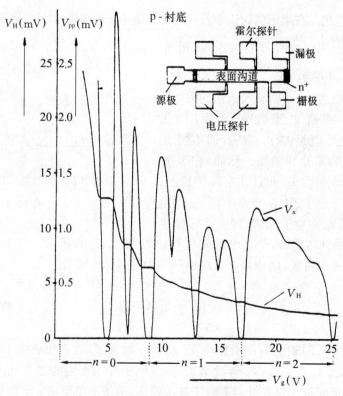

图 10.2-3 霍尔电压平台

360

画出沿样品纵向(x方向)安排的两根探针之间的电压V_x随栅压的变化;有趣的是当V_H出现平台时,V_x即为极小值,甚至为零。

在实际的实验研究中,更常采用的是固定二维电子气的密度,在维持流过样品的电流恒定的条件下,测量霍尔电压V_H随外加磁场的变化,结果如图10.2-4所示。可见在低磁场下霍尔电阻的确与外磁场的磁感应强度成线性关系;但在高磁场区则得到霍尔电阻的平台状结构。这是因为随着磁感应强度B的增加,(10.2-53)式所示的每个朗道能级的简并度相应增加,使总数一定的电子填充的朗道能级的数目随之下降。由于局域化能级的存在使霍尔电阻r_H呈阶梯形上升,每个平台区域相当于一个朗道能级刚出空到下一个朗道能级电子数减少之前的磁场范围。

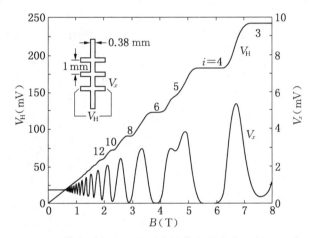

图 10.2-4 横向霍尔电阻的平台结构与纵向电阻的 SdH 振荡

图10.2-4为纵向电流恒定条件下GaAs异质结二维电子气密度固定时纵向及横向电压随外磁场的变化。由于电流恒定,电压变化即反映电阻或电阻率的变化。由图可见,在低磁场范围,横向电阻率与外磁场的确成线性关系而纵向电阻率也的确为一常数,与前面讨论的经典图画(10.2-15)式一致。但在高磁场范围,横向电阻呈现阶梯状平台,即量子霍尔效应;而纵向电阻率随磁场振荡。这一振荡称为舒布宁可夫-迪哈斯(SdH)振荡,在块体材料中同样存在,早在1930年即在金属中观察到。不过,这一效应在二维半导体中要明显得多。这里不拟对SdH振荡作详细介绍,而着重对前面提到的振荡极小值与量子霍子效应的平台相对应,即纵向电阻的极小值与费米能级处于相邻两个朗道能级之间相对应这一有趣的现象作一些定性的分析。

粗看起来,这一现象颇难理解。如果纵向电阻极小值出现在费米能级与朗道能级重合时反而容易想得通;因为在这里的情形,朗道能级正是状态密度的峰值所在。实际情形要求回答两个问题,一是由哪些电子态构成与纵向电阻极小值相对应的电流;二是与纵向电阻极小相对应的电压极小值为何接近零。对于通常测量量子霍尔效应的实验布局,测量纵向电压的探针间的距离常在毫米量级,纵向电压为零意味着电子应经过如此长的距离而不受散射。由于样品的完整性对应的杂质间的平均距离远小于纵向电压探针间的距离,必然存在某种特殊机理,使电子在样品中几乎不遭受散射,这一机理究竟如何?

一般认为以上两个问题均可用磁场作用下形成的所谓边缘态来解释。

五、边 缘 态

假设仍采用如图 10.2-1 所示的实验布局和固定二维电子气数密度而改变外加磁场的测量方法。现在来考虑图中样品的上、下两个边界对电子气施加的横向约束的影响。为此，(10.2-27)式表示的哈密顿算符应代之以

$$\hat{H} = \frac{1}{2m^*}[(\hat{p}_z - eBy)^2 + \hat{p}_y^2] + U(y) \tag{10.2-57}$$

$U(y)$代表横向约束势。如 $U(y)$ 为 $m^*\omega_0^2 y^2/2$ 的抛物线型，ω_0 为一常数，则相应的薛定谔方

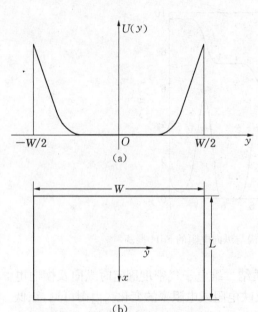

图 10.2-5　矩形二维导体的横向约束势

程(10.2-26)有解析解。在实际情形，抛物线型的约束势适用于横向宽度 W 较小的准一维量子线。对于通常测量量子霍尔效应采用的较宽的矩形二维导体，在电子气的中部约束势往往比较平缓，有如图 10.2-5(a)所示的情形。图中，为清楚起见，故意将横向尺寸不成比例地放大。一般而言，此时(10.2-26)式并无解析解。但如磁场足够高，以致在磁场中电子的经典圆形轨道范围内 $U(y)$ 变化不明显，就可将不存在 $U(y)$ 时哈密顿算符的本征值和本征函数作为零级近似，采用一级微扰理论求得近似解。

根据本节第二部分讨论朗道能级时的推演已可知道，当 $U(y)=0$ 时哈密顿算符的本征值由(10.2-43)式表示，这里改写成

$$E_{n,k} = \left(n + \frac{1}{2}\right)\hbar\omega \tag{10.2-58}$$

由初等量子力学可知，相应的本征函数为

$$\Psi_{n,k}(x,y) = \frac{1}{\sqrt{L}}e^{ikx}U_n(q - q_k) \equiv |n,k\rangle \tag{10.2-59}$$

其中 L 为样品纵向长度。这里，为简单计，在上式中略去表示纵向的下标 x，直接用 k 代表样品纵向的波矢。并且，

$$q = \sqrt{\frac{m\omega}{\hbar}}y \tag{10.2-60}$$

$$q_k = \sqrt{\frac{m\omega}{\hbar}}y_k \tag{10.2-61}$$

$$y_k = \frac{\hbar k}{eB} \tag{10.2-62}$$

而

$$U_n(\rho) = e^{-\rho^2/2}H_n(\rho) \tag{10.2-63}$$

为谐振子波函数，H_n 为第 n 级厄密多项式。

现在将 $U(y)$ 视为微扰势，则计入一级微扰的能量 $E_{n,k}$ 为

$$E_{n,k} = \left(n + \frac{1}{2}\right)\hbar\omega + \langle n, k \mid U \mid n, k\rangle \qquad (10.2\text{-}64)$$

由(10.2-59)式与(10.2-63)式可见，零级波函数的中心位置为 $y = y_k$，与 $q = q_k$ 相应，而其空间延伸范围大体为 $\sqrt{\dfrac{\hbar}{m\omega}}$；只要在此范围内 $U(y)$ 变化不大，即可近似认为

$$\langle n, k \mid U \mid n, k\rangle \approx U(y_k) \qquad (10.2\text{-}65)$$

从而

$$E_{n,k} = \left(n + \frac{1}{2}\right)\hbar\omega + U(y_k) \qquad (10.2\text{-}66)$$

与不计及横向约束势的(10.2-58)式相比，上式将导致明显不同的结果。由(10.2-58)式，电子运动的群速度

$$v_{n,k} = \frac{1}{\hbar}\frac{\partial E}{\partial k} = 0$$

恰与经典情形无边界约束的二维电子气中的电子在垂直外磁场作用下以 ω 为角速度绕半径为 v/ω 的圆周转圈的图画相一致。但由(10.2-66)式，情形将大相径庭

$$v_{n,k} = \frac{1}{\hbar}\frac{\partial}{\partial k}U(y_k) = \frac{1}{\hbar}\frac{\partial U(y_k)}{\partial y_k}\frac{\partial y_k}{\partial k}$$

以(10.2-62)式代入得

$$v_{n,k} = \frac{1}{eB}\frac{\partial U(y_k)}{\partial y_k} \qquad (10.2\text{-}67)$$

(10.2-66)式中的能量通过 $U(y_k)$ 与 y_k 有关，而由(10.2-62)式 y_k 与波矢 k 成比例；因此(10.2-66)式即为计入横向约束势的色散关系。$U(y_k)$ 随 y_k（因而随 k）的变化关系与 $U(y)$ 随横向坐标 y 的变化关系完全一致，因而可将 $E_{n,k}$ 表示为如图 10.2-6 中的曲线，图中每根曲线均类似于图 10.2-5(a)中的 $U(y)$。每根曲线旁的数字即(10.2-66)式中的 n，代表不同的朗道能级。

如果与某一磁场 B_0 相应，费米能级 E_F 恰好如图 10.2-6 所示位于两个朗道能级（$n = 2, 3$）之间，则根据本节前面的讨论，在这一能量附近不存在导电的广延态，只有对电流毫无贡献的束缚态。似乎此时流过样品的电流应为零，即纵向电阻应为无限大。然而实际情形与这一推论竟有天壤之别，此时不仅仍有电流通过样品，且纵向电阻率 ρ_{xx} 达极小值，甚至此极小值的数值几乎为零！其原因就在于图 10.2-6 两侧的状态。具体考虑波矢为 k_0 与（$-k_0$）的这一对电子态。由图及(10.2-67)式可见，这两个态的群速度数值相同但方向相反；换言之，它们都对电流有贡献，但彼此方向相反。注意 y_k 的范

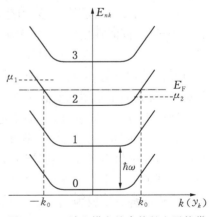

图 10.2-6　计入横向约束势的电子能带

围在$(-W/2, W/2)$之间，从而相应的波矢k的范围为$\left(-\dfrac{W}{2}\dfrac{eB}{\hbar}, \dfrac{W}{2}\dfrac{eB}{\hbar}\right)$。从图10.2-5可以

看出这些群速度不为零，从而能携带电流的状态的波矢都接近于$\pm\dfrac{W}{2}\dfrac{eB}{\hbar}$，也就是相应的波函数的中心接近于样品的横向边界$\pm W/2$，即处于样品的边缘。这就是将它们称为边缘态的原因。而且，我们还可以看到，如果靠近$y=W/2$的边缘态波矢$k>0$，则靠近$y=-W/2$的边缘态的波矢$k<0$。这样，携带向左的电流的状态（$k>0$）位于样品上侧（$y_k\approx W/2$），而携带向右电流的状态（$k<0$）位于样品下侧（$y_k\approx -W/2$）。其实这一结果也与经典图画相吻合。同一磁场$\boldsymbol{B}$对速度方向相反的电子的洛伦兹力方向相反，将它们驱赶到方向相反的上下两边。磁场愈强，这种"趋边"效应愈明显；以致在足够高的磁场下，向左与向右运动对应的边缘态在空间上完全隔开，"各走各的道"，彼此的波函数在空间上几乎无处交叠。同时从图10.2-7还可看出，如轨道中心距样品边缘小于轨道半径，且在边界处作镜向反射，则在洛伦兹力作用下，平均而言，如上边界处的电子向右运动，则下边界处的电子必向左运动。这样，即使样品中存在杂质，也不能起散射作用，即一个向左运动的边缘态不能被散射到向右运动的边缘态（背散射）中去。换言之，在这样的情形电子的动量无法变化，从而导致纵向电阻$\rho_{xx}=0$，纵向电压（在图10.2-1中电压探针p、p'之间的电压）$V_x=0$。

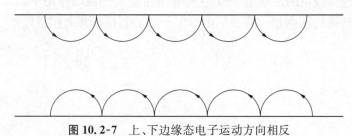

图 10.2-7　上、下边缘态电子运动方向相反

下面我们还要说明，在这一情形，横向电压即霍尔电压V_H恰与纵向外加电压V相等，而在10.4节中还可看到霍尔电阻此时恰好处于平台处。

在图10.2-1所示的情形，当然要对样品施以外加电压才会有电流I沿x方向通过图示的二维导体，同时在横向（y轴负方向）建立起霍尔电场。上边缘电位高，下边缘电位低；两者之差即霍尔电压V_H。此时体系不再处于平衡态，不再有统一的费米能级，而是上、下两边具有不同的化学势μ_1与μ_2，如图10.2-6中的虚线所示。而且，$\mu_1-\mu_2=eV_\mathrm{H}$。由图10.2-6可见，在实验通常采用的低温条件下，只有μ_1与μ_2之间的边缘态才对电流有贡献，而这正是群速度沿x轴负方向运动的电子，恰与x轴正方向的电流相对应。另一方面，如图10.2-7所示，向左运动的电子属于下边缘态，只能来自右电极电子库；而向右运动的电子只能来自左电极电子库，且属于上边缘态。换言之，向左运动的电子与右电子库相平衡；而向右运动的电子则与左电子库相平衡。纵向外加电压V就加在左、右电子库上，使左、右电子库的化学势分别成为μ_L与μ_R；彼此相差$\mu_\mathrm{R}-\mu_\mathrm{L}=eV$。换言之，向左与向右运动的电子的化学势彼此相差$eV$。但上面的分析已得到，向左与向右运动的电子化学势相差$\mu_1-\mu_2=eV_\mathrm{H}$。因此，综上所述便得到$\mu_\mathrm{R}-\mu_\mathrm{L}=\mu_1-\mu_2$，$V=V_\mathrm{H}$的结果。

这样，我们看到，在霍尔电阻的平台区，电压探针间的电压$V_x\approx 0$；但纵向外加电压V并不为零而是维持有限值。因此外加电压必然降落在电压探针与电子库之间的某一处或某

几处。这一问题将可在 10.4 节中找到答案。

10.3　超晶格的电子微带

如本章引言所述,近年来固体物理学的一个重要发展方向是人工制造低维材料并对之进行研究。超晶格即为一典型例证;由于超晶格的组分与结构可以人工控制,从而控制其电子状态,成为一段时期以来学术界所瞩目的重要领域。本节介绍超晶格的电子结构。

一、超　晶　格

一般而言,超晶格指某种周期大于天然材料的人工结构。因此,周期性地对半导体掺杂,形成 p 型、n 型依次交替的周期性排列,也是一种超晶格,称为掺杂超晶格。但这里介绍的是采用分子束外延的方法沿一定的方向周期性地依次生长不同材料的晶体层而形成的超晶格结构。

设想超晶格由沿 z 方向周期性排列的 GaAs 与 $Al_xGa_{1-x}As$ 半导体层构成,如图 10.3-1(a)所示。对比图 10.1-3,可以想到这一周期结构中电子能带的导带底应如图 10.3-1(b)所示,因此超晶格实际上可看作周期性排列的量子阱。由此可见,这恰为一人工形成的克龙尼克—潘尼势。以前克龙尼克—潘尼势只是一个假想的理论模型,现代技术使其终成现实。

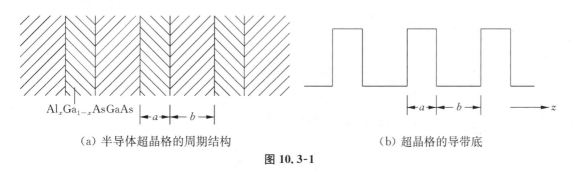

Al$_x$Ga$_{1-x}$AsGaAs　⊢a⊣b⊢　　　⊢a⊣b⊢　　⟶z

（a) 半导体超晶格的周期结构　　　　　　（b) 超晶格的导带底

图 10.3-1

二、电　子　微　带

由 2.3 节和 2.4 节的讨论可知,我们可将量子阱当成一维"原子",如果图 10.3-1(b)的超晶格势垒区的厚度 a 足够小,相邻"原子"的波函数有明显的交叠,犹如真实晶体中相邻原子之间存在明显的相互作用,则在垂直于超晶格界面的方向(z 方向)量子阱的能级将展宽成能带。不难理解,由于通常势垒区的厚度远大于原子结构的周期,这样形成的能带的实际宽度只有毫电子伏数量级,故称为微带。由 2.3 节的讨论已可想到,微带的色散关系在一定的程度上可以人工控制。可以将超晶格的电子能量表示为

$$E_n(\boldsymbol{k}) = \frac{\hbar^2}{2m^*}(k_x^2 + k_y^2) + E_n(k_z) \tag{10.3-1}$$

其中第一项表示量子阱中与界面平行的二维近自由电子的色散关系。这里主要关心超晶格的能带 $E_n(k_z)$，n 表示第 n 支能带。由于能量 $E(\boldsymbol{k})$ 为 $\boldsymbol{k}$ 空间的偶函数，

$$E_n(k_z) = E_n(-k_z)$$

可将 $E_n(k_z)$ 用余弦函数展开，

$$E_n(k_z) = \sum_{i=0} W_{ni} \cos ik_z c \tag{10.3-2}$$

式中

$$c = a + b \tag{10.3-3}$$

为超晶格周期。在一般情况下，上式取 $i=0$ 与 $i=1$ 两项即已足够。

$$E_n(k_z) = W_{n0} + W_{n1} \cos k_z c \tag{10.3-4}$$

这里，为简单起见，我们略去量子阱能级的简并度。不难看出，W_{n0} 与量子阱的第 n 个能级的本征能量有关。W_{n1} 的数值与相邻量子阱的第 n 个能级波函数的交叠有关，而且若 $k=0$ 处为能量极小值，则 $W_{n1} < 0$；而如为能量极大值，$W_{n1} > 0$。

图 10.3-2 示意地画出了(10.3-4)式的能带结构。其中虚线代表扩展区图。在 3.3 节中已提到超晶格有助于随外电场增加负阻效应的实现。这里作稍为详细的分析，并先介绍布里渊区折叠的概念，以期对超晶格的能带有更为本质的了解。

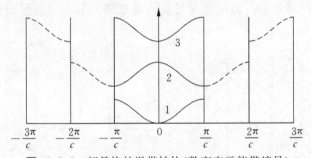

图 10.3-2 超晶格的微带结构（数字表示能带编号）

三、布里渊区折叠

设想某一种半导体材料沿 z 方向的原子排列周期为 a，整块材料可看作沿 z 方向逐层堆砌而成，每层的厚度均为 a，该方向的某一支电子色散关系 $E(k_z)$ 如图 10.3-3 中实线所示，布里渊区的宽度为 $2\pi/a$。现在我们设想每两层当作一层，即周期扩展为 $2a$。于是布渊区的范围缩小为 π/a，电子的色散关系的上半部变为如虚线所示。原来在 $(-\pi/a$，$\pi/a)$ 之间的一支能带变为 $(-\pi/2a$，$\pi/2a)$ 之间的两支能带。由图可见，虚线所示的能带犹如将原先在 $\left(-\dfrac{\pi}{a}, \dfrac{\pi}{a}\right)$ 内的布里渊区沿 $k_z = \pi/2a$ 与 $(-\pi/2a)$ 将纸面折叠而成，常称此为布里渊区的折叠。无疑在这一情形，无论周期为 a 或 $2a$，都是相同的晶体，无论布里渊区折叠与否描述的都是同一体系的电子状态，因此在小布里渊区的边界 $\pi/2a$ 与 $(-\pi/2a)$ 处能带并不分裂，无论能量高低，依然同处一个能带之中。现在设想原子层依次为两种材料交替排列，

366

例如 GaAs 材料沿 [1 1 0] 方向每隔一层代之以 $Al_xGa_{1-x}As$，后者可看成 GaAs 中部分 Ga 原子为 Al 原子所取代。由于这两种材料的晶格常数几乎相同，便构成了周期加倍的结构。如果组分 x 数值较小，电子状态应当没有太大的变化，能带应如图 10.3-4 所示，除了布里渊区边界 $\left(\pm\dfrac{\pi}{2a}\right)$ 处能带略有分裂外基本上与 GaAs 能带折叠的结果相近。当然若 x 较大，两者的差别也会更为显著。

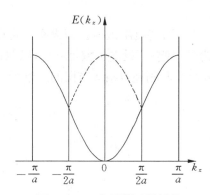

图 10.3-3　布里渊区的折叠

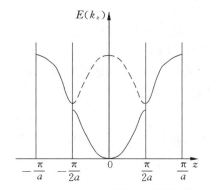

图 10.3-4　组分 x 值较小时的能带图

以上的讨论启发人们利用超晶格控制半导体的能带结构。由图 6.1-3(b) 可见，硅的导带底在 Δ 轴上距 Γ $0.8\sim0.9$ ΓX 处。如果我们沿 [1 0 0] 方向制备由若干层硅与若干层硅锗合金构成的超晶格，使其周期为该方向硅材料周期的 10 倍左右，就有可能使超晶格的导带极小移到布里渊区中心，从而使间接带隙半导体的硅变为直接带隙半导体，便可获得直接带隙半导体的性质，例如带间光跃迁的几率大为增加，增加了制备高性能光学器件的潜在可能性。这种通过人为设计、制造晶体结构而获得特殊能带结构的做法称能带工程，也是近年来固体物理学研究的重要内容。

上面的讨论还表示，当晶格周期扩大 n 倍成为超晶格时，布里渊区的线度相应缩小为 $1/n$，而一支能带也相应分裂成 n 支能带。显然这是由于超晶格的原胞体积扩大，同样是单位体积的晶体，布里渊区内波矢代表点的数目下降，因而必然要有更多的能带才能容纳超晶格中的电子。

与此同时，由于布里渊区线度下降，使 $E(k_z)$ 的斜率变化明显增加，在相近的晶格完整性条件下大大增加了实现布洛赫振荡的可能性。设想在沿 z 方向的外电场 $\mathscr{E}$ 作用下将电子在平均自由时间 τ 内至少能在 k 空间渡越布里渊区作为出现布洛赫振荡的条件，按照 3.2 节和 3.3 节的讨论，这可表示为

$$\frac{2\pi}{c} \leqslant \frac{e\mathscr{E}\tau}{\hbar} \tag{10.3-5}$$

式中 c 为 z 方向超晶格的周期，$2\pi/c$ 为该方向布里渊区的宽度。由此

$$\mathscr{E} \geqslant \frac{h}{e\tau c} \tag{10.3-6}$$

对普通晶体，晶格周期为 10^{-10} m 数量级，如 τ 为 10^{-12} s 数量级，要使上式成立电场强度需超过 5×10^7 V/m。这样高的场强会使半导体击穿，而在通常实际电场强度下，又不能满足

上式的要求,在 τ 时间内电子难以渡越全部布里渊区,因而观察不到布洛赫振荡。显然,如果超晶格的周期为普通晶体的几倍或几十倍,就有可能使满足(10.3-5)式的场强下降一二个数量级。如进一步提高样品的完整性且使样品处在低温下以增大平均自由时间 τ,就更增加了实现布洛赫振荡的可能。

四、超晶格的负阻效应

即使观察不到布洛赫振荡,采用超晶格也更容易观测到负阻效应。假设有一定密度的电子存在于图 10.3-2 的最低能带($n=1$)中,且为简单起见,设电子数足够小,以至在不加外电场情形,所有电子的波矢都可认为 $k_z \approx 0$。在 $t=0$ 时刻施以沿 z 方向的外电场 $\mathscr{E}$,则波矢 k_z 将按

$$k_z = -e\mathscr{E}t/\hbar \tag{10.3-7}$$

变化。相应地,该方向电子速度

$$v_z = \frac{1}{\hbar}\frac{\partial E_1}{\partial k_z} \tag{10.3-8}$$

也要随之变化。由(10.3-4)式,令

$$W_{10} = W_0, \quad W_{11} = W \tag{10.3-9}$$

得到

$$E_1(k_z) = W_0 + W_1\cos(k_z c) \tag{10.3-10}$$

$$v_z = -\frac{W_1 c}{\hbar}\sin(k_z c) \tag{10.3-11}$$

以(10.3-7)式代入,得到

$$v_z = \frac{W_1 c}{\hbar}\sin\left(\frac{e\mathscr{E}c}{\hbar}t\right) \tag{10.3-12}$$

但是,由于散射因素的存在,电子能为电场加速达 t 时间而不受散射的几率与($e^{-t/\tau}$)成正比,实际上在电场 $\mathscr{E}$ 作用下电子可能达到的稳态速度为

$$v_z^s = \int_0^\infty v_z e^{-t/\tau}dt \bigg/ \int_0^\infty e^{-t/\tau}dt \tag{10.3-13}$$

以(10.3-12)式代入,得到

$$v_z^s = \frac{W_1 c^2}{\hbar^2}\tau e\mathscr{E}[1 + (e\mathscr{E}c\tau/\hbar)^2]^{-1} \tag{10.3-14}$$

如以 $k_z = 0$ 处的有效质量

$$m_z^*(0) = \left(\frac{1}{\hbar^2}\frac{\partial^2 E_1}{\partial k_z^2}\right)^{-1} = -\frac{\hbar^2}{W_1 c^2} \tag{10.3-15}$$

代入可将 v_z^s 表示为

$$v_z^s = -\frac{e\mathscr{E}}{m_z^*(0)}\tau[1 + (e\mathscr{E}\tau c/\hbar)^2]^{-1} \tag{10.3-16}$$

于是电流密度

$$j_z = -nev_z^s = \frac{ne^2\tau}{m^*(0)}\mathcal{E}[1+(e\mathcal{E}\tau c/\hbar)^2]^{-1} \tag{10.3-17}$$

函数

$$f(x) = \frac{x}{1+(ax)^2} \tag{10.3-18}$$

在

$$x = 1/a \tag{10.3-19}$$

处有极大值。因此,(10.3-17)式的电流密度在

$$\mathcal{E} = \mathcal{E}_0 = \frac{\hbar}{e\tau c} \tag{10.3-20}$$

时达最大值,而在

$$\mathcal{E} > \mathcal{E}_0$$

时电流密度随外加电压而下降,即出现负阻效应,如图 10.3-5 所示。对比(10.3-20)式与(10.3-6)式可见,出现负阻效应与布洛赫振荡的条件处于同一数量级。

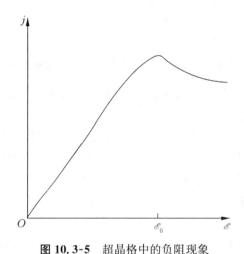

图 **10.3-5** 超晶格中的负阻现象

10.4 点接触量子化电导与电子波导

1988 年荷兰戴夫特理工大学与英国剑桥大学的研究人员各自独立发表了二维电子气中窄通道电导的测量结果。样品由半导体异质结界面上覆以金属栅极,并在栅极中间做一裂隙而成,称为分裂栅,如图 10.4-1(a)中的插图所示。

在分裂栅上施以负电压,则其下方的电子将被电场驱赶而耗尽。电子气上下部分之间的通道只存在于栅极裂隙部分。由图可知,这一部分几何尺寸很小,只有亚微米数量级,犹如一“点”,因此常将电子气上下部分间的电导称为点接触的电导。改变栅压,测量这一系统的电阻,结果如 10.4-1(a)所示,转换成电导如 10.4-1(b)所示。这一实验研究的最显著的特点是随着栅压 V_g 的增大(绝对值降低,通道的宽度增加)点接触的电导并不如大尺寸矩形

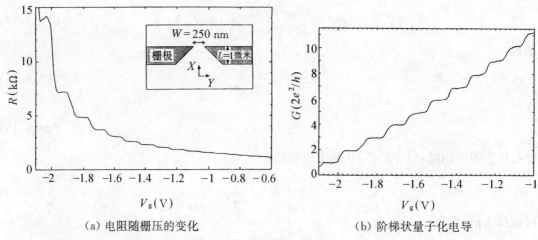

（a）电阻随栅压的变化　　　　　　　（b）阶梯状量子化电导

图 10.4-1　点接触电导量子化

样品那样随宽度 w 线性上升（$G = \sigma w/L$，σ 为电导率，L 为样品长度），而是呈阶梯性增加，且相邻台阶之间的差别，即台阶的高度为

$$\Delta G = 2e^2/h \tag{10.4-1}$$

这一重要结果使人联想起 10.2 节介绍的量子霍尔效应的霍尔电阻 $\dfrac{h}{ie^2}$，但却不涉及磁场，一时为学术界所瞩目。事实上，由此开辟了对一维体系的新的研究领域。现在我们用半经典的方法分析这一问题。

虽然宏观上看来分裂栅的裂隙为一"点"。其实如将尺寸标度缩小，点接触区可看作是如图 10.4-2(a)所示的结构，进而可以模拟成如图 10.4-2(b)所示，二维电子气的上、下两部分（每一部分均可看作电子库）之间由宽为 w 的一维通道（即点接触）所连接。如同 10.1 节介绍的一样，在分析这一体系的电子的输运性质时，由于异质结界面与纸面（x-y 平面）平行，不必考虑电子在 z 方向的运动；而且，由于负栅压 V_g 的作用，又形成 y 方向的势垒，使电子在 y 方向的能量也是量子化的，只在通道内沿 x 方向自由运动。因此，点接触实际上成为一维电子气体系。体系中电子的能量可表示为

$$E_n = E_{ny} + \frac{\hbar^2}{2m^*}k_x^2 \tag{10.4-2}$$

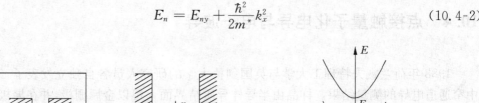

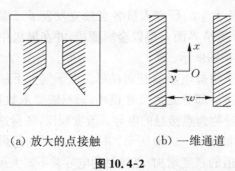

（a）放大的点接触　　　（b）一维通道

图 10.4-2

图 10.4-3　一维电子能带

式中 E_{ny} 为横向（y 方向）的量子化能级。上式表明由于负栅压的作用，二维电子气的连续能带被分裂成若干子能带，第 n 个子能带的底部能量即为 E_{ny}。图 10.4-3 示意地画出一维电子气的色散关系，处于费米能级 E_F 以下的子能带中有电子占据，如果 $E_{ny} > E_F$，则在低温下相应的子能带是空的。

一、量子化电导

现在我们分析其中有电子的子能带对电流的贡献。设通道两边施以电压 V，使通道两边电子库的电子占据的最高能级 μ（平衡时 μ 即 E_F）之间存在差别

$$\mu_2 - \mu_1 = (-e)V \tag{10.4-3}$$

流过通道的一维电流应为

$$I = (-e)\int_{\mu_1}^{\mu_2} v\rho\,\mathrm{d}E \tag{10.4-4}$$

式中 ρ 为单向运动的一维电子体系的状态密度。由(4.1-14)式和(3.1-13)式，

$$\rho(E) = \frac{1}{2}g(E) = 2/hv \tag{10.4-5}$$

式中 v 为电子速度。因此

$$\rho v = \frac{2}{h} \tag{10.4-6}$$

代入(10.4-4)式，得到

$$I = \frac{2e^2}{h}V \tag{10.4-7}$$

从而得到电导

$$G = I/V = 2e^2/h \tag{10.4-8}$$

上式表明，不管能带中电子数如何，只要导带底 E_{ny} 低于 E_F，在低温下对电导的贡献都是 $2e^2/h$。如果近似地认为分裂栅上的栅压在 y 方向形成无限深方势阱，则根据量子力学，

$$E_{ny} = \frac{\pi^2\hbar^2}{2m^*}\left(\frac{n}{w_r}\right)^2 \tag{10.4-9}$$

式中 w_r 为势阱宽度。值得注意的是 w_r 并非是图 10.4-2(b)中分裂栅裂隙的几何宽度 w。实际上，在负栅压作用下，栅极以下电子耗尽区的范围要超过栅极实际覆盖的面积。因此，如栅压绝对值足够大，实际一维电子通道的物理宽度可能消失为零，而随着栅压升高（绝对值下降）w_r 亦随之上升。由(10.4-9)式可见，随着栅压的上升，无限势阱中相邻本征能级间的能量差将下降，因而在一定的条件下，相应地逐个有高于 E_F 的 E_{ny} 变为低于 E_F。事实上，如引进费米波长 λ_F，

$$E_F = \frac{\hbar^2}{2m^*}\left(\frac{2\pi}{\lambda_F}\right)^2 \tag{10.4-10}$$

则由(10.4-9)式可知,E_F 以下的子带数 n 即为 w_r 与 $\lambda_F/2$ 之比的最大整数。于是,随着物理宽度因栅压上升而上升时,w_r 每增加 $\lambda_F/2$,就有一个 E_y 越过 E_F 而使 E_F 之下的本征能级 E_{ny} 的数目,即子带数增 1,从而使电导增加一个台阶 $2e^2/h$。可见,E_F 之下每出现一个本征能级 E_y 就如同打开一条电子的一维通道,每多一个通道就增加 $2e^2/h$ 的电导,因此形成量子化的台阶式电导。

(10.4-8)式表明单导电通道的一维导体的电阻应为 $R = 1/G = \dfrac{h}{2e^2}$。但导体内已假设无散射因素存在,应当是没有电阻的。因此,这一电阻只能来自于导体和两边电子库之间的界面。这一问题将在后面进一步讨论。

二、电 子 波 导

(10.4-4)式的电流表达式有一个前提,即电子在一维体系内不遭受散射,因此当电子从点接触的一端输运到另一端时,除去与 y 方向势垒壁碰撞外不会受到散射。这样的运动方式类似于电磁波沿波导的传播,故这类一维电子体系又称为电子波导或量子线,与每一横向本征能级 E_y 相应称为一个"模式"。因此,如 E_F 之下只有一个 E_y 则称为单模体系,否则为多模体系。由上面的讨论可见,要实现波导式电子输运,材料必须具有高度的完整性,通道的长度要尽量小,并应在低温下作实验测量以最大限度地降低电子在输运时遭到散射的机会。

值得注意的是,仔细的实验表明,图 10.4-1(b)所示的台阶并非严格的直角,而是有些"钝化",甚至出现电导的振荡,其原因与二维电子气的电子在进出一维通道时由于势的变化而导致电子波的反射有关。通过量子力学的计算可以得到与实验极为符合的结果,此处不再赘述。

对比 10.2 节的量子霍尔效应,自然会发现,如将霍尔电阻换算成电导,则每隔一个平台电导的差别正好也是 $2e^2/h$。就是说在量子霍尔效应范畴,二维电子气是一个理想的弹道式输运的电子波导。事实上边缘态的作用也相当于导电"模式",图 10.2-6 中每一个底部位于 E_F 之下的子能带都对电导贡献 $2e^2/h$,从而当 E_F 处于第 n 与 $n+1$ 个朗道能级之间时,霍尔电阻为 $\dfrac{h}{2e^2}\Big/n$,恰与电阻平台相应。这里因子 $\dfrac{1}{2}$ 来自于自旋简并。但是,量子霍尔效应与本节讨论的点接触电子波导有一点不同。在点接触情形不能完全消除背散射,故量子化精度不高,远不如量子霍尔效应。由于完全消除了背散射,量子霍尔效应的量子化极精确,以至其电阻值 r_K 可作为电阻标准。实际上,呈现量子霍尔效应的二维电子气正是一个质量极高的弹道化导体。

10.5 兰 道 尔 公 式

在研究低维电子气的输运问题的时候,不能不提到兰道尔公式。下面我们将导出这一公式,并将其应用于点接触的量子化电导。

一、兰道尔公式

如图 10.5-1 所示,一维散射心 S 由理想的一维导体 l_L 及 l_R 从左、右两边连接到左、右电子库。外加电压 V 施于电子库,从而有电流通过这一体系。这里理想一维导体的意义是指费米能级位于横向约束最低与次低的子带底之间,以致只涉及单个子带的输运,即单模输运;同时其中的电子只经历弹道式输运,即导体内不存在除导体壁反射之外的任何散射因素。因此,在左、右两个电子库之间 S 是唯一的散射心。

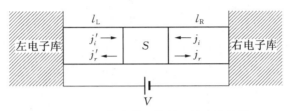

图 10.5-1 包含单一散射心的一维导体

设外加电压 V 使右电子库的准费米能级或化学势 μ_R 高于左电子库的 μ_L,$\mu_R - \mu_L = eV$。用 j_i 及 j'_i 分别代表从两个电子库进入体系的电子流密度。j_r 代表进入右电子库的电子流密度,包括 j_i 被 S 反射的成分以及 j'_i 透过 S 的成分;同样,j'_r 为进入左方电子库的电子流密度,包括 j'_i 被 S 反射的成分以及 j_i 透过 S 的成分。假设电子库与理想导体的边界是非反射性的,即由理想导体向电子库运动的电子一旦达到电子库的边界便完全被电子库吸收。

流过这一体系的电子流密度为

$$j = j_i - j_r = j'_r - j'_i \tag{10.5-1}$$

由以上说明可见

$$\left.\begin{array}{l} j_r = Tj'_i + Rj_i \\ j'_r = Tj_i + Rj'_i \end{array}\right\} \tag{10.5-2}$$

其中 T 与 R 分别为散射心 S 的透射与反射系数。因此

$$j = j_i - (Tj'_i + Rj_i) = T(j_i - j'_i) \tag{10.5-3}$$

其中应用了

$$T + R = 1 \tag{10.5-4}$$

由第三章的讨论我们知道,费米能级反映电子数密度的多少。考虑到在任何位置电子数密度都应包括向不同方向运动的电子,便得到左、右电子库之间存在电子数密度差 Δn:

$$\Delta n = (\Delta n_o + \Delta n_i)_R - (\Delta n_o + \Delta n_i)_L \tag{10.5-5}$$

Δn_i 和 Δn_o 分别代表进出电子库的电子数密度,则

$$\Delta n = \frac{j_i + j_r}{v_R} - \frac{j'_i + j'_r}{v_L} \tag{10.5-6}$$

其中 v_L 与 v_R 分别为散射心左边和右边电子的速度。将(10.5-2)式代入上式,并设 $v_R =$

$v_L = v$，得

$$v\Delta n = 2R(j_i - j'_i) \tag{10.5-7}$$

由上式及(10.5-3)式得

$$j = \frac{1}{2}v\Delta n \frac{T}{R} \tag{10.5-8}$$

由一维导体的状态密度

$$g(E) = \frac{2\sqrt{2m^*}}{h\sqrt{E}}$$

及色散关系

$$E = \frac{\hbar^2 k^2}{2m^*}$$

以及

$$\Delta n = g(E)(eV)$$

与

$$v = \frac{1}{\hbar}\frac{dE}{dk} = \frac{\hbar k}{m^*}$$

得

$$j = \frac{2e}{h}\frac{T}{R}V \tag{10.5-9}$$

由此，通过体系的电流

$$I = ej = \frac{2e^2}{h}\frac{T}{R}V \tag{10.5-10}$$

从而得体系的电导 $G = I/V$ 为

$$G = \frac{2e^2}{h}\frac{T}{R} \tag{10.5-11}$$

这就是朗道尔公式。由此可得体系的电阻

$$r = \frac{1}{G} = \frac{h}{2e^2}\frac{R}{T} = \frac{h}{2e^2}\frac{1-T}{T} \tag{10.5-12}$$

上式可写成

$$r = \frac{h}{2e^2}\left(\frac{1}{T} - 1\right) \tag{10.5-13}$$

当不存在散射心 S 时 $T = 1$，$r = 0$，与理想导体的零电阻一致。上面的讨论实际上假设电子库与理想导体连接处的界面对电阻无贡献。但由前面的讨论知，对单模情形

$$G_c = \frac{2e^2}{h}, \quad r_c = \frac{h}{2e^2}$$

这里我们加一下标 c 以资区别。由此(10.5-13)式可写成

$$r = \frac{h}{2e^2}\frac{1}{T} - r_c$$

或

$$\frac{h}{2e^2}\frac{1}{T} = r + r_c \tag{10.5-14}$$

上式应理解为在两个电子库之间的电阻 $\frac{h}{2e^2}\frac{1}{T}$ 系散射心电阻 r 与 r_c 的串联。不存在散射心

时 $r = 0$，只剩下电阻 r_c。显然 $r_c = h/2e^2$ 源自存在理想导体与电子库之间的界面，故称其为接触电阻。这就是为什么与电子库相连的理想导体，尽管其中只有弹道式输运，仍然存在电阻的原因。这一界面电阻或接触电阻的来源在于电子库里存在着无数的导电模式，而理想导体内只存在少数导电模式（在这里讨论的一维理想导体的情形，只有一个导电模式）。在界面处电流要在各模式之间重新分布，从而表现出电阻。

二、朗道尔-别提克尔公式

对于二维电子气的研究，特别是实验研究，往往都针对所谓"霍尔桥"进行。霍尔桥的结构基本如图 10.2-1 所示，但通常可包含更多的探针，如图 10.2-3 中所示；即霍尔桥往往包含多个电流、电压的测量端。在相当一段时间里，研究人员对测量结果的解释并未形成统一认识。别提克尔(Büttiker)解决了这一问题。他认为电流、电压测量端（即探针）并无实质性差别，从而将兰朗尔的二端电导公式推广到多端并存在磁场时的情形。由前面我们已经得到的(10.5-14)式可将在低温、低偏压条件下通过二端导体的电流表示为

$$I = \frac{2e}{h} T(\mu_1 - \mu_2) \tag{10.5-15}$$

其中 μ_1、μ_2 分别为两个端头电子库的化学势，而 T 为彼此间的传输系数。将上式推广到多端系统可将通过探针 p 的电流 I_p 写成

$$I_p = \frac{2e}{h} \sum_q (T_{qp}\mu_p - T_{pq}\mu_q) \tag{10.5-16}$$

T_{qp} 表示电子由探针 p 向 q 输运的传输系数。将探针的化学势 μ 改用相应的电势 V 表示，

$$\mu_p = eV_p \tag{10.5-17}$$

可将(10.5-16)式改写成

$$I_p = \frac{2e^2}{h} \sum_q (T_{qp}V_p - T_{pq}V_q) \tag{10.5-18}$$

引入电导

$$G_{pq} = \frac{2e^2}{h} T_{pq} \tag{10.5-19}$$

则(10.5-18)式化为

$$I_p = \sum_q (G_{qp}V_p - G_{pq}V_q) \tag{10.5-20}$$

电导 G_{pq} 之间存在如下求和关系

$$\sum_q G_{qp} = \sum_q G_{pq} \tag{10.5-21}$$

上式不难证明，只要注意所有探针都处同一电位 V 时任何探针均无电流通过。从而(10.5-20)式可写成

$$I_p = \sum_q G_{pq}(V_p - V_q) \tag{10.5-22}$$

上式称为兰朗尔-别提克尔公式,下面我们将其应用于量子霍尔效应。

我们前面已经介绍,由于边缘态承载电流,即使实际的霍尔桥结构的尺寸在 $10^2 \sim 10^3~\mu$m量级,仍然可认为这一结构中电子不受散射,从而使朗道尔-别提克尔公式的形式特别简单,只要数一下承载电流的导电通道的数目 M,即参与导电的边缘态的数目,即可得到任意两个测量端 p、q 之间的传输系数。在图 12.5-2 中我们再一次画出图 10.2-3 所示的测量量子霍尔效应的探针分布,同时画出相应的载流边缘态。在图 10.5-2 所示的情形,$M = 2$。由图可见,只有

$$G_{21} = G_{32} = G_{43} = G_{54} = G_{65} = G_{16} = G_0 \qquad (10.5\text{-}23)$$

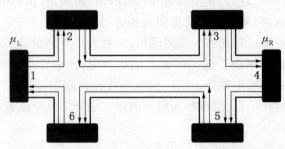

图 10.5-2 朗道尔-别提克尔公式应用于量子霍尔效应

其余

$$G_{pq} = 0$$

这里

$$G_0 = \frac{2e^2}{h}M \qquad (10.5\text{-}24)$$

换言之,以 G_{pq} 为矩阵元的矩阵(G)具有如下形式

$$(G) = \begin{pmatrix} 0 & 0 & 0 & 0 & 0 & G_0 \\ G_0 & 0 & 0 & 0 & 0 & 0 \\ 0 & G_0 & 0 & 0 & 0 & 0 \\ 0 & 0 & G_0 & 0 & 0 & 0 \\ 0 & 0 & 0 & G_0 & 0 & 0 \\ 0 & 0 & 0 & 0 & G_0 & 0 \end{pmatrix} \qquad (10.5\text{-}25)$$

由矩阵(G)可得 6 个电流-电压方程

$$I_p = \sum_{q=1}^{6}(G_{qp}V_p - G_{pq}V_q) \qquad p = 1, 2, \cdots, 6 \qquad (10.5\text{-}26)$$

这六个方程中只有 5 个是独立的,因为基尔霍夫定律要求

$$\sum_{p=1}^{6} I_p = 0 \qquad (10.5\text{-}27)$$

另一方面,电流只取决于不同探针之间的电势差而不是电势本身;因此我们可任意地选取电势参考零点。设

$$V_4 = 0 \qquad (10.5\text{-}28)$$

则(10.5-26)中 5 个独立方程可用矩阵形式表示为

$$
\begin{pmatrix} I_1 \\ I_2 \\ I_3 \\ I_5 \\ I_6 \end{pmatrix} = \begin{pmatrix} G_0 & 0 & 0 & 0 & -G_0 \\ -G_0 & G_0 & 0 & 0 & 0 \\ 0 & -G_0 & G_0 & 0 & 0 \\ 0 & 0 & 0 & G_0 & 0 \\ 0 & 0 & 0 & -G_0 & G_0 \end{pmatrix} \begin{pmatrix} V_1 \\ V_2 \\ V_3 \\ V_5 \\ V_6 \end{pmatrix} \tag{10.5-29}
$$

通常测量霍尔效应时,都使通过电压探针的电流为零,即

$$
I_2 = I_3 = I_5 = I_6 = 0 \tag{10.5-30}
$$

便得到

$$
\left. \begin{aligned} V_1 = V_2 = V_3 \\ V_4 = V_5 = V_6 = 0 \end{aligned} \right\} \tag{10.5-31}
$$

显然,这与以前得到的霍尔桥一边的电势与一端电子库的相等;另一边的电势与另一端电子库的相等的结果完全一致。由(10.5-29)式与(10.5-31)式得

$$
I_1 = G_0 V_1 \tag{10.5-32}
$$

2、3 端之间或 6、5 端之间的纵向电阻应为

$$
r_L = \frac{V_2 - V_3}{I_1} = \frac{V_6 - V_5}{I_1} = 0 \tag{10.5-33}
$$

而 2、6 端之间或 3、5 端之间的横向霍尔电阻 r_H 则为

$$
r_H = \frac{V_2 - V_6}{I_1} = \frac{V_3 - V_5}{I_1} = \frac{V_1}{I_1} = G_0^{-1} \tag{10.5-34}
$$

以上两式正是我们在 10.2 节中得到过的结果。彼此间相差因子 2 源自自旋简并。

10.6 量子点和单电子隧穿

1990 年美国麻省理工学院的费尔德(S. B. Field)等人发表了一项重要的实验,表明一维电子气的电导随电子数密度而作周期性的振荡。他们所用的样品实际上为金属-氧化物-半导体场效应晶体管,但具有当中隔以氧化层的双层栅极结构。衬底为 p 型硅。下栅上开一窄槽,这样,当在上栅上施以正电压时,只有开槽的部分能形成反型层。其余部分则由于电场为下栅所屏蔽而不受影响,从而可形成一个由反型层构成的电子的狭窄沟道,如图10.6-1所示。下栅可置负电位,从而在垂直于沟道的方向,电子受下栅负压形成的势垒约束,而在垂直于界面方向又受 MOS 界面势垒约束,因此沟道中的电子成为一维电子气,而且此一维电子气的密度受上栅压控制。图 10.6-2 为一典型实验结果,显示样品的电导随上栅压 V_g 的增大而振荡。仔细分析表明,每一次完整的振荡相应于沟道中的电子数加 1。当时他们提出一种模型以解释电导的振荡机理。这一模型假定沟道中存在由某种因素(诸如硅-二氧化硅界面层的电荷)形成的电子势垒。两个相邻的势垒便将沟道分成两部分。势

垒间的部分宛如一岛,岛中电子为处于低势能区,四周均为势垒所包围,而且实际尺寸又极小,因而形成一准零维体系。常将这一类体系称为量子点。量子点中的电子要与外界发生交换必须借助于量子力学的隧穿效应。在这里的情形,电子如要通过沟道必须先从一界面电荷势垒外边经由隧穿效应进入中央岛区,再由岛区隧穿另一界面电荷势垒而出。然而,这种隧穿能否发生则与岛区内由上栅压决定的平衡电荷有密切关系。只有当平衡电荷为半个电子电荷 $e/2$ 的奇数倍时才允许发生电子隧穿。这样自然就引起电导随上栅压作周期变化,且每一周期恰好对应于岛区电子数加 1。不久,进一步的研究肯定了这一机理。这就是所谓的单电子[*]隧穿效应。下面我们用一简化的模型进行分析。

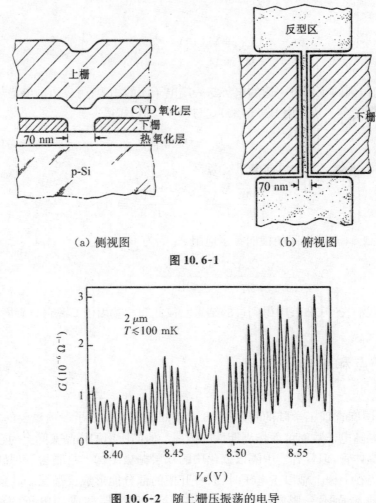

（a）侧视图   （b）俯视图

图 10.6-1

图 10.6-2　随上栅压振荡的电导

一、单电子隧穿模型

图 10.6-3(a)为模型器件的结构示意,阴影区代表界面电荷势垒,其间中央岛区 M 的电

---

* 注意:本章中的"单电子"勿与第九章中的单电子概念相混淆。

势可通过邻近栅极 G 上的电压 V_g（在图 10.6-1 的情形，即为上栅压）予以控制。图 10.6-3(b) 则为沿着电子运动方向体系的势能分布，岛区静电势能可因栅压而变化。岛区的静电势可表示为

$$\phi = Q/C + \phi_g \tag{10.6-1}$$

式中 C 为岛电容，实际上即为两个势垒的电容 C_1、C_2 与栅-岛之间电容之和。必须注意的是，由于电子有可能隧穿进入岛区，岛区并非电中性而可能存在净电荷 Q。因此，上式的第一项为岛中净电荷自身的静电势，第二项代表栅极电场的影响。由上式可得静电能量为

$$E = \int_0^Q \phi \mathrm{d}Q$$

即

$$E = Q^2/2C + Q\phi_g \tag{10.6-2}$$

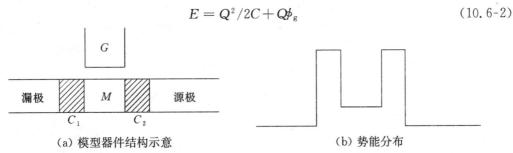

(a) 模型器件结构示意　　　　　　　　(b) 势能分布

图 10.6-3

将上式改写为

$$E = (Q - Q_0)^2/2C + K \tag{10.6-3}$$

其中

$$K = -Q_0^2/2C \tag{10.6-4}$$

为常数，而

$$Q_0 = -C\phi_g \tag{10.6-5}$$

由(10.6-3)式可见，当 $Q = Q_0$ 时能量 E 最小，故称 Q_0 为平衡电荷。(10.6-5)式表示平衡电荷受栅压控制，可连续变化。然而，岛区电荷 Q 是由于电子从外部隧穿势垒才建立起来的，因而是量子化的，必须是电子电荷的整数倍，

$$Q = -Ne \tag{10.6-6}$$

N 即为岛中电子数。令

$$q = Q - Q_0 = -Ne + C\phi_g \tag{10.6-7}$$

则(10.6-3)式可改写为

$$E = q^2/2C + K \tag{10.6-8}$$

上式形式虽然简单，却包含了重要的物理内涵。设想又一个电子隧穿入岛，使 Q 由 $-Ne$ 变为 $-(N+1)e$，q 相应地变为 $q' = q + (-e)$。这一过程引起的静电能量的改变

$$\Delta E = (q'^2 - q^2)/2C = e(e - 2q)/2C \tag{10.6-9}$$

自发的物理过程应当朝向能量降低的方向，即要求 $\Delta E < 0$；换言之，电子隧穿入岛要求

$$q > e/2 \tag{10.6-10}$$

类似地,如有电子隧穿势垒越出岛区,即使 Q 由 $-Ne$ 变为 $-(N-1)e$,则也相应地要求

$$q < -e/2 \tag{10.6-11}$$

因此,当

$$-e/2 < q < e/2 \tag{10.6-12}$$

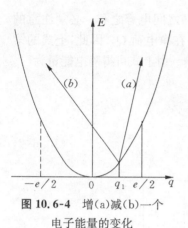

图 10.6-4　增(a)减(b)一个
电子能量的变化

时无论岛中增或减一个电子都会导致静电能量的升高,如图 10.6-4 所示。如不提供外加能量便不可能发生电子通过势垒 C_1 或 C_2 的隧穿过程。这种现象称为库仑阻塞。如 $q = e/2$,即

$$C\phi_g = (N+1/2)e \tag{10.6-13}$$

由图 10.6-4 和(10.6-8)式可知,岛中有 N 个电子和 $N+1$ 个电子时对应的静电能量相同。这种能量上的简并意味着岛中电子数可在 N 和 $N+1$ 两者间起伏;换言之,可以发生电子隧穿入岛的过程。同样,如 $q = -e/2$,即

$$C\phi_g = (N-1/2)e \tag{10.6-14}$$

时,N 个电子和 $N-1$ 个电子对应的状态简并,电子可以隧穿出岛。当有电流通过这一体系时,其机理必然是电子由电流漏极隧穿 C_1 入岛,再由岛区隧穿 C_2 至源极。因此,除非满足以上两式,即平衡电荷为半个电子电荷的奇数倍,电子的隧穿均需额外的能量,导致电导受阻,当 $q = 0$,即

$$C\phi_g = Ne \tag{10.6-15}$$

时,平衡电荷为电子电荷的整数倍。此时由(10.6-9)式可见,增或减一个电子均需能量 $E_0 = e^2/2C$,E_0 称为单电子荷电能量。

二、振荡电导

从以上的讨论以及(10.6-13)式、(10.6-14)式与(10.6-15)式可知,当 ϕ_g 连续变化时电导将作周期性的振荡,振荡周期恰为

$$\Delta\phi_g = e/C \tag{10.6-16}$$

又由(10.6-12)式与(10.6-7)式可见,当 ϕ_g 满足

$$(N-1/2)e/C < \phi_g < (N+1/2)e/C \tag{10.6-17}$$

时岛中电子数稳定在 N。因此,ϕ_g 每变化 e/C,电导振荡一周期,岛中电子数改变 1。这就和本节开始时提到的实验观测一致。应当指出由于上述静电能量的限制,每次只能有一个电子隧穿进岛区,这就是单电子隧穿一词的由来。

为了能实现单电子隧穿的实验观察,除非 C 低到 10^{-18} F 的数量级,通常要求极低的温度环境。一般量子点的线度在 10 nm 数量级,相应的 C 为 10^{-17} F 数量级;否则,热起伏能量 $k_B T$ 就会超过单电子荷电能量 E_0 而掩盖库仑阻塞这一单电子隧穿效应。

目前已有多种方法制作准零维的量子点。由于量子点中可动电子的数目常在几个～几

百个之间(不计入束缚在原子内壳层上的电子),故又称之为人造原子。人造原子的电子数可以人工控制为其一大特点。

10.7 介观体系中的 AB 效应

1959 年,Y. Aharanov 和 D. Bohm 发表了一篇著名的论文,从理论上表明当通过存在电势或磁矢势的空间时电子波的位相要发生变化,而这种变化可以通过电子波的干涉用实验探测。因此,应将势看作物理实在,即使不存在电磁场,只要存在势(即使是常数势),电子运动也会受到影响。他们还设计了分别探测电势与磁矢势作用的实验。他们指出,如在两束相干电子束包围的空间内存在磁通 Φ,两束电子波就要获得 $e\Phi/\hbar$ 的位相差。因此,如磁通 Φ 变化 h/e,位相差变化 2π。由于他们两位姓氏的第一个字母分别为 A 和 B,这一现象后来便被称为 AB 效应,而将电势引起的电子波位相变化称为静电 AB 效应。

无疑,AB 效应为一量子力学效应,当时即引起学术界的兴趣,并于 20 世纪 60 年代初期为真空中的实验所证实。

由第二章可知,电子在固体材料中的运动也是电子波的传播,原则上也应能表现出 AB 效应。然而,由于材料中不可避免的散射因素,在几乎四分之一个世纪的漫长岁月里,材料中的 AB 效应的报道一直阙如。不过,这段时间内的研究也表明,通常材料中的杂质、缺陷等不完整性虽然能改变电子运动的方向,但并不改变电子的能量,只对电子波产生弹性散射,而弹性散射并不影响电子波的相干性。相反,非弹性散射改变电子波的频率,破坏相干性。最主要的非弹性散射因素是声子。由第三章可知,电子与声子的作用涉及声子的吸收与发射,从而使电子能量发生变化。由于当时技术手段的限制,电子波通过固体样品时不可避免地都要遭到声子的散射,使材料中 AB 效应的观察未获成功。

随着技术的进步,到 20 世纪 80 年代中期,制备线度在微米级的样品已能实现,同时已可获得低于 1 K 的低温环境。在这样的实验条件下,样品中声子数密度极低,电子非弹性散射自由程已增至可与样品的尺寸相比拟;换言之,在电子从样品的一端进入而传播至另一端的过程中有可能完全不遭遇声子散射,从而为电子波干涉的观察提供了必需的条件。正是在这样的技术背景下,美国 IBM 公司的 R.A.Webb 等研究人员在 1985 年首次观测到了材料中的 AB 效应。

Webb 等人的研究样品是利用扫描透射电子显微镜在硅片上做成的直径约 0.8 μm、厚度和线宽均为 0.04 μm 的多晶金环,并在直径方向引出电极,如图 10.7-1(a)所示。使电流从一端电极进入金环,从另一端电极流出。测量电极间的电压即可得金环的电阻。

垂直于金环平面方向施加磁场,在 0.06 K 的低温环境中实验得到金环电阻随磁场作周期性振荡的结果,如图 10.7-1(b)所示。相邻振荡峰值对应的磁感应强度之差 ΔB 与金环所围面积的乘积恰为 h/e,正好符合 AB 效应所要求的电子波位相差改变 2π 所对应的磁通变化。事实上当电子波从一端电极进入金环后即分为沿两个半环传播的相干电子波,在另一端相遇而发生干涉。显然如电子波干涉相长,电阻就低;反之,如干涉相消则电阻就高。电阻的高低表明干涉的情形。电阻随磁场的振荡恰恰表明由于金环所围的磁通 Φ 的变化,两支电子波的位相差 $\Phi e/\hbar$ 随磁场而变。虽然在这一具体实验中电子波行进的空间里并非

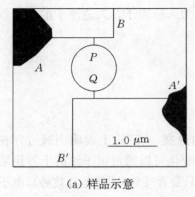

（a）样品示意

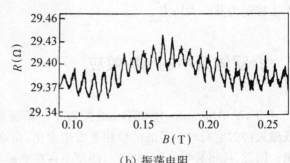

（b）振荡电阻

图 10.7-1 金环的振荡电阻

"有势无场"，但是材料中电子波的干涉这一量子力学效应却明白无误地表现出来。

由量子力学知，在图 10.7-1(a) 情形，由 P 点出发沿左半环行进到 Q 点的电子波因磁矢势 $\boldsymbol{A}$ 而获得的位相积累为

$$\varphi_1 = \frac{e}{\hbar} \int_{P(左)}^{Q} \boldsymbol{A} \cdot \mathrm{d}\boldsymbol{l} \tag{10.7-1}$$

而沿右半环行进的电子波则获得位相积累

$$\varphi_2 = \frac{e}{\hbar} \int_{P(右)}^{Q} \boldsymbol{A} \cdot \mathrm{d}\boldsymbol{l} \tag{10.7-2}$$

因此，由 P 点出发到达 Q 点的两支电子波的位相差

$$\varphi = \varphi_2 - \varphi_1 = \frac{e}{\hbar} \oint \boldsymbol{A} \cdot \mathrm{d}\boldsymbol{l}$$

由 $\nabla \times \boldsymbol{A} = \boldsymbol{B}$ 以及斯托克斯定理得

$$\varphi = \frac{e}{\hbar} \int_S \boldsymbol{B} \cdot \mathrm{d}\boldsymbol{S} = \frac{e}{\hbar} \Phi \tag{10.7-3}$$

S 为金环围绕的面积，而 $\Phi = \int_S \boldsymbol{B} \cdot \mathrm{d}\boldsymbol{S}$ 正是这一面积上的磁通量。

Q 点的电子波幅度 t 可表示为

$$t = t_1 + t_2 = t_1 [1 + \exp(i\varphi)]$$

其中 t_1、t_2 分别代表左、右两支电子波，彼此相差位相 φ，并设 $|t_1| = |t_2|$。因此，通过金环的电流

$$I \propto |t|^2 = 2|t_1|^2 (1 + \cos\varphi) \tag{10.7-4}$$

由上式明显可见电流（因而电阻）将随磁场作周期性变化，变化周期为

$$\Delta B = \frac{h}{eS}$$

即磁通变化周期为

$$\Delta \Phi = \frac{h}{e} \tag{10.7-5}$$

382

磁通每变化一周期,电阻即振荡一次,恰如图 10.7-1(b)所示。

自从金环的 AB 效应发现之后,在学术界掀起了一个研究微小样品体系中电子波动性质的热潮。这一类样品多为线状或环状,线度在微米或亚微米数量级,其中大约包含 $10^8 \sim 10^{11}$ 个原子,原则上仍属宏观范畴,然而表现出的电子的波动性却是传统微观粒子的属性。因此,这一类体系就被称为介观体系,对介观体系物理性质的研究很快便发展成物理学的一个新的分支——介观物理。

在介观范畴,许多现象或规律都与宏观范畴不同,甚至从宏观的观点看来是不可思议的;典型的便是欧姆定律不再适用。我们已经在点接触量子化电导与量子霍尔效应中看到过欧姆定律失效的情形,图 10.7-2 所示则是同 AB 效应有密切联系的另一个典型例子。

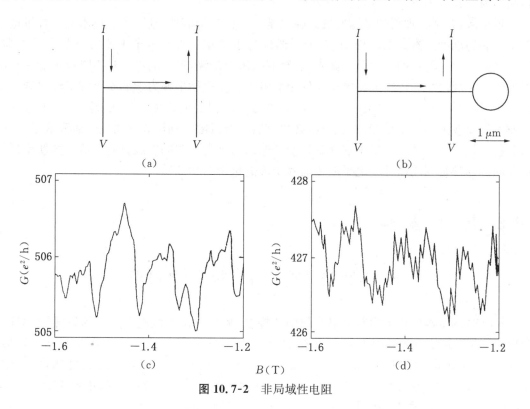

图 10.7-2 非局域性电阻

图 10.7-2(a)与(b)分别表示一段与电流、电压探针相连接的微米级长度的一维导体,两者几乎完全相同,除了在图 10.7-2(b)的情形在导体右边"外挂"了一个直径约 $1\ \mu m$ 的圆环。这个圆环显然处在电流的经典路径之外,按理不会对所研究的导体中的电流或其电阻有任何影响。然而事实却不然。图 10.7-2(c)和(d)为对这两个样品实测的电导随垂直于圆环平面的磁场的变化。粗看起来这两个图差别不大;但仔细观察图 10.7-2(d)则发现有许多"毛刺"——高频振荡,而振荡周期与外挂圆环面积的乘积恰为 AB 效应的 h/e。虽然这一现象从经典物理的观点看来匪夷所思,但如将材料中的电子输运看作电子波的传播,即计入电子的波动性,这一现象便不难理解了。事实上在微波测量中受这种"外挂件"的影响是众所周知的。

这里,必须指出的是,一个具体样品是否属于介观体系并不单纯地只取决于样品的几何尺寸,而是与样品所处的温度及所研究问题的性质有密切的关系。例如,1 μm 数量级的线状金属样品在室温下表现出宏观性质,而在低温下由于电子非弹性散射自由程增加就可能进入介观范围。通常引入所谓位相相干长度,

$$L_\Phi = \sqrt{D\tau} \tag{10.7-6}$$

其中 D 为电子在样品中的扩散系数,τ 为非弹性散射平均自由时间。L_Φ 表示在如多晶体这类无序材料中电子在两次相邻非弹性散射之间所能通过的直线距离。无疑,L_Φ 与温度有关。一般认为,如样品线度 L 满足

$$L \leqslant L_\Phi \tag{10.7-7}$$

样品即为一介观体系。

近年来,介观物理得到迅猛发展。除去基本的科学价值外,其巨大的技术应用背景也是一个重要的推动因素。众所周知,电子元器件的小型化一直是电子工业的重要发展方向。目前微电子学元器件的尺寸已达微米、甚至亚微米数量级,尺寸的进一步下降有可能在常温下即进入介观领域。传统上将电子器件中的电子看作遵循牛顿力学的质点的半经典观点不再适用,从而将使电子器件失效。人们将这种可能出现的前景称为经典极限。为了微电子学发展生命攸关的小型化能持续进行,必须克服经典极限。利用介观物理的研究成果设计、研制新一代电子器件——量子器件是目前普遍认为极有希望的发展方向。这一类新型器件的共同特点都是利用器件中电子波传播和干涉的量子力学性质。

10.8 量 子 器 件

一、双势垒共振隧穿二极管(RTDB)

RTDB 的基本结构为由势阱隔开的两个势垒,势垒可由二维电子气上覆以栅极并施以负电位形成,也可由异质结形成。在衬底材料上用分子束外延方法依次生长 n^+ GaAs、$Al_x Ga_{1-x}$ As、GaAs、$Al_x Ga_{1-x}$ As、n^+ GaAs 层,如图 10.8-1 所示,n^+ 代表施主浓度很高的 n 型。图 10.8-2a 为由 GaAs/$Al_x Ga_{1-x}$ As 多层材料构成的双势垒结构的导带底。通常 GaAs/$Al_x Ga_{1-x}$ As 异质结构的势垒高度在 100 meV 数量级。虽然图 10.8-2(a)所示为一开放系统,但是势阱之中存在电子的准束缚态 E_r,如电子能量与 E_r 相符,则在势阱中有较高的出现几率。理论上可以证明,只要单个势垒的隧穿几率足够低,E_r 与一维势阱中的本征能量相差无几。为简单计这里设阱区只有一个准束缚态 E_r。由于势垒两边是高掺杂区,平衡时的费米能级超过导带底,表示在双势垒的两边都有较高的电子数密度,如图 10.8-2(a)所示。

双势垒结构有一个很突出的量子力学性质。尽管单个势垒的穿透几率甚小,只要从一边入射的电子能量与准束缚态能级 E_r 相符,穿透整个双势垒体系的几率却几乎可高达 100%,这就是共振隧穿现象。在图示情形,设施以左负右正的偏置电压 V,使双势垒两边(左边称发射极,右边称收集极)电子占据的最高能级即化学势 μ_1 与 μ_2(平衡时即为统一的费米能级)之间相差 eV。偏压上升使 E_r 相对于发射极电子能量下降。如偏压 V 升高到使

μ_1 与准束缚态能级 E_r 对齐,如图 10.8-2(b)所示,将会引起隧穿过程发生,因而流过这一双势垒结构的电流开始增加。如电压进一步上升使发射极导带底也超过 E_r,则电流会突然下降,从而出现如图 10.8-3 所示的随着电压上升电流反而下降的负微分电阻特性。

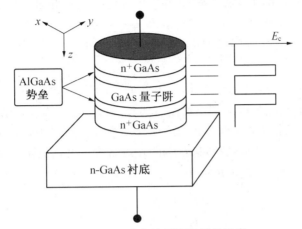

图 10.8-1 砷化镓 RTDB 结构示意

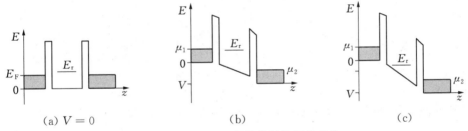

(a) $V = 0$ (b)   (c)

图 10.8-2 RTDB 的能带随偏压的变化

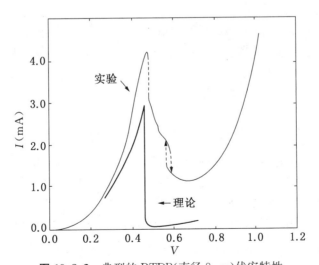

图 10.8-3 典型的 RTDB(直径 8 μm)伏安特性

应当指出,RTDB 的一个突出特点在于其所呈现的独特的负微分电阻特性是在室温与较高偏压下得到的,不同于其他低维结构,往往要求低温与低偏压才能表现出独特的性质。

负微分电阻是制造开关器件及高频振荡器的基础。实际上,RTDB 的确具有很好的频率特性,早期原型作为振荡器即可在 420 GHz 工作。

从理论上分析讨论共振隧穿二极管的特性当然要计算通过这一结构的电流。将 RTDB 看作一二端器件,则由本节前面以及 8.10 节关于隧道结电流的讨论可以看出,通过这一结构的电流可一般地表示为

$$I = \frac{2e}{h} \int_{\mu_2}^{\mu_1} \overline{T} [f_1(E) - f_2(E)] \mathrm{d}E \qquad (10.8\text{-}1)$$

其中 μ_1 与 μ_2 分别代表左、右两端电极(相当于电子库)的准费米能级,f 为相应的费米分布函数。这里,我们假定通过 RTDB 的电流由右向左,因此 $\mu_1 > \mu_2$;$\overline{T}$ 则为双垒结构对电子的透射系数。假设除两个势垒对电子波的反射外不存在任何非弹性散射因素。在此情形,从势垒左端向右端隧穿的透射系数与从右端向左端隧穿的相等,因此不必加脚标区分。进一步假定温度足够低,以至可近似地认为

$$\left. \begin{array}{l} f_1(E) = \theta(\mu_1 - E) \\ f_2(E) = \theta(\mu_2 - E) \end{array} \right\} \qquad (10.8\text{-}2)$$

θ 为阶跃函数

$$\theta(\epsilon) = \begin{cases} 1 & \epsilon > 0 \\ 0 & \epsilon < 0 \end{cases} \qquad (10.8\text{-}3)$$

由此(10.8-1)式化为

$$I = \frac{2e}{h} \int_{\mu_2}^{\mu_1} \overline{T}(E) \mathrm{d}E \qquad (10.8\text{-}4)$$

$\overline{T}(E)$ 应看成左端任一导电模式至右端任一导电模式的透射系数 T_{nm} 之和:

$$\overline{T}(E) = \sum_n \sum_m T_{nm}(E) \qquad (10.8\text{-}5)$$

为了计算 T_{nm},必须求解相应的有效质量方程(薛定谔方程)。将电流通过的方向称为纵向,则只要横向约束势不随纵向位置变化,即可分离变量分别得到横向与纵向方程,从而求得横向模式的本征能量 E_m。而且,在这种情形下不会发生一个横向模式的电子向另一个横向模式散射的过程。因此,(10.8-5)式化为

$$\overline{T}(E) = \sum_n \sum_m T_L(E - E_m) \delta_{nm} = \sum_m T_L(E - E_m) \qquad (10.8\text{-}6)$$

下标 L 代表纵向,而 $E - E_m = E_L$ 为纵向薛定谔方程的解,即纵向哈密顿算符的本征能量,E 为电子总能量。上式表明,对某一给定的电子能量 E,RTDB 的透射系数等于所有纵向能量为 $(E - E_m)$ 的纵向透射系数 $T_L(E - E_m)$ 之和。

至于 T_L 的计算,则应注意我们已假设除两个方势垒而外 RTDB 的结构中不存在任何其他散射因素,因此电子波在全部结构中的传播是相干的。在此情形,T_L 可表示为

$$T_L(E_L) = \frac{T_1 T_2}{1 - 2\sqrt{R_1 R_2} \cos\theta(E_L) + R_1 R_2} \qquad (10.8\text{-}7)$$

式中 T_1、T_2 与 R_1、R_2 分别为左(1)、右(2)端势垒的透射与反射系数,而 θ 则为电子波在双

垒之间打一个来回,即由势垒 1 的右表面透射出并入射至势垒 2 的左表面再被反射回势垒 1 的右表面的过程中电子波累积的相位角。将上式改写便可看出 T_L 在一定的能量将出现极大值,从而对应于 I-V 特性曲线中的峰值。(10.8-7)式可改写成

$$T_L(E_L) = \frac{T_1 T_2}{(1 - \sqrt{R_1 R_2})^2 + 2\sqrt{R_1 R_2}(1 - \cos\theta)} \qquad (10.8\text{-}8)$$

在实际的 RTDB 结构中,每一个势垒都有一定的宽度与厚度,使 T_1,$T_2 \ll 1$ 而 R_1,$R_2 \approx 1$。因此,$1 - \sqrt{R_1 R_2} = 1 - [(1 - T_1)(1 - T_2)]^{1/2} \approx 1 - [1 - (T_1 + T_2)]^{1/2} \approx \frac{T_1 + T_2}{2}$。从而

$$T_L(E_L) = \frac{T_1 T_2}{\left(\dfrac{T_1 + T_2}{2}\right)^2 + 2(1 - \cos\theta)} \qquad (10.8\text{-}9)$$

在得出上式时,我们将(10.8-8)式分母第二项中的 $\sqrt{R_1 R_2}$ 近似取值 1,$\sqrt{R_1 R_2} \approx 1$。

由(10.8-9)式可见,每当

$$\theta(E_L) = 2n\pi \qquad (10.8\text{-}10)$$

时 $T_L(E_L)$ 达极大值,也就是电子的纵向能量与准束缚态能量 E_r 相符,满足共振条件

$$E_L = E_r \qquad (10.8\text{-}11)$$

事实上 T_1,$T_2 \ll 1$ 的条件意味着双垒之间的阱区可近似地看成无限深势阱,其中的束缚态能级正好满足(10.8-10)式。

在共振能量 E_r 附近,$\theta(E_L) \approx 2n\pi$,可将(10.8-9)式分母上的余弦函数 $\cos\theta(E_L)$ 展开:

$$\cos\theta(E_L) \approx 1 - \frac{1}{2}(\Delta\theta)^2$$

而

$$\Delta\theta = \theta(E_L) - 2n\pi$$

但

$$\Delta\theta = \frac{d\theta}{dE_L}\Delta E_L = \frac{d\theta}{dE_L}(E_L - E_r)$$

因此

$$1 - \cos\theta(E_L) \approx \frac{1}{2}\left(\frac{d\theta}{dE_L}\right)^2 (E_L - E_r)^2 \qquad (10.8\text{-}12)$$

令

$$\left.\begin{array}{l} \Gamma_1 = \dfrac{dE_L}{d\theta} T_1 \\[2mm] \Gamma_2 = \dfrac{dE_L}{d\theta} T_2 \end{array}\right\} \qquad (10.8\text{-}13)$$

可将(10.8-9)式化为

$$T_L(E_L) = \frac{\Gamma_1 \Gamma_2}{(E_L - E_r)^2 + \left(\dfrac{\Gamma_1 + \Gamma_2}{2}\right)^2} \qquad (10.8\text{-}14)$$

上式可进一步改写为

$$T_L(E_L) = \frac{\Gamma_1 \Gamma_2}{\Gamma_1 + \Gamma_2} A(E_L - E_r) \qquad (10.8\text{-}15)$$

式中

$$A(\epsilon) = \frac{\Gamma}{\epsilon^2 + \left(\frac{\Gamma}{2}\right)^2}, \quad \Gamma = \Gamma_1 + \Gamma_2 \tag{10.8-16}$$

正是洛伦兹线型函数。将(10.8-15)式代回(10.8-6)式,并注意纵向能量 $E_L = E - E_m$,得

$$\bar{T}(E) = \sum_m T_L(E - E_m) = \frac{\Gamma_1 \Gamma_2}{\Gamma_1 + \Gamma_2} \sum_m A(E - E_m - E_r) \tag{10.8-17}$$

上式结果很容易理解。每当电子的总能量 E 等于纵向共振能量 E_r 与任一个横向模式能量 E_m 之和时,透射系数即达峰值。将(10.8-17)式代入(10.8-4)式得通过 RTDB 的电流

$$I = \frac{2e}{h} \cdot \frac{\Gamma_1 \Gamma_2}{\Gamma_1 + \Gamma_2} \sum_m \int_{E_m}^{\mu_1} A(E - E_m - E_r) \mathrm{d}E \tag{10.8-18}$$

这里我们将上式中的积分下限改为 E_m,这是因为只有电子的总能量 E 大于横向模式的能量 E_m,即纵向能量 $E_L = E - E_m > 0$ 才有可能隧穿双垒结构。将上式写成

$$I = \sum_m I_m \tag{10.8-19}$$

其中

$$I_m = \frac{2e}{h} \frac{\Gamma_1 \Gamma_2}{\Gamma_1 + \Gamma_2} \int_{E_m}^{\mu_1} A(E - E_m - E_r) \mathrm{d}E \tag{10.8-20}$$

为第 m 个横向模式对电流的贡献。由上式可见,如将 $E_m < E < \mu_1$ 的范围看作一窗口,则当 $A(E - E_m - E_r)$ 完全处于此能量窗内时其积分值为 2π,对应于单个模式承载的峰值电流 I_P,

$$I_m = I_P = \frac{2e}{\hbar} \frac{\Gamma_1 \Gamma_2}{\Gamma_1 + \Gamma_2} \tag{10.8-21}$$

这时,第 m 个横向模式即称为"共振"模式。反之,如 $A(E - E_m - E_r)$ 越出能量窗外,则相应横向模式的电流 $I_m \approx 0$,称之为"非共振"模式。因此,总电流便是所有共振模式承载的电流之和。

对于给定的偏压,共振模式满足

$$\mu_1 > E_m + E_r > E_m$$

即

$$\mu_1 - E_m > E_r > 0 \tag{10.8-22}$$

随着偏压增加,E_r 相对下降(见图 10.8-2),$\mu_1 - E_r$ 便依次超过不同的 E_m,从而使电流随偏压上升,如图 10.8-3 中曲线的起始上升阶段所示。但如偏压增大到使 $E_r < 0$,如图 10.8-2(c) 所示,所有的模式都不再携带电流,表现为某一偏压下电流突然急剧下降,呈现负微分电阻的特性。这里,如图 10.8-2 所示,我们将能量零点取为发射极的导带底。

现在我们再来看一看(10.8-21)式中 Γ_1、Γ_2 的物理意义。$\mathrm{d}E_L/\mathrm{d}\theta$ 可写成

$$\frac{\mathrm{d}E_L}{\mathrm{d}\theta} = \frac{dE_L}{dk} \frac{dk}{d\theta} = \hbar v \frac{dk}{d\theta} \tag{10.8-23}$$

式中 k 为电子波矢,而 $v = \frac{1}{\hbar} \frac{dE_L}{dk}$ 为电子在垒间区运动的速度。如取双垒间的阱区宽度为

W,则电子波在阱区往返一周相位积累

$$\theta = 2kW \tag{10.8-24}$$

于是(10.8-23)式成为

$$\frac{\mathrm{d}E_{\mathrm{L}}}{\mathrm{d}\theta} = \hbar v \frac{1}{2W} = \hbar \nu \tag{10.8-25}$$

式中

$$\nu = \frac{v}{2W} \tag{10.8-26}$$

正是一个电子单位时间里碰撞某个势垒的次数。电子每次碰撞势垒都可看成是企图逸出阱区,故可称 ν 为尝试频率。由此,νT_1 便是电子单位时间成功逸出左垒的次数;而 νT_2 则为单位时间成功逸出右垒的次数。由(10.8-13)式及(10.8-25)式

$$\left.\begin{array}{l} \Gamma_1/\hbar = \nu T_1 \\ \Gamma_2/\hbar = \nu T_2 \end{array}\right\} \tag{10.8-27}$$

即 $\Gamma_1/\hbar$ 和 $\Gamma_2/\hbar$ 分别代表电子单位时间成功地从左和右两个方向越过势垒的次数。

以上我们在讨论中作了两个假设。一是低温,一是双垒结构内无非弹性散射。在较高温度,例如通常 RTDB 工作的室温,由于入射电子的能量范围展宽,上面的讨论需要相应修正。但是,有趣的是,即使垒间阱区存在其他散射因素,对峰值电流居然并无影响,(10.8-21)式仍然适用。

当阱区存在散射因素时,电子波不能相干地连续隧穿两个势垒从左电子库一直进入右电子库。当电子从发射极出发隧穿左垒进入阱区时由于遭遇散射摧毁了电子波的相位,便只能呆在阱区等待时机再隧穿右垒。因此这种隧穿模型便称之为相继隧穿模型。

为简单计,考虑图 10.8-4 所示的情形。在给定偏压下,共振能级处于入射电子的能量范围内,且只考虑第 m 个横向模式,并令 $E_m = 0$。根据以上对 Γ 意义的讨论,我们可以写出如下穿过左垒的电流表达式

$$I_1 = 2e\frac{\Gamma_1}{\hbar}[f_1(1-f_r) - f_r(1-f_1)] \tag{10.8-28}$$

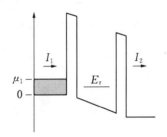

图 10.8-4 电子相继隧穿双垒

式中 f_r 为电子占据阱区共振能级 E_r 的几率,而 f_1 则为左电子库即发射极的费米分布函数。在假设条件下可取 $f_1 = 1$,因此

$$I_1 = 2e\frac{\Gamma_1}{\hbar}(1 - f_r) \tag{10.8-29}$$

因子 2 代表自旋简并度。同理,穿过右垒的电流可写成

$$I_2 = 2e\frac{\Gamma_2}{\hbar}[f_r(1-f_2) - f_2(1-f_r)] \tag{10.8-30}$$

f_2 为右电子库即收集极费米分布函数。在图示情形可取 $f_2 = 0$。

$$I_2 = 2e\frac{\Gamma_2}{\hbar}f_r \tag{10.8-31}$$

电流连续性条件要求 $I_1 = I_2$，因此

$$\Gamma_1(1 - f_r) = \Gamma_2 f_r$$

$$f_r = \frac{\Gamma_1}{\Gamma_1 + \Gamma_2} \tag{10.8-32}$$

代入(10.8-31)式即得相继隧穿电流

$$I = \frac{2e}{\hbar} \frac{\Gamma_1 \Gamma_2}{\Gamma_1 + \Gamma_2}$$

与(10.8-21)式完全一致，表明散射过程对共振电流并无影响。

图 10.8-1 所示的异质结构的缺点在于势垒高度全由制备条件决定，在使用时不能变化。如采用对二维电子气施加栅极电压以形成势垒的方法，则在控制势垒方面会带来很大的灵活性。

如果我们不作前面的细致分析，粗看起来双垒结构就是两个单势垒的串联，因此，采用初等量子力学中的单势垒隧穿理论似乎就能处理这一问题。的确，如阱区宽度大至微米量级时，是可以看成两个单垒结构的串联，$I\text{-}V$ 特性也适用经典的欧姆定律；即如果加电压 V 到单垒得到电流 I，则加 $2V$ 到双垒结构应当也得到同样的电流 I。但如阱宽降至通常 RTDB 的纳米量级时，输运特性就发生本质的变化。同量子点接触等现象一样，再一次表现出在介观范畴欧姆定律失效。

二、选 模 器

在 10.4 节中曾介绍，一维电子波导的输运性质往往会涉及若干个横向模式——多个导电通道参与输运。但多模输运会影响器件的性能，如何形成单模传输是一个重要的问题。采用电子波导与双势垒结构的组合是解决这一问题的可能途径。

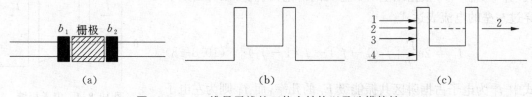

图 10.8-5 一维量子线的双势垒结构以及选模特性

如图 10.8-5 所示，在一维量子线上覆盖金属栅极 b_1、b_2，并施以等值的负电位，从而形成一对称双垒结构，如图 10.8-5(b)所示。b_1、b_2 间再覆以与之绝缘的栅极，通过这一栅极上的电位可以控制阱区势阱底的高度，从而相应控制准束缚态的能量 E_i，当有电子流从左方入射器件时，控制栅压 V_g 使某一 E_i 与量子线中某一横向模式的本征能量相符，即可相应地选出对应的单模输出，如图 10.8-5(c)所示。这一结构因此成为"选模器"。

三、量子场效应定向耦合器

del Almo 等人在 1990 年提出一种基于电子波导的器件，称为量子场效应定向耦合器。

图 10.8-6(a)为其结构原理图,两个电子波导 AA' 与 BB' 有一段耦合区 CD 相互接近,但其间为一势垒区隔开,势垒高度可由覆于其上的栅极的电压 V_g 控制。设想有电子从 A 端输入,则在波导 AA' 中传输时会由于耦合区中发生隧穿而进入波导 BB',而在波导 BB' 中行进时又可能因隧穿作用返回波导 AA',从而形成耦合区内电子波的来回切换,如图 10.8-6(b) 所示。理论计算表明,在 A 端单模输入条件下,每传输 L_t 距离电子就会由一个波导完全转移至另一波导,而 L_t 则随耦合区的势垒高度而变,从而可由栅压 V_g 控制。易见,设 CD 段长度为 l,则当 l 为 L_t 偶数倍时入射电子会由 A' 端输出;而当 l 为 L_t 的奇数倍时将全由 B' 端输出。控制 V_g 可以切换电流的输出通道,类似于传统的发射极耦合逻辑(ECL)集成电路而可用作为电流开关,但是器件的尺度却可比传统 ECL 芯片有数量级的下降,由于这一四端器件在几何结构上类似于微波器件定向耦合器,故被称为量子场效应定向耦合器。

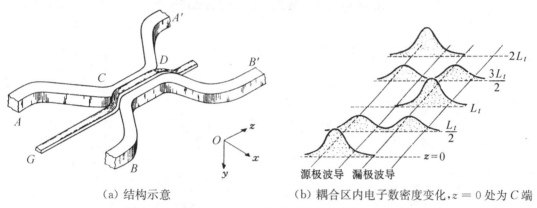

（a）结构示意　　　　　（b）耦合区内电子数密度变化,$z = 0$ 处为 C 端

图 10.8-6　量子场效应定向耦合器

四、电子波导模数转换器

如一维波导的横向势垒(波导壁)由二维电子气上覆盖栅极并施以负栅压形成,由于栅压变化能改变其下电子耗尽区的范围,从而影响波导的有效宽度;换言之,波导宽度可由波导壁上的电压控制。根据这一原理可制成模数转换器。

图 10.8-7 为线路原理图。D_1 与 D_2 为两个有一公共壁 C 的平行波导,它们的宽度均可由壁上电压控制。D_1 与 D_2 的上端分别接电压($-V_{DS}$)与 $2V_{DS}$,而公共壁置偏压 V_{b1}。如近似认为波导宽度随壁上电压作线性变化,以及参与导电的横向模式数随宽度等距增加,则不难想到,随着输入电压 V_{in} 的上升,由于两个相等电阻的分压作用,每打开 D_1 中的两个传播模式才打开 D_2 中的一个模式;或者说,D_1 中每增加两个电子传输通道在 D_2 中才增加一个。然而,波导 D_2 的纵向电压却为 D_1 绝对值的两倍,由 10.4 节的讨论可知,在 D_2 中每打开一个传播模所引起的电流跃升却与 D_1 中两个传播模的贡献相同。器件的输出电流为两个波导中电流的差值,因此得到如图 10.8-8 所示的输出电流。可见,随着输入模拟量(电压)V_{in} 的增加,电流为数字式(1 或 0)输出,从而实现了模数转换功能。图 10.8-7 中的 V_{b2} 只起调整作用,并无原理上的意义。

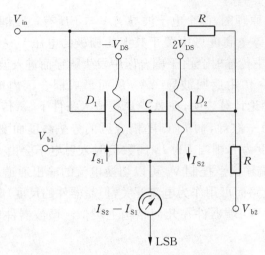

图 10.8-7 电子波导模数转换单元原理示意

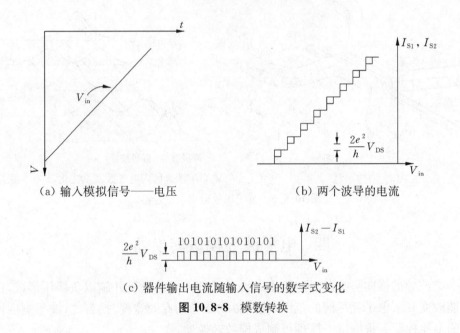

（a）输入模拟信号——电压　　　　　　（b）两个波导的电流

（c）器件输出电流随输入信号的数字式变化

图 10.8-8 模数转换

五、单电子晶体管

图 10.8-9(a)为一在半导体异质结界面二维电子气上覆以特殊形状的栅极以形成各种形状量子点的实例。设想在电极 F、C、1 与 2 上施以负电压,而 3 与 4 空置,则由于电极下的耗尽区面积的扩大,在图的中央部分形成一个为势垒所包围的岛区——量子点。图 10.8-9(b)为沿 AB 方向的电子势能,可见这是由栅压形成的双势垒结构。图中 E_N 与 E_{N+1} 分别代表量子点中的电子数为 N 与 $N+1$ 时的能量。两者差别明显,这是由于岛区面积甚小而使体系电容 C 极低,因而由 10.6 节的讨论可知,两者相应的静电能量有明显差别的缘故。

在低温下平衡时岛两边二维电子库的电子最高占有能级 μ_1 与 μ_r 一致,即费米能级 E_F。

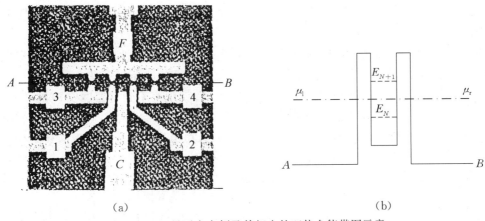

(a)   (b)

图 10.8-9　量子点实例及其相应的双势垒能带图示意

设如图所示，E_F 处于 E_N 和 E_{N+1} 之间。在 AB 间施以电压 V，左端电子势能增加，使 μ_l 与 μ_r 相差 eV。但如 μ_l 仍低于 E_{N+1}，则由于静电能量的限制左端电子难以隧穿入岛，器件表现为高阻状态，如图 10.8-10(a) 所示。如改变栅极上的电压，使岛区势能即势阱底的高度变化，以至 E_{N+1} 处于 μ_l 与 μ_r 之间，如图 10.8-10(b) 所示，则左方电子即能隧穿进岛，处于 E_{N+1} 能级，进而再隧穿至右方空状态。这就相当于有电流流经器件，表现为高电导的状态。值得注意的是，在这种情形，一次只能有一个电子隧穿进入岛区。除非这一电子隧穿出岛进入右方，左方不能有其他电子同时隧穿进岛，因为容纳第二个电子的能级 E_{N+2} 高于 μ_l。可见这是一个电子逐一通过器件的过程，因此是单电子隧穿过程。同时，上面的讨论表明，栅极电压 V_g 可以控制器件的电流，这正是一种晶体管效应，所以这一类器件就称为单电子晶体管。目前已报道的单电子晶体管除了极为灵敏的栅压控制特性——通过栅极引起岛区不到一个电子电荷的变化就能控制大约每秒 10^9 个电子的电流——以外，区别于常规晶体管的一个显著的特点是其电导能随栅压呈周期性变化。图 10.8-11(a) 为这种周期性变化的示意图，而图 10.8-11(b) 则为实测结果。由图可见，电导每振荡一周期相当于岛区电子数变化 1。实际上 10.6 节所介绍的费尔德等人的实验样品正是最早的单电子晶体管，上栅即起晶体管的控制栅作用。

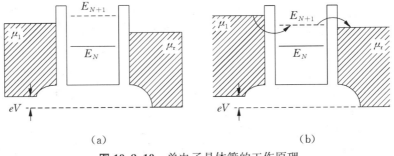

(a)   (b)

图 10.8-10　单电子晶体管的工作原理

应该指出的是，虽然图 10.8-2 与图 10.8-9 表示共振隧穿二极管与单电子晶体基本上都由双势垒结构形成，除了后者阱区宽度，即两个势垒之间的距离一般为几百纳米而远大于前者的几纳米，使得单电子晶体管纵向（电流方向）束缚态的本征能量间距极小，显得都堆集在一起,不像 RTDB 只须考虑很少几个(甚至一个)阱区准束缚态而外,在物理本质上也有明显的区别。

由这里的简单介绍已可看出,共振隧穿表现的是电子的波动性质,而单电子隧穿现象则源自电子的粒子性。波动性导致能量量子化,而粒子性导致电荷量子化。如果阱宽超过一定范围,以致相邻束缚态在能量上的间距远小于 $k_B T$,就观察不到共振隧穿现象了。然而,只要电容 C 足够小(见 10.6 节),使单电子的静电能量 e^2/C 超过 $k_B T$,则仍能观察到单电子隧穿现象。如果电荷不是量子化的,例如 e 趋近于零,单电子隧穿效应也便不复存在了。

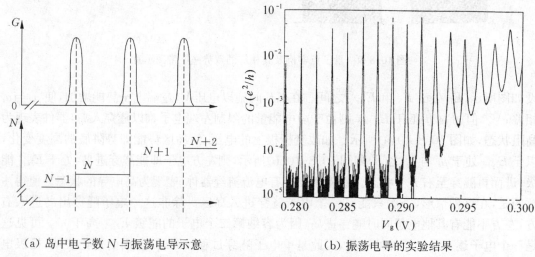

(a) 岛中电子数 N 与振荡电导示意　　　　(b) 振荡电导的实验结果

图 10.8-11　单电子晶体管的周期性振荡电导

六、半导体量子点旋转门

如在图 10.8-9 的结构中对栅极适当置偏,使偏置电压为 V 时 E_{N+1} 恰处于 μ_l 与 μ_r 之间,如图 10.8-12(a)所示,只要势垒足够高,左方电子隧穿进岛的几率可以忽略,岛内电子数维持 N。现如对形成势垒的电极 1 与电极 2 分别施以适当幅度的等幅反相周期性交变电压,设在时刻 $t=0$,两个电极上的电压均为零值,情形与图 10.8-10(a)并无不同。如在 $t=T/4$(T 为交变电压的周期),电极 1 上的电压达峰值极大,而电极 2 上的电压达谷值极小,左边势垒 B_1 下降,如图 10.8-12(b)所示,有一个电子得以从左边二维电子库隧穿进岛处于 E_{N+1} 的状态;但由于右方势垒 B_2 增高,这一电子无法隧穿出岛,遂停留在岛内。当 $t=T/2$ 时 B_1、B_2 上的势垒恢复原有高度,电子仍滞留岛中。直到 $t=3T/4$ 时,B_1、B_2 上的电压与 $t=T/4$ 时反相,岛中电子隧穿至右方,如图 10.8-12(d)所示。一周期 $t=T$ 后,又恢复到图 10.8-12(a)的情形。由此可见,交变电压每变化一周,有一个,也只有一个电子通过器件,就如宾馆门口的旋转门或超市入口处的旋转栅,每次只能允许一人进入一样,这类器件便称为量子点旋转门。显然,通过器件的电流

$$I = ef \tag{10.8-33}$$

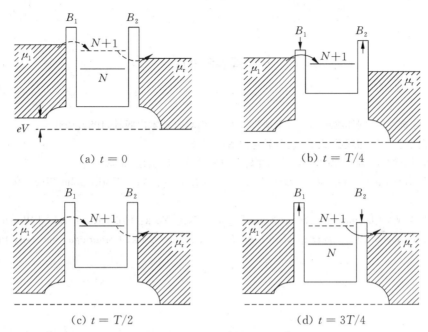

(a) $t = 0$ (b) $t = T/4$

(c) $t = T/2$ (d) $t = 3T/4$

图 10.8-12　量子点旋转门的工作原理

$f = 1/T$ 为势垒上所加交变电压的频率。电流由频率决定。这是一个很重要的性质,因为频率是可以很高的精度确定的物理量,从而可以有希望通过基于单电子隧穿效应的半导体量子点旋转门这一类器件用频率建立起电流单位的量子力学标准,以代替原先难以实现的安培定义。至此,结合本章与第九章关于约瑟夫森效应的讨论可见,我们已可对全部 3 个电学基本物理量——电流、电压和电阻相应地建立起分别基于单电子隧穿效应、约瑟夫森效应和量子霍尔效应的全量子力学基准,从而可以构成如图 10.8-13 所示的封闭的量子计量三角形,三角形的每条边均与重要的物理定律相联系,而且与其中两条边相应的物理定律均曾荣获诺贝尔物理学奖[*]。

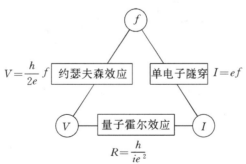

图 10.8-13　量子计量三角形

---

[*]　贾埃弗、约瑟夫森因对超导隧穿效应的贡献与另一位日本学者江崎共享 1973 年度诺贝尔物理学奖。

主要参考书目

［1］方俊鑫、陆栋主编. 固体物理学（上、下册）. 上海：上海科学技术出版社，1980，1981

［2］黄昆、韩汝琦. 固体物理学. 北京：高等教育出版社，1988

［3］陆栋、蒋平、徐至中编著. 固体物理学. 上海：上海科学技术出版社，2003

［4］Kitlel C. *Introduction to Solid State Physics*, *7th Edition*. New York：John Wiley & Sons，Inc.，1996

［5］Ashcroft N W，Mermin N D. *Solid State Physics*. New York：Holt，Rinehart and Winston，1976

［6］Datta S. *Electronic Transport in Mesoscopic Systems*. New York，Cambridge University Press，1995

附录一 基本物理常量、保留单位及其标准值

附表 1 基本物理常量(1986 年的推荐值)

物 理 量	符 号	数 值
真空中光速	c	$299\ 792\ 458\ \mathrm{m \cdot s^{-1}}$
真空磁导率	μ_0	$12.566\ 370\ 614 \times 10^{-7}\ \mathrm{N \cdot A^{-2}}$
真空电容率	ε_0	$8.854\ 187\ 817 \times 10^{-12}\ \mathrm{F \cdot m^{-1}}$
万有引力常量	G	$6.672\ 59 \times 10^{-11}\ \mathrm{m^3 \cdot kg^{-1} \cdot s^{-2}}$
普朗克常量	h	$6.626\ 075\ 5 \times 10^{-34}\ \mathrm{J \cdot s}$
元电荷	e	$1.602\ 177\ 33 \times 10^{-19}\ \mathrm{C}$
磁通量子	Φ_0	$2.067\ 834\ 61 \times 10^{-15}\ \mathrm{Wb}$
玻尔磁子	μ_B	$9.274\ 015\ 4 \times 10^{-24}\ \mathrm{J \cdot T^{-1}}$
核磁子	μ_N	$5.050\ 786\ 6 \times 10^{-27}\ \mathrm{J \cdot T^{-1}}$
里德伯常量	R_∞	$10\ 973\ 731.534\ \mathrm{m^{-1}}$
玻尔半径	a_0	$0.529\ 177\ 249 \times 10^{-10}\ \mathrm{m}$
电子质量	m_e	$9.109\ 389\ 7 \times 10^{-31}\ \mathrm{kg}$
电子磁矩	μ_e	$9.284\ 770\ 1 \times 10^{-24}\ \mathrm{J \cdot T^{-1}}$
质子质量	m_p	$1.672\ 623\ 1 \times 10^{-27}\ \mathrm{kg}$
质子磁矩	μ_p	$1.410\ 607\ 61 \times 10^{-26}\ \mathrm{J \cdot T^{-1}}$
中子质量	m_n	$1.674\ 928\ 6 \times 10^{-27}\ \mathrm{kg}$
中子磁矩	μ_n	$0.966\ 237\ 07 \times 10^{-26}\ \mathrm{J \cdot T^{-1}}$
阿伏伽德罗常量	N_A	$6.022\ 136\ 7 \times 10^{23}\ \mathrm{mol^{-1}}$
摩尔气体常量	R	$8.314\ 510\ \mathrm{J \cdot mol^{-1} \cdot K^{-1}}$
玻尔兹曼常量	k	$1.380\ 658 \times 10^{-23}\ \mathrm{J \cdot K^{-1}}$
斯特藩常量	σ	$5.670\ 51 \times 10^{-8}\ \mathrm{W \cdot m^{-2} \cdot K^{-4}}$

附表 2 保留单位及其标准值

物 理 量	符 号	数 值
电子伏	eV	$1.602\ 177\ 33 \times 10^{-19}\ \mathrm{J}$
原子质量单位	u	$1.660\ 540\ 2 \times 10^{-27}\ \mathrm{kg}$
标准大气压	atm	$101\ 325\ \mathrm{Pa}$
标准重力加速度	g_n	$9.806\ 65\ \mathrm{m \cdot s^{-2}}$